“十三五”国家重点图书出版规划项目

交通运输科技丛书·公路基础设施建设与养护

装配化钢结构桥梁设计丛书

装配化箱形组合梁设计

孟凡超　金秀男　著

人民交通出版社股份有限公司

北　京

内 容 提 要

本书在总结国内外已有成果及现行钢结构桥梁相关标准、规范的基础上，着重介绍了箱形组合梁的设计方法，制造、运输及安装施工方法，同时结合中交公路规划设计院有限公司和钢桥联盟研发、编制的首批装配化箱形组合梁系列通用图，着重介绍了其设计要点、特点。本书的有关成果与内容可用于指导高速公路和等级公路一般大中桥梁的建设。

本书可供桥梁设计、施工和管理人员使用，亦可供桥梁工程等相关专业的科研人员及高等院校师生参考使用。

图书在版编目（CIP）数据

装配化箱形组合梁设计 / 孟凡超，金秀男著．—北京：人民交通出版社股份有限公司，2021.10

ISBN 978-7-114-16993-9

Ⅰ.①装… Ⅱ.①孟… ②金… Ⅲ.①钢结构—箱梁桥—结构设计 Ⅳ.①TU391.04

中国版本图书馆 CIP 数据核字（2020）第 264617 号

Zhuangpeihua Xiangxing Zuheliang Sheji

书　　名：装配化箱形组合梁设计
著 作 者：孟凡超　金秀男
责任编辑：侯蓓蓓　周　凯　朱伟康　刘　彤
责任校对：孙国靖　魏佳宁
责任印制：张　凯
出版发行：人民交通出版社股份有限公司
地　　址：（100011）北京市朝阳区安定门外外馆斜街 3 号
网　　址：http://www.ccpcl.com.cn
销售电话：（010）59757973
总 经 销：人民交通出版社股份有限公司发行部
经　　销：各地新华书店
印　　刷：北京市密东印刷有限公司
开　　本：787 × 1092　1/16
印　　张：25.75
字　　数：606 千
版　　次：2021 年 10 月　第 1 版
印　　次：2021 年 10 月　第 1 次印刷
书　　号：ISBN 978-7-114-16993-9
定　　价：180.00 元

交通运输科技丛书编审委员会

（委员排名不分先后）

顾　问：王志清　汪　洋　姜明宝　李天碧

主　任：庞　松

副主任：洪晓枫　林　强

委　员：石宝林　张劲泉　赵之忠　关昌余　张华庆

郑健龙　沙爱民　唐伯明　孙玉清　费维军

王　炜　孙立军　蒋树屏　韩　敏　张喜刚

吴　澎　刘怀汉　汪双杰　廖朝华　金　凌

李爱民　曹　迪　田俊峰　苏权科　严云福

总序

FOREWORD

科技是国家强盛之基，创新是民族进步之魂。中华民族正处在全面建成小康社会的决胜阶段，比以往任何时候都更加需要强大的科技创新力量。党的十八大以来，以习近平同志为核心的党中央做出了实施创新驱动发展战略的重大部署。党的十八届五中全会提出必须牢固树立并切实贯彻创新、协调、绿色、开放、共享的发展理念，进一步发挥科技创新在全面创新中的引领作用。在最近召开的全国科技创新大会上，习近平总书记指出要在我国发展新的历史起点上，把科技创新摆在更加重要的位置，吹响了建设世界科技强国的号角。大会强调，实现"两个一百年"奋斗目标，实现中华民族伟大复兴的中国梦，必须坚持走中国特色自主创新道路，面向世界科技前沿、面向经济主战场、面向国家重大需求。这是党中央综合分析国内外大势、立足我国发展全局提出的重大战略目标和战略部署，为加快推进我国科技创新指明了战略方向。

科技创新为我国交通运输事业发展提供了不竭的动力。交通运输部党组坚决贯彻落实中央战略部署，将科技创新摆在交通运输现代化建设全局的突出位置，坚持面向需求、面向世界、面向未来，把智慧交通建设作为主战场，深入实施创新驱动发展战略，以科技创新引领交通运输的全面创新。通过全行业广大科研工作者长期不懈的努力，交通运输科技创新取得了重大进展与突出成效，在黄金水道能力提升、跨海集群工程建设、沥青路面新材料、智能化水面溢油处置、饱和潜水成套技术等方面取得了一系列具有国际领先水平的重大成果，培养了一批高素质的科技创新人才，支撑了行业持续快速发展。同时，通过科技示范工程、科技成果推广计划、专项行动计划、科技成果推广目录等，推广应用了千余项科研成果，有力促进了科研向现实生产力转化。组织出版"交通运输建设科技丛书"，是推进科技成果公开、加强科技成果推广应用的一项重要举措。"十二五"期间，该丛书共出版72册，全部列入"十二五"国家重点图书出版规划项目，其中12册获得国家出版基金支持，6册获中华优秀出版物奖图书提名奖，行业影响力和社会知名度不断扩大，逐渐成为交通运输高端学术交流和科技成果公开的重要平台。

“十三五”时期，交通运输改革发展任务更加艰巨繁重，政策制定、基础设施建设、运输管理等领域更加迫切需要科技创新提供有力支撑。为适应形势变化的需要，在以往工作的基础上，我们将组织出版“交通运输科技丛书”，其覆盖内容由建设技术扩展到交通运输科学技术各领域，汇集交通运输行业高水平的学术专著，及时集中展示交通运输重大科技成果，将对提升交通运输决策管理水平、促进高层次学术交流、技术传播和专业人才培养发挥积极作用。

当前，全党全国各族人民正在为全面建成小康社会、实现中华民族伟大复兴的中国梦而团结奋斗。交通运输肩负着经济社会发展先行官的政治使命和重大任务，并力争在第二个百年目标实现之前建成世界交通强国，我们迫切需要以科技创新推动转型升级。创新的事业呼唤创新的人才。希望广大科技工作者牢牢抓住科技创新的重要历史机遇，紧密结合交通运输发展的中心任务，锐意进取、锐意创新，以科技创新的丰硕成果为建设综合交通、智慧交通、绿色交通、平安交通贡献新的更大的力量！

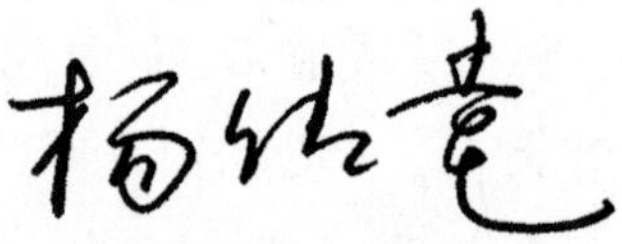

2016年6月24日

前言
PREFACE

改革开放四十余载，我国公路桥梁建设取得了举世瞩目的成就，桥梁数量和品质均实现了跨越式发展。但受早期经济社会发展水平和钢材产能制约的影响，我国公路钢结构桥梁应用比例很低，主要用于特大跨径桥梁，与我国桥梁建造技术及材料工业的发展水平不相适应。为推进公路建设转型升级，提升公路桥梁品质，发挥钢结构桥梁性能优势，交通运输部发布了《关于推进公路钢结构桥梁建设的指导意见》（交公路发〔2016〕115号），大力推进公路钢结构桥梁建设。

我国2013年就陆续出台了建筑产业化、工业化的具体要求，提出了建筑工业化的基本概念。桥梁产业化与建筑产业化类似，主要是运用现代化管理模式，通过标准化的设计以及模数化、工厂化的预制构件生产，实现桥梁结构部件的通用化和现场施工的装配化、机械化。与产业化相对应的是工业化，工业化是产业化的基础和前提，产业化是工业化的发展目标，只有工业化水平达到一定的程度，才能实现产业现代化。公路桥梁建设工业化的核心在于装配化建造！

公路钢结构桥梁的装配化主要是指运用现代化的理念进行管理，通过提升设计理念及方法的标准化以及生产的模数化、工厂化，实现部件的通用化、装配化以及施工机械的机械化。装配化的特点主要体现在：标准化设计、工厂化生产、装配化施工、信息化管理；装配化的优势在于：工业化水平高、技术经济性好、全寿命周期成本低、质量有保障、环境影响小、施工效率高。

与此同时，我国2019年9月颁布的《交通强国建设纲要》要求：坚持新发展理念，坚持推动高质量发展；推动交通发展由追求速度规模向更加注重质量效益转变，由依靠传统要素驱动向更加注重创新驱动转变，构建安全、便捷、高效、绿色、经济的现代化综合交通体系；鼓励交通行业各类创新主体建立创新联盟，建立关键核心技术攻关机制；坚持绿色发展节约集约、低碳环保，提高资源再利用和循环利用水平，推进交通资源循环利用产业发展。

因此，当前推进公路钢结构桥梁的装配化建造是十分必要的，是落实绿色发展理念，实现工程管理人本化、专业化、标准化、信息化、精细化的重要抓手，可以有效提升工程的建设品质，降低全寿命周期成本。

推广公路钢结构桥梁应用，提升钢结构桥梁品质和耐久性，需要积极推动标准化设计、工厂化制造、装配化施工、信息化管理，突破惯性思维，关注全寿命周期成本，鼓励新材料、新技术、新结构、新工艺、新装备应用，防止我国公路钢结构桥梁的无序发展和一般水平重复建设。需要指出的是，优秀的设计是确保钢结构桥梁建设品质的关键，采用桥梁标准化设计亦即通用图技术，是工程项目享有优质设计资源的必要途径。为实现我国高速公路钢结构桥梁建设的高品质、长寿命，推行通用图技术、装配化设计施工理念是一个必须坚持的方向。

为此，2016 年 11 月中交公路规划设计院有限公司在北京发起成立了我国首家装配化钢结构桥梁产业技术创新战略联盟（以下简称钢桥联盟），旨在引领我国钢结构桥梁全产业链技术与建设机制迈向国际高端水平。同时，通过集中钢桥联盟优势资源，中交公路规划设计院有限公司和钢桥联盟开展了装配化钢结构桥梁系列通用图技术的研发、转化与工程应用，并最终形成了交通运输行业钢结构桥梁标准图创新技术成果。

钢结构桥梁通常包括：钢箱梁桥、钢-混凝土组合梁桥、钢桁梁桥及波纹钢腹板桥等。其中，钢-混凝土组合结构桥梁具有上下部综合受力性能好、结构耐久性经济性好、便于工业化施工等突出优点，自 20 世纪 50 年代以来，欧美和日本等发达国家已在多类型桥梁中较广泛地应用了钢-混组合结构桥梁，与之配套的各类抗剪连接件、施工技术及分析计算方法也得到不断发展，使得组合结构桥梁获得了很强的技术竞争力并极大地推动了其技术的发展。目前，我国在公路一般大中桥梁中应用钢-混组合结构桥梁方面的研究与实践，与国外相比仍存在较明显的差距。为了推进我国公路建设转型升级和高质量发展理念，提升公路一般大中桥梁建设品质，有必要大力发展装配化钢-混凝土组合结构桥梁，并应着重发展非预应力的装配化钢-混凝土组合结构桥梁，混凝土护栏也应尽可能实现装配化。

钢-混凝土箱形组合梁是由箱形钢梁和混凝土桥面板通过连接件而形成。箱形组合梁抗扭刚度高，具有良好的稳定性和刚度，并因其构造受力明确、建造方便，可以充分发挥钢材及混凝土各自的受力特性，使得其被广泛地应用于常规跨径钢结构桥梁的建设中。同时，箱形组合梁可形成标准化和规格化的产品，适用于标准化建造，既可提高结构建设效率也易保证质量，还可以实现较大的经济合理跨径，因此具有广泛的应用前景，是目前工业化建造钢结构桥梁推广及应用的主力桥型之一。

科技是国家强盛之基，创新是民族进步之魂。本书在总结国内外已有成果的基础上，力求能够较为系统地介绍箱形组合梁的设计方法及制造、安装方法，并结合作者所在研究团队研发、应用的装配化箱形组合梁系列通用图创新技术成果，着重介绍其设计要点、特点，书中的有关成果与内容可用于指导高速公路和等级公路一般大中桥梁的建设。

本书共分11章：第1章为概述，主要介绍组合梁桥发展历史及箱形组合梁的特点与优势；第2章为设计原则，主要介绍装配化的特点与优势，以及总体要求和设计原则；第3章为结构材料，主要介绍选材原则以及混凝土、钢筋、普通钢材、高性能钢材和耐候钢材的特点与性能要求；第4章为开口钢箱梁设计，主要内容涵盖了设计要点、横断面布置、主梁构造、联结构造、结构计算、跨径3×50m及跨径3×60m装配化开口钢箱梁设计要点等；第5章为细节构造，主要内容涵盖了钢结构连接和抗剪连接件的设计及计算等；第6章为桥面板设计，主要内容涵盖了设计要点、结构构造、结构计算、跨径3×50m装配化箱形组合梁桥面板设计要点等；第7章为护栏设计，主要内容涵盖了设计要点、护栏构造、装配式混凝土护栏结构设计、计算及试验等；第8章为附属工程，主要内容涵盖了桥面铺装、桥面排水、伸缩缝、支座等设计内容；第9章为制造运输，主要内容涵盖了箱形钢梁从材料复验、下料、组装、焊接、试拼装、预拼装、检验及运输等全制造过程；第10章为安装施工，主要内容涵盖了箱形钢梁与混凝土桥面板的安装方法及要求，并给出了跨径3×50m装配化箱形组合梁的安装流程示意；第11章为工程实例，主要介绍了装配化箱形组合梁在贵州都匀至安顺高速公路大型项目中的工程应用，取得了很好的经济社会效益，同时也介绍了箱形组合梁在港珠澳大桥的推广应用情况。

本书撰写工作得到了郝海龙、林昱、俞欣、常志军、李贞新、谭中法、黄飞等各位同仁的支持与帮助，在此一并表示感谢！由于时间仓促且水平有限，书中难免存在不足之处，敬请广大读者批评指正。

作　者

2020年10月

目录

CONTENTS

第1章

概述

1.1 组合梁简述

改革开放以来,我国公路桥梁建设取得了举世瞩目的成就,桥梁数量和品质均实现了跨越式发展,截至2019年底,桥梁总数约87.83万座。一批跨越大江大河、近远海湾和大峡谷等的桥梁工程令世界赞叹,为经济发展和改善民生作出了极其重要的贡献。

尽管我国桥梁建设取得了长足进步,如大跨径悬索桥、斜拉桥、拱桥和梁桥,取得了一大批自主创新成果,积累了丰富的桥梁设计、施工和管养经验。但是受经济社会发展水平、钢材产能和建设观念制约,我国桥梁建设目前仍以混凝土结构为主,公路钢结构桥梁主要用于特大跨径桥梁,应用比例尚不足1%,呈现"一混独大"的局面,已滞后于我国经济和桥梁建造技术发展水平。

钢结构桥梁具有自重轻、材料强度高、抗震性能好、工业化程度高、可加工性好、拆除及改扩建方便,钢材可以回收再利用等优势,为世界桥梁界所推崇。正是基于钢结构的这些特性,我国交通基础设施大量采用钢结构将成为未来发展的必然趋势。随着钢铁产能提高和钢结构桥梁建设技术进步,我国已具备推广钢结构桥梁的物质基础和技术条件。为此,交通运输部发布了《关于推进公路钢结构桥梁建设的指导意见》(交公路发〔2016〕115号),开启了我国钢桥建设的新时代。

尽管基础条件已经具备,但由于历史原因形成的混凝土结构桥梁造价低、优先使用的惯性思维,以及全寿命周期成本理念淡薄、绿色交通与环保意识不强,有利于高质量发展的新理念、新机制不多,缺少高质量行业钢桥通用图等现状,影响了钢结构桥梁的大范围推广及应用。另外,虽然钢材受大气侵蚀,需要定期检查和刷漆,但随着优质油漆和耐候钢的应用,钢结构桥梁养护周期已大大延长,具有100多年使用寿命的钢结构桥梁在世界范围内已屡见不鲜。

钢结构桥梁按照主梁的结构形式,一般可分为钢箱梁桥、钢桁梁桥、钢-混凝土组合梁桥等。钢-混凝土组合梁是由钢梁和混凝土板通过抗剪连接件连成整体而共同受力的横向承重构件,是在钢结构和钢筋混凝土结构基础上发展起来的,充分利用了钢材和混凝土各自的材料性能,具有承载力高、刚度大、抗震性能和动力性能好、构件截面尺寸小、施工便捷等优点。

钢和混凝土是建造桥梁的主要结构材料,这两种材料在物理和力学性能上各具有优势,若仅采用其中一类材料建造桥梁,其结构性能往往受到材料性能的制约而有所不足。如果通过某种方式将钢材与混凝土组合在一起共同工作,则能够综合两种材料的优势,同时限制其不利作用的发挥,从而做到物尽其用,扬长避短,进而为桥梁工程师提供更广阔的创作空间。

对于常见的钢筋混凝土梁、钢梁、钢-混凝土组合梁,其基本受力特点如图1-1所示。混凝土材料具有较高的刚度和抗压强度,但存在抗拉强度低的缺点。对于普通的钢筋混凝土梁,在正常使用状态下,其受拉区容易开裂。钢材则具有强度高、韧性好的优点。但为减轻自重并节省材料,钢结构通常设计为薄壁构件。薄壁构件稳定性较差,在缺少侧向约束的条件下易发生失稳破坏而非所希望的强度破坏,从而导致材料利用率降低。20世纪发展起来的钢-混凝土组合梁,则通过较为简单的处理方式综合了混凝土梁和钢梁的优势。组合梁保留受压区的混凝土翼板,受拉区则只配置钢梁,二者通过抗剪连接件组合成整体,从而既不会产生混凝土受拉开裂的问题,也不会因钢梁受压侧刚度较弱而发生失稳,同时还具备了较高的刚度和较轻的自重。

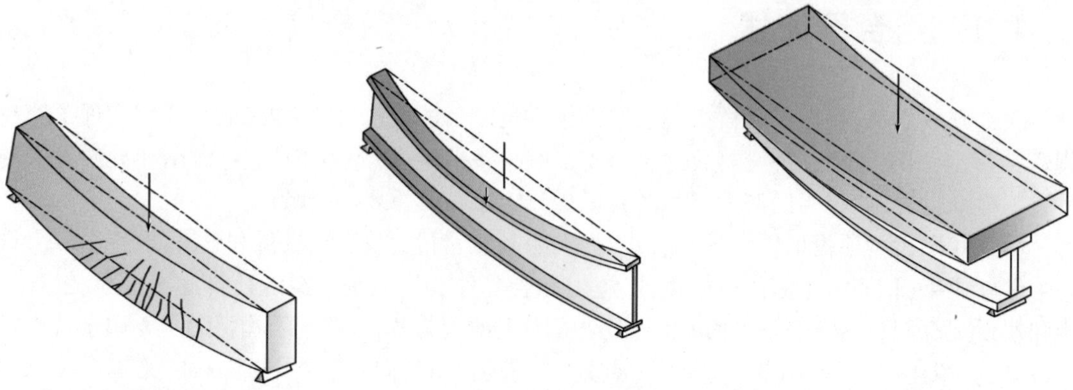

a)钢筋混凝土梁　　b)钢梁　　c)钢-混凝土组合梁

图1-1　钢筋混凝土梁、钢梁和钢-混凝土组合梁受力模式示意

钢-混凝土组合结构桥梁是通过抗剪连接件连接成整体并考虑共同受力的桥梁结构形式。相对于不按组合梁设计的纯钢桥,组合梁桥可以采用截面较小的钢梁;并且组合梁的截面惯性矩较钢梁明显增大,有利于减小结构在活荷载作用下的挠度。通过抗剪连接件的连接作用,混凝土桥面板对钢梁受压翼缘起到约束作用,从而增强了整体的稳定性,有利于材料强度的充分发挥。组合梁桥相对于混凝土梁桥,其上部结构高度较低、自重减轻、地震作用减小,相应使得结构的延性提高、基础造价降低。同时,组合梁桥便于工厂化生产、现场安装质量高、施工费用低、施工速度快,并可以适用于传统砖石及混凝土结构难以应用的情况。

钢-混凝土组合结构桥梁优势见表1-1。

钢-混凝土组合结构桥梁优势　　表1-1

特　点	优　势
上部结构自重轻	基础费用低,抗震性能好,重建和改建费用低
现场装配作业	运输和吊装费用低,现场施工灵活
无支架施工	无须阻断交通,省去模架工程
跨径大、建筑高度小	上部结构外观纤柔,桥墩数量少
预制化程度高	质量品质高,现浇施工少,施工速度快,人工成本低

一般情况下,钢-混凝土简支组合梁的高跨比可以达到1/18~1/15,连续组合梁的高跨比可以达到1/25~1/18。同钢筋混凝土梁相比,组合梁可以使结构高度降低约1/4~1/3,自重减轻约40%~60%,施工周期缩短约1/3~1/2,同时现场作业量小,保护环境。同钢梁相比,组合梁刚度大,刚度可增大约1/4~1/3,整体稳定性和局部稳定性增强,动力性能得到改善。在桥梁结构领域,钢-混凝土组合梁可以广泛应用于城市桥梁、公路桥梁、铁路桥梁,还适用于大跨径拱桥、大跨径悬索桥、大跨径斜拉桥的上部结构等,应用领域广阔。

除优异的力学性能和施工性能外,组合梁桥还具有良好的经济性。相对于钢桥,钢-混凝土组合梁桥对钢梁稳定性的增强,使得钢材强度可以充分发挥,从而减少钢材用量。绝大多数情况下,抗剪连接件所增加的费用要大大低于节省用钢量所产生的费用。

另外,一种结构形式的优劣并不单纯表现在力学指标方面。大量的工程实例表明,组合梁桥不仅具有良好的受力性能,而且继承了钢结构和混凝土结构各自在施工性能、耐久性、经济性等方面的优点,在综合效益上具有强大的竞争力。随着环保节能、可持续发展的理念日益深入工程建设领域,组合梁是符合可持续发展理念的一种结构。

组合梁桥与非组合钢桥用钢量的比较可参见图1-2。国外的研究和统计表明,对于跨径超过18m的桥梁,组合梁桥在综合效益上具有一定优势。此外,法国统计资料表明,当跨径为30~110m,特别是在60~80m范围内,钢-混凝土组合梁桥的单位面积造价要比混凝土桥低约18%。在这一跨径范围内,法国近年建造的桥梁中有85%都采用了钢-混凝土组合梁桥。另外,欧美等国家15m以下小跨径桥梁多采用钢筋混凝土梁桥,15~25m跨径则用预应力混凝土梁桥,25~60m跨径往往采用钢-混凝土组合梁桥。钢梁和桁架梁则一般用于大跨径桥梁。

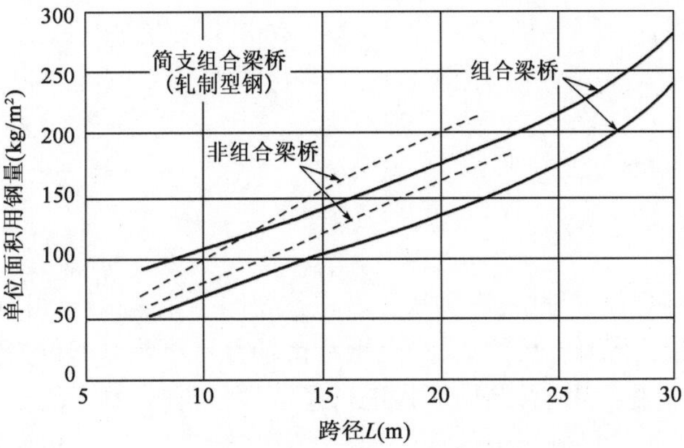

图1-2 组合梁桥与非组合梁桥用钢量范围比较

文献[21]指出:通过对国内已建成的多座钢-混凝土组合梁桥进行统计,组合梁单孔跨径为20~30m时单位面积用钢量约为150kg/m^2,跨径为40~50m时单位面积用钢量约为270kg/m^2。随跨径的增加,用钢量的增长幅度(线性关系)要小于跨中弯矩的增长幅度(平方关系),说明随跨径增大,钢材的利用率更高,组合梁桥相对于混凝土梁桥的优势更为明显。组合梁桥用钢量随跨径变化分布,如图1-3所示。

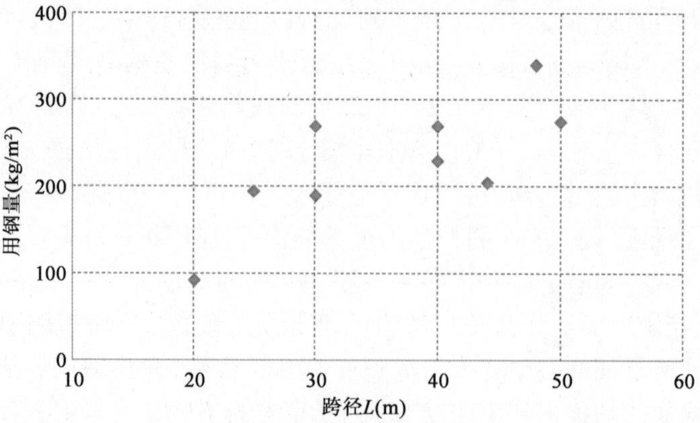

图 1-3　组合梁桥用钢量随跨径变化分布图

同时,文献[21]通过对国内10余座已建桥梁自重与跨径的分布规律进行分析指出,混凝土梁在中小跨径范围内自重约为12~20kN/m^2,自重随跨径呈较快的增长趋势。组合梁自重约为8~10kN/m^2,随跨径的增加,自重增加速度要小于混凝土梁桥,如图1-4所示。因此,组合梁桥较混凝土桥在自重上具有更大的优势,组合梁桥上部结构自重的降低,可以减少下部结构的工程量,有利于降低桥梁整体造价。

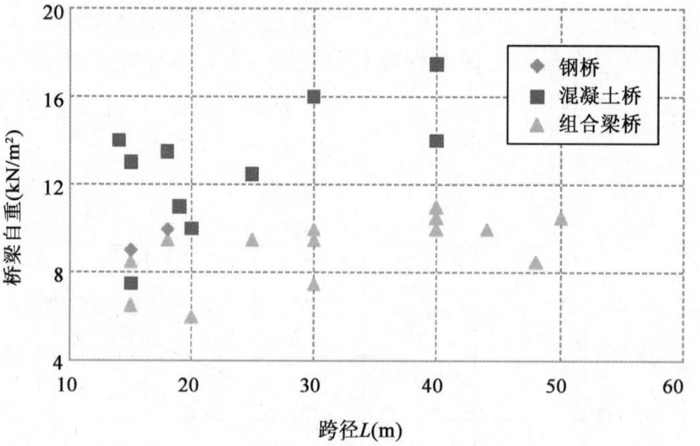

图 1-4　桥梁自重随跨径变化分布图

在大多数工程实际建设过程中,许多从业者往往忽略了钢-混凝土组合梁桥的优势,并坚持认为组合梁桥工程造价比混凝土桥梁高,并且钢材市场有不可预测的价格上涨风险。但对一座桥梁是否采用组合结构或采用何种结构形式进行经济性分析时,并不能单纯从节省用钢量的角度考虑,而应该从合理的跨径、施工方便性、工业化程度、建设速度、环境保护、下部结构、受力性能、养护与维修、景观效果和上下部综合造价等各个因素进行全寿命周期成本综合评估。例如,当考虑施工费用之后,用钢量最小的设计方案并不一定是综合造价最低的方案(如有临时支撑的施工方法可减少用钢量,但增加了施工难度和施工时间)。随着劳动力成本的增加以及环保、安全、耐久等要求的提高,更需要对结构的综合受力性能和经济性做更为全面的分析。

美国联邦公路管理局曾提出部分钢结构桥型经济跨径,见表1-2。此外,下部结构的造价对上部结构的布置和选型具有重要的影响。当下部结构建造费用较低时,采用小跨径有可能使整体结构更为经济;反之,当下部结构的建造费用较高时,采用较大的跨径则可能更为合理。

总之,上、下部结构合理的造价比例必须在设计过程中加以研究和解决。

美国联邦公路管理局提出的部分钢结构桥型经济跨径　表1-2

桥　型	经济跨径(m)	桥　型	经济跨径(m)
轧制钢梁桥、轧制钢梁组合桥	15~27	钢桁梁、组合桁梁桥	105~270
工字梁桥、工字组合梁桥	24~75	钢斜拉桥、组合梁斜拉桥	240~600
钢箱梁、箱形组合梁桥	45~75		

对于我国钢结构桥梁而言,钢桥桥型的选择和布置主要受其所跨越的障碍、桥梁跨径、桥墩布置以及方案的可行性决定。对于常规跨径的钢结构桥梁,梁桥是最常见的方案。梁桥断面可以由一个或多个梁组成,包括型钢、工字梁、箱形梁或桁架梁。表1-3给出了我国当前常规跨径等高度钢主梁桥型的适用范围。应该指出的是,各类结构形式对应的跨径范围并非不变,而是通常会根据劳动力成本以及可用的材料与技术,随时间和地区的不同而变化。

梁式钢结构桥梁常规跨径范围　表1-3

分　类		常规跨径(m)	主要优势
钢主梁桥	钢箱梁	60~110	结构轻,整体性好;抗弯、抗扭刚度大,适合曲线梁桥;设计、施工技术要求高
	钢桁梁	100~150	抗弯刚度较大,结构轻型,跨越能力强;构件受力明确,构件以受轴向力为主(杆件);计算方便,材料利用充分;桁架结构可化整为零,当运输及安装条件受限时,适合采用
钢-混凝土组合梁桥	工字组合梁	20~100	自重较轻,便于运输及安装
	箱形组合梁	30~100	具备较大的抗扭刚度,适合建造曲线梁桥
	桁架组合梁	100~150	抗弯刚度较大,适用于刚度要求较高的结构;下承式桁架梁桥面以下建筑高度较小,在满足净空要求下,可降低纵坡。在纵坡一定情况下,可提供较大的桥下净空;桁架结构可化整为零,当运输及安装条件受限时,适合采用
	波形钢腹板组合梁	40~80	可避免混凝土箱梁腹板开裂问题

1.2　国外组合梁发展概况

组合结构最早产生于20世纪初期。当时,出于抗火的需要,在钢梁外侧包裹有混凝土,而形成钢骨混凝土梁(也称为型钢混凝土、劲性混凝土)。对于钢骨混凝土梁,混凝土与钢结构之间的共同作用主要通过二者间的自然黏结力和摩擦力所形成。由于施工困难,因此随着防火涂料的普及,这种出于抗火目的而外包混凝土的结构形式已逐渐失去吸引力。而且,在桥梁结构中通常并不需要考虑抗火需求,且在重载车辆作用下混凝土与钢结构之间的黏结作用易于破坏,因此钢骨混凝土梁在桥梁结构中并未得到发展和应用。由于钢-混凝土组合结构具有很多优点,各国对其开展了大量研究,1922年,曼宁等学者开始对外包混凝土的钢梁进行研究,发现由于钢梁和混凝土的交界面上存在黏结力而产生一定的整体工作性能。20世纪20

年代末，曼宁和莱斯等对钢梁与混凝土交界面上的黏结应力进行了研究，指出增设抗剪连接件可以增强组合梁的整体工作性能，使极限承载力明显提高。组合梁从20世纪30年代末期开始，已逐步采用抗剪连接件，外包混凝土也逐步过渡到把混凝土翼板放在钢梁翼缘之上，形成目前常用的“板-梁”体系的组合梁形式。实际上从20世纪40年代开始，几乎所有的组合梁都采用了抗剪连接件。

组合结构桥自20世纪50年代之后得到了迅速的发展，从20～25m跨径的中小跨径梁桥到大跨径斜拉桥，都有组合梁的应用。20世纪60年代是欧美各国和日本桥梁建设的黄金时期，组合结构以其整体受力的经济性、发挥两种材料各自优势的合理性以及便于施工的突出优点而得到广泛应用，各种形式的组合结构桥梁被大量建造。欧美各国和日本，为降低施工费用，在城市道路和高速公路中大量采用了钢-混凝土组合梁桥，除常用的组合板梁桥和组合箱梁桥之外，相继开发出波形钢腹板组合梁桥、组合桁梁桥等一系列新的结构形式。传统的组合梁桥，出于提高经济性的考虑也在不断改进。

在欧美各国和日本的桥梁建设中，组合结构桥梁占有重要地位。以法国为例，组合结构桥梁最有竞争力的跨径范围可达30～110m，在40～100m跨径范围的公路桥中，85%是组合结构桥梁，如法国高速铁路系统（TGV）中组合结构桥梁占到45%。英国大多数20～160m及以上跨径的公路桥梁，组合结构桥梁竞争力很强。德国及美国的组合结构桥梁应用更广。

在组合结构桥梁的发展过程中，箱形组合梁因其抗扭能力强、整体性好、适合曲线线路以及更能适应大跨径与特殊要求等特点，获得了较大的发展，在世界各地的应用非常普遍，尤其在大跨径连续梁桥上更为常见。20世纪80年代以来，欧美等国相继建造了许多各具特色的连续箱形组合梁桥，其结构形式与具体的环境、建设条件巧妙结合，展示了许多特点。施工中的西班牙Alvares箱形组合梁桥，如图1-5所示。

图1-5　施工中的西班牙阿尔瓦雷斯箱形组合梁桥

在大跨径钢-混凝土箱形组合梁桥方面，德国所取得的成就令人注目。德国自从20世纪80年代以来，先后修建了多座大跨径的公路、铁路连续箱形组合梁桥。如海德明登（Hedemunden）—维拉（Werra）河谷公路新桥与铁路桥、威尔考-哈斯劳（Wilkau-Hablau）—茨维考穆尔德（Zwickauer Mulde）河谷公路桥等。这些桥梁集中体现了创新的研究成果、设计方法以及施工工艺。

德国海德明登—维拉河谷公路新桥为五跨等高连续箱形组合梁桥，其桥跨布置为80m+2×96m+80m+64m=416m。桥梁上部结构采用双幅设置，桥面总宽35.5m，由两个单箱单室箱形组合梁组成。钢主梁为呈倒梯形的开口钢箱梁截面形式，其上铺设混凝土桥面板。主梁高5.85m，高跨比为1/16.4。考虑环境要求，该桥施工时采用不设临时墩的顶推施工方法，钢梁部分先顶推到位后,再现浇混凝土桥面板,桥面板的浇筑采用中间支点附近节段后浇筑的皮尔格法。

德国 A94 公路的 NeuÖtting 桥为大跨径的箱形组合梁桥,桥跨布置为 95m + 154m + 95m = 344m,为变高度连续组合梁桥。变高梁的梁高在支点断面处平均为 6.8m,跨中断面处平均为 3.3m,高跨比分别为 1/22.6 和 1/46.7。钢主梁采用开口钢箱梁截面形式,斜腹板斜度为 1:10,上缘宽 7.5m,底板宽 6.23 ~ 6.94m。除支点断面外,钢梁横隔系仅设置斜撑而没有水平拉杆,这主要是为了方便桥面板的现浇施工。该桥边跨钢梁在辅助墩上施工,跨中 90m 段钢梁采用浮运吊装;桥面板采用现浇法施工,先施工边跨与跨中部分,再施工中间支点部分。

德国伍珀河谷大桥采用了七跨连续箱形组合梁桥,其桥跨布置为 44.7m + 64.0m + 72.8m + 72.8m + 64.0m + 44.7m = 418.3m,大桥主梁采用钢-混凝土箱形组合梁,桥面宽度约达 18m,钢主梁采用开口钢箱梁截面形式,钢梁宽 5.60m、高 3.80m,钢梁内外设置有桁架式横隔系,包括腹板竖向加劲肋、底板横向加劲肋、内外斜撑以及上平面水平系杆,沿桥梁纵向每隔 4m 设置 1 道,钢梁采用顶推法施工。该桥桥面板采用强度等级为 C30 和 C37 的混凝土,桥面板由10 ~ 15cm 厚的预制板及其上 20cm 厚的现浇混凝土板组成。钢箱梁两侧翼缘间的预制板以及外悬臂上的预制板均为单向承重板。预制桥面板的使用大大提升了桥梁的建设速度,即使在两侧悬臂的外侧也不需要使用模板。施工中的德国伍珀河谷大桥箱形组合梁,如图 1-6 所示。

图 1-6 施工中的德国伍珀河谷大桥箱形组合梁

除了德国以外,其他一些欧美国家同样设计并建造了大量极具特色的大跨径连续钢-混凝土箱形组合梁桥。20 世纪 70 年代以来为了提高承载能力和桥面板的耐久性,缩短施工工期,欧洲以及日本等国家投入大量资金,进行基础性理论研究和试验,制定了相应规范。随着研究的深入以及设计、施工技术的不断发展和完善,组合结构桥梁在这些国家获得了迅速发展。目前,连续箱形组合梁桥最大跨径已超过 200m,单箱桥面宽度超过了 30m。

早期的连续箱形组合梁桥,混凝土板通常借助于预应力筋施加预应力,但大部分预应力直接施加至钢梁上,并且混凝土的收缩徐变还将导致预应力的进一步损失,在极限状态下预应力束的作用甚微。显然,钢结构的存在限制了预应力在组合梁中的应用,而不采用预应力的组合梁,对于简化构造、方便施工并降低造价具有很大的吸引力。因此,随着对混凝土板损伤、破坏等方面认识水平的提高以及混凝土开裂对桥梁力学性能与耐久性的影响等方面研究的深入,人们又转向允许混凝土板开裂,用混凝土裂纹宽度限值代替拉应力限值,通过提高钢筋性能来使得混凝土保持较小的裂纹宽度。这一设计原则与方法的改变是组合结构桥梁发展过程中的一项重要转变,以其经济上更大的竞争优势促进了组合结构桥梁更大的发展。

同时,由于计算方法与理论方面的发展,通过对连续组合结构桥梁在施工阶段、正常使用阶段以及极限状态下的理论与试验研究,人们对负弯矩区的力学性能、钢与混凝土板的连接性能、钢结构局部与整体稳定性能等均有了更全面的认识,对结构的总体性能更加了解。如今,设计者在设计时通常不再将组合梁作为一个平面或线性的结构,而是将其作为空间结构来考虑;不再将组合梁按照简单的线弹性方法进行设计,而是考虑结构的弹塑性、塑性行为,并发展了弹塑性、塑性的分析与设计方法。

组合梁最初的计算方法是基于弹性理论的换算截面法。这种方法假设钢材与混凝土均为理想弹性体,两者连接可靠,完全共同变形,通过弹性模量比将两种材料换算成一种材料进行计算。目前,换算截面法仍是对组合桥进行弹性分析和设计的基本方法。考虑到混凝土是一种弹塑性材料,钢材是理想的弹塑性材料,计算构件或结构的极限承载力时,在能够保证塑性变形充分发展的前提下,有时需要考虑塑性发展带来承载力的提高。

1951 年,美国的纽马克等人提出了求解组合梁交界面剪力的微分方程解法,这种方法假设材料均为弹性、抗剪连接件的荷载 – 滑移曲线为线性关系,通过求解微分方程得到组合梁的挠曲线。国内外对钢-混凝土组合梁的研究表明,当连接件的数量达到完全抗剪连接时,连接件数量增加对组合梁的极限强度几乎没有影响;当连接件的数量少到一定程度后,组合梁的极限强度开始降低,直到最后仅由钢梁本身提供的承载力。1975 年,约翰逊根据前人的研究提出了简化的分析方法,即部分抗剪连接组合梁的极限抗弯承载力可根据完全抗剪连接和纯钢梁的极限抗弯承载力按连接件数进行线性插值而确定。聂建国院士团队通过对滑移效应的大量试验及理论分析后提出,设计组合梁时滑移效应不能忽略,它会引起曲率、挠度和转角增大,弹性抗弯强度降低,用未考虑滑移效应的换算截面法计算的组合梁变形值比试验值偏小,并由此提出了组合梁计算的折减刚度法。该方法精度高、公式简单、实用性强,已被国内设计规范所采用。

随着有限元理论的发展,有限元法逐渐被用于钢-混凝土组合梁桥的研究。由于两种材料组合所引起的复杂性,有限元分析中重点研究的内容为:采用合理的二维或三维混凝土本构关系;引入并考虑混凝土和钢梁交界面之间的滑移及连接件的变形;考虑裂缝的分布及其对结构强度、刚度的影响。随着计算方法的不断发展,计算能力不断提高,有限元法目前已经成为研究工作中的一个重要方法和工具。

另外,1944 年美国高速公路桥梁设计规范(AASHTO Specification,1944)中首次给出了组合梁桥的设计方法。随后,美国钢结构建筑规范、加拿大建筑设计规范、德国钢结构规范等分别在 1952 年、1953 年和 1954 年首次列入了有关组合梁的设计条文。1979 年,英国标准协会制定的英国桥梁规范 BS5400 第 5 册,是至今仍然影响很大的一部组合结构桥梁设计规范。欧洲共同体委员会(CEC)于 1985 年首次正式颁布了关于钢-混凝土组合结构的设计规范,随后以该规范为基础形成了欧洲规范 4(EC4),并已于 2004 年(建筑分册)和 2005 年(桥梁分册)推出了正式版本。欧洲规范 4 是目前世界上最完整的一部组合结构设计规范,为组合结构的研究和应用作了较为全面的总结。

1.3 国内组合梁发展概况

从总体上讲,我国组合梁桥的发展比较滞后,尤其是高速公路、一般等级公路的大中桥梁的组合梁应用水平很低。长期以来项目建设各方单纯以较小跨径桥梁的造价高低取舍工程结构方案,缺乏从综合角度研究比较设计方案,设计施工技术水平也就相应较低。我国公路组合梁桥受设计技术水平的制约,各地设计水平极不平衡,缺乏高质量、高水平的组合梁桥行业通用图,严重影响了公路组合梁桥的应用与发展。

我国桥梁过去多采用钢筋混凝土和预应力混凝土桥以及圬工拱桥等结构形式,对于荷载等级较高或跨径较大的铁路桥梁,则采用钢桁桥等结构形式。早在20世纪50~60年代,我国建成的武汉长江大桥、衡阳湘江大桥、川黔线乌江桥、东兰红水河桥的桥面结构已开始采用组合梁的构造形式,但当时在设计中并未充分考虑组合作用,而仅仅将其作为强度储备。

我国从20世纪70年代末期开始研究组合梁,起步相对较晚。1980年,郑州工学院对两根采用槽钢作为抗剪连接件的钢-混凝土简支组合梁进行试验。1984年,哈尔滨建筑工程学院采用弯筋抗剪连接件的组合梁进行了试验研究和理论分析。20世纪80年代后期开始,清华大学等单位开始对组合梁进行了较为广泛而系统的试验研究,包括部分抗剪连接组合梁、连续组合梁、压型钢板组合梁、预应力组合梁、混凝土翼板开洞组合梁等试验,涉及的内容包括承载力、刚度及裂缝等,并对部分抗剪连接组合梁的受弯承载力和刚度计算公式等提出了修正建议。在20世纪90年代初,清华大学在大量试验研究的基础上,提出考虑钢梁与混凝土翼板交界面滑移效应的折减刚度法,该方法简单实用,是对组合梁设计计算方法的重要改进和发展,用折减刚度法计算组合梁的截面刚度和截面抵抗矩与国内外的试验结果吻合良好。

随着道路等级的不断提高和建设规模的扩大,桥梁呈现出跨径不断增大、桥型不断丰富、结构不断轻型化的发展趋势,同时对桥梁建设的经济性和综合效益也越来越重视。在这种背景和需求下,适合我国基本建设国情的、兼有钢桥和混凝土桥优点的钢-混凝土组合结构桥梁近20年来得到迅速发展。例如,在城市和公路建设中,为解决大跨径跨线桥及高架桥的施工难题并降低结构高度,我国很多地区开始采用钢-混凝土组合梁桥。已建成的箱形组合梁桥,其跨径一般在30~100m范围内,部分跨径超过100m。

此外,对一些曲率半径较小的匝道桥,为避免混凝土开裂并减轻结构自重,也开始采用组合梁桥面系。其中,为解决混凝土桥面板高空支模的难题,北京市于1993年在国贸桥首次采用了钢-混凝土叠合板组合梁,既能保证桥面的整体性,同时又能够大大加快施工速度。这种桥面构造方式后来在国内很多组合桥的建造中得到了推广应用。

我国于2000年建成的主跨为312m的芜湖长江大桥采用了钢-混凝土组合结构,这也是我国首座公铁两用斜拉桥。该斜拉桥主梁采用了混凝土板和主桁上弦结合共同受力的钢桁架-混凝土组合结构。此外,武汉天兴洲公铁两用大桥也采用了这种结构形式,跨径达到504m。

2005年,河南省建成了我国第一座波形钢腹板连续箱梁公路桥,即泼河大桥。该桥跨径为4×30m,采用先简支后连续装配式体外预应力波形钢腹板组合箱梁结构。此后,山东鄄城黄河公路大桥等波形钢腹板组合梁桥陆续开始建设。

1991年,上海市建成的南浦大桥是我国第一座钢-混凝土组合梁斜拉桥。该桥借鉴了加拿大安纳西斯桥(Annacis)和美国贝当桥(Baytown)的设计经验,并在桥面板抗裂等方面做了改进。其后,我国建成的上海杨浦大桥、青州闽江大桥、重庆观音岩长江大桥等均采用了这一桥型。2005 年,我国建成的东海大桥主航道桥则采用了箱形组合梁斜拉桥的结构形式,主跨跨径为 420m,主梁由封闭截面的扁平流线型钢箱梁和其上浇筑的混凝土桥面板所构成。

2000 年,深圳建成的北站大桥是我国首座采用组合梁悬吊桥面系的钢管混凝土拱桥。桥面系由横向布置的预应力箱形组合梁所构成。该桥的技术成果后来在多座钢管混凝土拱桥中得到推广应用。

2004 年,云南建成的祥临澜沧江大桥是我国首座钢-混凝土组合梁悬索桥(主跨 380m)。该桥加劲梁采用纵横梁组合桥面体系结构,由两根梁高 1.8m 的钢纵梁、纵向分布间距为 3m 的钢横梁和钢筋混凝土桥面板组成。

1993 年,北京建成了我国第一座三跨连续工字组合梁桥,此为工字组合连续梁在我国的首次应用。此后,随着我国大规模基础设施建设的发展和生产力水平的提高,组合结构的应用越来越多,但主要集中在大跨桥梁,例如钢管混凝土拱桥、钢-混凝土组合梁斜拉桥等。近些年中小跨径组合梁桥在北京、上海等地的城市立交桥建设中得到了一定的应用。以北京建成的航天桥(主跨 73m)和朝阳门桥(主跨 64m)为代表的一批钢-混凝土组合连续梁桥,取得了良好的技术经济效益。这些工程的建成为进一步在公路和城市桥梁建设中推广应用组合梁桥积累了宝贵的经验。

随着钢-混凝土组合梁桥的不断发展及应用,其中箱形组合梁桥近些年来也相继在国内重大工程项目中得以推广、应用。

上海长江大桥是上海崇明越江通道工程"南隧北桥"的重要组成部分,位于长江入海口,跨越长江北港水域,连接长兴与崇明两岛,全长 16.57km。该桥按高速公路标准建设,桥面设双向六车道。设计中对该桥主航道桥两侧的非通航孔桥形式进行了多方案综合比较,从减少河道阻水、结构耐久、施工便捷、经济合理、景观优美等多方面考虑,最终采用了主跨 105m 钢-混凝土组合连续梁桥。该桥于 2005 年 9 月开工,2009 年 10 月建成通车。

港珠澳大桥跨越珠江口伶仃洋海域,是连接香港、珠海、澳门的超级跨海通道,是列入《国家高速公路网规划》的重要交通建设项目。大桥主体工程总长 29.6km,采用桥隧组合方案,隧道工程长约 6.7km,桥梁工程长约 22.9km。其中,桥梁工程中浅水区非通航孔桥采用了跨径 85m 连续组合梁桥,全长 5 440m,共 64 孔。如图 1-7 ~ 图 1-9 所示。该桥于 2009 年 12 月开工,2018 年 10 月建成通车。

图 1-7　建成后的港珠澳大桥

此外,我国首次提到组合梁这一设计概念是在 1974 年颁布的《公路桥涵设计规范(试行)》中,但设计条文比较简单;1986 年颁布的《公路桥涵钢结构及木结构设计规范》(JTJ 025—1986)对组合梁内容进行了修订;1988 年,《钢结构设计规范》(GBJ 17—1988)首次将"钢与混凝土组合梁"作为一章;2003 年,《钢结构设计规范》(GB 50017—2003)将有关组合梁章节内容进一步拓展和完善;2013 年,《钢-混凝土组合桥梁设计规范》(GB 50917—2013)的发布实施,标志着我国也有了独立的组合梁桥设计规范;2015年,《公路钢结构桥梁设计规范》(JTG D64—2015)和《公路钢混组合桥梁设计与施工规范》(JTG/T D64-01—2015)对组合梁内容进行了补充和完善。

图1-8 港珠澳大桥箱形组合梁制造

图1-9 港珠澳大桥箱形组合梁安装

随着我国经济实力的快速提升和交通建设的巨大需求,我国科研和工程技术人员在理论和方法上对组合梁桥进行了深入研究,钢-混凝土组合梁桥必将大规模应用于大跨径跨线桥、高架桥,以及公路和城市桥梁建设中,并将取得良好的经济效益和社会效益。

1.4 箱形组合梁特点与优势

箱形截面组合梁桥的抗扭刚度很高,较工字形截面组合梁桥具有更高的稳定性和更大的刚度,适用于跨高比较大及扭转作用较大的桥梁。目前,我国钢-混凝土箱形组合梁桥多应用于城市立交桥及高速公路的跨线桥,其主要目的是为增大桥梁跨越能力、解决桥下净空不足及避免施工时中断交通。但由于箱形组合梁桥的钢梁制作费用较工字形钢梁要高,因此从降低造价的角度出发,对于跨径较小的组合梁桥不宜采用箱形截面。另外,箱形组合梁桥的钢箱底板宽度较大,因此使用的钢板厚度可相应适当减小;同时,箱内部封闭性较好,有利于提高钢梁的防腐蚀性能。

按照钢箱梁顶面是否开口,可以分为开口钢箱梁和闭口钢箱两种形式。开口钢箱结构简洁、受力明确,是箱形组合梁桥最常用的结构形式;闭口钢箱一般在平面曲线半径较小、抗扭要求高等情况下使用。开口钢箱梁主要由腹板、底板以及宽度较小的顶板组成。此类型钢箱制作较为方便,同时用钢量较小。但需要指出的是,开口截面钢箱在与混凝土桥面板形成组合截面之前,开口截面的箱形钢梁抗扭刚度较小,因此在施工过程中需要采取增加横隔板或斜撑的措施以保证结构的稳定性。

通常情况下,箱形组合梁桥较适合用于25m跨径以上的简支梁桥或30m跨径以上的连续梁桥,常用跨径范围为30~100m,经济跨径为60~100m。典型的箱形组合梁双向四车道和双向六车道横断面如图1-10、图1-11所示。

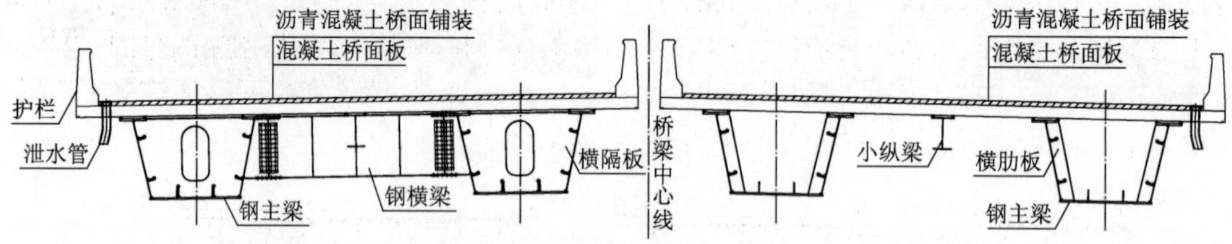

图1-10　双向四车道箱形组合梁横断面

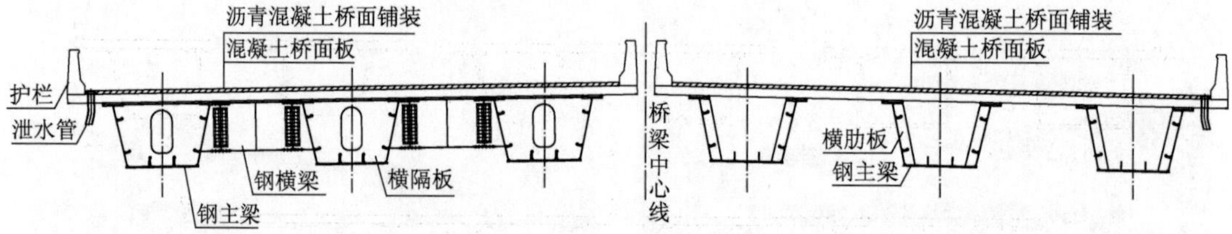

图1-11　双向六车道箱形组合梁横断面

箱形组合梁主要由上部的混凝土桥面板与下部的钢箱梁组成,根据桥面宽度的不同,可采用单箱单室、单箱多室和多箱多室等布置方式(图1-12),并通过桥面板和横向联结系连成整体。选择截面形式时,应重点考虑桥面的高宽比以及制作、吊装能力。

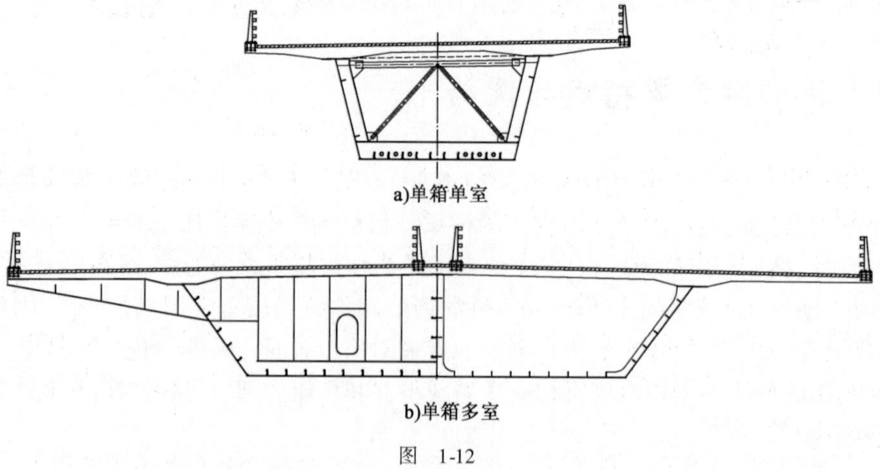

a)单箱单室

b)单箱多室

图　1-12

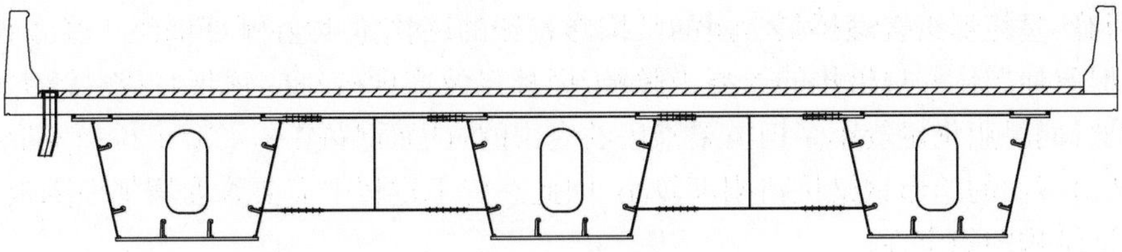

c)多箱多室

图1-12　单箱单室、单箱多室、多箱多室截面

虽然多箱多室截面能减小桥面板的厚度，但与单箱单室相比，腹板的用钢量较大且制作较为复杂。对于桥面系结构高度较大且跨径大于100m的桥梁，一般很少采用多室箱梁。为减轻上部结构的自重以达到增大跨径、减少下部结构工程量和提高截面抗扭刚度的目的，当桥面宽度较小时，可考虑采用单室箱截面形式。当桥面宽度较大时，则可考虑采用单箱多室、多箱多室或是设置横向联结系构件的单箱多室截面[图1-13a)、b)、c)]。

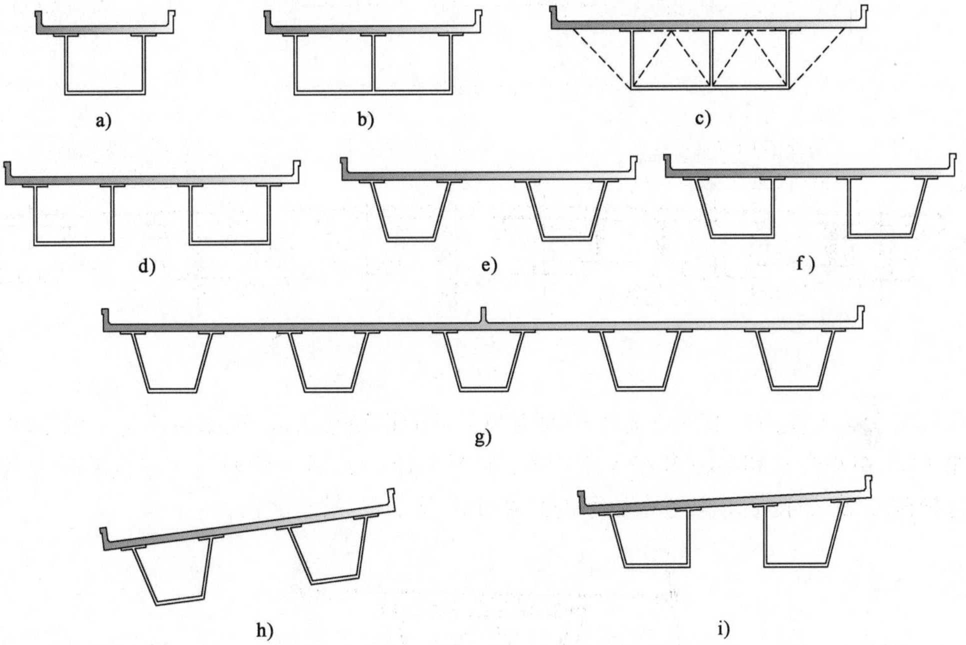

图1-13　钢-混凝土箱形组合梁桥截面形式

另外，箱形组合梁的各钢箱梁腹板既可以设置为竖直形式，也可以设置成向外倾斜的形式[图1-13d)、e)、f)]，后者可减小底板的宽度。在城市高架桥中，通常采用梯形截面的单箱单室截面与单墩相配合，具有外形简洁、美观，桥下通视条件好等优点。此外，为形成桥面横坡，钢箱左右两侧的腹板可以设置为不等高度形式[图1-13i)]。需要指出的是，开口钢箱梁的上翼缘必须要保持有一定的宽度，以用于支撑混凝土桥面板并便于布置抗剪连接件。对于连续箱形组合梁桥，如条件许可，也可考虑将钢箱梁与桥墩固结为整体，从而形成组合刚构桥。

箱形组合梁具有很多的优势，相对于工字组合梁，箱形组合梁的抗扭刚度更大，承载能力更高,尤其适合应用于曲线桥梁。此外,箱形组合梁的内表面处于封闭的空间,能够有效避免与外界不利环境的直接接触,耐久性较好,维修养护的工作量也会相对减少。总体而言,箱形组合梁易形成标准化和规格化的产品,适用于标准化建造,既可提高结构建设效率,也容易保证质量,是目前工业化建造钢结构桥梁推广及应用的主力桥型之一。

■ 第 2 章

设计原则

公路钢结构桥梁的装配化主要是指运用现代化的理念进行管理,通过提升设计理念及方法的标准化以及生产的模数化、工厂化,实现部件的通用化、装配化以及施工的机械化。当前,推进公路钢结构桥梁的装配化建造是十分必要的,是落实绿色发展理念,实现工程管理人本化、专业化、标准化、信息化、精细化的重要抓手,可以有效提升公路工程的建设品质,降低全寿命周期成本。

2.1 装配化特点与优势

2.1.1 装配化概念

对于建筑结构,我国从 2013 年开始陆续出台了建筑产业化、工业化的具体要求,提出了建筑工业化的基本概念,即:利用现代化的理念进行管理,通过提升设计理念及方法的标准化以及生产的模数化、工厂化,实现部件的通用化、装配化以及施工的机械化。与此同时,我国于 2017 年颁布施行了《装配式建筑评价标准》(GB/T 51129—2017),对建筑工业化基本概念进行了明确的规定。主要名词释义见表 2-1。

《装配式建筑评价标准》(GB/T 51129—2017)主要名词释义 表 2-1

建筑工业化名词	优　　势
装配式建筑(Prefabricated Building)	采用以标准化设计、工业化生产、装配式施工、一体化装修和信息化管理等为主要特征的工业化生产方式建造的建筑
建筑产品(Construction Component)	工业化生产、现场安装的具有建筑使用功能的建筑产品,通常由多个建筑构件或产品组合而成
预制构件(Prefabricated Component)	在工厂或现场预先制作的结构构件
装配率(Prefabricated Ratio)	工业化建筑中预制构件、建筑部品的数量(或面积)占同类构件或部品总数量(或面积)的比率

桥梁产业化与建筑产业化类似,桥梁产业化是指运用现代化管理模式,通过标准化的桥梁设计以及模数化、工厂化的预制构件生产,实现桥梁结构部件的通用化和现场施工的装配化、机械化。与桥梁产业化相对应的是桥梁工业化建造技术,即在设计、制作、施工及管养过程中

的工业化生产方式。

桥梁工业化是桥梁产业化的基础和前提,只有工业化水平达到一定的程度,才能实现桥梁产业现代化。由于产业化的内涵和外延高于工业化,桥梁工业化主要是桥梁产品生产方式上由传统方式向社会化大生产方式的转变,而桥梁产业化则是从整个桥梁行业在产业链条内资源的更优化配置。桥梁产业化是桥梁工业化的目标,桥梁工业化是实现桥梁产业化的手段和基础。

根据我国建筑工业化基本定义及发展规划,针对我国桥梁建设特点,我国桥梁的工业化发展应为通过现代化的标准设计、工厂化制造、运输、安装和信息化管理的生产方式,以代替桥梁传统施工方式中分散的、手段落后的、生产率不高的非工厂化生产方式。现代化的目标是标准的桥梁设计方法、施工生产的工厂化预制、利用机具来实现施工机具与组装方法现代化;此外,通过现代数据手段在施工组织管理中的大规模应用,以期求得各部件的设计、施工与装配的标准化、模块化,让桥梁结构各部件实现工厂化生产、施工。

2.1.2 装配化优势

桥梁工业化建造具有以下优势:

(1)质量稳定有保障。桥梁构件设计、生产、安装标准化,可维修更换性强,便于质量控制和管理。

(2)施工速度快,环境影响小。桥梁构件生产工厂化和安装机械化,施工快速简易、现场工作量小,提高劳动生产率,缩短工期;现场仅需装配,不受气候影响,对现有交通影响小。

(3)施工环保程度高。扬尘量少、噪声小及施工作业时间短,施工方法的环境友好性高,对现有物资的利用率高。

(4)技术经济性好。可通过工厂预制和施工机械化来减少人力资源需求,特别是生产规模越大时,这一优势就越为突出;结构耐久性好、维护保养方便,全寿命成本低。

桥梁工业化的核心是装配化。就桥梁建设而言,为了适应工业化建设的需要,中小跨径桥梁宜采用"工厂预制 + 现场拼装"的装配化桥梁结构体系。

装配化钢结构桥梁建设方案的特征为:标准化设计、工厂化生产、装配化施工、信息化管理。升级我国钢桥产业化、工业化水平需要重点解决的五大关键点为:体制机制、材料、制造、施工、管养及装备。

装配化钢结构桥梁的先进性主要体现在:质量高、长寿命、速度快、施工工法适应性强、对自然与环境影响小、全寿命周期成本低、提升工程结构的工业化水平、利于优化劳动结构及提高劳动力水平等。例如,港珠澳大桥主体桥梁工程上部结构用钢量约达 42 万 t,主体工程中 22.9km长的桥梁上部结构基本采用了装配化钢结构。

图 2-1 装配化建设的港珠澳大桥

装配化建设的港珠澳大桥,如图 2-1 所示。

箱形组合梁,因其构造简单、工厂制造,装配施工方便,跨径适用范围广而备受关注。其结构形式既可以是简支,也可以是连续;根据顶面是否开口,又可以分为开口钢箱梁和闭口钢箱两种形式;根据桥面板的不同,既有预制桥面板,又有现浇桥面板。我国箱形组合梁桥的应用从20世纪90年代开始,经过三十多年的工程实践表明,箱形组合梁桥可以满足现代桥梁对轻型大跨径、预制装配化和快速施工的要求。箱形组合梁钢结构构造,如图2-2所示。

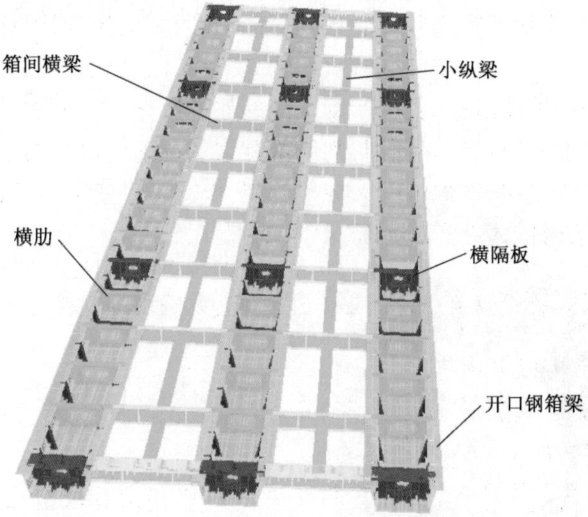

图2-2 箱形组合梁钢结构构造

箱形组合梁的装配化建造技术主要是采用基于预制拼装的标准化构造,将传统的箱形组合梁桥设计施工过程转变为桥梁构件的工业化生产与单元机械化拼接安装过程,并实现从设计到管养的信息化管理与质量控制。与传统的混凝土梁预制拼装技术不同,箱形组合梁桥装配化建造技术具有更好的工业化基础与产业化潜力,且更加环保、施工更加快捷、能更好地满足轻型大跨径的要求。

箱形组合梁钢梁现场安装如图2-3所示。

图2-3 箱形组合梁钢梁现场安装

2.2 装配化总体要求

装配化钢结构桥梁可摆脱高投入、高消耗、高污染的粗放式建设模式，满足节能、环保、快速、安全、耐久、高效、美观的建设要求，促进桥梁的转型升级、提质增效，是实现桥梁产业化的有效路径。

当前，我国钢桥的标准化、工厂化、机械化和产业化水平不高，装配化率低，已经建造的工程尚缺乏设计和建造理念。在港珠澳大桥的建设过程中，为了应对和解决港珠澳大桥工程技术、施工安全、环境保护的挑战，建设高品质、长寿命的跨海大桥，设计者提出了"大型化、工厂化、标准化、装配化"的创新建设理念，其核心是工业化，大桥装配化率达 95% 以上，开启了我国装配化桥梁建造的新时代。

图 2-4 港珠澳大桥装配化施工

港珠澳大桥装配化施工，如图 2-4 所示。

在"一带一路"倡议和"走出去"及扩大内需政策的推动下，我国公路行业将得到迅猛发展，这将为装配化钢桥的发展提供更为广阔的市场空间。

2.2.1 装配化要求

装配化钢结构桥梁的总体要求：标准化设计、工厂化生产、装配化施工、信息化管理。

(1)标准化设计

标准化设计是保障全产业链完整性的关键，是实现工厂化预制的前提，能够有效控制工程质量和建造成本，为构件的系列化、通用化乃至多样化奠定基础。

国内技术水平较高的设计单位已开始了相关研究，部分单位已开展了钢结构桥梁通用图的编制，如中交公路规划设计院有限公司(以下简称中交公规院)、河北省交通规划设计院有限公司、安徽省交通规划设计研究总院股份有限公司、甘肃省交通规划勘察设计院有限责任公司等。河北省交通规划设计院主要编制了 25 ~ 40m 跨径工字组合梁和 80m、120m、150m 波形钢腹板预应力混凝土(PC)组合箱梁通用图；安徽省交通规划设计研究总院股份有限公司和甘肃省交通规划勘察设计院有限责任公司主要编制中等跨径工字组合梁通用图。

截至 2018 年底，中交公规院已经完成了《装配化钢结构桥梁通用图编制指导意见》，其涵盖了工字组合梁、箱形组合梁、上跨箱形组合梁、连续钢箱梁、下承式连续桁架组合梁、下承式连续钢桁梁、上承式钢拱桥、中承式钢拱桥、梁式人行天桥、中承式单肋拱人行天桥等。现已编制完成的首批装配化钢结构桥梁系列通用图，包括 6 种桥型 69 套系列图册，实现了建筑信息模型(BIM)参数化建模及出图，并且该系列通用图已经申报了多项国家专利(图 2-5)。

a) b)

图2-5 中交公规院研发编制的装配化箱形组合梁系列通用图成果示意

(2)工厂化生产

区域预制场的建立可实现"空中的工作放地上,地上的工作请到车间"的构件制造过程(图2-6),从而提高专业化水平和质量管理的可控性,使构件的质量和稳定性得到保证。同时,也可以提高桥梁的耐久性,减少后期维护及运营费用。

从全寿命周期看,钢结构桥梁的造价和耐久性优势更为突出。但在当前的体制机制下,市场更为关注建造成本,这也成为钢结构桥梁推广的最大障碍。建立区域预制场,不仅能有效降低钢桥建造成本,而且能引领当地钢企转型升级,带动地方经济。

(3)装配化施工

装配化施工具有施工速度快、生产效率高、对自然和社会环境影响小、优化劳动力结构等优点,能够有效提升桥梁建设的工业化、产业化水平,其核心是高效安装与高精度控制技术及装备的研发。

港珠澳大桥箱形组合梁海上装配化安装,如图2-7所示。

图2-6 钢结构桥梁工厂化生产制造

图2-7 港珠澳大桥箱形组合梁海上装配化安装

(4)信息化管理

通过新一代信息工具BIM集成桥梁模型的各类相关信息,实现信息参数从桥梁前期规划设计到施工运维的全寿命周期内进行数据存储、传递和共享,可在提高工程与工作质量、生产效率、节约成本、缩短工期、科学管养和灾害应对等方面发挥重要作用。

BIM 技术具备了可视直观、动态仿真、智能优化、辅助决策等众多优点，能够提升管理的信息化水平(图 2-8、图 2-9)。

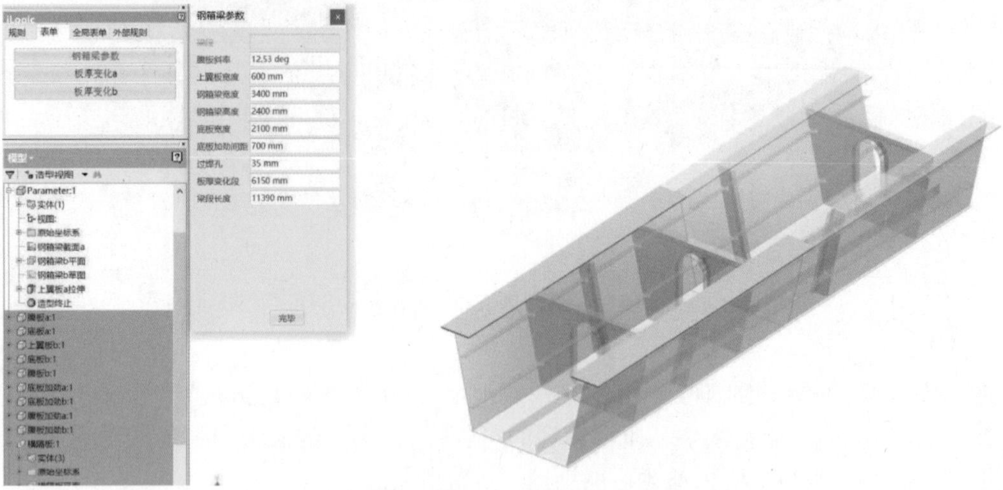

图 2-8　装配化箱形组合梁 BIM 参数化设计示意

图 2-9　港珠澳大桥钢箱梁自动化生产线

2.2.2　关键技术及装备

对于装配化钢结构桥梁，应从设计阶段开始，统筹考虑钢结构桥梁标准化设计、工厂化制造、装配化施工等问题，强化从全产业链统筹关键技术研发，形成成套技术及装备。

(1)高性能高强钢研发

桥梁技术的发展离不开材料，就钢桥发展而言，应向高强度、易焊接性、耐候性方向发展，保障桥梁的耐久性、安全性，缩短工程周期，降低工程造价、维修费用，以取得竞争的优势。

高强钢是国内外桥梁钢发展的一个必然方向,美国、日本、韩国、欧洲等国家和地区早在2000年左右就研发了690MPa级别的桥梁钢,并且美国在2003年就已实现了工程应用。而我国桥梁用钢板经历六代发展,最高强度级别Q500qE已应用于沪通长江大桥,690MPa级别的桥梁钢已研发完成,但尚无大型工程大规模推广应用。

近年来,钢铁行业在提高钢材抵抗自然环境腐蚀方面作出了大量的努力,耐候钢就是典型成果之一。耐候钢生产成本较一般钢材提高不多,但可以依靠其自身性能抵抗一般环境下的侵蚀,甚至做到免涂装,大幅降低后期养护成本。美国、日本的钢结构桥梁已经开始广泛推广使用耐候钢,截至2014年底,美国约有1万座免涂装耐候钢桥。我国大型钢企已经研发了桥梁用耐候钢,最高强度达620MPa,已经具备了耐候钢的生产能力,并开始向国外出口。

目前,中交公规院已联合鞍钢股份有限公司、宝钢股份武汉钢铁有限公司等6家单位开展《公路桥梁用耐候钢技术标准》的编制,按照屈服强度设计345MPa、420MPa、500MPa、620MPa四个强度级别,形成适用的钢材合金化体系及相应的牌号。

(2)智能制造技术及装备研发

智能制造技术及装备研发是我国桥梁提升工业化、产业化水平的关键,是钢桥品质的保障。港珠澳大桥的钢结构构件加工基本实现了工业化、自动化制造,包括自动加工、智能焊接及智能拼装等,同时采用了数控切割机自动划线及板单元下料、机器人焊接系统等智能化生产设备(图2-9)。

(3)现场高效安装与高精度控制技术及装备研发

目前,我国桥梁建设的产业化、工业化水平还比较低,智能化施工技术及装备研发还处在起步阶段。现场高效安装与高精度控制技术及装备的研发是装配化钢桥发挥速度快、施工工法适应性强、对自然与环境影响小、提升工程结构的工业化水平等优势的关键。

(4)智能化管养技术及装备研发

我国桥梁的建设过程中,曾一度"重建轻养",这对保障桥梁的安全性、耐久性和使用功能十分不利。相对于混凝土桥梁,钢结构桥梁优势之一是全寿命周期成本和耐久性,这更需要建立"建养并重"理念、研发智能化管养技术及装备、提升钢桥智能化养护能力。

(5)基于"设计使用寿命+全寿命周期成本"交通建设评价机制研究

现行的交通基础设施建设机制对于推动我国过去30多年交通快速发展作出了重要贡献,使我国在较短时间内走过了中低端水平的发展阶段。但现有机制具有的"简单低价竞标模式"和"一般水平重复建设"特性,将难以跨越发展过程中的"中等水平陷阱",已不适应基础设施建设"绿色发展、循环发展、低碳发展、高端发展"的要求,制约了交通建设与运营管理向国际高端迈进,有必要探索和创新交通建设机制。

未来钢结构桥梁的发展应探索并创新"设计使用寿命+全寿命周期成本"的交通建设评价机制,以政府和社会资本合作(PPP)模式,推进大型央企集团运用以"资本+技术"为引领的全产业链服务方案解决公路与桥梁建设遇到的新问题。

福建莆炎高速公路装配化钢结构桥梁应用,如图2-10所示。

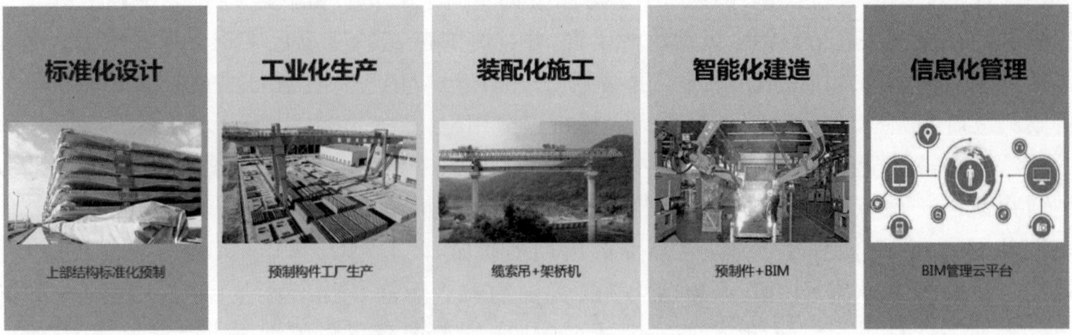

图2-10　福建莆炎高速公路装配化钢结构桥梁应用

2.3　装配化设计原则

我国《公路桥涵设计通用规范》(JTG D60—2015)规定公路桥涵设计应根据公路功能和技术等级,考虑因地制宜、就地取材、便于施工和养护等因素进行总体设计,在设计使用年限内应满足规定的正常交通荷载通行的需要。

美国 *AASHTO LRFD Bridge Design Specifications* 规定设计的极限状态应满足桥梁的安全性能、施工性能及使用性能的要求,并适当考虑结构的养护性能、经济性及美观等方面要求。

由上可以看出,美国桥梁设计规范将安全性能、施工性能及使用性能作为第一目标,将养护性能、经济性和美观等作为第二目标;我国桥梁设计规范没有层次之分,需要同时考虑桥梁的安全性能、使用性能、施工性能和养护性能等。

与此同时,《公路桥涵设计通用规范》(JTG D60—2015)规定公路桥涵设计应按照安全、耐久、适用、环保、经济和美观的原则。

《公路钢结构桥梁设计规范》(JTG D64—2015)规定公路钢结构桥梁设计应提出对制作、运输、安装、养护、管理等的要求,选择合理的结构形式,宜采用标准化、通用化的结构单元和构件,构造与连接应便于制作、安装、检查和维护。

《公路钢混组合桥梁设计与施工规范》(JTG/T D64-01—2015)规定组合桥梁设计应根据建设条件、结构受力性能、耐久性、施工、工期、经济性、景观、运营管理、养护等因素,合理确定结构形式、跨径布置、截面构造、组合梁钢-混结合部位置及结构形式。

《组合结构设计规范》(JGJ 138—2016)规定在建筑工程中合理应用钢与混凝土组合结构,做到安全适用、技术先进、经济合理、方便施工。

综合上述因素,装配化钢结构桥梁设计总体原则应为:根据桥梁建设条件、结构受力性能、耐久性、经济性、施工性能、养护性能、景观等因素,选择合理的结构形式,合理确定跨径布置、截面构造、连接构造等,并宜采用标准化、通用化的结构单元和构件,做到安全适用、经济合理、耐久环保、方便施工。

目前,国内钢桥设计水平良莠不齐,为了确保我国公路钢桥建设的高品质、长寿命,推行标准化设计、装配化的设计施工理念是一个必须坚持的方向。同时,我国钢桥发展目标应为:高性能材料、标准化设计、工厂化制造、装配化施工、智能化管养、设计使用寿命、全寿命周期成本、管理体系认证。优秀的设计是确保建设品质的关键,采用桥梁标准化设计亦即通用图,是工程项目享有优质设计资源的必要途径。

2.3.1 标准化设计

常规跨径钢桥,自重轻、施工安装过程简便、构件尺寸相对较小且可回收再利用,在国内外城市交通基础设施快速化建设过程中具有广阔的应用前景。目前,美国、日本、德国等发达国家在常规跨径钢桥的应用方面走在了世界的前列,也取得了一些研究成果。国外的钢桥产业早已走向工业化发展道路,这主要得益于成套标准化技术的发展与运用。日本从20世纪50年代末就开展了钢桥设计的标准化、建筑材料的规格化以及构件生产的预制化等一系列工作。

目前,我国在国家层面和行业层面均大力倡导预制装配化技术,鼓励使用钢结构,减少施工现场的工作量。桥梁工业化需要设计先行,在设计阶段,结合项目建设条件,全面推行桥梁构件标准化设计,提升设计品质。通过标准化设计,采用统一的构件,以使预制标准化、工艺流程化、安装机械化,在提高结构质量的同时,可以大大提高生产效率。通过充分利用装备能力,采用整体化、大型化构件,可以优化结构受力,减少现场作业步骤,提升预制和安装的效率。

标准化设计的优点主要体现在:①与我国当前钢构件制造相匹配,有利于提高建造质量;②可以减少重复劳动,加快设计速度;③有利于自动化技术的推进;④便于实行构件生产工厂化、装配化和施工机械化,提高劳动生产率,加快建设进度。

在对常规跨径钢结构桥梁进行标准化设计时,宜运用模块化思想对钢结构桥梁进行标准化设计。模块是在标准化原理的应用基础上发展而来的,它常被用于机械、建筑等领域的标准化设计中,是具有尺寸模数化、结构典型化、部件通用化、组装积木化的综合体,所以在常规跨径钢桥的上部结构设计中,宜优先选择模块化原理来指导设计。

例如,钢梁可设计成尺寸参数标准化,且具有模数制的部品。现场人员可利用配套技术按照一定的边界条件和组合方式,将满足模数制要求的预制部品快速拼装成整桥,以满足用户不同的使用要求。

需要指出的是,常规跨径钢桥在进行节段划分时,应综合考虑桥宽、构造、制作、运输、施工等因素,可选择纵、横向分段方案或仅分成纵向梁段的方案。

2.3.2 通用图设计

对于中小跨径桥梁的划分在各个国家各有不同。我国《公路桥涵设计通用规范》(JTG D60—2015)规定,单孔跨径介于5~20m的桥梁为小跨径桥梁,单孔跨径介于20~40m的桥梁为中等跨径桥梁;美国小跨径钢桥联盟规定,小跨径桥梁最大跨径为140ft[1];新西兰组合梁桥设计指南规定,跨径介于5~30m的为小跨径桥梁,跨径介于30~80m的为中等跨径桥梁。

我国中小跨径桥梁目前主要以混凝土桥为主,条件允许的情况下,大多采用装配式预应力混凝土梁桥,其中装配式预应力混凝土空心板梁,有10m、13m、16m、20m四种跨径的标准图集;跨径稍大一些的有装配式预应力混凝土T梁和装配式预应力混凝土小箱梁,相关标准图集有20m、25m、30m、35m、40m五种跨径系列;跨径超过40m以后,一般采用变截面预应力混

[1] 1ft(英尺)=0.3048m。

凝土箱梁的形式。相比较而言,钢结构桥梁在我国应用较少,其中组合梁占比更少,由于研究和应用还不够广泛,钢结构桥梁和组合结构桥梁尚未形成行业标准图供参考和使用。

与之相对,美国的中小跨径组合梁桥不仅应用十分广泛,标准图也已经非常完善。美国钢桥市场发展协会(Steel Market Development Institute,SMDI)根据材料性质(匀质材料或混合材料)、主梁加工形式(轧制或焊接)、主梁间距(1.83m、2.28m、2.74m 和 3.20m)和跨径(18.3 ~ 42.7m)制定了 260 套简支工字组合梁桥通用图。美国钢桥联盟(National Steel bridge Alliance,NSBA)根据材料性质(匀质材料或混合材料)、主梁间距(2.28m、2.74m、3.20m 和 3.66m)和跨径(35.7 ~ 71.3m)制定了 88 套连续工字组合梁桥通用图。

鉴于我国的国情,发展中小跨径钢桥已迫在眉睫。虽然国外在中小跨径钢桥的设计建造方面取得很多的成果,但根据我国的具体情况,国外的设计参数、标准图不能完全适用于我国的公路桥梁。为此,进行常规跨径钢桥的通用图研发并对其进行推广是十分必要的。

对常规跨径钢结构桥梁通用图进行研发时,应能代表行业发展的先进水平,追求行业领先技术,满足如下要求:

(1)通用图编制工作理念与原则:高端、安全、耐久、美观、安装快捷、维护方便。

(2)通用图桥梁结构主要工程材料的技术指标、设计水平等应与国际先进水平接轨。

(3)各地区可根据不同的条件进行通用图的推广和应用。

中交公规院暨装配化钢结构桥梁产业技术创新战略联盟(简称钢桥联盟),以"高端,安全,耐久,美观"原则研发编制了装配化钢桥系列通用图,具有"BIM 技术融合、高性能材料、工厂化制造、水陆模块运输、无模化现浇,装配化施工"等技术特点(表 2-2)。该系列通用图现已成功应用于贵州都安高速公路、福建莆炎高速公路等项目,取得了显著的社会经济效益。

中交公规院装配化钢结构桥梁通用图技术特点 表 2-2

技　术	特　点
非预应力	采用轻型非预应力结构,简化结构构造和制造施工
模块化	将工厂化制造的钢主梁、桥面板、混凝土护栏等结构构件工业化产品,按照常规的陆路或水路运输方式运输至施工现场
装配化	钢主梁、桥面板、混凝土护栏均采用工厂制造、现场装配化安装施工
无模化	桥面板湿接缝、梁端桥面板现浇段为无模化浇筑
高性能	结构采用高强度钢、耐候钢,最高强度达 Q620qD
高品质	标准化设计 + 工厂化制造 + 模块化运输 + 装配化架设,实现工程全寿命周期内的高品质
系列化	涵盖了 10 种桥型与结构,主跨 20 ~ 400m
信息化	实现 BIM 技术与通用图一体化,采用 BIM 技术实现参数化设计修改、二三维出图等

装配化钢桥系列通用图将加速推动我国钢结构桥梁"标准化设计、工厂化生产、装配化施工、信息化管理",开启我国装配化钢结构桥梁建造的新时代。

中交公规院装配化钢桥系列通用图技术成果示意,如图 2-11 所示。

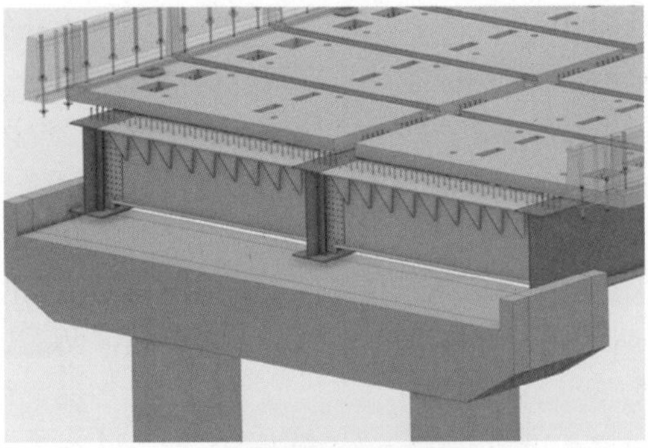

a)装配化工字组合梁

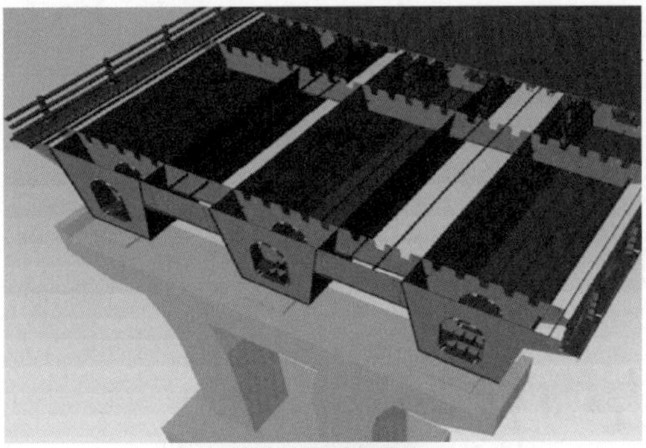

b)装配化连续钢箱梁

c)装配化上跨箱形组合梁

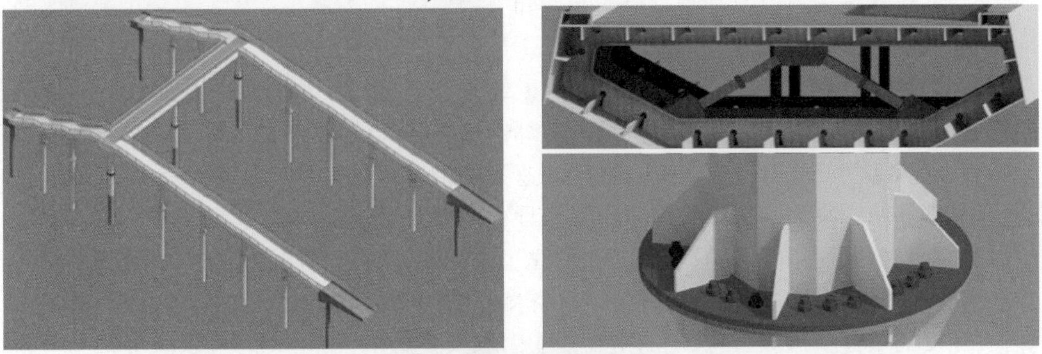

d)装配化钢结构梁式人行天桥

e)装配化钢结构中承式单肋拱人行天桥

图 2-11　中交公规院装配化钢桥系列通用图技术成果示意

■ 第3章

结构材料

钢-混凝土工字组合梁主要由混凝土桥面板和工字形钢梁构成，可以充分发挥混凝土及钢材各自的受力特性，因此混凝土、钢筋及钢材等材料自身的特性对整体组合结构受力性能至关重要。

混凝土是一种水泥基复合材料，是以水泥为胶结剂，结合各种集料、外加剂等而形成的水硬性胶凝材料。当前，混凝土仍是应用最广、用量最大的建筑材料。然而，由于混凝土自重大、脆性高及抗拉强度低，影响并限制了其使用范围；同时，对于低强度的混凝土，在满足相同功能时，其用量较大，这加剧了对自然资源和能源的消耗。20 世纪以来，随着社会经济的发展，由于减水剂、高活性掺合料以及纤维材料的开发和应用，高性能混凝土在土木工程中得到了越来越广泛的应用。

钢筋混凝土结构中，钢筋和混凝土是通过黏结力来共同承担各种内力作用，其中，高强钢筋同普通钢筋相比，具有强度高、延伸性好、可焊性和可塑性好、抗震性能好及可节约钢材等特点。随着当前高强钢筋的推广与应用，必将加速我国钢筋产品的升级、换代，减少资源消耗；此外，将高强钢筋结合高强混凝土合理应用于工程实践中，未来将具有广阔的前景。

另外，随着桥梁使用要求的提高和冶金及配套技术的发展，高性能钢材得以被不断研发出来并应用于工程实践中。高性能钢材除了具备良好的力学性能（如高强度）外，还具有良好的可焊性、优良的塑性变形能力、稳定的抗腐蚀能力以及良好的经济指标，可以满足钢结构桥梁的安全可靠、长寿命等要求。在国外，高性能桥梁用钢已成为桥梁钢发展的一个新方向。

3.1 选材原则

箱形组合梁结构所采用的材料主要包括钢材、混凝土以及钢筋等。从性能指标而言，与钢桥或混凝土桥所使用的材料并无大的区别。

对于混凝土材料，通常要满足强度、弹性模量、耐磨性、抗渗性等物理力学性能指标和流动性、稳定性等施工性能指标。对于由多种材料组成的组合结构桥梁，为消除或减少混凝土长期效应带来的不利影响，所选用的混凝土还应具有小的收缩徐变。另外，在混凝土内掺加适当的添加剂可以显著改善其性能指标，减少混凝土桥面的开裂。为解决某些特殊的工程问题，也可以采用纤维混凝土、轻质混凝土、防水混凝土等特殊性能的混凝土材料。此外，提高结构的耐久性也是混凝土材料的重要发展方向。

对于钢材,在满足强度等力学性能指标之外,还应满足可加工性能、抗冲击性能、耐疲劳性能等方面的要求。设计时,除需选取合适的钢材强度等级,同时应慎重确定钢材的韧性指标、抗疲劳性能和可焊性,防止桥梁由于材料损伤而发生脆性破坏。此外,随着冶金技术的提高,在桥梁上推广采用耐候钢、400MPa 以上的高强钢材及高强铝合金钢等将会产生良好的综合效益。

对于装配化钢-混凝土组合梁结构,材料设计的目标关键在于合理选用材料,保证结构强度、稳定、疲劳、刚度及耐久性,材料选择时应在满足各项功能需求的前提下就高取用。组合梁结构的高强轻质将是未来的一个发展趋势与方向。

3.2 混凝土

混凝土是以水泥为主要胶结材料,与一定比例的砂、石和水拌和,有时还掺入少量的添加剂,经过搅拌、注模、振捣、养护等工序后,逐渐凝固硬化而形成的人工混合材料。混凝土强度是混凝土的重要力学性能,直接影响结构的安全和耐久。《公路钢筋混凝土及预应力混凝土桥涵设计规范》(JTG 3362—2018)规定的混凝土强度设计参数包括立方体抗压强度标准值、轴心抗压强度标准值、轴心抗拉强度标准值、轴心抗压强度设计值和轴心抗拉强度设计值。

3.2.1 抗压强度

《混凝土物理力学性能试验方法标准》(GB/T 50081—2019)规定混凝土立方体抗压强度标准值$f_{cu,k}$为:取边长 150mm 的立方体作为标准试件,用标准方法制作、养护至 28d 龄期,以标准试验方法测得的具有 95% 保证率的抗压强度(以 MPa 计)。混凝土立方体抗压强度标准值用于确定混凝土强度等级,是评定混凝土制作质量的主要指标,是判定和计算其他力学性能指标的基础。

欧洲、美国和日本等国家和地区则根据高度 300mm、直径 150mm 标准圆柱体的抗压强度来确定混凝土的强度等级,符号记为f'_c。f'_c与我国的边长 150mm 标准立方体试块抗压强度的换算关系为:

$$f'_c = 0.80 f_{cu} \tag{3-1}$$

立方体试件受两端局部应力和约束变形的影响,实际上并不处于均匀的单轴受压状态。试验证明,高宽比 $h/b = 3 \sim 4$ 的棱柱体试件,其中间部分已接近于均匀的单轴受压应力状态,与轴心受压钢筋混凝土短柱中的混凝土强度基本相同。因此,取柱体试件的抗压强度为混凝土的轴心抗压强度,即以柱体试件的破坏荷载除以其横截面积。

我国规范规定混凝土轴心抗压强度标准值f_{ck}为:取边长 150mm × 150mm × 150mm 的棱柱体作为标准试件,用标准制作方法、养护至 28d 龄期,以标准试验方法测得的具有 95% 保证率的抗压强度。轴心抗压强度标准值直接反映混凝土的抗压能力。

关于立方体抗压强度标准值$f_{cu,k}$与混凝土轴心抗压强度标准值f_{ck}的换算关系,《公路钢筋混凝土及预应力混凝土桥涵设计规范》(JTG 3362—2018)指出:

$$f_{ck} = 0.88\alpha f_{cu,k} \tag{3-2}$$

式中：α——按以往试验资料和《高性能混凝土结构设计与施工指南》建议取值，C50 及以下混凝土，$\alpha = 0.76$；C55 ~ C80 混凝土，$\alpha = 0.78 \sim 0.82$。考虑 C40 以上混凝土具有脆性，C40 ~ C80 混凝土的折减系数为 1.00 ~ 0.87，中间按直线插入。

混凝土轴心抗压强度设计值 f_{cd} 是由混凝土轴心抗压强度标准值除以混凝土材料分项系数求得，用于混凝土结构的承载力计算。其中，混凝土材料分项系数按 1.45 取值，接近于按二级安全等级结构分析的脆性破坏构件目标可靠指标的要求。

《公路钢筋混凝土及预应力混凝土桥涵设计规范》（JTG 3362—2018）规定的混凝土轴心抗压强度标准值与设计值按表 3-1 取值。

混凝土轴心抗压强度标准值与设计值（MPa） 表 3-1

强度种类	C25	C30	C35	C40	C45	C50	C55	C60	C65	C70	C75	C80
f_{ck}（MPa）	16.7	20.1	23.4	26.8	29.6	32.4	35.5	38.5	41.5	44.5	47.4	50.2
f_{cd}（MPa）	11.5	13.8	16.1	18.4	20.5	22.4	24.4	26.5	28.5	30.5	32.4	34.6

3.2.2 抗拉强度

混凝土抗拉强度较抗压强度要小，一般仅有抗压强度的 5% ~ 10%，与立方体抗压强度的关系也是非线性的。混凝土的抗拉强度是研究混凝土破坏机理和强度理论的一个重要依据，还直接影响到钢筋混凝土结构的开裂、刚度和耐久性。混凝土的抗拉强度可通过轴心受拉试验和劈拉试验等方法测得，也可以根据其与抗压强度之间的经验回归公式进行计算。

混凝土轴心抗拉强度设计值 f_{td} 是在混凝土轴心抗拉强度标准值的基础上，除以与混凝土轴心抗压强度相同的材料分项系数。

《公路钢筋混凝土及预应力混凝土桥涵设计规范》（JTG 3362—2018）规定的混凝土轴心抗拉强度标准值和设计值按表 3-2 取值。

混凝土轴心抗拉强度标准值与设计值（MPa） 表 3-2

强度种类	C25	C30	C35	C40	C45	C50	C55	C60	C65	C70	C75	C80
f_{tk}（MPa）	1.78	2.01	2.20	2.40	2.51	2.65	2.74	2.85	2.93	3.00	3.05	3.10
f_{td}（MPa）	1.23	1.39	1.52	1.65	1.74	1.83	1.89	1.96	2.02	2.07	2.10	2.14

3.2.3 弹性模量

弹性模量是计算结构刚度和变形的重要参数。混凝土受压应力-应变曲线是非线性的，弹性模量随应力或应变的变化而连续变化。确定受压应力-应变曲线方程后，可计算混凝土的割线模量 $E_{c,s}$ 或切线模量 $E_{t,s}$：

$$E_{c,s} = \frac{\sigma}{\varepsilon} \tag{3-3}$$

$$E_{t,s} = \frac{d\sigma}{d\varepsilon} \tag{3-4}$$

从简化计算的角度出发，在进行结构变形计算和内力分析时，通常需要一个确定的混凝土弹性模量值，一般取相当于结构使用阶段的工作应力，即 $0.4f_c \sim 0.5f_c$ 时的割线模量值。混凝土弹性模量的测试方法为：采用柱体试件，取应力上限为 $0.5f_c$，重复加载 5～10 次，此时试件的变形基本已经稳定，应力-应变曲线接近于直线，该直线的斜率即为混凝土弹性模量。

此外，根据对大量试验结果的统计，弹性模量也可根据抗压强度按经验回归公式计算：

$$E_c = \frac{10^5}{2.2 + \frac{34.74}{f_{cu,k}}} \tag{3-5}$$

式中：$f_{cu,k}$——混凝土立方体抗压强度标准值，即混凝土的强度等级（MPa）。

由上式可求得与立方体抗压强度标准值相对应的弹性模量。

《公路钢筋混凝土及预应力混凝土桥涵设计规范》（JTG 3362—2018）规定的混凝土弹性模量按表 3-3 取值。

混凝土的弹性模量　　表 3-3

强度等级	C25	C30	C35	C40	C45	C50	C55	C60	C65	C70	C75	C80
E_c（$\times 10^4$ MPa）	2.80	3.00	3.15	3.25	3.35	3.45	3.55	3.60	3.65	3.70	3.75	3.80

注：当采用引气剂及较高砂率的泵送混凝土且无实测数据时，表中 C50～C80 的 E_c 值乘以折减系数 0.95。

需要指出的是，近年来混凝土原材料变化较大（如粉剂含量增加、集料减少、粒径变小），组成成分不同（如掺入大量粉煤灰），会导致变形性能不确定性增加，因此，必要时应进行试验测定。

此外，混凝土的剪切变形模量 G_{ce} 可按表 3-3 中 E_c 值的 0.4 倍采用，混凝土的泊松比 γ_c 可采用 0.2。

3.2.4　高性能混凝土

针对混凝土材料在工作性、耐久性等方面所存在的一些问题，20 世纪 80 年代末，工程界提出了高性能混凝土（High Performance Concrete，HPC）的概念。区别于传统混凝土，高性能混凝土具有高耐久性、高工作性、高强度和高体积稳定性等许多优良特性，对保证工程的安全可靠、经济耐久和环境适应性等具有重要作用，也是组合结构桥梁重点应用和发展的方向。针对不同的工程需求，高性能混凝土有不同的侧重点或表现形式，如高强混凝土、自流平混凝土、轻质混凝土等。对于钢-混凝土组合结构桥梁，以下几类高性能混凝土将具有应用前景。

1）高强混凝土

我国定义强度等级达到或超过 C50 时为高强混凝土，C80 以上为超高强混凝土。高强混凝土的力学性能在国内外已有许多试验研究，并成功应用于大量工程。相比于普通混凝土，高强混凝土有如下特点：

（1）峰值应变随混凝土强度的提高有增大的趋势，可达到 0.002 5，而普通混凝土一般为 0.002。

（2）高强混凝土达到峰值应力之后，应力-应变曲线骤然下降，呈现出明显的脆性，且随着混凝土强度的提高，混凝土的脆性增加。

(3)高强混凝土的极限拉应变比普通混凝土小,高强混凝土一般为0.003,而普通混凝土通常可达到0.0033。

2)轻质混凝土

轻质混凝土有轻集料混凝土、多孔混凝土等形式,其中轻集料是常用的减重方式。轻集料混凝土是用轻粗集料、轻细集料或普通砂和水泥配制成的混凝土,其干重度不大于1 900kg/m^3。其中,采用普通砂作细集料的轻集料混凝土为砂轻混凝土,采用轻细集料的为全轻混凝土。

按来源和成分,混凝土的轻(粗)集料可分为:天然生成、工业废料、人造材料。

根据结构的设计要求和材料供应情况,选用不同种类和密度的粗、细轻集料,可配制成不同密度和强度等级的轻集料混凝土。对于轻集料混凝土的原材料性能要求、配合比设计、施工工艺、材性试验方法和等级划分等可参考相关文献。

由于轻质混凝土能够减轻结构自重,进而降低结构内力、提高跨越能力,因此可应用于大跨径组合结构桥梁中。但轻质混凝土的收缩徐变影响通常较普通混凝土偏大,设计时需要予以重视。

3)纤维混凝土

混凝土材料的最大缺点之一是其抗拉强度远低于抗压强度,因此抗裂性较差。在混凝土内掺入适量纤维材料,可以有效改善其受拉状态下的强度和延性。掺加的纤维可以是各种金属纤维(钢纤维、不锈钢纤维)、非金属无机纤维(石棉纤维、玻璃纤维、碳纤维)、合成纤维(聚丙烯纤维、聚丙烯腈纤维、改性聚酯纤维、聚酞胺纤维)或天然有机纤维(西沙尔麻、龙舌兰)等。其中,钢纤维是目前技术较为成熟和应用较为广泛的纤维形式。掺加在混凝土内且乱向分布的钢纤维,能够有效阻碍混凝土内部的微裂缝扩展及宏观裂缝的形成,显著地改善混凝土的抗拉、抗弯、抗冲击及抗疲劳性能,并具有较好的延性。

对于纤维体积率在1% ~2%之间的普通钢纤维混凝土,其抗拉强度较普通混凝土可提高40% ~80%,抗弯强度提高60% ~120%,抗剪强度提高50% ~100%。掺加纤维后,混凝土抗压强度的提高幅度一般较小,约在0 ~25%之间,但抗压韧性可得到大幅提高。钢纤维混凝土的抗拉强度,一般可通过试验所得的劈裂抗拉强度乘以强度折减系数0.80确定。

对于为控制或预防混凝土桥面板开裂,并提高耐磨性和抗渗性,在钢-混凝土组合梁桥中采用纤维混凝土也是一种技术措施。

4)活性粉末混凝土和纤维增强水泥基复合材料

1993年,法国Bouygues试验室通过提高组分的细度和反应活性,研制出一种超高抗压强度、高耐久性及高韧性的新型水泥基复合材料,称为活性粉末混凝土(Reactive Powder Concrete,RPC)。RPC作为一类新型混凝土,其抗压强度可达到200 ~800MPa甚至更高,抗折强度可达30 ~60MPa,将混凝土材料的力学性能显著提升至金属材料的量级。RPC主要通过采用石英砂代替石子作为粗集料,选用极细的水泥和硅粉代替普通水泥,并掺加高效减水剂降低水灰比和掺加纤维提高韧性等方式来提高材料性能。目前,RPC成型时需要施加压力并在较高的温度下(250 ~400℃)进行蒸汽养护,因此一般只适宜制作预制构件,工程应用范围受到一定限制。

纤维增强水泥基复合材料(Engineering Fiber Reinforced Cementitious Composites,ECC)是

在传统纤维混凝土基础上发展起来的一种新型复合材料。ECC主要以水泥净浆、砂浆或水泥混凝土作为基材，由非连续的短纤维或连续的长纤维作增强材料组合而成。纤维在其中的作用是，阻止水泥基体中微裂，可阻止或延缓裂缝的发展，并改善结构的变形能力和抗裂能力。ECC中的纤维可采用各种人造纤维如玻璃纤维、碳纤维、有机合成纤维等，也可以采用各种价格相对低廉的天然植物纤维，如剑麻纤维等。目前，ECC已经应用于斜拉桥的复合桥面板、结构修复加固等领域，未来在组合结构桥梁中也将具有一定的推广应用前景。

3.2.5 选材

随着工程建设技术的发展、进步和工程结构建设要求的提高，桥梁所用的混凝土强度等级也得到逐步提高。随着历次设计规范的修订，混凝土强度等级的下限值、上限值也得到逐步提升(图3-1)。

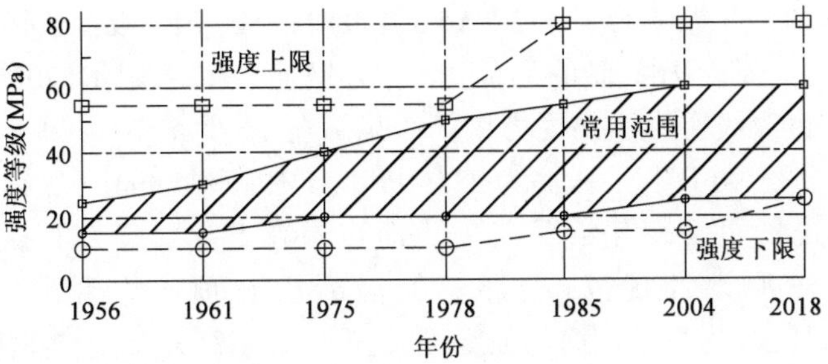

图3-1 我国修订混凝土强度等级历程

混凝土在选用时需考虑的因素，一般主要有：

(1)结构的受力性能。混凝土作为结构中承受压力的主要材料，其强度等级提高，有利于发挥材料优势，节约工程造价。但由于混凝土是脆性材料，随着其强度等级的提高，构件突然性压溃的风险也会增大。因此，应更加具体情况，综合考虑结构的力学性能确定混凝土强度等级。

(2)结构的经济性。混凝土的性能价格比一定程度上反映了结构经济性，主要的指标是强度价格比。有关研究表明，随着混凝土强度等级的递增，强度价格比逐渐提高，体现出较好的经济效益。但对于高强度的混凝土，随着强度的递增，其对原材料的要求也越高，生产工艺比较复杂，存在制作成本较高的问题，其强度价格比随着强度等级的提高而降低。

《公路钢筋混凝土及预应力混凝土桥涵设计规范》(JTG 3362—2018)规定：

(1)钢筋混凝土构件不低于C25；当采用强度标准值400MPa及以上钢筋时，不低于C30。

(2)预应力混凝土构件不低于C40。

《公路钢混组合桥梁设计与施工规范》(JTG/T D64-01—2015)规定：

(1)钢筋混凝土构件混凝土强度等级不应低于C30。

(2)预应力混凝土构件混凝土强度等级不应低于C40。

考虑到钢-混凝土组合构件一般用于主要受力构件，因此规定钢筋混凝土构件采用的混凝土强度等级不应低于C30。

综上，对于箱形组合梁，考虑其实际应用情况，箱形组合梁的混凝土材料：对于钢筋混凝土构件，混凝土强度等级不应低于C30；对于预应力混凝土构件，混凝土强度等级不应低于C40。

3.3 钢筋

组合梁桥的混凝土桥面板内通常需要配筋。采用的钢筋主要包括有物理屈服点的钢筋（又称软钢，如热轧钢筋）和没有物理屈服点的钢筋（又称硬钢，如钢丝、钢绞线和热处理钢筋）。热轧钢筋可用于组合结构桥梁构件的构造配筋，与钢材及混凝土组合在一起共同受力。钢绞线等则可用于预应力组合结构桥梁。钢筋的应力-应变关系通常采用表面不经切削加工的钢筋试件进行拉伸试验加以测定。一般认为，钢筋的受压应力-应变关系与受拉相同，所以钢筋的抗压强度和弹性模量都采用受拉试验测得。

欧美国家在20世纪末基本形成了300MPa、400MPa、500MPa级普通钢筋并存、以400MPa和500MPa级钢筋为主要受力钢筋的局面；预应力钢筋普遍采用1 570MPa和1 860MPa高强-低松弛的钢丝和钢绞线作为主要受力钢筋。我国在20世纪70～80年代采用235MPa和335MPa级钢筋，20世纪90年代后提高为235MPa、335MPa和400MPa级钢筋并存。根据我国国情和相关产品标准的更新变化情况，《公路钢筋混凝土及预应力混凝土桥涵设计规范》（JTG 3362—2018）较原设计规范《公路钢筋混凝土及预应力混凝土桥涵设计规范》（JTG D62—2004）进一步提高了钢筋的强度等级，推广应用高强-高性能钢筋。

3.3.1 强度

钢筋承担混凝土结构中的拉力，是构件延性的来源，其强度是影响结构安全最重要的力学性能之一。混凝土结构中受力钢筋分为两类：软钢和硬钢。其强度分为两种：屈服强度和极限强度。

1）屈服强度

对于软钢，其受力到一定阶段以后，应变增长而应力停滞，呈现明显的屈服台阶，相应的强度为屈服强度；对于硬钢，因其无明显的屈服台阶，通常取0.2%残余应变相应的非比例应力作为条件屈服强度。在设计中，钢筋的屈服强度用于截面的承载力验算，决定构件的配筋和承载力。

2）极限强度

钢筋的极限强度是指钢筋能够承受的最大拉力的相应强度。钢筋达到极限强度以后，钢筋会颈缩拉断、传力终止，往往引发构件解体和结构倒塌。在设计中，钢筋的极限强度用于结构的防灾性能设计。

钢筋强度设计参数包括：抗拉强度标准值、抗拉强度设计值和抗压强度设计值。这些强度参数的取值方法如下：

（1）抗拉强度标准值。

热轧钢筋是软钢，其抗拉强度标准值取屈服强度；预应力钢筋是硬钢，其抗拉强度标准值取极限强度。

《公路钢筋混凝土及预应力混凝土桥涵设计规范》(JTG 3362—2018)规定普通钢筋和预应力钢筋的抗拉强度标准值分别按表3-4和表3-5采用。

普通钢筋抗拉强度标准值(MPa)　　表3-4

钢筋种类	符　号	公称直径 d(mm)	f_{sk}(MPa)
HPB300	ϕ	6~22	300
HRB400 HRBF400 RRB400	Φ Φ^{F} Φ^{R}	6~50	400
HRB500	$\bar{\Phi}$	6~50	500

预应力钢筋抗拉强度标准值(MPa)　　表3-5

钢筋种类		符　号	公称直径 d(mm)	f_{pk}(MPa)
钢绞线	1×7	ϕ^{S}	9.5、12.7、15.2、17.8	1 720、1 860、1 960
			21.6	1 860
消除应力钢丝	光面 螺旋肋	ϕ^{P} ϕ^{H}	5	1 570、1 770、1 860
			7	1 570
			9	1 470、1 570
预应力螺纹钢筋		ϕ^{T}	18、25、32、40、50	785、930、1 080

注:抗拉强度标准值为1 960MPa的钢绞线作为预应力钢筋使用时,应有可靠工程经验或充分试验验证。

(2)抗拉强度设计值。

考虑必要的安全储备,抗拉强度设计值取抗拉强度标准值除以钢材材料分项系数。对于普通钢筋和预应力螺纹钢筋,材料分项系数取1.20;对于预应力钢筋和钢绞线,材料分项系数取1.47。需要说明的是,对于钢筋混凝土轴心受拉或小偏心受拉构件,纵向受力钢筋的抗拉强度设计值不应大于330MPa;用作受剪、受扭、受冲切的箍筋,其抗拉强度设计值不应大于330MPa;但用作套箍约束混凝土的间接箍筋(如连续螺旋箍筋或封闭焊接箍筋)时,其抗拉强度设计值可不受此限制。

(3)抗压强度设计值。

抗压强度设计值按以下两个条件确定:钢筋的受压应变取混凝土极限变形相应的应变值0.002;钢筋的抗压强度设计值不大于钢筋的抗拉强度设计值。对于HRB500级钢筋,其抗压强度设计值取 $0.002\times2.0\times10^{5}=400$MPa,该值小于钢筋抗拉强度设计值415MPa。

《公路钢筋混凝土及预应力混凝土桥涵设计规范》(JTG 3362—2018)规定普通钢筋和预应力钢筋的抗拉强度设计值、抗压强度设计值分别按表3-6和表3-7采用。

普通钢筋抗拉、抗压强度设计值(MPa)　　表3-6

钢筋种类	f_{sd}(MPa)	f'_{sd}(MPa)
HPB300	250	250
HRB400、HRBF400、RRB400	330	330
HRB500	415	400

预应力钢筋抗拉、抗压强度设计值(MPa)　　表 3-7

钢筋种类		f_{pd}(MPa)	f'_{pd}(MPa)
钢绞线 1×7(七股)	$f_{pk}=1\,720$	1 170	390
	$f_{pk}=1\,860$	1 260	
	$f_{pk}=1\,960$	1 330	
消除应力钢丝	$f_{pk}=1\,470$	1 000	410
	$f_{pk}=1\,570$	1 070	
	$f_{pk}=1\,770$	1 200	
	$f_{pk}=1\,860$	1 260	
预应力螺纹钢筋	$f_{pk}=785$	650	400
	$f_{pk}=930$	770	
	$f_{pk}=1\,080$	900	

3.3.2 弹性模量

《公路钢筋混凝土及预应力混凝土桥涵设计规范》(JTG 3362—2018)规定普通钢筋的弹性模量 E_s 和预应力钢筋的弹性模量 E_p 按表 3-8 采用。

钢筋的弹性模量(MPa)　　表 3-8

钢筋种类		弹性模量(MPa)	
普通钢筋	HPB300	E_s	2.1×10^5
	HRB400、HRB500 HRBF400、RRB400		2.0×10^5
预应力钢筋	钢绞线	E_p	1.95×10^5
	消除应力钢丝		2.05×10^5
	预应力螺纹钢筋		2.0×10^5

应该说明的是,《公路钢筋混凝土及预应力混凝土桥涵设计规范》(JTG 3362—2018)列出的弹性模量值是其统计平均值,而非其他特征值;由于基圆面积率、生产钢筋的负偏差、冷拉调直的伸长及钢绞线捻绞的松紧程度等影响,钢筋的实际受力截面面积可能削弱较多而减少弹性模量。当有必要时,可采用实测的方法确定钢筋的实际弹性模量。

3.3.3 延性

延性是钢筋受拉破断前的变形性能,反映了钢筋断裂时的应变以及构件的破坏性质(延性破坏或脆性破坏)。钢筋的延性表现为两个方面:均匀伸长率和强屈比。

(1)均匀伸长率。钢筋极限强度相应的极限应变为其均匀伸长率,亦即钢筋拉伸时应力-应变关系曲线顶点相应的最大应变。相关标准采用断后伸长率 A 或最大总伸长率 A_{gt} 作为力学性能特征值。《钢筋混凝土用钢 第1部分:热轧光圆钢筋》(GB 1499.1—2017)规定,未经协议确定时,HPB300钢筋的伸长率A取25%,仲裁检验时A取10%;《钢筋混凝土用钢 第2部分:热轧光圆钢筋》(GB 1499.2—2018)规定,未经协议确定时,HRB400和HRB500钢筋的伸长率分别按16%、15%取用(公称直径28~40mm的钢筋可降低1%,公称直径大于40mm的钢筋可降低2%),仲裁检验时采用$A=7.5\%$。

(2)强屈比。钢筋拉断时的极限状态与屈服状态力学参量的比值称为强屈比,其反映了从屈服到断裂之前破坏过程的长短。极限强度和屈服强度的比值称为强度的强屈比,热轧钢筋的强屈比基本在1.2以上;极限应变与屈服应变的比值称为变形的强屈比,热轧钢筋的应变强屈比都在40以上。强屈比大的钢筋屈服以后很久才被拉断,因此破坏有明显的预兆,延性比较好。《钢筋混凝土用钢 第2部分:热轧光圆钢筋》(GB 1499.2—2018)规定,HRB400E、HRBF400E、HRB500E、HRBF500E钢筋的实测抗拉强度与实测屈服强度之比不小于1.25。

3.3.4 外形与几何参数

钢筋的外形不仅决定了与混凝土黏结锚固性能,还影响其力学性能。我国常用钢筋的外形介绍如下。

(1)光圆钢筋:基圆面积率最大(1.0),但锚固和裂缝控制性能最差,必须设置弯钩(弯折),或采用机械锚固的方式才能作为受力钢筋持力。

(2)带肋钢筋:月牙肋钢筋的基圆面积率约0.94,锚固性能尚可,但两条纵肋间分布横肋,引起了劈裂的方向性;两面冷轧带肋钢筋基圆面积率约0.91,两面横肋会导致劈裂的方向性;三面冷轧带肋钢筋的横肋接近极对称分布,不存在劈裂的方向性,锚固性能得到改善。

(3)螺旋肋钢丝:基圆面积率约0.97,主要依靠连续螺旋肋间的混凝土咬合。由于混凝土咬合齿比较宽厚,受力后不易被挤压、破碎,锚固性能较好。

(4)钢绞线:由三股或七股捻绞而成,基圆面积率约0.97,主要依靠钢丝间连续螺旋状凹槽中的混凝土咬合,锚固力属于中等。

(5)刻痕钢丝:基圆面积率约0.97,主要依靠刻痕凹坑中的少量砂浆咬合,锚固性能较差。

(6)光面预应力钢丝和预应力螺纹钢筋:分别采用夹具和螺母锚固,不存在锚固性能的问题。

此外,钢筋的几何参数很多,一般在产品标准中作出规定。此处主要列出设计人员常用的3个几何参数。

(1)公称直径:钢绞线按外圆直径取值,其他钢筋按质量折算的当量直径取值。

(2)公称截面积:钢绞线按各捻绞钢丝面积的总和取值,其他钢筋按公称直径计算或按质量折算的当量横截面积取值。

(3)理论质量:按照质量折算的当量线密度取值。

3.3.5 选材

对于普通钢筋,《公路钢筋混凝土及预应力混凝土桥涵设计规范》(JTG 3362—2018)较《公路钢筋混凝土及预应力混凝土桥涵设计规范》(JTG D62—2004),增加了500MPa级的热轧带肋钢筋;推广400MPa、500MPa级高强热轧带肋钢筋作为纵向受力的主导钢筋,淘汰了

335MPa 热轧带肋钢筋的应用；用 300MPa 光圆钢筋取代了 235MPa 级光圆钢筋；引入了采用控温轧制工艺生产的 HRBF 系列细晶粒带肋钢筋。

对于预应力钢筋，《公路钢筋混凝土及预应力混凝土桥涵设计规范》(JTG 3362—2018)较《公路钢筋混凝土及预应力混凝土桥涵设计规范》(JTG D62—2004)，增补了高强(1 960MPa)、大直径(21.6mm)钢绞线；列入了大直径预应力螺纹钢筋，淘汰了锚固性能较差的刻痕钢丝。此外，当强度级别为 1 960MPa 或直径为 21.6mm 的钢绞线用作预应力配筋时，应注意其与锚夹具的匹配，应经检验并确认锚夹具及工艺可靠后方可在工程中应用。

钢筋选用时，需考虑的因素主要有：

(1)受力类型。结构中的钢筋分为：纵向受力钢筋、预应力钢筋(钢丝、钢绞线和螺纹钢筋)、横向钢筋(箍筋、弯筋和约束钢筋)、分布钢筋和辅助钢筋(架立筋、防崩筋)等。根据钢筋在结构中的不同作用，有针对性地选择钢筋类型和强度等级。

(2)钢筋性能。钢筋的性能包括：力学性能(强度、均匀伸长率、强屈比)、锚固性能(锚固长度、预应力传递长度)、连接性能(搭接长度、可焊性、机械连接适应性)、质量稳定性和施工适应性等。应按照结构受力性能和配筋要求，结合钢筋实际性能进行选择。如月牙肋钢筋基圆面积率、锚固性能及施工适应性尚可，可作为主要受力钢筋；光圆钢筋的锚固性能和裂缝控制性能差，可作为箍筋和焊接钢筋网片。

(3)技术政策。目前，我国倡导减少能源、资源消耗，保护环境、可持续发展，因此钢筋的选材应符合高强-高性能的技术导向和我国的宏观技术政策。

《公路钢筋混凝土及预应力混凝土桥涵设计规范》(JTG 3362—2018)规定，公路桥涵混凝土结构中的钢筋应按下列规定采用：

(1)钢筋混凝土及预应力混凝土构件中的普通钢筋宜选用 HPB300、HRB400、HRB500、HRBF400 和 RRB400 钢筋，预应力混凝土构件中的箍筋应选用其中的带肋钢筋；按构造要求配置的钢筋网，可采用冷轧带肋钢筋。

(2)预应力混凝土构件中的预应力钢筋，应选用钢绞线、钢丝；中、小型构件或竖、横向用预应力钢筋，可选用预应力螺纹钢筋。

对于钢-混组合梁桥，其普通钢筋及预应力钢筋的相关设计指标可按现行《公路钢筋混凝土及预应力混凝土桥涵设计规范》(JTG 3362)的规定取用。

此外，考虑目前实际工程的习惯做法，设计时结构构件中钢筋强度等级可参考表 3-9 取用。

桥梁混凝土结构常用的钢筋强度等级 表 3-9

钢筋		适用范围
普通钢筋	HPB300	直径 8mm、10mm 钢筋
	HRB400	直径 12mm、14mm、16mm、18mm、20mm 钢筋
	HRB500	直径 22mm、25mm、28mm、32mm 钢筋
预应力钢筋	预应力螺纹钢筋	竖向预应力钢筋、临时锚固钢筋
	预应力钢丝	先张法预应力钢筋
	预应力钢绞线	后张法预应力钢筋

3.4 普通钢材

组合结构桥梁应根据结构形式、受力状态、连接方法及钢桥所处环境条件，合理地选用钢材牌号和材质。《公路钢结构桥梁设计规范》(JTG D64—2015)和《公路钢混组合桥梁设计与施工规范》(JTG/T D64-01—2015)规定，组合构件宜采用Q235钢、Q345钢、Q390钢和Q420钢，其质量应分别符合现行国家标准《碳素结构钢》(GB/T 700)和《低合金高强度结构钢》(GB/T 1591)的规定。需要指出的是，《低合金高强度结构钢》(GB/T 1591—2018)规定，2019年2月1日起，取消Q345钢材牌号，改为Q355钢材牌号，与欧盟标准的S355钢材牌号对应。Q355钢材是普通的低合金高强度钢，其屈服强度为355MPa。

3.4.1 性能

1)钢材的力学性能

通过拉伸试验可以得到钢材的屈服强度f_y、抗拉强度f_u和伸长率δ三项基本性能指标。

由于钢材的弹性极限强度f_e与屈服强度f_y的值相近，常以屈服强度作为钢材单向均匀受拉(压)时弹性与塑性工作的分界标志。在钢结构设计中，通常将钢材应力达到屈服强度f_y作为承载能力极限状态的标志之一。

钢材的抗拉强度f_u是钢材强度的极限。钢材的屈服强度f_y与抗拉强度f_u的比值称为屈强比。屈强比越大，强度储备越小，安全性降低；而屈强比过小，材料的强度利用率低，经济性差。钢材的抗拉强度f_u是钢材力学性能的一项重要指标。

伸长率δ是表示钢材塑性变形能力的一项指标。伸长率较高的钢材，说明其塑性变形的能力较强，有利于在结构中实现塑性内力重分布及减少结构脆性破坏的危险。

2)钢材的冷弯性能

钢材的冷弯性能是衡量钢材在常温下弯曲加工产生塑性变形时抵抗裂纹能力的一项指标。钢材的冷弯性能主要取决于钢材的质量，它不但是检验钢材冷加工能力和显示钢材内部缺陷(如分层等)状况的一项指标，也是衡量钢材在复杂应力状态下发展塑性变形能力的一项指标。

3)钢材的冲击韧性

钢材的冲击韧性是指钢材在冲击荷载作用下断裂时吸收机械能的一种能力，是衡量钢材抵抗因低温、应力集中、冲击荷载作用等导致脆性断裂的能力的一项机械性能指标。钢材冲击韧性通常采用有特定缺口的标准试件，在材料试验机上进行冲击荷载试验使试件断裂来测定。钢材的冲击韧性不但与钢材质量、试件缺口状况和加载速度有关，而且受温度的影响较大。钢材的冲击韧性一般随温度下降而下降。在某一温度范围冲击韧性值急剧下降的现象称韧脆转变，发生韧脆转变的温度范围称韧脆转变温度。材料的使用温度应高于韧脆转变温度。因此，对于需要验算疲劳的钢桥构件，需具有钢材冲击韧性的质量保证。

4)钢材的疲劳

钢材的疲劳或疲劳破坏是指钢材在循环应力作用下裂缝的生成、扩展以致断裂破坏的现象。疲劳破坏时,截面上的应力水平低于钢材的抗拉强度,甚至低于钢材的屈服强度,破坏断口较整齐,其表面有较清楚的疲劳纹理,该纹理显示以某点为中心向外呈半椭圆状放射形痕迹的现象,通常没有明显的变形,呈现出突然的脆性破坏特征。

钢材的质量、构件的几何尺寸和缺陷等因素都会影响钢材的疲劳性能,但主要的影响因素是循环荷载在钢材内引起的反复循环应力的特征和循环次数。循环应力的特征可以用应力比或应力幅及最大应力值表示。钢材的疲劳试验表明,当钢材、试件、试验条件相同且应力比为定值时,钢材的最大应力随疲劳破坏时应力循环次数的增加而降低。一般定义,当应力循环为无穷多次时试件不发生疲劳破坏所对应的极限值,称为钢材的疲劳强度极限或耐久疲劳强度。

5)钢材的脆性断裂

钢材或钢结构的脆性断裂是指在低应力情况下突然发生断裂破坏。其断裂面通常是纹理方向单一和较平的劈裂表面,很少或没有剪切唇边。引起钢材脆性断裂的主要因素有:

(1)钢材质量差,有害杂质元素含量过高,缺陷严重,韧性差等。

(2)结构构件构造不当产生的应力集中过于严重。

(3)构件的制造安装质量差,焊接缺陷严重,有较大的残余应力。

(4)结构受较大的动力荷载作用,或在较低的环境温度下工作。

3.4.2 选材

1)一般注意事项

对于箱形组合梁的钢材,选择材料时需注意下述几点:

(1)应根据结构形式、受力状态、连接方法及所处的环境条件,合理地选用钢材,且选择的钢材应满足桥梁设计要求的交货状态、化学成分、力学性能、工艺性能及焊接性能。

(2)桥梁构件主体结构所用钢材牌号均应来自国家现行标准,钢材化学成分和力学性能应符合标准的规定。

(3)在选材时应考虑板厚、材质、拉应力水平及使用温度。

(4)在选材时应注重钢材的冲击韧性指标。冲击韧性是钢材抗脆断能力的主要指标,反映钢材抵抗低温、应力集中、多向拉应力、荷载冲击和重复疲劳等因素导致脆断的能力。钢材的选用应为C、D、E、F中的任一种,C、D、E、F级钢的冲击韧性试验温度分别为0、-20℃、-40℃和-60℃。对于复杂节点,特别是三向受拉部位所用钢材应注意合理选择。

2)结构用钢

对于箱形组合梁的结构用钢,提出需注意按下述规定要求进行选材。

(1)桥梁结构用钢材宜选用Q345q、Q370q、Q420q、Q460q、Q500q、Q690q,附属工程、临时工程及临时结构可选用Q355、Q390、Q420、Q460、Q500、Q690,应分别符合《桥梁用结构钢》

(GB/T 714)和《低合金高强度结构钢》(GB/T 1591)的规定。

(2)当采用抗层状撕裂的钢材(Z 向钢)时,其材质应符合现行《厚度方向性能钢板》(GB/T 5313)的规定。

(3)钢材宜采用热机械轧制(TMCP)或热机械轧制 + 回火(TMCP + T)状态交货,并在质量证明书中注明。其中,热机械轧制(TMCP)状态交货的钢材,当强度级别为小于 Q370 钢板时,其厚度大于 32mm 的钢板应进行回火处理;当强度级别大于 Q370 钢板时,其厚度不小于 20mm 的钢板应进行回火处理。

(4)钢结构桥梁主要受力构件下料时,应使钢板轧制方向与主要应力方向一致。

3)标准连接件

对于箱形组合梁的标准连接件,需符合下述规定及要求。

(1)高强度螺栓、螺母、垫圈的技术条件应符合现行国家标准《钢结构用高强度大六角头螺栓》(GB/T 1228)、《钢结构用高强度大六角螺母》(GB/T 1229)、《钢结构用高强度垫圈》(GB/T 1230)、《钢结构用高强度大六角头螺栓、大六角螺母、垫圈技术条件》(GB/T 1231)、《钢结构用扭剪型高强度螺栓连接副》(GB/T 3632)的规定。

(2)环槽铆钉的技术条件应符合现行国家标准《环槽铆钉连接副　技术条件》(GB/T 36993)的规定。

(3)普通螺栓、螺母、垫圈的技术条件应符合现行国家标准《六角头螺栓》(GB/T 5782)、《1 型六角螺母》(GB/T 6170)、《平垫圈》(GB/T 97.1)、《紧固件机械性能　螺栓、螺柱和螺钉》(GB/T 3098.1)、《紧固件机械性能　螺母》(GB/T 3098.2)的规定。

(4)圆柱头焊钉和磁环应符合现行国家标准《电弧螺柱焊用圆柱头焊钉》(GB/T 10433)的规定。

4)焊接材料

箱形组合梁的焊接材料应与主体钢材相匹配,并应符合以下规定:

(1)手工焊接采用的焊条应符合现行国家标准《非合金钢及细晶粒钢焊条》(GB/T 5117)的规定。

(2)自动焊和半自动焊采用的焊丝和焊剂应符合现行国家标准《气体保护电弧焊用碳钢、低合金钢焊丝》(GB/T 8110)、《非合金钢及细晶粒钢药芯焊丝》(GB/T 10045)、《埋弧焊用非合金钢及细晶粒钢实心焊丝、药芯焊丝和焊丝-焊剂组合分类要求》(GB/T 5293)的规定。

(3)焊接材料进厂时应有质量证明书,焊接材料的质量管理应符合现行行业标准《焊接材料管理规定》(JB/T 3223)的规定。

(4)CO_2 气体保护焊的气体纯度不小于99.5%。

3.4.3 设计参数

钢材的性能主要反映在机械性能和加工工艺性能。而钢材的化学成分以及冶炼、浇铸和轧制的过程对钢材的性能也有很大影响,在交货时也需要保证。

钢材的强度设计值应根据钢材的不同厚度按表 3-10 和表 3-11 的规定采用。

桥梁用结构钢的强度设计值 表 3-10

钢材 牌号	钢材 厚度(mm)	抗拉、抗压和抗弯 f_d (MPa)	抗剪 f_{vd} (MPa)	端面承压(刨平顶紧) f_{cd} (MPa)
Q345q	≤50	275	160	370
	50~100	260	150	
	100~150	240	135	
Q370q	≤50	295	170	385
	50~100	285	160	
Q420q	≤50	335	195	405
	50~100	320	185	
Q460q	≤50	365	210	430
	50~100	360	205	
Q500q	≤50	400	230	475
	50~100	380	220	
Q690q	≤50	550	315	580
	50~100	520	300	

低合金高强度结构钢的强度设计值 表 3-11

钢材 牌号	钢材 厚度(mm)	抗拉、抗压和抗弯 f_d (MPa)	抗剪 f_{vd} (MPa)	端面承压(刨平顶紧) f_{cd} (MPa)
Q355	≤16	280	160	355
	16~40	275	160	
	40~63	260	155	
Q355	63~100	260	150	355
Q390	≤16	310	180	370
	16~40	300	175	
	40~63	285	165	
	63~100	270	155	
Q420	≤16	335	195	390
	16~40	320	185	
	40~63	310	180	
	63~80	300	175	
	80~100	295	170	
Q460	≤16	365	210	405
	16~40	350	205	
	40~63	345	200	
	63~80	330	190	
	80~100	320	185	

续上表

钢材		抗拉、抗压和抗弯 f_d (MPa)	抗剪 f_{vd} (MPa)	端面承压(刨平顶紧) f_{cd} (MPa)
牌号	厚度(mm)			
Q500	≤16	400	230	460
	16~40	390	225	
	40~63	385	220	
	63~80	365	210	
	80~100	360	205	
Q690	≤16	550	315	580
	16~40	540	310	
	40~63	535	310	
	63~80	520	300	

注:表中厚度指计算点的钢材厚度,对轴心受拉和轴心受压构件指截面中较厚板件的厚度。

焊缝的强度设计值应按表3-12的规定采用。

焊缝的强度设计值　　表3-12

焊接方法和焊条型号	构件钢材		对接焊缝				角焊缝
	牌号	厚度(mm)	抗压 f_{cd}^w (MPa)	抗拉 f_{td}^w (MPa) 焊缝质量等级		抗剪 f_{vd}^w (MPa)	抗拉、抗压或抗剪 f_{fd}^w (MPa)
				一级、二级	三级		
自动焊、半自动焊和E50型焊条的手工焊	Q355钢	≤16	275	275	235	160	175
		16~40	270	270	230	155	
		40~63	260	260	220	150	
		63~80	250	250	215	145	
		80~100	245	245	210	140	
自动焊、半自动焊和E55型焊条的手工焊	Q390钢	≤16	310	310	265	180	200
		16~40	295	295	250	170	
		40~63	280	280	240	160	
		63~100	265	265	225	150	
	Q420钢	≤16	335	335	285	195	200
		16~40	320	320	270	185	
		40~63	305	305	260	175	
		63~100	290	290	245	165	
自动焊、半自动焊和E62型焊条的手工焊	Q500钢	≤16	400	400	340	230	225
		16~40	385	385	330	220	
		40~63	375	375	320	215	
		63~100	360	360	305	205	

注:1. 对接焊缝受弯时,在受压区的抗弯强度设计值取 f_{cd}^w,在受拉区的抗弯强度设计值取 f_{td}^w。
2. 焊缝质量等级应符合现行国家标准《钢结构工程施工质量验收规范》(GB 50205)的规定。其中厚度小于8mm钢材的对接焊缝,不应采用超声波探伤确定焊缝质量等级。

高强度螺栓预拉力设计值 P_d 应按表 3-13 的规定取用。

高强度螺栓的预拉力设计值 P_d(kN)　　表 3-13

性能等级	M20	M22	M24	M27	M30
8.8S	125	150	175	230	280
10.9S	155	190	225	290	355

环槽铆钉预拉力设计值 P_d 应按表 3-14 的规定取用。

环槽铆钉的预拉力设计值 P_d(kN)　　表 3-14

性能等级	M20	M22	M24	M27	M30
8.8S	126	175	208	250	315
10.9S	181	220	257	334	408

普通螺栓连接的强度设计值应按表 3-15 的规定采用。

普通螺栓连接的强度设计值(MPa)　　表 3-15

螺栓的性能等级		普通螺栓					
		C 级			A、B 级		
		抗拉 f_{td}^b	抗剪 f_{vd}^b	承压 f_{cd}^b	抗拉 f_{td}^b	抗剪 f_{vd}^b	承压 f_{cd}^b
普通螺栓	4.6 级、4.8 级	145	120	—	—	—	—
	5.6 级	—	—	—	185	165	—
	8.8 级	—	—	—	350	280	—

注:A、B 级螺栓孔的精度和孔壁表面粗糙度,C 级螺栓孔的允许偏差和孔壁表面粗糙度,均应符合现行国家标准《钢结构工程施工质量验收规范》(GB 50205)的要求。

钢材的物理性能指标应按表 3-16 的规定采用。

钢材物理性能指标　　表 3-16

弹性模量 E(MPa)	剪切模量 G(MPa)	线膨胀系数 α(1/℃)	泊松比 ν	质量密度 ρ(kg/m^3)
2.06×10^5	0.790×10^5	12×10^{-6}	0.31	7 850

3.5 高性能钢材

随着桥梁使用要求的提高和冶金及配套技术的发展,高性能钢材被不断开发出来并用于工程。高性能钢材除具备良好的力学性能(如高强度)外,还应当具有良好的可焊性、优良的塑性变形能力、确保板材的厚度方向性能、稳定的抗腐蚀能力以及良好的经济指标。采用高性能钢材可以显著提升桥梁结构性能,并带来良好的经济效益。如采用高强度钢材,可以减小桥梁钢板的厚度及结构自重,从而获得更大的跨越能力。另外,如专门开发的低屈服点钢材,则具有良好的塑性变形能力,可以有效吸收地震能量,减轻结构震害。为此,日本、美国、欧洲及韩国分别投入了大量资源,用于开发满足上述要求的高性能桥梁用钢,并且取得了可观的经济及社会效益。

3.5.1 国内外高性能钢

1) 日本高性能钢

日本桥梁用钢主要向高性能钢方向发展,为此日本相继开发了BHS500及BHS700系列高性能桥梁用钢。日本研发人员研究了常用钢桥的最佳屈服强度,图3-2给出了屈服强度与板梁桥主梁重量之间的关系。从图中可以看出,随着钢的屈服强度的提高,其重量比下降,但是当屈服强度超过500MPa时,由于可变载荷产生的疲劳极限成为设计的控制因素,继续增加强度并不能得到更好的效果。对于悬索桥和斜拉桥,减小桥梁结构的自重能显著减少桥梁建设成本,实践证明,屈服强度为700MPa的高性能桥梁用钢对于这类桥梁的减重非常有效。但考虑到梁式桥占桥梁类型的大多数,500MPa将成为高性能桥梁用钢最基本的强度值。

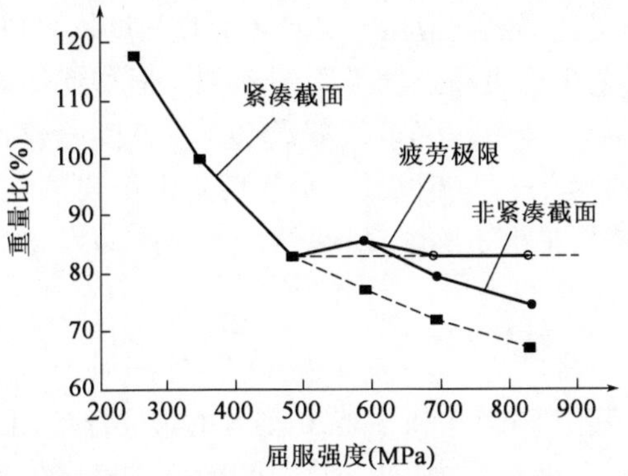

图3-2 日本研究人员提出的33m钢板梁桥钢板屈服强度和重量比关系

例如:东京跨海大桥首次应用了1 200t厚8~59mm的BHS500高性能钢,由于减少了P、S、N、C等元素含量,P_{CM}小于0.20%,因此其焊接无须预热。

又如:BHS700W高性能钢是日本新日铁公司1994年为明石海峡大桥设计的钢材。BHS700W高性能钢的P_{CM}值较大,并且强度较高,因此BHS700W高性能钢的焊接预热温度在50℃左右,同时其焊接热输入降为5kJ/mm,借此来减少焊缝开裂。

日本高性能钢性能指标见表3-17。

日本高性能钢性能指标 表3-17

类型	钢板厚度 t(mm)	屈服强度(MPa)	抗拉强度(MPa)	冲击功(J)	焊接裂纹敏感因子 P_{CM}(%)	预热温度(℃)	焊接输入热量(kJ/mm)
BHS500	$6 \leq t \leq 100$	最小500	570~720	100(-5℃垂直轧向)	0.20	无须预热	最大10
BHS500W	$6 \leq t \leq 50$	最小700	780~970	100(-40℃平行轧向)	0.30	50	最大5
BHS700	$50 < t \leq 100$	最小700	780~970	100(-40℃平行轧向)	0.32	50	最大5

2）美国高性能钢

自20世纪90年代以来，美国钢铁学会、美国联邦公路管理局、美国海军和米塔尔美国公司联合立项研究高性能钢，先后开发了HPS50W、HPS70W和HPS100W系列钢种。

应用实践表明，与传统的桥梁用钢相比，使用HPS系列高性能钢可以使桥梁制造成本降低约18%、重量减轻约28%。高性能钢的应用在美国呈现逐年增加的态势，在美国的42个州，已有数百座桥梁采用了高性能钢。

3）欧洲高性能钢

欧洲并没有关于桥梁用钢的专门标准，其桥梁建设所用钢材绝大部分为微合金钢，对其相关要求包含于结构钢热轧产品的欧洲标准EN 10025之中。欧洲钢铁工业为桥梁制造业提供了不同种类的厚板材料。S235、S275及S355钢仍然是其目前桥梁建设最常用的钢种。

通过使用热机械控制工艺，屈服强度为S460M的高强度钢可以用于桥梁建设。欧洲钢铁生产厂更注重应用调质工艺生产更高强度级别的钢种。通过使用调质工艺，钢的屈服强度可达到1100MPa，但这些高强度钢并不用于桥梁建设，一般桥梁建设所用的最高强度级别为S690，而且这个强度级别的钢在全欧洲也只在少数桥梁中得到了应用。S690钢的应用使得桥梁重量减轻，并且大多数使用是出于美学设计需要。

4）韩国高性能钢

20世纪70年代以来，韩国先后开发了抗拉强度分别为400MPa、490MPa、520MPa和570MPa的桥梁结构用钢，其中SM490和SM520型号的钢广泛应用于韩国的桥梁中。而后，韩国组织相关单位对高性能钢进行研究，研发了HSB500、HSB600和HSB800高性能钢，并在2008年，将HSB500和HSB600纳入韩国桥梁钢设计规范；2010年，将HSB800纳入韩国桥梁钢设计规范。

目前，韩国开发的HSB500和HSB600高性能桥梁钢已用于钢结构桥梁，可以节省建筑成本约10%，减轻钢梁重量约30%，节省桥梁用钢总量约15%。其中，HSB600应用在仁川大桥和Kyeongbu高速铁路桥等桥梁上，HSB500应用在京釜高速铁路桥上。

我国高性能钢研究起步较晚，虽然当前已有多家钢厂开始研发高性能钢，但总体仍处于起步阶段。目前，我国鞍钢已经研发出Q690q和Q690q（D、E）NH高性能钢，其中Q500qDNH高性能桥梁钢已于2014年成功应用于陕西眉县霸王桥、干沟桥两座公路桥的建设，为国内首次应用，但我国目前对于高性能钢的研究仍处于初始阶段。

日本、美国、欧洲、韩国和我国高性能钢力学性能对比，见表3-18。

日本、美国、欧洲、韩国和我国高性能钢力学性能对比 表3-18

牌　号	生产工艺	厚度（mm）	屈服强度（MPa）	抗拉强度（MPa）	韧性要求（最小值）	
					温度（℃）	冲击功（J）
BHS700W	QT	≤100	≥700	≥800	−15（HAZ） −20（母材）	47 100
HPS100W	QT	≤64	≥690	≥760	−34	48
S690Q	QT	≤100	≥690	≥770	−40（QL） −20（QL1）	40

续上表

牌　号	生产工艺	厚度(mm)	屈服强度(MPa)	抗拉强度(MPa)	韧性要求(最小值)	
					温度(℃)	冲击功(J)
HSB800(L/W)	TMCP	≤80	≥690	≥800	-40(L) -20(W)	47
Q690q	TMCP	$0<t\leq50$ $50<t\leq100$	≥650 ≥690	≥770	-20 -40 -60	120 120 47

注:Q 表示"淬火+回火"交货条件;当温度不低于-40℃时冲击功指定的最小值用 L 表示;当温度不低于-60℃时冲击功指定的最小值用 L1 表示;HAZ 表示焊接热影响区。

随着桥梁设计理念的转变以及对桥梁制造周期等方面的要求日益提高,传统的结构钢板已不能完全满足桥梁设计及施工要求,开发强度、断裂韧性、焊接性、耐蚀性以及加工性能等方面均优于传统钢材的高性能桥梁用钢十分必要。在国外,高性能桥梁用钢已成为桥梁钢发展的一个新方向。国外高性能钢研发过程中有以下几个特点值得借鉴和关注。

(1)日本高性能钢的开发非常重视基础理论研究,在基础研究上花费大量的人力物力。如日本在研发 BHS 高性能钢之前,首先通过试验确定了桥梁用钢的最佳屈服强度,为后来确定 BHS 高性能钢的性能指标提供了依据。此外,日本的桥梁钢品种从研发到应用的周期很长,桥梁钢的性能测试,如耐蚀性能、疲劳性能等,往往均在实际环境中进行,其周期可能为数年或数十年,但由于十分接近材料的服役环境,因此对其性能及寿命的估测非常准确。

(2)美国高性能桥梁用钢的立项及开发是由美国政府、行业学会、海军、大学、钢铁公司以及基金会共同合作,充分利用了全社会各行业的人力、物力资源,同时美国材料与试验协会将高性能桥梁用钢纳入标准,使其生产和应用更加顺畅。

(3)欧洲虽然没有关于桥梁钢的专门标准,桥梁用钢大部分为微合金钢,但利用先进的轧制工艺,欧洲大力发展变截面钢板,节约了钢材及成本。

(4)韩国的高性能钢研发虽然比欧美起步晚,但由于从立项起便有政府部门、研究机构、生产制造和设计施工等相关方全程参与项目,参与相关的研发、试验和标准与规范的编制等工作,因此取得了较好的效果。韩国 HSB500 及 HSB600 高性能钢从 2007 年开始实现工业供货。

与以上这些国家和地区相比,我国高性能桥梁用钢的研发与生产,在强度、性能和应用量上,差距较大。未来随着我国常规跨径公路钢结构桥梁及跨海湾、跨江的大跨径钢结构桥梁的建设,桥梁钢结构需求量将呈快速发展,未来市场的增长空间巨大,尤其是对高性能桥梁用钢需求旺盛,发展空间广阔。

3.5.2 其他高性能钢

除上述高性能钢材,不锈钢和铝合金在未来的桥梁工程也将会有一定的应用。

1)不锈钢

不锈钢指在大气和一般化学介质中具有高耐腐蚀性能的一类钢材。不锈钢内铬元素的含量通常在 11% 以上,同时还含有镍、钼等其他多种元素。不锈钢中的铬可在金属表面形成一层光滑、稳定且透明的氧化铬钝化层,从而能够防止不锈钢被腐蚀。与普通钢材不同,不锈钢没有确定的弹性极限强度,通常将 0.2% 应变所对应的应力值作为屈服应力进行设计。不锈钢已在工业设备、船舶等领域有大量应用。受其昂贵价格的影响,不锈钢在桥梁工程中的应用还很少。目前,仅在部分腐蚀环境下的重要桥梁中少量使用了不锈钢钢筋,或作为非结构构件应用(如香港青马桥的风嘴)。虽然不锈钢的成本明显高于普通钢材,但由于可减少维护工作量而能产生可观效益。随着业界对结构全寿命周期内效益成本的认识加深,不锈钢结构在桥梁工程中也会产生一定的吸引力。

2)铝合金

铝合金是以铝为基的合金总称。主要合金元素有铜、硅、镁、锌、锰,次要合金元素有镍、铁、钛、铬、锂等。相比于普通钢材,铝合金具有强度质量比高,断裂韧度和疲劳强度高,耐腐蚀和稳定性好等诸多优点。近年来,铝合金在桥梁工程中也越来越引起人们的兴趣与重视,并已有部分成功的经验。

3.6 耐候钢材

3.6.1 特点

耐候钢是指通过添加少量的合金元素如 Cu、P、Cr、Ni、Mn、Mo、Al、V、Ti、Re 等,使其耐大气腐蚀性能获得明显改善的一类低合金钢。耐候钢的力学性能基本上与优质碳素钢或优质低合金钢接近,但要求耐候钢应具有较好的冷加工性能。此外,在干湿交替环境下,耐候钢能够在其表面形成一层致密的锈层,锈层逐渐稳定后,腐蚀速度减慢,从而达到保护基体的目的(图 3-3)。耐候钢的耐大气腐蚀性能介于普通低碳钢和不锈钢之间。

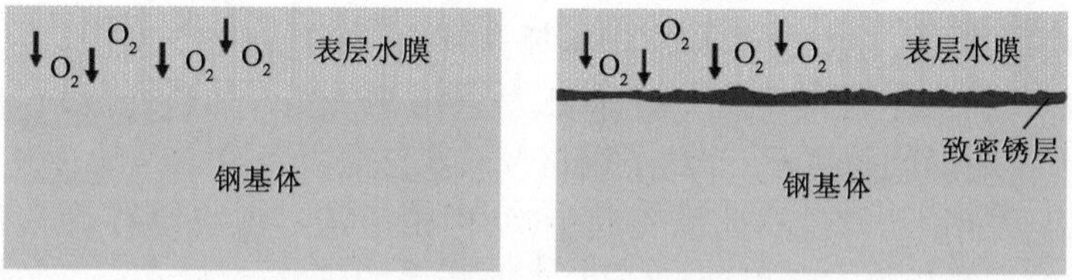

图 3-3 耐候钢耐腐蚀机理示意

1916 年,ASTM 开展了钢材的大气腐蚀研究。20 世纪 30 年代,美国钢铁公司(U. S. Steel)首先研制成功了耐腐蚀高强度含铜低合金钢——Corten 钢,并在 20 世纪 60 年代应用于建筑和桥梁。其中,应用最普遍的是高磷、铜 + 铬、镍的 Corten A 系列钢和以铬、锰、铜合金化为主的 Corten B 系列钢。耐候钢不用涂装就可以使用,因此可以有效降低钢结构寿命周期的总造价,这对于涂装和维护困难的大跨径桥梁具有更重要的意义。

耐候钢的耐大气腐蚀性能为普通碳素钢的 2 ~ 8 倍,并且使用时间愈长,耐蚀作用愈突出。表 3-19 所示为美国耐候钢与普通钢每吨使用量的价格比较。通过比较,耐候钢比普通钢的制造价格高约 5% ,但是普通钢的涂漆防护费用却是两者制造差价的 3 倍。

美国耐候钢与普通钢价格比较(t/美元) 表 3-19

项　目	普　通　钢	耐　候　钢
材料及加工等	1 081	1 138
架设	91	91

续上表

项目	普通钢	耐候钢
工厂涂漆	74	6
现场涂漆	105	2
合计	1 351	1 237

我国耐候钢一般分为高耐候钢和焊接耐候钢。高耐候钢具有较好的耐大气腐蚀性能,焊接耐候钢具有较好的焊接性能。高耐候钢生产方式为热轧和冷轧,焊接耐候钢生产方式为热轧。

我国的热轧高耐候钢牌号常用的主要有:Q295GNH、Q355GNH;冷轧高耐候钢牌号常用的主要有:Q265GNH、Q310GNH。

我国的焊接耐候钢牌号主要有:Q235NH、Q295NH、Q355NH、Q415NH、Q460NH、Q500NH、Q550NH。

高性能耐候钢是一种集优越力学性能、高耐腐蚀性、便于加工制造和较高性价比于一体的桥梁结构用钢。裸装使用时耐候钢最突出的优点,可以最大限度地发挥耐候钢的优势。一般经过3~10年后,耐候钢表面形成一层致密的锈层,锈层能够阻碍氧气和侵蚀氯离子与基体接触,达到保护基体的目的。2016年交通运输部发布的《关于推进公路钢结构桥梁建设的指导意见》明确指出:环境条件适合的桥梁结构推广使用耐候钢,能够提高结构抵抗自然环境腐蚀的能力,降低养护成本。

从本质上讲,耐候钢的腐蚀机理与普通低碳钢相同,耐候钢之所以具有较好的耐蚀性是由于其形成的锈层更为致密,能够附着于基体表面,阻止空气中氧气、水分和有害离子的进入,起到很好的保护作用。而对于普通低碳钢,其锈层较为疏松,容易脱落,不能对基体起到很好的保护作用,因而锈蚀情况更为严重。初始锈层的形成对于耐候钢的耐蚀性能至关重要。大量研究表明,初始保护锈层的形成与耐候钢所处的气候环境和暴露条件有关,在干湿交替环境中,耐候钢更易形成结构致密的稳定化锈层,而在持续潮湿的环境中,有积水存在情况下,污染大气中以及海洋大气下保护锈层不易形成,甚至根本不会形成,耐候钢将与普通钢材一样发生较为严重的锈蚀。一般经过3~10年的暴露后,耐候钢表面锈层逐渐稳定,腐蚀速度减慢,外观呈现与周围环境相协调的深褐色。稳定的锈层一般包括内外两层,内锈层致密,外锈层疏松、多孔,其中内锈层对耐候钢在大气中的腐蚀一般起主要保护作用。

影响耐候钢锈层稳定化的主要因素有:盐分、硫化物和水分等。其中,盐分为控制因素,因此免涂装耐候钢桥在受空气盐分影响较强的海岸区域和有高湿度海风的地区应避免使用,高寒地区路面使用防冻剂和除冰盐的桥梁亦应慎重采用。另外,耐候钢也因合金元素含量不同,而耐候性有差异,是否能裸装使用与耐候钢性能及使用环境有关,这是需注意的一点。另外,耐候钢裸露使用时初期稳定锈层未形成,易发生锈液流失,易污染周围环境,目前可以采用涂刷耐候钢生锈液、锈层稳定化涂层以及洒水工艺等加速锈层稳定措施对耐候钢表面进行预处理,以保证耐候钢在初期就可以形成稳定锈层,从而避免锈液流失。

此外,耐候钢自保护氧化层的耐腐蚀效果与其组成成分以及钢中合金元素及其化合物的作用有关。耐大气腐蚀性能取决于基板的自动保护氧化层的形成过程中干湿交替的气候条件,所提供的保护作用与环境以及主要是在结构中的部位等其他条件有关。因此,在结构件的设计及生产过程中,需注意对表面自动氧化层的形成及再生效应作出规定。对设计者而言,在计算过程中应考虑裸露钢材的腐蚀，或者是提高产品的厚度对浸蚀进行补偿。

对于在空气中含有某些特殊的化学物质或者结构件长时间与水接触，或一直裸露在潮湿的空气中或在海洋性气候中使用时，应对耐候钢采用常规表面保护，在涂漆前需去除产品表面的氧化铁皮。在相同条件下，涂漆后耐候钢的腐蚀敏感程度小于一般的结构钢。

另外，对耐候钢的焊材不仅要考虑强度匹配，还要考虑到所采用的焊接熔敷金属应具有不低于母材的抗腐蚀性。目前，我国耐候钢焊接材料标准仅有《铁道车辆用耐大气腐蚀钢及不锈钢焊接材料》（TB/T 2374—2008）可以参考。美国桥梁焊接规范（AASHTO/AWSD1.5M/D1.5:2010）规定：多道焊缝中，下层焊道所用焊材可以仅考虑强度匹配，但是盖面的两层焊道的焊材需具备抗腐蚀性；单道焊缝中，如果焊缝尺寸小于 8mm，可以使用常规焊材，因为从母材中过渡到焊缝中的合金元素足可以使焊缝具备良好的耐腐蚀性。

对于常规跨径的钢-混凝土组合梁，若采用耐候钢，耐候桥梁钢建议以热机械轧制（TMCP）、热机械轧制 + 回火（TMCP + T）状态交货。同时，根据桥梁所处环境中年均氯离子沉积率和年均 SO_2 沉积率的不同，耐候钢分为城乡大气环境用耐候钢、工业大气环境用耐候钢和海洋大气环境用耐候钢，其化学成分有较大差异，耐候钢选用时应注意所选耐候钢应与当地环境气候相适应，耐候钢力学性能可借鉴《桥梁用结构钢》（GB/T 714）。

3.6.2 应用与发展

目前，在国际上耐候钢正逐渐被当作一种普通钢种来广泛使用。美国约 50% 的桥梁使用了耐候钢，其中有 45% 的桥梁已免涂装应用耐候钢，表 3-20 统计了 2010 年以来美国已建的部分耐候钢桥信息。在日本约 20% 的桥梁使用耐候钢，其中裸露桥梁约占 70%，采用锈层稳定化处理技术的桥梁约占 20%，涂装桥梁约占 10%；近年来，日本在东北、九州及北陆新干线中共有约 19 座桥梁应用了镍系高耐候钢；加拿大在新建钢桥中有 90% 使用了耐候钢；近年来韩国已有 20 余座耐候钢桥。

美国部分耐候钢桥信息统计 表 3-20

建成年份	工程名称	桥型	跨径布置(m)	钢材用量(t)	成本(亿美元)
2010	伯灵顿铁路桥	桁架桥	108.5	3 575.0	0.833
	林奇村桥	工字组合梁桥	2 × 30.5	71.0	0.023
2011	塞姆勒街桥	工字组合梁桥	11.6 + 23.8 + 11.6	250.0	0.070
	爱荷华瀑布桥	拱桥	88.0	834.6	0.128
2012	道奇溪大桥	工字组合梁桥	39.3	80.2	0.008
	基恩公路桥	U 形梁桥	24.8 + 37.9	450.0	0.036
2013	米尔克里克桥	工字组合梁桥	36.6	76.8	0.030
2014	岩链路运河桥	工字组合梁桥	76.2 + 134.1 + 149.4 + 134.1 + 106.7	10 172.0	1.040
	布拉索斯河桥	U 形梁桥	56.4 + 76.2 + 56.4	2 163.0	0.170
2015	威奇塔立交桥	工字组合梁桥	695	2 875.0	0.240

21 世纪以来，我国钢铁企业也对耐候钢进行了研发。武钢开发了超低碳贝氏体耐候桥梁系列钢种，包括 WNQ490、WNQ570、WNQ590 和 WNQ690 四个强度级别。鞍钢按照《桥梁用结

构钢》(GB/T 714—2008),研制了主要适用于内陆田园大气和工业大气环境的系列高性能耐候桥梁用钢,包括Q345q(D、E)NH(相当于HPS50W)、Q370q(D、E)NH、Q420q(D、E)NH、Q500q(D、E)NH(相当于HPS70W)、Q690q(D、E)NH(相当于HPS100W)等;同时,已经研发了适合海洋大气中桥梁使用的镍系耐候钢,主要包括Q235q(D、E)NHY、Q345q(D、E)NHY、Q420q(D、E)NHY三个强度级别,现正在进行屈服强度500MPa级别以上的耐海洋大气腐蚀桥梁用钢的研发。目前,我国钢铁企业已经具备生产不同强度等级且适用于不同大气环境的高性能耐候桥梁用钢的能力,并且与之配套的耐候焊接材料和高强度耐候螺栓也正在逐步实现国产化,这些都为我国耐候钢桥的建设提供了材料基础。

虽然耐候桥梁用钢在我国已经有所应用,但总体而言,耐候钢桥在我国的应用并不普遍,尚未形成相关的设计方法和设计理论,相关参数和指标尚未得到量化,目前也主要是借鉴国外的设计建造经验,整体规模化应用的进程缓慢,相比于发达国家滞后近50年。当前,我国冶金及钢桥制造水平已达到世界先进水平,已经具备了推广耐候钢桥的条件,适于我国耐候钢桥设计建造的相关标准和指南也已进入深入研究阶段,不久将出台相关技术标准。未来,耐候钢在我国桥梁结构中的应用将具有广阔的前景。

表3-21给出了近年来我国耐候钢桥的建设情况,耐候钢在组合梁中的应用如图3-4所示。

近年来我国耐候钢桥建设及用钢情况统计 表3-21

建成年份	工程名称	桥型	钢材型号及涂装情况	钢材用量(t)
2011	南京大胜关长江大桥	连续钢桁拱桥	WNQ570涂装	13 500
	丹通高速宽甸立交桥	波形钢腹板桥	Q370qENH涂装	117
2012	沈阳外环线后丁香桥	钢箱梁桥	Q345qENH裸装	5 400
2013	沈阳后丁香公路桥	钢箱梁桥	Q345qENH涂装	5 239
2014	陕西眉县霸王河桥和干沟河桥	钢管混凝土系杆拱桥	Q500qDNH裸装	990
2015	陕西眉县渭河2号桥	组合梁桥	Q345qDNH,Q500qDNH裸装	400
2016	大连普湾新区跨海桥	钢箱拱肋提篮拱桥	Q345qENH,Q420qENH涂装	19 980
	沈阳毛家店跨线桥	钢箱梁桥	Q345qENH,Q420qENH裸装	1 000
2018	拉林铁路藏木特大桥	钢管混凝土拱桥	Q345qENH,Q420qENH裸装	13 000
2019	官厅水库特大桥	地锚式悬索桥	Q345qENH裸装	7 080

图3-4 耐候钢在组合梁桥中的应用

■ 第 4 章

开口钢箱梁设计

箱形组合梁由开口钢箱梁和混凝土桥面板通过连接件而成。箱形组合梁可以充分发挥钢材及混凝土各自的受力特性,受力明确、建造方便,使得其广泛地应用于常规跨径钢结构桥梁的建设中,并且由于其易形成标准化和规格化的产品,提升结构建设效率的同时也能够保证品质和质量,实现较大的跨径,因此具有广泛的应用前景。

箱形组合梁按照钢箱梁顶面是否开口,可分为开口钢箱梁和闭口钢箱梁两种形式。开口钢箱梁结构简洁、受力明确,是最常用的形式;闭口钢箱梁一般适用于桥梁曲线半径较小、抗扭要求高的情况。箱形组合梁的开口钢箱梁尺寸受结构体系、跨径、主梁片数及钢材强度等因素影响。设计时,应确保其具有足够的强度、刚度及稳定性,其尺寸构造的拟订也应注意符合我国现行有关规范的规定及要求。

4.1 设计要点

4.1.1 设计原则

1)总体设计

箱形组合梁桥应进行以下极限状态设计。

(1)承载能力极限状态:包括构件和连接的强度破坏、疲劳破坏,结构、构件丧失稳定及结构倾覆。

(2)正常使用极限状态:包括影响结构、构件正常使用的变形、开裂及影响结构耐久性的局部破坏。

设计时应考虑以下四种设计状况及其相应的极限状态。

(1)持久状况应进行承载能力极限状态和正常使用极限状态设计。

(2)短暂状况应进行承载能力极限状态设计,必要时进行正常使用极限状态设计。

(3)偶然状况应进行承载能力极限状态设计。

(4)地震状况应进行承载能力极限状态设计。

箱形组合梁的持久状况设计应按承载能力极限状态的要求,进行承载力及稳定性计算,必要时尚应进行结构的倾覆和界面滑移验算。在进行承载能力极限状态计算时，作用（或荷载）组合应采用作用基本组合，结构材料性能应采用其强度设计值。这点主要是由于组合梁设计采用基于概率理论的极限状态设计方法，因此在进行承载力及稳定性计算时，作用效应及材料性能均采用已考虑分项系数的设计值。

箱形组合梁的持久状况设计应按正常使用极限状态的要求，对组合梁的抗裂、裂缝宽度和挠度进行验算。在进行正常使用极限状态计算时，作用（或荷载）组合应采用作用频遇组合、准永久组合。

箱形组合梁的短暂状况设计应对组合梁在施工过程中各个阶段的承载力及稳定性进行验算，必要时尚应进行结构的倾覆验算。施工阶段的作用组合，应根据实际情况确定，结构上的施工人员和施工机具设备等均应作为可变作用加以考虑。通常情况下，组合梁桥分阶段施工完成，施工期间存在结构体系转换，因而实际设计时应考虑施工过程的影响，验算施工过程中的结构承载力及稳定性，但除非有特殊要求，短暂状况一般不进行正常使用极限状态计算，通过施工或构造措施，防止构件出现过大的变形或裂缝。

箱形组合梁应进行抗疲劳设计。钢结构的抗疲劳设计目前采用容许应力幅法按弹性状态计算，疲劳荷载计算模型及相关计算规定应符合现行行业标准《公路钢结构桥梁设计规范》（JTG D64）的规定。

此外，箱形组合梁设计时应根据其所处环境条件和设计使用年限要求进行耐久性设计。

2）开口钢箱梁设计

在对箱形组合梁开口钢箱梁设计时，应注意以下原则及事项：

（1）箱形组合梁桥常用跨径范围为 30 ~ 100m，经济跨径为 60 ~ 100m。

（2）箱形组合梁按照钢箱梁顶面是否开口，可以分为开口钢箱梁和闭口钢箱梁两种形式。开口钢箱梁结构简洁、受力明确，是箱形组合梁最常用的形式；闭口钢箱梁一般适用于桥梁曲线半径较小、抗扭要求高的情况。

（3）按桥面宽度不同，开口钢箱梁可采用一个或多个钢箱梁与混凝土桥面板组合成整体。为减轻上部结构自重，以达到增加跨径、减小下部结构工程量和提高截面抗扭刚度的目的，当桥面宽度较小时，可采用单箱单室截面；当桥面宽度较大时，则可采用单箱多室或多箱多室截面。

（4）当采用多箱多室截面时，为实现多片钢主梁协同工作，应在支点处或跨间设置箱间横梁。横梁的类型可分为横梁式、实腹式和桁架式。

（5）为改善桥面板横向受力，减小桥面板厚度，可在相邻两片钢主梁间设置小纵梁。小纵梁宜采用 H 形断面型钢，固定于横向联结系顶面，并通过剪力键与混凝土桥面板连接。

4.1.2　设计特点

1）结构形式

箱形组合梁桥根据支承条件和受力特点可分为简支组合梁桥和连续组合梁桥（图 4-1）。

简支箱形组合梁桥是结构造较为简单、受力明确的结构形式。简支箱形组合梁上翼缘混凝土板受压，下缘钢梁受拉，可以充分发挥混凝土的抗压和钢材的抗拉性能。

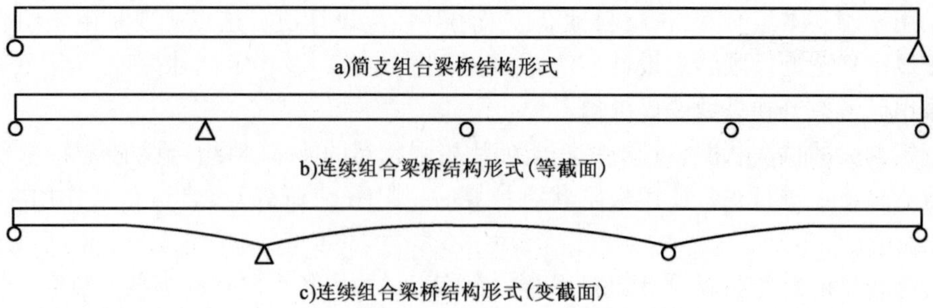

图 4-1　箱形组合梁桥结构形式示意

连续箱形组合梁桥的跨中弯矩比相同跨径简支组合梁桥要小,当箱形组合梁桥跨径较大时,采用连续梁桥的结构形式较为经济。与简支梁组合梁桥相比,连续组合梁桥具有伸缩缝少、噪声小、行车平稳、挠度小、截面经济等优点。但连续组合梁桥的中间支点附近因有负弯矩导致混凝土受拉,因此如何避免或控制混凝土开裂是设计时需着重注意的。

2)结构跨径布置

桥梁跨径的布置需要根据实际情况考虑诸多因素进行综合考虑,需要兼顾设计的跨越要求、工程风险大小、施工建造难度等,同时要考虑上部结构和下部结构建造的技术经济性。箱形组合梁桥的跨径布置弹性很大,可适应不规则的跨径布置。

当跨越山谷等类似条件时,连续梁桥的边中跨比值可以达到 0.8;但采用更大的边中跨比值时,将会因结构受力不合理而影响其经济性。

当跨越道路、河流等较为平坦的地形时,连续梁桥的边中跨比取 0.8 ~ 1.0 较为合理;如遇特殊地形并设置了支点竖向调节装置,甚至可以降低到 0.6,从而以使结构总长达到最小。

当采用连续箱形组合梁桥时,其能够适应的跨数及每一联的长度范围较大,各种跨径的配置也相对自由,施工方法也具有多样性,如可以采用顶推施工方法,也可采用吊装架设方法等。

3)结构立面布置

等高梁是箱形组合梁桥最常见的结构形式。采用该结构形式,工厂化制造方便且经济,同时方便钢梁的运输与安装施工。

对于大跨径的箱形组合梁,如果采用等高梁,将导致钢材用量指标的升高,因此可采用各跨均变高的立面布置形式,变高度梁的梁底变化曲线可以采用抛物线、圆曲线、三次抛物线或直线。但是,对于变高度的箱形组合梁,梁高的变化将导致制造和安装的复杂化,因此只在特殊的情况下使用,如桥梁跨径很大或者有净空限制的时候。此外,对于变高度的箱形组合梁,钢梁施工时宜采用吊装法施工。

4)梁高

箱形组合梁应用的跨径范围较大,因此钢主梁梁高与跨径之比变化范围也较大,对于简支梁桥,通常在 1/18 ~ 1/15 之间,对于连续梁桥通常在 1/22 ~ 1/18 之间。具体取值与桥梁跨径、结构形式及施工方法有关。

4.1.3 注意事项

在对箱形组合梁开口钢箱梁进行设计时应注意以下事项。

(1)常规跨径的箱形组合梁通常采用等高梁设计;钢主梁上、下翼缘及腹板尺寸构造应符合现行规范的规定。

(2)箱形组合梁的钢主梁高度主要受结构体系、跨径、主梁片数、钢材强度等因素影响,可将初步拟订的箱形组合梁梁高(含混凝土桥面板厚度),并带入结构计算分析模型,根据计算结果调整并确定最终的钢主梁高度。

(3)箱形组合梁的桥面横坡可通过绕横断面中预制板内侧的顶板位置旋转形成,也可通过设置不等高的钢梁腹板形成。

(4)对于装配化箱形组合梁,考虑制造、运输、快速施工等因素,钢主梁截面多采用多箱单室的截面形式。钢主梁节段划分应综合考虑钢梁受力、制作能力、吊装能力,以及运输通行能力等多方面因素的影响,宜采用非超限运输方式。

(5)钢主梁支点处应设置横隔板;采用多箱室结构形式时,应设置箱间横梁,横梁对应位置处设置横隔板。

(6)箱形组合梁应在钢与混凝土交界面应设置连接件,宜采用焊钉或开孔板连接件。

(7)钢主梁横向联结系可采用实腹式或桁架式两种构造形式。实腹式横向联结系宜采用H形断面;桁架式横向联结系宜采用上、下横梁和斜撑的构造形式;墩顶、桥台处横向联结系构件尺寸应根据计算分析结果考虑加强。

(8)对于直线桥,横向联结系沿顺桥向布置宜采用等间距布置。

(9)箱形组合梁设计时除应考虑正常的温度效应外,尚应考虑由于钢材和混凝土两种材料不同的线膨胀系数引起的效应影响。

(10)箱形组合梁设计时应根据组合截面形成过程对应的各工况及结构体系进行计算。

4.2 横断面布置

对于多箱室的箱形组合梁,截面布置中钢主梁片数和间距将直接决定其经济性和结构受力性能。钢主梁间距过小则经济性较差,间距过大则必须加密横向联系,以减小桥面板跨径和改善桥面板受力。因此,箱形组合梁横截面的合理布置应考虑钢主梁间距和数量,以及主梁和混凝土桥面板的受力和经济要求。

箱形组合梁开口型钢箱梁应用较多的截面是具有两道腹板的开口钢箱梁截面形式,这种截面仅在上翼缘板与桥面板结合,悬臂不设置加劲肋和斜撑,桥面板为横向承重板,如图4-2所示。

对于桥面更宽的桥梁,由于混凝土桥面板横向受力的控制作用,为满足受力要求,一种方式是增加腹板数量形成单箱多室截面,另一种方式是采用带有外侧钢加劲的大悬臂截面形式,如图4-3所示。

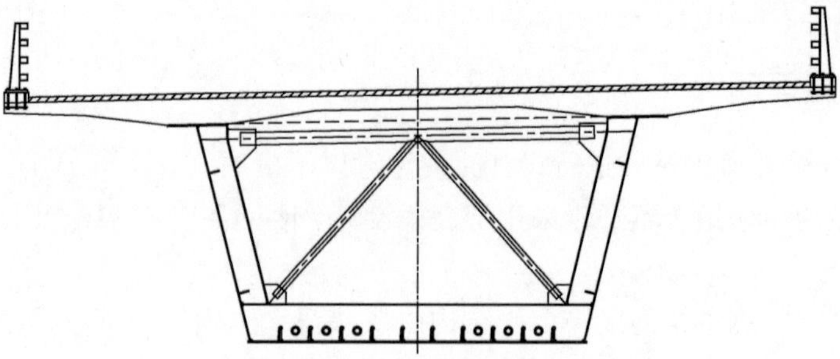

图 4-2　单箱单室开口钢箱梁截面形式示意

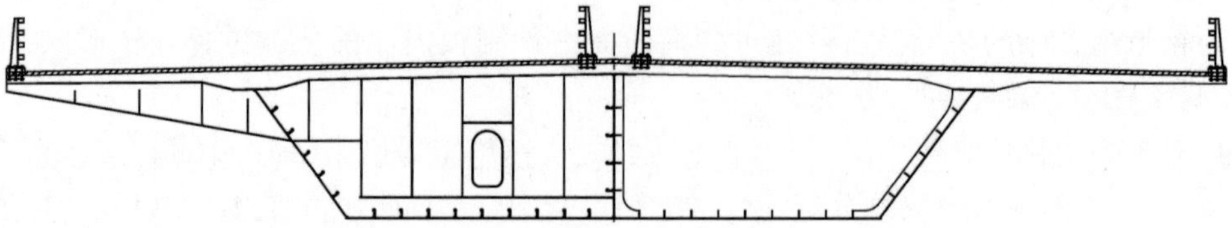

图 4-3　大悬臂单箱多室开口钢箱梁截面形式示意

1）单箱单室开口钢箱梁

对于单箱单室开口钢箱梁，钢梁一般由两道腹板、下缘底板、上翼缘板及按照一定间距设置的横隔系组成，腹板和底板通常设置有纵向加劲肋。开口钢箱梁通过设置于上翼缘板的连接件与桥面板形成整体。

通常情况下，单箱单室开口钢箱梁上翼缘之间的间距约为桥面宽度的 1/2，钢箱梁的底板小于桥面宽度的 1/2。这种结构形式的桥面板为横向承重，随着桥面宽度的增加，桥面板的厚度也需相应增加。对于单箱单箱单室开口钢箱梁，可适应的桥面宽度一般约为 20m。

需要指出的是，对于单箱单室开口钢箱梁，在钢梁与桥面板施工过程中，开口钢箱有可能出现抗扭能力不足的问题，因此在施工过程中可在开口钢箱梁的上翼缘平面安装临时钢结构平联，以满足结构承受抗扭和水平力的需要，保证结构的稳定性。

随着桥面宽度的增加，为减小桥面板的横向受力或减小桥面板厚度，可在开口钢箱的中间设置小纵梁并使之与桥面板结合，形成对桥面板的支撑，以实现有效减小桥面板的横向受力。截面形式如图 4-4 所示。

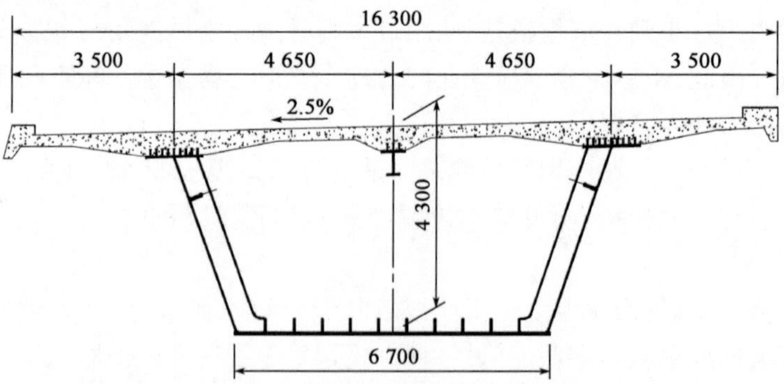

图 4-4　设置有小纵梁的单箱单室开口钢箱梁截面形式示意（尺寸单位：mm）

这种截面形式的箱形组合梁，其两侧桥面板悬臂长度之和小于箱梁内侧桥面板宽度，钢梁底板宽度将超过桥面宽度的 1/3 甚至 1/2。与外部设置桥面支撑的方式相比，在箱室内设置除湿系统的条件下，该方案养护维修更加便捷。

2）多箱室开口钢箱梁

当组合梁桥面宽度较大，如达到 20 ~ 30m 范围时，可考虑采用单箱多室或多箱多室截面形式，如图 4-5 所示。虽然多箱多室截面能减小桥面板的厚度，但与单箱单室相比，腹板的用钢量将会相对较大。

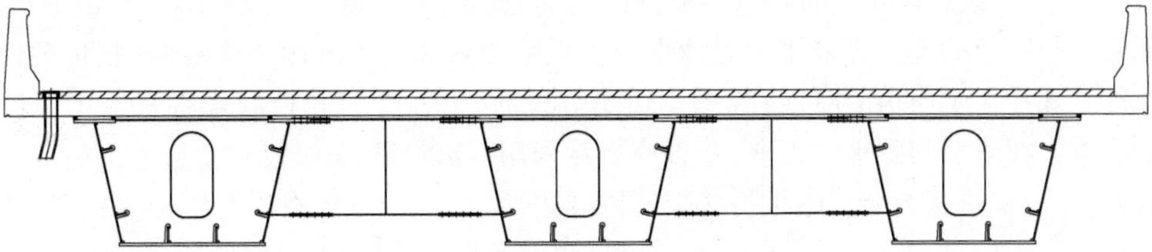

图 4-5　多箱开口钢箱梁截面形式示意

4.3　主梁构造

常规跨径的箱形组合梁桥的钢箱主梁，主要以受弯为主，在进行钢梁设计时，应注意宜避免和减少应力集中、残余应力以及次应力，同时在钢梁制作、运输、安装架设过程中，应采取措施防止出现过大变形和丧失稳定；在运营阶段的钢梁端部支承处也应采取措施阻止梁端部截面发生扭转。

为了防止钢主梁在制造、运输、安装过程中出现不利的面外变形，以及钢主梁的腐蚀和重复涂装作业等对钢板的不利影响，开口钢箱梁的钢板厚度不宜过薄。

4.3.1　梁高

箱形组合梁在设计时，要求钢主梁具有足够的强度和刚度。通常情况下，主梁以截面应力控制设计时的用钢量比刚度控制设计时的用钢量要省，为有效发挥钢材的作用并节省钢材，主梁设计宜尽可能地使得以截面应力控制设计。同时，应注意使主梁的尺寸满足运输的要求。

简支箱形组合梁桥的钢梁高 h 通常为 $L/15 \sim L/18$（L 为桥梁跨径），连续箱形组合梁桥的钢梁高 h 可以适当减小，一般为 $L/18 \sim L/22$。

4.3.2　翼缘板

为了提高箱形组合梁钢梁材料的利用效率，防止翼缘板达到屈服后腹板承担过大的弯矩，翼缘板的厚度不宜小于腹板厚度的 1.1 倍。同时钢梁翼缘板厚度不应小于 16mm，所用填板厚度不应小于 4mm。

为了防止受压翼板局部失稳，翼缘的伸出肢宽不应大于其厚度的 $12\sqrt{\dfrac{345}{f_y}}$ 倍（f_y 为钢材的屈服强度,单位为 MPa)。对于施工阶段上翼缘应力不超过材料设计强度的 65%,并且有足够的剪力连接件与桥面板连接时,上翼缘的自由伸出肢宽与其厚度之比的最大限值可考虑放宽到 15。

为了防止受拉翼板在制作、运输、安装过程中可能出现的局部失稳,受拉翼缘的伸出肢宽不应大于其厚度的 $16\sqrt{345/f_y}$ 倍。

此外,开口箱形钢梁的受压翼缘板应该有足够的宽度,以确保钢梁不致产生整体弯扭失稳。与混凝土结合的钢梁上翼缘宽度不得小于 250mm,并不应大于其厚度的 24 倍。

通常情况下,当箱形组合梁跨径不大于 60m 且有足够的横向联结时,翼缘宽度约为 300 ~ 650mm;当采用高强螺栓连接时,考虑到螺栓布置的需要,翼板宽度一般不小于 350mm。

翼缘板与腹板的连接可采用角焊缝也可采用熔透焊缝。当采用角焊缝时,腹板两侧有效焊缝厚度之和应大于腹板的厚度;当采用熔透焊缝时,上翼缘与腹板的焊接宜采用熔透 T 字角焊缝。对于翼缘板与腹板的连接,建议应尽量采用焊透焊缝。

此外,翼缘板拼接焊缝与腹板拼接焊缝错开距离宜大于 10 倍腹板厚度,且拼接位置不应布置在应力最大位置。

4.3.3 腹板

开口钢箱梁的腹板不仅承受弯曲正应力作用,而且还承受弯曲剪应力和扭转剪应力的作用,腹板应防止出现弯剪耦合失稳。因此,开口钢箱的梁腹板不仅要满足强度要求,且必须满足稳定要求。钢梁腹板的最小厚度通常与钢材的屈服强度和加劲肋的设置有关,对箱形组合梁钢梁腹设计时,,其厚度应满足下列要求:

(1)钢梁腹板厚度不应小于 12mm。

(2)钢梁腹板的最小厚度应满足《钢-混凝土组合桥梁设计规范》(GB 50917—2013)的要求,见表 4-1。

钢梁腹板的最小厚度(mm)　　表 4-1

构造形式	钢材品种				
	Q235 Q235q	Q345 Q345q	Q370q	Q390	Q420 Q420q
不设横向加劲肋及纵向加劲肋时	$\frac{h_w}{50}$	$\frac{h_w}{50}$	$\frac{h_w}{40}$	$\frac{h_w}{40}$	$\frac{h_w}{40}$
仅设横向加劲肋,但不设纵向加劲肋时	$\frac{h_w}{140}$	$\frac{h_w}{120}$	$\frac{h_w}{110}$	$\frac{h_w}{110}$	$\frac{h_w}{100}$
设 1 道纵向水平加劲肋和横向加劲肋时	$\frac{h_w}{250}$	$\frac{h_w}{210}$	$\frac{h_w}{200}$	$\frac{h_w}{190}$	$\frac{h_w}{180}$
设 2 道纵向水平加劲肋和横向加劲肋时	$\frac{h_w}{300}$	$\frac{h_w}{300}$	$\frac{h_w}{280}$	$\frac{h_w}{270}$	$\frac{h_w}{250}$

该规范指出,当腹板厚度满足 $h_w/50$(或 $h_w/40$),但有局部竖向压应力作用时,仍应按构造设置竖向加劲肋。

与此同时,我国《公路钢结构桥梁设计规范》(JTG D64—2015)规定,钢梁腹板的最小厚度应满足表 4-2 的要求。

钢梁腹板的最小厚度(mm)　　表 4-2

构造形式	钢材品种		备注
	Q235	Q345	
不设横向加劲肋及纵向加劲肋时	$\frac{\eta h_w}{70}$	$\frac{\eta h_w}{60}$	
仅设横向加劲肋,但不设纵向加劲肋时	$\frac{\eta h_w}{160}$	$\frac{\eta h_w}{140}$	
设横向加劲肋和 1 段纵向加劲肋时	$\frac{\eta h_w}{280}$	$\frac{\eta h_w}{240}$	纵向加劲肋位于距受压翼缘 $0.2h_w$ 附近
设横向加劲肋和 2 段纵向加劲肋时	$\frac{\eta h_w}{310}$	$\frac{\eta h_w}{310}$	纵向加劲肋位于距受压翼缘 $0.14h_w$ 和 $0.36h_w$ 附近

注:1. h_w 为腹板计算高度(mm),对于焊接工字钢梁为腹板的全高,对于铆接钢梁为上、下翼缘角钢内排铆钉线的间距。

2. η 为折减系数,$\eta = \sqrt{\tau/f_{vd}}$,但不得小于 0.85。$\tau$ 为基本组合下的钢梁腹板剪应力(MPa),f_{vd} 为钢材的抗剪强度设计值(MPa)。

关于钢梁腹板厚度的最小值,建议设计者在实际设计过程中宜根据上述规范要求按照“就高不就低”的原则进行选取。

4.3.4　腹板及底板加劲肋

根据主梁腹板的不同高厚比,可确定是否需设置横向和纵向加劲肋;同时为防止加劲肋自身的失稳,应对其刚度、构造及布置作出相应的规定。

对于设置加劲肋的钢梁腹板,当其处于受压状态时,腹板的失稳模态与腹板的相对宽厚比、长宽比、加劲肋构造、形式、间距及刚度等诸多因素有关。腹板加劲示意图,如图 4-6 所示。

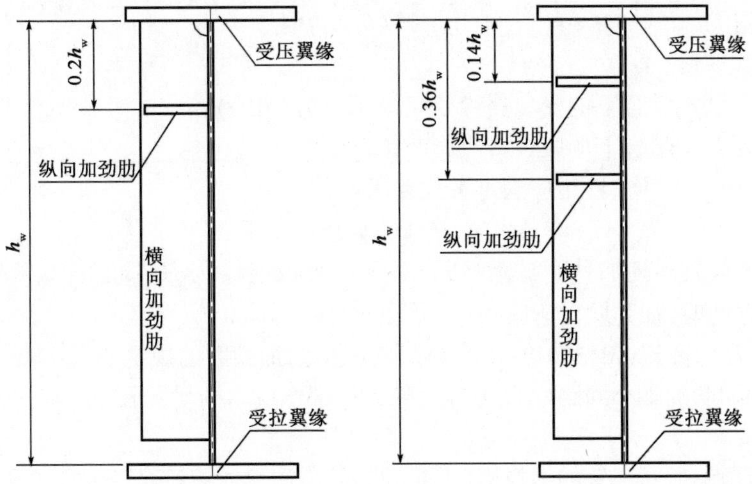

图 4-6　腹板加劲肋示意图

钢梁腹板加劲肋刚度的确定方法有两种。一种是要求腹板的失稳荷载要大于翼板的屈服荷载,要求纵向加劲肋有足够刚度,当腹板达到极限承载状态时,它应能成为腹板屈曲变形波的波节,以腹板加劲肋围成的局部失稳荷载作为腹板失稳判别标准。另一种是当腹板达到极限承载能力状态时,不要求加劲肋成为腹板屈曲变形波的波节,以腹板整体失稳荷载作为腹板失稳判别标准,加劲肋刚度换算为腹板的抗弯刚度计算。对于前一种方法,加劲肋必须满足最小刚度要求,设计计算较为简单,被多数国家所采用。后一种方法,可以适当减小加劲肋的刚度要求,但设计计算较为复杂,英国桥梁规范 BS5400 采用这种设计方法。

在对主梁腹板纵横向加劲肋进行设计时,需注意下述相关规定及要求。

1)腹板横向加劲肋

《公路钢结构桥梁设计规范》(JTG D64—2015)规定:腹板横向加劲肋的间距 a 不得大于腹板高度 h_w 的 1.5 倍,并应满足以下要求:

(1)不设纵向加劲肋时,横向加劲肋的间距 a 应满足下式要求:

$$\left(\frac{h_w}{100t_w}\right)^4\left\{\left(\frac{\sigma}{345}\right)^2+\left[\frac{\tau}{77+58\ (h_w/a)^2}\right]^2\right\}\leqslant 1 \qquad \left(\frac{a}{h_w}>1\right) \tag{4-1}$$

$$\left(\frac{h_w}{100t_w}\right)^4\left\{\left(\frac{\sigma}{345}\right)^2+\left[\frac{\tau}{58+77\ (h_w/a)^2}\right]^2\right\}\leqslant 1 \qquad \left(\frac{a}{h_w}\leqslant 1\right) \tag{4-2}$$

(2)设置一道纵向加劲肋时,横向加劲肋的间距 a 应满足下式要求:

$$\left(\frac{h_w}{100t_w}\right)^4\left\{\left(\frac{\sigma}{900}\right)^2+\left[\frac{\tau}{120+58\ (h_w/a)^2}\right]^2\right\}\leqslant 1 \qquad \left(\frac{a}{h_w}>0.8\right) \tag{4-3}$$

$$\left(\frac{h_w}{100t_w}\right)^4\left\{\left(\frac{\sigma}{900}\right)^2+\left[\frac{\tau}{90+77\ (h_w/a)^2}\right]^2\right\}\leqslant 1 \qquad \left(\frac{a}{h_w}\leqslant 0.8\right) \tag{4-4}$$

(3)设置两道纵向加劲肋时,横向加劲肋的间距 a 应满足下式要求:

$$\left(\frac{h_w}{100t_w}\right)^4\left\{\left(\frac{\sigma}{3\,000}\right)^2+\left[\frac{\tau}{187+58(h_w/a)^2}\right]^2\right\}\leqslant 1 \qquad \left(\frac{a}{h_w}>0.64\right) \tag{4-5}$$

$$\left(\frac{h_w}{100t_w}\right)^4\left\{\left(\frac{\sigma}{3\,000}\right)^2+\left[\frac{\tau}{140+77(h_w/a)^2}\right]^2\right\}\leqslant 1 \qquad \left(\frac{a}{h_w}\leqslant 0.64\right) \tag{4-6}$$

式中:t_w——腹板厚度(mm);

σ——作用基本组合下的受压翼缘处腹板正应力(MPa);

τ——作用基本组合下的腹板剪应力(MPa)。

(4)腹板横向加劲肋惯性矩应满足下式要求:

$$I_t \geqslant 3h_w t_w^3 \tag{4-7}$$

式中:I_t——单侧设置横向加劲肋时,加劲肋对于与腹板连接线的惯性矩;双侧对称设置横向加劲肋时,加劲肋对于腹板中心线的惯性矩(mm^4)。

《钢结构设计标准》(GB 50017—2017)对腹板横向加劲肋的规定如下:

(1)横向加劲肋的最小间距应为 $0.5h_0$,除无局部压应力的梁,当 $h_0/t_w \leqslant 100$ 时,最大间距应为 $2.0h_0$。

(2)在腹板两侧成对配置的钢板横向加劲肋,其截面尺寸应符合下列公式规定:

①横向加劲肋外伸宽度 b_s。

$$b_s = \frac{h_0}{30}+40 \qquad (\text{mm}) \tag{4-8}$$

②横向加劲肋厚度 t_s。

a. 承压加劲肋:

$$t_s \geqslant \frac{b_s}{15}$$

b. 不受力加劲肋：

$$t_s \geqslant \frac{b_s}{19} \tag{4-9}$$

(3) 在腹板一侧配置的横向加劲肋，其外伸宽度应大于按式(4-8)算得的 1.2 倍，厚度应符合式(4-9)的规定。

(4) 在同时采用横向加劲肋和纵向加劲肋加强的腹板中，横向加劲肋的截面尺寸除符合上述第(1)点至第(3)点规定外，其截面惯性矩 I_z 尚应符合下式要求：

$$I_z \geqslant 3h_0 t_w^3 \tag{4-10}$$

式中：h_0——腹板的计算高度(mm)；

t_w——腹板的厚度(mm)。

此外，加劲肋与腹板对接焊缝的间距不小于 $10t_w$，也不小于 100mm。

与此同时，《钢-混凝土组合梁桥设计规范》(GB 50917—2013)对腹板横向加劲肋的规定如下：

(1) 腹板横向加劲肋的间距 a 不得大于腹板高度 h_w 的 1.5 倍。

(2) 腹板仅布置横向加劲肋时，其间距应满足 $a \leqslant 950t_w/\sqrt{\tau}$ 且不应大于 2m。

(3) 纵向水平加劲肋和横向加劲肋共同布置时，横向加劲肋的间距应满足 $a \leqslant 850t_w/\sqrt{\tau}$。

(4) 当仅采用横向加劲肋加强腹板时，则成对设置的横向加劲肋的每侧宽度不得小于 $h_w/30 + 40$mm。

(5) 当横向加劲肋与纵向水平加劲肋加强腹板时，则横向加劲肋的截面惯性矩不得小于 $I_z \geqslant 3h_w t_w^3$。

(6) 横向加劲肋伸出肢的宽厚比不得大于 15。

综上所述，设计者在实际设计过程中宜根据上述规范要求按照“就高不就低”的原则进行选取。

2) 腹板纵向加劲肋

《钢-混凝土组合桥梁设计规范》(GB 50917—2013)和《公路钢结构桥梁设计规范》(JTG D64—2015)中均规定：当考虑腹板设置一道纵向加劲肋时，宜设置在距受压翼缘 $0.2h_w$ 附近(h_w 为腹板的计算高度)；腹板设置两道纵向加劲肋时，宜设置在距受压翼缘 $0.14h_w$ 和 $0.36h_w$ 附近，如图 4-6 所示。

当腹板纵向加劲肋采用板肋、L 形加劲肋或 T 形加劲肋时(图 4-7)，其尺寸比例应满足下述要求。

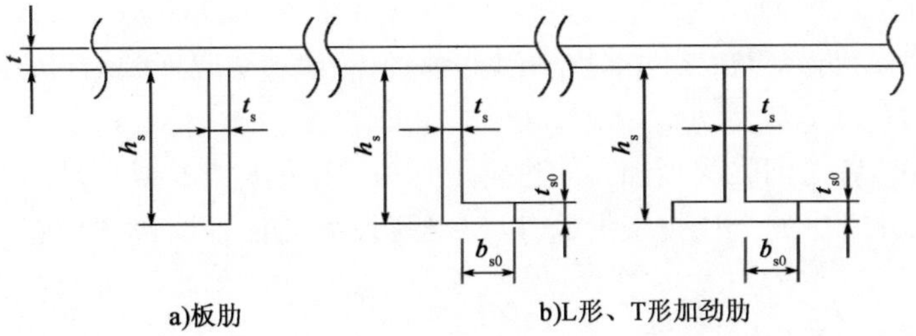

图 4-7　加劲肋尺寸符号

(1)板肋的宽厚比应满足下式要求：

$$\frac{h_s}{t_s} \leqslant 12\sqrt{\frac{345}{f_y}} \tag{4-11}$$

(2)L形、T形钢加劲肋的尺寸比例应满足下式要求：

$$\frac{b_{s0}}{t_{s0}} \leqslant 12\sqrt{\frac{345}{f_y}} \tag{4-12}$$

$$\frac{h_s}{t_s} \leqslant 30\sqrt{\frac{345}{f_y}} \tag{4-13}$$

《钢结构设计标准》(GB 50017—2017)对腹板纵向加劲肋的设置规定如下：

(1)纵向加劲肋至腹板计算高度受压边缘的距离应为 $h_c/2.5 \sim h_c/2.0$。

(2)纵向加劲肋的截面惯性矩 I_y，应符合下列公式要求：

当 $a/h_0 \leqslant 0.85$ 时

$$I_y \geqslant 1.5h_0t_w^3 \tag{4-14}$$

当 $a/h_0 > 0.85$ 时

$$I_y \geqslant \left(2.5 - 0.45\frac{a}{h_0}\right)\left(\frac{a}{h_0}\right)^2 h_0t_w^3 \tag{4-15}$$

式中：h_0——腹板的计算高度(mm)；

t_w——腹板的厚度(mm)；

a——横向加劲肋沿纵向的中心间距(mm)；

h_1——纵向加劲肋至腹板计算高度受压边缘的距离(mm)；

h_c——梁腹板弯曲受压区高度，对于双轴对称截面，$2h_c = h_0$。

(3)对于短小加劲肋，其最小间距为 $0.75h_1$；短加劲肋外伸宽度应取横向加劲肋外伸宽度的0.7～1.0，厚度不应小于短加劲肋外伸宽度的1/15。

《公路钢结构桥梁设计规范》(JTG D64—2015)对腹板纵向加劲肋惯性矩的规定如下：

$$I_1 = \xi_1 h_w t_w^3 \tag{4-16}$$

$$\xi_1 = (a/h_w)^2[2.5 - 0.45(a/h_w)] \leqslant 1.5 \tag{4-17}$$

式中：I_1——单侧设置纵向加劲肋时，加劲肋对腹板与加劲肋连接线的惯性矩；双侧对称设置纵向加劲肋时，加劲肋对腹板中心线的惯性矩(mm^4)；

a——腹板横向加劲肋间距(mm)；

h_w——腹板计算高度(mm)；

t_w——腹板厚度(mm)。

当考虑纵向加劲肋与腹板共同承担轴向力时，纵向加劲肋应连续通过，承受压力时也可焊接于横向加劲肋。

综上所述，设计者对钢梁腹板加劲肋进行设计时，建议优先根据《公路钢结构桥梁设计规范》(JTG D64—2015)中的上述规定设计，以使得腹板纵向加劲肋设置位置、构造尺寸及刚度满足要求。

3)腹板纵横向加劲肋构造要求

腹板纵向及横向加劲肋的构造应满足以下要求：

(1)加劲肋宜在腹板两侧成对配置,也可单侧配置,但在支承处的加劲肋不应单侧配置。

(2)与腹板对接焊缝平行的加劲肋,应设在距对接焊缝不小于 $10t_w$ 或不小于 100mm 的位置。

(3)与腹板对接焊缝相交的加劲肋,加劲肋及其焊缝应连续通过腹板焊缝。

(4)纵向加劲肋与横向加劲肋相交时,横向加劲肋宜连续通过。

(5)横向加劲肋与梁的翼缘板焊接时,应将加劲肋切出不大于5倍腹板厚度的斜角。

(6)纵向加劲肋与横向加劲肋的相交处,宜焊接或栓接。

4)*底板加劲肋*

钢梁底板跨中部位受拉,支承处受压,为防止底板、纵肋及有关的横肋受压屈曲,其容许最大压应力应满足规范及设计要求。同时,应计算纵肋及横肋所需的刚度,以确保所采用的加劲肋的刚度满足要求。

钢梁底板是由钢梁下翼缘板和分布在翼缘板上能有效增加荷载抗力的纵向加劲肋构成的。由于纵向加劲肋可分担部分荷载,形成有效的承压构件,故其本身也需要在纵向一定间隔受到约束以防止出现加劲肋的面外屈曲。这样的约束是由横向加劲体系(横梁、横隔板或横肋)提供的。钢梁底板加劲失稳破坏,如图4-8所示。

a)　　b)

图4-8 钢梁底板加劲肋失稳破坏示意

由于箱形组合梁钢梁底板通常较宽,为了防止底板的局部失稳,一般需要在底板设置加劲肋。加劲肋通常等间距布置,其几何尺寸应满足局部稳定要求。

参考《公路钢结构桥梁设计规范》(JTG D64—2015)规定,钢梁底板加劲肋的布置建议应满足:

(1)腹板间距大于底板厚度的80倍时,应设置底板纵向加劲肋。

(2)受压底板加劲肋的间距不宜大于底板厚度的40倍。

(3)受拉底板加劲肋的间距应小于底板厚度的80倍。

为了避免钢梁底板局部稳定承载力过小,钢梁底板的厚度不宜过薄。

当加劲肋等间距布置时,受压底板的最小板厚可参考表4-3所示的最小板厚要求。

钢梁受压底板的最小厚度 表 4-3

钢材种类		Q235	Q355	Q370	Q420
钢材板厚(mm)	$t \leqslant 40$	$b/(56fn)$	$b/(48fn)$	$b/(46fn)$	$b/(40fn)$
	$40 < t \leqslant 75$	$b/(58fn)$	$b/(50fn)$	$b/(46fn)$	$b/(40fn)$
	$75 < t \leqslant 100$	$b/(58fn)$	$b/(50fn)$	$b/(48fn)$	$b/(42fn)$

表 4-3 中,b 为钢箱梁两腹板内侧之间的净距,n 为底板加劲肋布置等分数,$n = n_r + 1$,其中,n_r 为底板加劲肋数量。f 可按下式计算:

$$f = 0.65\varphi^2 + 0.13\varphi + 1.0 \tag{4-18}$$

$$\varphi = (\sigma_1 - \sigma_2)/\sigma_1 \tag{4-19}$$

式中:σ_1、σ_2——钢箱梁底板两侧边缘的压应力(取值为正值)(MPa);

σ_1——较大的压应力(MPa)。

对于受拉的钢梁底板,其最小板厚可参考下式:

$$t \geqslant \frac{b}{80fn} \tag{4-20}$$

为了防止加劲肋自身的局部失稳,对于如图 4-7 所示的开口加劲肋,其几何尺寸应满足式(4-11)~式(4-13)的要求。

此外,钢箱梁底板加劲肋一般垂直于底板板布置,加劲肋的接头应该与底板板或腹板的接头错开布置,通常错开 250mm 以上。

4.3.5 支承处加劲

在主梁支承处及外力集中处应设置加劲肋,以承受支座反力或集中荷载的作用。

箱形组合梁钢梁的支承加劲肋应成对设置。加劲肋与底板应采用全熔透焊连接,支承加劲肋由于集中荷载的作用,直接承受集中力的翼缘板与加劲肋的连接应该采用全熔透焊;间接承受集中力且集中力不大的情况下,底板与加劲肋的连接可考虑采用角焊缝。同时,为了分散集中荷载作用和调整梁底的纵横坡度,钢梁支承处的底板应设置支垫板,支垫板的坡度需要机加工,机加工厚的最小板厚不小于 25mm。为了防止支垫板处的疲劳破坏,支垫板宜采用螺栓与底板进行连接。

对主梁支撑处加劲肋进行设计时,应注意满足以下要求:

(1)钢梁在支承处及外力集中处应设置成对的竖向加劲肋。

(2)对于跨径不大的箱形组合梁桥,为了简化计算,支承加劲肋可以近似简化为等效压杆设计。对由两块板或角钢组成的加劲肋,承压截面为加劲肋及填板的截面加每侧由加劲肋中轴算起不大于 12 倍板厚的腹板截面;对由四块板或角钢组成的加劲肋,承压截面为四块加劲肋及填板截面所包围的腹板面积,另加上不大于 24 倍板厚的腹板截面(图 4-9)。验算中构件的长度 l 应取加劲肋长度的 1/2,同时应验算伸出肢与贴紧翼缘部分的支承压力。

(3)对端部加劲肋进行设计时注意应符合以下要求:

①端部加劲肋伸出的宽度应为厚度的 12.5 倍。

②在对端加劲肋受压状态的检算中,加劲肋与腹板为焊接连接构造的情况下,可如图 4-10 和图 4-11 所示,取腹板厚度 24 倍的范围作为由腹板与端加劲肋组成的立柱的有效截面积。

在验算中构件的长度 l 应取加劲肋长度的 1/2。

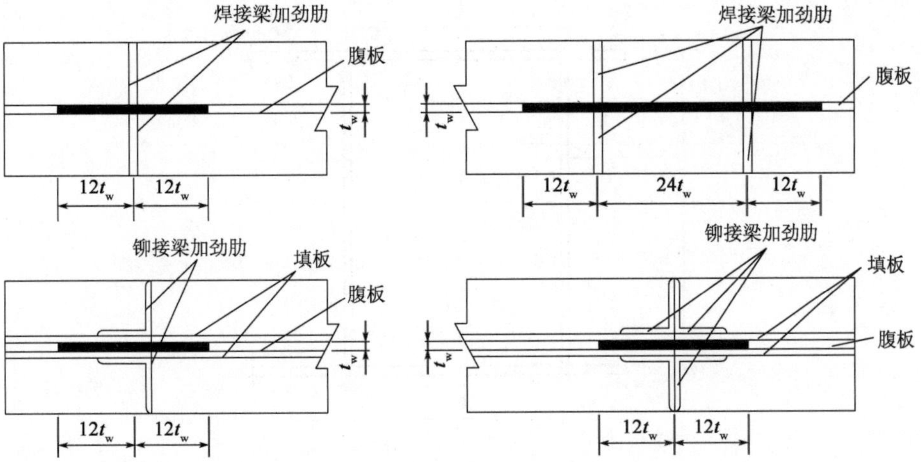

图 4-9　加劲肋按压杆设计的承压截面示意

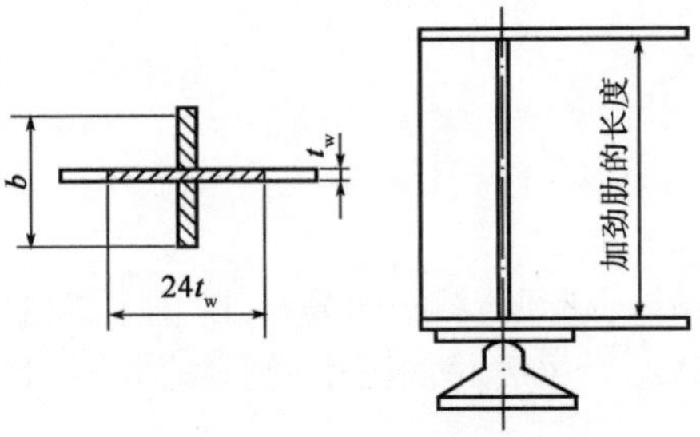

图 4-10　线支承端加劲肋示意

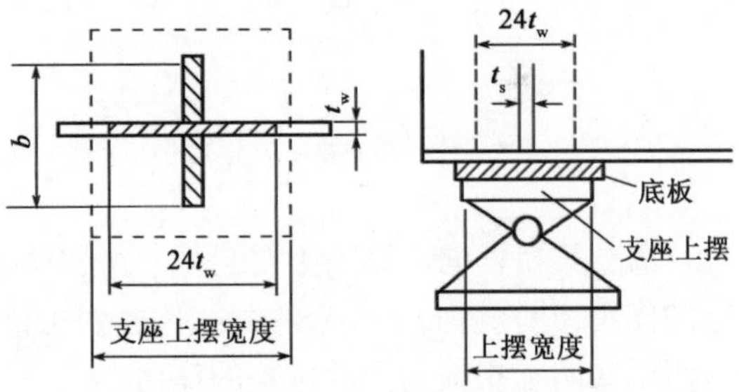

图 4-11　面支承端加劲肋示意

③线支承的情况，可采用与端加劲肋的下翼缘相接部分外边缘间的宽度 b 和它的厚度的乘积作为有效承压面积，如图 4-10 所示。

刚度较大的面支承的情况，可按如下要求计算，如图 4-11 所示。

$$\text{有效承压面积} = \begin{pmatrix}\text{与加劲肋下翼缘}\\ \text{相连部分的面积}\end{pmatrix} + \begin{pmatrix}24t_w\ \text{或支座上摆}\\ \text{宽度中的较小值}\end{pmatrix} \times t_w \tag{4-21}$$

式中：t_w——腹板厚度（mm）。

4.3.6　整体稳定性

对于箱形组合梁简支梁桥的整体稳定，当符合下列情况之一时，可不计算梁的整体稳定性：

（1）有铺板（各种钢筋混凝土板和钢板）密铺在梁的受压翼缘上并与其牢固相连、能阻止梁受压翼缘的侧向位移时。

（2）箱形截面简支梁，其截面尺寸（图 4-12）满足 $h/b_0 \leqslant 6$，且 $L_1/b_0 \leqslant 65(345/f_y)$ 时。L_1 为简支梁受压翼缘的自由长度，其中，梁的支座处设置横梁，跨间无侧向支承点的梁，L_1 为其跨径；梁的支座处设置横梁，跨间有侧向支承点的梁，L_1 为受压翼缘侧向支承点间的距离。

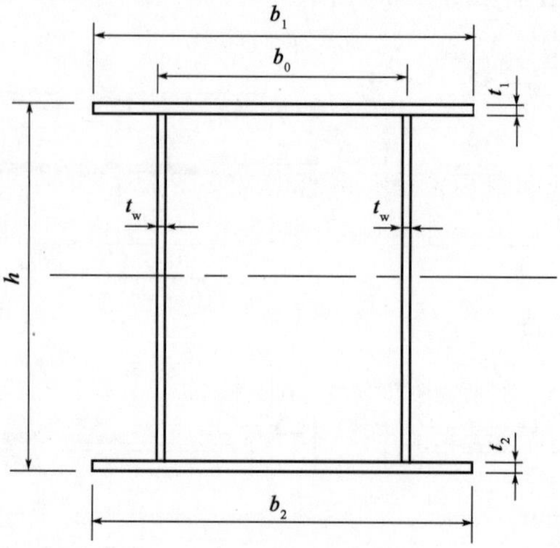

图4-12 箱形截面简支梁截面尺寸

当不符合上述两点规定时，应按照《公路钢结构桥梁设计规范》(JTG D64—2015)中的相关要求进行整体稳定验算。

4.4 联结构造

组合梁桥横向联结系主要是把各个主梁连接成整体，起到荷载横向分布、防止主梁侧向失稳的作用，并将桥面系传来的荷载传递到主梁；纵向联结系主要是加强桥梁的整体稳定性，并与横梁共同承担横向力及扭矩的作用。

4.4.1 横向联结

1)作用及受力特点

钢-混凝土组合梁桥在施工过程中，钢梁的侧向刚度及抗扭刚度均较小，在各种竖向及水平荷载作用下易发生整体弯扭失稳，因此需要设置一定数量的临时或永久横向联结系来提高结构的稳定性。在成桥状态下，由多根组合梁并列所形成的桥面系，为有效地横向分配活荷载来提高结构的整体承载能力，有时也需要通过横向联结系将各根主梁连接成整体共同受力。

(1)防止钢梁失稳。

组合梁桥施工时，通常先架设钢梁，而后在其上浇筑混凝土。相对而言，钢梁属于截面较为纤细的构件，需要确保其在施工过程中具有足够的稳定性，即要确保钢梁不发生各种形式的失稳，包括支撑点之间钢梁的失稳及钢梁的整体失稳。

对于连续组合梁桥，负弯矩区钢梁受压。在负弯矩区设置横向联结系，可在使用阶段对钢梁提供侧向支撑，防止其发生侧扭失稳。

(2)横向传递荷载。

当活荷载偏心布置时，将导致桥梁结构产生较大的扭矩，对于斜、弯桥这一现象更为明显。这种情况下，横向联结系不仅应设置在跨间，还需设置在支承处。

当桥梁跨径较大时,横向联结系与纵向联结系及主梁可构成空间抗侧向力框架结构,用于抵抗风载等水平荷载的作用。横向联结系将水平荷载均匀地传递至各主梁及纵向联结系,使各构件的受力更加均匀。

(3)其他作用。

除上述主要作用外,横向联结系还有助于主梁安装架设时钢梁及桥面板的定位。设置在梁端部的横向联结系,还可以作为临时支点在更换桥梁支座时用于顶升主梁。

2)布置及构造形式

(1)横向联结系的布置。

横向联结系必须具有一定的承载能力和刚度,以提供有效的支撑和约束。横向联结系所承受的荷载可采用空间有限元模型进行分析计算,或采用有关规范、规程提供的简化处理方法。如国外学者 Collings 曾给出了一个简单估算横向联结系所受轴向力的方法:受压翼缘失稳产生的侧向力一般可取为受压翼缘所受纵向合力的2.5%;当考虑了风荷载和其他横向作用时,则可取为1.25%。

横向联结系的间距对钢梁稳定验算所需的等效计算长度有重要影响。实际上,横向联结系的间距主要是由钢主梁的稳定性要求所决定的。如日本《道路桥示方书》规定,钢桥的横向联结系间距不得超过6m,并且不超过受压翼缘宽度的30倍。国外有关学者则指出,典型的支撑间距一般可取为钢梁翼缘宽度的12~15倍。

对于由多个钢主梁构成的箱形组合梁桥,横向联结系的间距可根据空间计算分析结果来确定。目前,英国桥梁规范 BS5400-3、BS5400-5,欧洲规范3、欧洲规范4及美国公路桥梁设计规范 AASHTO 等均很少或未提及横向联结系对荷载横向分配的作用。

此外,一些桥梁检测结果表明,由于横向联结系在横向分配荷载时由于反复承受荷载循环作用,如果构造处理不当,易发生疲劳破坏。因此,在可能的情况下宜尽量少设永久性的横向联结系。

(2)横向联结系的形式。

根据横向联结系设置位置的不同,可分为设置在跨间和设置在梁端支座处两类。根据构造形式的不同,横向联结系,则可分为实腹式[图4-13b)]、桁架式[图4-13c)]、平联式[图4-13d)]等。需要注意的是,如果仅仅将钢主梁受压翼缘之间通过缀杆联系在一起[图4-13a)],并不能有效控制主梁的整体稳定,这一点在设计时应引起注意。

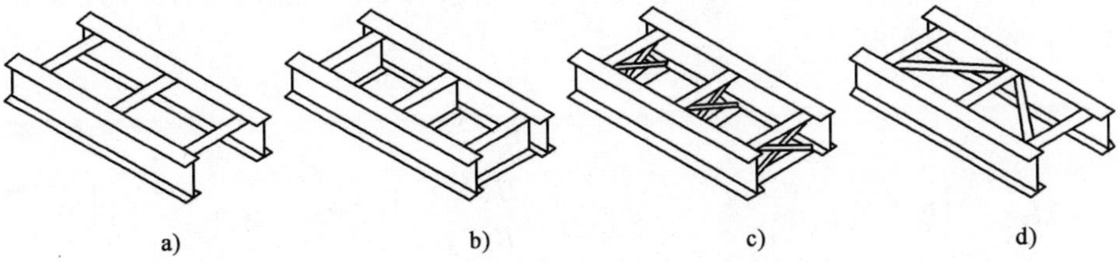

图4-13 箱形组合梁桥横向联结系结构形式

另外,出于更换支座和检修等需要,梁端部的横向联结系应进行加强,以便用于作为临时受力点来顶升桥面结构。为设置临时支承和千斤顶,横向联结系的下缘与墩台顶面之间需要预留一定的间隙。

当桥梁跨径较大、横向联结系数量较多时,采用桁架式横联构造即能满足钢梁侧向约束及荷载横向分配的要求。当横向联结系的数量较少时,为了提高横向联结系的刚度,可以采用横梁结构,或者采用横梁与横联混合布置的结构形式。

桁架式横向联结系节省材料,通透性好,一般可以分为三角K形构造和X形构造,如图4-14所示。实腹式横向联结系刚度较大,但用钢量较高。因此对于截面高度较大或梁间距较远的情况,宜尽量采用桁架式横联构造。

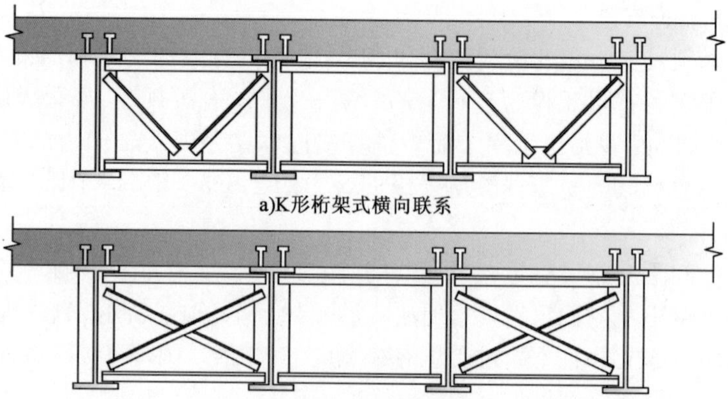

a)K形桁架式横向联系

b)X形桁架式横向联系

图4-14　桁架式横向联结系结构形式示意

当桥是斜交时,需要考虑如何排列支撑系统。对于斜交角度较小的情况(不大于20°),支撑系统可以布置成斜交方向,即沿支座方向布置横向联结系。设计时,应考虑梁下挠时由于支撑平面的旋转所产生的主梁绕纵向轴线的弯扭。

当斜交角较大时,宜将横向联结系与主梁正交。横向联结系的约束效应对与其相连的两根主梁并不一致,需分别进行分析。此情况下同样要考虑梁的弯扭效应。如果在端部支座提供了垂直主梁方向的支撑系统,则沿斜交方向也应设置横向支撑构件,以保证荷载有效传递至支座。

(3)横向联结系刚度。

为了有效抵抗箱形组合梁钢箱梁的畸变,横隔板必须要有足够的刚度。参考《公路钢结构桥梁设计规范》(JTG D64—2015)对钢箱梁横隔板刚度的规定,箱形组合梁钢箱的横隔板最小刚度K应满足下式要求:

$$K \geqslant 20\frac{EI_{\mathrm{dw}}}{L_{\mathrm{d}}^{3}} \tag{4-22}$$

$$I_{\mathrm{dw}} = \left[\alpha_1^2F_{\mathrm{u}}\left(1+\frac{2b_1}{B_{\mathrm{u}}}\right)^2+\alpha_2^2F_{\mathrm{l}}\left(1+\frac{2b_2}{B_{\mathrm{l}}}\right)^2+2F_{\mathrm{h}}(\alpha_1^2-\alpha_1\alpha_2+\alpha_2^2)\right] \tag{4-23}$$

$$\alpha_1 = \frac{e}{e+f}\frac{B_{\mathrm{u}}+B_{\mathrm{l}}}{4}H,\alpha_2 = \frac{f}{e+f}\frac{B_{\mathrm{u}}+B_{\mathrm{l}}}{4}H \tag{4-24}$$

$$e = \frac{I_{\mathrm{fl}}}{B_{\mathrm{l}}}\frac{B_{\mathrm{u}}+2B_{\mathrm{l}}}{12}F_{\mathrm{h}},f = \frac{I_{\mathrm{fu}}}{B_{\mathrm{u}}}\frac{2B_{\mathrm{u}}+B_{\mathrm{l}}}{12}F_{\mathrm{h}} \tag{4-25}$$

式中：L_d——两横隔板间距(mm)；

E——钢材的弹性模量(MPa)；

I_{dw}——箱梁截面主扇性惯矩(mm^6)；

F_u——箱梁上顶板截面面积(包括加劲肋)(mm^2)；

F_l——箱梁下底板截面面积(包括加劲肋)(mm^2)；

F_h——一个腹板的截面面积(mm^2)；

I_{fu}——顶板对箱梁对称轴的惯矩(mm^4)；

I_{fl}——底板对箱梁对称轴的惯矩(mm^4)；

H——腹板长度(mm)。

横隔板截面符号示意，如图4-15所示。

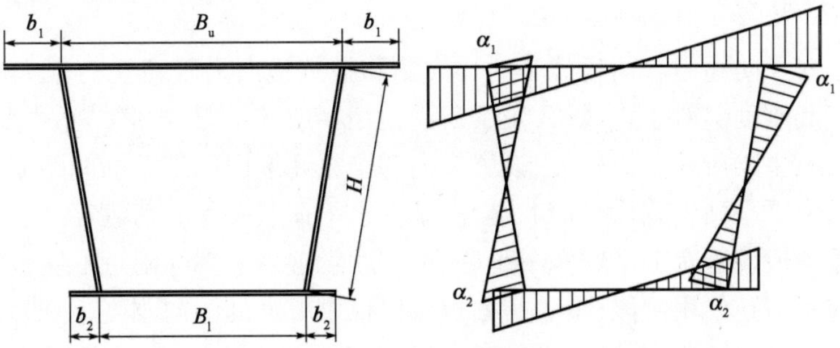

图4-15　横隔板截面符号

①实腹式横隔板刚度按下式计算：

$$K = 4GA_c t_D \tag{4-26}$$

式中：G——钢材的剪切模量(MPa)；

t_D——横隔板的板厚(mm)；

A_c——箱梁板壁形心围成的面积(mm^2)。

②桁架式横隔板刚度按下式计算：

X形桁架(图4-16a)

$$K = 8EA^2\frac{A_b}{L_b^3} \tag{4-27}$$

V形桁架(图4-16b)

$$K = 2EA^2\frac{A_b}{L_b^3} \tag{4-28}$$

式中：E——弹性模量(MPa)；

A_b——单个斜撑的截面面积(mm^2)；

L_b——斜撑的长度(mm)。

需要指出的是，对于支点处箱内的横隔板，其与钢箱梁底板的焊缝应完全熔透；非支点处横隔板，应具有足够的刚度和强度，其与腹板可采用角焊缝连接。

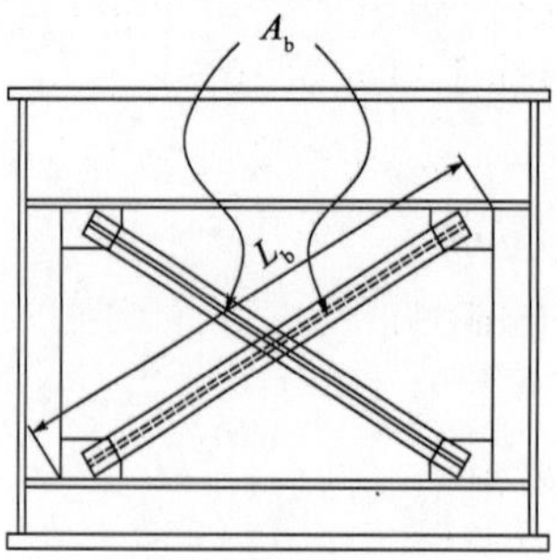

a)X形桁架　　b)V形桁架

图4-16　桁架式横隔板

4.4.2　纵向联结

纵向联结系对于防止组合梁桥施工时的失稳和抵抗横向力及扭矩有很大的作用,必须保证有足够的强度和刚度。对于直线桥,主梁所受扭矩一般较小,纵向联结系主要由刚度控制设计;对于曲线梁桥,主梁所受扭矩较大,设置横向联结系和纵向联结系的间距需小一些。

钢梁翼缘的上下平面内宜设纵向联结系,承受水平荷载和偏心荷载等产生的扭矩作用。

纵向联结系一般设置有上平联和下平联,上平联设置于上翼缘附近的腹板,下平联设置于下翼缘附近的腹板。在使用阶段,由于桥面板可以提供较大的侧向刚度,除曲线梁桥和组合梁桥施工期间的侧向稳定需要之外,上平联通常可以省略。此外,一般当桥梁跨径小于25m,并且有较强大的横向联系时,下平联也可以省略。

当组合梁桥纵向联结系承受的荷载较小,通常可采用角钢或T形钢等型钢制作,并通过节点板与主梁进行连接。

4.5　结构计算

4.5.1　一般规定

目前,我国公路钢-混凝土组合桥梁设计规范,如《公路钢结构桥梁设计规范》(JTG D64—2015)和《公路钢混组合桥梁设计与施工规范》(JTG/T D64-01—2015)中组合梁的设计方法主要仍以弹性理论为基础。

在对箱形组合梁进行结构整体分析时,需注意以下事项:

(1)组合梁的内力分析应采用线弹性分析方法,考虑温度、混凝土收缩徐变、施工方法及顺序等因素的影响。

(2)组合梁截面特性计算宜采用换算截面法,将混凝土板面积除以钢材与混凝土的弹性模量比等效替换成钢材面积,此时将组合梁视为同一材料,计算组合梁的截面特性值。

(3)组合梁结构中如存在负弯矩区,计算截面抗弯刚度时应考虑混凝土开裂的影响。按混凝土是否开裂,组合梁截面的抗弯刚度分为未开裂截面刚度 EI_{un} 和开裂截面刚度 EI_{cr}。计算 EI_{cr} 时,不应计受拉区混凝土对刚度的影响,但应计入混凝土板内纵向钢筋的作用。

(4)组合梁的温度效应应按现行《公路桥涵设计通用规范》(JTG D60)的相关规定计算。按照温度作用计算时应考虑均匀温度作用及竖向梯度温度作用的影响。

(5)混凝土收缩产生的效应应按现行《公路钢筋混凝土及预应力混凝土桥涵设计规范》(JTG 3362)的相关规定计算。

(6)在进行组合梁整体分析时,可根据下式采用钢材与混凝土的有效弹性模量比考虑混凝土徐变的影响。

$$n_{\mathrm{L}} = n_0[1 + \psi_{\mathrm{L}}\varphi(t,t_0)] \tag{4-29}$$

式中:n_{L}——长期荷载作用下钢与混凝土的有效弹性模量比;

n_0——短期荷载作用下钢与混凝土的弹性模量比,$n_0 = E/E_{\mathrm{c}}$;

$\varphi(t,t_0)$——加载龄期为t_0,计算龄期为t时的混凝土徐变系数,根据现行《公路钢筋混凝土及预应力混凝土桥涵设计规范》(JTG 3362)的相关规定取值;

ψ_{L}——根据荷载类型确定的徐变因子,永久作用取1.1,混凝土收缩作用取0.55,由强迫变形引起的预应力作用取1.5。

其中,有效弹性模量比应结合现行《公路钢筋混凝土及预应力混凝土桥涵设计规范》(JTG 3362)中规定的混凝土徐变系数发展曲线确定;徐变因子取值参考了欧洲规范4(Euro code 1994-2)及相关研究成果。

(7)超静定结构中混凝土收缩徐变引起的效应宜采用有限元方法计算。

4.5.2　荷载

通常情况下,组合结构桥梁需分阶段施工完成。施工期间存在结构体系转换,因而设计时应考虑施工过程的影响。

1)施工阶段

施工阶段需考虑的荷载主要包括:

(1)结构自重。包括钢结构及混凝土桥面板的自重等。

(2)模板质量。采用现浇混凝土桥面板时使用的模板质量,模板一般支撑在钢梁上。

(3)施工荷载。包括施工机具、材料以及施工人员等可能作用在桥上的荷载。

(4)雪荷载。如施工过程中可能发生降雪,应包括雪荷载。

(5)风荷载。风荷载会引起组合桥侧向受力,在计算结构的稳定性时需要考虑。

2)使用阶段

使用阶段的荷载可分为短期作用荷载与长期作用荷载。

(1)短期作用荷载。

①温度作用。由于材料导热性能及构件尺度不同,混凝土桥面板和钢梁间会产生温度梯度,并在二者之间形成约束内力。此外,结构整体升温与降温,也可能在结构内产生内力与变形。

②交通荷载或活荷载。交通荷载包括车辆荷载、行人荷载等。

③风荷载。在使用阶段,风荷载会引起结构的侧向受力,可能对结构的稳定性计算有较大影响。

(2)长期作用荷载。

①非结构构件自重荷载,如桥面铺装、防撞护栏等。

②施工过程中引入的荷载。例如,架设钢梁及浇筑混凝土时采用临时支撑,当形成组合作用后拆除支撑会在结构中引起体系转换内力。

③预应力荷载。包括张拉预应力钢丝束、预加载、支座顶升等方式所引起的内力。

④结构强迫位移。如连续组合梁桥的支座产生不均匀沉降等。

⑤收缩徐变。混凝土的收缩、徐变对组合结构桥梁的受力性能有较大影响。徐变可通过有效模量法来近似考虑。收缩会引起混凝土桥面板内的拉应力和结构的弯曲,可采用比拟温差作用的方法近似考虑。

(3)偶然作用荷载。

地震作用。地震作用对组合结构桥梁上部结构的影响通常不大,但桥梁跨径较大时应予以考虑。

4.5.3 结构分析模型

组合梁桥结构分析采用的计算模型和基本假定,应能反映结构实际受力状态,其精度应能满足结构设计要求。当结构在施工和使用期的不同阶段有多种受力状况时,应分别进行结构分析,并确定其最不利的作用组合。

结构分析所采用的模型应符合下列要求:

(1)结构分析采用的计算简图、几何尺寸、计算参数、边界条件、结构材料性能指标以及构造措施等应符合实际工作状况。

(2)结构可能的作用及其组合、初始应力和变形状况等,应符合结构的实际状况。

(3)为准确、有效地分析桥梁总体在各种荷载作用下的受力,宜采用空间有限元模型进行分析。

(4)结构分析模型中所采用的各种近似假定和简化,应有理论、试验依据或经工程实践验证;计算结果的精度应符合工程设计的要求。

(5)有限元模拟时,可采用能考虑钢混协同作用的单元模拟组合梁;或分别采用有限元单元模拟钢梁和混凝土桥面板。

(6)结构分析时,宜考虑钢主梁扭转、畸变引起的翘曲应力;钢梁应力验算时,应综合考虑局部屈曲和剪力滞效应。

(7)钢主梁单元与桥面板单元的连接可采用刚性连接模拟。准确了解剪力键受力情况,应建立局部模型进行细部分析。

(8)应准确模拟支座约束。

(9)混凝土桥面板可采用现浇或预制两种施工方式,当采用现浇时,应考虑混凝土收缩徐变对结构受力的影响;当采用预制时,应注意施工阶段混凝土的加载龄期设置。

在结构分析中,应考虑环境对构件和结构性能的影响。环境对桥梁结构的影响不能忽视,例如海洋大气环境、峡谷风环境、侵蚀介质环境、地质断层环境、温度环境等,都会对结构的安全和耐久产生较为显著的作用。在结构分析中,应考虑环境对构件和结构性能的影响。

同时,结构受力分析可按线弹性理论进行,当极限状态条件下结构的变形不能被忽略时,应考虑几何非线性对结构受力的影响。

在对结构进行动力分析时,应考虑的因素主要有:

①所有相关的结构构件质量、刚度和阻尼特性。

②模型的边界条件应反映结构的固有特性。

此外,结构分析所采用的计算软件应经考核和验证,其技术条件应符合国家现行有关标准的要求。应对分析结果进行判断和校核,在确认其合理、有效后方可应用于工程设计。

4.5.4　主梁换算截面

组合梁的作用效应及抗力计算一般均采用弹性分析方法,即假定钢材与混凝土为理想线弹性材料,承载力极限状态以计算截面的边缘应力达到材料强度设计值为标志,同时需考虑施工方法、混凝土桥面板剪力滞后效应及混凝土开裂等影响。

对于钢-混凝土组合梁,弹性设计方法的核心内容是截面应力计算。按弹性方法计算组合梁抗弯承载力时,主要基于以下几点假设:

(1)钢材和混凝土均为理想线弹性材料,其应力、应变呈线性关系。

(2)组合梁截面的应变分布满足平截面假定。

(3)忽略钢梁与混凝土桥面板之间的滑移效应,假定二者之间具有可靠的连接。

(4)取有效宽度范围内的混凝土桥面板与钢梁形成组合截面,有效宽度范围内的混凝土桥面板按实际面积算,不扣除其中受拉开裂的部分,但板托的面积则可以忽略不计。

(5)在正弯矩作用下,混凝土桥面板内的纵向钢筋可忽略不计。

由于弹性阶段混凝土桥面板的应力水平通常较低,且混凝土受拉区和承托距截面中和轴的距离较近,对抗弯承载力和刚度的影响较小。因此上述第(4)条忽略承托而包含了受拉区混凝土的作用,这种简化处理方式引起的误差一般很小。

钢-混凝土组合梁的弹性计算方法可以利用材料力学公式。由于材料力学是针对单质连续弹性体,因此对于由钢和混凝土两种材料组成的组合梁截面,首先应换算成同一材料的截面,即换算截面法。

假设混凝土单元的截面面积为 A_c,弹性模量为 E_c,在应力为 σ_c 时应变为 ε_c。根据合力不变及应变相同条件,将混凝土单元换算成弹性模量为 E_s,应力为 σ_s 与钢等效的换算截面面积 A_s。

由合力大小相等的条件得:

$$A_c\sigma_c = A_s\sigma_s \tag{4-30}$$

即

$$A_s = \frac{\sigma_c}{\sigma_s}A_c \tag{4-31}$$

或

$$\sigma_c = \frac{A_s}{A_c}\sigma_s \tag{4-32}$$

由应变协同条件得:

$$\frac{\sigma_c}{E_c} = \frac{\sigma_s}{E_s} \tag{4-33}$$

或

$$\frac{\sigma_c}{\sigma_s} = \frac{E_c}{E_s} = \frac{1}{\alpha_E} \tag{4-34}$$

式中：α_E——钢材弹性模量与混凝土弹性模量的比值。

由式(4-34)可得：

$$\sigma_c = \frac{\sigma_s}{\alpha_E} \tag{4-35}$$

将式(4-35)代入式(4-32)可得：

$$A_s = \frac{A_c}{\alpha_E} \tag{4-36}$$

根据式(4-35)，将换算截面法求得的钢材应力除以 α_E 即可得到混凝土的应力 σ_c；根据式(4-36)，由应变相同且总内力不变的条件，将混凝土单元的面积 A_c 除以 α_E 后即可将混凝土截面换算成与之等价的钢截面面积 A_s。

根据上述基本换算关系就可以将组合梁截面换算为与之等效的换算截面。为保持组合截面形心高度即合力位置在换算前后保持不变，即保证截面对于主轴的惯性矩保持不变，换算时应固定混凝土桥面板的厚度而仅改变其宽度。图 4-17 中 b_e 为原截面混凝土桥面板的有效宽度，b_{eq} 为混凝土桥面板的换算宽度。

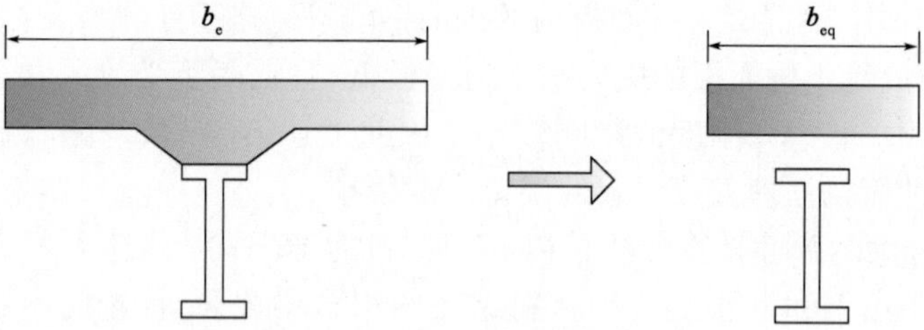

图 4-17　钢-混凝土组合梁换算截面示意

将组合梁截面换算成等效的钢截面后，即可根据材料力学方法计算截面的中性轴位置、面积矩和惯性矩等几何特征，并用于截面应力和刚度分析。当组合梁截面形状比较复杂时，可将换算截面划分为若干单元，用求和办法计算截面几何特征。

换算截面的惯性矩可按下式计算：

$$I = I_0 + A_0 d_c^2 \tag{4-37}$$

式中：$I_0 = I_s + \dfrac{I_c}{\alpha_E}$；

$A_0 = \dfrac{A_s A_c}{\alpha_E A_s + A_c}$；

I_s、I_c——钢梁和混凝土桥面板的惯性矩(mm^4)；

d_c——混凝土桥面板到钢梁形心的距离(mm)。

换算截面的形心高度为：

$$\bar{y} = \frac{A_s y_s + \dfrac{A_c y_c}{\alpha_E}}{A_s + \dfrac{A_c}{\alpha_E}} \tag{4-38}$$

式中：y_s、y_c——钢梁和混凝土桥面板形心到钢梁底面的距离(mm)，如图 4-18 所示。

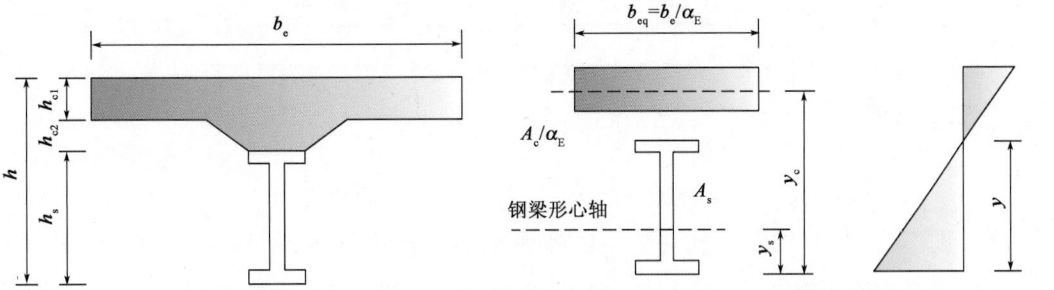

图 4-18　换算截面几何特性示意

在引入组合梁换算截面几何特性之后，便可根据材料力学公式计算截面应力。

$$\sigma_s = \frac{M_d}{I} y \tag{4-39}$$

$$\sigma_c = \frac{M_d}{\alpha_E I} y \tag{4-40}$$

式中：M_d——组合梁截面的弯矩设计值(N·mm)，按不同的受力阶段取值；

I——换算截面惯性矩(mm^4)；

y——应力计算点到换算截面中性轴的距离(mm)。

4.5.5　主梁有效截面

在对箱形组合梁构件的强度和稳定验算时，应按有效截面计算。

为了简化计算，假设截面符合平面变形假定，但由于剪力滞的影响，截面实际应力分布不均匀，构件计算应考虑剪力滞的影响。

计算考虑剪力滞影响的截面有效宽度和面积时，可在腹板处将翼板分割为若干段分别计算，截面有效宽度和面积分别为各段有效宽度和面积之和。

1)考虑剪力滞影响的有效截面宽度和有效截面面积

设计时，考虑剪力滞影响的受弯构件的受拉或受压翼缘的有效截面宽度和有效截面面积可按以下规定计算：

(1)考虑剪力滞影响的有效截面宽度 b_e^s 和有效截面面积 $A_{eff,s}$ 应按下式计算：

$$b_e^s = \sum_{i=1}^{n_s^p} b_{e,i}^s \tag{4-41}$$

$$A_{eff,s} = \sum_{i=1}^{n_s^p} b_{e,i}^s t_i + \sum_{j=1}^{n_s} A_{s,j} \tag{4-42}$$

式中：$b_{e,i}^s$——考虑剪力滞影响的第 i 块板段的翼缘有效宽度(mm)，如图 4-19 所示；

t_i——第 i 块板件的厚度(mm)；

$A_{s,j}$——有效宽度内第 j 根加劲肋的面积(mm^2);

n_s^p——翼缘被腹板分割后的板段数;

n_s——有效宽度内的加劲肋数量。

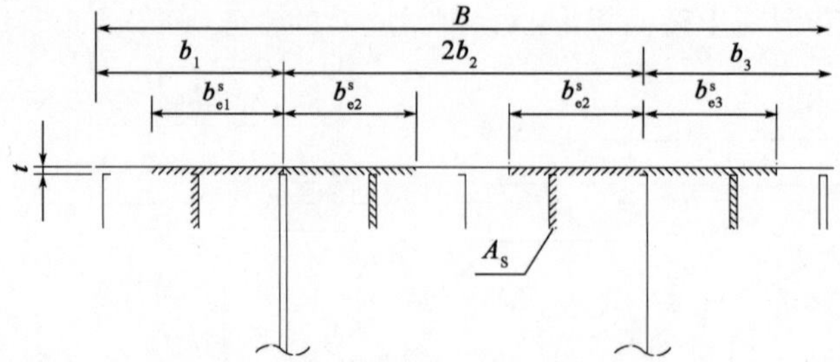

图 4-19 考虑剪力滞影响的翼缘有效宽度示意

(2)翼缘有效宽度 $b_{e,i}^s$ 按式(4-43)和式(4-44)计算,其适用条件见表 4-7。

$$\left.\begin{aligned} b_{e,i}^s &= b_i \quad , \quad \frac{b_i}{l} \leqslant 0.05 \\ b_{e,i}^s &= \left(1.1 - 2\frac{b_i}{l}\right)b_i \quad , \quad 0.05 < \frac{b_i}{l} < 0.30 \\ b_{e,i}^s &= 0.15l \quad , \quad \frac{b_i}{l} \geqslant 0.30 \end{aligned}\right\} \tag{4-43}$$

$$\left.\begin{aligned} b_{e,i}^s &= b_i \quad , \quad \frac{b_i}{l} \leqslant 0.02 \\ b_{e,i}^s &= \left[1.06 - 3.2\frac{b_i}{l} + 4.5\left(\frac{b_i}{l}\right)2\right]b \quad , \quad 0.02 < \frac{b_i}{l} < 0.30 \\ b_{e,i}^s &= 0.15l \quad , \quad \frac{b_i}{l} \geqslant 0.30 \end{aligned}\right\} \tag{4-44}$$

式中:$b_{e,i}^s$——翼缘有效宽度(mm);

b_i——腹板间距的 1/2,或翼缘外伸肢为伸臂部分的宽度(mm),如图 4-20所示;

l——等效跨径(mm),见表 4-4。

翼缘有效宽度计算的等效跨径 表 4-4

类别	梁段号	腹板单侧翼缘有效宽度计算			计算图式
		符号	适用公式	等效跨径 l	
简支梁	①	$b_{e,i,L}^s$	式(4-26)	L	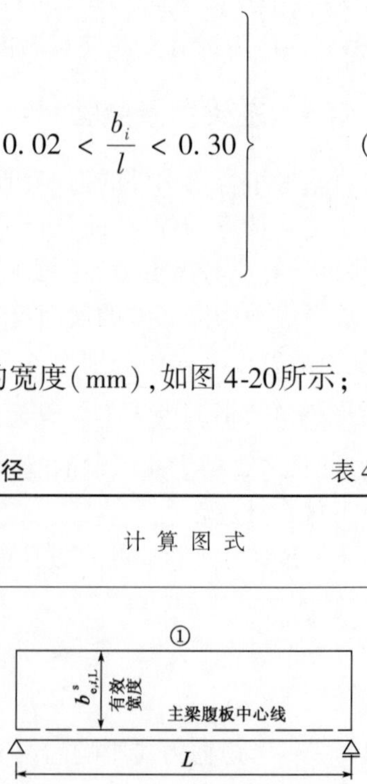

续上表

类别	梁段号	腹板单侧翼缘有效宽度计算			计算图式
		符号	适用公式	等效跨径 l	
连续梁	①	b^{s}_{e,i,L_1}	式(4-26)	$0.8L_1$	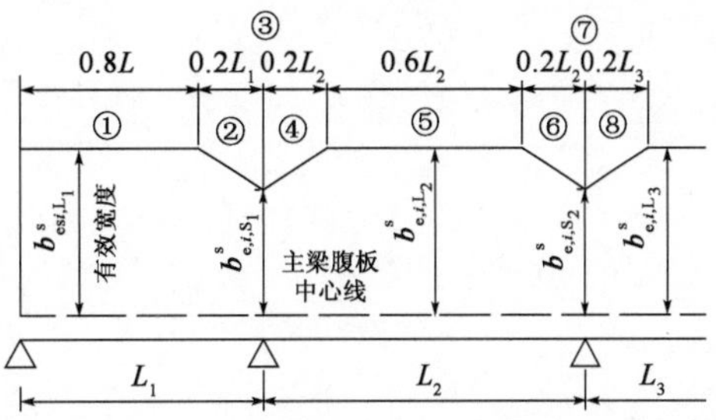
	⑤	b^{s}_{e,i,L_2}		$0.6L_2$	
	③	b^{s}_{e,i,S_1}	式(4-27)	$0.2(L_1+L_2)$	
	⑦	b^{s}_{e,i,S_2}		$0.2(L_2+L_3)$	
	②④⑥⑧	线性插值			
悬臂梁	①	b^{s}_{e,i,L_1}	式(4-26)	$2L_1$	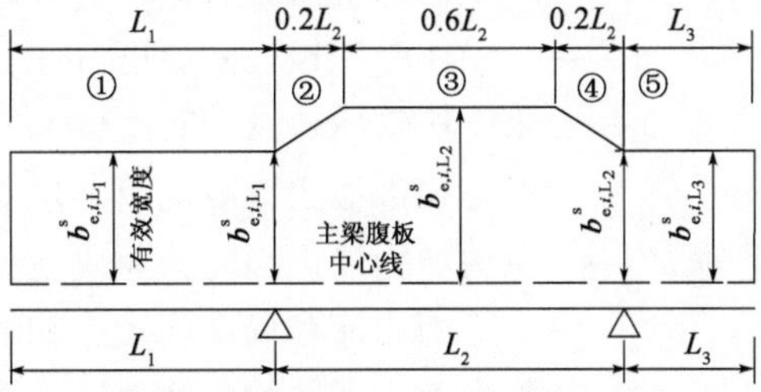
	③	b^{s}_{e,i,L_2}	式(4-26)	$0.6L_2$	
	⑤	b^{s}_{e,i,L_3}	式(4-26)	$2L_3$	
	②④	线性插值			

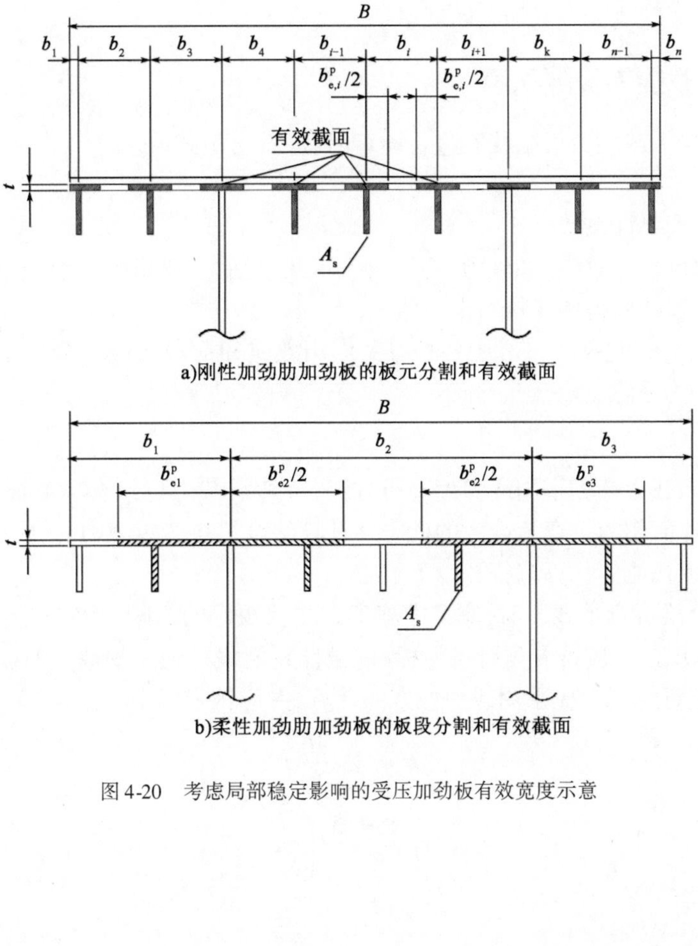

a)刚性加劲肋加劲板的板元分割和有效截面

b)柔性加劲肋加劲板的板段分割和有效截面

图 4-20　考虑局部稳定影响的受压加劲板有效宽度示意

2)同时考虑剪力滞和局部稳定影响的有效截面宽度和有效截面面积

同时考虑剪力滞和局部稳定影响的受压翼缘有效截面宽度 b_e 和有效截面面积 A_{eff} 应按下式计算：

$$A_{eff} = \sum_{k=1}^{n_p} b_{e,k} t_k + \sum_{i=1}^{n_s} A_{s,i} \tag{4-45}$$

$$b_e = \sum_{k=1}^{n_p} b_{e,k} \tag{4-46}$$

$$b_{e,k} = \rho_k^s b_{e,k}^p \tag{4-47}$$

$$\rho_k^s = \frac{\sum b_{e,j}^s}{b_k} \tag{4-48}$$

式中：n_p——受压翼缘被腹板分割后的板段数；

t_k——第 k 块受压板段的厚度(mm)；

b_k——第 k 块受压板段的宽度(mm)，如图 4-20 所示；

$b_{e,k}^p$——考虑局部稳定影响的第 k 块受压板段的有效宽度(mm)；

$\sum b_{e,j}^s$——考虑剪力滞影响的第 k 块受压板段的有效宽度之和(mm)；

$b_{e,k}$——考虑剪力滞和局部稳定影响的第 k 块受压板段的有效宽度(mm)；

ρ_k^s——考虑剪力滞影响的第 k 块受压板段的有效宽度折减系数；

$A_{s,i}$——有效宽度范围内第 i 根加劲肋的面积(mm^2)；

n_s——有效宽度范围内的加劲肋数量。

4.5.6 承载能力极限状态

当对组合桥梁承载能力极限状态进行验算时，应符合下式要求：

$$\gamma_0 S_d \leq R_d \tag{4-49}$$

式中：γ_0——结构重要性系数；

S_d——作用组合的效应(如轴力、弯矩或表示几个轴力、弯矩的向量)设计值；

R_d——结构或结构构件的抗力设计值。

在式(4-49)中，S_d 包括了计算中各种有关作用效应和荷载效应的分项系数，R_d 中也包括了材料系数(或抗力系数)。

1)抗弯承载能力

组合梁抗弯承载力计算采用线弹性分析方法，抗弯承载力以组合梁截面任意一点的应力达到材料强度设计值作为抗弯承载力的标志。计算组合梁抗弯承载力时，应按有效截面计算。

组合梁抗弯承载能力计算应符合以下规定：

(1)计算组合梁抗弯承载力时，应考虑施工方法及顺序的影响，并应对施工过程进行抗弯验算，施工阶段作用组合应符合现行行业标准《公路桥涵设计通用规范》(JTG D60)的规定。

(2)组合梁抗弯承载力应采用线弹性方法计算，并应符合以下规定：

$$\sigma = \sum_{i=\mathrm{I}}^{\mathrm{II}} \frac{M_{d,i}}{W_{eff,i}} \tag{4-50}$$

$$\gamma_0 \sigma \leq f \tag{4-51}$$

式中：i——变量，表示不同的应力计算阶段。其中，i = Ⅰ表示未形成组合梁截面（钢梁）的应力计算阶段；i = Ⅱ表示形成组合梁截面之后的应力计算阶段；

$M_{d,i}$——对应不同应力计算阶段，作用于钢梁或组合梁截面的弯矩设计值（N · mm）；

$W_{eff,i}$——对应不同应力计算阶段，钢梁或组合梁截面的抗弯模量（mm^3）；

f——钢筋、钢梁或混凝土的强度设计值（MPa）。

（3）抗弯承载能力计算时应考虑剪力滞效应的影响。

（4）计算组合梁负弯矩区抗弯承载力时，如考虑混凝土开裂的影响，应不计负弯矩区混凝土的抗拉贡献，但应计入混凝土板翼缘有效宽度内纵向钢筋的作用。

2）抗剪承载能力

组合梁抗剪承载能力计算应符合以下规定：

（1）组合梁截面的剪力应全部由钢梁腹板承担，不考虑混凝土板的抗剪作用。

（2）组合梁截面抗剪验算应符合以下规定：

$$\gamma_0 V_d \leqslant V_u \tag{4-52}$$

$$V_u = f_{vd} A_w \tag{4-53}$$

式中：V_d——组合梁截面的剪力设计值（N）；

V_u——组合梁截面的抗剪承载力（N）；

f_{vd}——钢材的抗剪强度设计值（MPa）；

A_w——钢梁腹板的截面面积（mm^2）。

有关试验研究表明：假定组合梁的抗剪承载力仅由钢梁腹板提供，计算结果偏于安全，因为混凝土板的抗剪作用亦较大。因此，设计计算时，组合梁截面的剪力考虑全部由钢梁腹板承担，而不考虑混凝土板的抗剪作用，这种处理方式是偏安全的。

当组合梁承受弯、剪共同作用时，组合梁的抗剪承载力随截面所承受的弯矩增大而减小，由于截面抗力计算采用线弹性分析方法，因而一般以验算最大折算应力的方法考虑组合梁弯、剪耦合作用。组合梁腹板最大折算应力计算方法可参考《公路钢混组合桥梁设计与施工规范》（JTG/T D64-01—2015）第 7.2.2 节内容。

组合梁中的钢梁及连接件应进行疲劳验算，其方法与钢结构桥梁一致，应符合《公路钢结构桥梁设计规范》（JTG D64—2015）的相关规定。

此外，组合梁应进行整体稳定性验算。组合梁的钢梁在施工期间应按相关规定进行稳定性验算；在混凝土板与钢梁有效连接形成整体后，组合梁正弯矩区段可不进行整体稳定性验算。在连续组合梁中，负弯矩区组合梁可根据需要设置足够数量及刚度的横向联系梁。

3）主梁支承加劲肋验算

在对钢梁支承加劲肋进行验算时，应满足以下要求：

$$\gamma_0 \frac{R_V}{A_s + B_{eb} t_w} \leqslant f_{cd} \tag{4-54}$$

$$\gamma_0 \frac{2R_V}{A_s + B_{ev} t_w} \leqslant f_d \tag{4-55}$$

式中：R_V——支座反力设计值（N）；

A_s——支承加劲肋面积之和(mm^2);

t_w——腹板厚度(mm);

B_{eb}——腹板局部承压有效计算宽度(mm),$B_{eb}=B+2(t_f+t_b)$;

B——上支座宽度(mm);

t_f——下翼板厚度(mm);

t_b——支座垫板厚度(mm);

f_{cd}——钢材的端面承压强度设计值(MPa);

f_d——钢材的抗拉、抗压和抗弯强度设计值(MPa);

B_{ev}——如图4-21所示,按式(4-56)计算的腹板有效宽度(mm)。当设置一对支承加劲肋并且加劲肋距梁端距离不小于12倍腹板厚时,有效计算宽度按24倍腹板厚计算;设置多对支承加劲肋时,按每对支承加劲肋求得的有效计算宽度之和计算,但相邻支承加劲肋之间的腹板有效计算宽度不得大于加劲肋间距。

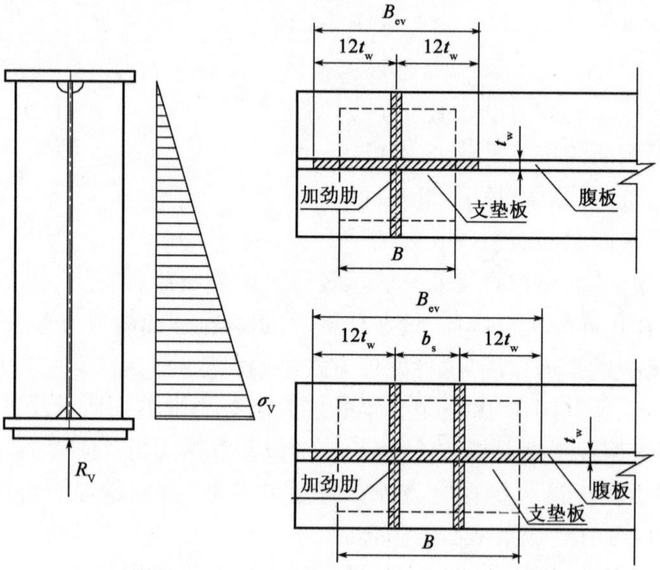

图4-21 支承处横向加劲肋应力分布及腹板有效计算宽度示意

$$\begin{cases} B_{ev}=(n_s-1)b_s+24t_w & (b_s<24t_w) \\ B_{ev}=24n_st_w & (b_s\geqslant 24t_w) \end{cases} \tag{4-56}$$

式中:n_s——支承加劲肋对数;

b_s——支承加劲肋间距(mm)。

由于支座反力的作用下,钢梁腹板和加劲肋中竖向应力的实际大小和分布非常复杂,通常宜采用空间有限元方法求得较为满意的结果。

4.5.7 正常使用极限状态

在正常使用极限状态下,组合梁各部分材料基本处于弹性状态,其变形可按线弹性方法进行计算。

有关试验研究表明：采用焊钉连接件的组合梁桥在钢与混凝土结合面上将产生相对滑移，导致组合梁挠度增加。根据国内外相关试验结果，由混凝土板和钢梁相对滑移引起的附加挠度一般在 10% ~20% 之间，因此，在对组合梁桥进行变形计算时，宜引入折减刚度法考虑组合梁截面滑移效应对组合梁变形的影响。

考虑组合梁截面滑移效应的变形计算应符合以下规定：

(1) 当计算组合梁正常使用极限状态下的挠度时，简支组合梁截面刚度采用考虑滑移效应的折减刚度；当连续组合梁考虑混凝土开裂影响时，中支座两侧 0. 15l 范围以外区段组合梁截面刚度采用考虑滑移效应的折减刚度，中支座两侧 0. 15l 范围以内区段组合梁截面刚度采用开裂截面刚度。

(2) 组合梁考虑滑移效应的折减刚度 B 应按下式计算：

$$B = \frac{EI_{un}}{1 + \zeta} \tag{4-57}$$

$$\zeta = \eta\left[0.4 - \frac{3}{(\alpha l)^2}\right] \tag{4-58}$$

$$\eta = \frac{36Ed_{sc}pA_0}{n_s khl^2} \tag{4-59}$$

$$\alpha = 0.81\sqrt{\frac{n_s kA_1}{EI_0 p}} \tag{4-60}$$

$$A_0 = \frac{A_c A}{n_0 A + A_c} \tag{4-61}$$

$$A_1 = \frac{I_0 + A_0 d_{sc}^2}{A_0} \tag{4-62}$$

$$I_0 = I_s + \frac{I_c}{n_0} \tag{4-63}$$

式中：I_{un}——组合梁截面未开裂截面惯性矩(mm^4)；

ζ——刚度折减系数，当 $\zeta \leqslant 0$ 时，取 $\zeta = 0$；

A_c——混凝土板的截面面积(mm^2)；

A——钢梁的截面面积(mm^2)；

I_s——钢梁的截面惯性矩(mm^4)；

I_c——混凝土板的截面惯性矩(mm^4)；

d_{sc}——钢梁截面形心到混凝土板截面形心的距离(mm)；

h——组合梁的截面高度(mm)；

l——组合梁的等效跨径(mm)；

k——连接件刚度系数，$k = V_{su}$(N/mm)，V_{su} 为圆柱头焊钉连接件的抗剪承载力(N)；

p——连接件的平均间距(mm)；

n_s——连接件在一根梁上的列数；

n_0——钢材与混凝土的弹性模量比。

4.5.8 稳定与变形验算

1）结构稳定验算

（1）一般规定。

组合梁的稳定计算应符合下列规定：

①施工期间组合梁应具有足够的侧向刚度和侧向约束（支撑），以保证钢梁不发生整体失稳。当组合梁桥由多根钢梁构成时，支承处应设置横向联系，并要求具有足够的刚度，其他位置宜根据实际需要布置横向联系。

②混凝土和钢梁有效连接成整体后，组合梁正弯矩区段可不进行整体稳定验算。

③组合梁腹板加劲肋的设置宜考虑形成组合截面后钢梁腹板受压区高度变化的影响，进行合理设计。

④当连续组合梁负弯曲区钢梁的下翼缘有可靠的横向约束，且腹板有加劲措施时，可不必进行负弯矩区侧扭稳定性验算，否则应按规范要求对钢梁侧扭稳定性进行验算。

（2）抗倾覆验算。

近年来，我国各地相继发生了简支梁、连续梁桥整体横桥向倾覆失稳直至垮塌的事故。事故桥梁的破坏过程主要表现为，单向受压支座脱离正常受压状态，上部结构的支承体系不再提供有效约束，上部结构变形或受力失稳，以致垮塌，支座、下部结构连带损坏，如图 4-22 所示。按照《工程结构可靠性设计统一标准》（GB 50153—2008）的相关规定，此类破坏属于承载能力极限状态范畴。

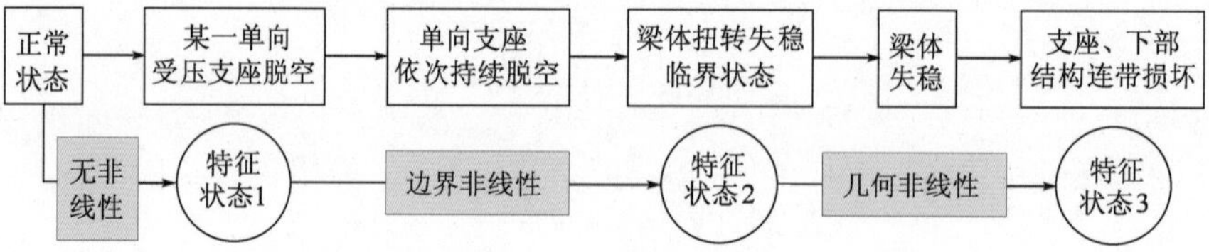

图 4-22　典型破坏过程

图 4-22 所示的特征状态 3 需要考虑梁体扭转、支座刚度等多种非线性因素、机理复杂；一般情况下，通过严格控制特征状态 2，可避免结构体系达到特征状态 3。另外，国内外相关规范目前基本采用特征状态 1 和特征状态 2 作为抗倾覆验算工况。综合上所述，对于组合梁桥的抗倾覆验算，需满足以下两项要求：

①针对特征状态 1，作用基本组合下，单向受压支座处于受压状态。

②同一桥墩的一对双支座构成一个抗扭支承，起到对扭矩和扭转变形的双重约束；当双支座中一个支座竖向力变为零、失效后，另一个有效支座仅起到对扭矩的约束，失去对扭转变形的约束；当梁的抗扭支承全部失效时，梁处于受力平衡或扭转变形失效的极限状态，即达到特征状态 2。对特征状态 2，参考挡土墙、刚性基础的横向倾覆验算，可采用“稳定作用效应 ≥ 稳定性系数 × 失稳作用效应”的表达式。

因此,组合梁桥上部结构采用整体式截面时,在持久状况下其结构体系不应发生改变,并应按下列规定验算横桥向抗倾覆性能:

①在作用基本组合下,单向受压支座始终保持受压状态。

②当整联只采用单向受压支座支承时,应符合下式要求:

$$\frac{\sum S_{\mathrm{bk},i}}{\sum S_{\mathrm{sk},i}} \geqslant k_{\mathrm{qf}} \tag{4-64}$$

式中:k_{qf}——横向抗倾覆稳定性系数,取 $k_{\mathrm{qf}}=2.5$;

$\sum S_{\mathrm{bk},i}$——使上部结构稳定的作用基本组合(分项系数均为 1.0)的效应设计值;

$\sum S_{\mathrm{sk},i}$——使上部结构失稳的作用基本组合(分项系数均为 1.0)的效应设计值。

2)结构变形验算

计算组合梁桥竖向挠度时,应按结构力学的方法并应采用不计冲击力的汽车车道荷载频遇值,频遇值系数为 1.0。计算的挠度值不应超过表 4-5 规定的限值。

竖向挠度限值　　表 4-5

箱形组合梁桥结构形式	限　值
简支梁	$\frac{l}{500}$
连续梁	$\frac{l}{500}$

注:1. 表中 l 为计算跨径。

2. 当荷载作用于一个跨径内有可能引起该跨径正负挠度时,计算挠度应为正负挠度绝对值之和。

3. 挠度按毛截面计算。

此外,对于开口钢箱梁应设置预拱度,预拱度大小应视实际需要而定,宜为结构自重标准值加 1/2 车道荷载频遇值产生的挠度值,频遇值系数为 1.0。经设置预拱度后,应保持桥面线形曲线平顺。

4.6　跨径 3×50m 开口钢箱梁

下面主要以中交公路规划设计院有限公司(暨装配化钢结构桥梁产业技术创新战略联盟)研发的装配化箱形组合梁系列通用图技术成果介绍其 50m 跨径的开口钢箱梁的设计及计算内容。

4.6.1　主要技术指标

主要技术指标如下:

(1)公路等级:高速公路、一级公路。

(2)设计车速:100km/h。

(3)汽车荷载:公路—Ⅰ级。

(4)桥梁宽度:2×12.75m。

(5)跨径布置:3×50m。

(6)桥梁设计基准期:100 年。

(7)桥梁设计使用年限:100 年。

(8)桥梁安全等级:一级。

(9)桥面横坡:2.0%。

4.6.2 主要材料

1)钢材

钢梁各部构件均采用 Q420qD 钢材;泄水管采用 022Cr17Ni12Mo2 不锈钢;泄水槽铸件采用球墨铸铁 QT 500-7。

2)焊接材料

要求焊接材料应采用与母材相匹配的焊条、焊剂、焊丝,且 CO_2 气体保护焊的气体纯度不小于 99.5%。

3)高强度螺栓

钢梁的连接采用高强度螺栓,螺栓规格采用 10.9S 级。

4)剪力钉

剪力钉采用圆柱头焊钉。

4.6.3 结构设计要点

该 3×50m 跨径箱形组合梁桥为一联双向四车道正交连续箱形组合梁桥,斜交角度为 0°,平面处于直线上,上部结构全宽 26.0m。钢主梁采用工厂分节段预制,节段间采用高强螺栓工地现场连接。

主梁设计时采用"开口钢箱梁+混凝土桥面板"的分幅组合结构,单幅桥采用双梁结构,梁总高 2.4m,高跨比约为 1/21。混凝土桥面板宽 12.75m,混凝土板悬臂长 1.276m,预制桥面板厚 0.25m。钢主梁采用斜腹板形式,斜率 1:4.5,主要由上翼缘板、腹板、腹板加劲肋、底板、底板加劲肋、横隔板及横肋组成,单片钢箱梁腹板中心间距 2.8m,两片钢箱梁中心间距 7.4m,中间设置小纵梁。钢主梁上翼板宽 0.6~0.7m,梁底宽 2.1m。

桥面设置 2% 的双向横坡,横坡的取得通过绕横断面中的预制桥面板的内侧顶板位置旋转得到。

主梁横断图如图 4-23 所示,钢主梁整体构造如图 4-24 所示。

1)节段划分

主梁节段划分综合考虑钢梁的受力、制作能力、吊装能力、以及运输通行能力等多方面因素,主梁节段最大长度不超过 13m,节段最大吊装质量控制在 19t 以内。

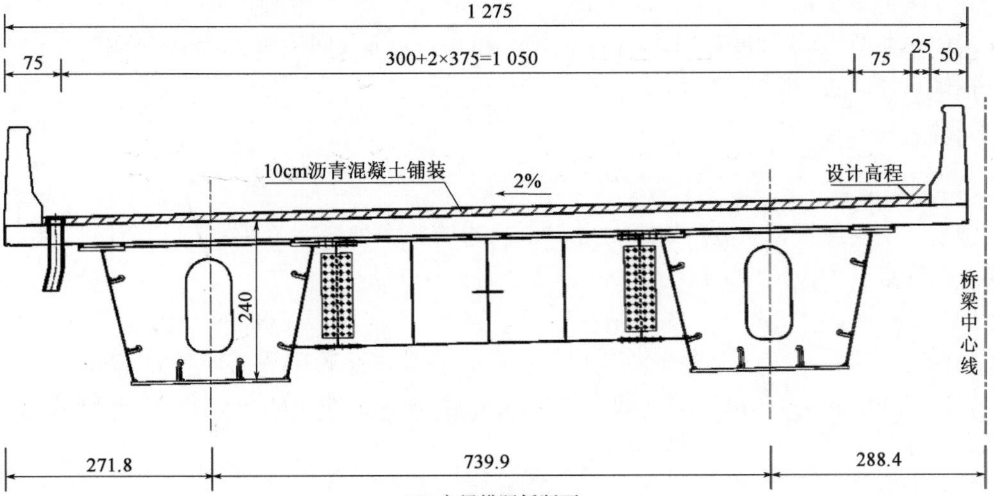

a)1/2主梁横隔板断面

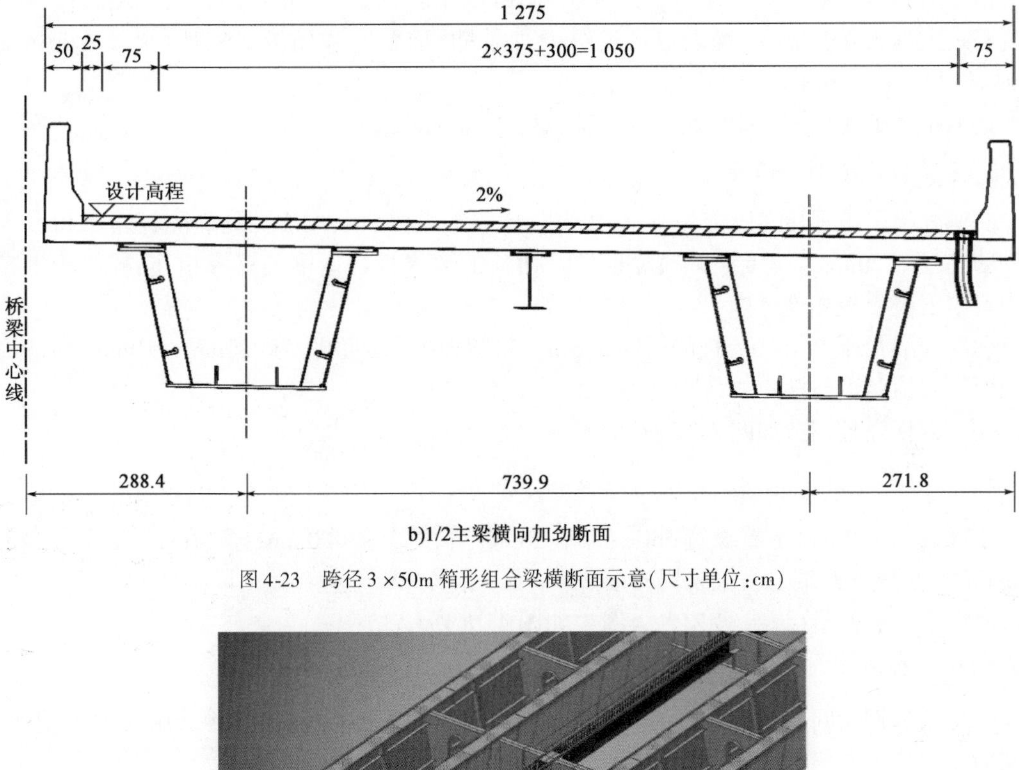

b)1/2主梁横向加劲断面

图 4-23　跨径 3×50m 箱形组合梁横断面示意(尺寸单位:cm)

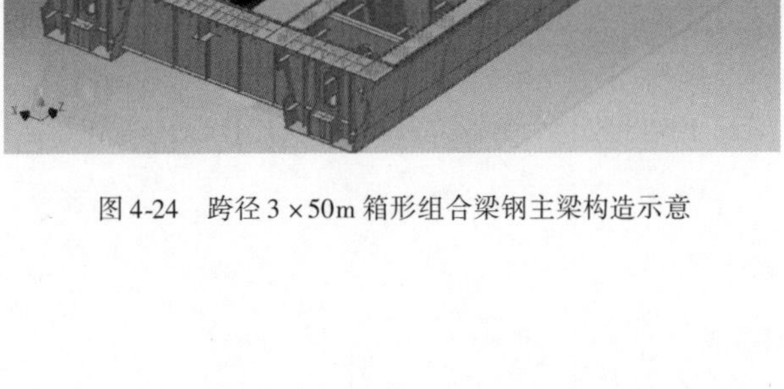

图 4-24　跨径 3×50m 箱形组合梁钢主梁构造示意

各片主梁沿全桥长度方向共设置15个节段，钢主梁划分为A、B、B1、B2、C、C1、C2、D、E、A1共10种类型，节段长度分别为11.4m、10m和8.4m，节段间预留20mm宽缝隙。

钢梁总体布置，如图4-25所示。

2）开口钢箱主梁

（1）上翼缘板。

钢主梁上翼缘板在中墩顶处厚度为45mm，边跨跨中处厚度为34mm，其余均为30mm；钢主梁上翼缘板在中墩顶处宽度为700mm，其余均为600mm。

（2）底板。

底板宽2 100mm，端部区域底板厚度为16mm，自梁端至跨中逐渐加厚为20mm、32mm，中墩处底板厚40mm。底板纵向加劲肋采用板式构造，横向间距700mm，对应不同的底板板厚，加劲肋尺寸在中墩处为300mm×30mm。

（3）腹板。

钢主梁腹板厚度在中墩处和边支座处为18mm，其余也均采用18mm，腹板距底板450mm位置和距上翼板450mm位置设置两道纵向加劲肋，加劲肋采用板式构造，尺寸为180mm×18mm和140mm×14mm。

选取主梁B、B1、B2节段，其一般构造如图4-26所示。

3）横隔板及横向加劲肋

支座处横隔板采用实腹式构造，端支点处横隔板厚20mm，中支点处横隔板厚22mm，支撑加劲肋厚度为20mm。端支点处横隔板设置通长的翼缘板与钢梁上翼缘相连，翼缘板上布置剪力钉与混凝土板相连。

标准横隔板厚度16mm，横隔板间距5m。斜腹板横向加劲肋为280mm×10mm，横向加劲肋间距5m，横隔板与横向加劲肋交替布置。

支点处横隔板构造如图4-27所示。

4）小纵梁

小纵梁高700mm，上翼缘宽500mm，厚20mm；下翼缘宽400mm，厚14mm；腹板厚14mm，高666mm，小纵梁两端与横梁采用栓接。

小纵梁一般构造（以纵梁ZL2为例），如图4-28所示。

5）横向联结系

开口箱形钢梁间的横向联系为实腹式横梁构造，采用工字形截面，共采用3种类型横梁，分别为：

（1）支点处横梁：横梁高1 900mm，上翼缘在边支点处宽为850mm，厚20mm，中支点处宽为300mm，厚14mm；下翼缘宽280mm，厚14mm；腹板厚14mm。

（2）跨中两侧横梁：横梁高1 900mm，上翼缘宽300mm，厚14mm；下翼缘宽280mm，厚14mm；腹板厚12mm。

（3）普通横梁：横梁高1 668mm，上翼缘宽300mm，厚14mm；下翼缘宽280mm，厚14mm；腹板厚12mm。

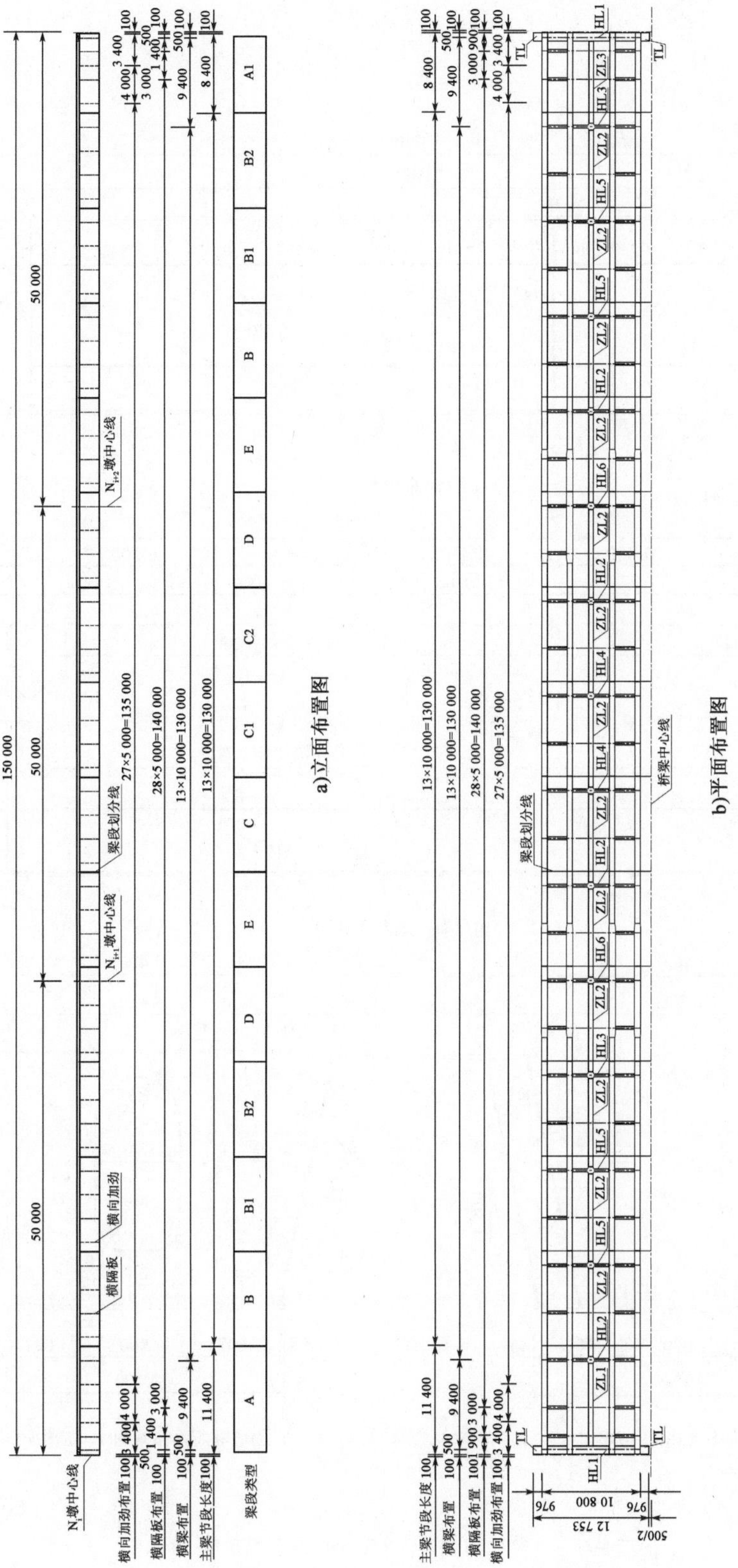

图4-25 跨径3×50m箱形组合梁钢梁总体布置示意(尺寸单位：mm)

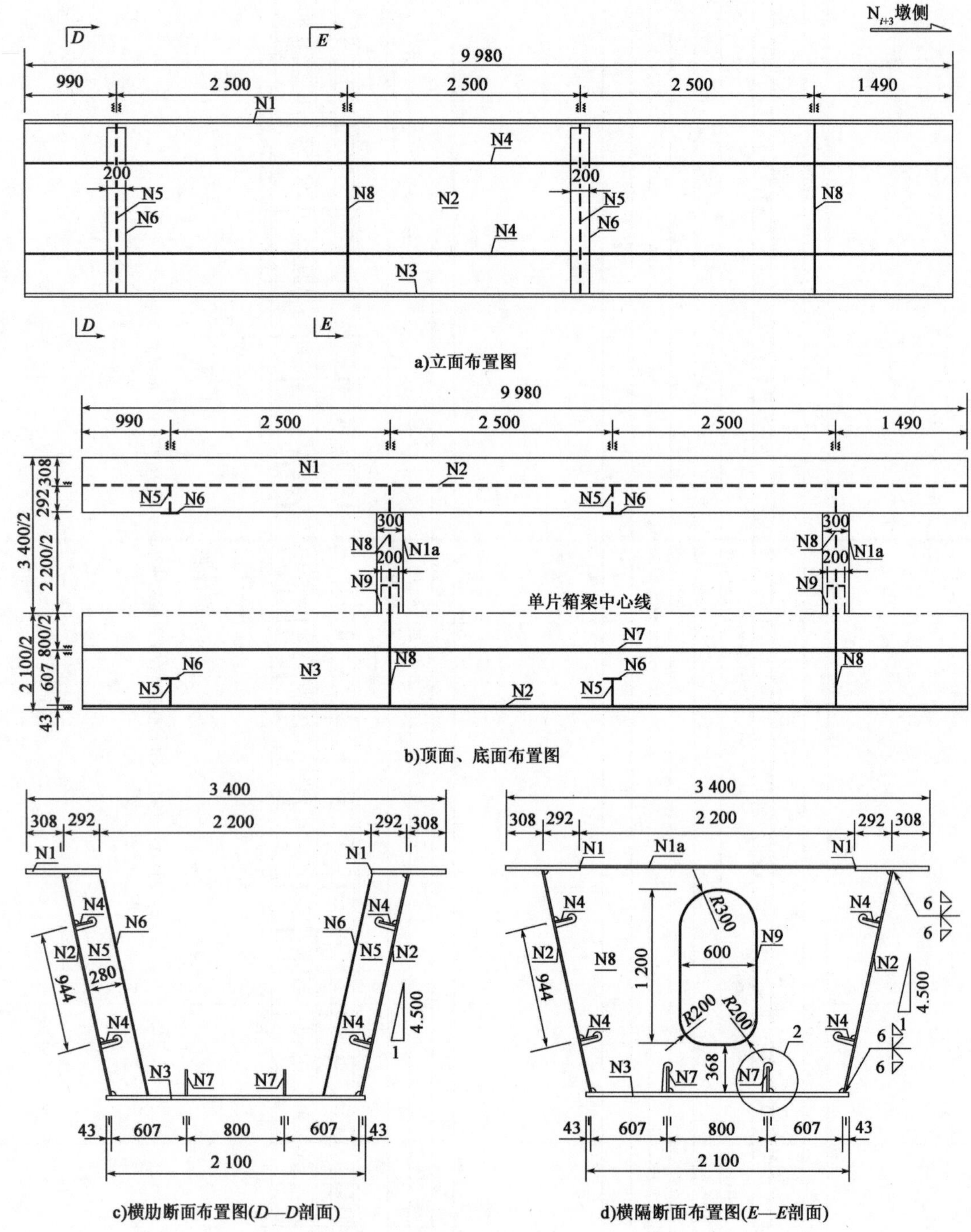

图 4-26　主梁 B、B1、B2 节段构造示意(尺寸单位:mm)

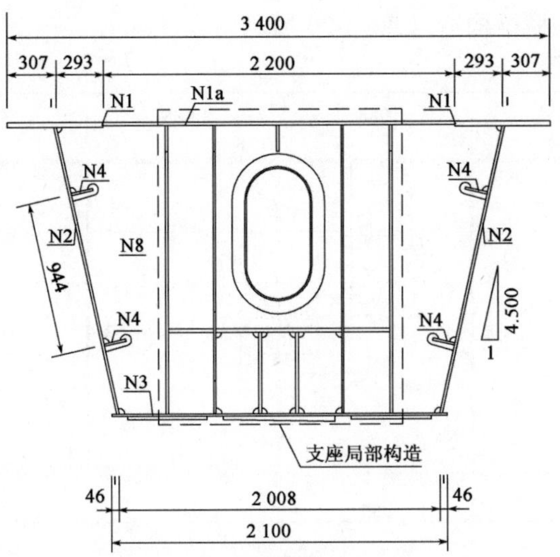

图 4-27　支点处横隔板构造(单位:mm)

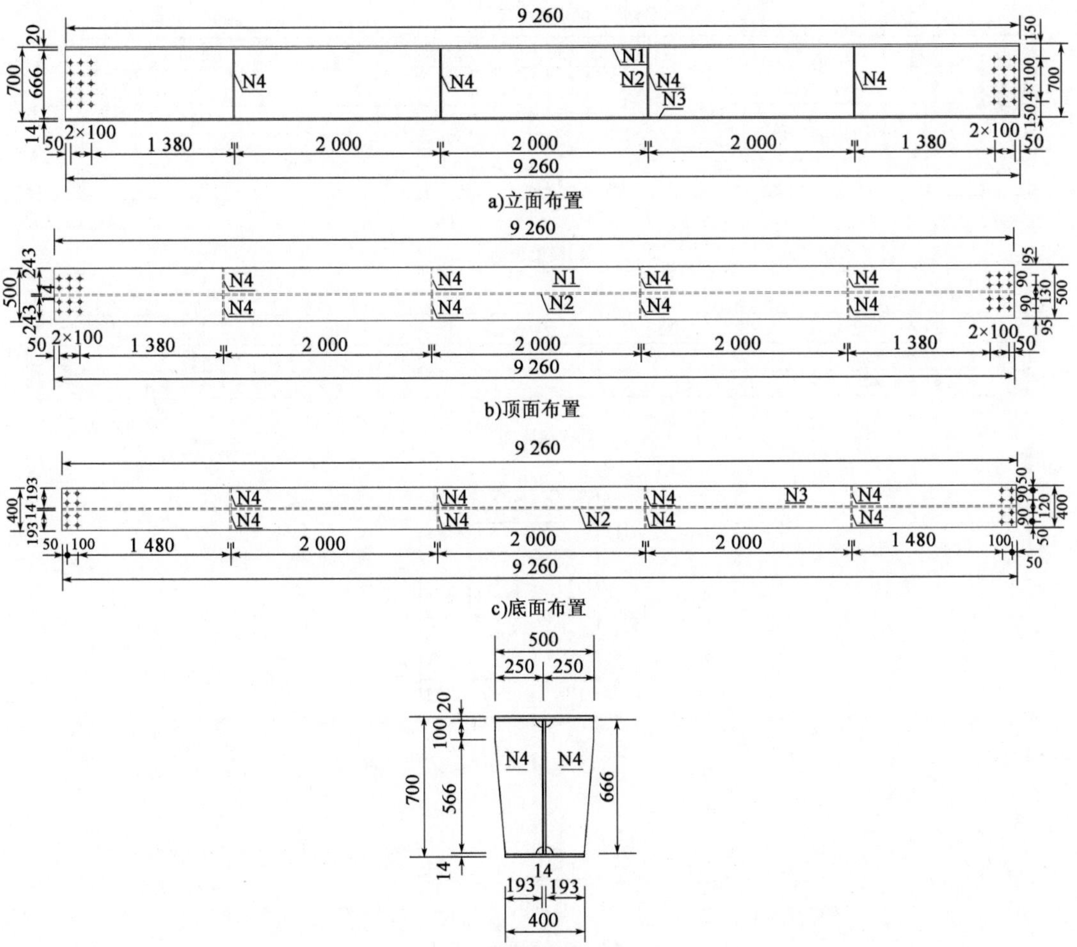

图 4-28　小纵梁一般构造(尺寸单位:mm)

B、B1 节段的实腹式横梁构造，如图 4-29 所示。

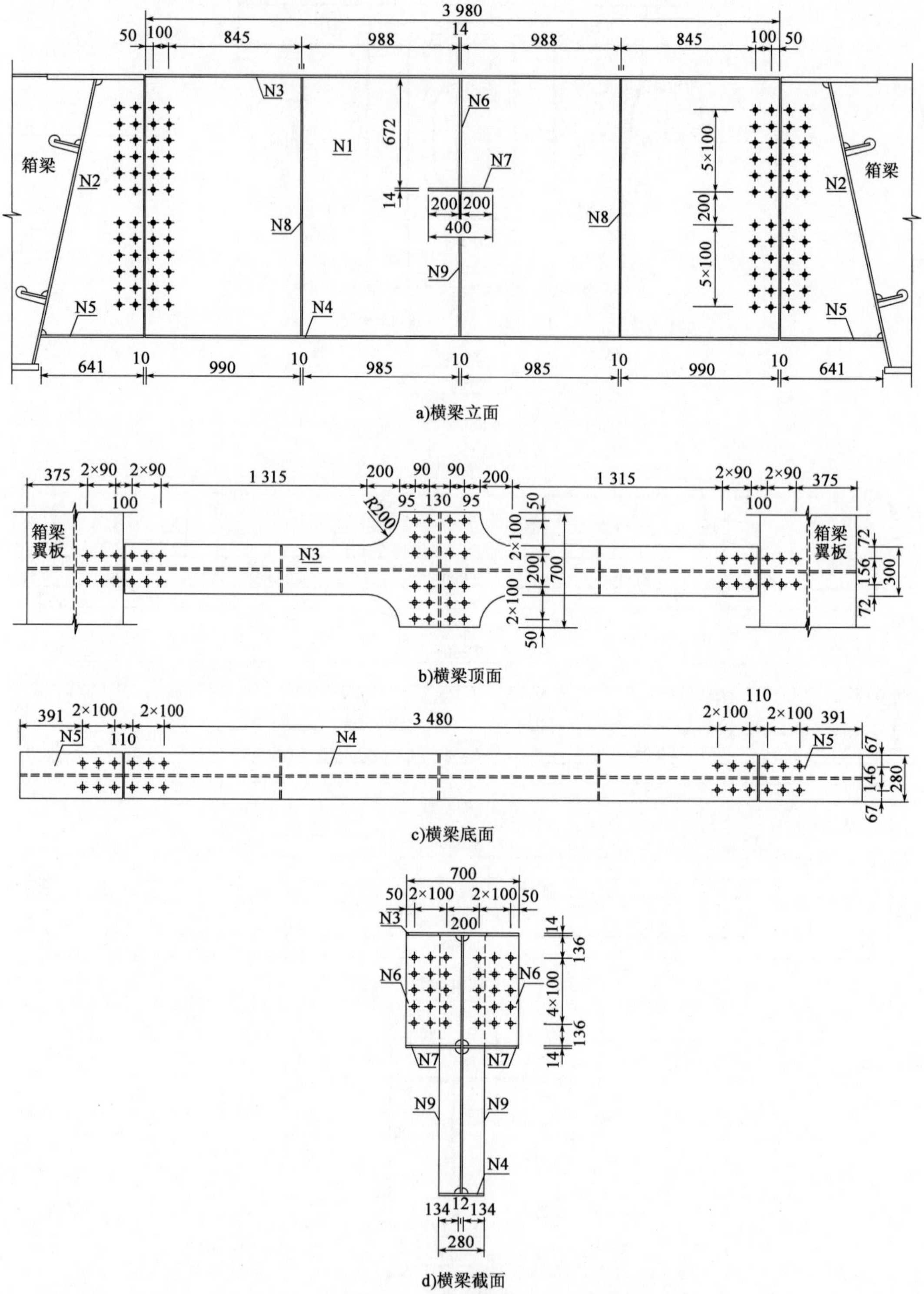

图 4-29　B、B1 节段实腹式横梁构造示意(尺寸单位:mm)

6）支座加劲布置

在每个箱梁中间设置单支座，中间墩支座吨位为800t，过渡墩支座吨位为400t。

支座局部采用箱形加劲构造，过渡墩支座处横隔板厚度为20mm；支座加劲板厚度为20mm；支座楔形垫板平均厚度为28mm。过渡墩支座处支座加劲布置如图4-30所示。

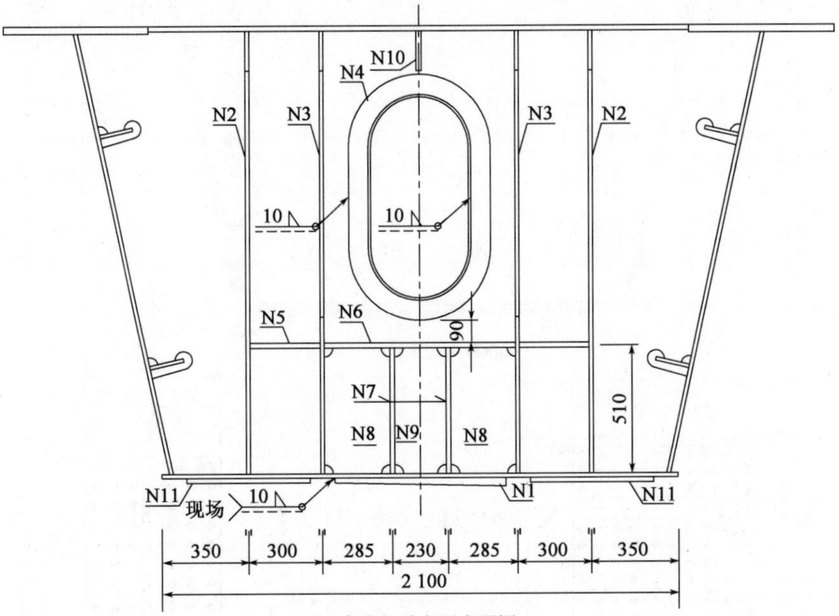

a）支座加劲立面布置图

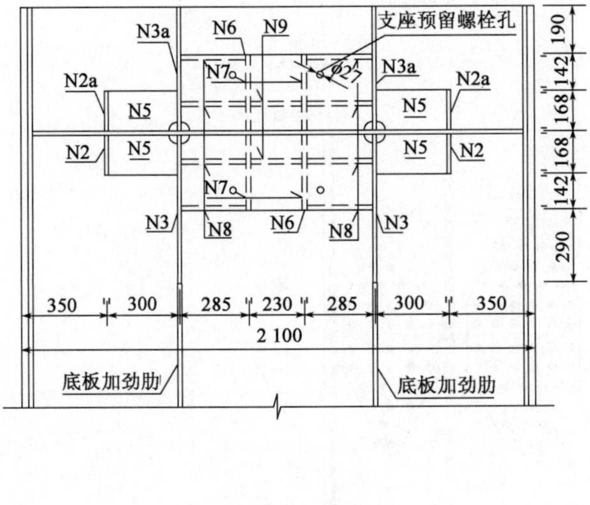

b）支座加劲平面布置图

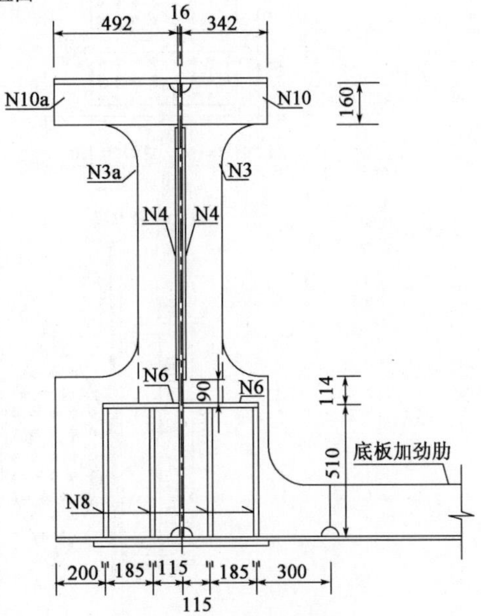

c）支座加劲剖面布置图

图4-30　过渡墩支座处支座加劲构造（尺寸单位：mm）

7）钢梁工厂及现场连接

钢主梁节段工厂制造完成后，单片钢主梁节段、钢横梁、小纵梁整体运输至现场。

钢主梁节段经现场精确对位后,进行现场栓接。横梁与钢主梁、纵梁与横梁之间均通过高强度螺栓栓接。

开口钢箱梁节段现场连接构造,如图4-31所示。

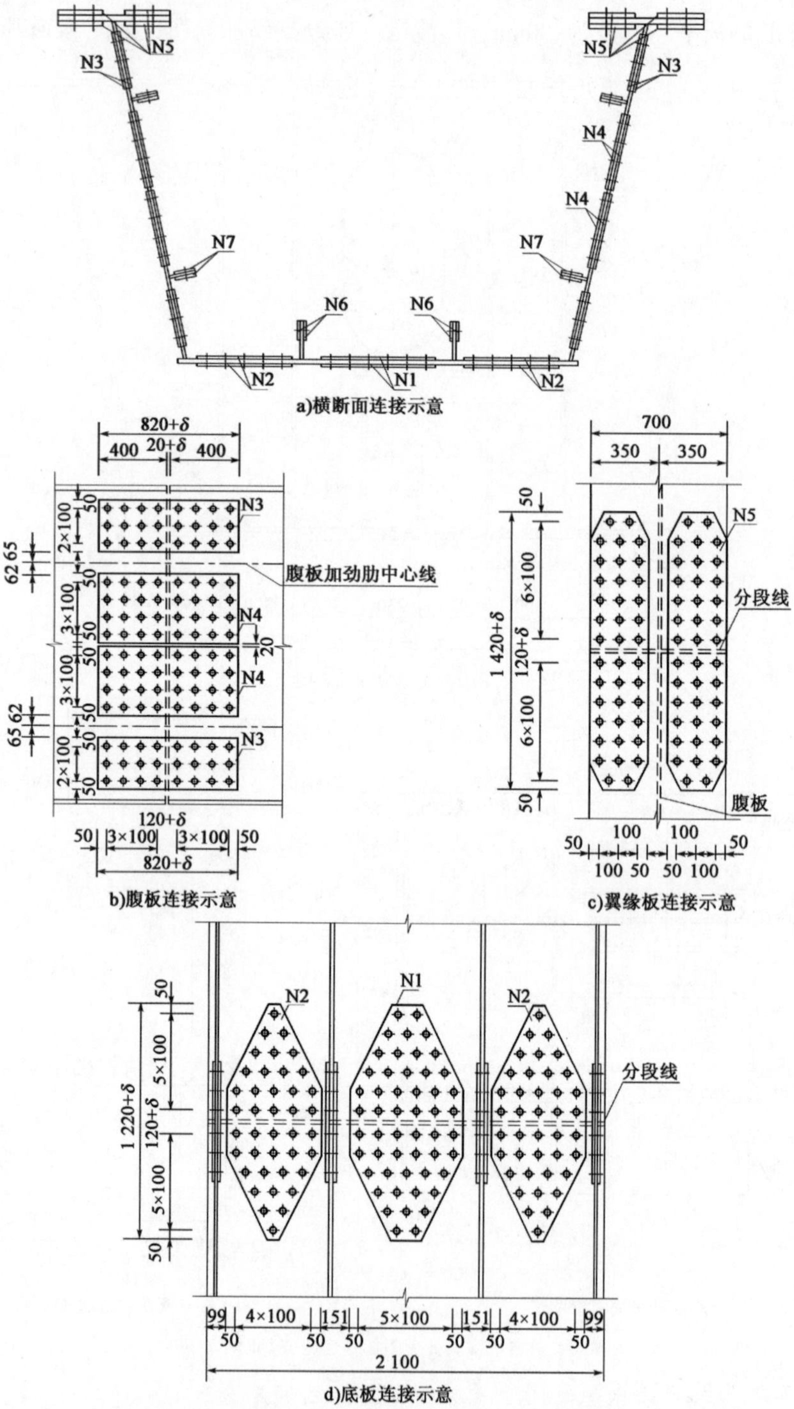

图4-31 开口钢箱梁节段现场连接构造(尺寸单位:mm)

B、B1 节段的横梁现场连接构造,如图 4-32 所示。

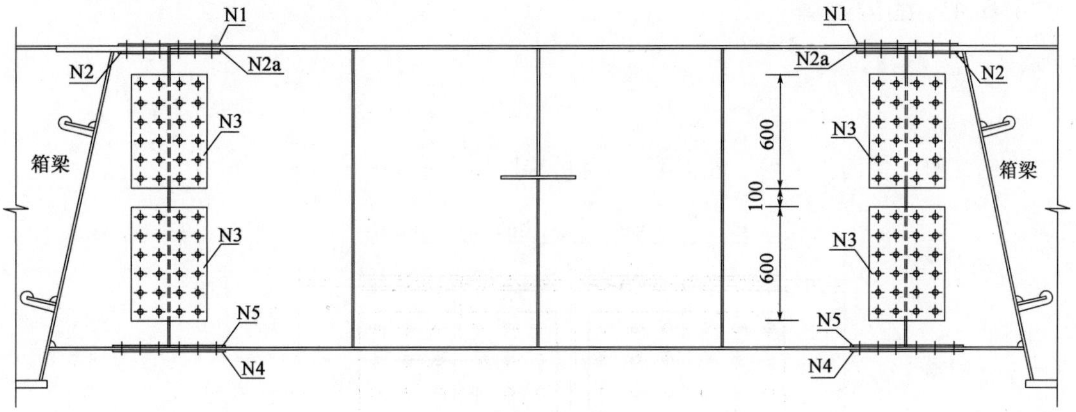

a)立面布置图

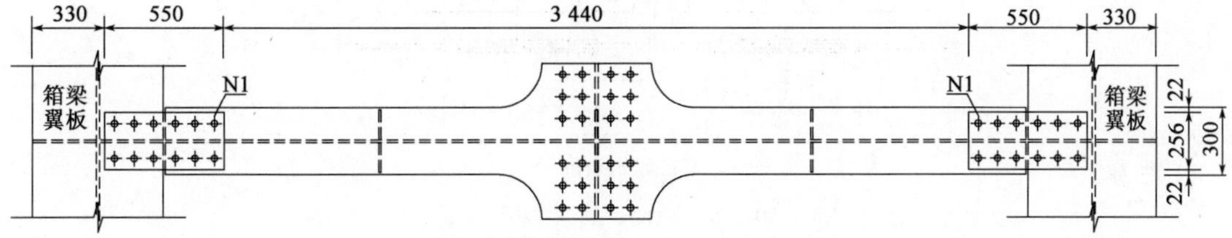

b)顶面布置图

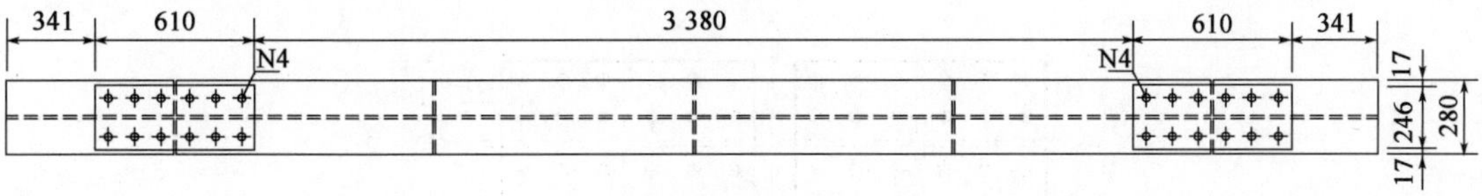

c)底面布置图

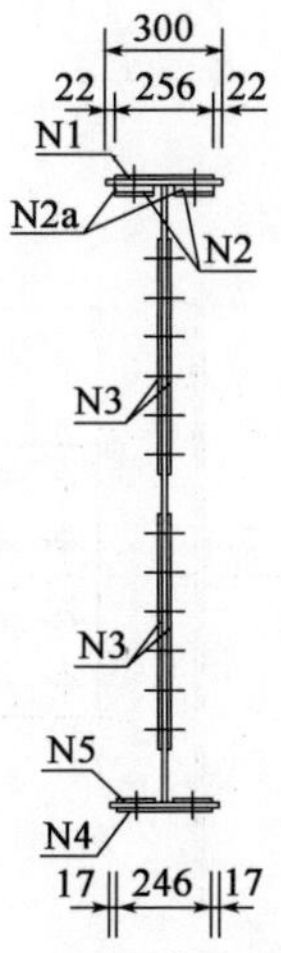

d)断面布置图

图 4-32　B、B1 节段横梁现场连接构造示意(尺寸单位:mm)

小纵梁与横梁的连接构造(以纵梁 ZL2 为例),如图 4-33 所示。

4.6.4 结构计算

1)主要材料参数

(1)混凝土。

预制混凝土桥面板采用 C55 混凝土,材料特性如表 4-6 所示。

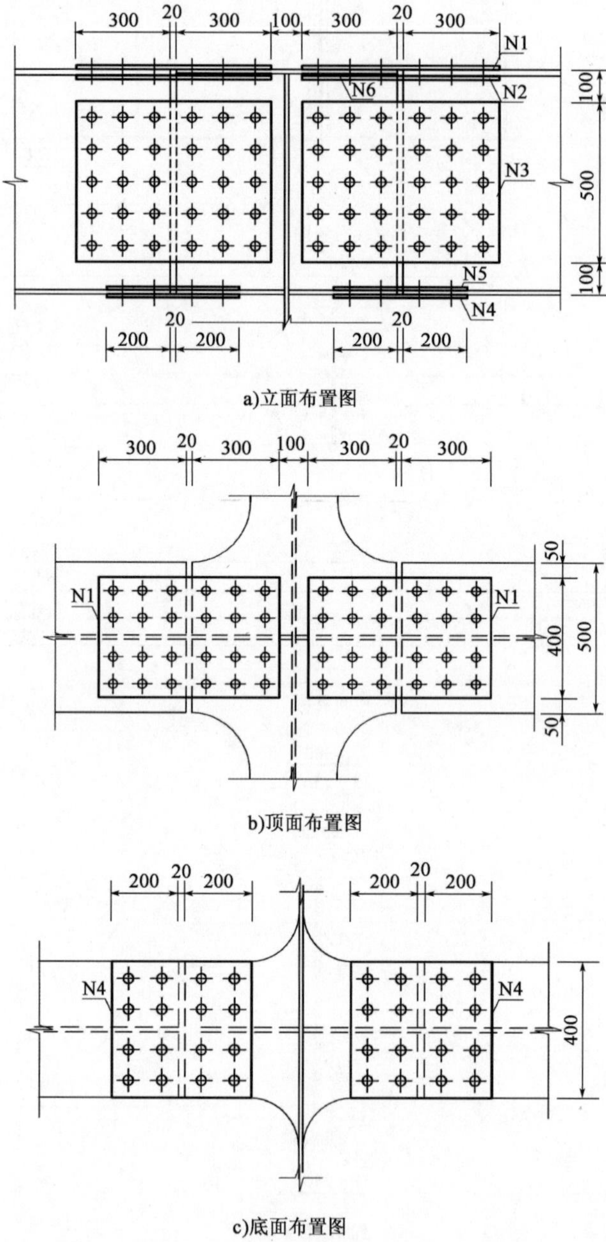

a)立面布置图

b)顶面布置图

c)底面布置图

图 4-33

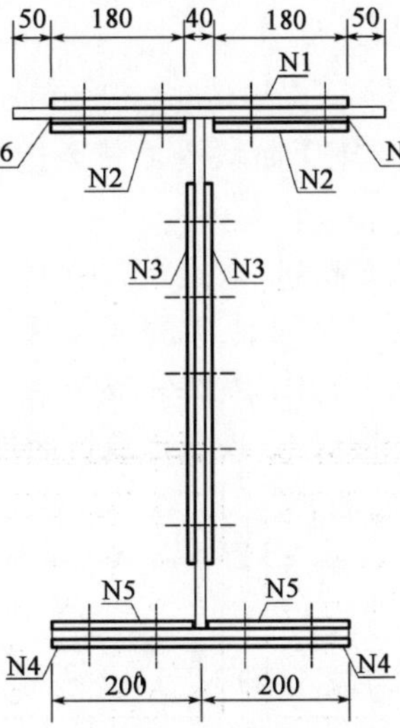

d)断面布置图

图 4-33　小纵梁与横梁现场连接构造(尺寸单位:mm)

C55 混凝土材料特性　　表 4-6

分　类	部　位	强 度 等 级	f_{cd}(MPa)	f_{td}(MPa)	E_c(MPa)
上部结构	混凝土桥面板	C55	25.3	1.96	3.55×10^4

(2)普通钢筋。

普通钢筋采用 HRB500 钢筋,材料特性如表 4-7 所示。

HRB500 钢筋材料特性　　表 4-7

分　类	部　位	钢 筋 种 类	f_{sd}(MPa)	f'_{sd}(MPa)	E_s(MPa)
上部结构	桥面板	HRB500	415	400	2.0×10^5

(3)钢材。

钢主梁、小纵梁、横梁采用 Q420qD 钢材,材料特性如表 4-8 所示。

钢材的材料特性　　表 4-8

分　类	部　位	等　级	f_d(MPa)	f_{vd}(MPa)	E_c(MPa)
上部结构	钢主梁、小纵梁、横梁	Q420qD	335	195	2.0×10^5

(4)高强螺栓。

钢梁连接用高强度螺栓采用 10.9S 级,材料特性如表 4-9 所示。

高强螺栓的预拉力设计值 P_d(kN)　　表 4-9

分　类	部　位	等　级	M22	M24	M27	M30
上部结构	高强螺栓	10.9S	190	225	290	355

2)计算荷载

计算中考虑的荷载种类主要有:结构重力、二期恒载、混凝土收缩和徐变作用、温度作用、汽车荷载。

(1)结构重力。

结构自重根据材料重度进行计算,其中钢材重度取 78.5kN/m^3,钢筋混凝土重度取 28kN/m^3。根据设计施工过程对桥梁施工阶段受力状态进行计算,整孔吊装施工过程按以下施工步骤模拟。

施工阶段 1:将第一跨钢梁吊装至桥墩,放置在支座上。

施工阶段 2:利用反牛腿吊装第二跨钢梁,并完成与第一跨的连接。

施工阶段 3:利用反牛腿吊装第三跨钢梁,并完成与第二跨的连接。

施工阶段 4:吊装预制桥面板于钢梁上,现场浇筑桥面板后浇缝。

施工阶段 5:成桥阶段,施加桥面铺装、栏杆等二期恒载。

施工阶段 6:10 年收缩徐变。

(2)二期恒载。

二期恒载主要包括沥青混凝土铺装、防撞护栏。沥青混凝土铺装:厚度为 10cm,重度取 24kN/m^3;防撞:每侧栏杆重量为 8kN/m。

(3)混凝土收缩。

混凝土收缩应变值根据《公路钢筋混凝土及预应力混凝土桥涵设计规范》(JTG 3362—2018)附录 C 进行计算,其中收缩开始时混凝土龄期 $t_s = 7$d,结构开始受收缩影响时的混凝土龄期 $t_0 = 180$d,环境年平均相对湿度取 75%。

(4)混凝土徐变。

混凝土的徐变系数根据《公路钢筋混凝土及预应力混凝土桥涵设计规范》(JTG 3362—2018)附录 C 进行计算,其中混凝土加载龄期 $t_0 = 180$d,环境年平均相对湿度取 75%,考虑成桥 10 年内混凝土徐变。

(5)支座沉降。

各个桥墩支座沉降取值 0.015m。

(6)温度作用。

结构考虑均匀升温 39℃,均匀降温 −32℃,钢材线膨胀系数取 0.000 012,混凝土线膨胀系数取 0.000 010;截面温度梯度效应按《公路桥涵设计通用规范》(JTG D60—2015)规定施加。

(7)汽车荷载。

采用公路—Ⅰ级车道荷载。其中,均布荷载标准值为 10.5kN/m,集中荷载标准值取 360kN,计算剪力效应时集中荷载标准值乘以 1.2 的系数。汽车纵向布载时,根据所求截面的内力影响线进行加载。横向布载分别考虑竖向力最大和扭矩最大两种情况。横向折减系数取值为 0.78,纵向折减系数取值为 1.0。汽车荷载横向布置,如图 4-34 所示。

(8)汽车荷载冲击系数。

汽车荷载冲击系数根据结构基频计算。采用有限元法建立梁单元模型计算得到的结构基频为 $f = 2.17\text{Hz} > 1.5\text{Hz}$,汽车荷载冲击系数取 $\mu = 0.1767\ln f - 0.0157 = 0.1212$。

3)荷载组合

承载能力极限状态时,考虑结构重要性系数 1.1,恒载、汽车活载及温度梯度荷载的分项系数分别取为 1.2、1.4 及 1.05,同时考虑荷载冲击效应;正常使用极限状态频遇组合时,恒载、汽车活载及温度梯度荷载的分项系数分别为1.0、0.7及0.8，不考虑荷载冲击效应。除对成桥使用阶段验算外，还应对各施工阶段进行验算，施工阶段各工况系数取为1.0。

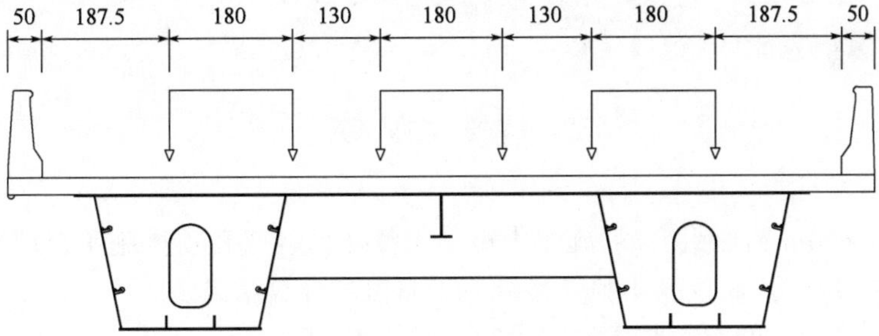

图4-34　汽车荷载横向布置（中载）（尺寸单位：cm）

荷载组合如表4-10所示。

荷载组合列表　　表4-10

编　号	荷载组合
组合1	恒载＋收缩、徐变＋沉降＋汽车荷载
组合2	恒载＋收缩、徐变＋沉降＋汽车荷载＋整体升温＋截面正温差
组合3	恒载＋收缩、徐变＋沉降＋汽车荷载＋整体升温＋截面负温差
组合4	恒载＋收缩、徐变＋沉降＋汽车荷载＋整体降温＋截面正温差
组合5	恒载＋收缩、徐变＋沉降＋汽车荷载＋整体降温＋截面负温差

4）钢梁计算应力点

对开口钢箱梁进行验算时，计算应力点如图4-35所示。

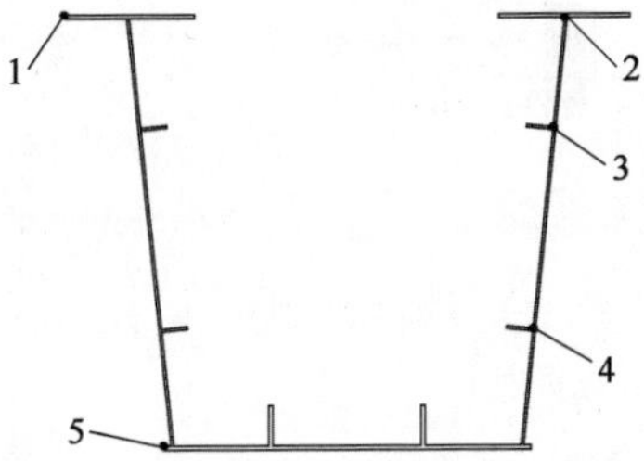

图4-35　钢梁计算应力点

1-钢主梁的上翼缘；2-钢主梁腹板与翼缘交界处；3-钢主梁的纵向加劲肋位置；4-钢主梁的纵向加劲肋位置；5-钢主梁的下翼缘

5）分析方法及计算模型

采用空间有限元程序Midas-Civil进行总体计算分析。为了便于提取钢梁与混凝土各自的内力，本次分析主要采用双单元模拟，上层为桥面板结构，下层为钢主梁结构，混凝土桥面板与钢主梁的连接采用弹簧连接模拟。整体受力分析计算模型如图4-36所示。

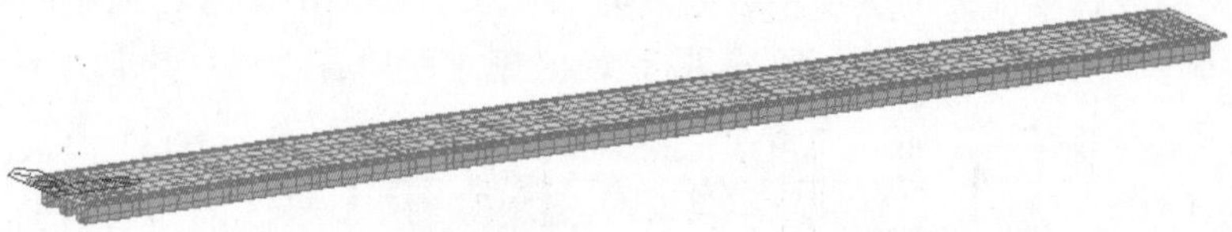

图 4-36　整体受力分析计算模型示意

6）施工阶段受力分析

对于本桥 3×50m 箱形组合梁，施工中可采用整孔吊装或者顶推施工，计算时模拟了全桥结构的全部施工过程，下面仅列出整孔吊装施工阶段的计算结果。

钢主梁各施工阶段的应力结果如图 4-37～图 4-41 所示。

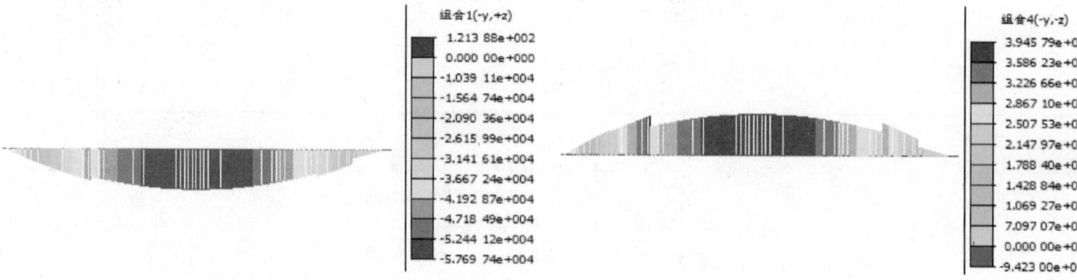

a)钢主梁上缘应力　　b)钢主梁下缘应力

图 4-37　施工阶段 1 钢主梁应力结果（单位：kN/m²）

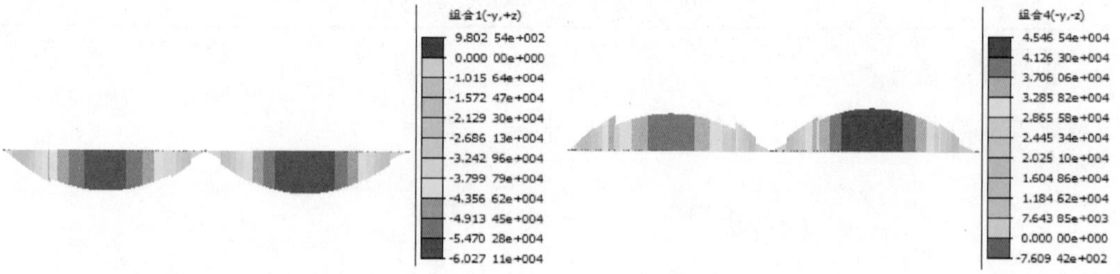

a)钢主梁上缘应力　　b)钢主梁下缘应力

图 4-38　施工阶段 2 钢主梁应力结果（单位：kN/m²）

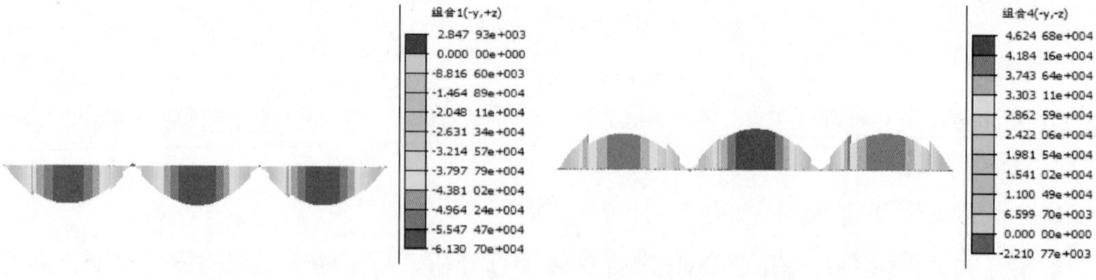

a)钢主梁上缘应力　　b)钢主梁下缘应力

图 4-39　施工阶段 3 钢主梁应力结果（单位：kN/m²）

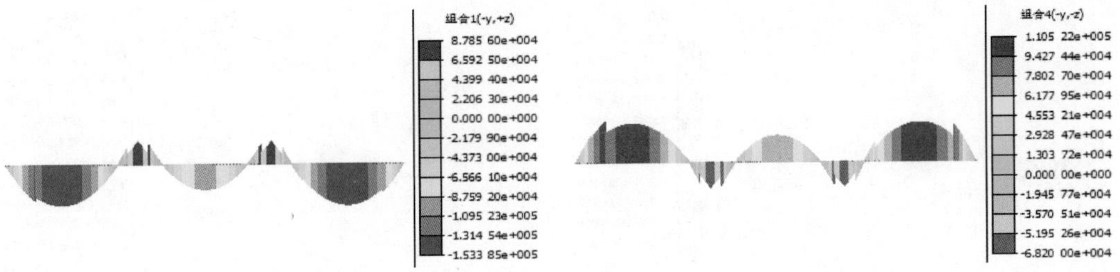

a)钢主梁上缘应力　　b)钢主梁下缘应力

图4-40　施工阶段4钢主梁应力结果(单位:kN/m²)

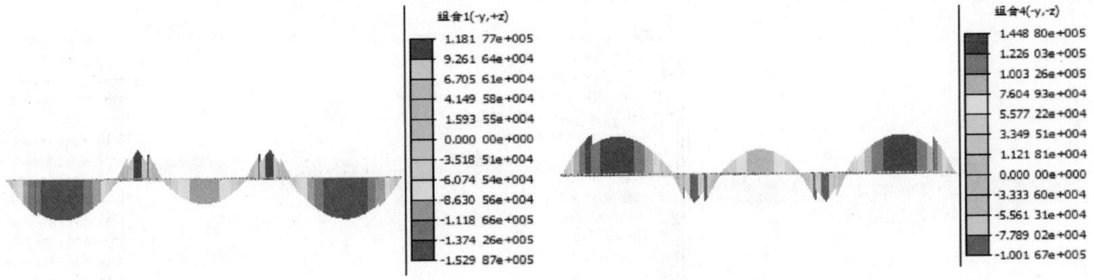

a)钢主梁上缘应力　　b)钢主梁下缘应力

图4-41　施工阶段5钢主梁应力结果(单位:kN/m²)

各施工阶段钢主梁应力结果汇总,如表4-11所示。

各施工阶段钢主梁应力汇总表(MPa)　　表4-11

验算截面		施工阶段1	施工阶段2	施工阶段3	施工阶段4	施工阶段5
墩顶断面	钢梁上缘	0.1	1.0	2.9	87.9	118.0
	钢梁下缘	-0.1	-0.8	-2.2	-68.2	-100.0
中跨跨中	钢梁上缘	0.0	-60.3	-61.3	-93.9	-98.3
	钢梁下缘	0.0	45.5	46.2	70.8	87.4
边跨跨中	钢梁上缘	-57.7	-57.1	-58.7	-148.0	-157.0
	钢梁下缘	39.5	39.0	40.1	101.0	132.0
1/4跨中断面	钢梁上缘	-43.6	-42.6	-42.8	-63.1	-67.8
	钢梁下缘	29.8	29.2	29.3	43.1	53.2

注:表中应力,拉应力为"+",压应力为"-"。

由上可知,各施工阶段钢主梁纵向整体受力满足要求。

7)钢主梁强度验算

(1)抗弯承载力计算。

钢梁在主要组合和最不利组合荷载工况下的应力结果,如图4-42、图4-43所示。

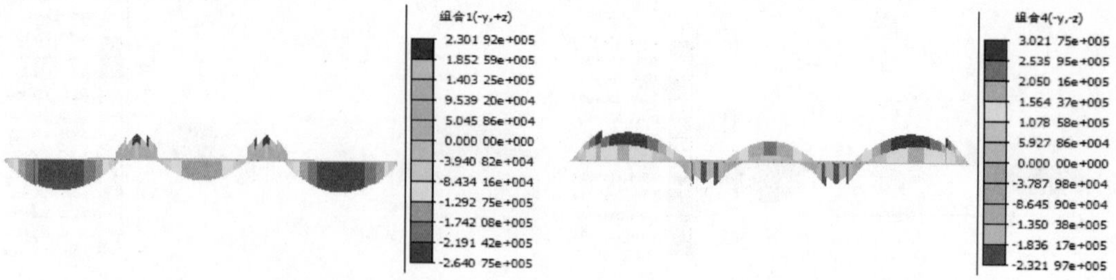

a)钢主梁上缘应力　　　　b)钢主梁下缘应力

图 4-42　主要组合下钢主梁应力结果(单位:kN/m²)

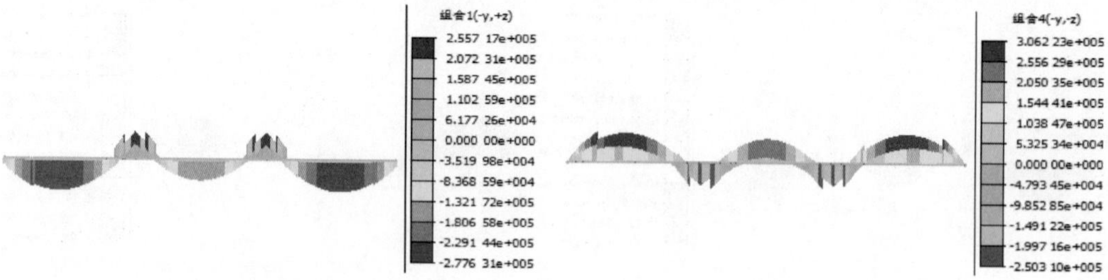

a)钢主梁上缘应力　　　　b)钢主梁下缘应力

图 4-43　最不利组合下钢主梁应力结果(单位:kN/m²)

在最不利组合作用下,钢主梁上翼缘最大压应力为 -277.6MPa,最大拉应力为255.7MPa,钢主梁下翼缘最大压应力为 -250.3MPa,最大拉应力为 306.2MPa。

按照弹性设计方法进行钢梁结构应力验算,钢主梁上下缘应力均小于钢材设计强度 335MPa(Q420q 钢材),满足要求。

(2)抗剪承载力计算。

组合梁在主要组合和最不利组合荷载工况下的剪力包络图,如图 4-44、图 4-45 所示。

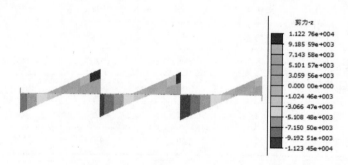

图 4-44　主要组合下钢主梁剪力包络图(单位:kN)

在最不利组合作用下,钢主梁最大剪力为 11 336kN。

组合梁钢主梁的抗剪承载能力计算主要考虑钢梁腹板的抗剪。

对于中墩顶处,箱形组合梁钢梁最大剪力为 11 336kN,箱形组合梁钢梁腹板抗剪承载能力为:$V_u = f_{vd} \cdot A_w = 195 \times 2\,057 \times 18 \times 4/1\,000 = 28\,880\text{kN}$。

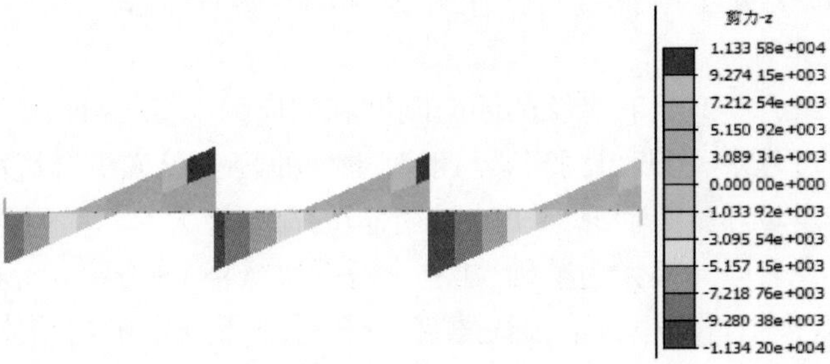

图 4-45　最不利组合下钢主梁剪力包络图(单位:kN)

中墩顶处钢梁腹板剪力 $\gamma_0 V_d = 12\ 469\text{kN} < V_u = 28\ 880\text{kN}$,中墩顶处箱形组合梁钢梁的腹板抗剪承载力满足要求。

8)正常使用极限状态主梁挠度验算

在计算该箱形组合梁的挠度,采用开裂分析方法,即中支座两侧 0.15L 范围内区段组合梁截面刚度应取开裂截面刚度,其余区段组合梁截面刚度取考虑滑移效应的折减刚度。经计算,主梁的竖向变形如图 4-46 所示。

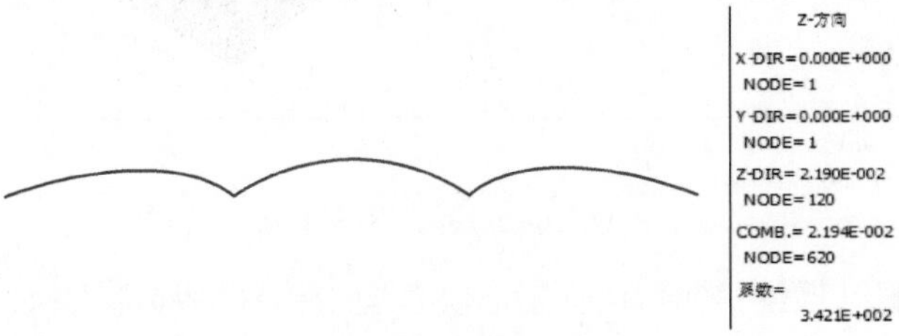

a)主梁最大竖向位移

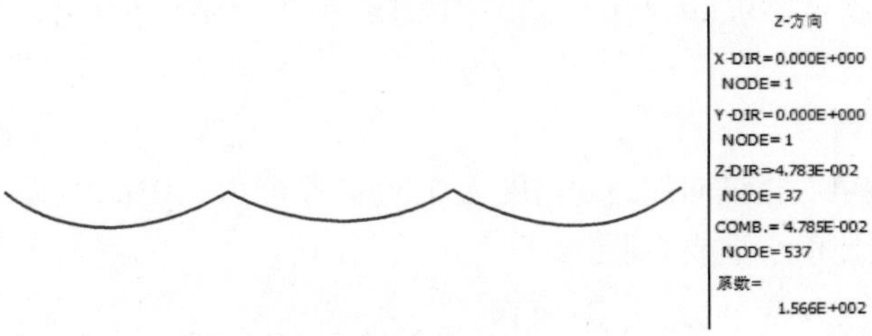

b)主梁最小竖向位移

图 4-46　活载作用下主梁竖向位移结果(单位:m)

主梁在活载作用下,中跨跨中最大竖向挠度之和为 42mm + 22mm = 64mm < $L/500$ = 100mm,满足要求;边跨跨中最大竖向挠度之和为 48mm + 15mm = 63mm < $L/500$ = 100mm,满足要求。

9)稳定计算

(1)整体稳定验算。

具有钢筋混凝土桥面板密铺在梁的上翼缘并且牢固相连的,可以不计算梁的整体稳定性。成桥阶段,箱形组合梁主梁采用开口型箱形截面与混凝土桥面板组合而成的组合梁截面,待混凝土桥面板硬化后,混凝土板可很好地抑制钢箱梁发生侧向屈曲,提高主梁的整体稳定性,根据规范可不验算其整体稳定性。

同时施工期间,组合梁应具有足够的侧向刚度和侧向约束,以保证钢主梁不发生失稳。对于箱形组合梁,施工过程中,在开口钢箱梁与混凝土桥面板未形成组合截面之前,仅由钢梁承担自身重量、桥面板重量和施工荷载,此时钢梁承担的荷载最大,需验算其稳定性。

对于本桥,以板壳有限元模型为基础,建立全桥钢梁 ANSYS 有限元分析模型,在钢箱梁的上翼缘板施加面荷载模拟桥面板自重,通过模态分析计算得到钢梁的整体稳定。开口钢箱梁 1 阶失稳模态如图 4-47 所示。

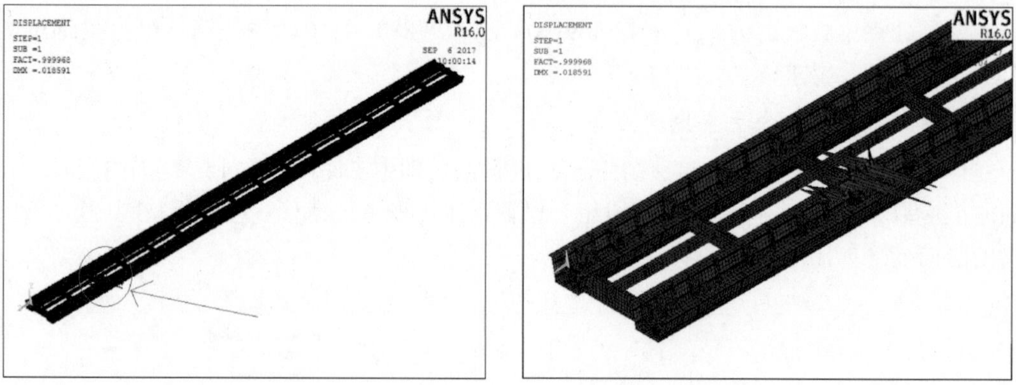

a) b)

图 4-47 开口钢箱梁 1 阶失稳模态

通过计算可得到开口钢箱梁前 10 阶失稳模态均为构件的局部失稳,并且经计算,在钢梁自重和桥面板荷载作用下的弹性整体稳定系数为 5.63。通常认为弹性整体稳定系数大于 4.0 时,结构整体稳定性满足要求,因此可认为施工过程中箱形组合梁钢主梁的整体稳定性满足要求。

(2)底板稳定验算。

本桥负弯矩区钢梁底板纵向加劲肋高度为 0.30m,厚度为 0.03m,高厚比为 0.30/0.03 = 10。受压板件的板肋高厚比应小于或等于:

$$\frac{h_s}{t_s} = 12\sqrt{\frac{345}{f_y}} = 12\sqrt{\frac{345}{420}} = 10.87$$

因此钢梁底板加劲肋高厚比满足要求。

当受压加劲板采用刚性加劲肋时,需满足:

$$\gamma_1 \geqslant \gamma_1^*$$

$$A_{sl} \geqslant \frac{bt}{10n}$$

$$\begin{cases} \gamma_1^* = \dfrac{1}{n}[4n^2(1 + n\delta_1)\alpha^2 - (\alpha^2 + 1)^2] & (\alpha \leqslant \alpha_0) \\ \gamma_1^* = \dfrac{1}{n}\{[2n^2(1 + n\delta_1) - 1]^2 - 1\} & (\alpha > \alpha_0) \end{cases}$$

$$\alpha_0 = \sqrt[4]{1 + n\gamma_1}$$

式中：γ_1——纵向加劲肋的相对刚度，$\gamma_1=\frac{EI_1}{bD}$；

I_1——单根纵向加劲肋对加劲板的抗弯惯性矩（m^4）；

t——母板的厚度（m）；

α——加劲板的长宽比，$\alpha=a/b$；

a——加劲板的计算长度（横隔板或刚性横向加劲肋的间距）（m）；

b——加劲板的计算宽度（腹板或刚性纵向加劲肋的间距）（m）；

δ_1——单根纵向加劲肋的截面面积与母板的面积之比 $\delta_1=A_{sl}/bt$；

A_{sl}——单根纵向加劲肋的截面面积（m^2）；

D——单宽板刚度$D=\frac{Et^3}{12(1-\nu^2)}$；

n——等间距布置纵向加劲肋根数，$n=n_1+1$。

对于本桥，底板加劲肋高度 $h_w=0.3m$，加劲肋厚度 $t_w=0.03m$，加劲肋数量 $n_1=2$，$n=n_1+1=3$，单根加劲肋面积 $A_{sl}=t_wh_w=0.009m^2$，单根加劲肋的纵向抗弯惯性矩 $I_1=t_wh_w^3/12+t_wh_w(0.5h_w)^2=2.7\times10^{-4}m^4$。底板加劲肋的计算长度取实腹式横隔板与横向加劲肋间距 $a=2.5m$，计算宽度取两腹板距离 $b=2m$，底板（母板）的厚度 $t=0.04m$，则加劲肋的宽厚比 $\alpha=a/b=1.25$。

通过计算，可得：

单根加劲肋与母板面积之比：

$$\delta_1=\frac{A_{sl}}{bt}=0.011\,25$$

纵向加劲肋的相对刚度：

$$\gamma_1=\frac{EI_1}{bD}=23.03$$

区格数：

$$n=n_1+1=3,\alpha_0=\sqrt[4]{1+n\gamma_1}=3.79$$

对于 $\alpha\leqslant\alpha_0$，则：

$$\gamma_1^*=\frac{1}{n}[4n^2(1+n\delta_1)\alpha^2-(\alpha^2+1)^2]=22.8$$

$$\gamma_1=23.03\geqslant\gamma_1^*=22.8$$

$$A_{sl}=0.009>\frac{bt}{10n}=\frac{2\times0.04}{10\times3}=0.002\,7$$

因此，底板加劲肋满足刚性加劲肋的刚度要求，按照刚性加劲肋设计。同时，按《公路钢结构桥梁设计规范》（JTG D64—2015）第5.1.7条规定计算底板有效截面面积和有效截面宽度，截面强度满足要求。

（3）腹板稳定验算。

①腹板厚度验算。

本桥腹板设置横向加劲肋，且设两道纵向加劲肋，按照《钢-混凝土组合梁桥设计规范》（GB 50917—2013）第6.4.2条要求，对于Q420q钢材，腹板最小厚度应满足 $t_w>(h_w/250)$。

以中墩支座处腹板为例,设计腹板厚度为 $t=18\mathrm{mm}$,腹板计算高度 $h_w=2\,057\mathrm{mm}$,则计算有 $t_w=h_w/250=2\,057/250=9\mathrm{mm}$,$t=18\mathrm{mm}>h_w/250=9\mathrm{mm}$。

同时,《钢-混凝土组合桥梁设计规范》(GB 50917—2013)规定:组合梁桥钢梁腹板厚度不应小于12mm,本桥腹板设计厚度满足要求。

综上,中墩支座处腹板厚度满足最小厚度要求。

②腹板横向加劲肋。

该桥箱形组合梁钢梁腹板设置了两道纵向加劲肋及横向加劲肋,跨中梁段腹板横向加劲肋设计最大间距为2.5m。

《公路钢结构桥梁设计规范》(JTG D64—2015)中规定:

a. 腹板横向加劲肋的间距 a 不得大于腹板高度 h_w 的1.5倍。

经计算,$a=2.5\mathrm{m}<1.5h_w=1.5\times2.076\mathrm{m}=3.114\mathrm{m}$,满足要求。

b. 设置二道纵向加劲肋时,横向加劲肋的间距 a 应满足下式要求:

$$\left(\frac{h_w}{100t_w}\right)^4\left[\left(\frac{\sigma}{3\,000}\right)^2+\left(\frac{\tau}{187+58(h_w/a)^2}\right)^2\right]\leqslant1\qquad\left(\frac{a}{h_w}>0.64\right)$$

对于跨中梁段,各计算参数为:$h_w=2.076\mathrm{m}$,$t_w=0.014\mathrm{m}$,$a=2.5\mathrm{m}$,$\sigma=86.8\mathrm{MPa}$,$\tau=18.4\mathrm{MPa}$,经验算满足要求。

《钢结构设计标准》(GB 50017—2017)中对腹板横向加劲肋的规定有:

a. 横向加劲肋的最小间距应满足 $0.5h_0$,除无局部压应力的梁,当 $h_0/t_w\leqslant100$ 时,最大间距应满足 $2.0h_0$。

对于跨中梁段腹板横向加劲肋间距,设计间距为 $a=2.5\mathrm{m}>0.5h_0=0.5\times2.076=1.038\mathrm{m}$;满足要求。

b. 腹板横向加劲肋的外伸宽度 b 应满足:

$b>1.2b_s=1.2(h_0/30+40)=1.2\times(2\,076/30+40)=131\mathrm{mm}$,经验算,腹板加劲肋设计外伸宽度为280mm,满足要求。

c. 横向加劲肋的厚度 t 应满足:$t\geqslant t_s=\dfrac{b_s}{15}=\dfrac{99.2}{15}=6.6\mathrm{mm}$,设计厚度 $t=10\mathrm{mm}$,满足要求。

此外,腹板横向加劲肋惯性矩应满足下式要求:$I_t\geqslant3h_wt_w^3$,经验算满足要求。

③腹板纵向加劲肋。

《公路钢结构桥梁设计规范》(JTG D64—2015)中规定,当腹板纵向加劲肋采用板肋时,其尺寸比例应满足:$h_s/t_s\leqslant12\sqrt{345/f_y}$,对于该箱形组合梁跨中梁段,其腹板纵向加劲肋尺寸 $h_s=140\mathrm{mm}$,$t_s=14\mathrm{mm}$,$h_s/t_s=10<12\sqrt{345/420}=10.87$,满足要求。

同时,该规范要求腹板纵向加劲肋惯性矩应符合:

$$I_1=\xi_1h_wt_w^3,\ \xi_1=(a/h_w)^2[2.5-0.45(a/h_w)]\leqslant1.5$$

经计算,$\xi_1=2.83>1.5$,取值为1.5;$I_1=\xi_1h_wt_w^3=1.5\times2.076\times0.014^3=8.5\times10^{-6}\mathrm{m}^4$。

腹板纵向加劲肋对于腹板连接线的惯性矩 $I_{l0}=h_s^3t_s/3=1.28\times10^{-5}\mathrm{m}^4$,$I_{l0}>I_1$,满足要求。

(4)开口钢箱梁上翼缘板。

为了提高箱形组合梁钢梁材料的利用效率,防止翼缘板达到屈服后腹板承担过大的弯矩,翼板的厚度不宜小于腹板厚度的 1.1 倍。《钢-混凝土组合桥梁设计规范》(GB 50917—2013)规定:钢梁翼板厚度不应小于 16mm;与混凝土结合的钢梁上翼缘宽度不得小于 250mm,并不应大于其厚度的 24 倍。

为了防止受压翼板局部失稳,翼缘的伸出肢宽不应大于其厚度的 $12\sqrt{345/f_y}$ 倍。对于施工阶段上翼缘应力不超过材料设计强度的 65%,并且有足够的剪力连接件与桥面板连接时,上翼缘的自由伸出肢宽与其厚度之比的最大限值可考虑放宽到 15。

对于本桥,跨中梁段的开口钢箱梁上翼缘板厚度为 34mm,钢梁上翼缘伸出肢宽为 300mm,翼缘伸出肢宽满足不大于其厚度 $12\sqrt{345/f_y}$ 倍的要求;上翼缘宽度为 600mm,翼缘宽度满足不大于其厚度 24 倍的要求。

10)开口钢箱梁构造细节验算

(1)钢梁横隔板。

对于开口钢箱梁,为防止箱梁发生翘曲及畸变变形,需在箱梁内设置横隔板,且横隔板必须具有一定的刚度。

①横隔板间距。

参考日本公路钢结构桥梁设计指南,对跨径不大于 100m 的普通钢箱梁,横隔板间距满足以下要求时,在偏心活载作用下箱梁的翘曲应力与容许应力比值在 0.02 ~ 0.06 之间。

$$\begin{cases} L_D \leqslant 6 & (L \leqslant 50) \\ L_D \leqslant 0.14L - 1 \text{ 且 } \leqslant 20 & (L > 50) \end{cases}$$

式中:L——桥梁等效跨径(m)。

对于本桥,桥梁等效跨径近似取 $L = 0.8 \times 50 = 40$m,因此横隔板的最大间距应小于或等于 6m,本桥横隔板间距设计为 5m,满足要求。

②横隔板刚度。

为便于计算,做如下假定:忽略悬臂板的影响;将桥面板等效为钢梁上翼缘。

横隔板的最小刚度 K 应该满足下式要求:

$$K \geqslant 20\frac{EI_{dw}}{L_d^3}$$

经验算:

箱梁上顶板截面面积

$$F_u = 0.2176\text{m}^2$$

箱梁下底板截面面积

$$F_l = 2.1 \times 0.032 + 2 \times 0.2 \times 0.018 = 0.0744\text{m}^2$$

一个腹板的面积

$$F_h = 0.0367\text{m}^2$$

顶板对箱梁对称轴的惯矩

$$I_{fu} = 0.2096\text{m}^4$$

底板对箱梁对称轴的惯矩

$$I_{fl} = 0.0247\text{m}^4$$

另外

$$B_u = 2.8\text{m}, B_l = 2.02\text{m}, b_1 = 0.3\text{m}, b_2 = 0.04\text{m}, H = 2.04\text{m}$$

$$e = \frac{I_{fl}}{B_l} \times \frac{B_u + 2B_l}{12} \times F_h = 0.0003\text{m}^6$$

$$f = \frac{I_{lu}}{B_u} \times \frac{2B_u + B_l}{12} \times F_h = 0.0017\text{m}^6$$

$$\alpha_1 = \frac{e}{e+f} \times \frac{B_u + B_l}{4} \times H = 0.314\text{m}^2$$

$$\alpha_2 = \frac{f}{e+f} \times \frac{B_u + B_l}{4} \times H = 2.144\text{m}^2$$

$$I_{dw} = \left\{\alpha_1^2 F_u \left(1 + \frac{2b_1}{B_u}\right)^2 + \alpha_2^2 F_l \left(1 + \frac{2b_2}{B_l}\right)^2 + 2F_h(\alpha_1^2 - \alpha_1\alpha_2 + \alpha_2^2)\right\} = 0.696\text{m}^6$$

计算得到横隔板最小刚度：

$$K_0 = 20\frac{EI_{dw}}{L_d^3} = 2.3 \times 10^7\text{kN}\cdot\text{m}$$

对于本桥实腹式横隔板，其刚度为：

$$K = 4GA_c t_D = 2.42 \times 10^7\text{kN}\cdot\text{m} > K_0$$

因此，横隔板的刚度满足要求。

(2)钢梁支撑加劲肋。

中间墩开口钢箱梁支撑加劲肋采用纵横相交的格子形式，短肋通过一横向肋与长肋连成整体，加劲肋厚度均为 0.02m，宽度均为 0.3m，支座垫板为 0.8m×0.8m 的矩形块，厚度 0.028m。加劲构造如图 4-48 所示。

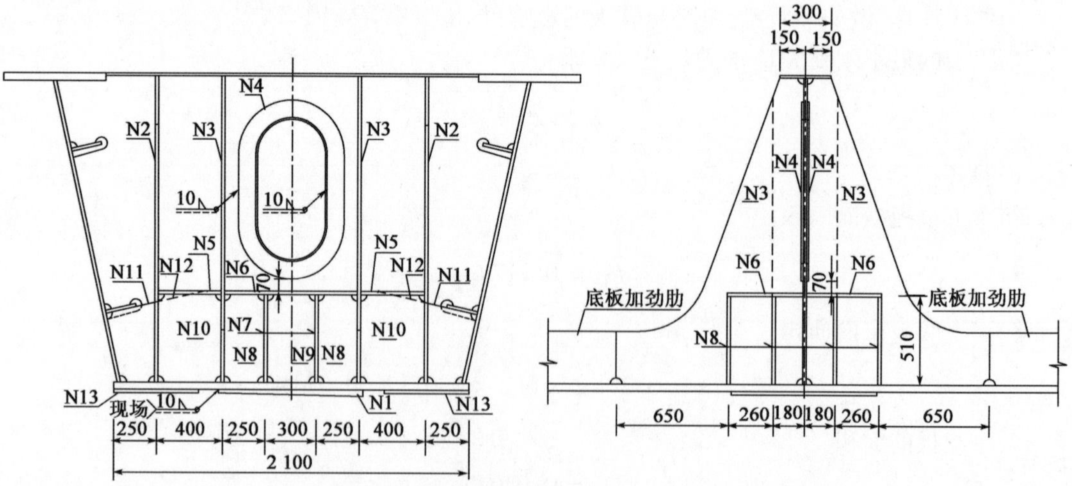

图 4-48　中间墩支撑加劲肋构造示意(尺寸单位:mm)

采用ANSYS有限元分析软件对支座加劲进行局部受力计算分析，建立中墩两侧各25m梁段，两端截面节点自由度全部约束，在支座底部建立0.028m厚的支座垫板，支座反力大小7 517kN，施加在直径0.60m的圆面范围。板件应力云图如图4-49所示。

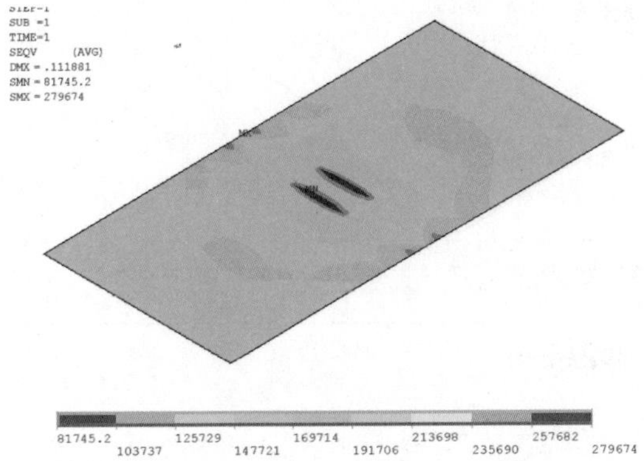

a) 钢梁底板mises应力云图(单位：kPa)

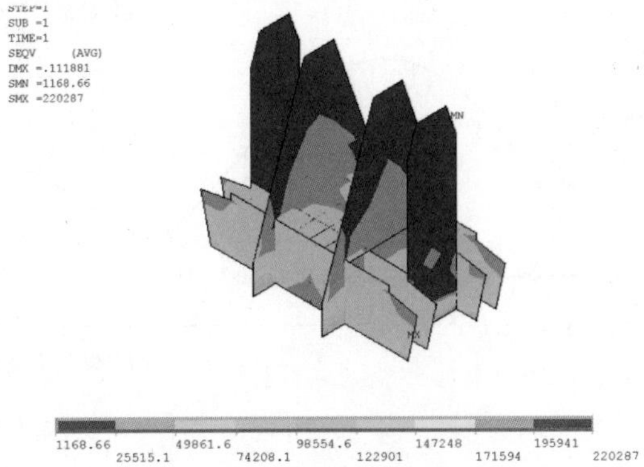

b) 支座加劲板mises应力云图(单位：kPa)

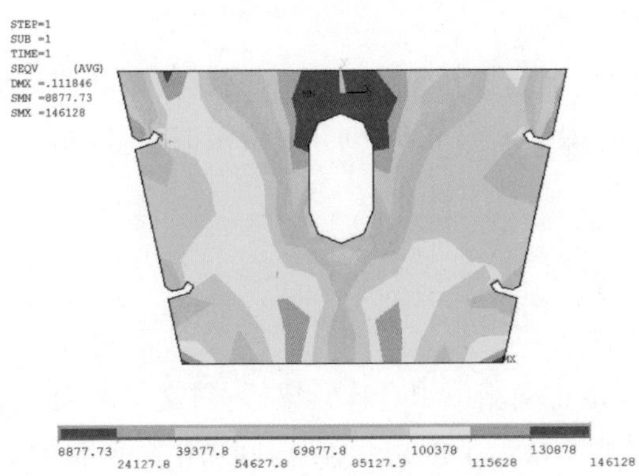

c) 横隔板mises应力云图(单位：kPa)

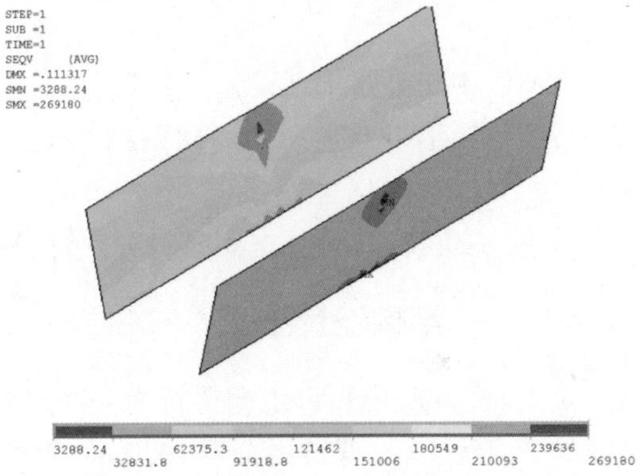

d) 腹板mises应力云图(单位：kPa)

图4-49　钢梁板件应力云图示意

通过计算结果可知，钢梁底板最大mises应力为280MPa，为底板与腹板交界位置处的应力集中；支座加劲板最大mises应力为220MPa，出现在中间竖向加劲板位置；横隔板最大mises应力为146MPa，出现在横隔板的底部位置；腹板最大mises应力为270MPa，为腹板与底板交界位置处的应力集中。钢梁各板件应力均在容许值范围以内。

11) 预拱度设置

按照顶推架设施工方法与吊装架设施工方法，分别对开口箱形钢主梁进行预拱度值的计算，计算结果如图4-50所示。

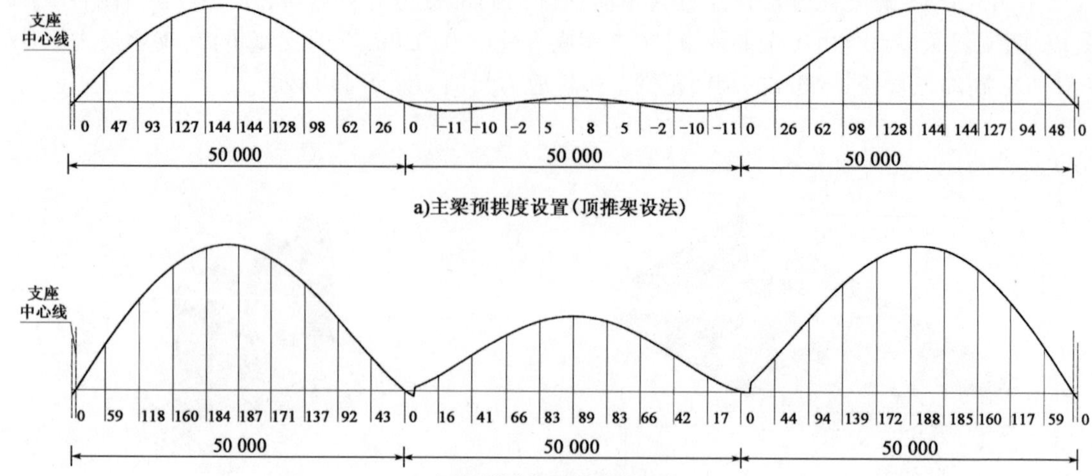

b)主梁预拱度设置(吊装法架设)

图 4-50　跨径 3×50m 箱形钢梁预拱度设置(尺寸单位:mm)

4.7　跨径 3×60m 开口钢箱梁

下面以中交公路规划设计院有限公司(暨装配化钢结构桥梁产业技术创新战略联盟)研发的装配化箱形组合梁系列通用图技术成果,介绍其 60m 跨径的开口钢箱梁的设计及计算内容。

其中,主要技术指标、主要材料等内容参见 4.6 节。

4.7.1　结构设计要点

该 3×60m 跨径箱形组合梁桥为一联双向四车道正交箱形组合连续梁桥,斜交角度为 0°,平面处于直线上,上部结构全宽 26.0m。钢主梁采用工厂分节段预制,节段间采用高强螺栓工地现场连接。

主梁设计时采用“开口钢箱梁 + 混凝土桥面板”的分幅组合结构,单幅桥采用双梁结构,梁总高 2.9m,钢梁高 2.6m,高跨比约为 1/21。混凝土桥面板宽 12.75m,混凝土板悬臂长 1.276m,预制桥面板厚 0.25m。钢主梁采用斜腹板形式,斜率 1:7.3,主要由上翼缘板、腹板、腹板加劲肋、底板、底板加劲肋、横隔板及横肋组成,单片钢箱梁腹板中心(顶板方向)间距 2.8m,两片钢箱梁中心间距 7.4m,中间设置小纵梁。钢主梁上翼板宽 0.6~0.7m,梁底宽 2.30m。

桥面设置 2% 的双向横坡,横坡的取得通过绕横断面中的预制桥面板的内侧顶板位置旋转得到。

主梁横断图如图 4-51 所示。

1)节段划分

主梁节段划分综合考虑钢梁的受力、制作能力、吊装能力以及运输通行能力等多方面因素,主梁节段最大长度不宜超过 13m,节段最大吊装质量控制在 19t 以内。

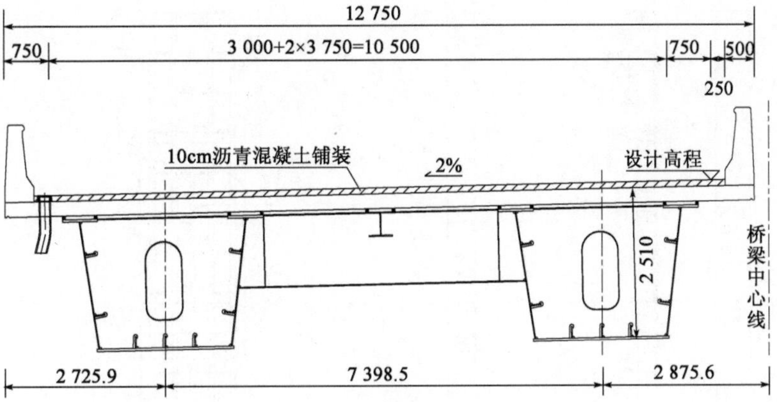

a)横隔板断面

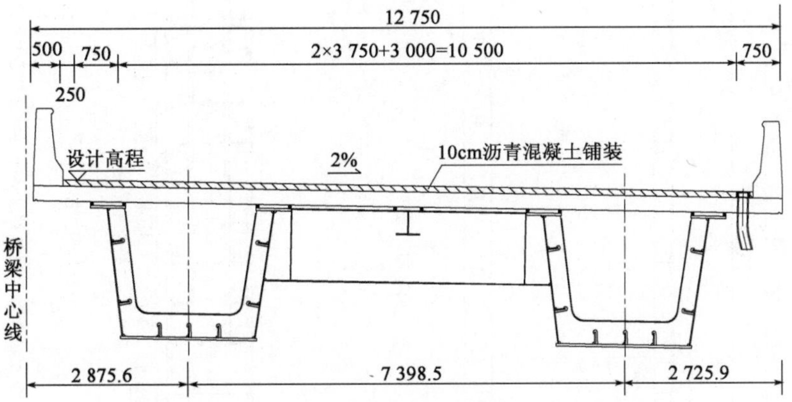

b)横向加劲肋断面

图 4-51　跨径 3×60m 箱形组合梁横断面示意(尺寸单位:mm)

各片主梁沿全桥长度方向共划分为 19 个运输节段,钢主梁节段划分为 A、B、C、D、E、F、G、H 共 8 种类型,节段长度划分为 10m、3.59m 和 6.09m 共 3 种长度,最大节段吊装质量控制在 25.9t 以内,节段间预留 20mm 宽缝隙。

钢梁总体布置,如图 4-52 所示。

2)开口钢箱主梁

(1)上翼缘板。

钢主梁上翼缘板采用 24mm、32m、36mm、40mm、55mm 共 5 种厚度;翼缘板宽度为 600mm,在中墩顶附近加宽至 700mm。

(2)底板。

底板宽 2300mm,底板采用 20mm、30mm、36mm、40mm、50mm 共 6 种厚度。底板纵向加劲肋采用板式构造,横向间距 550mm,对应不同的底板板厚,加劲肋尺寸在中墩处为 260mm×26mm。

(3)腹板。

钢主梁腹板采用 18mm 和 20mm 共 2 种厚度,腹板设置两道纵向加劲肋,加劲肋采用板式构造,尺寸为 180mm×18mm。

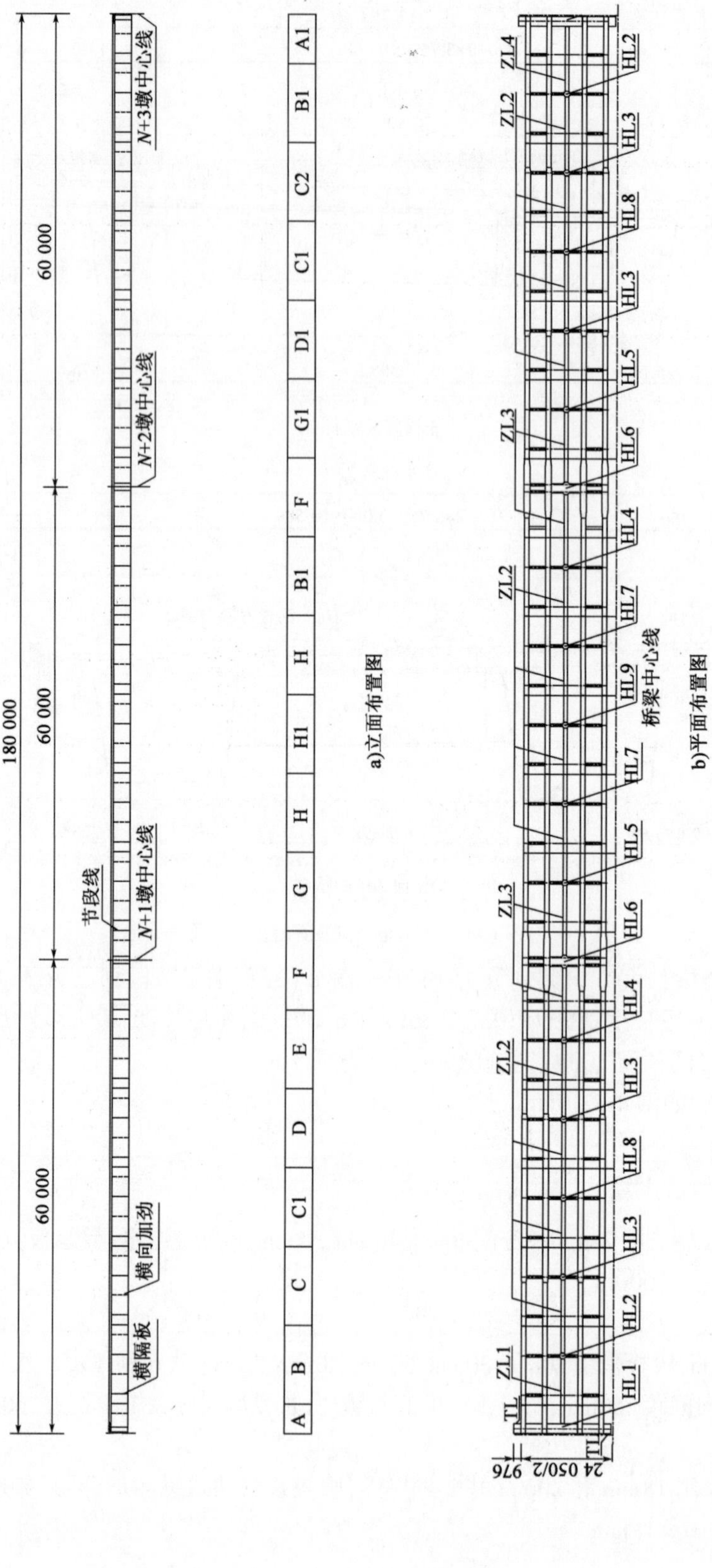

图4-52　跨径3×60m箱形组合梁钢梁总体布置示意（尺寸单位：mm）

选取主梁跨中 C1 节段,其一般构造如图 4-53 所示。

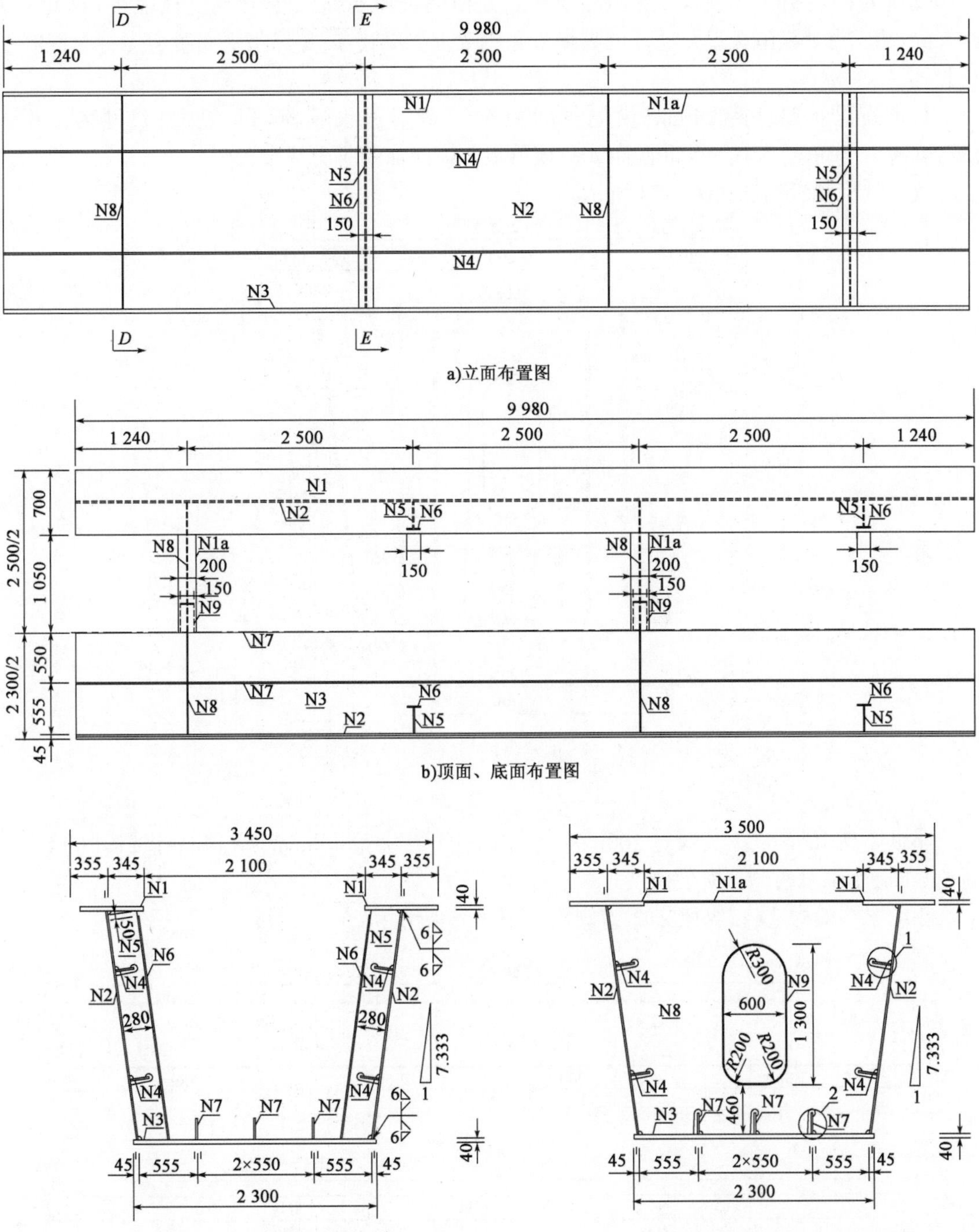

a)立面布置图

b)顶面、底面布置图

c)横肋断面布置图(*E*—*E*剖面)

d)横肋断面布置图(*D*—*D*剖面)

图 4-53　主梁 C1 节段构造示意(尺寸单位:mm)

3)横隔板及横向加劲肋

支座处横隔板采用实腹式构造,端支点处横隔板厚 26mm,中支点处横隔板(两道)厚 24mm。端支点处横隔板设置通长的翼缘板与钢梁上翼缘相连,翼缘板上布置剪力钉与混凝土板相连。

标准横隔板厚度为 24mm,横隔板间距 5m。斜腹板设置横向加劲肋,尺寸为 280 × 12/14mm × 150mm,横向加劲肋间距 5m,横隔板与横向加劲肋交替布置。

支点处横隔板构造如图 4-54 所示。

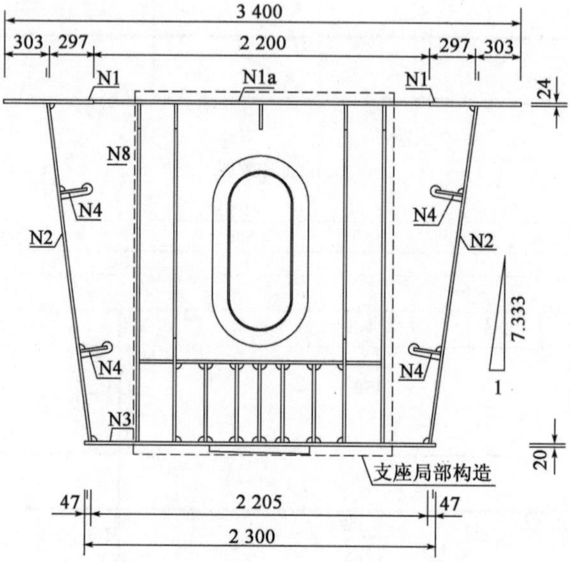

图 4-54　支点处横隔板构造(尺寸单位:mm)

4)小纵梁

小纵梁高 700mm,上翼缘宽 500mm,厚 20mm;下翼缘宽 400mm,厚 14mm;腹板厚 14mm,高 666mm,小纵梁两端与横梁栓接。

小纵梁一般构造(以纵梁 ZL2 为例),如图 4-55 所示。

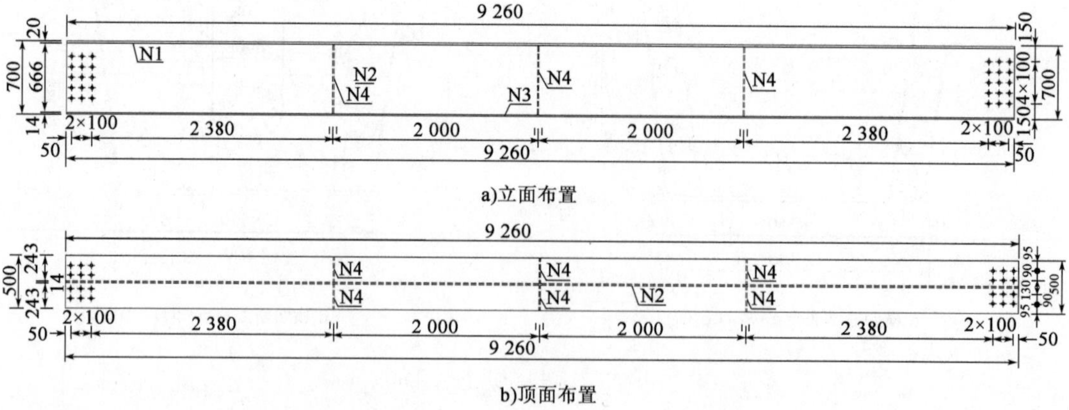

图　4-55

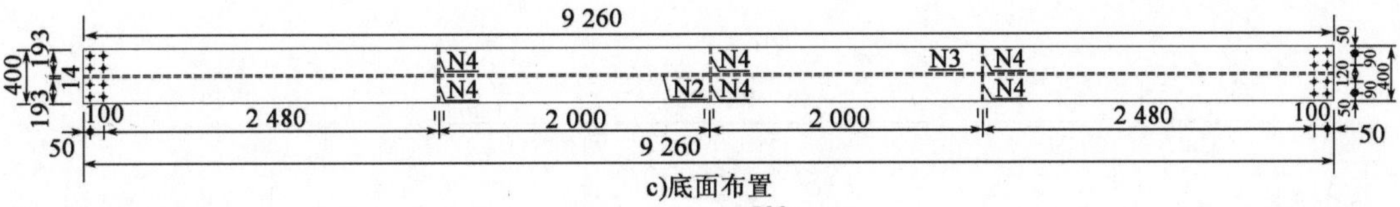

c)底面布置

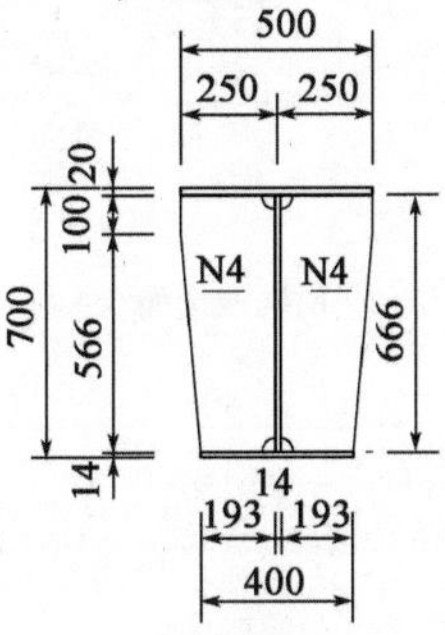

d)断面布置

图 4-55　小纵梁一般构造(尺寸单位:mm)

5)横向联结系

开口箱形钢梁间的横向联系为实腹式横梁构造,采用工字形截面,共采用3种类型横梁,分别为:

(1)支点横梁高2 000mm,上翼缘在边支点处宽为850mm,厚20mm,中支点处宽为300mm,厚14mm;下翼缘宽280mm,厚14mm;腹板厚14mm。

(2)跨中横梁高2 000mm,上翼缘宽300mm,厚14mm;下翼缘宽280mm,厚14mm;腹板厚12mm。

(3)普通横梁高1 768mm,上翼缘宽300mm,厚14mm;下翼缘宽280mm,厚14mm;腹板厚12mm。

C1节段的横梁构造,如图4-56所示。

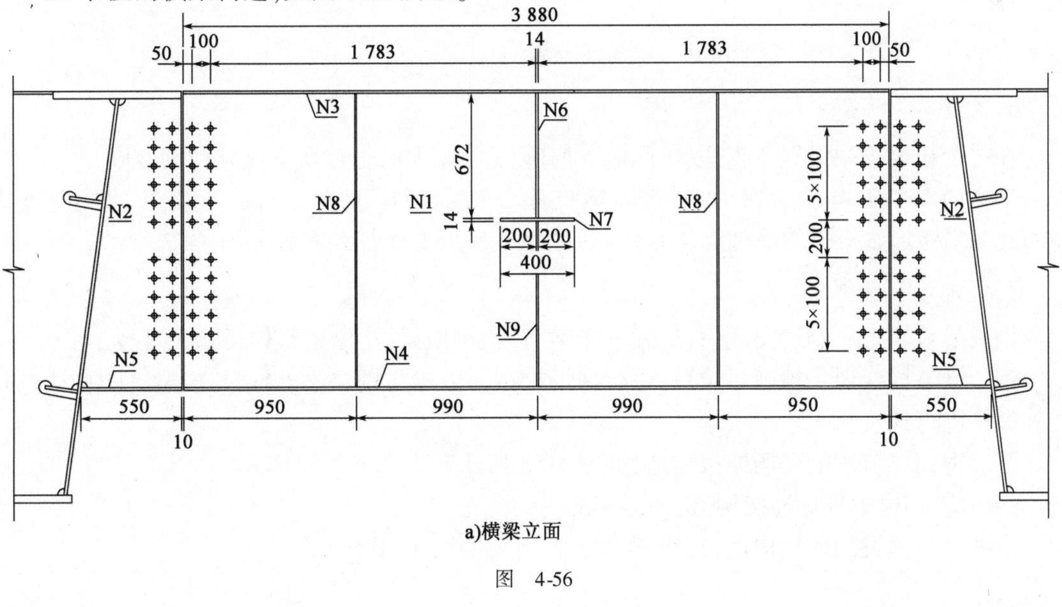

a)横梁立面

图　4-56

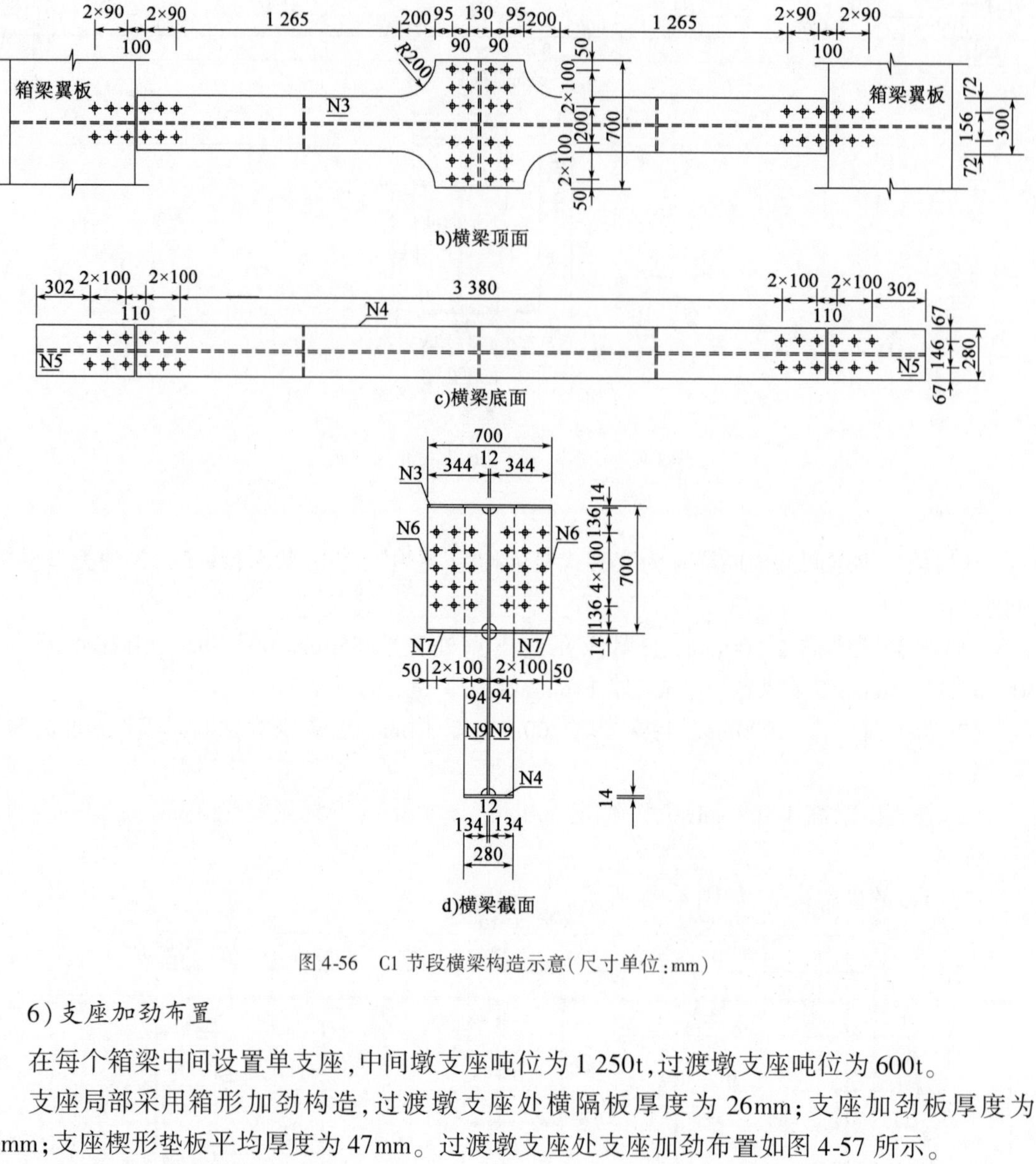

图 4-56　C1 节段横梁构造示意(尺寸单位:mm)

6)支座加劲布置

在每个箱梁中间设置单支座,中间墩支座吨位为 1 250t,过渡墩支座吨位为 600t。

支座局部采用箱形加劲构造,过渡墩支座处横隔板厚度为 26mm;支座加劲板厚度为 26mm;支座楔形垫板平均厚度为 47mm。过渡墩支座处支座加劲布置如图 4-57 所示。

7)钢梁工厂及现场连接

钢主梁节段工厂制造完成后,单片钢主梁节段、钢横梁、小纵梁整体运输至现场。

钢主梁节段经现场精确对位后,进行现场栓接。横梁与钢主梁、纵梁与横梁之间均通过高强度螺栓进行连接。

开口钢箱梁节段的现场连接构造,如图 4-58 所示。

C1 节段的横梁现场连接构造,如图 4-59 所示。

小纵梁与横梁的连接构造(以纵梁 ZL2 为例),如图 4-60 所示。

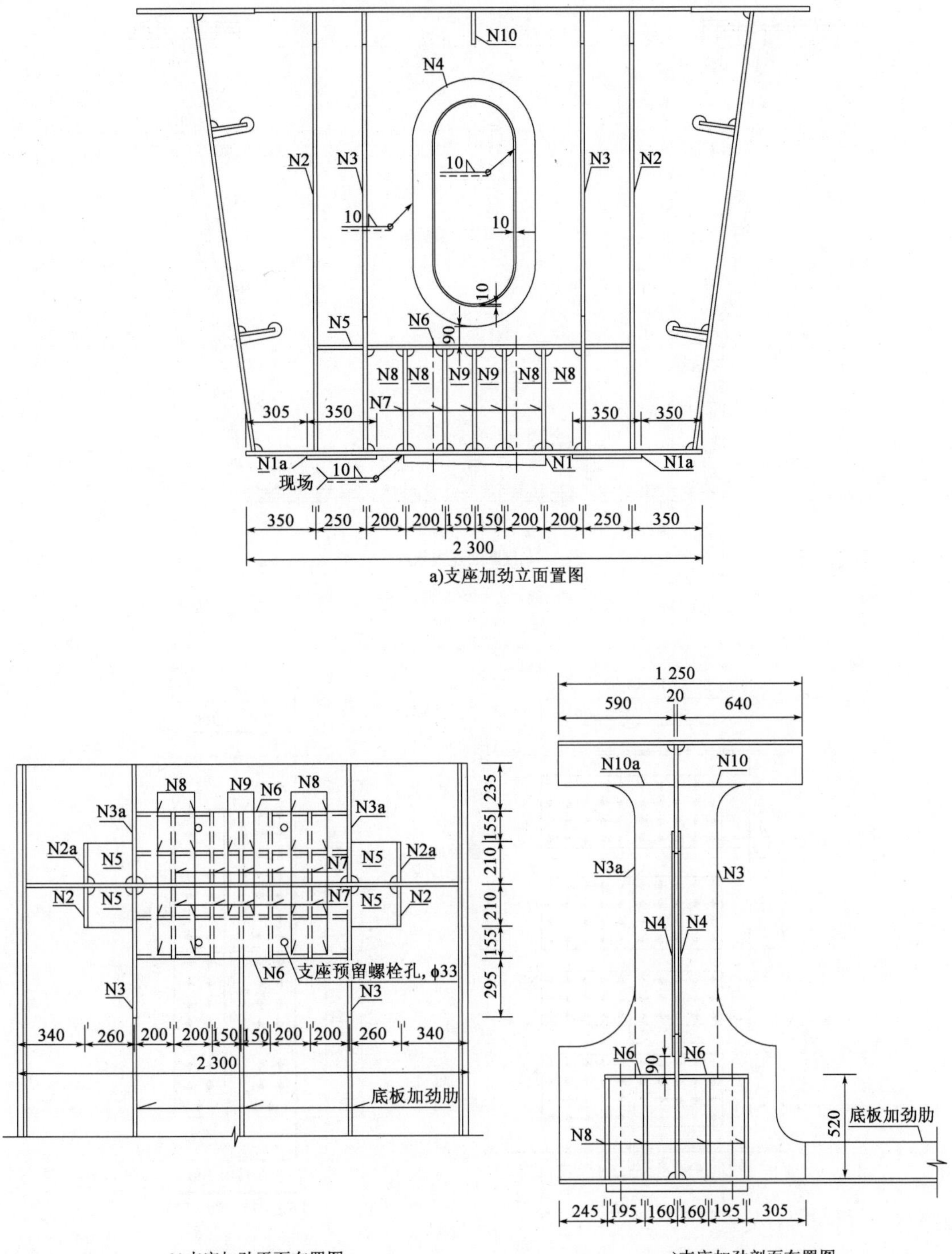

a)支座加劲立面置图

b)支座加劲平面布置图

c)支座加劲剖面布置图

图 4-57　过渡墩支座处支座加劲构造示意(尺寸单位:mm)

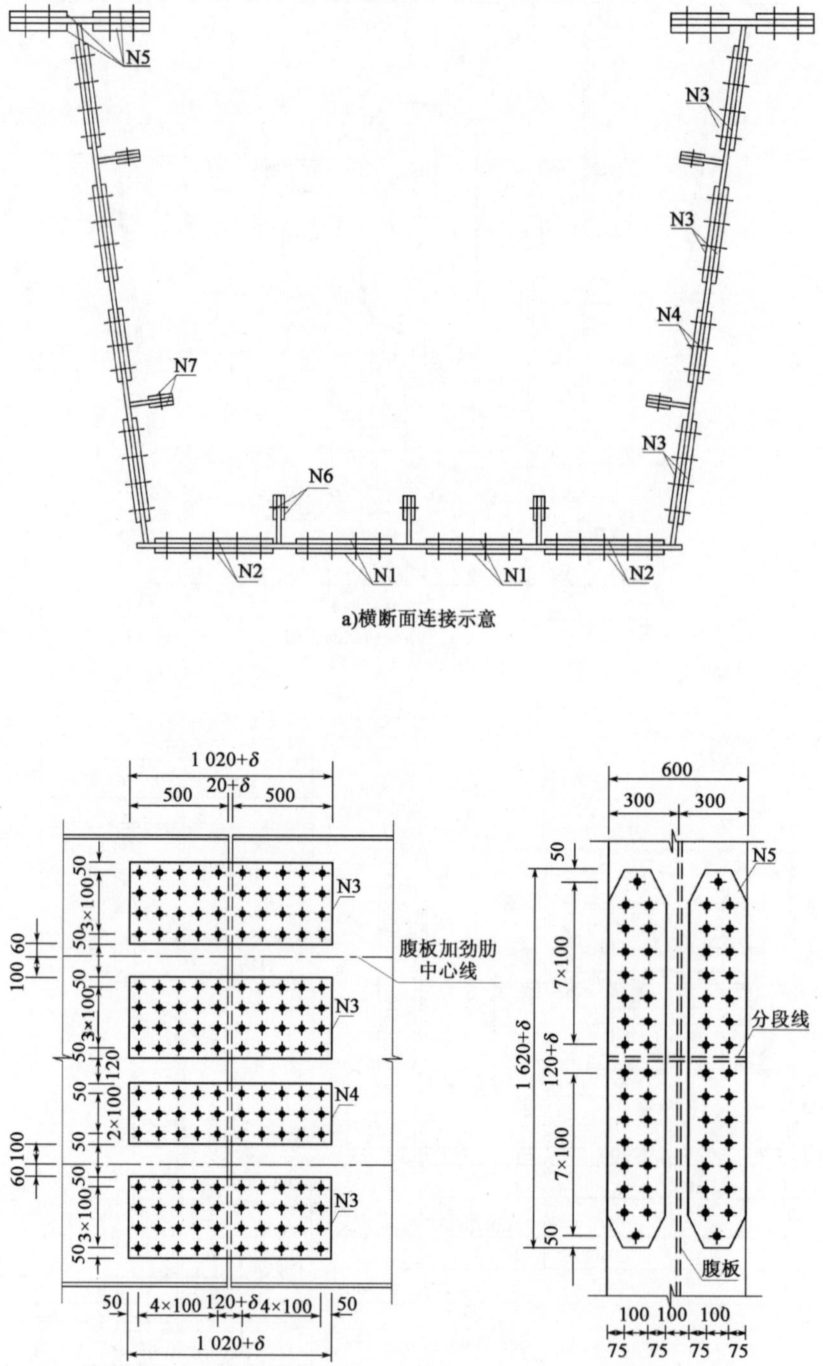

a)横断面连接示意

b)腹板连接示意

c)翼缘板连接示意

图 4-58

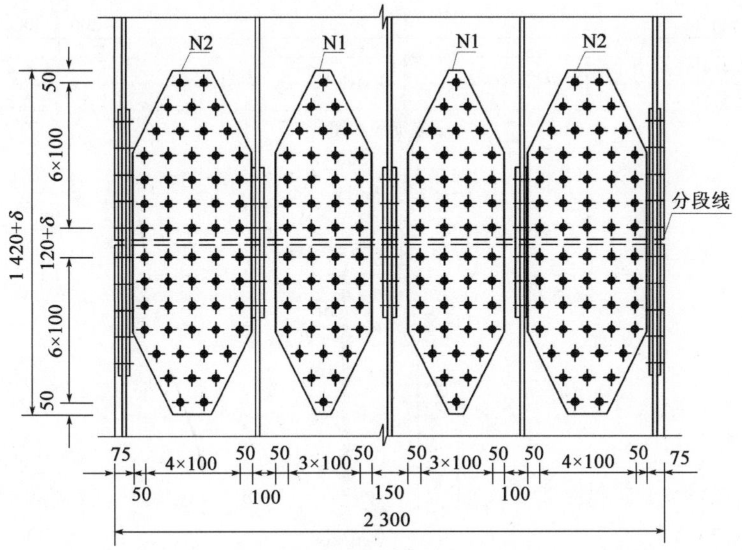

d)底板连接示意

图4-58　开口钢箱梁节段现场连接构造(尺寸单位:mm)

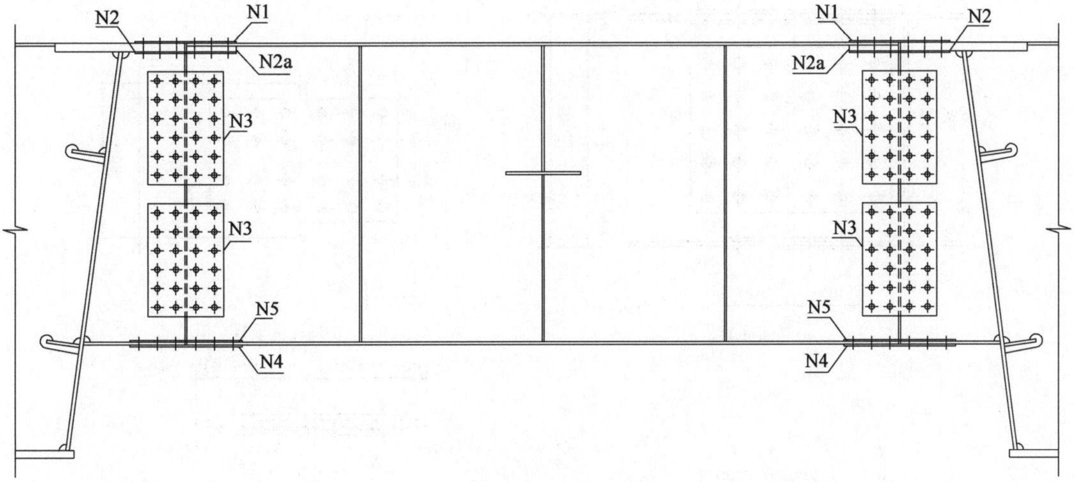

a)立面布置图

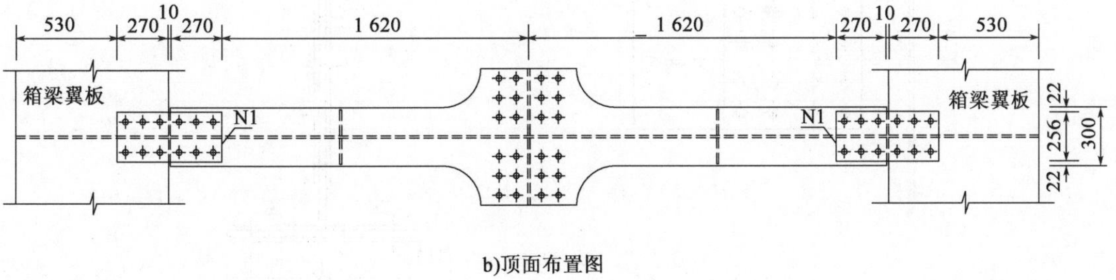

b)顶面布置图

图　4-59

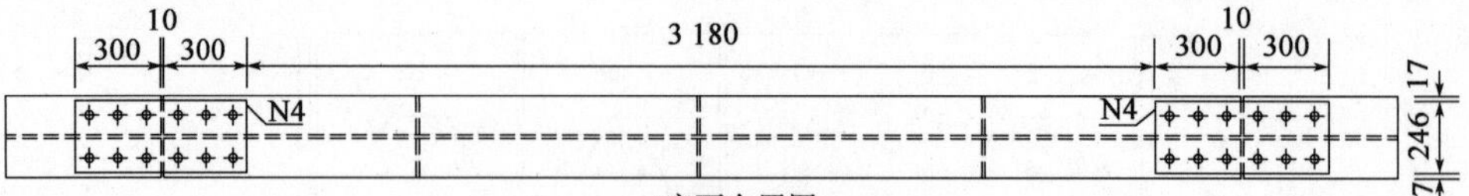

c)底面布置图

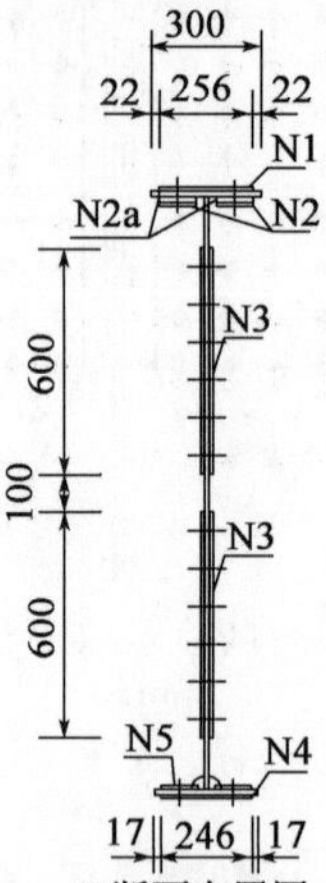

d)断面布置图

图 4-59　C1 节段横梁现场连接构造示意(单位:mm)

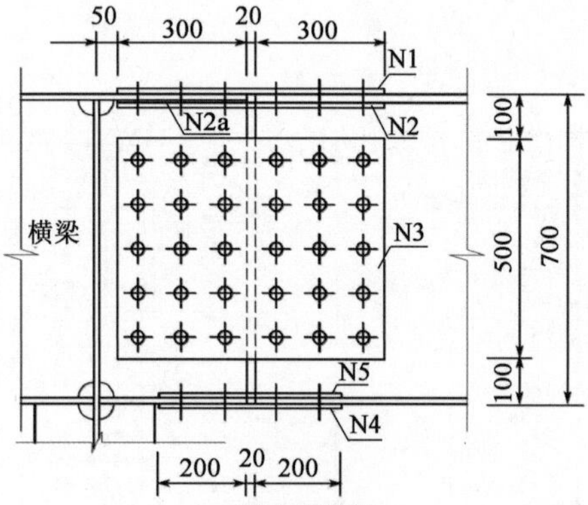

a)立面布置图

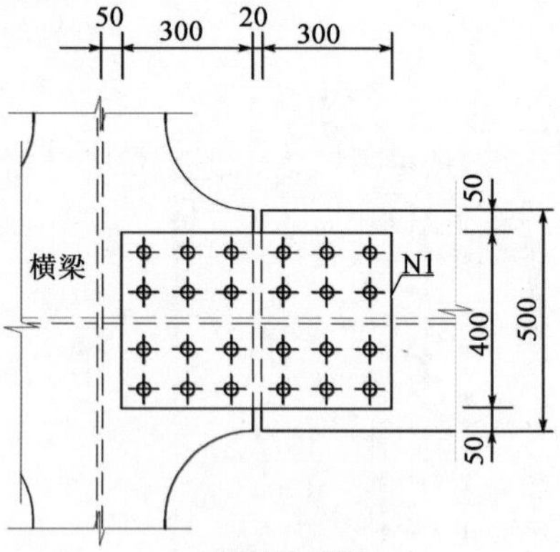

b)顶面布置图

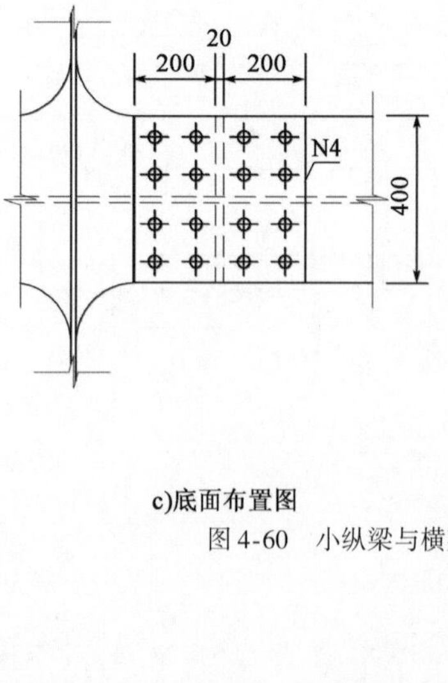

c)底面布置图

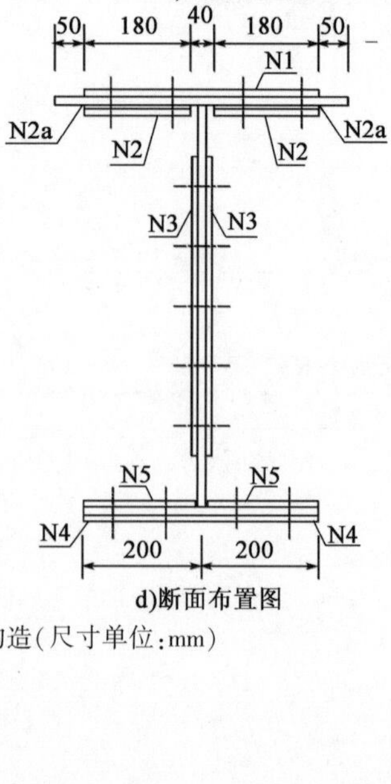

d)断面布置图

图 4-60　小纵梁与横梁现场连接构造(尺寸单位:mm)

4.7.2　结构计算

主要材料参数、计算荷载及荷载组合等内容参见4.6节。

1）计算模型

为了能准确分析全桥的应力状态及分布，采用空间有限元程序进行总体计算分析。模型采用笛卡尔直角坐标系，坐标原点位于左边梁端截面中心位置。其中 X 轴为顺桥向、Z 轴为横桥向、Y 轴为竖直方向。

2）施工阶段受力分析

对于3×60m箱形组合梁，施工中可采用整孔吊装或者顶推施工，计算时模拟了全桥结构从预制到成桥的全部施工过程，下面仅列出整孔吊装施工关键施工阶段的计算结果。

钢主梁各施工阶段的应力结果如图4-61～图4-63所示。

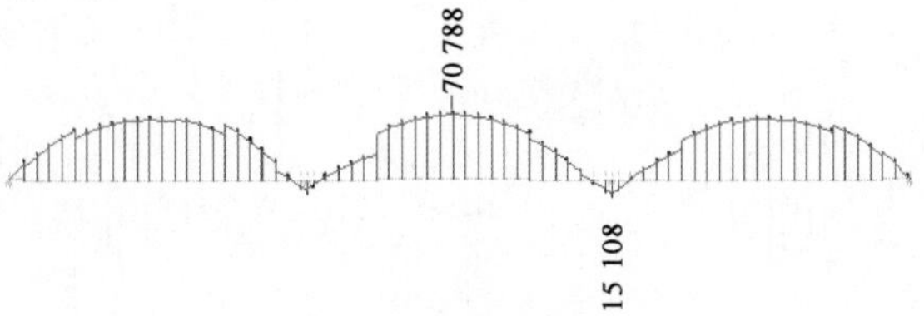

a）钢主梁上缘应力

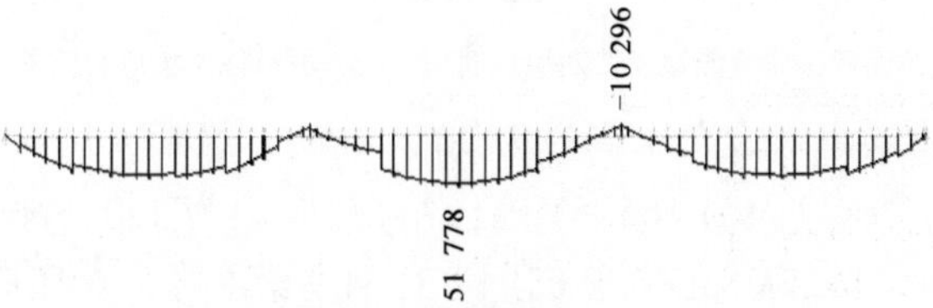

b）钢主梁下缘应力

图4-61　钢梁吊装完成时（施工阶段1）钢主梁应力结果（单位：kN/m^2）

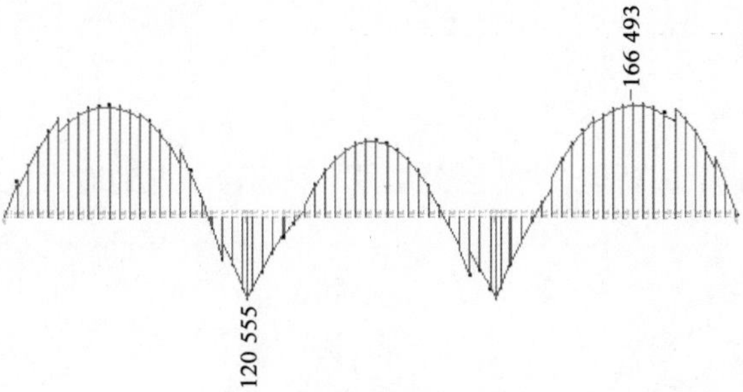

a）钢主梁上缘应力

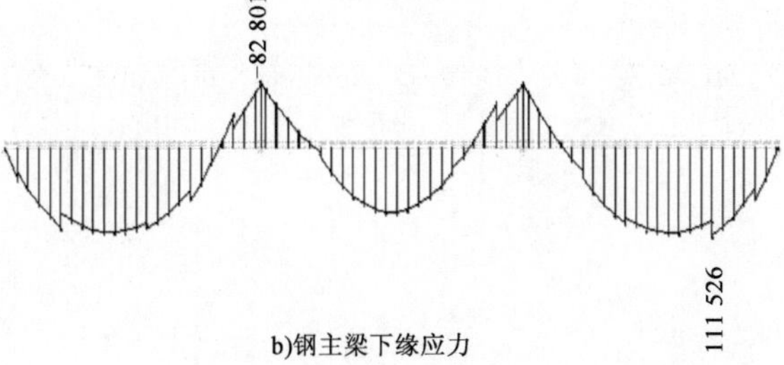

b）钢主梁下缘应力

图4-62　钢梁上铺设完桥面板时（施工阶段2）钢主梁应力结果（单位：kN/m^2）

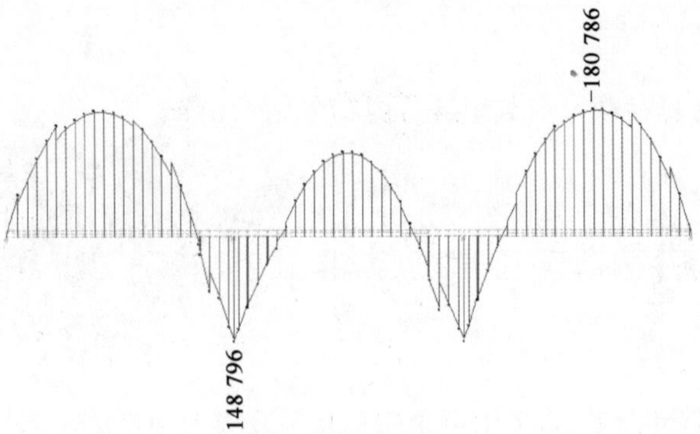

a)钢主梁上缘应力

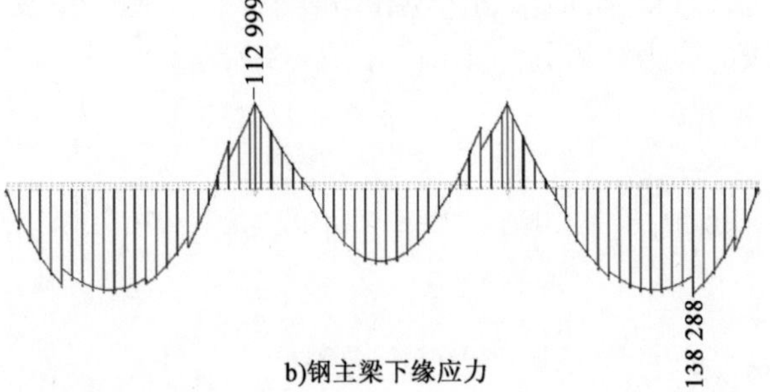

b)钢主梁下缘应力

图 4-63　完成桥面板湿接缝浇筑及二期恒载时(施工阶段 3)钢主梁应力结果(单位:kN/m²)

在施工阶段 1,钢主梁上缘最大压应力为 70.7MPa,下缘最大压应力为 51.7MPa;在施工阶段 2,钢主梁上缘最大压应力为 166.5MPa,最大拉应力为 120.5MPa,下缘最大压应力为 82.8MPa,最大拉应力为 111.5MPa;在施工阶段 3,钢主梁上缘最大压应力为 180.7MPa,最大拉应力为 148.8MPa,下缘最大压应力为 113.0MPa,最大拉应力为 138.3MPa。施工阶段,钢主梁应力水平满足规范及设计要求。

3)钢主梁强度验算

(1)抗弯承载力计算。

按照逐孔装施工方案,成桥运营期,钢梁在最不利组合工况的应力包络图,如图 4-64 所示。

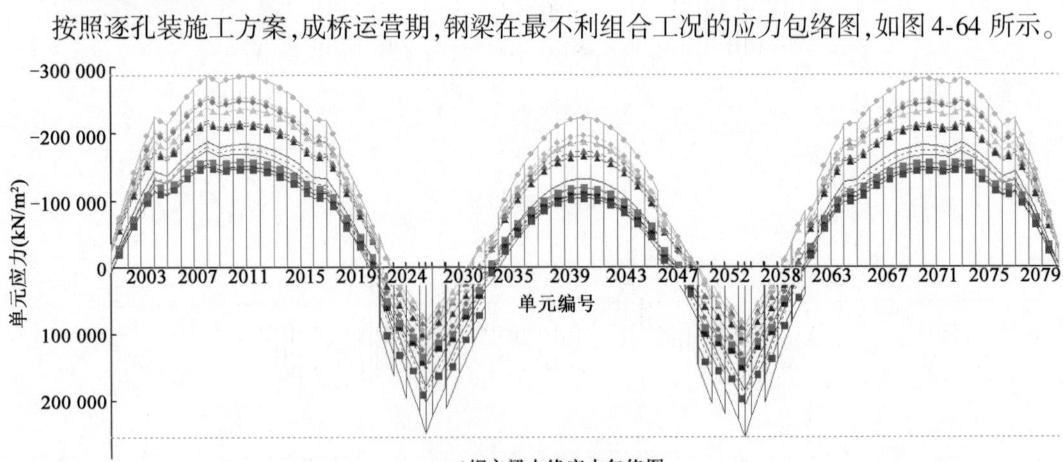

a)钢主梁上缘应力包络图

图 4-64

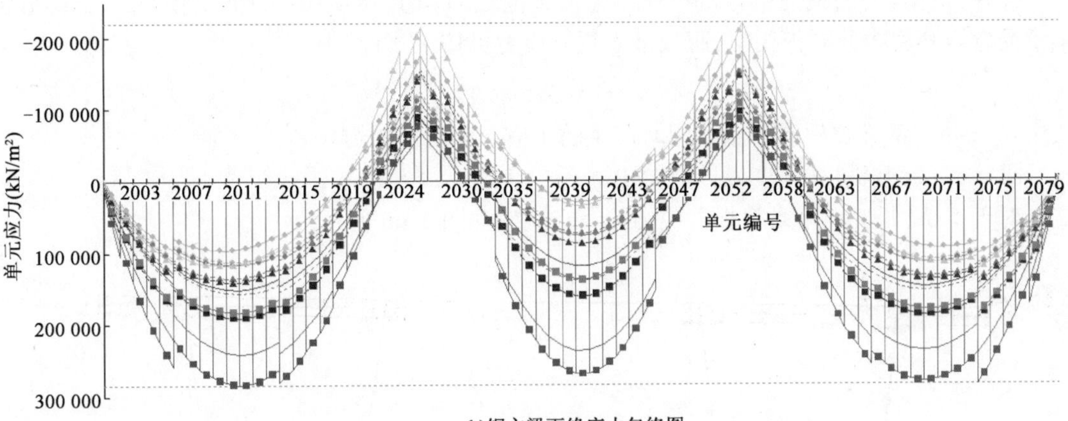

b)钢主梁下缘应力包络图

图4-64　最不利组合工况下钢主梁应力结果(单位:kN/m²)

在最不利组合作用下,钢主梁上翼缘最大压应力 -287.3MPa,最大拉应力254.5MPa,下翼缘最大压应力-219.3MPa,最大拉应力284.7MPa。

按照弹性设计方法进行应力验算,钢梁上下缘应力均小于钢材设计强度335MPa(Q420q钢材),满足规范要求。

(2)抗剪承载力计算。

箱形组合梁在最不利组合工况下的剪力包络图,如图4-65所示。

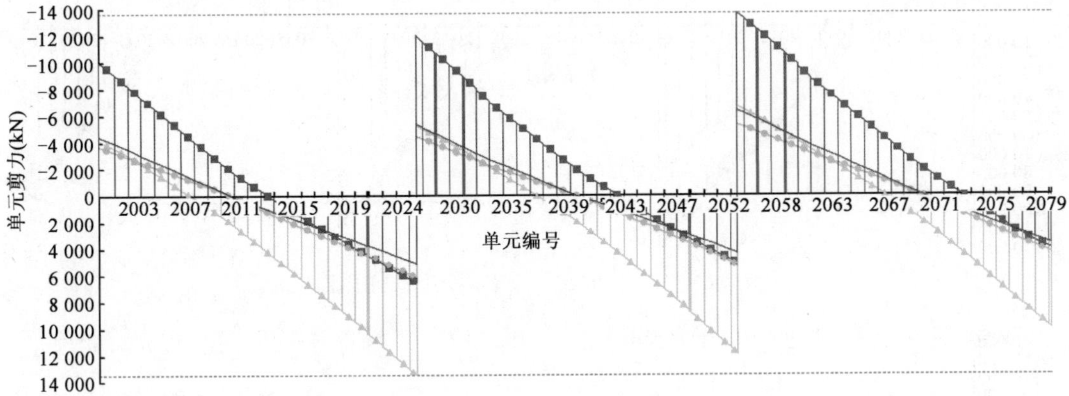

图4-65　最不利组合下钢主梁剪力包络图(单位:kN)

在最不利组合作用下,主梁最大剪力为13 618kN,出现在中墩顶位置,折算为开口钢箱梁每道腹板所承受的剪力为3 405kN。

组合梁的抗剪承载能力计算主要考虑腹板的抗剪,将主梁承载能力组合下的剪力值全部加在腹板上,仅考虑腹板抗剪进行计算。

对于中墩顶处,箱形组合梁1道腹板的抗剪承载能力为:

$$V_u = f_{vd} A_w = 195 \times 2\,514 \times 20/1\,000 = 9\,805\text{kN}$$

中墩顶处1道腹板剪力为:$\gamma_0 V_d = 3\,745\text{kN} < V_u = 9\,805\text{kN}$,中墩顶处箱形组合梁钢梁的腹板抗剪承载力满足要求。

此外，根据《公路钢混组合桥设计与施工规范》(JTG/T D64-01—2015)第7.2.2条，组合梁承受弯矩和剪力共同作用时，腹板最大折算应力可按下式计算：

$$\sqrt{\sigma^2+3\tau^2}\leqslant 1.1f_d$$

式中：σ、τ——钢梁腹板同一点上同时产生的正应力和剪应力(MPa)；

f_d——钢材抗拉强度设计值(MPa)。

对于本桥，开口钢箱梁腹板剪应力验算点位置如图4-66所示。

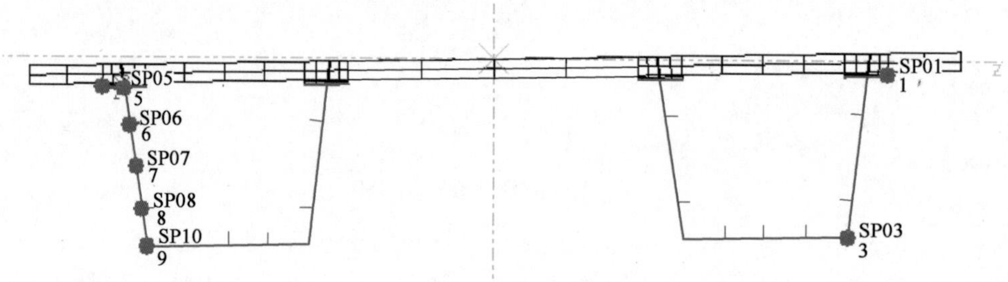

图4-66 开口钢箱梁腹板应力验算点位置示意

最大剪力状态下钢梁腹板关键点剪应力，如图4-67所示；最小剪力状态下钢梁腹板关键点剪应力，如图4-68所示。

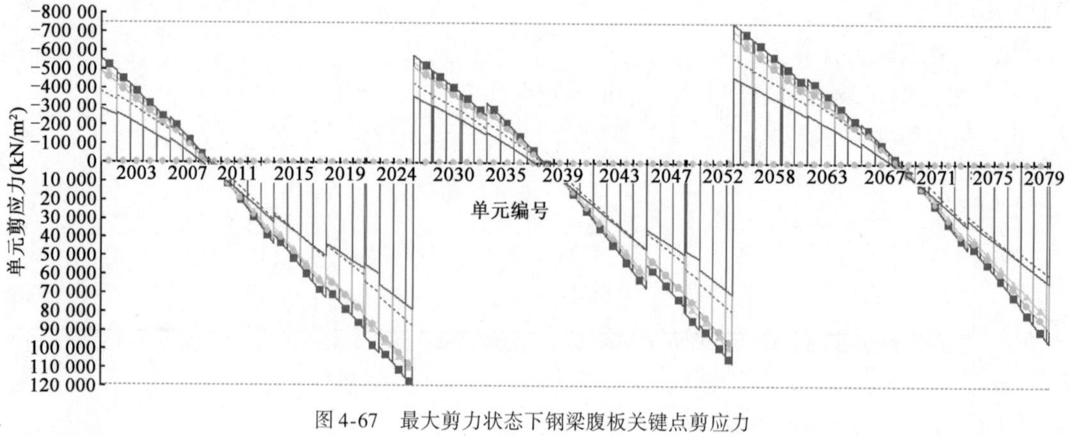

图4-67 最大剪力状态下钢梁腹板关键点剪应力

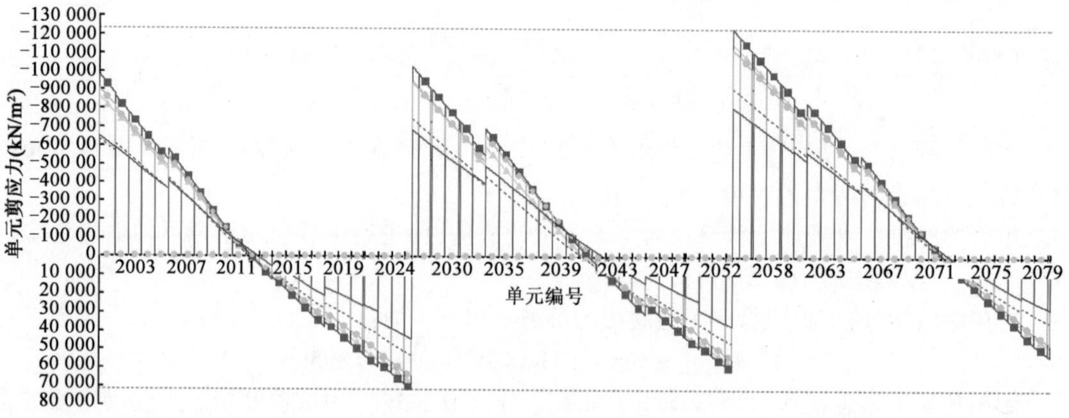

图4-68 最小剪力状态下钢梁腹板关键点剪应力

经计算,最大、最小剪力状态下腹板关键点折算剪应力图,如图 4-69 所示。

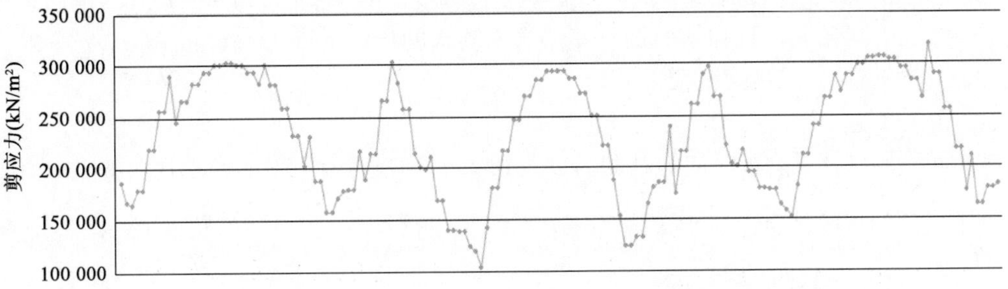

图 4-69　最大、最小剪力状态下腹板关键点折算剪应力图

经计算,钢梁腹板最大折算应力约为 319MPa,腹板最大折算应力设计值为 368.5MPa,满足规范及设计要求。

4)正常使用极限状态主梁挠度验算

在计算组合梁的挠度时,采用开裂分析方法,即中支座两侧 $0.15L$ 范围内区段组合梁截面刚度应取开裂截面刚度,其余区段组合梁截面刚度取考虑滑移效应的折减刚度。主梁的竖向变形包络图,如图 4-70 所示。

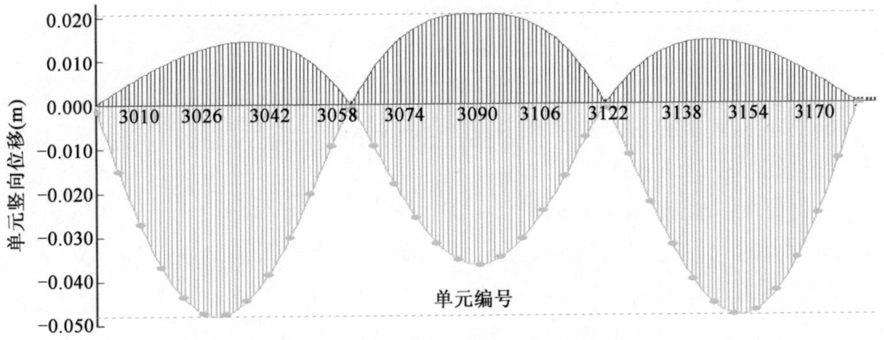

图 4-70　活载作用下主梁竖向位移包络图

主梁在活载作用下,跨中最大竖向挠度之和为 $36\text{mm}+20\text{mm}=56\text{mm}<L/500=120\text{mm}$,满足规范要求;边跨跨中最大竖向挠度之和为 $48\text{mm}+14\text{mm}=62\text{mm}<L/500=120\text{mm}$,满足规范要求。

5)稳定计算

(1)整体稳定验算。

当具有钢筋混凝土桥面板密铺在梁的上翼缘并且牢固相连时,可以不计算梁的整体稳定性。

但施工期间,组合梁应具有足够的侧向刚度和侧向约束,以保证钢主梁不发生失稳。下面主要根据公式验算其整体稳定性。

对于施工阶段的开口钢箱梁,箱梁翼缘考虑按工字型截面梁受压翼缘进行稳定验算,其中受压翼缘自由长度取横隔板间距离,$L_1=5\text{m}$;受压翼缘宽度 $B_1=0.6\text{m}$;则 $L_1/B_1=8.33<12$,

满足规范要求。

同时，可将开口箱梁按照箱形截面简支梁进行验算。其中，梁高 $h=2.6\text{m}$，两侧腹板外侧间距 $b_0=2.3\text{m}$，则 $h/b_0=1.13<6$；简支箱梁受压翼缘的自由长度 $L_1=60\text{m}$，则 $L_1/b_0=26.1<65\times(345/f_y)=53.4$，满足规范要求。

(2)底板稳定验算。

本桥负弯矩区钢梁底板纵向加劲肋高度为 0.26m，厚度为 0.026m，高厚比为 0.26/0.026 = 10。受压板件的板肋高厚比应小于或等于：$\dfrac{h_s}{t_s}=12\sqrt{345/f_y}=12\sqrt{345/420}=10.87$，因此钢梁底板加劲肋高厚比满足要求。

当受压加劲板考虑采用刚性加劲肋时，需满足：

$$\gamma_1 \geqslant \gamma_1^*$$

$$A_{sl} \geqslant \frac{bt}{10n}$$

$$\begin{cases} \gamma_1^* = \dfrac{1}{n}\left[4n^2(1+n\delta_1)\alpha^2-(\alpha^2+1)^2\right] & (\alpha \leqslant \alpha_0) \\ \gamma_1^* = \dfrac{1}{n}\left\{\left[2n^2(1+n\delta_1)-1\right]^2-1\right\} & (\alpha > \alpha_0) \end{cases}$$

$$\alpha_0 = \sqrt[4]{1+n\gamma_1}$$

式中：γ_1——纵向加劲肋的相对刚度，$\gamma_1=\dfrac{EI_1}{bD}$；

I_1——单根纵向加劲肋对加劲板的抗弯惯性矩(m^4)；

t——母板的厚度(m)；

α——加劲板的长宽比，$\alpha=a/b$；

a——加劲板的计算长度(横隔板或刚性横向加劲肋的间距)(m)；

b——加劲板的计算宽度(腹板或刚性纵向加劲肋的间距)(m)；

δ_1——单根纵向加劲肋的截面面积与母板的面积之比 $\delta_1=A_{sl}/bt$；

A_{sl}——单根纵向加劲肋的截面面积(m^2)；

D——单宽板刚度 $D=\dfrac{Et^3}{12(1-v^2)}$；

n——等间距布置纵向加劲肋根数，$n=n_1+1$。

对于本桥墩顶区域梁段，底板加劲肋高度 $h_w=0.26\text{m}$，加劲肋厚度 $t_w=0.026\text{m}$，加劲肋数量 $n_1=3$、$n=n_1+1=4$，单根加劲肋面积 $A_{sl}=t_w h_w=0.0068\text{m}^2$，单根加劲肋的纵向抗弯惯性矩 $I_1=t_w h_w^3/12+t_w h_w(0.5h_w)^2=1.52\times10^{-4}$。底板加劲肋的计算长度取实腹式横隔板与横向加劲肋间距 $a=2.05\text{m}$，计算宽度取两腹板距离 $b=2.3\text{m}$，底板(母板)的厚度 $t=0.05\text{m}$，则加劲肋的宽厚比 $\alpha=a/b=0.89$。

通过计算，可得：

单根加劲肋与母板面积之比：

$$\delta_1=\frac{A_{sl}}{bt}=0.0591$$

纵向加劲肋的相对刚度

$$\gamma_1=\frac{EI_1}{bD}=5.77$$

区格数

$$n=n_1+1=4,\alpha_0=\sqrt[4]{1+n\gamma_1}=2.22$$

对于 $\alpha\leqslant\alpha_0$，则

$$\gamma_1^*=\frac{1}{n}[4n^2(1+n\delta_1)\alpha^2-(\alpha^2+1)^2]=14.88$$

$$\gamma_1=5.77<\gamma_1^*=14.88$$

$$A_{sl}=0.0068>\frac{bt}{10n}=\frac{2.3\times0.05}{10\times4}=0.0029$$

经计算，该桥中墩顶区域底板的纵向加劲肋考虑采用按柔性加劲肋设计。同时，按《公路钢结构桥梁设计规范》（JTG D64—2015）第5.1.7条规定计算底板有效截面面积和有效截面宽度，结果满足要求。

（3）腹板稳定验算。

①腹板厚度验算。

本桥腹板设置横向加劲肋，且设两道纵向加劲肋，按照《钢-混凝土组合梁桥设计规范》（GB 50917—2013）第6.4.2条要求，对于Q420q钢材，腹板最小厚度应满足 $t_w>\frac{h_w}{250}$。

以中墩支座处腹板为例，设计腹板厚度为 $t=20$mm，腹板计算高度 $h_w=2514$mm，则计算有 $t_w=\frac{h_w}{250}=\frac{2514}{250}=10.1$mm。$t=20\text{mm}>\frac{h_w}{250}=10.1$mm。

同时，《钢-混凝土组合桥梁设计规范》（GB 50917—2013）规定：组合梁桥钢梁腹板厚度不应小于12mm。

综上，中墩支座处腹板厚度满足要求。

②腹板横向加劲肋。

本桥钢梁腹板设置了两道纵向加劲肋及横向加劲肋，跨中梁段腹板横向加劲肋设计最大间距为2.5m。

《公路钢结构桥梁设计规范》（JTG D64—2015）中规定：

a. 腹板横向加劲肋的间距 a 不得大于腹板高度 h_w 的1.5倍。

经计算，$a=2.5\text{m}<1.5h_w=1.5\times2.54\text{m}=3.81\text{m}$，满足要求。

b. 设置两道纵向加劲肋时，横向加劲肋的间距 a 应满足下式要求：

$$\left(\frac{h_w}{100t_w}\right)^4\left[\left(\frac{\sigma}{3000}\right)^2+\left(\frac{\tau}{187+58\ (h_w/a)^2}\right)^2\right]\leqslant1\qquad\left(\frac{a}{h_w}>0.64\right)$$

对于跨中梁段，各计算参数为：$h_w=2.54$m，$t_w=0.020$m，$a=2.5$m，$\sigma=287$MPa，$\tau=30$MPa，经验算满足要求。

《钢结构设计标准》（GB 50017—2017）中对腹板横向加劲肋的规定有：

a. 横向加劲肋的最小间距应满足 $0.5h_0$，除无局部压应力的梁，当 $h_0/t_w\leqslant100$ 时，最大间

距应满足 $2.0h_0$。

对于跨中梁段腹板横向加劲肋间距，设计间距为 $a=2.5\text{m}>0.5h_0=0.5\times2.54=1.27\text{m}$，满足要求。

b. 腹板横向加劲肋的外伸宽度 b 应满足：

$b>1.2b_s=1.2(h_0/30+40)=1.2\times(2\,540/30+40)=149.6\text{mm}$，经验算，腹板加劲肋设计外伸宽度为280mm，满足要求。

c. 横向加劲肋的厚度 t 应满足：$t\geqslant t_s=b_s/15=111.3/15=7.4\text{mm}$，设计厚度 $t=12\text{mm}$，满足要求。

此外，腹板横向加劲肋惯性矩应满足下式要求：$I_t\geqslant3h_wt_w^3$，经验算满足要求。

③腹板纵向加劲肋。

当腹板纵向加劲肋采用板肋时，其尺寸比例应满足：$h_s/t_s\leqslant12\sqrt{345/f_y}$，对于该箱形组合梁，跨中梁段腹板纵向加劲肋尺寸 $h_s=180\text{mm}$，$t_s=18\text{mm}$，$h_s/t_s=10<12\sqrt{345/420}=10.87$，满足要求。

同时，要求腹板纵向加劲肋惯性矩应符合：

$$I_1=\xi_1h_wt_w^3,\xi_1=(a/h_w)^2[2.5-0.45(a/h_w)]\leqslant1.5$$

经计算，$\xi_1=1.98>1.5$，取值为1.5；$I_1=\xi_1h_wt_w^3=1.5\times2.54\times0.016^3=1.56\times10^{-5}\text{m}^4$。

腹板纵向加劲肋对于腹板连接线的惯性矩 $I_{10}=h_s^3t_s/3=3.5\times10^{-5}\text{m}^4$，$I_{10}>I_1$，满足要求。

(4)开口钢箱梁上翼缘板。

对于本桥，跨中梁段的开口钢箱梁上翼缘板厚度为40mm，钢梁上翼缘伸出肢宽为350mm，翼缘伸出肢宽满足不大于其厚度 $12\sqrt{345/f_y}$ 倍的要求；上翼缘宽为700mm，翼缘宽度满足不大于其厚度24倍的要求。

6)开口钢箱梁构造细节验算

(1)钢梁横隔板。

对于开口钢箱梁，为防止箱梁发生翘曲及畸变变形，需在箱梁内设置横隔板，且横隔板必须具有一定的刚度。

①横隔板间距。

参考日本公路钢结构桥梁设计指南，对跨径不大于100m的普通钢箱梁，横隔板间距满足以下要求时，在偏心活载作用下箱梁的翘曲应力与容许应力比值在0.02~0.06之间。

$$\begin{cases}L_D\leqslant6 & (L\leqslant50)\\ L_D\leqslant0.14L-1\text{ 且 }\leqslant20 & (L>50)\end{cases}$$

式中：L——桥梁等效跨径(m)。

对于本桥，桥梁等效跨径近似取 $L=0.8\times60=48\text{m}$，因此横隔板的最大间距应小于或等于6m，本桥横隔板间距设计为5m，满足要求。

②横隔板刚度。

对于该60m跨径开口钢箱梁横隔板刚度验算过程,同前述4.6.4节,经验算,横隔板的刚度满足要求。

(2)钢梁支撑加劲肋。

中间墩开口钢箱梁支撑加劲肋采用纵横相交的格子形式,短肋通过一横向肋与长肋连成整体,加劲肋厚度均为0.026m,支座垫板为0.8m×0.8m的矩形块,最小厚度0.04m。加劲构造如图4-71所示。

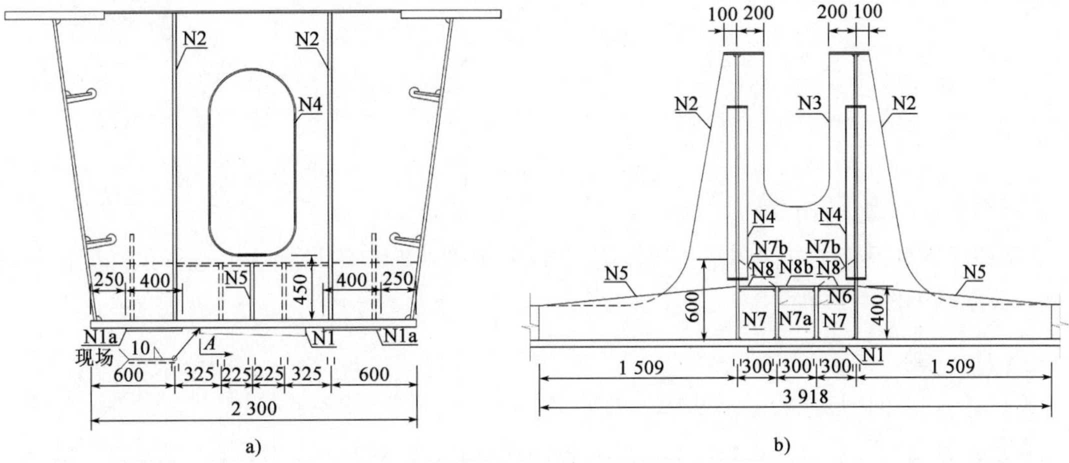

图4-71　中间墩支撑加劲肋构造示意(尺寸单位:mm)

采用ANSYS有限元分析软件对支座加劲进行局部受力计算分析,建立中墩两侧各20m梁段,两端截面节点自由度全部约束,中墩支座设计反力8 433kN,以均布面荷载加载,加载面积764mm×764mm。计算模型如图4-72所示,板件应力云图如图4-73所示。

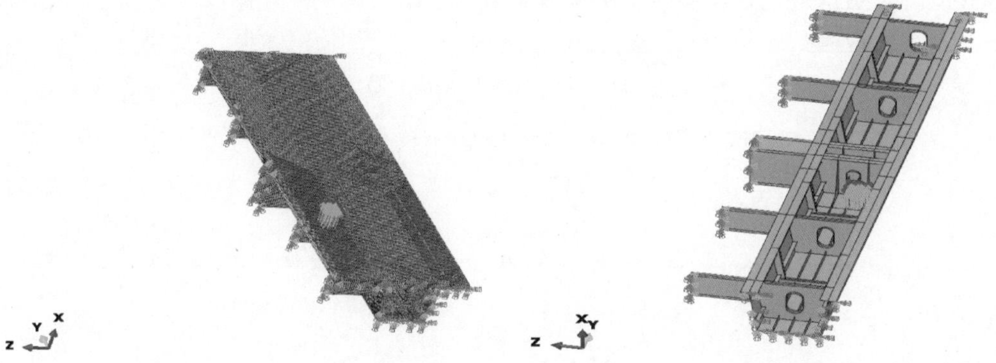

图4-72　计算模型示意

中间墩支座处钢梁板件最大mises应力不超过220MPa,且应力分布较为均匀,满足规范及设计要求。

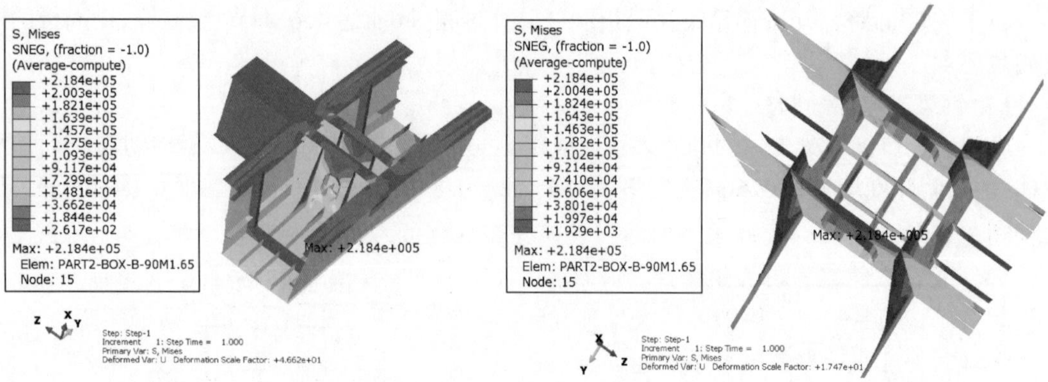

图 4-73 钢梁板件应力云图示意

7）预拱度设置

按照顶推架设施工方法与吊装架设施工方法，分别对开口箱形钢主梁进行预拱度值的计算，计算结果如图 4-74 所示。

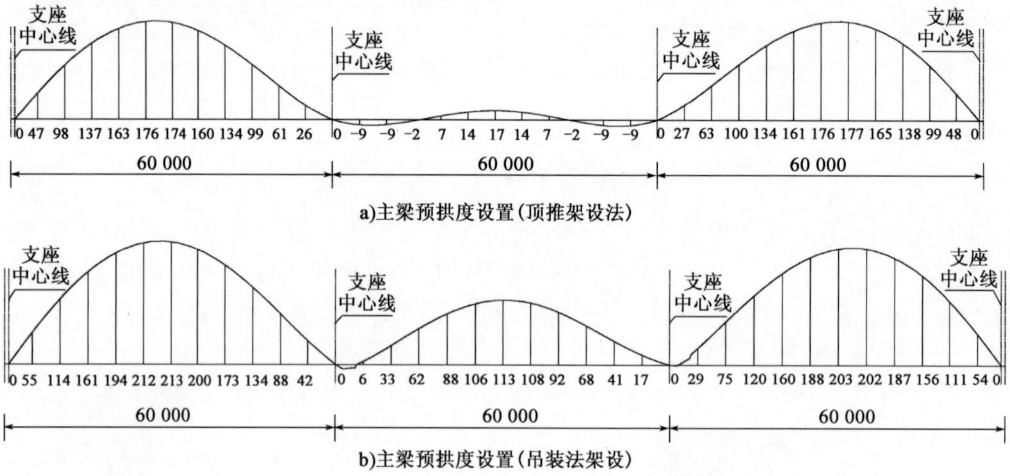

图 4-74 跨径 3×60m 箱形钢梁预拱度设置（尺寸单位：mm）

第5章

细节构造

箱形组合梁的箱形钢梁细节构造设计主要包括钢构件连接设计和抗剪连接件设计。一方面,箱形钢梁主要是通过焊接、栓接等连接方式连接而成的整体结构,钢构件连接在其中占有很重要的位置,将直接影响钢梁的制造、安装及使用性能,应根据其受力和施工条件选择合理的连接方式。另一方面,箱形组合梁的力学性能不仅受到钢和混凝土两种材料各自材质的影响,而且还与钢混结合面的抗剪连接件形式有较大关系,因此设计者在选择抗剪连接件形式时,应根据箱形组合梁的受力特点,在保证其安全性和可靠性的前提下,选择合理的形式。

5.1 钢构件连接

箱形钢梁部件的连接方式主要有焊接和螺栓连接两种方式。板件间的连接应优先选用焊接,梁段之间的连接可选用焊接、栓接或焊接与栓接混合连接。

螺栓连接可分为普通螺栓和高强度螺栓两种连接方式,高强度螺栓连接方式又分为承压型和摩擦型。对主要受力结构,应采用高强度螺栓摩擦型连接;对次要构件、结构构造性连接和临时连接,可采用普通螺栓连接。承压型连接的高强度螺栓不适用于直接承受疲劳荷载的结构连接,而且由于在荷载作用下将产生滑移,也不宜用于承受反向内力的连接。需要指出的是,应慎用焊接和摩擦型高强螺栓连接混用的形式。

此外,钢结构接头处各杆件轴线宜相交于一点。不能交于一点时,应考虑偏心的影响。

5.1.1 焊接连接

1)一般规定

焊接是现代钢桥最主要的连接方法之一,焊接的优点是方便使用,一般不需要附加连接板、连接角钢等零件,也不需要在钢材上开孔,不削弱截面。因此,它的构造简单,节省钢材,制造方便,并易于采用自动化操作,生产效率高。此外,焊接的刚度较大,密封性较好。焊接的缺点是焊缝附近钢材因焊接的高温作用而形成热影响区,其金相组织和机械性能发生变化,某些部位材质变脆;焊接过程中钢材受到不均匀的温度影响,使结构产生焊接残余应力和残余变形,影响结构的承载力、刚度和使用性能;焊缝可能出现气孔、夹渣、咬边、弧坑裂纹、根部收缩、接头不良等影响结构疲劳强度的缺陷。

钢桥焊接主要采用电弧焊,电弧焊包括:手工电弧焊、埋弧焊和气体保护焊。其中,埋弧焊和气体保护焊一般为自动或半自动焊。

焊缝接头连接形式按与母材的连接方式可分为对接、搭接、T形、角接等(图5-1)。

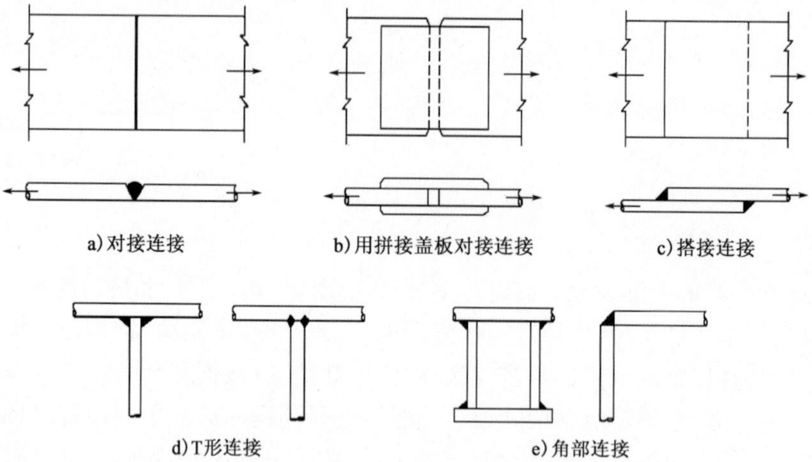

图5-1 焊缝连接形式

焊缝按本身的构造分为角焊缝、全熔透坡口焊和部分熔透坡口焊等形式。按焊缝施焊时的姿态,焊缝连接可分为平焊、横焊、立焊和仰焊。焊接符号及其表示方法按现行国家标准《焊缝符号表示法》(GB/T 324)中的规定执行。焊接材料应与母材相适应。当不同强度的钢材连接时,可采用与较低强度钢材牌号相适应的焊接材料。

在进行组合梁结构焊接连接构造设计应注意以下事项:

(1)应根据结构形式,合理选择焊接接头的类型和尺寸。

(2)尽量减少焊缝的数量和尺寸。

(3)焊缝的布置宜对称于构件截面的形心轴。

(4)应避免焊缝密集和双向、三向相交。

(5)焊缝位置宜避开最大应力区。

(6)焊缝连接宜选择等强配比;当不同强度的钢材连接时,可采用与低强度钢材相匹配的焊接材料。

(7)焊缝施焊后,由于冷却将引起收缩应力。施焊的焊缝截面尺寸愈大,其收缩应力也愈大,因此设计中不得任意加大焊缝。避免焊缝立体交叉、重叠和过分集中。

(8)焊件厚度大于20mm的角接接头,应采用不易引起层状撕裂的焊接接头构造。

(9)焊接设计时宜减少在桥位的焊接作业量,焊接顺序的设计应尽量避免仰焊作业,并宜减小周边构件对焊件的约束。

(10)焊接接头的选择除应考虑满足接头受力要求外,还应考虑接头的可焊到性和可探伤性。在结构空间狭小、加劲肋多的情况下,应考虑焊接、探伤对操作空间最小尺寸的要求。

(11)各种接头形式的焊接工艺应进行焊接工艺评定。焊接工艺评定时,应根据母材的焊接性、确定的焊接材料、焊接坡口、焊接设备、焊接工艺参数等进行一定的焊接试验。

(12)焊缝应根据结构的重要性、荷载特性、焊缝形式、工作环境以及应力状态等情况,按以下原则分别选用不同的质量等级。

①在需要进行疲劳计算的构件中,对接焊缝均应熔透,其质量等级为:

a. 作用力垂直于焊缝长度方向的横向对接焊缝或T形对接与角接组合焊缝,受拉时应为一级,受压时不应低于二级。

b. 作用力平行于焊缝长度方向的纵向对接焊缝不应低于二级。

②不需要验算疲劳的构件中,凡要求与母材等强的对接焊缝应予熔透,其质量等级当受拉时不应低于二级,受压时不宜低于二级。

③对承受动力荷载且需要验算疲劳的结构,部分熔透的对接与角接的组合焊缝、搭接连接采用的角焊缝以及不要求熔透的T形接头采用的角焊缝,焊缝质量等级不应低于二级。

2)焊接连接构造要求

(1)受力和构造焊缝可采用对接焊缝、角接焊缝、对接角接组合焊缝、塞焊焊缝、槽焊焊缝,重要连接或有等强要求的对接焊缝应为熔透焊缝,较厚板件或无须焊透时可采用部分熔透焊缝。

(2)对接焊缝的坡口形式,宜根据板厚和施工条件按现行国家标准《钢结构焊接规范》(GB 50661)要求选用。

(3)不同厚度和宽度的材料对接时,应做平缓过渡,其连接处坡度值不宜大于1:2.5(图5-2)。

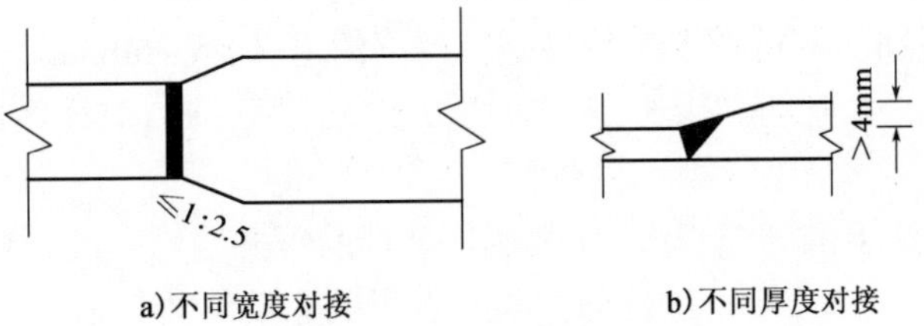

图5-2 不同宽度或厚度钢板的拼接

(4)角焊缝焊脚尺寸 h_f 应符合以下规定:

①对搭接角焊缝,当材料厚度小于8mm时,最大尺寸应取材料的厚度;当材料厚度大于或等于8mm时,最大尺寸应取材料厚度减去2mm。

②对接和T形连接角焊缝,焊缝最大尺寸不应超过较薄连接部件厚度的1.2倍。

③对不开坡口的角焊缝的最小长度,自动焊及半自动焊不宜小于焊缝厚度的15倍,手工焊不宜小于80mm。不开坡口角焊缝的焊脚最小尺寸见表5-1。

不开坡口角焊缝的焊脚最小尺寸(mm) 表5-1

板中之较大厚度	不开坡口角焊缝的焊脚最小尺寸
≤20	6
>20	8

(5)用于受力连接的角焊缝,两焊角边的夹角应在60°~120°之间,且宜采用90°直角焊缝。而部分熔透的对接和T形对接与角接组合的角焊缝,其两焊角边的夹角可小于60°,但应详细注明坡口细节,如图5-3所示。

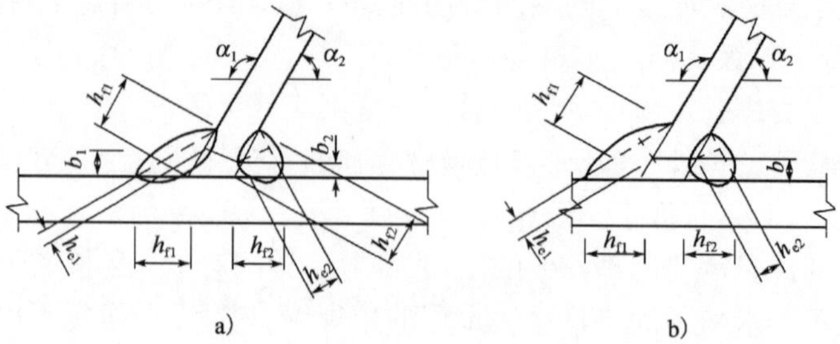

图5-3　T形接头角焊缝坡口细节

(6)角焊缝的焊脚边比例宜为1:1。当焊件厚度不等时,可采用不等的焊脚尺寸。在承受动荷载的结构中,角焊缝焊脚边比例,对正面角焊缝宜为1:1.5(长边顺内力方向);对侧面角焊缝可为1:1。角焊缝表面应做成凹形或直线形。

(7)主要受力构件不得采用断续角焊缝。断续角焊缝的端部是起落弧的地方,容易出现气孔等缺陷,产生或加剧了应力集中,致使连接质量更为降低,且焊缝间空隙处易受潮气侵蚀而锈蚀。

(8)次要构件或次要焊缝连接采用断续角焊缝时应符合以下规定:

①当部件受压时,其相邻两焊缝在端与端之间的净距均不得大于按较薄部件厚度的12倍或240mm;当部件受拉时,不得大于按较薄部件厚度的16倍或360mm。

②当焊缝用于连接加劲肋和受压或受剪的板或其他部件时,焊缝间的净距不得大于加劲肋间距的四分之一。

③布置在同一直线上的间断焊缝,在其所连部件的每一端均应设置焊段。

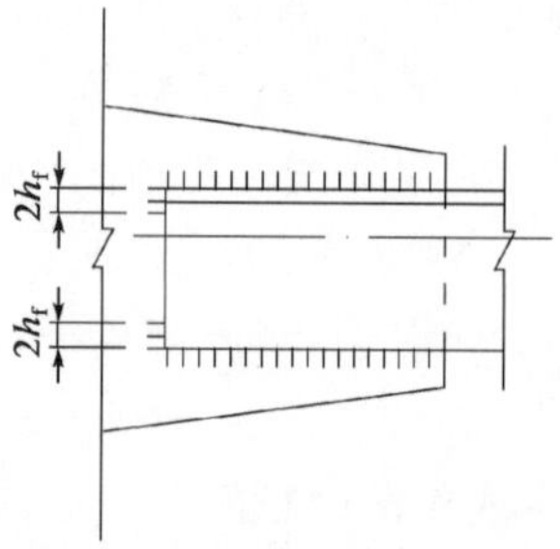

图5-4　杆件与节点板连接的两面侧焊及焊件端部的绕焊

(9)杆件与节点板的连接焊缝宜采用两面侧焊,也可用三面围焊。承受静荷载的结构宜采用两面侧焊,承受动荷载的结构宜采用围焊。围焊的转角处必须连续施焊。当角焊缝的端部在被焊件转角处时,可连续地绕转角加焊一段$2h_f$的长度(图5-4)。

(10)被连接部件相互搭接长度不应小于最薄部件厚度的5倍,且各部件均应用两道横向焊缝相连。

(11)采用焊接相连的两部件,当用厚度小于焊脚长度的填板隔开时,连接所用焊缝的焊脚尺寸应按填板厚度加大,填板边缘应与所连部件边缘齐平。当填板厚度不小于焊脚时,在填板和各部件之间均应采用能传递设计荷载的焊缝相连。

(12)受力构件焊接不得采用圆孔和槽口塞焊,必要时应采用特殊的坡口并制定专门的焊接工艺。

(13)各种形式焊缝的有效计算厚度h_e,应按以下规定采用:

①T形连接时,如竖板边缘加工有熔透的K形坡口,焊缝的有效厚度采用竖板的厚度。

②直角焊缝的有效厚度 h_e 采用焊脚尺寸 h_f 的 0.7 倍(图 5-5)。

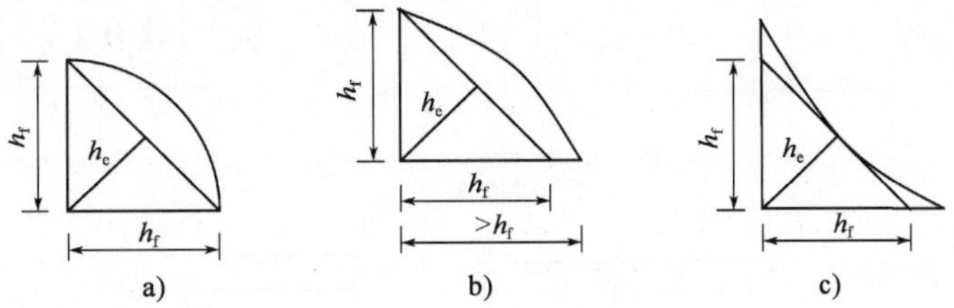

图 5-5　直角焊缝截面

③斜角焊缝的有效厚度按式(5-1)计算,斜角焊缝截面如图 5-6 所示。

$$h_e = h_f \cos\frac{\theta}{2} \qquad (\theta \geqslant 60°\text{时}) \tag{5-1}$$

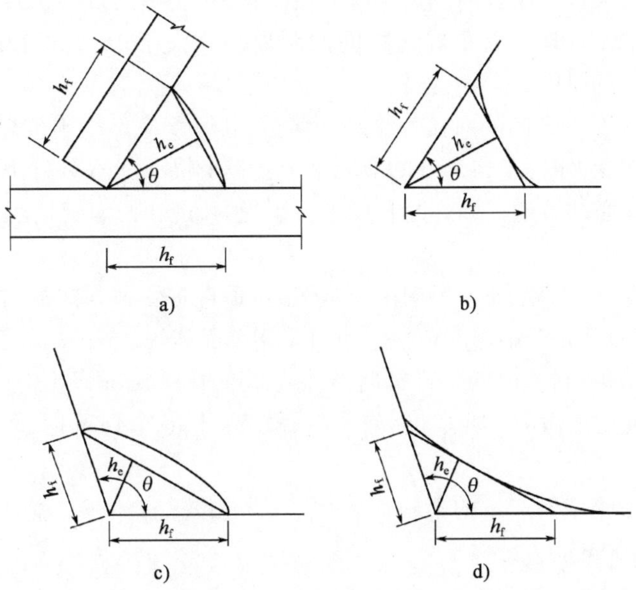

图 5-6　斜角焊缝截面

④部分熔透焊缝设计应规定熔深尺寸(图 5-7)。部分熔透的对接焊缝的有效厚度取为:坡口角度 $\alpha \geqslant 60°$ 的 V 形坡口、U 形坡口、J 形坡口,$h_e = S$;坡口角度 $\alpha < 60°$ 的 V 形坡口,$h_e = S - 3$(mm)。此处,S 为坡口根部至焊缝表面(不考虑余高)的最短距离。

(14)各种形式焊缝计算的有效长度 l_w 应按以下规定采用:

①采用引弧板施焊的焊缝,其计算长度应取焊缝的实际长度;未采用引弧板时,应取实际长度减去 $2h_f$。

②侧面角焊缝的计算长度,当受动荷载时,不宜大于 $50h_f$;当受静荷载时,不宜大于 $60h_f$。当计算长度大于上述的数值时,其超过部分在计算中可不予考虑。在全长范围内均传递内力的焊缝,其计算长度可不受此限。

③侧面角焊缝或正面角焊缝的计算长度不得小于 $8h_f$。

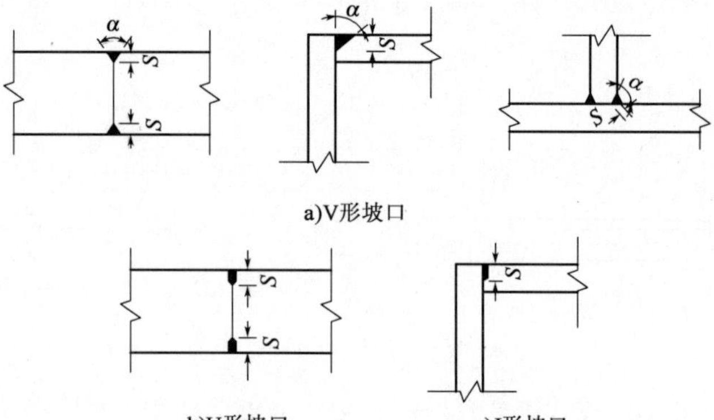

a)V形坡口

b)U形坡口　c)J形坡口

图 5-7　部分熔透的焊缝截面图

④当搭接接头钢板端部仅有两侧角焊缝连接时，每条侧面角焊缝长度不宜小于相邻两侧面角焊缝之间的距离；同时两侧角焊缝之间的距离不宜大于 $16t$（$t \geqslant 12$mm）或 200mm（$t <$ 12mm），t 为较薄焊件的厚度。

（15）垂直于构件受力方向的对接焊缝必须熔透，其厚度应不小于被焊件的最小厚度。当垂直于焊缝长度方向受力时，未熔透处的应力集中会带来很不利的影响，因此规定垂直于构件受力方向的对接焊缝必须熔透。当焊缝长度平行于受力方向时，焊缝只承受剪应力，可不要求熔透。

焊缝宜双面施焊。为了保证被焊构件完全熔透，垂直于受力方向的对接焊缝一般要求双面施焊；在保证焊缝根部完全熔透的前提下也可采用单面施焊。

（16）在对接焊缝的拼接处，当焊件宽度不等或厚度相差 4mm 以上时，应分别在宽度方向或厚度方向将一侧或两侧做成 1:8 坡度；当厚（或宽）差不超过 4mm 时，可采用焊缝表面斜度来过渡。

（17）为避免焊缝集中而产生的不利影响，有关焊缝位置宜错开。受疲劳控制的焊缝应错开孔群和圆弧起点 100mm 以上。

3）焊缝强度计算

（1）对接焊缝或对接与角接组合焊缝的强度计算应符合以下规定：

①在对接接头和 T 形接头中，垂直于轴心拉力或轴心压力的对接焊缝或对接与角接组合焊缝，其强度应按下式计算：

$$\gamma_0 \sigma = \frac{\gamma_0 N_d}{l_w t} \leqslant f_{td}^w \text{或} f_{cd}^w \tag{5-2}$$

式中：N_d——轴心拉力或轴心压力（N）；

l_w——焊缝计算长度（mm）；

t——在对接接头中为连接件的较小厚度（mm）；在 T 形接头中为腹板的厚度（mm）；

f_{td}^w、f_{cd}^w——对接焊缝的抗拉、抗压强度设计值（MPa）。

②在对接连接和 T 形连接中，承受弯矩和剪力共同作用的对接焊缝或对接与角接组合焊缝，应分别计算其法向应力 σ 和剪应力 τ。在同时受有较大法向应力和剪应力处，还应按下式

计算换算应力：

$$\gamma_0\sqrt{\sigma^2 + 3\tau^2} \leqslant 1.1f_{\mathrm{td}}^{\mathrm{w}} \tag{5-3}$$

式中：$f_{\mathrm{td}}^{\mathrm{w}}$——对接焊缝的抗拉强度设计值（MPa）。

（2）直角焊缝的强度计算应满足以下要求。

①在通过焊缝形心的拉力、压力或剪力的作用下：

a. 正面角焊缝（作用力垂直于焊缝长度方向）：

$$\gamma_0\sigma_{\mathrm{f}} = \frac{\gamma_0 N_{\mathrm{d}}}{h_{\mathrm{e}}l_{\mathrm{w}}} \leqslant f_{\mathrm{fd}}^{\mathrm{w}} \tag{5-4}$$

b. 侧面角焊缝（作用力平行于焊缝长度方向）：

$$\gamma_0\tau_{\mathrm{f}} = \frac{\gamma_0 N_{\mathrm{d}}}{h_{\mathrm{e}}l_{\mathrm{w}}} \leqslant f_{\mathrm{fd}}^{\mathrm{w}} \tag{5-5}$$

②在各种力综合作用下：

$$\gamma_0\sqrt{\sigma^2 + 3(\tau_1 + \tau_2)^2} \leqslant f_{\mathrm{fd}}^{\mathrm{w}} \tag{5-6}$$

式中：σ——垂直于焊缝有效厚度截面（$h_{\mathrm{e}}l_{\mathrm{w}}$）的正应力（MPa）（图5-8）；

τ_1——垂直于焊缝长度方向并作用在焊缝有效厚度截面内的剪应力（MPa）；

τ_2——平行于焊缝长度方向并作用在焊缝有效厚度截面内的剪应力（MPa）。

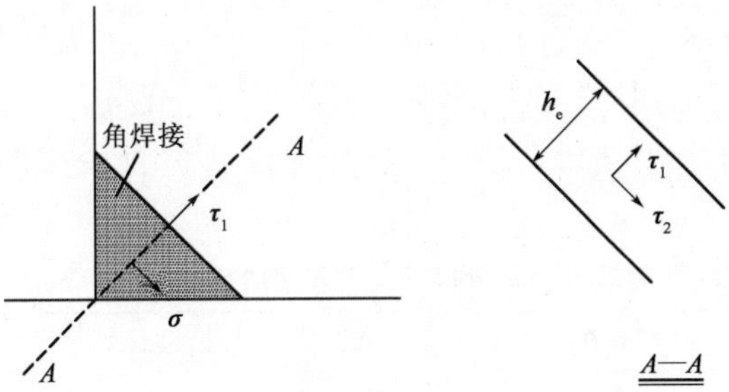

图5-8　角焊缝应力状况

（3）斜角焊缝和部分熔透的对接焊缝，应采用直角焊缝的计算方法。

5.1.2　螺栓连接

1）一般规定

（1）螺栓连接的优点是安装方便。普通螺栓因便于拆卸，适用于需要装拆的结构连接和临时性连接。高强螺栓不仅安装方便，而且具有强度高、对螺孔加工精度要求较低、连接构件间不易产生滑动、刚度大等优点，适合构件间的工地现场安装连接。

螺栓连接的缺点是需要在板件上开孔和拼装时对孔，增加制造工作量；螺栓孔还削弱了构件截面，且板件连接需要拼接板等连接件，用料增加。

（2）当型钢构件拼接采用高强度螺栓连接时，其拼接件宜采用钢板。

（3）被拼接部件的两面都应有拼接板，拼接板的配置应使杆件能传递截面各部分所分担的作用。

(4)同一连接部位中不得采用普通螺栓或承压型高强度螺栓与焊接共用的连接。

(5)螺栓应对称于构件的轴线布置。螺栓的间距应符合表 5-2 的规定。

螺栓的容许间距 表 5-2

尺寸名称	方向		构件应力种类	容许间距	
				最大	最小
螺栓中心间距	沿对角线方向		拉力或压力	—	$3.5d_0$
	靠边行列			$7d_0$和 $16t$ 的较小者	$3d_0$
	中间行列	垂直内力方向		$24t$	
		顺内力方向	拉力	$24t$	
			压力	$16t$	

注:1. 表中符号 d_0为螺栓孔径,t 为栓合部分外层较薄钢板或型钢厚度。

2. 表中所列"靠边行列"系指沿板边一行的螺栓线;对于角钢,距角钢背最近一行的螺栓线也作为"靠边行列"。

3. 有角钢镶边的翼肢上交叉排列的螺栓,其靠边行列最大中心间距可取 $14d_0$或 $32t$ 中的较小者。

4. 由两个角钢或两个槽钢中间夹以垫板或垫圈并用螺栓连接组成的构件,顺内力方向的螺栓之间的最大中心间距,对受压或受压-拉构件规定为 $40r$,不应大于 160mm;对受拉构件规定为 $80r$,不应大于 240mm。其中 r 为一个角钢或槽钢平行于垫板或垫圈所在平面轴线的回转半径。

(6)螺栓中心顺内力方向或沿螺栓对角线方向至边缘的最大距离应不大于 $8t$ 或 120mm 的较小者,t 是螺栓各部分外侧钢板或型钢厚度(mm);顺内力方向或沿螺栓对角线方向至边缘的最小距离应不小于 $1.5d_0$,垂直内力方向应不小于 $1.3d_0$,d_0为螺栓孔径。

(7)位于主要构件上的螺栓直径,应不大于角钢肢宽的 1/4。

(8)高强度螺栓孔可采用钻成孔,孔径 D 与螺栓公称直径 d 的对应关系应符合表 5-3 规定。

高强度螺栓公称直径 d 与孔径 D 的对应关系(mm) 表 5-3

螺栓公称直径 d	18	20	22	24	27	30
孔径 D	20	22	24	27	30	33

2)螺栓数量

受力构件节点上连接的螺栓数量和构造应符合以下规定。

(1)受力构件在节点连接处的螺栓或接头一边的螺栓最少数量应符合下列规定:

①一排螺栓时两个。

②两排及两排以上螺栓时,每排两个。

(2)角钢在连接或接头处采用交叉布置的螺栓时,第一个螺栓应排在靠近边角钢背处。

(3)螺栓连接接头的螺栓数量,对板梁翼缘宜按与被连接杆件等强度的要求进行计算;对联结系和次要受力构件可按实际内力计算,并假定纵向力在螺栓群上是平均分布的。

(4)受压杆件的螺栓接头,可采用端部磨光顶紧的措施来传递内力,此时接头处的螺栓及连接板的截面积,可按被连接构件承载力的 50% 计算。在同一接头中,允许螺栓与焊缝同时采用,不得按共同受力计算。

(5)当构件的肢与节点板偏心连接,且这些肢在连接范围内无缀板相连或构件的肢仅有一面有拼接板时,其螺栓总数应增大 10%。

3)普通螺栓连接计算

普通螺栓连接应按以下规定计算:

(1)在普通螺栓受剪的连接中,每个普通螺栓的承载力设计值应取受剪和受压承载力设计值中的较小者。

①普通螺栓的受剪承载力设计值应按式(5-7)计算:

$$N_{vd}^{b} = n_{v}\frac{\pi d^{2}}{4}f_{vd}^{b} \tag{5-7}$$

②普通螺栓的承压承载力设计值应按式(5-8)计算:

$$N_{cd}^{b} = d\sum t f_{cd}^{b} \tag{5-8}$$

式中:n_v——受剪面数目;

d——螺栓杆直径(mm);

$\sum t$——在不同受力方向中各个受力方向承压构件总厚度的较小值(mm);

f_{vd}^{b}、f_{cd}^{b}——螺栓的抗剪和承压强度设计值(MPa)。

(2)在普通螺栓杆轴方向受拉的连接中,每个普通螺栓的承载力设计值应按式(5-9)计算:

$$N_{td}^{b} = n_{v}\frac{\pi d_{e}^{2}}{4}f_{td}^{b} \tag{5-9}$$

式中:d_e——螺栓在螺纹处的有效直径(mm);

f_{td}^{b}——普通螺栓的抗拉强度设计值(MPa)。

(3)同时承受剪力和杆轴方向拉力时,普通螺栓应满足式(5-10)和式(5-11)的要求:

$$\gamma_0\sqrt{\left(\frac{N_v}{N_{vd}^{b}}\right)^2 + \left(\frac{N_t}{N_{td}^{b}}\right)^2} \leqslant 1 \tag{5-10}$$

$$\gamma_0 N_v \leqslant N_{cd}^{b} \tag{5-11}$$

式中: N_v——某个普通螺栓所承受的剪力和拉力设计值(N);

N_{vd}^{b}、N_{td}^{b}、N_{cd}^{b}——一个普通螺栓的受剪、受拉和承压承载力设计值(N)。

4)高强螺栓连接计算

高强度螺栓摩擦型连接应按以下规定计算。

(1)在抗剪连接中,一个高强度螺栓的承载力设计值应按下式计算:

$$N_{vd}^{b} = 0.9 n_{f}\mu P_{d} \tag{5-12}$$

式中:n_f——传力摩擦面数目;

P_d——一个高强度螺栓的预拉力(N);

μ——摩擦面的抗滑移系数,除另有试验值外,一般可按表5-4取值。

摩擦面的抗滑移系数设计值 表5-4

在连接处构件接触面的分类	μ
没有浮锈且经喷丸处理或喷铝的表面	0.45
涂抗滑型无机富锌漆的表面	0.45
没有轧钢氧化皮和浮锈的表面	0.45

续上表

在连接处构件接触面的分类	μ
喷锌的表面	0.40
涂硅酸锌漆的表面	0.35
仅涂防锈底漆的表面	0.25

(2)在螺栓杆轴方向受拉的连接中,一个高强度螺栓的承载力设计值应根据下式取值:

$$N_{td}^{b} = 0.8P_{d} \tag{5-13}$$

(3)当摩擦型高强度螺栓连接同时承受摩擦面间的剪力和螺栓杆轴方向的外拉力时,应符合下式规定:

$$\gamma_{0}\left(\frac{N_{v}}{N_{vd}^{b}} + \frac{N_{t}}{N_{td}^{b}}\right) \leqslant 1 \tag{5-14}$$

式中:N_v、N_t——一个高强度螺栓所承受的剪力和拉力设计值(N);

N_{vd}^{b}、N_{td}^{b}——一个高强度螺栓的受剪、受拉承载力设计值(N)。

5.1.3 钢构连接

对于箱形组合梁钢主梁的连接主要有焊接和栓接两种形式。

1)钢梁焊接

钢主梁焊接主要包括翼缘板、腹板的接长,翼板与腹板的焊接、加劲肋与腹板和翼板的焊接等。翼缘板、腹板的接长一般应采用全熔透焊,坡口根据板厚确定。为了改善连接的受力,腹板和翼缘板的接长位置应该错开,工厂连接一般要求 100mm 以上;工地连接时由于需要设置过焊孔,一般宜错开 200mm 以上。若翼板与腹板采用角焊缝连接,则焊缝应连续,与加劲肋交叉处需设置过焊孔;角焊缝应该对称布置,焊脚高度根据计算确定。

2)钢梁高强螺栓连接

箱形钢梁是较为典型的弯剪受力构件,通常采用高强螺栓进行工厂连接或工地连接。

(1)钢梁翼缘板高强螺栓连接。

钢主梁翼缘板一般采用摩擦型高强螺栓连接,翼板的连接设计主要包括的螺栓数量计算、螺栓的布置和拼接板板厚与尺寸等。针对高强螺栓布置形式,应在满足受力要求的情况下,尽可能紧凑布置、减小拼接板的尺寸。

在图 5-9 中,图 5-9a) ~ 图 5-9c)为平行排列,图 5-9d) ~ 图 5-9f)为在端部采用交错排列而其余为平行排列的形式。当连接处翼缘板应力较小,截面有较大富余时,可以采用图 5-9a)的形式,这种布置形式所需拼接板面积较小,但第一排螺栓孔对截面削弱较多。

(2)钢梁腹板高强螺栓连接。

箱形组合梁钢梁腹板通常采用摩擦型高强螺栓进行连接,腹板连接设计主要包括螺栓数量计算、螺栓的布置和拼接板板厚与尺寸设计等。根据连接形式,钢梁腹板的高强螺栓连接可分为:分离式连接与整体式连接,如图 5-10 所示。

分离式腹板连接的设计基本思路是,假设腹板的弯矩完全由靠近翼缘板的弯矩拼接板承担,剪力由中间部分的剪力拼接板承担。整体式腹板连接的设计基本思路是,假设腹板剪力由拼接板的高强螺栓平均分摊,弯矩产生的单根螺栓水平剪力与螺栓至中性轴的距离成正比。

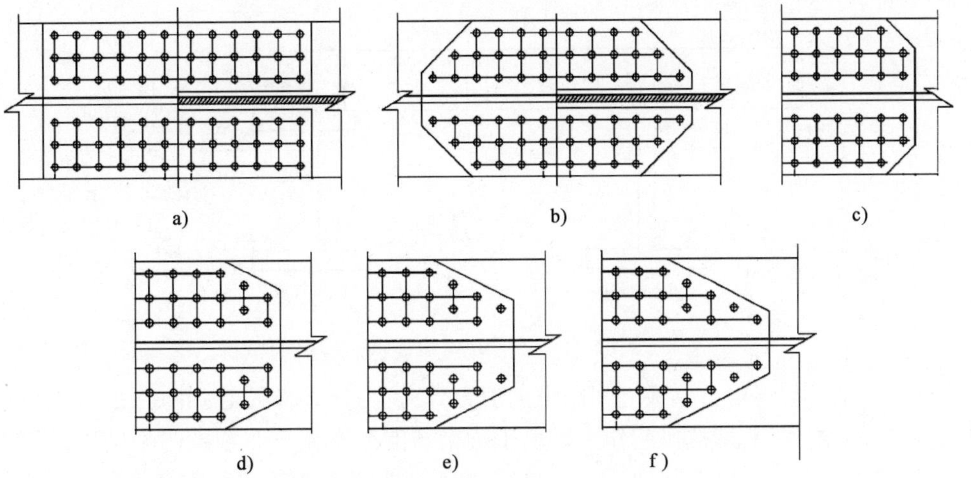

图5-9 钢梁翼缘板高强螺栓连接布置示意

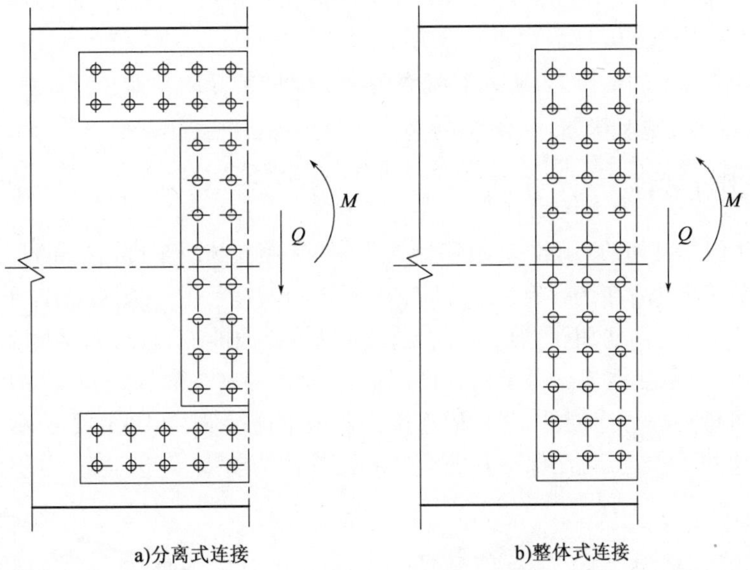

图5-10 钢梁腹板高强螺栓连接示意

5.2 抗剪连接件

在钢梁上设置混凝土板,如果界面上没有任何连接构造而允许二者自由滑动[图5-11a)],则在弯矩作用下钢梁和混凝土板将分别绕各自的中性轴发生弯曲;如果钢梁与混凝土板间通过某种措施能够完全避免发生相对滑移,则两部分将形成整体共同承受弯矩[图5-11b)]。显然,后一种情况下结构的承载力及刚度将优于前者,其中抗剪连接件起到将钢梁与混凝土板组合在一起共同工作的关键作用,也是保证两种结构材料发挥组合效应的关键部件。

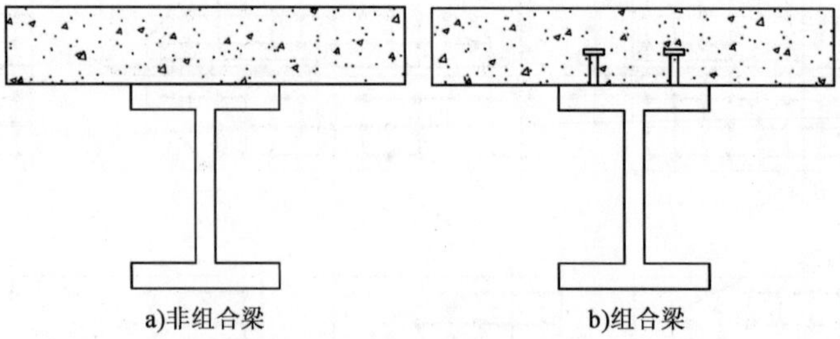

图5-11　组合梁与非组合梁示意

除了传递钢梁与混凝土翼板之间的纵向剪力外,抗剪连接件还起到防止混凝土翼板与钢梁之间竖向分离的作用,即抗掀起作用。由于钢梁与混凝土板弯曲刚度的不同以及连接件本身的变形,使得两者之间存在竖向分离的趋势,在此情况下抗剪连接件本身也受到一定的拉力作用。

为发挥组合梁中两种材料的组合作用,工程中应用的抗剪连接件一般需满足以下要求:

(1)能够传递混凝土板与钢梁间的剪力。

(2)能够提供一定的抗拔力,防止混凝土板与钢梁间的竖向分离。

(3)应安装简便,施工快捷,成本合理。

5.2.1　设计要点

钢与混凝土组合结构的力学性能不仅受到两种材料各自材质的影响,而且与结合面的连接形式有较大关系。设计者在选择连接形式时,要考虑结构性能、施工条件及结合面的受力特点。

连接件最初主要用于承担钢梁与混凝土桥面板结合面的剪力作用,但随着组合结构桥梁的发展,连接件不仅承受钢与混凝土结合面的剪力作用,在一定情况下还承受拉拔力作用。常用连接件形式可分为焊钉连接件、开孔板连接件及型钢连接件,如图5-12所示。设计时,需根据组合结构桥梁的受力特点,在保证其安全性和可靠性的前提下,选择适当的连接件形式。

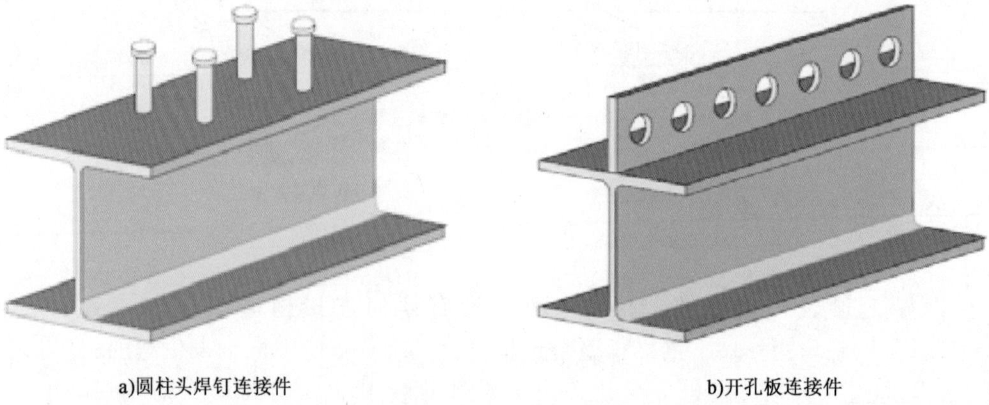

图5-12　常用连接件形式示意

焊钉连接件通过杆身根部受压承担结合面的剪力作用,并依靠圆柱头的锚固作用承担结合面的拉拔力。开孔板连接件是指沿着受力方向布置,并在侧面设有开孔的钢板,利用钢板孔中混凝土及孔中贯通钢筋的销栓作用,承担结合面的剪力及拉拔力。型钢连接件是指焊接到受力钢构件上的槽钢、角钢等短小节段的型钢块体,依据型钢板面受压承担结合面的剪力作用。型钢块体上可焊接钢筋,以承担拉拔力并提高变形能力。但是由于型钢连接件抗拉拔性能较弱,容易发生钢与混凝土的分离,因此一般不用于组合梁。

对箱形组合梁进行抗剪连接件设计时,需注意以下事项:

(1)连接件应保证钢与混凝土有效结合,共同承担作用力,并应具有一定的变形能力。钢与混凝土同一个结合面上的连接件所受剪力并不均匀,当连接件具有一定的变形能力时,作用剪力就会随着连接件刚度的变化而重新分配,可避免个别连接件受力过大,同时可防止钢板与混凝土发生局部应力集中的现象。

(2)不同形式的连接件不宜在同一截面混合使用。

(3)钢与混凝土结合面剪力作用方向不明确时,应选用焊钉连接件。这主要是因为焊钉连接件抗剪性能不具有方向性,且抗拉拔性能良好。

(4)钢与混凝土结合面对抗剪刚度、抗疲劳性能要求较高时,宜选用开孔板连接件。这主要是因为开孔板连接件的破坏模式是孔中混凝土的破坏,疲劳问题并不突出,所以适用于对抗疲劳性能要求较高的组合结构桥梁中。

(5)钢与混凝土结合面对抗剪刚度要求很高且无拉拔力作用时,可选用型钢连接件。型钢连接件的抗剪刚度较大,但容易发生钢与混凝土的分离,一般将弯折成U形的钢筋焊接在型钢块体上,以提高其变形能力。

(6)采用预制混凝土桥面板时,可将焊钉连接件集中配置在混凝土构件预留孔中,并应考虑群钉效应所造成的连接件承载性能的降低。

5.2.2　形式及特点

根据抗剪连接件在荷载作用下变形能力的大小,抗剪连接件可以分为刚性连接件和柔性连接件两类。刚性连接件容易在受压侧混凝土内引起较高的应力集中,在焊接质量有保障的条件下,破坏时表现为混凝土被压碎或发生剪切破坏。刚性连接件的抗剪强度高,但达到极限强度后,其承载能力将完全丧失而导致脆性破坏。柔性连接件虽然刚度较小,在剪力作用下会发生变形,但承载力不会降低。例如,方钢和焊钉就分别是典型的刚性连接件和柔性连接件。

若组合梁采用可以忽略变形的刚性连接件,弹性状态下的界面剪力分布与剪力图相一致。但此时组合梁内各个连接件的受力不均匀,在剪力较大截面附近的连接件会出现内力集中的情况。如果刚性连接件具有足够的强度能够抵抗纵向剪力,组合梁在承载力极限状态时控制截面的钢材与混凝土将进入塑性状态,此时的界面纵向剪力也会发生重分布,但内力集中的情况仍较为明显。

柔性连接件则有所不同,在剪力作用下会产生变形,使得混凝土板与钢梁之间发生一定程度的滑移。由于这类抗剪连接件的延性较好,变形后所能提供的抗剪承载力不会降低。利用柔性连接件的这一特点可以使组合梁的界面剪力在承载力极限状态下剪跨内各个抗剪连接件的受力比较均匀,从而能够减少抗剪连接件的数量并可以分段均匀布置,设计和施工均较为方便。

另外,从承载能力的角度出发,根据抗剪连接件所能提供的抗力与组合梁达到完全塑性截面应力分布时纵向剪力的关系,又可分为完全抗剪连接组合梁与部分抗剪连接组合梁。如果组合梁内设置的抗剪连接件能够抵抗全截面塑性极限状态时所产生的纵向剪力,则称之为完全抗剪连接组合梁;如果布置的抗剪连接件的数量较少而不能使控制截面的混凝土或钢梁完全达到塑性极限状态,则称之为部分抗剪连接组合梁。对于建筑结构中某些不需要充分发挥组合梁承载力的情况,可以使用部分抗剪连接组合梁。但是,桥梁中由于受到较大的动力荷载作用且结构的安全性要求高,除采用压型钢板-混凝土组合桥面板以外,一般均需按完全抗剪连接来进行设计。

早期组合梁设计采用弹性的容许应力法,多采用刚性连接件。刚性连接件的主要形式为方钢连接件[图 5-13a)],此外还有 T 形钢、马蹄形钢等形式[图 5-13b)、c)];柔性连接件则有焊钉、槽钢、弯筋、角钢、L 形钢、锚环、摩擦型高强螺栓等多种类型[图 5-13d)、e)、f)、g)、h)、i)、j)]。刚性抗剪连接件通常用于不考虑剪力重分布的结构,目前已很少采用,柔性连接件则已广泛应用于桥梁和建筑等结构中。

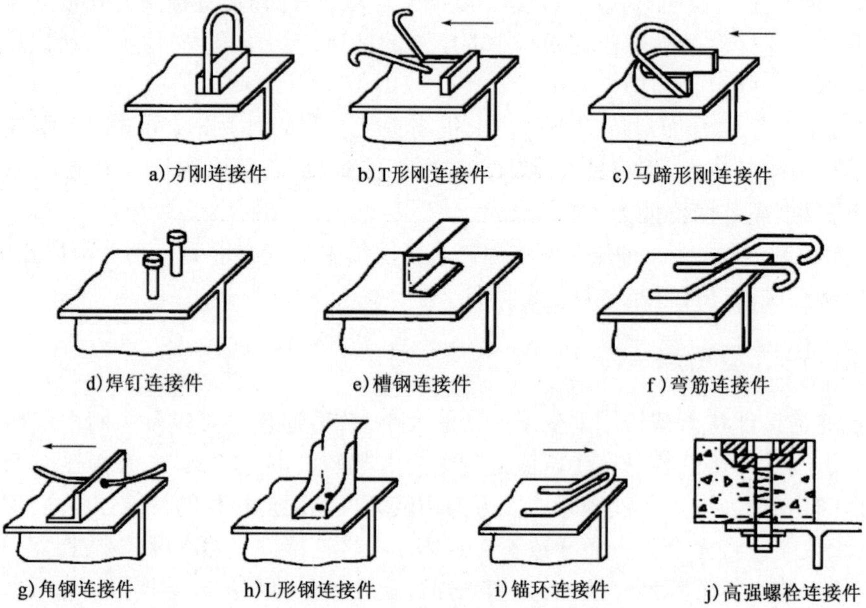

a)方刚连接件　b)T形刚连接件　c)马蹄形刚连接件

d)焊钉连接件　e)槽钢连接件　f)弯筋连接件

g)角钢连接件　h)L形钢连接件　i)锚环连接件　j)高强螺栓连接件

图 5-13　组合梁抗剪连接件形式示意

其中,柔性连接件中的焊钉(或称为圆柱头焊钉)是目前应用最为广泛、综合受力性能及施工性能较好的抗剪连接件,具有各向同性、抗剪承载力高、抗掀起能力好、施工快速方便、焊接质量易保证等优点,在组合梁中宜优先使用。目前,欧洲规范 4 中也仅提供了焊钉连接件的设计方法。除此之外,槽钢连接件、开孔板连接件以及高强螺栓连接件等在某些情况下也可应用于组合梁桥。

需要注意的是,某些连接件的受力性能与其设置方向有关,确定其设置方向时应注意考虑以下几方面:①有利于抵抗混凝土板的掀起作用;②为避免混凝土劈裂破坏,宜将连接件的平面部分作为承压面;③锚筋的倾斜方向应与其受力方向一致。

下面简要介绍在组合梁结构中常见的几种连接件形式。

1)焊钉连接件

焊钉是目前应用广泛、综合性能良好的抗剪连接件。早期由于焊钉的疲劳问题没有得到有效解决,因此限制了其在桥梁结构中的应用。20世纪80年代以来,随着焊接技术的发展,焊钉的疲劳强度逐渐提高,疲劳已不再是控制焊钉在组合梁桥中应用的障碍。

焊钉一般可以通过半自动的专用焊机方便地焊接于钢梁,也可以直接穿透压型钢板进行焊接,图5-14所示为焊钉的基本构造及其焊接过程。焊接时可将焊钉一端外套瓷环,利用焊钉本身作为金属电极,通过短时间的电弧燃烧使焊钉和钢板同时熔化,然后对焊钉施加一定压力从而完成焊接。为防止熔化的金属飞溅损失,焊接时一般使用配套的瓷环。采用这种方式焊接的焊钉沿任意方向的强度和刚度均相同,有利于方便布置混凝土翼板内的钢筋。由于焊钉直径超过22mm,采用熔透焊方式在施工时就保障质量而言存在一定的困难,因此目前常用焊钉的直径多为16mm、19mm和22mm,但也有部分工程采用直径为25mm的焊钉。其中,22mm和25mm直径的焊钉多用于桥梁所承受荷载较大的情况。

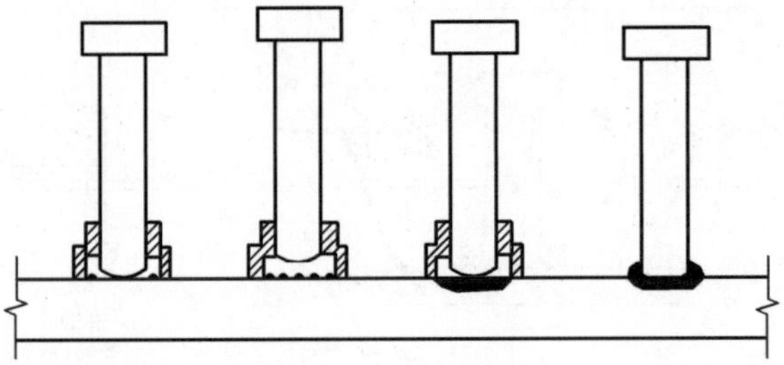

图5-14 焊钉焊接过程示意

根据焊钉强度和混凝土强度的相对关系及相关推出试验,焊钉的破坏形态主要有以下两类:

(1)混凝土受压破坏。如果混凝土强度相对较低,推出试件破坏时表现为焊钉前方受压侧的混凝土发生局部压碎或劈裂破坏。这种情况一般表现为延性破坏,极限抗剪承载力随混凝土强度的提高和焊钉直径的增大而提高。

(2)焊钉受剪破坏。如果混凝土强度相对较高,焊钉将在竖向拉力、弯矩以及剪力的共同作用下发生断裂,某些情况下可能因焊缝质量不合格而发生焊缝破坏。此种情况会表现出一定的脆性破坏形态,其极限抗剪承载力随焊钉材料强度和焊钉直径的增加而提高。

通常认为,当焊钉长度与钉杆直径之比大于4时,焊钉长度的增加对其承载力的影响可以忽略不计。

此外,为提高施工速度、减少模板工程,压型钢板也开始应用于组合梁桥,采用焊钉将组合板与钢梁连成整体,如图5-15所示。

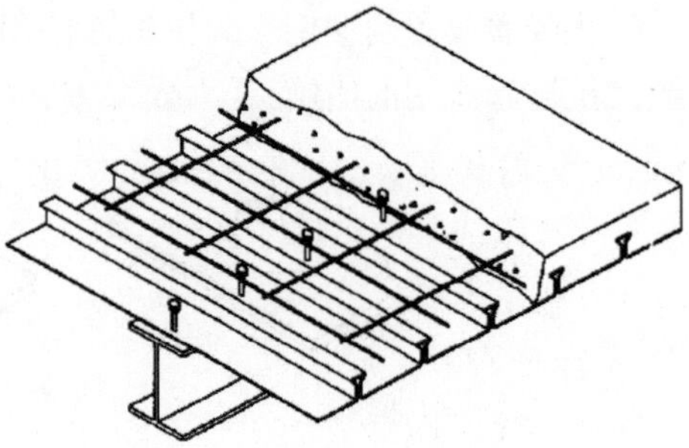

图5-15 压型钢板桥面板示意

根据有关试验研究,采用压型钢板时焊钉的受力形态与采用实心混凝土板时有所不同,如图 5-16 所示。在实体混凝土板推出试件中,由钢梁传来的剪力可以通过焊钉根部混凝土的受压作用直接传到混凝土板内,焊钉后侧的混凝土内不易形成裂缝。而在压型钢板的推出试件中,焊钉前方根部混凝土的刚度和约束作用较小,主要表现为钉帽部位受压而使焊钉受弯作用明显,同时后侧混凝土由于剪切面较小而更容易开裂。因此,压型钢板组合板中焊钉的受力状态要更为复杂些。

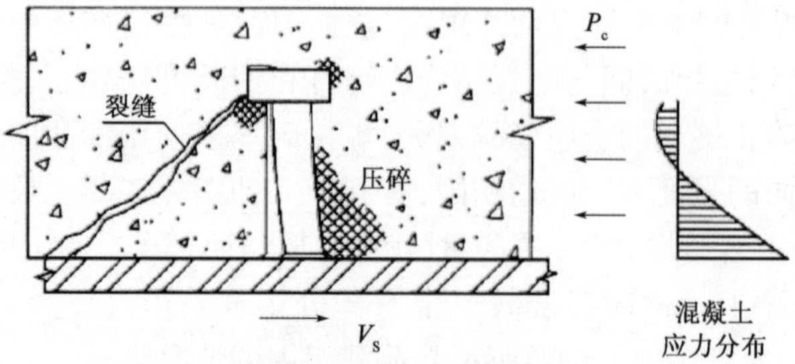

a) 混凝土桥面板焊钉破坏形态

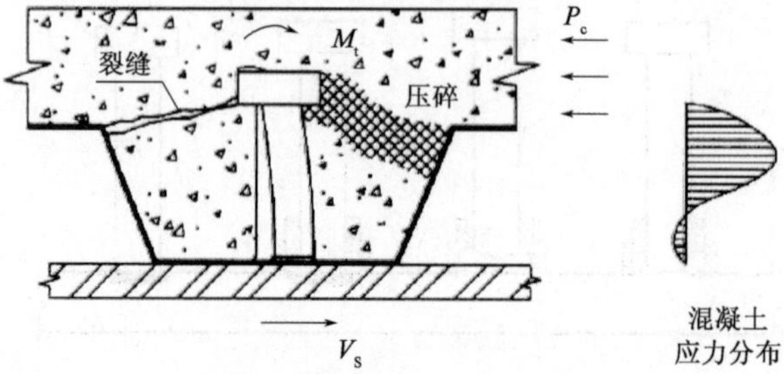

b) 压型钢板桥面板的焊钉破坏形态

图 5-16 焊钉破坏形态示意

2) 型钢连接件

型钢连接件或块式连接件是指将轧制或焊接型钢截断后,采用角焊缝将其焊接在钢梁上翼缘作为抗剪连接件使用。型钢连接件的强度和刚度很高,但应力集中现象较为明显,在极限状态下可能发生混凝土断裂破碎的破坏模式。型钢连接件主要依靠混凝土的局部承压作用来传递混凝土板与钢梁间的剪力,其抗剪承载力主要取决于混凝土的局部抗压强度。对于某些没有抗掀起功能的型钢连接件,有时还与锚筋联合使用,以利用后者的抗拔能力提高连接件的延性。

将竖立放置的型钢作为抗剪件使用时,通常在一个方向上对混凝土有较强的劈裂作用,且当无抗掀起作用的措施,受力效果差,一般不应使用,如图 5-17 所示。

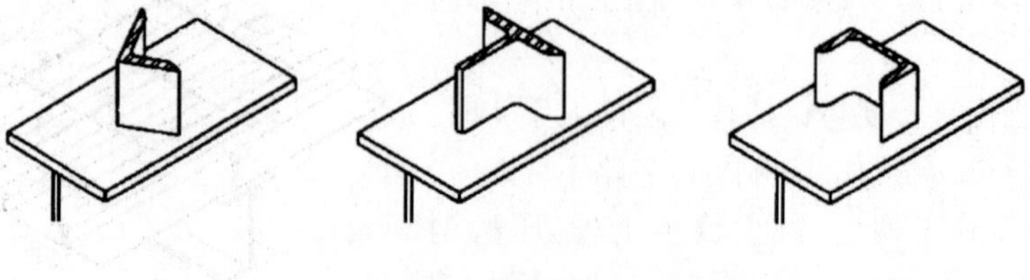

a) b) c)

图 5-17 型钢连接件不合理布置形式示意

3）弯筋连接件

弯筋连接件是早期使用的一种抗剪连接件，主要通过斜向受力的钢筋承担混凝土板与钢梁间的剪力和竖向拉力。锚筋一般采用螺纹钢筋制作，采用弯起钢筋、螺旋钢筋等形式，并通过角焊缝焊接于钢梁上，如图5-18所示。弯筋连接件属于延性较高的柔性连接件，但由于只能利用钢筋的抗拉强度抵抗剪力，所以在剪力方向不明确或剪力方向可能发生改变时，效果较差。同时，弯筋连接件强度及刚度较低，钢筋焊接工作量大，因而目前应用很少，不推荐在桥梁结构中使用。

图5-18 弯筋连接件示意

4）高强螺栓连接件

通常，对于预制混凝土桥面板，可根据实际情况酌情采用高强螺栓连接件，如图5-19所示。相对于普通螺栓，高强螺栓预紧后可防止混凝土与钢梁间在荷载作用下发生滑移。当荷载较小时，纵向剪力主要通过混凝土与钢梁间的摩擦力来传递。随着荷载的增大，当剪力达到极限摩擦阻力后，由于螺栓杆与桥面板预留孔之间的间隙，结合面会发生滑动直至栓杆与孔壁接触。此后，随着荷载的进一步增加，纵向剪力将由摩擦阻力和螺栓杆共同承担。因此，设计高强螺栓连接件时，在正常使用极限状态下可采用高强螺栓连接件的极限抗滑强度进行验算，在承载力极限状态，则依靠螺栓抗剪承载力与摩阻力力的共同作用。

高强螺栓连接件，虽然施工比较简单，但由于其承载力一般较低，因此通常宜用于跨径10m左右的小型组合梁，或用于一些临时性结构中，常用作替代焊钉等抗剪连接件使用。另外，高强度螺栓受混凝土徐变作用而使其预紧力减少，从而导致摩擦阻力的降低。有关试验表明，当对高强度螺栓施加16t的预紧力后，其预紧力在几年后有可能减小至一半。

5）开孔板连接件

开孔钢板连接件是由沿纵桥向焊接的开孔竖向钢板构成，并通过钢板孔内的混凝土来抵抗钢梁与混凝土间的纵向剪力及上拔力，如图5-20所示。开孔钢板连接件由两条纵向角焊缝焊于钢梁上翼缘，由于角焊缝焊脚尺寸较小，相对于采用全截面熔透焊的焊钉，其对钢梁的影响较小。

虽然开孔板连接件具有较好的抗疲劳性能，但用于组合梁时会将混凝土桥面板横向分割，在一定程度上破坏了桥面板的整体性，不利于桥面板的横向受力。同时，开孔板连接件需要在孔内穿筋，并要求浇筑混凝土时保证孔内混凝土的密实度，给施工带来较大的困难。

5.2.3 构造要求

抗剪连接件是保证钢梁和混凝土组合作用的关键部件。为充分发挥连接件的作用，除保证强度以外，应合理地选择连接件的形式、规格以及连接件的布置等。常用抗剪连接件的一般构造要求如下。

(1)焊钉连接件钉头下表面或槽钢连接件上翼缘下表面宜高出翼板底部钢筋顶面30mm以上。

(2)连接件沿桥梁跨径方向的最大间距不应大于混凝土翼板(包括板托)厚度的3倍,且不大于300mm。

(3)连接件的外侧边缘与钢梁翼缘边缘之间的距离不应小于20mm。

(4)连接件的外侧边缘至混凝土翼板边缘间的距离不应小于100mm。

(5)连接件顶面的混凝土保护层厚度不应小于15mm。

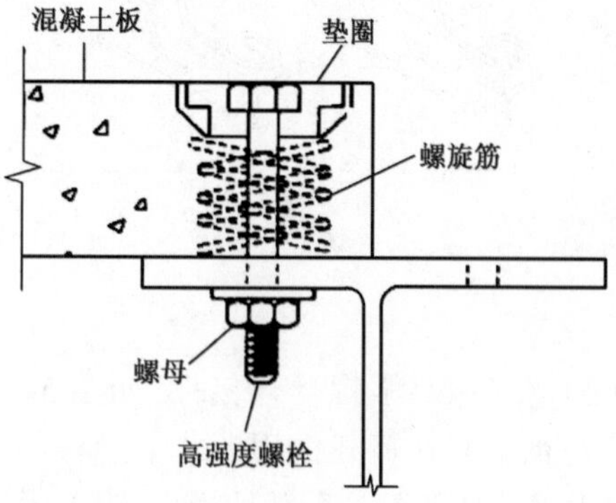

图5-19　高强螺栓连接件示意

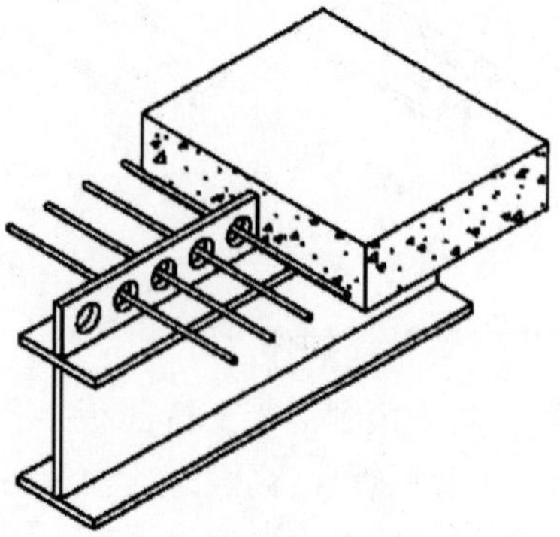

图5-20　开孔板连接件示意

由于在厚度较小的钢板上焊接连接件,容易引起钢板变形,因此当没有足够的措施能够矫正钢板变形的情况下,钢板厚度不应小于焊钉直径的0.5倍,也不应小于开孔板连接件或型钢连接件的板厚。

1)焊钉连接件

焊钉连接件的抗剪承载力特别是抗疲劳性能受钉杆根部焊缝焊接质量的控制。当采用电弧焊或气体保护焊手工焊接焊钉时,其焊缝应满足以下条件:

(1)焊缝平均周圈直径不小于1.25倍钉杆直径。

(2)焊缝平均高度不小于0.2倍钉杆直径。

(3)焊缝最小高度不小于0.15倍钉杆直径。

在有条件的情况下,应尽量采用自动设备或半自动设备进行焊接,以保证焊钉的焊缝质量;如不得已采用手工焊接时,应加大焊接质量检验的力度。

为保证焊钉充分发挥其承载力并避免发生脆性破坏,《公路钢混组合桥梁设计与施工规范》(JTG/T D64-01—2015)、《公路钢结构桥梁设计规范》(JTG D64—2015)及《钢结构设计标准》(GB 50017—2017)规定焊钉应符合下列要求:

(1)焊钉连接件的材料、机械性能以及焊接要求应满足现行国家标准《电弧螺柱焊用圆柱头焊钉》(GB/T 10433)的规定。

(2)当焊钉位置不正对钢梁腹板时,如钢梁上翼缘承受拉力,则焊钉钉杆直径不应大于钢梁上翼缘厚度的1.5倍;如钢梁上翼缘不承受拉力,则焊钉钉杆直径不应大于钢梁上翼缘厚度的2.5倍。

(3)焊钉连接件长度不应小于4倍焊钉直径,当有直接拉拔力作用时不宜小于焊钉直径的10倍。

(4)焊钉连接件剪力作用方向上的间距不宜小于焊钉直径的5倍,且不得小于100mm;剪力作用垂直方向的间距不宜小于焊钉直径的4.0倍,且不得小于50mm。

(5)焊钉的最大中心间距不宜超过3倍桥面板厚度以及300mm。

(6)焊钉连接件的外侧边缘至钢板自由边缘的距离不应小于25mm。

(7)用压型钢板作底模的组合梁,焊钉杆直径不宜大于19mm,混凝土凸肋宽度不应小于焊钉杆直径的2.5倍;焊钉高度 h_d 应符合 $h_e+30 \leqslant h_d \leqslant h_e+75$ 的要求,其中 h_e 为混凝土凸肋的高度。

我国规范中,上述关于焊钉连接件最小长度的规定,主要是保证焊钉连接件是有一定的抗拉拔作用且保证焊钉连接件的抗剪承载力得到充分发挥;焊钉连接件最大中心间距的规定,主要是确保钢梁与混凝土板间的有效结构;焊钉连接件最小中心间距的规定,主要是保证焊钉连接件抗剪承载力能够得到充分发挥、方便施工;另外,限制焊钉连接件直径与钢板厚度之比的主要目的是确保焊接处钢板不因焊接造成显著变形,保证钢梁施工及运营阶段的稳定性。

欧洲规范4中关于焊钉连接件的构造要求如下:

(1)当钢板或混凝土板的稳定性是通过二者的连接来实现的,则焊钉的间距或布置方式应能够确保这种约束作用的发挥。

(2)对于受压翼缘为第3、4类截面的钢梁,如考虑混凝土桥面板的约束作用后能使其达完全塑性状态,则焊钉沿受压方向的间距应不大于 $22t_f\sqrt{235/f_y}$(对于混凝土和钢梁沿梁长全部接触的情况,如实心混凝土桥面板)或 $15t_f\sqrt{235/f_y}$(对于混凝土和钢梁沿梁长间隔接触的情况,如板肋垂至于梁方向的压型钢板组合面板),其中 t_f 为钢梁受压翼缘厚度、f_y 为钢梁的屈服强度。同时,焊钉距钢梁边缘的净距不大于 $9t_f\sqrt{235/f_y}$。

(3)焊钉之间的距离不应大于4倍混凝土桥面板厚度和800mm中的较小值。

(4)当焊钉集中布置形成焊钉群来使用时,焊钉群之间的距离可超过上述第(2)或第(3)条的限制,但设计时应对以下问题进行特别考虑:不均匀分布的纵向剪力流;钢梁与混凝土桥面板之间较大的滑移或竖向分离作用;钢梁受压翼缘的屈曲;混凝土桥面板在焊钉群集中劈裂作用下的承载能力。

(5)焊钉的总高度不应小于3倍钉杆直径。

(6)焊钉钉帽的直径不应小于1.5倍钉杆直径,厚度不小于0.4倍钉杆直径。

(7)对处于受拉状态并承受疲劳荷载的焊钉,其直径不应大于1.5倍钢梁翼缘厚度,除非通过疲劳试验已得到其疲劳承载力并证明可满足设计要求。

(8)沿剪力方向的焊钉的间距不应小于5倍焊钉直径,垂至于受剪方向的焊钉间距不应小于2.5倍(对于实心混凝土桥面板)或4倍(对于其他形式的桥面板)焊钉直径。

(9)除非通过相关试验来得到焊钉的实际承载力,焊钉直径不应超过2.5倍其焊接位置处的钢板厚度,对于焊接于正对钢梁腹板位置处的焊钉可不受本条的限制。

此外,焊钉焊接质量外观检查合格后,一般按2%~5%的比例进行弯曲检验。检验一般按如图5-21所示的锤击方法进行,或在栓杆上加套管来进行弯曲检验。当捶击或加套管弯曲

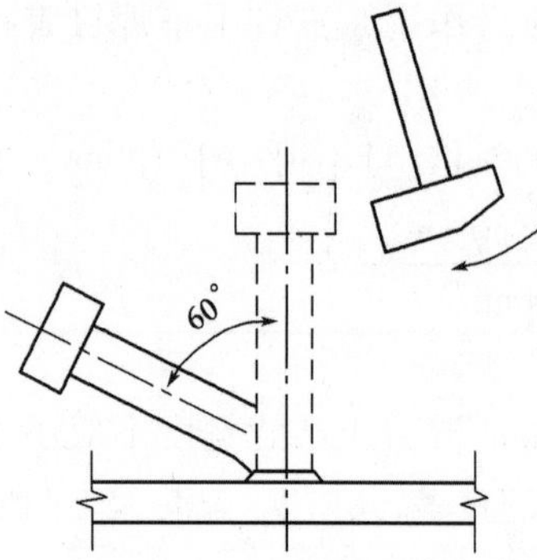

图 5-21　焊钉质量弯曲检验方法

至 60°时,若钉杆根部焊缝及周边的热影响区未产生裂纹,则可判断焊钉焊接质量合格。

2）开孔板连接件

开孔钢板连接件一般应满足以下构造要求:

（1）当开孔板连接件多列布置时,其横向间距不宜小于开孔钢板高度的 3 倍。

（2）开孔板连接件的钢板厚度不宜小于 12mm。

（3）开孔板孔径不宜小于贯通钢筋与最大集料粒径之和。

（4）开孔板连接件的贯通钢筋直径不宜小于 12mm,应采用螺纹钢筋。

（5）圆孔中心间距不宜大于 500mm,且最小中心间距应符合以下规定:

$$f_{vd}t(l-d_p) \geqslant V_{su} \tag{5-15}$$

式中:t——开孔板连接件的钢板厚度（mm）;

l——相邻圆孔的中心间距（mm）;

d_p——圆孔直径（mm）;

f_{vd}——开孔钢板抗剪强度设计值（MPa）;

V_{su}——开孔板连接件的单孔抗剪承载力（N）。

（6）当开孔板连接件呈多列布置时,其横向间距不宜小于开孔板高度的 3 倍。

3）槽钢连接件和弯筋连接件

为保证连接件具有足够的强度和延性,槽钢和弯筋连接件应满足以下构造要求:

（1）槽钢连接件一般采用 Q235 钢,截面尺寸不宜大于型号[12.6。

（2）槽钢连接件的最大间距不宜超过 500mm。

弯筋连接件除应符合连接件一般要求外,尚应满足以下规定:

（1）弯筋连接件宜采用直径不小于 12mm 的钢筋成对布置,用两条长度不小于 4 倍或 5 倍钢筋直径的侧焊缝焊接于钢梁翼缘上,其弯起角度一般为 45°,弯折方向应与混凝土翼板对钢梁的水平剪力方向相同。

（2）在梁跨中纵向水平剪力方向变化的区段,须在两个方向均设置弯起钢筋。从弯起点算起的钢筋长度不宜小于其直径的 25 倍,其中水平段长度不宜小于其直径的 10 倍。

（3）弯筋连接件沿梁长度方向的间距不宜小于混凝土翼板（包括承托）厚度的 0.7 倍,如图 5-22 所示。

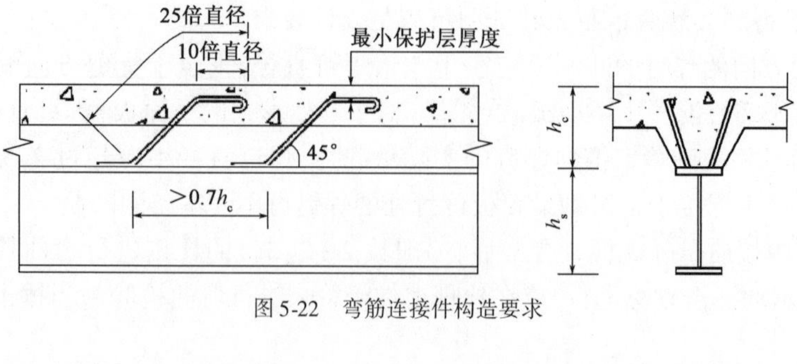

图 5-22　弯筋连接件构造要求

4) 高强螺栓连接件

高强螺栓连接件构造一般应符合下述要求:

(1) 与高强螺栓配套使用的垫圈应具有足够的刚度,以分散混凝土的局部压应力。栓孔附近的混凝土板内还应用螺旋形或其他形式的钢筋进行加强,以避免混凝土板在集中荷载下发生劈裂破坏。

(2) 螺栓连接件的最大、最小间距应符合连接件的翼板构造要求;螺栓孔与钢梁上翼缘边缘的最小间距则应满足钢结构设计规范中的螺栓最小边距要求。

高强螺栓连接件通常使用在预制桥面板组合梁中,为保证桥面板与钢梁上翼缘中的螺栓孔能够对中,一般可采用如下施工方法:

①铺设第一块预制混凝土桥面板至预定位置,以混凝土板内预留的螺栓孔作为型板,在钢梁上翼缘上进行钻孔,穿入螺栓并初步施拧,使桥面板与钢梁上翼缘压至贴合状态。

②按上述方法顺序安装其他桥面板。如需对混凝土板张拉预应力,则应在同一段张拉范围内的混凝土预制板安装完毕后再统一钻孔并穿入螺栓并预紧。这种先张拉后拧紧连接件的方式可以使全部预应力均作用于混凝土截面内,防止桥面板与钢梁形成组合截面后,钢梁受压而导致预应力损失。

③全部桥面板安装就位并初拧后,按高强螺栓的标准施拧步骤将全部螺栓拧紧。对螺栓逐一进行检查并纠正可能存在的缺陷后,对螺栓凹槽内填注无收缩水泥砂浆,然后施工桥面铺装层,如图5-23所示。

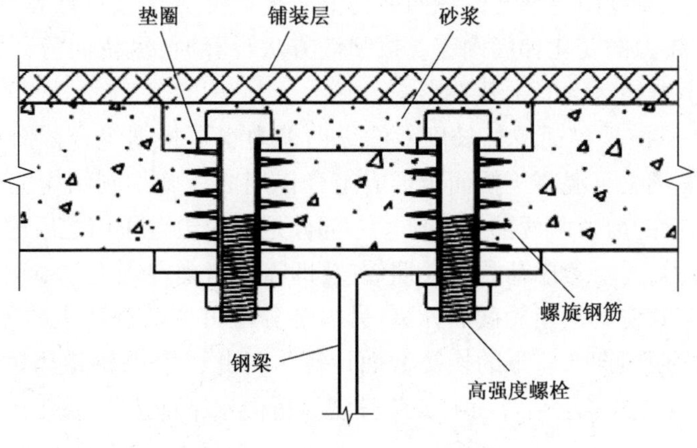

图5-23 高强螺栓连接件的构造

5.2.4 计算

1) 一般规定

组合梁桥应设置足够的抗剪连接件,即按完全抗剪连接进行设计。当梁截面非常纤细,完全由钢梁的稳定性来控制设计时,可适当减少连接件的数量形成部分抗剪连接组合梁。另一种可采用部分抗剪连接设计的情况是,组合梁桥在施工阶段完全由钢梁来承担施工荷载及湿混凝土的重量,即采用无临时支撑的施工方法时,由于使用阶段组合截面主要承受活荷载,因此也可考虑采用部分抗剪连接。但在任何情况下,合理的设计都不允许因为连接件的首先破坏而导致结构失效,也不允许在正常使用阶段钢梁与混凝土板间的界面发生过大的滑移。

按照我国现行钢结构桥梁设计规范,通常采用弹性方法设计组合梁,即验算钢梁、混凝土桥面板和抗剪连接件的应力均不得超过材料的强度指标。为充分发挥抗剪连接件的效能,使设计更加经济,抗剪连接件的数量和间距应根据界面纵向剪力包络图确定,即在界面纵向剪力较大的支座或集中力作用处布置较多的抗剪连接件,其余区段则可以布置较少数量的连接件。按这种方式布置抗剪连接件,可以使得各个抗剪连接件在荷载作用下的受力较为一致,但由于需要确定界面纵向剪力包络图,使得其计算较为复杂,连接件布置方式也可能较为复杂,不利于施工。

当组合梁按照极限状态设计法进行设计时,组合梁在承载力极限状态时的界面纵向剪力分布将趋于均匀,因此可以将全部抗剪连接件按等间距布置。但按这种方式布置连接件时,正常使用状态下部分连接件的受力较大,而连接件本身也必须具备足够的变形能力以便在承载能力极限状态使界面纵向剪力发生重分布,因此对于这种情况必须使用柔性抗剪连接件。

(1)抗剪连接件的弹性设计方法。

按弹性方法设计组合梁的抗剪连接件时采用换算截面法,即根据混凝土与钢材弹性模量的比值,将混凝土截面换算为钢材截面进行计算。计算时假定钢梁与混凝土板交界面上的纵向剪力完全由抗剪连接件承担,并忽略钢梁与混凝土板之间的黏结作用。

对于任何一种荷载或作用,其产生的界面纵向剪力均应当根据整体分析得到的弯矩和竖向剪力值确定。单位长度内界面上的纵向剪力值应按弹性方法进行计算,并根据混凝土板或钢梁的纵向压力或拉力的变化梯度确定。按弹性方法计算时,纵桥向剪力作用按未开裂分析方法计算,不考虑负弯矩区混凝土开裂影响。

钢梁与混凝土桥面板界面单位长度上的纵向剪力也可根据组合截面承担的竖向剪力计算,此时可以只考虑钢梁与混凝土桥面板形成组合作用之后施加到结构上的荷载。钢梁与混凝土桥面板交界面上的剪力由两部分组成。一部分是形成组合作用之后施加到结构上的准永久荷载所产生的剪力,需要考虑荷载的长期效应,即需要考虑混凝土收缩徐变等长期效应的影响,因此应按照长期效应下的换算截面计算;另一部分是可变荷载产生的剪力,不考虑荷载的长期效应,因此应按照短期效应下的换算截面计算。对此,《公路钢结构桥梁设计规范》(JTG D64—2015)规定,钢与混凝土结合面上单位长度纵桥向水平剪力 V_{ld} 按下式计算:

$$V_{ld} = \frac{V_d S}{I_{um}} \tag{5-16}$$

式中:V_d——组合梁截面的剪力设计值(N);

S——混凝土板对组合梁截面中和轴的面积矩(mm^3);

I_{um}——组合梁的未开裂截面惯性矩(mm^4)。

计算结合面上连接件配置数量时,可将结合面上的剪力按剪力包络图分段计算,求出每个区段上单位长度纵向剪力的平均值 V_{ldi}(或该区段的最大值)和区段长度 l_i,连接件在该区段内均匀布置(图 5-24);如按区段单位长度纵向剪力平均值进行设计时,应保证单个连接件所受到的最大剪力不大于其抗剪承载力的 1.1 倍。每个区段内连接件的个数可由下式确定:

$$n_i = \frac{V_{1di} l_i}{V_{su}} \tag{5-17}$$

式中：V_{su}——单个焊钉抗剪承载力(N)；

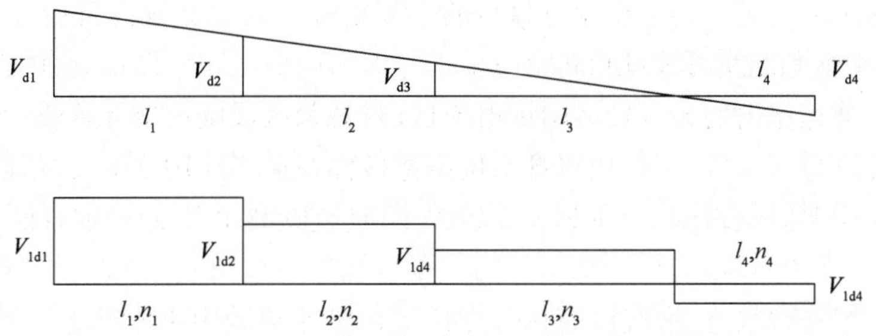

图5-24　剪力分段

(2)抗剪连接件的塑性设计方法。

有关试验研究表明，组合梁中常用的焊钉等柔性抗剪连接件在较大的荷载作用下会产生滑移变形，导致交界面上的剪力在各个连接件之间发生重分布，使得界面剪力沿梁长度方向的分布趋于均匀。当组合梁达到承载力极限状态时，各剪跨段内交界面上各抗剪连接件受力几乎相等，因此可以不必按照剪力分布图来布置连接件，可以在各段内均匀布置，从而给设计和施工带来便捷。

当采用塑性方法设计组合梁的柔性抗剪连接件时，可按以下原则进行布置：

①以正弯矩最大点到边支座区段和正弯矩最大点到中支座(负弯矩最大点)区段为界限，可将组合梁划分为若干剪跨区段(图5-25)。

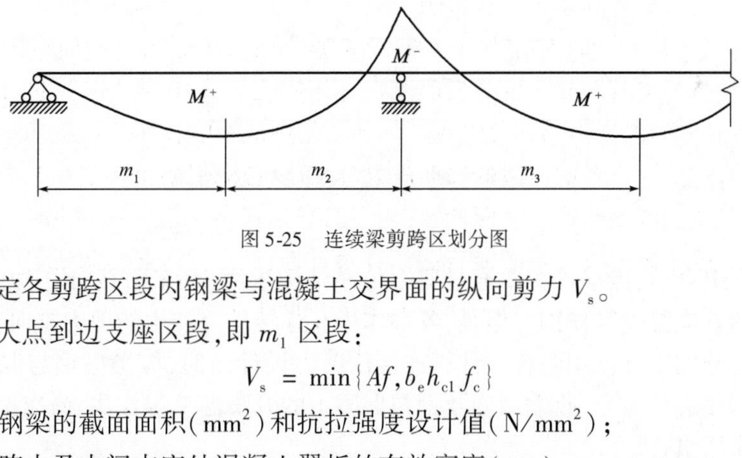

图5-25　连续梁剪跨区划分图

②逐段确定各剪跨区段内钢梁与混凝土交界面的纵向剪力 V_s。

正弯矩最大点到边支座区段，即 m_1 区段：

$$V_s = \min\{Af, b_e h_{c1} f_c\} \tag{5-18}$$

式中：A、f——钢梁的截面面积(mm^2)和抗拉强度设计值(N/mm^2)；

b_e——跨中及中间支座处混凝土翼板的有效宽度(mm)；

h_{c1}——混凝土翼板的厚度(mm)；

f_c——混凝土抗压强度设计值(N/mm^2)。

正弯矩最大点到中支座(负弯矩最大点)区段，即 m_2 和 m_3 区段：

$$V_s = \min\{Af, b_e h_{c1} f_c\} + A_{st} f_{st} \tag{5-19}$$

式中：A_{st}——负弯矩区混凝土翼板有效宽度范围内的纵向钢筋截面面积(mm^2)；

f_{st}——钢筋抗拉强度设计值(N/mm²)。

③确定每个剪跨内所需抗剪连接件的数目 n_f。

按完全抗剪连接设计时,每个剪跨段内的抗剪连接件数量为:

$$n_f = V_s / V_{su} \tag{5-20}$$

式中:V_{su}——单个焊钉抗剪承载力(N)。

对于部分抗剪连接的组合梁,实际配置的连接件数目通常不得少于 n_f 的 50%。

按式(5-20)算得连接件数量后,可在对应的剪跨区段内均匀布置。当在此剪跨区段内有较大集中荷载作用时,应将连接件个数 n_f 按剪力图面积比例分配后再各自均匀布置。

例如,对于简支组合梁,可以将连接件均匀布置在最大弯矩截面至梁端之间。对连续组合梁,则可按图 5-25 所示的 m_1 剪跨区段、m_2 剪跨区段及 m_3 剪跨区段均匀布置连接件。

当在剪跨内作用有较大的集中荷载时,则应将计算得到的 n_f 按剪力图的面积比例进行分配后再各自均匀布置,如图 5-26 所示,各区段内的连接件数量为:

$$n_1 = \frac{A_1}{A_1 + A_2} n_f \tag{5-21}$$

$$n_2 = \frac{A_2}{A_1 + A_2} n_f \tag{5-22}$$

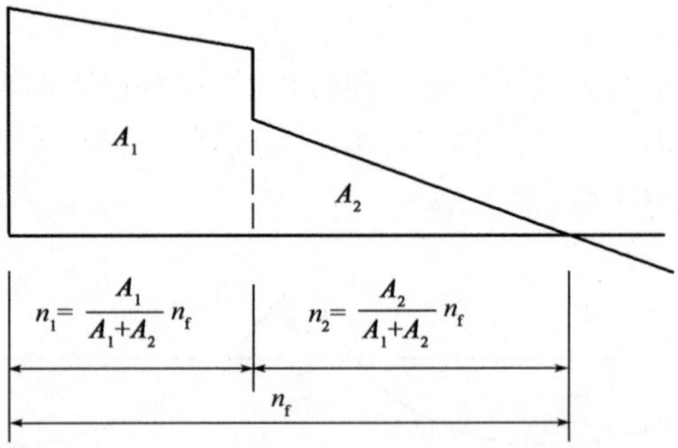

图 5-26　有较大集中荷载作用时抗剪连接件的布置

2)计算

钢与混凝土组合后,连接件主要通过剪力传递结构重力、汽车荷载、预应力、收缩、徐变以及钢与混凝土的升降温差等作用。但是,各种作用在连接件上产生的剪力方向并不一致,按照不同的剪力方向分别进行作用组合。计算连接件剪力设计值时,应考虑钢与混凝土结合后的结构重力、汽车荷载、预应力、收缩徐变及钢与混凝土的升降温差等作用,尚应按照不同的剪力方向分别进行作用组合。

根据连接件的使用情况,应对连接件的承载能力极限状态和正常使用极限状态进行验算。

(1)承载能力极限状态下,连接件应按下式进行抗剪验算:

$$\gamma_0 V_d \leqslant V_u \tag{5-23}$$

式中:V_d——承载能力极限状态下连接件剪力设计值(N);

V_u——承载能力极限状态下连接件抗剪承载力设计值(N)。

(2)在正常使用极限状态下,连接件抗剪验算应满足下式要求:

$$V_r \leqslant 0.75V_{su} \tag{5-24}$$

式中：V_r——正常使用极限状态下单个连接件承担的剪力设计值(N)；

V_{su}——正常使用极限状态下单个连接件的抗剪承载力(N)。

此外，正常使用极限状态下连接件验算还应满足下式：

$$s_{max} \leqslant s_{lim} \tag{5-25}$$

式中：s_{max}——正常使用极限状态下结合面的最大滑移值(mm)；

s_{lim}——正常使用极限状态下结合面的滑移值(mm)。

(3)正常使用极限状态下，结合面最大滑移值 s_{max} 可按下列要求计算。

①焊钉连接件：

$$s_{max} = \frac{V_{sd}}{k_{ss}} \tag{5-26}$$

②开孔板连接件：

$$s_{max} = \frac{V_{sd}}{k_{ps}} \tag{5-27}$$

式中：s_{max}——正常使用极限状态下结合面的最大滑移值(mm)；

V_{sd}——正常使用极限状态下的连接件剪力设计值(N)；

k_{ss}、k_{ps}——焊钉及开孔板连接件的抗刚度(N/mm)。

《公路钢混组合桥梁设计与施工规范》(JTG/T D64-01—2015)给出的上述结合面滑移验算公式仅限用于正常使用极限状态，滑移限值一般可考虑环境类别给出，在没有相关规定的情况下可取0.2mm。

关于焊钉及开孔板连接件的抗刚度规定如下：

(1)焊钉连接件可按下式计算：

$$k_{ss} = 13.0d_{ss}\sqrt{E_c f_{ck}} \tag{5-28}$$

式中：k_{ss}——焊钉连接件的抗剪刚度(N/mm)；

d_{ss}——焊钉连接件杆部的直径(mm)；

E_c——混凝土弹性模量(MPa)；

f_{ck}——混凝土抗压强度标准值(MPa)。

(2)设置孔中贯通钢筋的开孔板连接件可按下式计算：

$$k_{ps} = 23.4\sqrt{(d-d_s)d_s E_c f_{ck}} \tag{5-29}$$

式中：k_{ps}——开孔板连接件的抗剪刚度(N/mm)；

d——开孔板连接件的圆孔直径(mm)；

d_s——孔中贯通钢筋直径(mm)；

E_c——混凝土弹性模量(MPa)；

f_{ck}——混凝土抗压强度标准值(MPa)。

目前，连接件抗剪刚度的研究成果较少，且试验数据比较离散，《公路钢混组合桥梁设计与施工规范》(JTG/T D64-01—2015)主要基于试验结果进行了抗剪刚度计算公式的拟合，因此在无具体试验结果的情况下可采用该计算式估算。

下面主要介绍几种连接件的抗剪承载力计算方法。

(1)焊钉连接件。

影响焊钉抗剪承载力的主要因素有混凝土抗压强度、焊钉截面面积,焊钉抗拉强度和焊钉长度等。焊钉连接件的抗剪承载力应按下式进行计算:

$$V_{su} = \min\{0.43A_{su}\sqrt{E_c f_{cd}}, 0.7A_{su}f_{su}\} \tag{5-30}$$

式中:V_{su}——单个圆柱头焊钉连接件的抗剪承载力(N);

A_{su}——焊钉杆径的截面面积(mm^2);

E_c——混凝土弹性模量(MPa);

f_{cd}——混凝土轴心抗压强度设计值(MPa);

f_{su}——焊钉材料的抗拉强度最小值(MPa)。

现行美国 AASHTO 规范、欧洲规范 4 等设计标准均采用与焊钉连接件的截面面积、混凝土弹性模量和混凝土抗压强度相关的计算公式,并认为焊钉连接件的抗剪承载力并不是随着混凝土强度的增加而无限提高,而是存在一个与焊钉连接件材料抗拉强度有关的上限值。

对于用压型钢板混凝土组合板做翼板的组合梁(图 5-27),《钢结构设计标准》(GB 50017—2017)规定,其焊钉连接件的受剪承载力设计值应分别按以下两种情况予以降低:

①当压型钢板肋平行于钢梁布置时(图 5-27a),$b_w/h_e < 1.5$ 时,按式(5-30)计算所得的 V_{su}应乘以折减系数 β_v 后取用。β_v 值应按下式计算:

$$\beta_v = 0.6\frac{b_w}{h_e}\left(\frac{h_d - h_e}{h_e}\right) \leqslant 1 \tag{5-31}$$

式中:b_w——混凝土凸肋的平均宽度,当肋的上部宽度小于下部宽度时,改取上部宽度(mm);

h_e——混凝土凸肋高度(mm);

h_d——焊钉高度(mm)。

②当压型钢板肋垂直于钢梁布置时(图 5-27b),焊钉连接件承载力设计值的折减系数按下式计算:

$$\beta_v = \frac{0.85}{\sqrt{n_0}}\frac{b_w}{h_e}\left(\frac{h_d - h_e}{h_e}\right) \leqslant 1 \tag{5-32}$$

式中:n_0——在梁某截面处一个肋中布置的焊钉数量,当多于 3 个时,按 3 个计算。

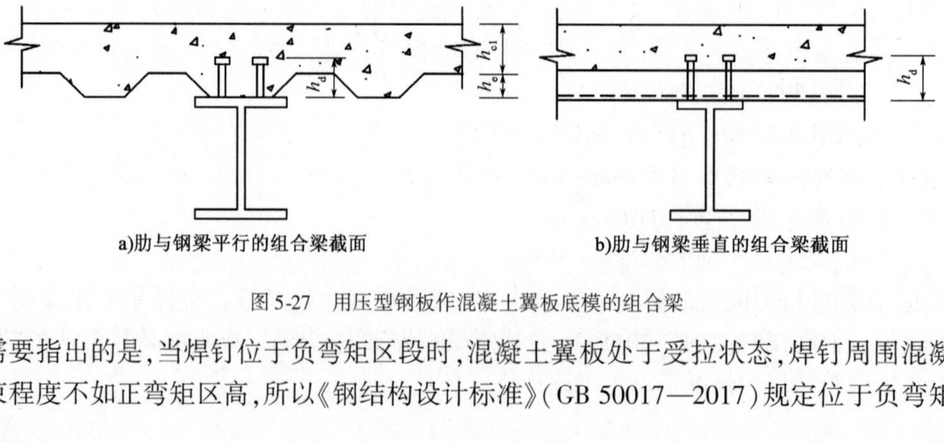

图 5-27 用压型钢板作混凝土翼板底模的组合梁

需要指出的是,当焊钉位于负弯矩区段时,混凝土翼板处于受拉状态,焊钉周围混凝土对其约束程度不如正弯矩区高,所以《钢结构设计标准》(GB 50017—2017)规定位于负弯矩区的焊钉抗剪承载力设计值应乘以折减系数0.9(对于中间支座两侧)和0.8(悬臂部分)。

(2)开孔钢板连接件。

影响开孔钢板连接件承载力的因素很多,如钢板开孔大小及间距、混凝土强度、横向贯通钢筋的直径及强度等。《公路钢结构桥梁设计规范》(JTG/T D64-01—2015)规定开孔板连接件的单孔抗剪承载力应按下式进行计算:

$$V_{su} = 1.4(d_p^2 - d_s^2)f_{cd} + 1.2d_s^2 f_{sd} \tag{5-33}$$

式中:V_{su}——开孔板连接件的单孔抗剪承载力(N);

d_p——开孔板的圆孔直径(mm);

d_s——贯通钢筋直径(mm);

f_{cd}——混凝土轴心抗压强度设计值(MPa);

f_{sd}——贯通钢筋抗拉强度设计值(MPa)。

(3)槽钢连接件。

在缺乏焊钉专用焊接设备的地区,槽钢连接件是代替焊钉时优先考虑的一种连接件形式。《钢结构设计标准》(GB 50017—2017)规定槽钢连接件的抗剪承载力设计值按下式计算:

$$N_v^c = 0.26(t + 0.5t_w)l_c\sqrt{E_c f_c} \tag{5-34}$$

式中:t——槽钢翼缘的平均厚度(mm);

t_w——槽钢腹板的厚度(mm);

l_c——槽钢的长度(mm)。

槽钢连接件通过肢尖肢背两条通长角焊缝与钢梁连接,角焊缝按承受该连接件的受剪承载力 N_v^c 进行计算。

(4)弯筋连接件。

弯筋连接件主要通过与混凝土的锚固作用来抵抗剪力,当弯筋的锚固长度满足构造要求后,影响其抗剪承载力的主要因素为钢筋的截面面积及其强度。当弯筋的弯起角度为35°~55°时,弯起角度对抗剪承载力的影响可忽略不计。

弯筋连接件的抗剪承载力设计值可按下式计算:

$$V_{su} = A_{st} f_{st} \tag{5-35}$$

式中:A_{st}——弯筋的截面面积(mm^2);

f_{st}——弯筋的抗拉强度设计值(MPa)。

弯筋抗剪连接件通过钢筋受拉抵抗剪力,因此只能发挥单向抗剪的作用。在剪力方间不明确或剪力方向可能发生改变的组合梁部位,应将弯筋连接件做成双向弯起的形状。

(5)高强螺栓连接件。

对于摩擦型高强螺栓连接件,极限状态时其承担的剪力不应超过叠合面的最大抗摩擦能力。根据欧洲规范4,每个高强螺栓的抗剪承载力 P_{Rd} 受钢梁结合面的抗滑移能力和高强螺栓的预紧力控制,可按下式进行计算:

$$P_{Rd} = \frac{\mu F_{pr,Cd}}{\gamma_v} \tag{5-36}$$

式中:$F_{pr,Cd}$——高强螺栓的预紧力(N),可按照欧洲规范3确定,并根据混凝土收缩徐变的影响进行折减;

μ——混凝土与钢梁间的摩擦系数，当钢板厚度不小于 10mm 时可取为 0.50，当钢板厚度不小于 15mm 时可取为 0.55；

γ——分项安全系数，取为 1.25。

由于混凝土桥面板收缩徐变而引起的高强螺栓预紧力损失，可根据长期荷载试验确定，或按不小于 40% 的损失值取用。通过间隔一定时间后的复拧，可有效降低高强螺栓预紧力的损失。

式(5-36)规定的摩擦系数 μ 是针对钢梁结合面经过喷砂或喷丸除锈后的情况确定的，对于其他的情况，则应根据试验来确定实际的摩擦系数值。

5.2.5 跨径 3×50m 箱形组合梁抗剪连接件

下面以双向四车道跨径 3×50m 装配化箱形组合梁通用图技术成果为例，介绍其抗剪连接件布置及计算。

1)抗剪连接件布置

该桥桥面板剪力钉采用圆柱头焊钉，在钢主梁上翼缘板、小纵梁上翼缘板及支点横隔板上翼缘板均布有剪力钉，焊钉直径为 22mm、高 200mm。剪力钉在钢主梁上翼缘板和小纵梁上翼缘板采用集束式布置，纵向间距 150mm、横向间距 120mm；在支点横隔板上翼缘板采用均布式布置，纵向间距为 140mm、横向间距为 300mm。剪力钉材质为 ML15。钢梁剪力钉布置示意图，如图 5-28 所示。

2)抗剪连接件计算

结构计算中所涉及的结构概况、材料、荷载作用、分析模型等，参见 4.6 节相关内容。下面主要介绍钢主梁抗剪连接件承载能力验算过程。

(1)剪力钉参数。

剪力钉：直径 $d=22$mm，高 $h=200$mm，$h/d=180/19=9.47>4$，满足要求。

剪力钉容许剪力：$[V_{sud}]=\min\{0.43A_s\sqrt{E_c f_{cd}}, 0.7A_s f_{su}\}=106.4$kN。

(2)二期恒载及活载。

二期恒载及活载产生的剪力包络图，如图 5-29 所示。

中墩处剪力 $F=6307$kN，相应的水平剪力：

$$T_Q=\frac{1.1S}{I_{nn}}(1.2Q_1+1.4Q_2)=\frac{0.306}{0.647}\times 6\,307=2\,983\text{kN/m}$$

中墩顶处所需的剪力钉数量为：

$$n_1=\frac{T_Q}{V_{sud}}=\frac{2\,983}{106.4}=28\ \text{个/m}$$

(3)间接作用产生的水平剪力。

①整体升温。

整体升温产生的水平剪力，如图 5-30 所示。

边跨的水平剪力 $Q_{tu}=(2\,407-762)=1\,645$kN，边跨每延米水平剪力 $Q_{tum}=1\,645/50=33$kN/m。

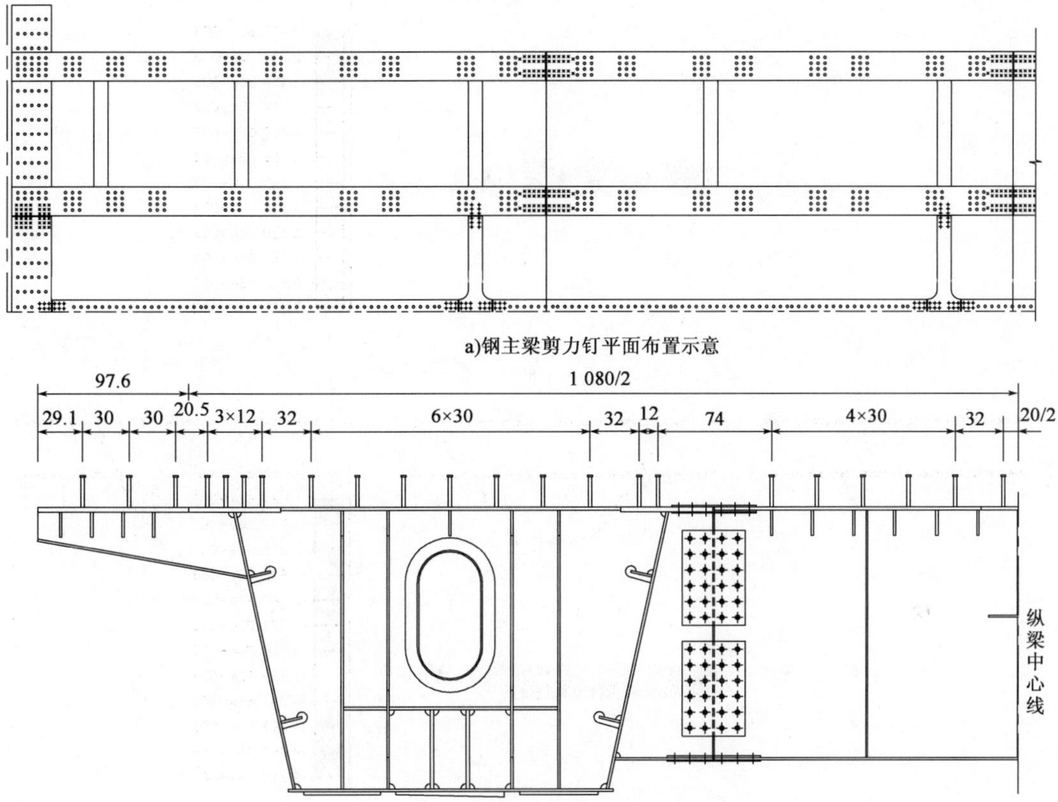

图 5-28　跨径 3 ×50m 装配化箱形组合梁剪力钉布置示意(尺寸单位:cm)

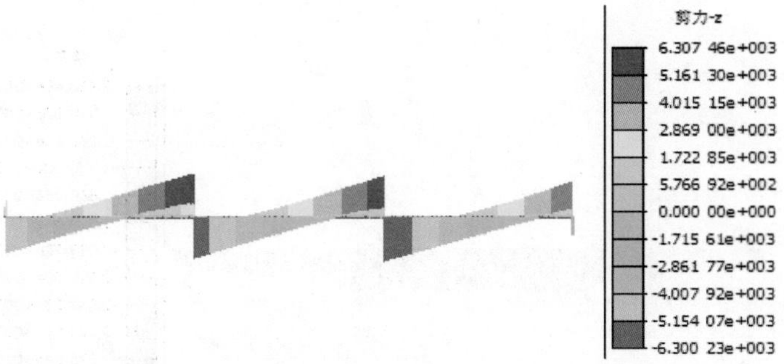

图 5-29　二期恒载及活载产生的剪力包络图(单位:kN)

②整体降温。

整体降温产生的水平剪力,如图 5-31 所示。

边跨的水平剪力 $Q_{td} = -(5\ 216 - 1\ 652) = -3\ 564$kN,边跨每延米水平剪力 $Q_{tdm} = -3\ 564/50 = -71.3$kN/m。

截面负温差。

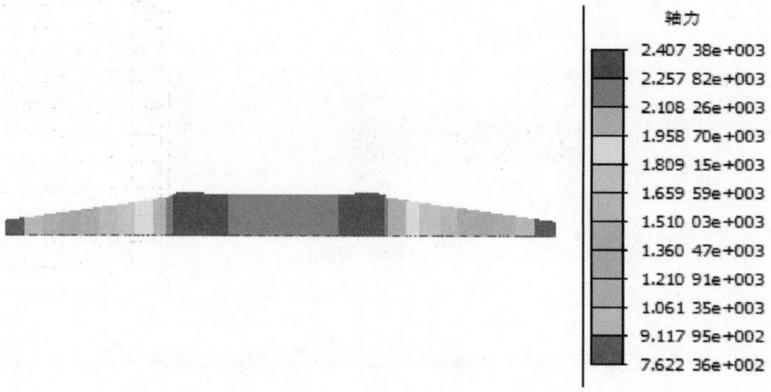

图 5-30　整体升温产生的水平剪力图(单位:kN)

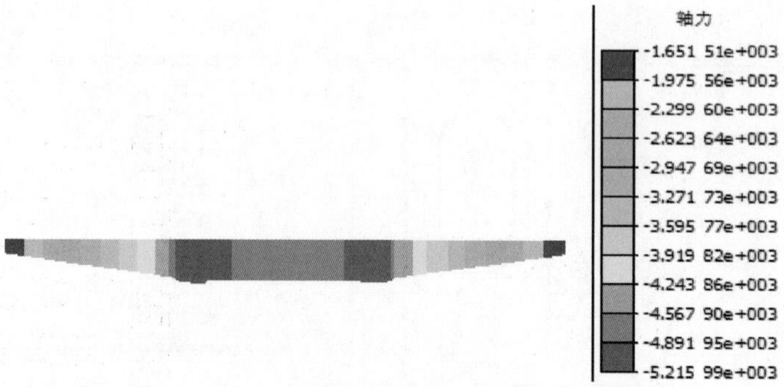

图 5-31　整体降温产生的水平剪力图(单位:kN)

③截面正温差。

截面正温差产生的水平剪力,如图 5-32 所示。

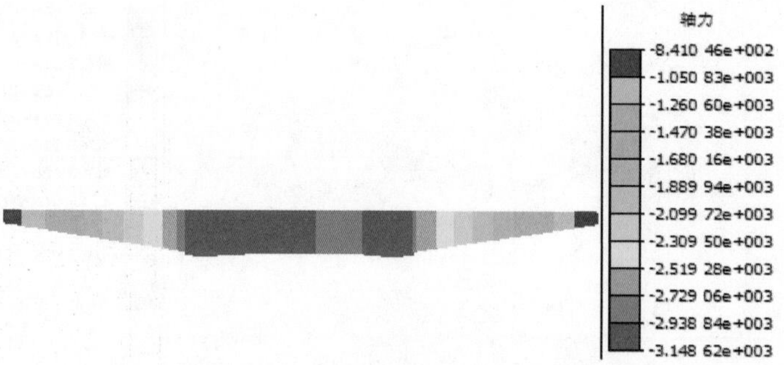

图 5-32　截面正温差产生的水平剪力图(单位:kN)

边跨的水平剪力 $Q_{tgu}=(3\ 149-841)=2\ 308$kN,边跨每延米水平剪力 $Q_{tgum}=2\ 308/50=-46.0$kN/m。

④截面负温差。

截面正温差产生的水平剪力,如图 5-33 所示。

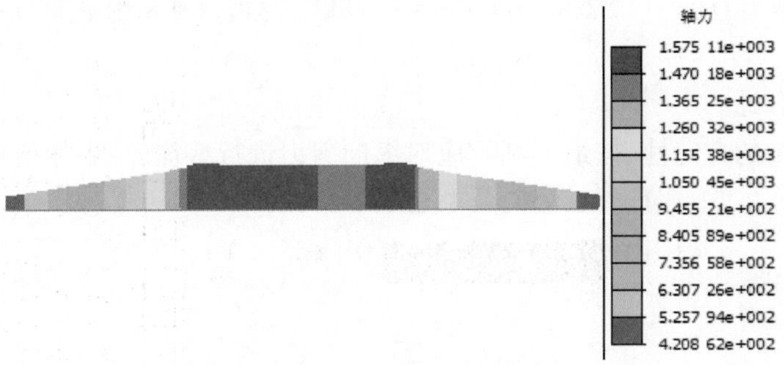

图5-33　截面负温差产生的水平剪力图(单位:kN)

边跨的水平剪力 Q_{tgd} = 1 575 - 421 = 1 154kN,边跨每延米水平剪力 Q_{tgdm} = 1 154/50 = 23.1kN/m。

⑤混凝土收缩。

混凝土收缩产生的水平剪力,如图5-34所示。

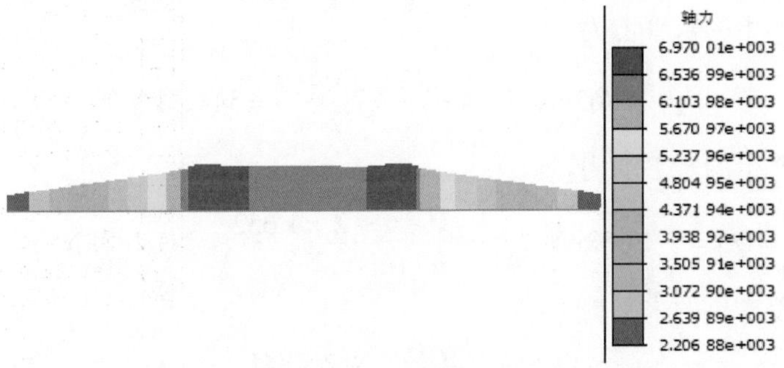

图5-34　混凝土收缩产生的水平剪力图(单位:kN)

边跨的水平剪力 Q_{s} = 6 970 - 2 207 = 4 763kN,边跨每延米水平剪力 Q_{sm} = 4 763/50 = 95.3kN/m。

⑥混凝土徐变。

混凝土收缩产生的水平剪力,如图5-35所示。

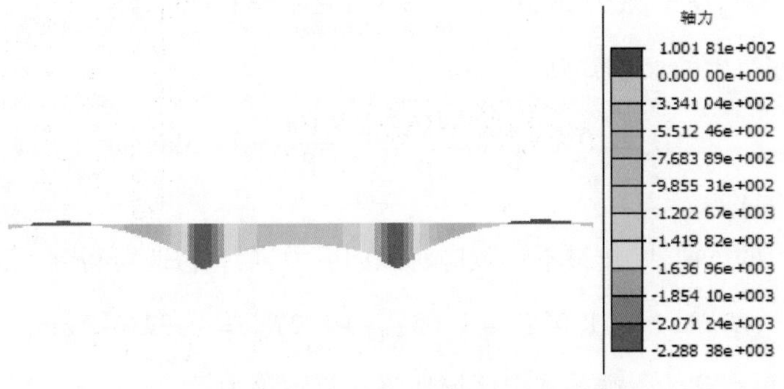

图5-35　混凝土徐变产生的水平剪力图(单位:kN)

边跨的水平剪力 $Q_x=-(2\,288-100)=-2\,188\text{kN}$，边跨每延米水平剪力 $Q_{xm}=-2\,188/50=-43.8\text{kN/m}$。

⑦水平剪力合计。

考虑栓钉受力的方向性，按最不利效应对纵向剪力进行叠加，结果如下：

$$T=1.1\times(1.05T_{tu}+1.05T_{tgd}+1.2T_s)$$
$$=1.1\times(1.05\times71.3+1.05\times23.1+1.2\times95.3)=234.8\text{kN/m}$$

每延米所需的剪力钉数量为：

$$n_2=\frac{T_Q}{V_{sud}}=\frac{234.8}{106.4}=3\text{ 个/m}$$

(4)组合梁自内力产生的水平剪力。

混凝土的收缩徐变和混凝土板与钢梁间的温差产生的组合梁连接处的剪力通常会主要集中在主梁端部，传递范围的计算长度考虑为主梁腹板间距 a 或 $L/10$（L 为组合梁梁长），二者中取小值，剪力大小由梁端向跨中方向按三角形分布逐渐减小。本次计算剪力传递范围的计算长度按主梁间距 $a=2.8\text{m}$ 考虑，取剪力分布长度为 2.8m。

①整体升温产生的水平剪力。

$$Q_{tu}=762\text{kN},T_{tu}=\frac{2Q_{tu}}{a}=\frac{2\times762}{2.8}=544.3\text{kN/m}$$

②整体降温产生的水平剪力。

$$Q_{td}=-1\,652\text{kN},T_{td}=\frac{2Q_{td}}{a}=\frac{-2\times1\,652}{2.8}=-1\,180\text{kN/m}$$

③截面正温差产生的水平剪力。

$$Q_{tgu}=-841\text{kN},T_{tgu}=\frac{2Q_{tgu}}{a}=\frac{-2\times841}{2.8}=-600.7\text{kN/m}$$

④截面负温差产生的水平剪力。

$$Q_{tgd}=421\text{kN},T_{tgd}=\frac{2Q_{tgd}}{a}=\frac{2\times421}{2.8}=300.7\text{kN/m}$$

⑤混凝土收缩产生的水平剪力。

$$Q_s=2\,207\text{kN},T_s=\frac{2Q_s}{a}=\frac{2\times2\,207}{2.8}=1\,576.4\text{kN/m}$$

⑥混凝土徐变产生的水平剪力。

$$Q_x=100\text{kN},T_x=\frac{2Q_x}{a}=\frac{2\times100}{2.8}=71.5\text{kN/m}$$

⑦水平剪力合计。

考虑栓钉受力的方向性，按最不利效应对纵向剪力进行叠加，可得到：

$$T=1.1\times(1.05T_{tu}+1.05T_{tgd}+1.2T_s)=4\,137.6\text{kN/m}$$

由此，进一步可得到梁段端部加强区域所需栓钉数量为：

$$n_3=\frac{T}{V_{sud}}=\frac{3\,057}{106.4}=39\text{ 个/m}$$

(5)抗剪连接件数量。

根据上述计算结果,可得到组合梁中墩支座处所需抗剪连接件栓钉数量为:

$$n = n_1 + n_2 = 28 + 3 = 31\text{ 个/m}$$

组合梁梁端部加强区域所需抗剪连接件栓钉数量:

$$n = n_1 + n_2 + n_3 = 28 + 3 + 39 = 70\text{ 个/m}$$

(6)抗剪连接件构造验算。

①焊钉的最大中心间距不宜超过3倍桥面板厚度以及300mm,即应满足 $\min\{3 \times 250, 300\} = 300\text{mm}$。本桥剪力钉在钢主梁上翼缘板和小纵梁上翼缘板采用集束式布置,纵向间距150mm、横向间距120mm,满足要求。

②对于焊钉连接件,其外侧边缘至钢板自由边缘的距离不应小于25mm,布置满足要求。

③焊钉连接件剪力作用方向上的间距不宜小于焊钉直径的5倍,且不得小于100mm,即需满足 $\min\{5 \times 22, 100\} = 100\text{mm}$,实际间距为150mm,满足要求。

④焊钉连接件剪力作用垂直方向的间距不宜小于焊钉直径的2.5倍,且不得小于50mm,即需满足 $\min\{2.5 \times 22, 50\} = 50\text{mm}$,实际布置间距为120mm,满足要求。

■ 第 6 章

桥面板设计

组合梁混凝土桥面板可以分为预制混凝土桥面板、现浇混凝土桥面板、叠合板桥面板、压型钢板混凝土组合桥面板以及钢板-混凝土组合桥面板等。每种桥面板结构形式有各自的特点及适用范围，设计时可根据受力需要、施工条件和经济性，经综合比选后选择适合的桥面板类型。此外，组合梁的混凝土桥面板既要承受车轮荷载等局部作用，同时也作为组合梁的上翼缘参与纵向整体受力，因此对混凝土桥面板设计时需考虑这两种作用的影响。

6.1 设计要点

6.1.1 受力特点

在箱形组合梁中，混凝土桥面板既作为组合截面的一部分参与整体受力，也起到直接承受车辆轮压的作用。

混凝土桥面板在恒载和活载作用下所承受的内力主要包括以下几类：

(1)纵向整体弯曲。组合梁在纵向整体弯矩作用下，使混凝土桥面板受压(正弯矩)或受拉(负弯矩)。由于桥面板的厚度相对于梁的整体高度较小，因此混凝土板内压应力和拉应力沿高度方向的变化较小，简化处理时可视为薄膜力(即忽略应力沿板高度方向的梯度变化)。由于剪力滞后的影响，通常情况下混凝土桥面板内的纵向整体弯曲应力最大值出现在钢梁腹板的正上方，并沿桥面板的横向有所降低。

(2)横向整体弯曲。在整体荷载作用下，由于各钢主梁变形不一致或扭转作用，会使桥面板产生横向整体弯曲。横向整体弯曲引起的应力通常在距两组横向联结系距离相等处最大，原因是此处桥面系的横向整体性较弱，钢梁间更容易产生变形差。

(3)纵向剪切作用。抗剪连接件会在桥面板内引起纵向剪力。纵向剪力的分布与组合梁的内力分布及抗剪连接件的刚度等有关，通常在梁端或集中力作用处的纵向剪力较大。

(4)局部弯曲。混凝土桥面板可视为支承于钢梁上的横向连续板，在轮压荷载作用下会产生局部弯曲。当车轮作用于两根相邻钢梁之间时，桥面板内的正弯矩最大；当车轮作用在悬臂板最外侧，或者对称作用于钢梁两侧时，在钢梁上方的混凝土板负弯矩最大。

(5)冲切作用。轮压荷载会在桥面板内产生较大的冲切作用，因此确定桥面板厚度时需考虑轮压荷载引起的竖向剪应力。

上述纵向整体弯曲、横向整体弯曲及纵向剪切作用为组合梁混凝土桥面板所承受的整体作用;局部弯曲和冲切作用为轮压荷载下的局部作用。除恒载和活载之外,温度效应以及混凝土的收缩等也会引起桥面板纵向整体弯曲和纵向剪切作用。若横向联结系与桥面板通过抗剪连接件连成整体,也会引起横向整体弯曲和局部弯曲等类型的内力。

6.1.2　结构类型

箱形组合梁混凝土桥面板有多种截面形式,如图 6-1 所示。从方便施工的角度出发,通常采用等厚或带承托的桥面板。

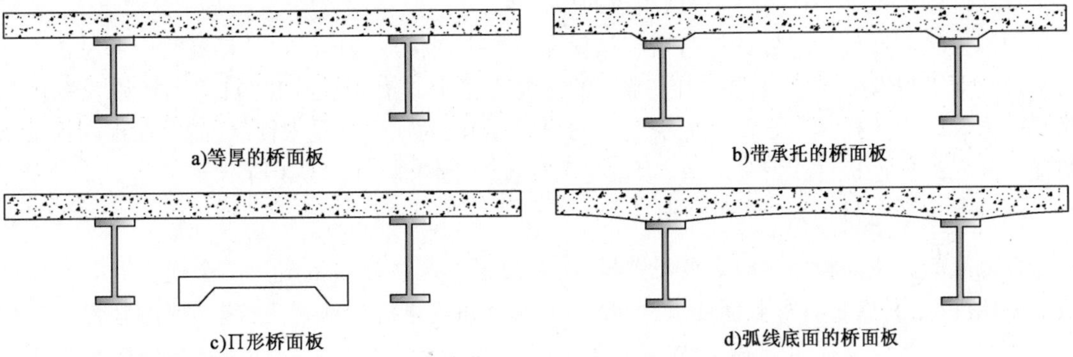

图 6-1　混凝土桥面板的典型截面形式示意

同时,常用的混凝土桥面板又可以分为预制混凝土桥面板、现浇混凝土桥面板、叠合板桥面板、压型钢板混凝土组合桥面板以及钢板-混凝土组合桥面板等。

1) 预制混凝土桥面板

预制混凝土桥面板是箱形组合梁较多采用的结构形式。钢梁架设完成后直接安装预制混凝土桥面板,而后在预制板预留的槽口处浇筑混凝土,使钢梁与预制混凝土桥面板连接成整体。预制混凝土桥面板可以大大减小现场的现浇作业量,施工速度快,其一般构造如图 6-2 所示。

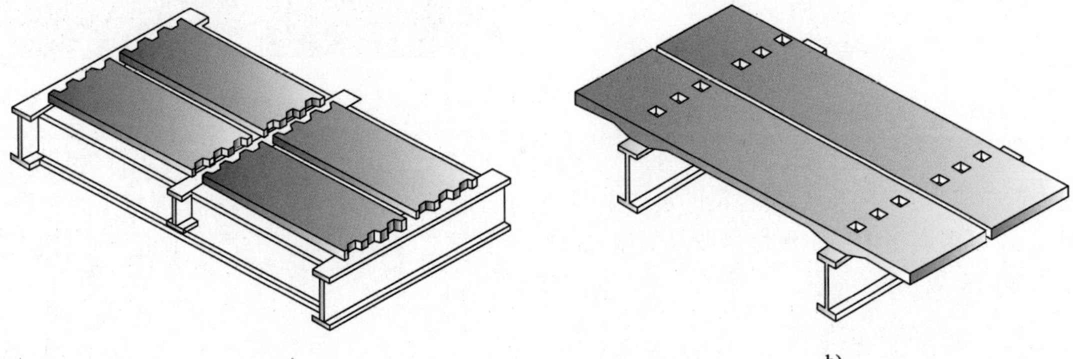

图 6-2　预制钢筋混凝土桥面板示意

对交叉梁体系中的预制钢筋混凝土桥面板，其布置可如图6-2a)所示。当桥面宽度较小时，也可以采用如图6-2b)所示的构造形式，在板内预留开孔，孔内布置抗剪连接件并浇筑混凝土。

预制混凝土桥面板可降低混凝土收缩徐变引起的附加应力，并可减少对板的临时支撑。预制板之间的湿接缝混凝土宜选择收缩性较小或具有收缩补偿性能的微膨胀混凝土，并且应采取良好的养护措施。为了减少混凝土收缩和徐变的影响，预制混凝土桥面板在安装前通常需要至少放置6个月以上。

预制板一般采用整体吊装的方式进行安装。对于尺寸非常大的情况（如纵向不分缝的宽桥桥面板），也可以采用顶推滑移施工法。选择预制板的安装方式时，应该充分考虑板的构造（抗剪连接构造、接缝）、水文及天气的影响（气温、安装时的风速）以及起重机的吊装能力等。在条件允许的前提下，宜尽量统一预制板的规格尺寸。

预制板之间通过接缝处的构造措施与现浇混凝土连接成整体。设计接缝时应考虑传递压力、弯矩、剪力以及一定程度的拉力。常用的接缝连接形式有焊接连接、抗剪销槽以及纵向后张预应力等。由于接缝是预制桥面板受力的薄弱环节，为保证其受力性能，需要在预制板端预留槽口并在抗剪连接件位置处对齐，槽口内需设置构造钢筋，如图6-3所示。

2）现浇混凝土桥面板

现浇混凝土桥面板施工时需要设置模板，在模板上现场浇筑混凝土。全现浇混凝土桥面板的整体性好，易满足各种截面要求，但模板工程量和现场湿作业量大，施工速度较慢。当模板无法完全由钢梁支撑时，还需设置满堂落地脚手架，施工费用高，对周边环境影响大。现浇混凝土桥面板的施工如图6-4所示。

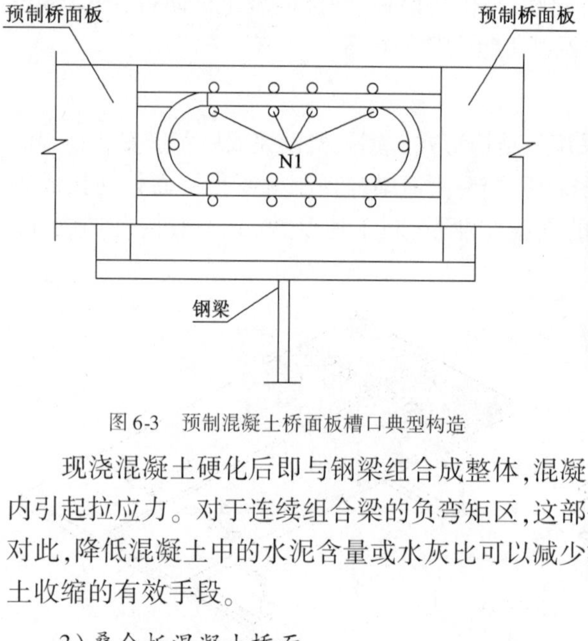

图6-3　预制混凝土桥面板槽口典型构造

图6-4　现浇混凝土桥面板施工

现浇混凝土硬化后即与钢梁组合成整体，混凝土的收缩会受到钢梁的限制，从而在混凝土内引起拉应力。对于连续组合梁的负弯矩区，这部分收缩引起的拉应力不利于混凝土的抗裂。对此，降低混凝土中的水泥含量或水灰比可以减少混凝土的收缩，加强养护措施也是抑制混凝土收缩的有效手段。

3）叠合板混凝土桥面

如果在钢梁上先铺设一层较薄的预制板，然后在预制板之上现浇混凝土叠合层，则可形成叠合板混凝土桥面板，如图6-5所示。

叠合桥面板具有构造简单、施工方便、受力性能好等优点。叠合混凝土桥面板中的预制板在施工过程中可以作为底模，承受施工荷载和湿混凝土的重量。当后浇混凝土硬化后，预制板部分则可以作为桥面板的一部分承受组合梁的整体弯矩和轮压下的局部荷载。预制板内需要按照设计要求配置抵抗正弯矩作用的受力钢筋，在后浇层中则需要在垂直于梁轴方向配置跨越梁轴的负弯矩钢筋。当后浇混凝土达到一定强度时，下端焊接在钢梁翼缘上，上端埋入现浇混凝土中的栓钉连接件，可通过槽口部分的混凝土使叠合板（包括预制板和后浇混凝土）与钢梁连成整体共同工作。

4）压型钢板混凝土组合桥面板

近年来，压型钢板在我国的应用越来越广泛，尤其是在高层建筑中的应用越来越多。欧洲规范4已将压型钢板混凝土组合板作为桥面板的一种形式。压型钢板在施工阶段可以代替模板。在建筑结构中，对于带有压痕和抗剪键的开口型压型钢板以及近年来发展起来的闭口型和缩口型压型钢板，还可以替代混凝土板中的受力钢筋。但对于桥梁结构，由于桥面板受动力荷载作用较大，因此不宜考虑压型钢板的受力作用，混凝土板内仍需要配置受力钢筋。压型钢板混凝土组合桥面板的典型构造如图6-6所示。

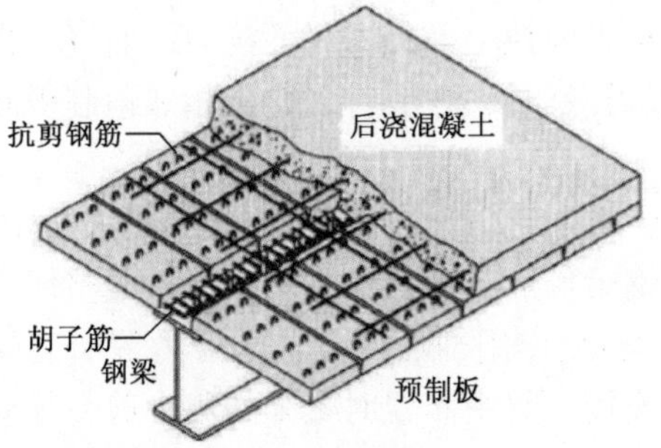

图6-5　叠合板混凝土桥面板

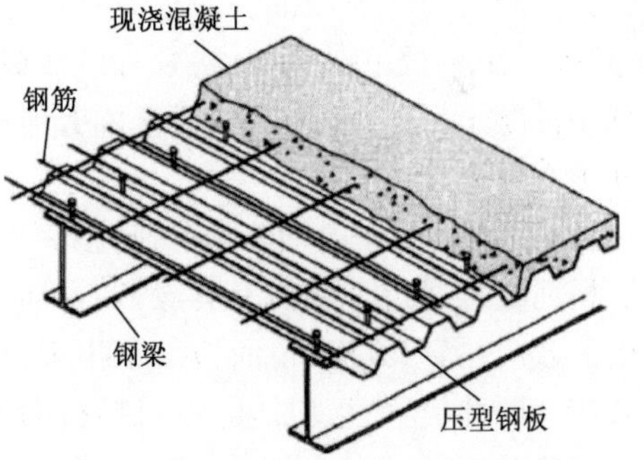

图6-6　压型钢板组合桥面板典型截面形式

5）钢板-混凝土组合桥面板

在采用开口钢箱梁的箱形组合梁中，钢梁上翼缘与混凝土桥面板相接触的面积较小，上翼缘在垂直于钢梁方向的受力作用可以忽略。如果钢梁上翼缘较宽，以致在主梁之间横向连通，或对于闭口钢箱梁的上翼缘，则钢板在横向的受力作用不可忽略。此时，如能通过构造措施将钢板与混凝土桥面结合成整体，则可形成钢板-混凝土组合桥面板，如图6-7所示。

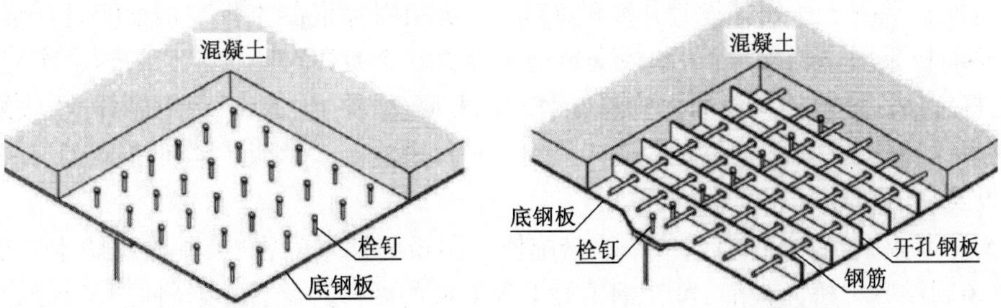

图6-7　钢板-混凝土组合板

为了抵抗由局部荷载引起的剪力，避免钢板的剥离和屈曲，并降低腐蚀的风险，钢板-混凝土组合板的全部面积范围内需布置抗剪连接件。采用的抗剪连接件除栓钉[图6-7a)]外，也可采用开孔钢板连接件[图6-7b)]。

对于常规跨径的装配化箱形组合梁桥，混凝土桥面板宜采用预制的非预应力桥面板，以减少现场的作业量，实现装配化施工，保障结构质量。同时，预制混凝土桥面板在可施工性、加快工期以及减少桥面板由于混凝土干燥收缩、水化热引起的拉应力等方面均有一定的优势。

6.1.3 设计要点

对箱形组合梁混凝土桥面板进行设计时，通常需注意以下事项：

(1)桥面板类型按施工方法可分为现浇和预制，按结构类型可分为混凝土桥面板、叠合桥面板、压型钢板混凝土组合桥面板等。设计时可根据受力需要、施工条件和经济性经综合比选后选择适合的桥面板类型。

(2)当桥面板采用叠合桥面板或预制混凝土桥面板时，应采取有效措施保证新老混凝土结合并共同受力。为保证桥面板具有良好的整体工作性能，混凝土界面处应设有足够的抗剪构造，如预制板板边设置齿槽，叠合桥面板中的预制板表面拉毛及设置界面抗剪钢筋等。当采用预制混凝土桥面板时，板端对应抗剪连接件的位置需专门设置构造措施，且相邻预制板间的钢筋需有效连接成整体。

(3)桥面板及板内钢筋除应满足桥梁整体受力要求外，尚应能抵抗由局部作用引起的效应。桥面板构成组合梁的上翼缘，一方面，桥面板与钢梁形成组合截面共同抵抗桥梁整体受力产生的效应；另一方面，桥面板需承担来自车轮荷载、温度作用、收缩徐变、预应力等引起的局部效应。因此，桥面板应能够抵抗横桥向弯矩、剪力连接件集中布置时带来的集中剪力等局部荷载效应。

(4)桥面板宜采用等厚度构造；桥面板不宜设置横向预应力，如受力验算允许，也应尽量避免设置纵向预应力。

(5)桥面板负弯矩区防裂钢筋需要较多时，可适当加大钢筋直径；桥面板上层钢筋可采用高性能环氧涂层钢筋。

(6)现浇混凝土桥面板宜采用补偿收缩混凝土；预制混凝土桥面板剪力键槽口及后浇带混凝土应采用与桥面板混凝土等强的补偿收缩混凝土浇筑。

(7)桥面板混凝土达到其设计强度的85%后，方可考虑混凝土板与钢梁的组合作用。

(8)桥面板采用预制板时，预制板安装前宜存放6个月以上。受钢梁的约束作用，混凝土收缩徐变将使桥面板产生拉应力，导致桥面板开裂，降低结构耐久性。按照混凝土收缩徐变一般发展规律，混凝土的大部分收缩徐变在前3~6月内完成。因此为降低混凝土收缩徐变效应，预制板安装前宜存放6个月以上。

(9)对于预制混凝土桥面板，应采取措施使预制板与钢梁间密贴，并满足防水要求。在吊装和安放预制混凝土桥面板前，可在钢主梁上翼缘板的两侧边缘，沿顺桥向通长粘贴两道断面50mm宽的可压缩的压条，完成吊装后，在混凝土桥面板自重作用下，泡沫压条被压紧，并通过自身压缩适应桥面板横坡。

(10)桥面板设计时应考虑吊点的设计,单块桥面板吊点不应少于 4 个,吊点位置应保证桥面板起吊时各吊点受力均衡。

6.2　结构构造

6.2.1　厚度

组合梁桥面板的厚度一般与多种因素有关,其最终厚度的确定需综合考虑确定。

组合梁桥面板的厚度首先应满足受力及正常使用极限状态的应力要求。桥面板作为组合梁的主要受力构件之一,其厚度不仅要满足整体受力及变形要求,而且作为面层直接承受车辆的局部车轮荷载作用,因此其厚度应具有基本的刚度及应力要求。其次,桥面板的厚度需满足相应构造要求,即需考虑桥面板配筋要求,板中横向及纵向受力钢筋及分布钢筋的合理安排。如设置有横向预应力及纵向预应力钢筋,则需考虑预应力束孔道对板厚的要求。再者,组合梁的钢主梁是通过连接件实现钢梁与桥面板之间的剪力传递,随着结构形式的不断发展,对连接件的性能提出了更高的要求,对于不同类型的连接件,桥面板的厚度要满足相应的构造要求及力学性能要求。

对于箱形组合梁桥面板,由于桥面板直接承受车轮荷载的冲击作用,容易产生疲劳破坏。如果桥面板过薄会使桥面刚度较低,不利于桥面铺装,因此需对其最小厚度进行限制。

我国《钢-混凝土组合桥梁设计规范》(GB 50917—2013)规定:混凝土桥面板板厚不宜小于 180mm,根据需要可设计承托。

目前,国外根据多年使用经验和混凝土桥面板损坏特点,一般采取增加板厚和限制桥面板主筋使用应力的方法来提高组合梁桥面板的承载能力和耐久性。尽管通常根据静力计算要求所得出的板厚较小,但日本《道路桥示方书》规定,钢桥钢筋混凝土桥面板的最小厚度必须满足表 6-1 的要求,且行车道部分的桥面板厚度不得小于 160mm。同时,对于钢筋混凝土桥面板的钢筋最大使用应力要小于钢筋容许应力的 80% 左右,对于组合梁等维修困难的桥梁,钢筋最大使用应力一般控制在钢筋容许应力的 70% 以内。

日本《道路桥示方书》规定的行车道部分钢筋混凝土桥面板最小厚度(mm)　　表 6-1

<table>
<tr><th colspan="2">强 度 种 类</th><th>垂直于行车方向</th><th>平行于行车方向</th></tr>
<tr><td colspan="2">简支板</td><td>$40L+110$</td><td>$65L+130$</td></tr>
<tr><td colspan="2">连续板</td><td>$30L+110$</td><td>$50L+130$</td></tr>
<tr><td rowspan="2">悬臂板</td><td>$0<L\leqslant 0.25$m</td><td>$280L+160$</td><td rowspan="2">$240L+130$</td></tr>
<tr><td>$L>0.25$m</td><td>$80L+210$</td></tr>
</table>

注:表中 L 为桥面板计算跨径。

需要特别指出的是,尽管我国的公路桥涵设计规范中对钢筋混凝土桥面板有较详细的规定,但是,鉴于组合梁桥面板的受力特点及工作特点与混凝土桥梁桥面板有所不同,因此在参考有关规定时需特别注意。

6.2.2 构造

《组合结构设计规范》(JGJ 138—2016)规定:组合梁截面高度不宜超过钢梁截面高度的2倍;混凝土承托高度不宜超过翼板厚度的1.5倍。

1)桥面板

对于设置有承托的箱形组合梁,边梁混凝土桥面板翼板伸出的长度不宜小于承托高度;当无承托时,边梁混凝土桥面板翼板伸出钢梁中心线不应小于150mm,且伸出钢梁翼缘边不应小于50mm,如图6-8所示。

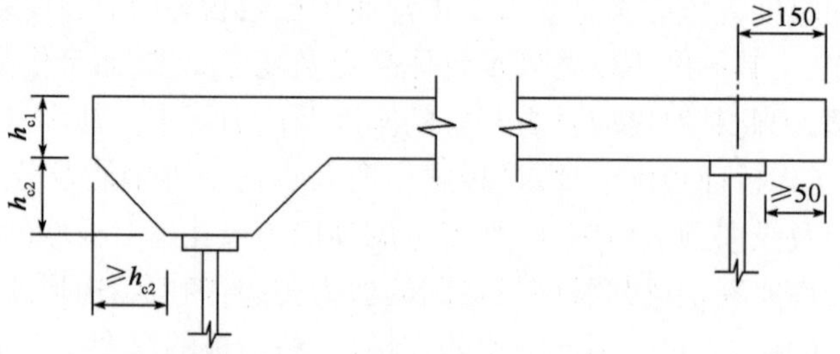

图6-8 边梁混凝土桥面板构造(尺寸单位:mm)

h_{c1}-桥面板厚度;h_{c2}-承托高度

2)桥面板承托

桥面板中设置承托时,可提高梁的整体截面抗弯刚度及承载力,同时由于桥面板在横向可视为连续板,因此设置承托可提高其负弯矩区截面的承载力。但承托的设计、施工较为复杂,因此实际工程中当主梁间距不大时,宜采用无承托的桥面板。当主梁间距较大时,可根据实际需要设置承托。设置承托时,应使界面剪力传递均匀、平顺,承托斜边倾斜度不宜过大。承托的外形尺寸及构造应符合下列规定:

(1)承托高度不应超过混凝土桥面板厚度的1.5倍,承托顶面宽度不应小于板托高度的1.5倍。

(2)承托边缘距抗剪连接件外侧的距离不得小于40mm;同时承托外形轮廓应在抗剪连接件根部算起的45°仰角线之外。

(3)承托中邻近钢梁上翼缘的部分混凝土应配加强筋,承托中横向钢筋的下部水平段应该设置在距钢梁上翼缘50mm的范围之内。

(4)横向钢筋的间距不应大于$4h_{e0}$且不应大于300mm并不宜大于200mm。h_{e0}为圆柱头焊钉连接件钉头下表面或槽钢连接件上翼缘下表面高出翼板底部钢筋顶面的距离。

对于无承托的箱形组合梁,其混凝土翼板中的横向钢筋应符合上述第(3)(4)条规定。

桥面板承托构造如图6-9所示。

为了保证承托中剪力连接件能够正常工作,上述内容规定了承托边缘距剪力连接件外侧的最小距离,以及承托外形轮廓应在自剪力连接件根部算起的最大仰角。由于承托中临近钢梁上翼缘的部分混凝土受到剪力连接件的局部压力作用,容易产生劈裂,因此一般需配置钢筋加强。

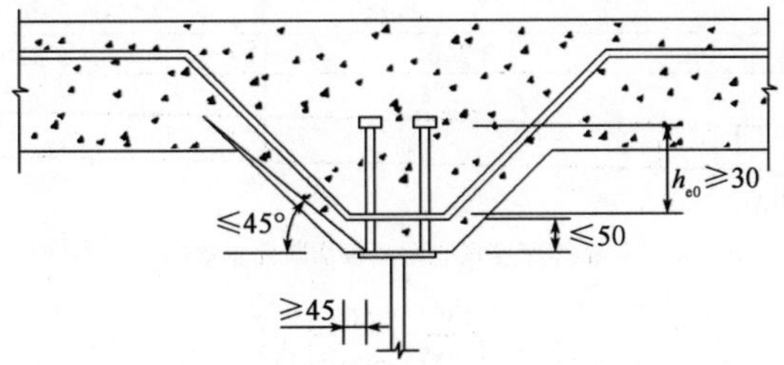

图6-9　桥面板承托构造(尺寸单位:mm)

3)桥面板悬臂板

为了简化桥面板制作模板,边梁钢筋混凝土桥面板的悬臂部分的截面宜尽量采用图6-10a)所示的直线变化形式,其倾斜角 $\theta<20°$,并且在板底设置阻水凹槽,防止雨水顺着桥面板底面流到钢梁处。

当桥面板的悬臂部分较大时,为了减小桥面板厚度,通常在主梁外侧设置悬臂托梁。为防止桥面板产生过大的顺桥向变形,通常在悬臂托梁的梁端设置边纵梁,边纵梁设置在阻水凹槽的内侧。当桥面板设置悬臂托梁时,悬臂部分可以采用如图6-10b)所示的形式。此外,等厚度预制桥面板的结构形式如图6-11所示。

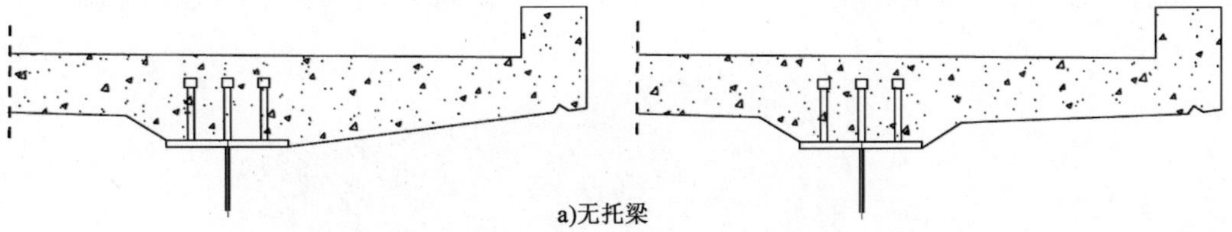

a)无托梁

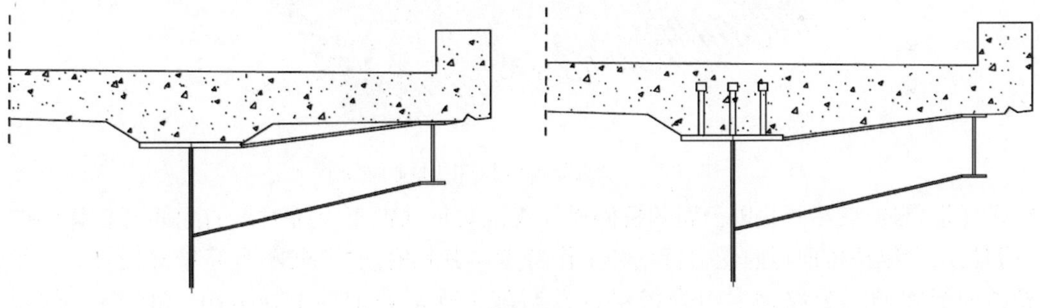

b)有托梁

图6-10　钢筋混凝土桥面板悬臂部分构造示意

4)梁端桥面板

对于主梁端部的桥面板,由于端横梁与梁端间有一定距离,梁端部的桥面板为悬臂结构。梁端由于伸缩缝、桥面高差和梁端转角等原因,车轮荷载容易对其产生冲击作用,所以,设计时对梁端桥面板应采取加强措施。通常情况下,可采用增加梁端桥面板板厚和加强配筋的方法提高桥面板的承载力。当梁端桥面板悬臂部分过大,增加桥面板板厚不能满足要求时,可以采用设置端托梁的方法减小梁端桥面板的受力。

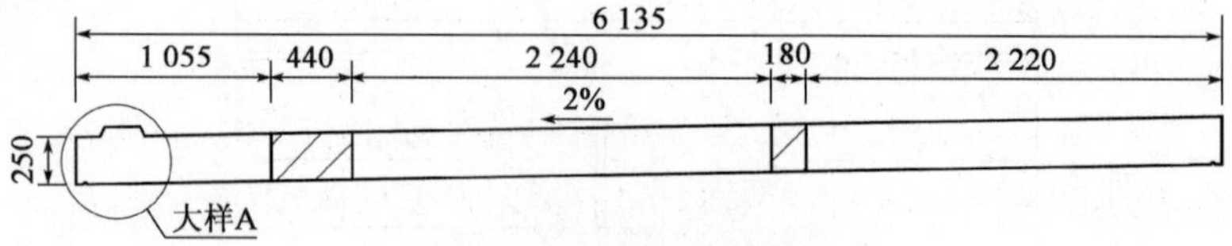

a)等厚度预制桥面板横断面示意

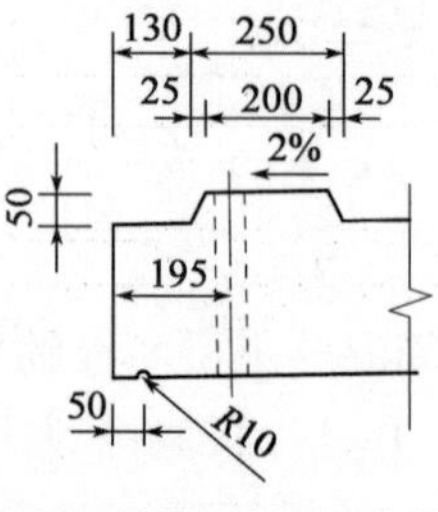

b)等厚度预制桥面板构造大样A示意

图 6-11 钢筋混凝土预制桥面板构造示意(无托梁)(尺寸单位:mm)

6.2.3 配筋

混凝土桥面板的配筋主要是由受力方向的主筋、与主筋垂直或斜交的分布筋、梗肋加强筋和梁端桥面板加强筋等组成。图 6-12 为箱形组合梁预制混凝土桥面板的配筋示意图。

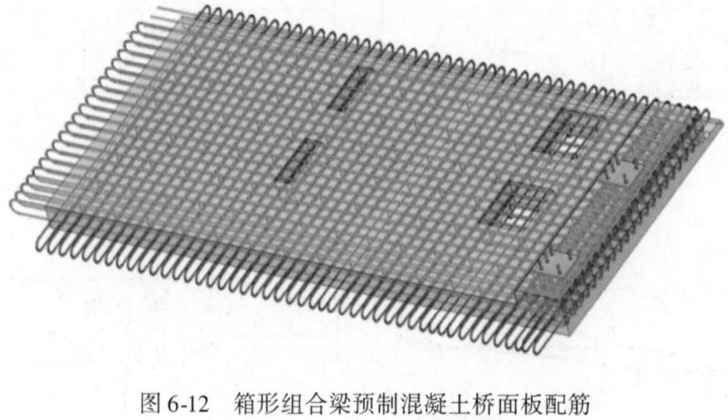

图 6-12 箱形组合梁预制混凝土桥面板配筋

需要指出的是,尽管我国公路的桥涵设计规范对钢筋混凝土桥面板的配筋有较详细的规定,但是,组合梁桥桥面板的受力特点和工作特点与其均有所不同,不宜简单套用。对于组合梁桥桥面板配筋,《公路钢混组合桥梁设计与施工规范》(JTG/T D64-01—2015)中的规定如下。

(1)单位长度桥面板内横向钢筋总面积应满足下式要求:

$$A_e > \frac{\eta b_f}{f_{sd}} \tag{6-1}$$

式中:A_e——单位长度内垂直于主梁方向上的钢筋截面面积(mm^2/mm),按图 6-13 及表 6-2 取值;

η——系数,$\eta = 0.8N/mm^2$;

b_f——纵向抗剪界面在垂直于主梁方向上的长度,按图 6-13 所示 $a—a$、$b—b$、$c—c$ 及

$d—d$ 连线在剪力连接件以外的最短长度取值(mm)；

f_{sd}——普通钢筋强度设计值(MPa)。

图 6-13 给出了对应不同翼板形式的组合梁纵向抗剪最不利界面，$a—a$ 抗剪界面长度为桥面板板厚、$b—b$ 抗剪界面长度取刚好包络焊钉外缘时对应的长度、$c—c$ 和 $d—d$ 抗剪界面长度取最外侧的焊钉外边缘连线长度加上距承托两侧斜边轮廓线的垂线长度。

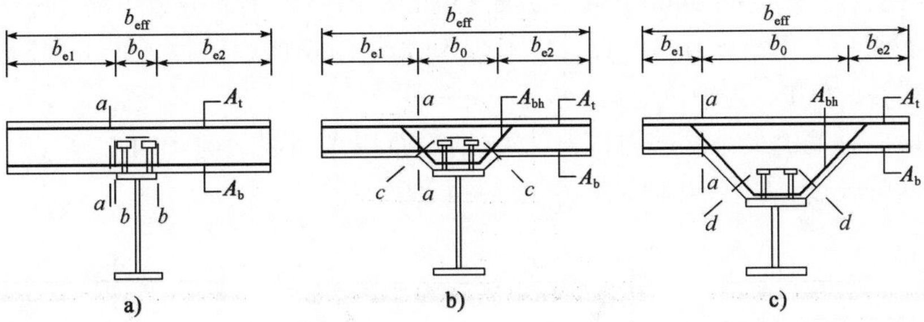

图 6-13　混凝土桥面板纵向抗剪界面

此外，图中 A_t 为混凝土板上缘单位长度内垂直于主梁方向的钢筋面积总和(mm^2/mm)；A_b、A_{bh} 为混凝土板下缘、承托底部单位长度内垂直于主梁方向的钢筋面积总和(mm^2/mm)。

单位长度内垂直于主梁方向上的钢筋截面面积 A_e　　表 6-2

剪切面	$a—a$	$b—b$	$c—c$	$d—d$
A_e	A_b+A_t	$2A_b$	$2(A_b+A_{bh})$	$2A_{bh}$

(2)桥面板横向钢筋尚应满足最小配筋率的要求。

(3)桥面板中垂直于主梁方向的横向钢筋(即桥面板受力钢筋)可作为纵向抗剪的横向钢筋。

(4)穿过纵向抗剪界面的横向钢筋应满足规定的锚固要求。

(5)在连续组合梁中间支座负弯矩区，桥面板上翼缘纵向钢筋应伸过梁的反弯点，并满足规定的锚固长度；桥面板下缘纵向钢筋应在支座处连续配置，不得中断。

(6)桥面板集中力作用的部位，应设置加强钢筋，条件允许时应垂直主拉应力方向设置。

由于组合梁的纵向抗剪能力在很大程度上受到横向钢筋配筋率的影响，为保证其在达到承载能力极限状态之前不发生纵向剪切破坏，并考虑到荷载长期效应和混凝土收缩徐变等不利因素的影响，因此桥面板横向钢筋需满足最小配筋率的要求。

梁端和支点附近的桥面板因为承受纵横向剪力、横向弯矩等复合作用，局部范围内桥面板应力分布复杂，因而该部分的桥面板应配置能够承担剪力和主拉应力的横向加强钢筋，宜采用 V 形筋布置于连接件间，高度方向宜配置在混凝土板截面中性轴附近。

《钢结构设计标准》(GB 50017—2017)以及《组合结构设计规范》(JGJ 138—2016)规定，组合梁混凝土桥面板横向钢筋最小配筋宜按下式计算：

$$A_e f_{yv}/b_f > 0.75 \qquad (N/mm^2) \tag{6-2}$$

式中：A_e——单位长度内垂直于主梁方向上的钢筋截面面积(mm^2/mm)，按图 6-23 及表 6-2 取值；

b_f——纵向抗剪界面在垂直于主梁方向上的长度，按图 6-13 所示 $a—a$、$b—b$、$c—c$ 及 $d—d$ 连线在剪力连接件以外的最短长度取值(mm)；

f_{yv}——桥面板横向钢筋抗拉强度设计值(MPa)。

《钢-混凝土组合桥梁设计规范》(GB 50917—2013)则规定混凝土桥面板横向钢筋最小配筋应满足 0.8N/mm^2。

此外，英国桥梁规范 BS 5400 规定，混凝土桥面板内横向钢筋的最小配筋率为：梁单位长度内横向钢筋面积不得小于 $0.8sh_c/f_{ry}$，且不少于 50% 的钢筋应该设置于板底附近。h_c 为混凝土板的厚度，$s = 1\text{MPa}$，为单位应力。

承托内横向钢筋的最小配筋面积为：横向钢筋面积 A_{bv} 不得小于 $0.4sL_s/f_{ry}$，L_s 连接件周围的可能剪切面的长度(如图 6-14 中 3—3 或 4—4 剖面)。

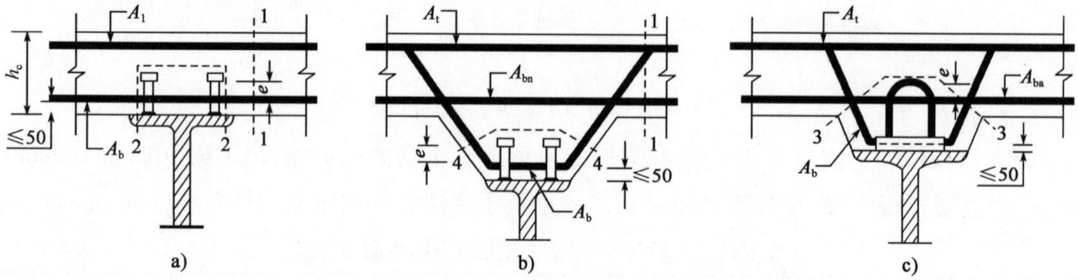

图 6-14　BS 5400 规范中桥面板剪切面及横向钢筋(尺寸单位：mm)

对于组合梁桥面板纵向钢筋的布置，国外规范相应的纵向配筋要求如下。

(1)欧洲规范：一半以上的桥面板纵向钢筋应布置在受拉较大侧板的一半高度范围内；横向变高度的混凝土桥面板，应取用局部高度；桥面板纵向钢筋应布置在特征组合下混凝土出现拉应力的区域。

(2)日本规范：规定纵向钢筋的截面面积应为混凝土板截面面积的 2% 以上，周长率为 0.045cm/cm^2。

(3)加拿大规范：规定非预应力桥面板纵向配筋率不小于 1%，并有 2/3 钢筋布置于有效宽度范围顶层。

日本《道路桥示方书》对钢桥的钢筋混凝土桥面板配筋也作了相关的规定，具体如下，读者可作为参考。

(1)桥面板钢筋应采用螺纹钢筋，钢筋直径原则上宜采用 13mm、16mm 或 19mm。

(2)桥面板钢筋保护层的厚度宜在 3cm 以上。

(3)桥面板钢筋中心间距 d 一般为：$10\text{cm} \leqslant d \leqslant 30\text{cm}$，并且受拉主筋间距不得超过桥面板的总厚度。

(4)桥面板截面内受压侧钢筋数量原则上不得少于受拉侧钢筋数量的 1/2。

(5)连续板的主筋可以在距支点 $L/6$ 处(L 为桥面板计算跨径)弯起，跨中断面受拉主筋的 80% 和支点断面受拉主筋的 50% 以上的主筋必须连续通过不得弯起。

(6)当桥面板承托高度大于 8cm 时，承托内需要设置直径不小于 13mm 的构造钢筋，钢筋间距不得大于桥面板下缘钢筋间距的 2 倍。

(7)当梁端桥面板无端横梁等支承时,从梁端到 1/2 桥面板跨径范围内,桥面板横桥向钢筋用量,应为同等跨径连续板或简支板所需主筋用量的 2 倍。

(8)梁端悬臂部分的桥面板没有端横梁或端托架等支承时,梁端悬臂板的横向钢筋用量,应为普通悬臂板所需钢筋用量的 2 倍。

另外,日本《复合桥梁设计施工指南》中指出,对于钢筋混凝土桥面板中环状接头部分的设计,可按下述公式计算必要的搭接长度。桥面板中环状接头钢筋示意,如图 6-15 所示。

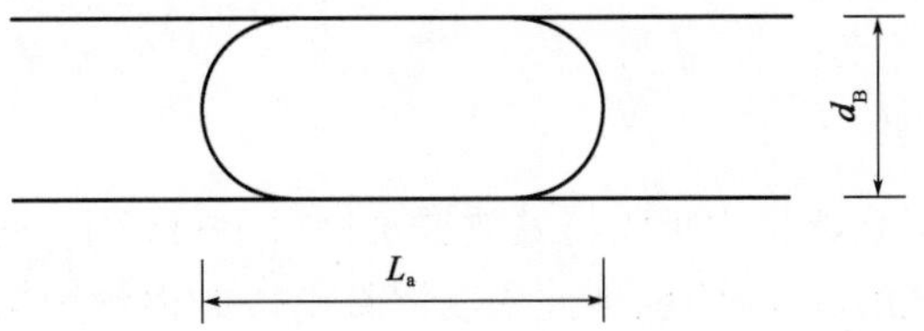

图 6-15 桥面板环状接头钢筋示意

钢筋混凝土桥面板环状接头钢筋必要的搭接长度可按下式计算:

$$L_a = fl_aA_{se}/A_{sv}k \geqslant 1.5d_B \geqslant 20\text{cm} \tag{6-3}$$

式中:L_a——最小锚固长度(mm);

f——钢筋锚固形状的系数,弯钩钢筋、环形钢筋为 0.5;

l_a——基本锚固长度(mm),$l_a = (\sigma_{sa}/4\tau_{oa})\phi$;

σ_{sa}——在正常使用极限状态或疲劳极限状态下的钢筋抗拉强度的极限值(MPa);

τ_{oa}——混凝土的黏结强度的极限值(MPa);

ϕ——钢筋的公称直径(mm);

A_{se}/A_{sv}——最小钢筋截面积/配置钢筋的截面积,取值≥1/3,此处可取为 1.0;

k——考虑了锚固钢筋滑移量的影响系数。对于搭接接头集中于一个截面,ϕ14 以上的钢筋取值为 2.2;

d_B——钢筋的弯曲直径(mm)。

综上所述,设计者在对混凝土桥面板进行配筋设计时,宜秉持“就高不就低”的原则进行设计,合理运用规范相关条文规定。

6.2.4 选择

目前工程应用较为广泛的是现浇桥面板与预制桥面板,其他类型的桥面板或处于发展阶段或应用受到一定的限制。

现浇桥面板与预制桥面板是应用较多的两种类型,在对两种桥面板选择时,主要比较的内容有两点:一是两者施工方法的差异及其引起的造价差异,这需要结合具体的自然环境等因素比选确定;二是两者收缩徐变效应的差异,收缩徐变效应不仅影响施工阶段混凝土的性能,由于混凝土收缩徐变发展到终止的时间较长,因此还将在运营期影响到整体结构的力学性能。

现浇混凝土桥面板需要大型的模板与支架系统,施工全部在现场进行。预制桥面板通常分块进行施工,对吊装、运输等设备能力要求较低,但需要有合适的预制场地,有时从环境条件和工期考虑,也需要配备大型安装支架系统。因此,单就施工费用而言,较难简单判断哪一种形式更为经济,应根据工程实际需要,明确实际需求后,经过比选后判别。

有关研究结果表明,现浇混凝土板非荷载作用引起的早期裂缝往往是最终破坏的起因。而预制混凝土桥面板从浇筑到架设,具有更好的养护条件,预制板内产生的应力较小,大部分收缩在早期已完成,对于减小成桥阶段收缩徐变的影响非常有利。

总之,预制与现浇混凝土桥面板都是常用的结构形式,桥面板的选择一般宜在同等可靠性、耐久性基础上,结合桥梁建设条件,综合考虑施工难度、工程造价,以技术、经济合理性为目标,综合比较确定。

6.2.5 预制桥面板

预制混凝土板作为组合梁桥面板需将其放置于钢梁上翼缘上,钢梁与混凝土板的组合作用是通过在剪力钉处现浇混凝土实现,因此预制混凝土桥面板与钢梁翼缘间的连接密封细节是在设计中必须认真考虑的一个关键问题。为确保组合梁的使用性能及长期耐久性,需对组合梁预制混凝土桥面板与钢梁翼缘的接触面采取有效密封措施。

1)影响因素分析

(1)尺寸误差。

在钢梁上安装预制混凝土桥面板时,需认真考虑两个问题:①预制混凝土桥面板与钢梁上翼缘贴合面的平行性;②当预制混凝土桥面板由两片或两片以上腹板的上翼缘支承时,各钢梁上翼缘板间的高程相对误差。

由于在预制桥面板现浇缝处调节尺寸和高程的偏差范围是十分有限的,因此相比于现浇混凝土桥面板,将预制混凝土桥面板的尺寸控制在公差范围之内是更为重要的。通过采用精细化施工方法,如精细化的细节处理,采用可重复使用的钢模板等都有助于将预制混凝土桥面板的公差控制在允许范围内。

(2)钢梁上翼缘横坡公差。

在英国规范 BS 5400 第六部分(钢、混凝土和组合梁桥,材料和工艺规范,钢结构)中并没有对钢梁制作中上翼缘横坡的公差给出限值。但欧洲规范英国版 BS EN 10034(I 和 H 型钢:形状和尺寸公差),对两片钢梁上翼缘的相对横坡总值的限值给出了规定,数值为 2% 且相对高差不超过 6.5mm。

对于在工厂制造的钢梁,其上翼缘板横坡倾角的精确性一般都可得到很好控制,1/100 的装配精度较容易得到满足。但是腹板的任何扭转都可能会造成上翼缘板横坡的偏差,因此当钢主梁间横向联系较弱时,一般可沿纵桥向按一定的间距布置横撑,以控制腹板的扭转。

另外,对于采用整体底模浇筑的预制混凝土桥面板,其平整精度可满足 1/100 的精度要求,做到相对较高。

(3)高程的公差。

当采用相同的工艺和工序制造箱形钢梁时,钢梁的腹板外形构造基本相同,但实践中,由于后续工序及运输等因素影响,常会发生松弛现象,即钢梁吊装后,理论上完全平行,但支撑同一预制混凝土桥面板的钢梁腹板很可能已不再具有完全相同的外形。由此产生的高程差异,无论对于预制板或是现浇板都可能是潜在的问题。对于此种情况,一般可通过施加竖向外力强制腹板达到理论高程,或者采取变厚度的桥面板以适应腹板的高程差异。

当预制混凝土桥面板由多道腹板支撑时，对于同跨内的腹板高程差异，绝对多数情况都将因腹板受力不同而产生的相对变形而消除。英国规范对于吊装后钢梁腹板的高程公差限值如下：

①高程上，相对于绝对高程。

a. 支座处：±5mm。

b. 跨中：跨径 $L/1\,000$，但最大不超过 ±35mm。

②高程上，主梁相邻两跨间的高程差：20mm。

此外，在对预制桥面板设计时，应考虑由于多道腹板的支撑反力不均匀而产生的附加的横向弯矩。支座处钢梁上翼缘的高程精度应与预制混凝土桥面板的精度相匹配，否则有可能在桥面板中产生附加弯矩。一般情况下，预制混凝土桥面板的底面在钢梁腹板上翼缘处的高程误差应在 ±3mm 以内。

(4)腹板间距的公差。

由于两端支承的预制混凝土桥面板在任一腹板处上翼缘上的支承长度都较小，因此钢梁上翼缘间距的任何变化都可能对实际的支承长度产生较大的影响。但由于平撑构件的长度公差通常控制较为严格，因此在上翼缘平面布置适当间距的平撑构件一般可控制主梁上翼缘的相对间距。

(5)钢梁连接。

在钢梁对接焊缝连接处，唯一可能影响预制桥面板设计的细节是钢梁上翼缘顶面高程的变化。因此钢梁上翼缘板厚度的变化一般宜设置在上翼缘的底面，而不是与预制板相接触的顶面。

对于采用栓接的钢梁上翼缘板，预制桥面板的预留孔应按栓接盖板的尺寸和位置而布置。预留孔一般宜设置在预制板一侧，尽量避免设置在两块板的中间。其中，栓接盖板的尺寸应尽量比上翼缘板小些，以使得预制板可以支承于钢梁上翼缘板上。此外，为保障纵向抗剪能力，剪力钉应直接焊接于栓接盖板上。对于采用栓接的预制桥面板预留孔，如图 6-16 所示。在工程实践中，有时栓接连接盖板的尺寸可能比预留孔的尺寸还大，对于此种情况，就需要考虑设计为部分是坐落在栓接连接盖板上的特殊预留孔。

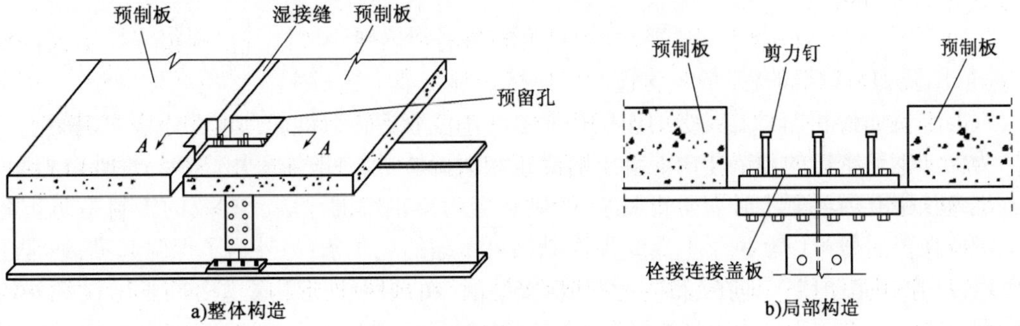

图 6-16　栓接连接桥面板预留孔

(6)桥面板横坡。

工程实践中，桥面板的底面通常需要跟随桥面的横坡而进行相应的设置，设计时通常有以下几种方式：

①预制板的底面保持水平。

②在各钢梁上翼缘处，预制桥面板底面设置凸出的小加腋，各加腋高度相同。

③预制桥面板底面设置的各加腋高度各不相同，与高程相同的钢上翼缘相匹配。

④钢梁上翼缘设计为与桥面横坡相匹配的坡度，桥面板底面设计为平板形式。

当钢梁上翼缘顶面保持水平，而预制桥面板底面为倾斜面时，上翼缘顶面与预制板底面的间隙可考虑采用密封条进行密封，或者在各钢梁上翼缘处的预制板底面设置凸起小加腋，各加腋高度相同，如图 6-17 所示。但此种方式会使得预制板的模板变得较为复杂。

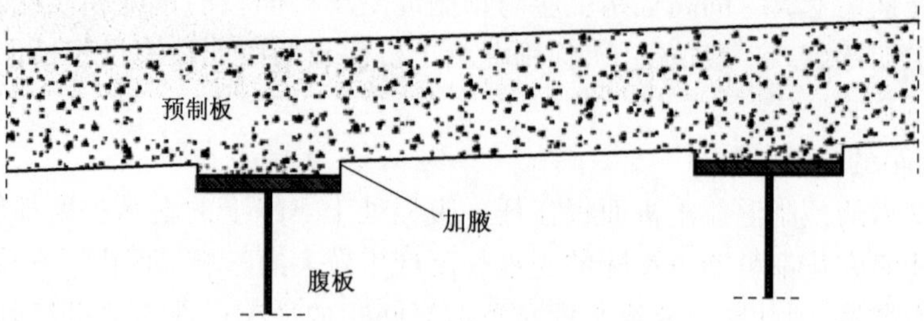

图 6-17 横坡桥面板与钢梁连接示意

2）界面压条密封措施

在桥面板与钢梁上翼缘间通常存在两种不同的界面：①剪力钉群处（围绕板上预留孔）；②剪力钉群之间（板上预留孔间），如图 6-18 所示。

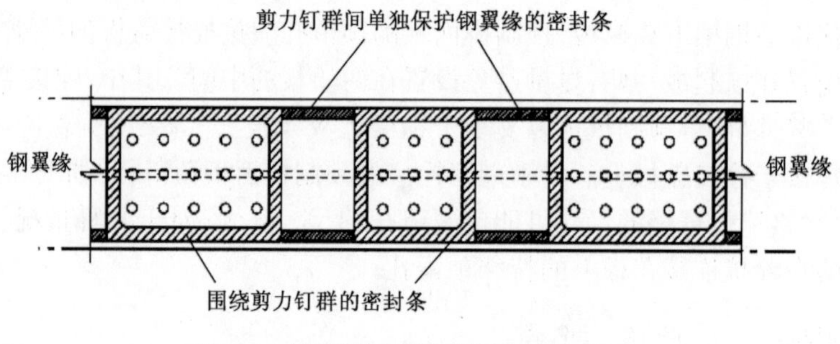

图 6-18 桥面板与钢梁翼缘间密封界面示意

（1）围绕剪力钉群的密封。

混凝土桥面板和钢梁上翼缘的连接是通过在围绕着剪力钉群的预留孔内浇筑混凝土实现的。为保证钢筋密集的预留孔内混凝土的浇筑和振捣质量，一般需采用高和易性拌合料。

浇筑预留孔内混凝土时需防止漏浆，否则将会污染钢梁的涂装。有效的密封是防止漏浆的关键所在。一般可以在钢梁上翼缘顶面黏结可压缩的尼龙条；另外为了保险起见，通常还可考虑增设“第二道防线”，即在混凝土预制板安装后，在预留孔内侧底边沿周长增设额外的密封措施。

（2）剪力钉群间的密封。

对剪力钉群间进行密封主要是为了保护钢梁上翼缘表面的防腐涂装。工程实践中，典型的密封措施如图 6-19 所示。需要指出的是，检查密封条的工作状态应该包括在桥梁经常性检查和定期检查的工作内容中，如若发现密封条出现问题应及时在维修时进行更换。

a)　　b)

图6-19　粘贴在钢梁上翼缘处的可压缩密封条

此外，在实际工程中，有的桥梁在预制桥面板预留孔之间的底面处预留凹槽，用以注浆封堵预制板与钢上翼缘之间的空隙，但此种方式的有效性一般无法在现场直接试验，而必须通过单独的原型试验来验证。由于该方法较为复杂，且无法保证注浆的气密性，因此不宜采用。

(3)密封细节。

对预制桥面板与钢梁上翼缘接触面进行密封的主要目的是避免预制板预留孔现浇混凝土时漏浆，因此密封材料应具备气密性。气密性的要求对密封材料本身及工艺标准提出了较高的要求。

对于围绕在预制板预留孔的密封条，既可以采用特制的矩形形状，使其恰好粘贴于预留孔底边内侧；也可采用首尾粘贴的密封条，使其沿着预留孔底边内侧折成矩形。同时，在预留孔之间的密封条可采用单根长条，但必须与围绕预留孔的密封条粘贴或搭接。

选用密封条尺寸时，应根据预制板底面和钢梁上翼缘顶面之间的间隙大小而确定。预制板和钢梁上翼缘不相互平行会造成二者间存在锥形空隙，该空隙范围取决于上翼缘的宽度，对此应采用不同的密封条尺寸。

一般情况下，密封条的最小厚度尺寸应为下列因素的总和：

①标称最小间隙(如假定为10mm)。

②桥面板与上翼缘不平行误差(如假定为上翼缘宽度/50)。

③压缩的密封条厚度(如假定为5mm)。

为妥善处理允许误差，对于缝隙较大侧的密封条，其压缩量可参考表6-3所列数值。

密封条压缩量值参考(mm)　　表6-3

翼缘宽度	密封条最小高度	密封条最小压缩高度
500	25	10
1 000	35	20

为保证密封条的气密性，密封条的最小压缩高度不应小于5mm；密封条必须是实心或封闭空心式结构。同时，密封条放置必须连续并不留任何缺口。

另外,由于密封材料处在钢翼缘与混凝土板之间,不可免会受环境影响,因此密封条在暴露于大气环境条件下应具有良好的弹性和耐久性能。

3)界面胶剂黏结密封措施

预制混凝土桥面板与钢梁上翼缘间还可以采用胶剂进行密封,主要是在桥面板安装前在钢梁与小纵梁上翼缘间浇注胶剂,使界面密封的同时增强界面的抗拉剪能力。实际操作过程中,由于混凝土块体积较大,不便搬运,通常先在钢梁上翼缘表面布置胶剂,然后将预制桥面板置于胶剂上方,利用其自重使界面密贴,并将多余胶剂挤出。

钢-混凝土界面采用的胶剂材料主要有:建筑用结构胶、环氧树脂浇注料以及环氧胶泥等,如图6-20～图6-22所示。

图6-20　建筑结构胶示例

图6-21　环氧树脂浇注料示例

图6-22　环氧胶泥示例

上述三种材料均具有良好的结合能力、防水和防腐能力,根据实际使用情况,膏状胶剂在安装桥面板时一般更易结合紧密,对界面的不平整性及高差适应性要稍好些。

4)钢-混凝土接触面耐久性设计

在进行钢-混凝土接触面耐久性设计时,应从混凝土配制、构造要求及施工工艺等方面防止接触面脱空。施工时,应注意除去接触面钢板的氧化皮。需要指出的是,组合梁钢梁的防腐范围伸入钢-混凝土结合面不宜小于20mm,同时钢-混凝土接触面应做好防、排水,必要时可设置密封胶等防水填塞料,如图6-23所示。

6.2.6　预制现浇叠合桥面板

预制现浇叠合桥面板是由混凝土预制薄板和现浇混凝土叠合构成,焊在钢梁上翼缘的栓钉连接件传递钢梁上翼缘与混凝土交界面上水平剪力并保证钢与混凝土叠合桥面板形成整体而共同作用。叠合桥面板组合梁施工一般是首先在工厂制作钢梁及焊接栓钉，在钢梁安装就位后在钢梁上铺设混凝土预制薄板，而后采用泵送方法浇筑预制薄板和钢梁上的现浇混凝土层，预制薄板在施工时作为模板，在使用时则作为组合梁的一部分桥面板参与受力。同现浇混凝土桥面板组合梁相比，叠合桥面板组合梁可以节省高空支模工序和模板，减少现场混凝土浇筑的工作量，便于施工、缩短工期，综合效益相对较好，近年来在工业厂房、大跨结构、高层建筑、桥梁结构中得到较多应用。

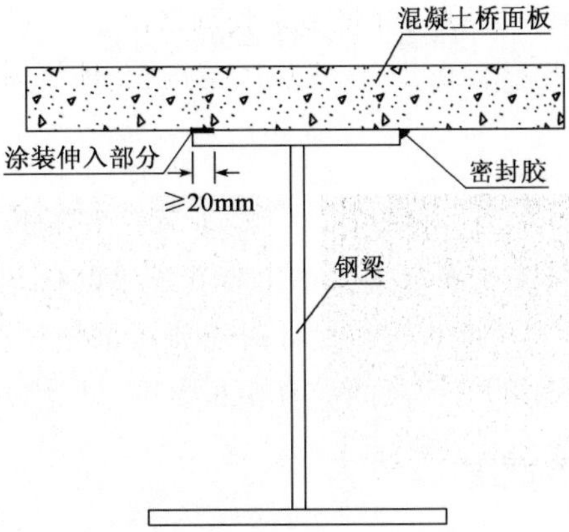

图6-23　钢梁防腐涂装及密封

对于叠合桥面板而言，槽口混凝土与预制薄板端之间的摩擦力、咬合力以及预制薄板与后浇混凝土叠合面之间的抗剪强度对钢梁与混凝土桥面板之间组合作用的发挥起到重要作用。

在实际工程中，通常在预制薄板端采取一些构造措施，以增大与槽口混凝土之间的咬合力。如混凝土预制薄板的横向抗剪钢筋不需抵抗横向弯矩，则横向钢筋伸出钢梁翼缘边缘的长度只需满足锚固长度即可。为增强桥面混凝土的整体性和防止混凝土的收缩开裂，应在现浇层中布置一定数量的构造钢筋网。当预制薄板的跨径或施工荷载较大时，还需要验算预制薄板及钢梁在施工阶段是否需要增设临时支承，以避免产生过大的挠度并防止预制薄板开裂。

对于混凝土叠合桥面板，设计时可参考《公路钢筋混凝土及预应力混凝土桥涵设计规范》(JTG 3362—2018)中8.1节组合式受弯构件的有关内容。

6.2.7　压型钢组合桥面板

压型钢组合桥面板受力较大，因此需在板内配置钢筋。钢筋数量根据桥面板的局部受力情况以及组合梁的整体受力通过计算确定，并应符合桥面板配筋的构造要求。

当在槽内设置栓钉抗剪连接件时，压型钢板的总高度不宜大于80mm。

组合板中的压型钢板在钢梁上的支承长度不应小于50mm。

为使压型钢板与混凝土有效组合在一起共同工作，一般可采取如下的一种或几种措施：

(1)压型钢板压成纵向波槽[图6-24a)]。

(2)压型钢板上压痕、开小洞或冲成不闭合孔眼[图6-24b)]。

(3)压型钢板上焊接横向钢筋[图6-24c)]。

(4)压型钢板端部应设置锚固件。当组合桥面板支承于钢梁上时宜设置栓钉进行锚固。

栓钉应设置在端支座的压型钢板凹肋处，穿透压型钢板并焊牢于钢梁上，如图 6-24d)所示。

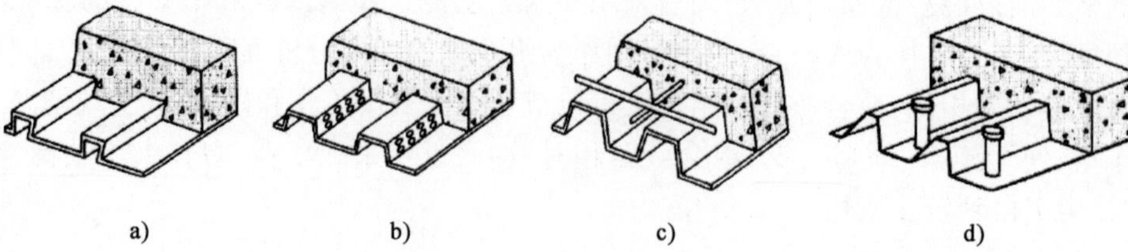

图 6-24　压型钢板与混凝土连接

6.3　结构计算

箱形组合梁中的混凝土桥面板既要承受车轮荷载等局部作用，同时也作为组合梁的上翼缘参与纵向整体受力。因此，对桥面板进行设计时需要考虑由这两类作用所引起的内力。通常情况下，可以认为这两类作用的效应之间没有相互影响，可分别进行验算。

6.3.1　纵向受力有效宽度

在组合梁的纵向整体弯矩作用下，由于剪力滞的影响，桥面板的纵向应力分布并不均匀。为简化计算，通常采用桥面板的有效宽度来考虑剪力滞效应的影响。

箱形组合梁桥面系常由多根钢梁与混凝土板构成，基于平截面假定的理论，组合梁某一截面在竖向弯曲作用下，混凝土桥面板相同高度处的弯曲压应力为均匀分布。但实际上钢梁腹板内的剪力流在向混凝土桥面板传递的过程中，由于混凝土桥面板的剪切变形而使得压应力向两侧逐渐减小。混凝土桥面板内的剪力流在横向传递过程中的这种滞后现象称为剪力滞后效应。剪力滞后效应使得混凝土桥面板内的实际压应力呈中间大而两边小的不均匀分布状态，因此距钢梁较远的混凝土并不能有效起到承受纵向压力的作用，如图 6-25 所示。

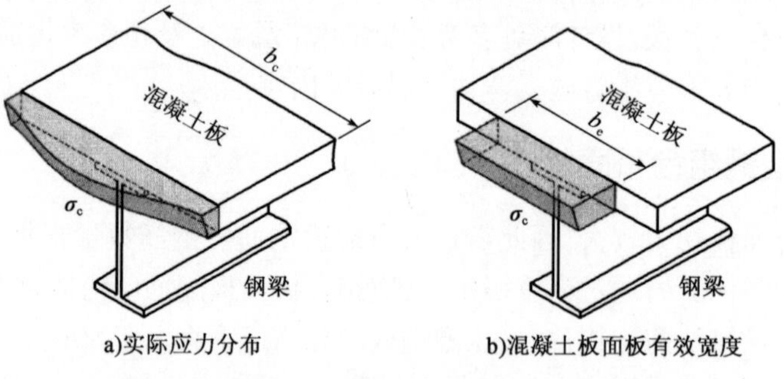

图 6-25　纵向弯矩作用下混凝土桥面板内的应力分布及有效宽度

为在计算分析中反映剪力滞后效应的影响，一种便捷的方法是采用一个较小的混凝土桥面板等效宽度代替实际宽度来进行计算，即图 6-26 中所示的 b_e，并假定有效宽度 b_e 范围内混凝土的纵向应力沿宽度方向均匀分布。定义混凝土桥面板有效宽度时，应使得按简单梁理论计算得到的组合梁弯曲应力与实际组合梁非均匀分布的最大应力相等，并根据面积 *ABCDE* 与 *HIJK* 相等的条件得到(图 6-26)。确定有效宽度后，可以很方便地根据平截面假定来计算梁的承载力和变形等。

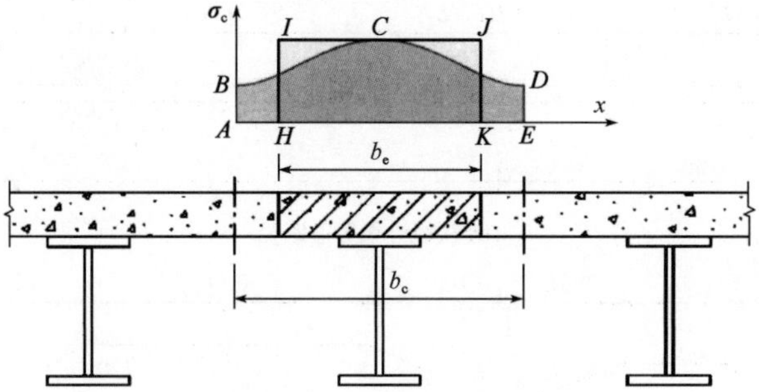

图6-26　混凝土桥面板有效宽度定义

有效宽度的定义直接影响到组合梁的内力计算以及挠度和抗剪连接件的设计。通常情况下,有效宽度的取值对承载力极限状态的影响较小,但对正常使用阶段变形验算的影响较大,后者则往往控制大跨组合梁及承受动力荷载组合梁的设计。

下面简要介绍国内外相关规范对桥面板有效宽度的要求及规定。

1)我国规范

《公路钢结构桥梁设计规范》(JTG D64—2015)、《公路钢混组合桥梁设计与施工规范》(JTG/T D64-01—2015)以及《钢-混凝土组合桥梁设计规范》(GB 50917—2013)对组合梁混凝土桥面板有效宽度的规定主要参考欧洲规范4中的规定。需要指出的是,上述规范给出的组合梁有效宽度计算方法仅适用于以受弯为主的组合梁,对承受压弯荷载共同作用的组合梁(例如斜拉桥主梁)有效宽度取值应采用更精确的分析方法。

根据上述规范,组合梁混凝土桥面板的有效宽度可按下列规定确定:

(1)对于以受弯为主的组合梁,在进行组合梁整体分析及截面验算时,可采用混凝土桥面板的有效宽度来考虑剪力滞后的影响。

(2)对结构进行内力计算分析时,各简支及连续梁跨的混凝土桥面板有效宽度均按跨中有效宽度取值,悬臂梁跨则按支座处的有效宽度取值。

(3)组合梁各跨跨中及中间支座处的混凝土板有效宽度 b_{ef} 按下式计算,且不应大于混凝土板实际宽度:

$$b_{eff} = b_0 + \sum b_{efi} \tag{6-4}$$

$$b_{efi} = L_{e,i}/6 \leqslant b_i \tag{6-5}$$

式中:b_0——钢梁腹板上方最外侧剪力件的中心间距(mm);

b_{efi}——钢梁腹板一侧的混凝土板有效宽度(mm);

b_i——最外侧剪力件中心至相邻钢梁腹板上方的最外侧剪力件中心距离的一半或最外侧剪力件中心至混凝土板自由边的距离(mm);

$L_{e,i}$——等效跨径(mm),简支梁应取计算跨径,连续梁应按图6-27a)取。

(4)简支梁支点和连续梁边支点处的混凝土板有效宽度 b_{eff} 按下式计算:

$$b_{eff} = b_0 + \sum \beta_i b_{efi} \tag{6-6}$$

$$\beta_i = 0.55 + 0.025 L_{e,i}/b_i \leqslant 1.0 \tag{6-7}$$

式中:$L_{e,i}$——边跨的等效跨径(mm),如图6-28a)所示。

(5)混凝土板有效宽度 b_{eff} 沿梁长的分布可假设为如图6-27b)所示的形式。

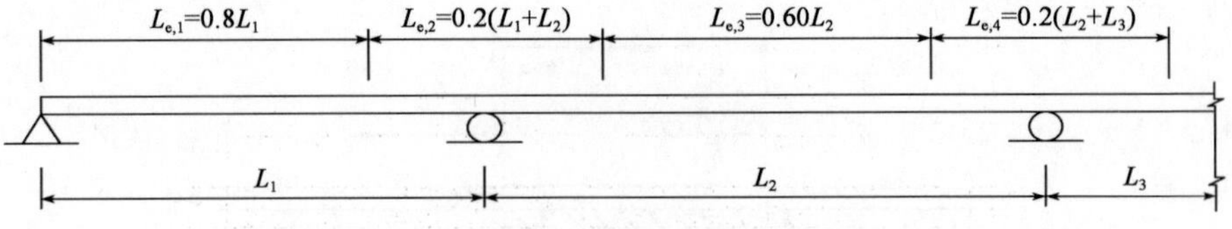

a)连续组合梁等效跨径

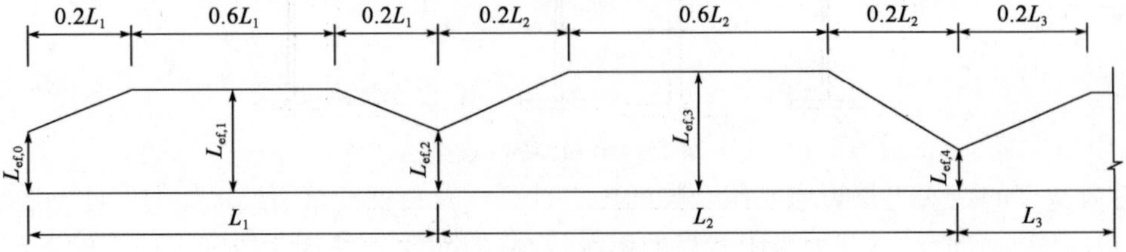

b)混凝土板有效宽度沿梁长分布

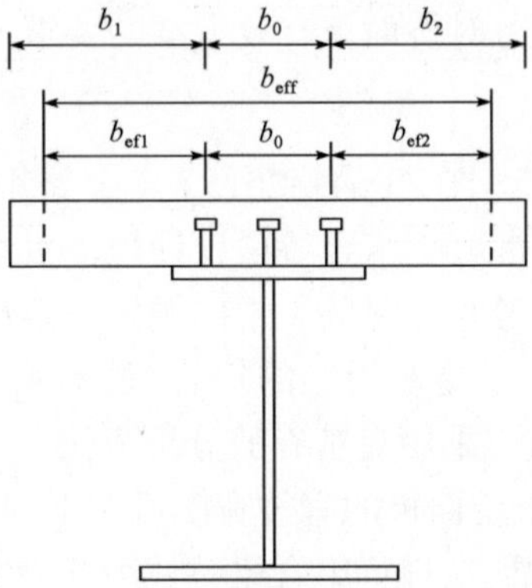

c)组合梁截面尺寸

图6-27　组合梁等效跨径及混凝土板有效宽度

(6)预应力组合梁在计算预加力引起的混凝土应力时,预加力作为轴向力产生的应力可按实际混凝土板全宽计算;由预加力偏心引起的弯矩产生的应力可按混凝土板有效宽度计算。

此外,《钢结构设计标准》(GB 50017—2017)和《组合结构设计规范》(JGJ 138—2016)规范,主要考虑了梁跨径和混凝土翼板厚度对有效宽度的影响,它们对混凝土翼板有效宽度也做了相关规定(图6-28)。

钢-混凝土组合梁截面承载力计算时,跨中及支座处混凝土翼板的有效宽度应按下式计算:

$$b_e = b_0 + b_1 + b_2 \tag{6-8}$$

式中:b_e——混凝土翼板的有效宽度(mm);

b_0——板托顶部的宽度,当板托倾角 $\alpha < 45°$ 时,应按 $\alpha = 45°$ 计算板托顶部的宽度;当无板托时,则取钢梁上翼缘的宽度(mm);

b_1、b_2——梁外侧和内侧的翼板计算宽度(mm),各取梁等效跨径 l_e 的1/6;b_1 尚不应超过翼板实际外伸宽度 S_1;b_2 尚不应超过相邻钢梁上翼缘或板托间净距 S_0 的1/2;

l_e——等效跨径(mm),对简支组合梁,取为简支组合梁的跨径 l;对连续组合梁,中间跨正弯矩区取为 0.6l,边跨正弯矩区取为 0.8l,支座负弯矩区取为相邻两跨跨径之和的 20%。

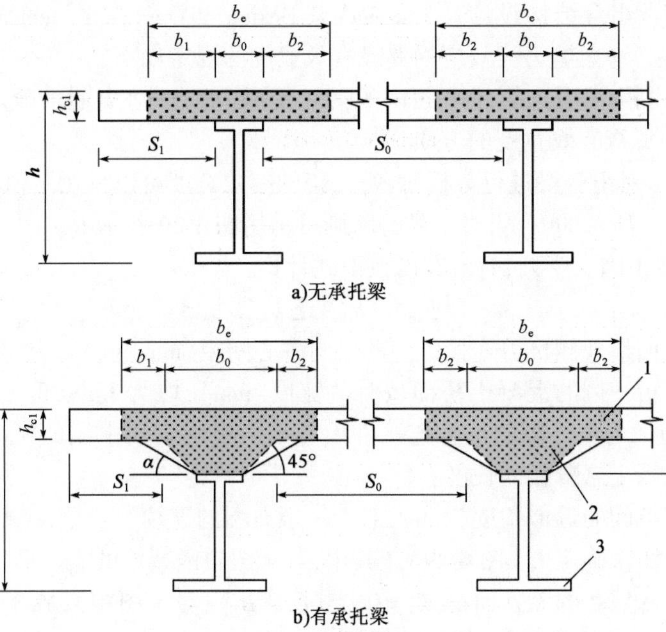

图 6-28　混凝土翼板的计算宽度示意

1-混凝土翼板;2-承托;3-钢梁

2)美国 AISC-LRFD 规范

美国钢结构协会的《钢结构建筑荷载及抗力系数设计规范》(AISC-LRFD)规定,混凝土桥面板的有效宽度 b_e 取为钢梁轴线两侧有效宽度之和,其中一侧的混凝土有效宽度为以下三者中的较小值:

(1)组合梁跨径的 1/8,梁跨径取为支座中线之间的距离。

(2)相邻组合梁间距的 1/2。

(3)钢梁至混凝土翼板边缘的距离。

3)美国 AASHTO 规范

AASHTO 制定的公路桥梁设计规范《结构分析与评估》(*AASHTO LRFD SI-2007-Section 4: Structural analysis and evaluation*)第 4.6.2.6 节中关于翼缘有效宽度的规定如下所述。

在计算有效翼缘宽度时所采用的有效跨长,对简支跨可取实际跨长;对连续跨,可取永久荷载下两个反弯点之间的距离,对正弯矩或负弯矩分别取适用的值。

对中间梁,有效翼缘宽度 b_e 可取下列三种情况的最小值:①有效跨长的 1/4;②混凝土板平均厚度的 12.0 倍加上腹板厚度和混凝土板平均厚度的 12.0 倍加上主梁顶板宽度的 1/2,这两者中取较大值;③相邻梁的平均间距。

对于边梁,有效翼缘宽度 b_e 可取相邻中间梁有效宽度的 1/2 加上下列三种情况的最小值:①有效跨长的 1/8;②混凝土板平均厚度的 6.0 倍,加上腹板厚度的 1/2 和主梁顶板宽度的1/4这两者中的较大值;③悬臂的宽度。

4)欧洲规范4

欧洲规范4《钢混组合结构设计》(Eurocode 4-Design of composite steel and concrete structures)第5.4.1节关于考虑剪力滞效应的翼缘有效宽度的规定如下。

设计时应考虑由钢-混凝土翼缘平面内的剪切变形(剪力滞)引起的效应,一般可通过精细分析方法,或采用翼缘有效宽度的方法。

当采用弹性方法对组合梁进行分析时,每一跨的有效宽度可以采用定值:对于中间跨和简支边跨可采用图6-29所示的$b_{eff,1}$,对于悬臂跨则可采用图6-29所示$b_{eff,2}$。

(1)对中间跨或中间支座处,有效宽度按下式计算:

$$b_{eff} = b_0 + \sum b_{ei} \tag{6-9}$$

式中:b_0——同一截面最外侧抗剪连接件间的横向中心间距(mm);

b_{ei}——钢梁腹板一侧的混凝土桥面板有效宽度(mm),取为$L_e/8$,但不超过板的实际宽b_i;b_i应取为最外侧的抗剪连接件中心至两根钢梁间中线的距离,对于自由端则取为混凝土悬臂板的长度;

L_e——为反弯点间的近似长度(mm),对于一根典型的连续组合梁,应根据控制设计的弯矩包络图来确定L_e(图6-29)。其中,对于图中区域1的$b_{eff,1}$而言,$L_e=0.85L_1$;对于图中区域2的$b_{eff,2}$而言,$L_e=0.25(L_1+L_2)$;对于图中区域3的$b_{eff,1}$而言,$L_e=0.70L_2$;对于图中区域4的$b_{eff,2}$而言,$L_e=2L_3$。

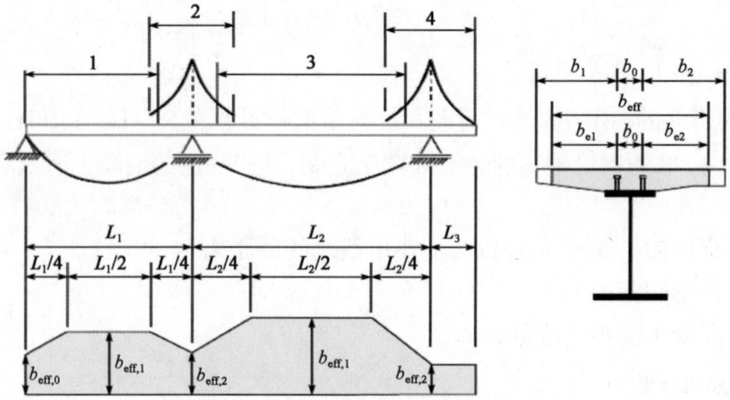

图6-29 混凝土桥面板的等效跨径及有效宽度(欧洲规范4)

(2)边跨的有效宽度按下式计算:

$$b_{eff} = b_0 + \sum \beta_i b_{ei} \tag{6-10}$$

$$\beta_i = (0.55 + 0.025L_e/b_{ei}) \leq 1.0 \tag{6-11}$$

5)英国桥梁规范BS 5400

英国桥梁规范《钢混组合结构桥梁 第5部分:组合梁桥设计实施规程》(*BS 5400:2005-Steel, concrete and composite bridges-Part 5: Code of practice for the design of composite bridges*)中关于混凝土翼缘有效宽度规定如下。

计算组合梁桥面板翼缘的应力在缺乏精细分析的情况下,平面内剪切变形效应(如剪力滞效应)可允许采用翼缘有效宽度进行考虑。对于考虑有效钢筋影响的板宽度,该规范规定在横截面的分析中,只有位于混凝土板有效宽度范围内的平行于钢梁跨径方向的钢筋才被认作是有效的。

该规范根据有限元分析及试验研究的成果,以表格的形式给出了对应于不同宽跨比的组合梁混凝土桥面板有效宽度

有效宽度 b_e 按如下方法取值:

(1)腹板之间的部分取为 ψb,其中 b 为在混凝土桥面板中面内,腹板中心线间距离的一半;ψ 为有效宽度系数。

(2)腹板外侧的部分取为 $0.85\psi b$,其中 b 为在混凝土桥面板中面内,外侧腹板中心线至自由边的距离;ψ 为有效宽度系数。

有效宽度系数 ψ 可按表 6-4 ~ 表 6-6 取值,对于表中未涉及的情况,可按线性插值。对于简支梁和连续梁,表格中 l 为支座中心间梁的跨径;对于悬臂梁,l 为支座中心到悬臂端的距离。

需要指出的是,表 6-4 ~ 表 6-6 中的系数 ψ 均不适用于轮压荷载和轴向荷载。

桥面板有效宽度系数 ψ(简支梁)　　表 6-4

b/l	均布荷载,分布长度不小于 $0.5l$			集 中 荷 载		
	跨中	1/4 跨	支座	跨中	1/4 跨	支座
0	1.0	1.0	1.0	1.0	1.0	1.0
0.02	0.99	0.99	0.93	0.91	1.0	1.0
0.05	0.98	0.98	0.84	0.80	1.0	1.0
0.10	0.95	0.93	0.70	0.67	1.0	1.0
0.20	0.81	0.77	0.52	0.49	0.98	1.0
0.30	0.65	0.60	0.40	0.38	0.82	0.85
0.40	0.50	0.46	0.32	0.30	0.63	0.70
0.50	0.38	0.36	0.27	0.24	0.47	0.54

桥面板有效宽度系数 ψ(悬臂梁)　　表 6-5

b/l	均布荷载,分布长度不小于 $0.5l$			集 中 荷 载		
	跨中	1/4 跨	支座	跨中	1/4 跨	支座
0	1.0	1.0	1.0	1.0	1.0	1.0
0.05	0.82	1.0	0.92	0.91	1.0	1.0
0.10	0.68	1.0	0.84	0.80	1.0	1.0
0.20	0.52	1.0	0.70	0.67	0.84	1.0
0.40	0.35	0.88	0.52	0.49	0.74	1.0
0.60	0.27	0.64	0.40	0.38	0.60	0.85
0.80	0.21	0.49	0.32	0.30	0.47	0.70
1.00	0.18	0.38	0.27	0.24	0.36	0.54

桥面板有效宽度系数 ψ(连续梁中间跨) 表 6-6

b/l	均布荷载,分布长度不小于 0.5l			集中荷载		
	跨中	1/4 跨	支座	跨中	1/4 跨	支座
0	1.0	1.0	1.0	1.0	1.0	1.0
0.02	0.99	0.94	0.77	0.84	1.0	0.84
0.05	0.96	0.85	0.58	0.67	1.0	0.67
0.10	0.86	0.68	0.41	0.49	1.0	0.49
0.20	0.58	0.42	0.24	0.30	0.70	0.30
0.30	0.38	0.30	0.15	0.19	0.42	0.19
0.40	0.24	0.21	0.12	0.14	0.28	0.14
0.50	0.20	0.16	0.11	0.12	0.20	0.12

6.3.2 横向受力有效宽度

桥面板在轮压荷载作用下,其横向(垂直于梁轴线方向)应力分布也不均匀,计算时同样需采用有效宽度的概念,将桥面板分解成具有某个宽度的长方形的板带(图 6-30),各个板带作为一个简支板或者连续板来进行计算,并假设在板带沿宽度方向应力分布是相同的,板带之外的混凝土桥面板并不参与受力。

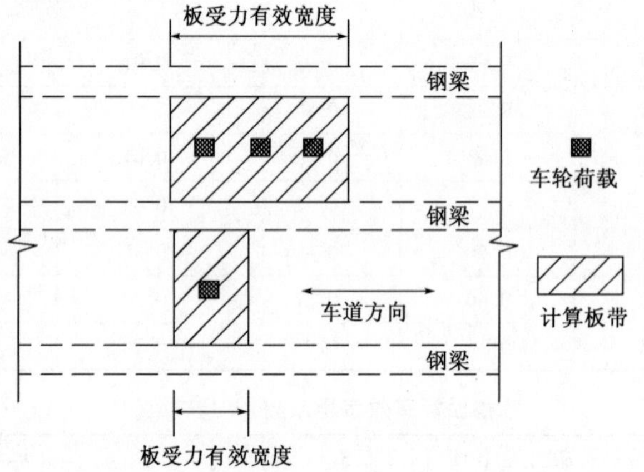

图 6-30 混凝土桥面板横向受力有效宽度示意

假设宽度为 a 的板带均匀承受车辆荷载产生的总弯矩 M,即:

$$am_{x,\max} = M \tag{6-12}$$

式中:M——车辆轮压产生的板跨中总弯矩(N·mm),可由结构力学方法求解;

$m_{x,\max}$——荷载中心处的单位长度弯矩最大值(N·mm/mm),需对板进行空间分析得到。

从受力特征上来分,混凝土桥面板可以分为单向板、双向板、悬臂板等。主梁或纵梁之间的桥面板部分通常由主梁(或纵梁)和横向联结系四边支承,桥面板应该按双向板计算;若两个支承边的跨径之比大于 2 时,荷载的绝大部分将沿短跨方向传递,则可以近似按单向板设计;主梁外侧或梁端的桥面板悬臂部分,则按悬臂板设计。

由于单向板与悬臂板的受力特点有所不同,故这两类桥面板的横向有效宽度也不同。

1)单向板的横向受力有效宽度

参考《公路钢筋混凝土及预应力混凝土桥涵设计规范》(JTG 3362—2018)的规定,计算整体单向板时,通过车轮传递到板上的荷载分布宽度 a 应按下列规定计算:

(1)当单个车轮在板的跨中时:

$$a = (a_1 + 2h) + L/3 \geqslant 2L/3 \tag{6-13}$$

(2)多个相同车轮在板的跨中,且当各单个车轮计算的荷载分布宽度有重叠时:

$$a = (a_1 + 2h) + d + L/3 \geqslant 2L/3 + d \tag{6-14}$$

(3)车轮在板的支承处时:

$$a = (a_1 + 2h) + t \tag{6-15}$$

(4)车轮在支承桥面板的钢梁附近,距钢梁轴线的距离为 x 时:

$$a = (a_1 + 2h) + t + 2x \tag{6-16}$$

计算所得的 a,需不大于车轮在板跨中部的分布宽度。

以上各式中:L——桥面板计算跨径(mm);

a_1——垂直于板跨方向的车轮着地尺寸(mm);

h——铺装层厚度(mm);

t——桥面板厚度(mm);

d——多个车轮时外轮之间的中距(mm)。

按上述各式计算得到的分布宽度,均不得大于板的全宽度;对于彼此不相连的预制板,车轮在板内分布宽度不得大于预制板宽度。

AASHTO 的桥梁规范中,对于现浇混凝土、永久模板的现浇混凝土以及采用后张预应力的预制混凝土桥面板,车轮传递到板上的荷载分布宽度 a 应按以下规定计算:

(1)正弯矩区:

$$a = 660\text{mm} + 0.55s \tag{6-17}$$

(2)负弯矩区:

$$a = 1\,220\text{mm} + 0.25s \tag{6-18}$$

式中:s——钢梁轴线间距(mm)。

2)悬臂板的横向受力有效宽度

参考《公路钢筋混凝土及预应力混凝土桥涵设计规范》(JTG 3362—2018)的规定,当 c 值不大于2.5m时,垂直于悬臂板跨径的车轮荷载分布宽度 a 可按下列公式计算:

$$a = (a_1 + 2h) + 2c \tag{6-19}$$

式中:a_1——垂直于悬臂板跨径的车轮着地尺寸(mm);

c——平行于悬臂板跨径的车轮着地尺寸的外缘,通过铺装层45°分布线的外边线至钢梁腹板的距离(mm);

h——铺装层厚度(mm)。

车轮轮载在悬臂板上分布示意如图6-31所示。

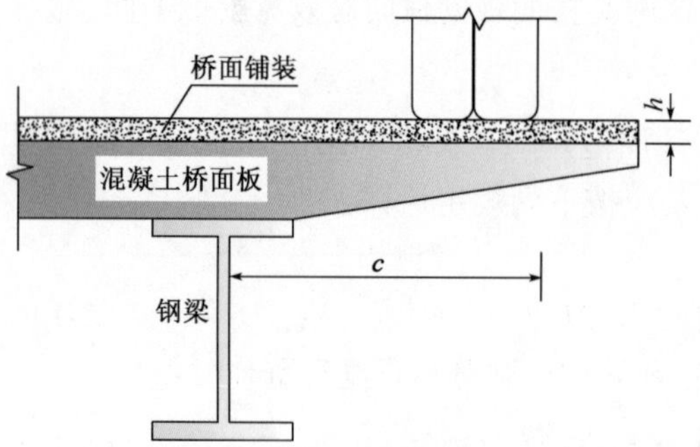

图 6-31　车轮轮载在悬臂板上分布示意

上述规定适用于 c 值不大于 2.5m 的情况。当悬臂长度 c 值大于 2.5m 时，悬臂根部负弯矩宜较原计算结果增大 1.15 ~ 1.3 倍。此外，在车轮荷载作用点的下方还会出现正弯矩，因此需要考虑配置抵抗正弯矩的钢筋。

另外，美国 AASHTO 桥梁规范对于现浇混凝土、永久模板的现浇混凝土以及采用后张预应力的预制混凝土桥面板，悬臂部分的横向受力有效宽度规定为：

$$a = 1\,140\text{mm} + 0.833x \tag{6-20}$$

式中：x——车轮荷载到支点的距离（mm）。

3）桥面板计算跨径

对于支承于箱形钢梁上翼缘的混凝土桥面板，可设计为纵向或横向承重的单向受力板，根据受力特点又可简化为简支板、连续板和悬臂板等 3 种形式，如图 6-32 所示。

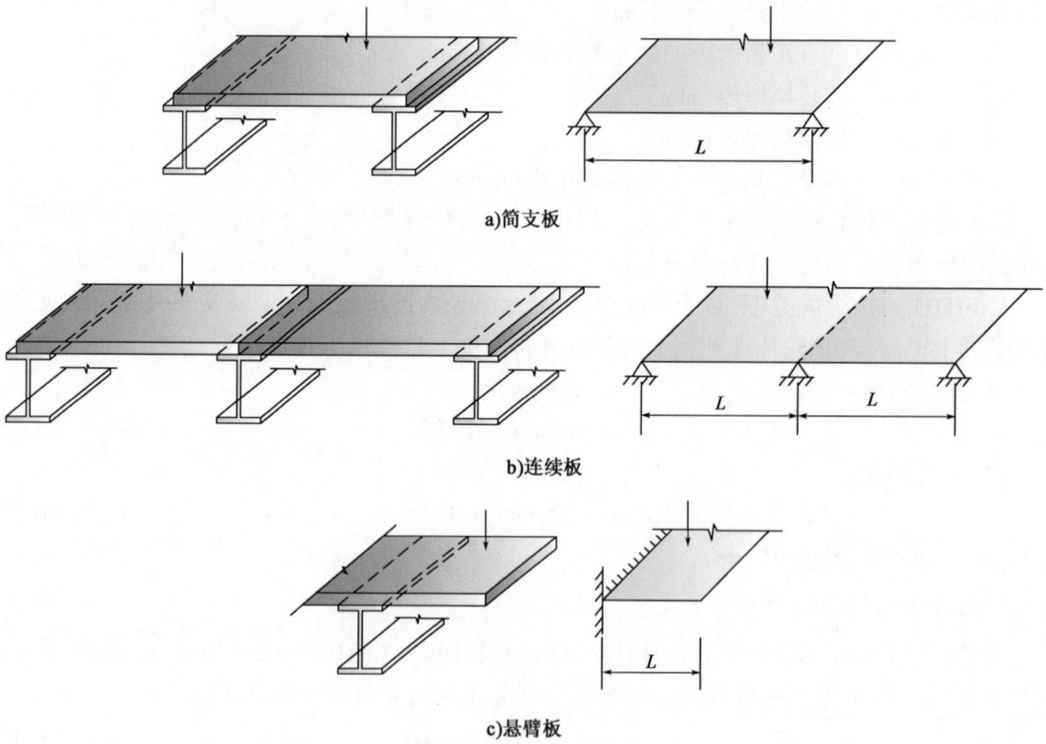

图 6-32　桥面板的计算类型

由于钢梁上翼缘的刚度较小，因此不能取钢梁翼缘外侧边缘之间的净间距作为桥面板的计算跨径。

日本《道路桥示方书》对于桥面板计算跨径的规定如下：

(1)计算弯矩时,连续桥面板的计算跨径 L 一般取钢梁的中心间距 s;简支桥面板的计算跨径 L 取钢梁中心间距 s 和钢梁净间距与桥面板厚度之和 s_0+t 中的较小值,如图 6-33 所示。

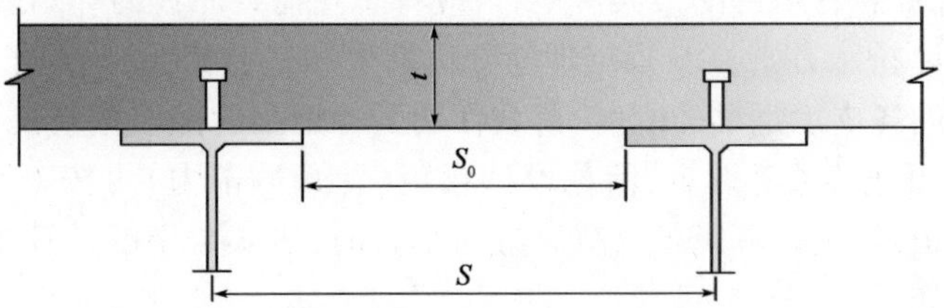

图 6-33　连续桥面板或简支桥面板的计算跨度示意

(2)计算弯矩时,悬臂桥面板的计算跨径与荷载类型有关。恒载作用下,桥面板计算跨径 L 为桥面板边缘到钢梁上翼缘悬臂宽度的 1/2 位置处的距离;车轮荷载作用下的计算跨径 L 则需要在前者的基础上减去 500mm,如图 6-34 所示。

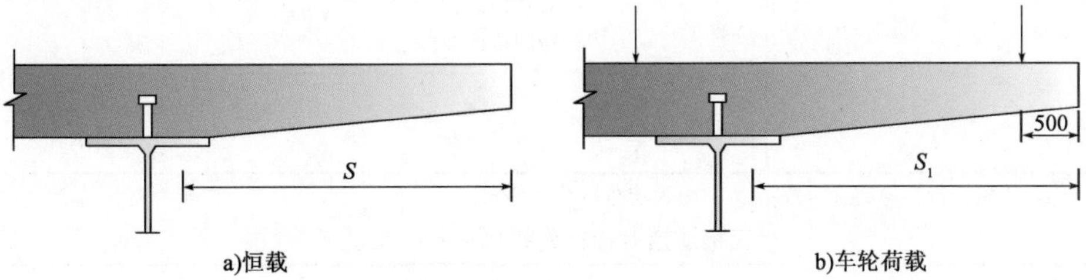

图 6-34　悬臂桥面板的计算跨径示意(尺寸单位:mm)

(3)计算剪力时,连续桥面板和简支桥面板的计算跨径均取钢梁间净间距 s_0,悬臂板的计算跨径起始位置也取为钢梁上翼缘边缘。

6.3.3　内力计算

1)桥面板整体受力

箱形组合梁混凝土桥面板通过栓钉等抗剪连接件与钢结构组合后共同受力,设计时可将有效宽度范围内的桥面板作为组合梁的翼缘,然后通过换算截面法进行计算。

2)桥面板局部受力

桥面板整体受力分析后,一般需要验算局部车轮荷载作用下混凝土桥面板的受力情况并进行配筋设计。

参考《公路钢筋混凝土及预应力混凝土桥涵设计规范》(JTG 3362—2018),一次浇筑的多跨连续单向板的内力可按以下各式计算。

(1)支点弯矩为:

$$M = -0.7M_0 \tag{6-21}$$

(2)跨中弯矩为:

当板厚与钢梁高度比大于或等于 1/4 时:

$$M = +0.7M_0 \tag{6-22}$$

板厚与钢梁高度比小于 1/4 时:

$$M = +0.5M_0 \tag{6-23}$$

式中：M_0——与计算跨径相同的简支板的跨中弯矩（N·mm）。

对于悬臂板，计算悬臂根部的最大弯矩时，应将车轮荷载靠板的外侧边缘布置。

此外，日本《道路桥示方书》中，根据理论分析结果和经验修正，给出了桥面板的设计弯矩计算式。当桥面板的各支承钢梁的刚度、荷载作用下各钢梁的挠度相差较小时，桥面板的单位板宽恒载设计弯矩可按表 6-7 计算，活载设计弯矩（计入冲击力）可按表 6-8 所示公式计算。对于简支板和连续板，当板计算跨径与行车方向垂直时，表 6-8 中的计算结果还应乘以表 6-9 的修正系数。具体如下：

桥面板的恒载设计弯矩（kN·m/每延米） 表 6-7

板的类别	计算截面		主筋设计弯矩
简支板	跨中		$+wL^2/8$
悬臂板	支点		$-wL^2/2$
连续板	跨中	梁端桥面板 跨间桥面板	$+wL^2/10$ $+wL^2/14$
	支点	两跨时 三跨以上时	$-wL^2/8$ $-wL^2/10$

注：表中 L 为桥面板计算跨径（m）；w 为桥面板均布恒载（kN/m^2）。

桥面板的活载设计弯矩（kN·m/每延米） 表 6-8

板的类别	计算截面		使用范围	计算跨径与行车方向垂直时	计算跨径与行车方向平行时
				主筋设计弯矩	主筋设计弯矩
简支板	跨中		$0<L\leqslant 6$	$+(0.12L+0.07)P$	$+(0.22L+0.08)P$
悬臂板	支点		$0<L\leqslant 1.5$ $1.5<L\leqslant 3.0$	$-PL(1.3L+0.25)$ $-(0.6L+0.13)P$	$-(0.7L+0.22)P$
连续板	跨中	中跨边跨	$0<L\leqslant 6$	+（简支板的 80%）	+（简支板的 80%） +（简支板的 90%）
	支点		$0<L\leqslant 4$ $4<L\leqslant 6$	-（简支板的 80%） $-(0.15L+0.125)P$	-（简支板的 80%）

注：表中 L 为桥面板计算跨径（m）；P 为车辆的单轴轮重荷载（kN）。

桥面板设计弯矩修正系数 表 6-9

板的类别	简支板和连续板			悬臂板	
跨径 L(m)	$L\leqslant 2.5$	$2.5<L\leqslant 4.0$	$4.0<L\leqslant 6.0$	$L\leqslant 1.5$	$1.5<L\leqslant 3.0$
修正系数	1.0	$1.0+(L-2.5)/12$	$1.125+(L-4.0)/26$	1.0	$1.0+(L-1.5)/25$

需要指出的是，当桥面板有 3 根及以上数量的支承钢梁时，若各支承梁的挠度有较大差异，则会导致有附加弯矩，因此当支承梁的刚度显著不同时，则需要考虑由此产生的附加弯矩。

6.3.4 承载能力计算

与普通混凝土桥面板相似，箱形组合梁桥面板在设计时也需要分别验算在整体作用和局部作用下的受力性能。箱形组合梁桥面板的纵向受力验算，主要是将有效宽度范围内的桥面板作为组合梁的翼缘，通过换算截面法进行计算。当抗剪连接件能够满足承载力极限状态的受力要求时，对于连续组合梁主梁控制截面一般取在弯矩最大处截面（包括正弯矩和负弯矩）、剪力最大处截面（通常位于支座附近）、有较大集中力作用的位置以及组合梁截面突变处。

同时，按弹性方法验算组合梁的截面强度时，应考虑施工过程即结构的应力历程的影响。正弯矩作用下连续组合梁的强度验算与简支组合梁相同，但连续组合梁在负弯矩作用下混凝土翼板会开裂，进行截面强度验算时，其有效截面则由有效宽度内的纵向受拉钢筋和钢梁两部分组成。计算组合截面惯性矩时，可以忽略钢筋和钢梁弹性模量之间的微小差别。

对于箱形组合梁连续梁桥，如采用无临时支撑的施工方法，则计算时需要将荷载所产生的负弯矩分为两部分分别进行计算。施工过程中钢梁和混凝土湿重所产生的弯矩 M_1，单独作用于钢梁；活载及二期恒载所产生的弯矩 M_2 作用于钢梁和钢筋形成的组合截面。此情况下，组合梁截面强度验算通常由钢梁下翼缘应力所控制。

对于箱形组合梁桥面板的横向受力验算，桥面板在车辆轮压等局部荷载作用下，一般可视为支承于纵向钢梁和横向联结系上的双向板或单向板。计算时，可假设钢梁与混凝土之间没有滑移，且忽略混凝土的开裂，即视为能够发挥完全组合作用的弹性板。验算混凝土桥面板在局部荷载作用下的抗弯、抗剪承载力时，可将桥面板视为钢筋混凝土板并沿用混凝土板的计算方法。

此外，当计算轴向受压承载力时，可取有效宽度范围内的钢板和混凝土板作为受压构件，并同时考虑二阶效应的削弱作用。当计算组合板的轴向抗拉承载力时，可取有效宽度范围内钢板和混凝土板（包括混凝土板中配置的钢筋）的抗拉承载力之和。

随着计算机应用技术的发展，除了前面所述关于组合梁桥面板的简化计算方法以外，直接采用弹性支承的连续板进行设计及计算也已经成为可能。由于混凝土桥面板的受力较复杂，设计人员采用有限元模型进行模拟时应注意确定好合理的边界条件。

6.3.5　纵向抗剪计算

对于钢-混凝土组合梁桥，钢梁与混凝土桥面板间的组合作用依靠抗剪连接件的纵向抗剪实现。由于纵向剪力集中分布于钢梁上翼缘布置有连接件的狭长范围内，因此混凝土桥面板在集中力作用下可能发生开裂或破坏。因此，在设计时应当验算混凝土桥面板的纵向抗剪能力，保证组合梁在达到极限抗弯承载力之前不会出现纵向剪切破坏。

混凝土桥面板的实际受力状态比较复杂，抗剪连接件对桥面板的作用力沿板厚及板长方向的分布并不均匀。桥面板除了受到抗剪连接件对其作用的轴向偏心压力外，通常还要受到横向弯矩的作用，因此较难精确地分析混凝土桥面板的实际内力分布。作为一种简化的处理，在进行纵向抗剪验算时，可以假设混凝土桥面板仅受到一系列纵向集中力 N 的作用，如图6-35所示。

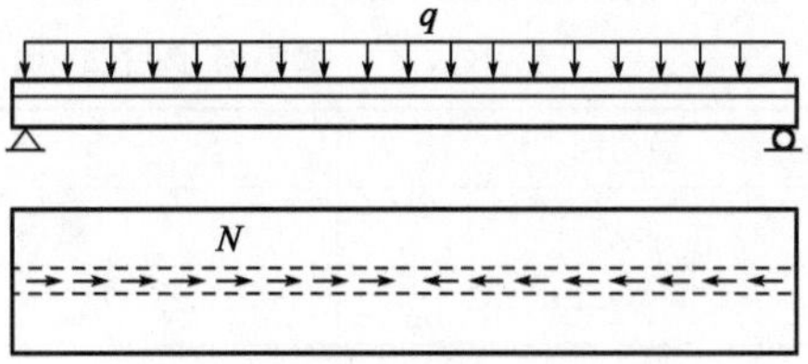

图6-35　混凝土桥面板作用力示意

影响组合梁混凝土桥面板纵向开裂和纵向抗剪承载力的因素很多，如混凝土桥面板的厚度、混凝土强度等级、横向配筋率和横向钢筋的位置、抗剪连接件的种类及排列方式、数量、间距、荷载的作用方式等。这些因素对混凝土桥面板纵向开裂的影响程度各不相同。

混凝土桥面板纵向抗剪设计的重点包括：判断可能出现纵向剪切破坏的潜在剪切面，并确保承载力极限状态下任意潜在剪切面的极限抗剪承载力满足要求；在桥面板中配置适当的横向钢筋，以确保剪切面的抗剪强度。

1）剪切面的定义

混凝土桥面板潜在的纵向剪切破坏界面可能有很多，设计时应确保任意一个潜在剪切面的单位长度纵向剪力值不超过其抗剪承载力。以下为国内外相关规范对混凝土桥面板的潜在剪切面的定义。

（1）我国规范。

《公路钢混组合桥梁设计与施工规范》（JTG/T D64-01—2015）、《钢结构设计标准》（GB 50017—2017）、《钢-混凝土组合桥梁设计规范》（GB 50917—2013）规定，组合梁承托及翼缘板纵向抗剪承载力验算时，应分别验算如图 6-36 所示的纵向受剪界面 $a—a$，$b—b$，$c—c$ 及 $d—d$。A_t 为混凝土板上缘单位长度内垂直于主梁方向的钢筋面积总和（mm^2/mm）；A_b、A_{bh} 为混凝土板下缘、承托底部单位长度内垂直于主梁方向的钢筋面积总和（mm^2/mm）。

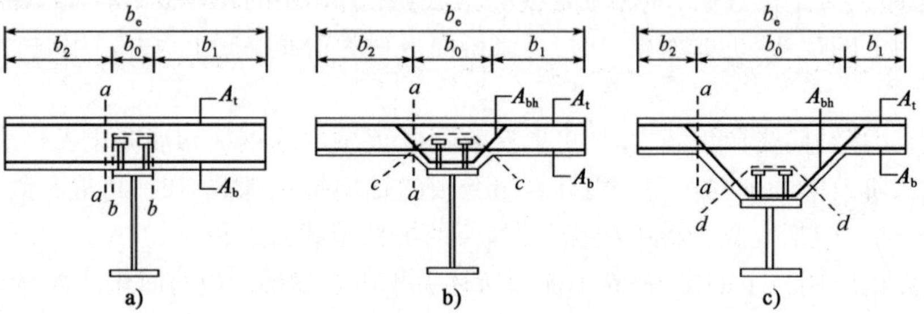

图 6-36　混凝土桥面板纵向受剪界面

（2）英国桥梁规范 BS 5400。

英国桥梁规范规定的潜在剪切面如图 6-37 所示。A_t 为组合梁翼缘板顶部附近位置处的钢筋，主要为抵抗弯曲作用的钢筋；A_b 为置于混凝土板中或承托中的钢筋，钢筋与最近的钢梁表面的距离不超过 50mm，且与抗掀起的抗剪连接件的表面之间的净距不小于 40mm，主要为抵抗弯曲作用的钢筋；A_{bs} 为板底部的钢筋，与最近的钢梁表面的距离超过 50mm；A_{bv} 为板或承托底部的钢筋，但不包括用来抵抗弯曲的钢筋，其余要求与 A_b 相同（图中未示）；A_e 是穿过剪切面，可以有效抵抗该面的剪切破坏的钢筋。

剪切面内的有效钢筋面积计算方法参见表 6-10，需要指出的是，只有在剪切面两侧均能有效锚固的横向钢筋才能计入钢筋面积。

英国桥梁规范 BS 5400 规定的剪切面内有效钢筋面积　　表 6-10

剪切面类型	A_e	剪切面类型	A_e
1—1	$(A_t + A_b)$ 或 $(A_t + A_{bs})$	3—3	$2(A_b + A_{bs})$
2—2	$2A_b$	4—4	$2A_b$

（3）欧洲规范 4。

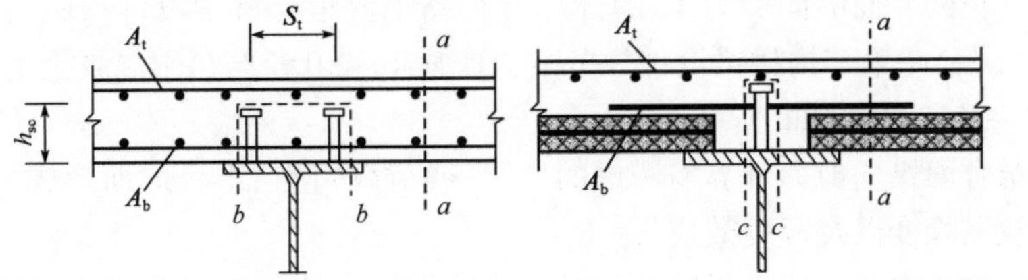

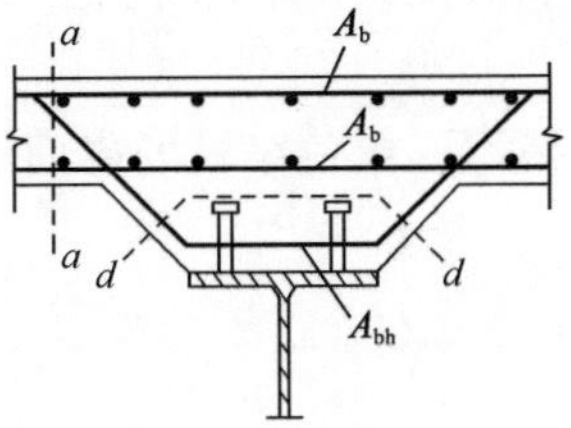

剪切面类型	A_e
a—a	A_t+A_b
b—b	$2A_b$
c—c	$2A_b$
d—d	$2A_b$

图 6-37　欧洲规范 4 规定的剪切面

欧洲规范 4 规定的可能发生纵向剪切破坏的潜在剪切面及有效横向抗剪钢筋，如图 6-38 所示。

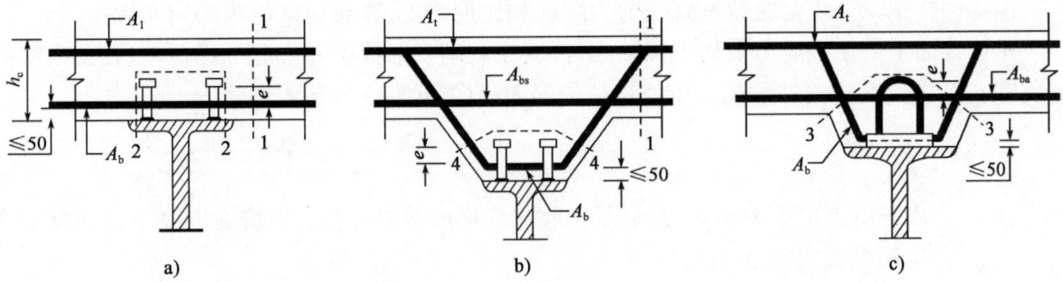

图 6-38　英国桥梁规范 BS 5400 中剪切面及横向钢筋布置示意（尺寸单位：mm）

2）纵向剪力计算

（1）我国规范。

《公路钢混组合桥梁设计与施工规范》（JTG/T D64-01—2015）、《公路钢结构桥梁设计规范》（JTG D64—2015）和《钢-混凝土组合桥梁设计规范》（GB 50917—2013）中指出，单位梁长的界面纵向剪力 v_1 可根据组合梁所受的竖向剪力计算，并与所验算的控制界面有关。对于不同的控制界面，如混凝土桥面板竖向控制界面（图 6-36 中的 a—a 界面）和包络连接件的纵向界面（图 6-36 中的 b—b、c—c、d—d 界面），其界面纵向剪力也有所不同。

①竖向控制界面，如图 6-36 所示的 a—a 界面，界面纵向剪力设计值为：

$$v_1 = \max\left(\frac{b_1}{b_e}V_{ld}, \frac{b_2}{b_e}V_{ld}\right) \tag{6-24}$$

式中：V_{ld}——单位梁长的界面纵向剪力（N）；

b_e——混凝土桥面板有效宽度（mm）；

b_1、b_2——翼板左右两侧的悬臂宽度（mm），如图 6-36 所示。

②包络连接件的纵向界面，如图 6-36 所示 b—b、c—c、d—d 界面，界面纵向剪力设计值为：

$$v_1 = V_{ld} \tag{6-25}$$

关于单位梁长的界面纵向剪力 V_{ld} 的计算，《公路钢混组合桥梁设计与施工规范》(JTG/T D64-01—2015)、《公路钢结构桥梁设计规范》(JTG D64—2015)与《钢-混凝土组合桥梁设计规范》(GB 50917—2013)规定如下：

①组合梁结合面纵向剪力计算需考虑的作用(或荷载)包括组合截面形成后的恒荷载、活荷载、预应力、收缩徐变以及温度效应等。

②组合梁钢梁与混凝土桥面板结合面纵桥向剪力作用按未开裂分析方法计算，不考虑负弯矩区混凝土开裂影响。

③钢梁与混凝土板之间的纵向水平剪力由连接件承受，单位梁长的界面纵向剪力 V_{ld} 按下式计算：

$$V_{\mathrm{ld}} = \frac{V_{\mathrm{d}} S_0}{I} \tag{6-26}$$

式中：V_{d}——形成组合作用之后作用于组合梁的竖向剪力(N)；

S_0——界面以上的混凝土截面对组合截面中和轴的面积矩(mm^3)；

I——组合截面换算截面惯性矩(mm^4)。

连接件在钢梁翼缘上的数量宜按剪力图面积比例分配，在相应区段内均匀布置。

④结合面上由于预应力束集中锚固力、混凝土收缩变形或温差引起的纵桥向剪力，由梁端部长度 l_{cs} 范围内的连接件承受。单位梁长的界面纵向剪力 V_{ld} 按下式计算：

$$V_{\mathrm{ld}} = \frac{2V_{\mathrm{s}}}{l_{\mathrm{cs}}} \tag{6-27}$$

式中：V_{s}——由预应力束集中锚固力、混凝土收缩变形或温差的初始效应在混凝土桥面板中产生的纵桥向剪力(N)；

l_{cs}——由预应力束集中锚固力、混凝土收缩变形或温差引起的纵桥向剪力计算传递长度(mm)，取主梁间距和主梁长度的 1/10 中的较小值。

桥面板由于预应力锚固、混凝土收缩徐变和混凝土板和钢梁间的温差产生的剪力主要集中在梁端，剪力大小由梁端向跨中方向逐渐递减。各国规范中对纵桥向剪力计算的传递长度有不同规定，具体见表 6-11，供读者参考。

各国规范中对纵桥向剪力计算传递长度的规定 表 6-11

各国规范	梁端纵向剪力传递长度
我国《公路桥梁钢结构设计规范》	min{主梁相邻腹板间距，1/10 主梁跨径}
我国《铁路桥结合梁设计规定》	收缩产生：$l_{\mathrm{cs}} = 2\sqrt{\dfrac{\mu Q_{\mathrm{s}}}{\varepsilon_{\mathrm{s}}}}$ 温度产生：$l_{\mathrm{cs}} = 2\sqrt{\dfrac{\mu Q_{\mathrm{s}}}{\alpha t}}$
日本《道路桥示方书·同解说》	min{主梁间距，1/10 主梁跨径}
英国规范 BS 5400	温度产生：$l_{\mathrm{cs}} = \sqrt{\dfrac{KQ}{\Delta f}}$ 或 1/5 有效跨径(在此案有焊钉时)
欧洲规范 4	混凝土板有效宽度

另外,《钢结构设计标准》(GB 50017—2017)规定验算的纵向受剪界面主要为图 6-36所示的 $a—a$、$b—b$、$c—c$ 及 $d—d$ 受剪界面。

①单位纵向长度上 $a—a$ 受剪界面的计算纵向剪力为:

$$v_1 = \max\left(\frac{V_s}{m_i} \times \frac{b_1}{b_e}, \frac{V_s}{m_i} \times \frac{b_2}{b_e}\right) \tag{6-28}$$

式中:v_1——单位梁长的界面纵向剪力(N/mm);

V_s——每个剪跨区段内钢梁与混凝土翼板交界面的纵向剪力(N);

m_i——剪跨区段长度(mm)(图 6-32);

b_e——混凝土翼板有效宽度(mm),应按对应跨的跨中有效宽度取值;

b_1、b_2——分别为翼板左右两侧的悬臂宽度(mm),如图 6-36 所示。

②单位纵向长度上 $b—b$、$c—c$ 及 $d—d$ 受剪界面的计算纵向剪力为:

$$v_1 = \frac{V_s}{m_i} \tag{6-29}$$

上述公式中,针对剪跨区段长度 m_i 与每个剪跨区段内组合梁交界面的纵向剪力 V_s,《钢结构设计标准》(GB 50017—2017)规定如下:

当采用柔性抗剪连接件时,以弯矩绝对值最大点及支座为界限,划分为若干个区段(图 6-39),逐段进行布置。每个剪跨区段内钢梁与混凝土翼板交界面的纵向剪力 V_s 按下列公式确定:

①正弯矩最大点到边支座区段,即 m_1 区段,V_s 取 Af 和 $b_e h_{c1} f_c$ 中的较小者。

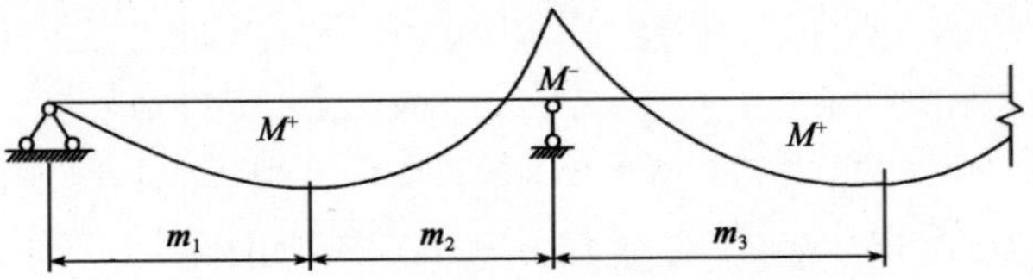

图 6-39　连续组合梁剪跨区划分示意

②正弯矩最大点到中支座(负弯矩最大点)区段,即 m_2 和 m_3 区段:

$$V_s = \min\{Af, b_e h_{c1} f_c\} + A_{st} f_{st} \tag{6-30}$$

式中:A——钢梁的截面面积(mm^2);

A_{st}——负弯矩区混凝土翼板有效宽度范围内的纵向钢筋截面面积(mm^2);

f——钢材的抗拉、抗压和抗弯强度设计值(MPa);

f_c——混凝土抗压强度设计值(MPa);

f_{st}——钢筋抗拉强度设计值(MPa);

b_e——跨中及中间支座处混凝土翼板的有效宽度(mm);

h_{c1}——桥面板翼板厚度(mm)。

(2)英国桥梁规范 BS 5400。

英国桥梁规范 BS 5400 规定,正常使用极限状态下,简支及连续组合梁单位梁长的界面纵向剪力 V_{ld}应按照弹性理论采用换算截面法计算,并假设混凝土板不开裂且没有配筋。若假设混凝土桥面板的有效宽度 b_e 沿桥梁跨径方向不变,可根据不同情况,取均布荷载 1/4 跨对应

的有效宽度值 b_e。承载力极限状态下,组合梁桥单位梁长的纵向剪力 V_{ld}的计算方法与正常使用阶段的计算方法相一致,截面竖向剪力取承载力极限状态时荷载产生的剪力,计算公式同式(6-25)。

(3)欧洲规范4。

欧洲规范4规定,钢梁与混凝土板界面间的纵向剪力可根据材料力学方法按弹性计算,也可考虑结构的非线性,按纵向抗剪破坏极限状态时的内力分布计算,如图6-40所示。

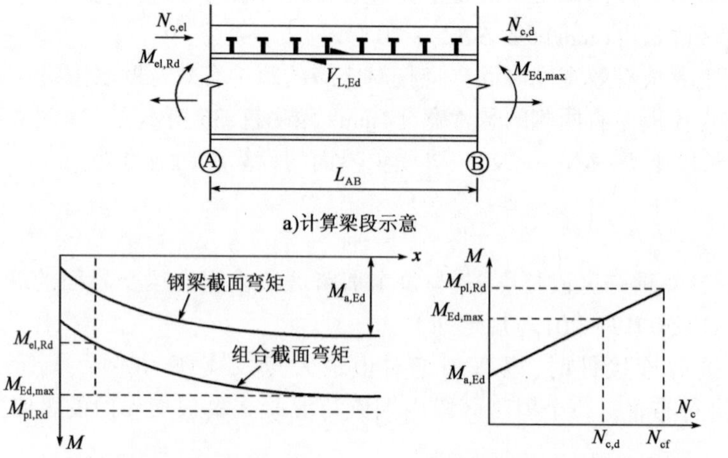

a)计算梁段示意

b)截面弯矩分布示意　　c)截面弯矩与混凝土板轴力的关系

图6-40　欧洲规范4关于组合梁界面纵向剪力的确定

$M_{pl,Rd}$-组合截面塑性极限弯矩(kN·m);$M_{el,Rd}$-组合截面弹性极限弯矩(kN·m);$M_{Ed,max}$-组合梁在荷载作用下的截面最大弯矩值(kN·m);$M_{a,Ed}$-钢梁截面塑性极限弯矩(kN·m);$N_{c,d}$-组合梁在荷载作用下的弯矩最大截面对应的混凝土板轴力(kN);N_{cf}-组合截面全截面塑性时对应的混凝土板轴力(kN);$N_{c,el}$-与$M_{el,Rd}$对应的混凝土板截面的轴力(kN)

该规范中假设截面弯矩与混凝土板轴力为线性关系,如图6-40c)所示。

图6-40a)表示计算梁段的范围,A截面的截面弯矩值等于组合截面弹性极限弯矩,B截面为荷载作用下组合梁的弯矩最大截面。根据轴力平衡条件,AB梁段间纵向剪力之和为A、B截面混凝土板的压力之差。

因此,AB梁段界面单位长度上的剪力 V_{ld}为:

$$V_{ld} = \frac{V_1}{L_{AB}} \tag{6-31}$$

式中:L_{AB}——AB梁段的长度(mm);

V_1——AB梁段间纵向剪力之和(N),按下式计算:

$$V_1 = N_{c,d} - N_{c,el} \tag{6-32}$$

3)纵向抗剪强度验算

组合梁混凝土桥面板的纵向剪力应满足如下要求:

$$v_l \leqslant v_{lRd} \tag{6-33}$$

式中:v_l——荷载作用引起的单位梁长的界面纵向剪力(N/mm);

v_{lRd}——单位长度内纵向界面抗剪承载力(N/mm)。

以下介绍各规范规定的界面纵向抗剪承载力 v_{lRd} 的计算方法。

(1)我国规范。

我国规范如《公路钢混组合桥梁设计与施工规范》(JTG/T D64-01—2015)、《钢-混凝土组合桥梁设计规范》(GB 50917—2013)以及《钢结构设计标准》(GB 50017—2017)规定,单位长度内纵向界面抗剪承载力按下列公式计算:

$$v_{\mathrm{lRd}} = \min\{0.7 f_{\mathrm{td}} b_{\mathrm{f}} + 0.8 A_{\mathrm{e}} f_{\mathrm{sd}}, 0.25 b_{\mathrm{f}} f_{\mathrm{cd}}\} \tag{6-34}$$

式中:v_{lRd}——单位长度内纵向界面抗剪承载力(N/mm);

b_{f}——纵向受剪界面的长度,按图6-36所示的 $a—a$,$b—b$,$c—c$ 及 $d—d$ 连线在抗剪连接件以外的最短长度取值(mm);

A_{e}——单位长度上横向钢筋的截面面积,按表6-12取值;

f_{td}——混凝土轴心抗拉强度设计值(MPa);

f_{cd}——混凝土轴压抗拉强度设计值(MPa);

f_{sd}——横向钢筋强度设计值(MPa)。

单位长度内垂直于主梁方向上的钢筋截面面积 A_{e} 表6-12

剪切面	$a—a$	$b—b$	$c—c$	$d—d$
A_{e}	$A_{\mathrm{b}}+A_{\mathrm{t}}$	$2A_{\mathrm{b}}$	$2(A_{\mathrm{b}}+A_{\mathrm{bh}})$	$2A_{\mathrm{bh}}$

(2)英国桥梁规范BS 5400。

英国桥梁规范BS 5400规定,任意剪切面内单位长度内纵向界面抗剪承载力按下列公式计算,取两者的较小值:

$$v_{\mathrm{lRd}} = k_1 s L_{\mathrm{s}} + 0.7 A_{\mathrm{e}} f_{\mathrm{ry}} \tag{6-35}$$

$$v_{\mathrm{lRd}} = k_2 L_{\mathrm{s}} f_{\mathrm{cu}} \tag{6-36}$$

式中:k_1——普通密度的混凝土为0.9,轻集料混凝土为0.7;

k_2——普通密度的混凝土为0.15,轻集料混凝土为0.12;

L_{s}——纵向受剪界面的长度;

s——单位应力,取值1MPa;

f_{ry}——横向钢筋屈服强度(MPa);

f_{cu}——混凝土立方体抗压强度(MPa)。

若 f_{cu} 小于20MPa,则式(6-35)中的 $k_1 s L_{\mathrm{s}}$ 应该由 $k_3 s L_{\mathrm{s}}$ 代替,k_3 对普通密度的混凝土取作0.04,对轻集料混凝土取作0.03。

对于有承托的组合梁,用于满足穿过承托的剪切面(图6-37中3—3及4—4面)抗剪的钢筋中的至少一半应作为满足 A_{bv} 定义的底部钢筋。

对于纵向剪切与混凝土桥面板横向弯曲之间的相互作用规定如下:

①对于剪切面穿过整个板厚的情况,不用考虑纵向剪切与横向弯曲的相互作用。

②对于剪切面围绕连接件的无承托组合梁,按照以下规定计算:

若承载力极限状态下的设计荷载引起抗剪连接件范围内的板出现横向受拉,需要考虑这种情况下对未穿过整个板厚的剪切面(图6-37中2—2面)的影响,单位长度内纵向界面抗剪承载力按下式计算:

$$v_{\mathrm{lRd}} = k_1 s L_{\mathrm{s}} + 1.4 A_{\mathrm{bv}} f_{\mathrm{ry}} \tag{6-37}$$

若承载力极限状态下的设计荷载引起抗剪连接件范围内的板出现横向受压，需要考虑该情况对未穿过整个板厚的剪切面（图 6-37 中 2—2 面）的有利作用，单位长度内纵向界面抗剪承载力按下式计算：

$$v_{\mathrm{lRd}} = k_1 s L_{\mathrm{s}} + 0.7 A_{\mathrm{e}} f_{\mathrm{ry}} + 1.6 F_{\mathrm{T}} \tag{6-38}$$

式中：F_{T}——单位长度内板顶横向钢筋由板的横向弯曲产生的最小拉力（N），计算时仅考虑永久荷载。

③对于有承托的组合梁，按照以下规定采用：

在承载力极限状态下的设计荷载引起抗剪连接件范围内板横向受拉的情况下，若满足式（6-35）要求的钢筋同时满足 A_{bv} 的定义，且承托的尺寸满足相关规定，则无须考虑相互作用。

在承载力极限状态下的设计荷载引起抗剪连接件范围内板横向受压的情况下，无须考虑相互作用，只要满足式（6-35）及式（6-36）的要求即可。

（3）欧洲规范 4。

欧洲规范 4 对混凝土桥面板与钢梁界面的抗剪承载力设计值的相关规定如下：

混凝土桥面板的纵向抗剪承载力可根据拉杆-压杆模型计算，横向钢筋作为拉杆，混凝土斜向抗压作为压杆，如图 6-41 所示。

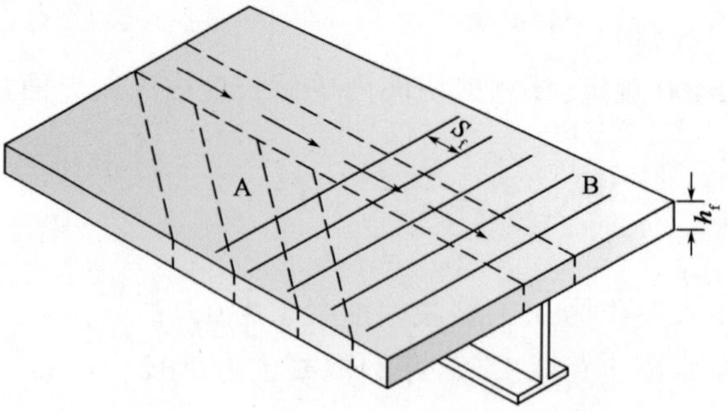

图 6-41　欧洲规范 4 混凝土板纵向抗剪强度计算模型示意

A-压杆；B-拉杆

根据拉杆-压杆平衡条件，界面纵向抗剪承载力可取拉杆破坏和压杆破坏两种破坏模式对应的承载力的较小值。

若钢筋拉杆破坏（横向钢筋屈服），界面纵向抗剪承载力为：

$$v_{\mathrm{lRd}} = \frac{\cot\theta_{\mathrm{f}} A_{\mathrm{sf}} f_{\mathrm{yd}}}{h_{\mathrm{f}} s_{\mathrm{f}}} \tag{6-39}$$

式中：A_{sf}——横向钢筋的面积（mm^2）；

f_{yd}——横向钢筋的屈服强度（MPa）；

s_{f}——横向钢筋的间距（mm）；

h_{f}——混凝土板厚度（mm）；

θ_{f}——混凝土斜压杆角度（°），一般可取 25.6° ~45°。

若混凝土斜压杆破坏，界面纵向抗剪承载力为：

$$v_{\mathrm{lRd}} = v f_{\mathrm{cd}} \sin\theta_{\mathrm{f}} \cos\theta_{\mathrm{f}} \tag{6-40}$$

式中：f_{cd}——混凝土圆柱体抗压强度设计值；

v——考虑混凝土板沿主拉应力方向开裂对主压应力方向抗压强度的折减系数，按下式计算：

$$v = 0.6\left(1 - \frac{f_{ck}}{250}\right) \tag{6-41}$$

式中：f_{ck}——混凝土圆柱体抗压强度标准值（MPa）。

若没有更为精确的计算方法，其剪切面的抗剪承载力可按照上述的方法计算。

6.3.6　抗裂验算

对于连续组合梁桥，由于负弯矩区混凝土开裂后会导致防水层的破坏及钢筋和钢梁的锈蚀，且这些破坏难以发现和修复，因此在设计时需特别关注。影响连续组合梁负弯矩区混凝土桥面板开裂的因素非常复杂，不仅受混凝土的长期荷载效应影响，同时与桥面板的局部轮压荷载等有关，目前各国对混凝土桥面板开裂问题的处理方式差别较大。例如，欧洲国家在设计组合梁桥时大多不允许混凝土桥面板出现拉应力或限制拉应力的水平而不允许其开裂，在连续组合梁桥中多采用张拉预应力的方法来解决开裂问题。但由于钢梁具有较大的刚度，因此相当一部分预应力将由钢结构承担，只有部分作为有效预应力能够施加到桥面板中。而且随着连续组合梁桥跨径的增加，钢梁在结构中所占的相对比例也越来越高，因此导致施加预应力的效率逐渐降低。此外，由于混凝土收缩徐变效应的影响，组合梁内施加的预应力会产生相当程度的损失。

因此，从简化构造、方便施工和降低工程造价的角度出发，另一类设计思想是允许连续组合梁桥在使用过程中发生一定程度的开裂，但应限制混凝土桥面板的裂缝宽度在一定范围之内。当采用控制裂缝宽度的设计思想时，则需要对负弯矩区开裂后结构的内力分布做更细致的分析，并对混凝土桥面板内的钢筋设置提出更高的要求。混凝土桥面板内既要具备足够的钢筋，同时又要具备合理的构造措施和布置方式，以实现对混凝土桥面板裂缝宽度的有效控制。

1）裂缝宽度限值及配筋要求

（1）我国规范。

《公路钢筋混凝土及预应力混凝土桥涵设计规范》（JTG 3362—2018）中给出了裂缝宽度的限值，该限值是指在荷载短期效应组合并考虑长期效应组合影响下构件的垂直裂缝，不包括施工中混凝土收缩过大、养护不当及渗入氯盐过多等因素引起的其他受力裂缝。对裂缝宽度的限制，应从保证结构耐久性，钢筋不被锈蚀及过宽的裂缝影响结构外观，而引起人们心理上的不安等因素考虑。但如采取切实有效措施，在施工上保证混凝土的密实性，在设计上采用必要的保护层厚度，要比用计算控制构件的裂缝宽度重要得多。

构件的工作环境是影响钢筋锈蚀的重要条件，《公路钢筋混凝土及预应力混凝土桥涵设计规范》（JTG 3362—2018）根据不同环境条件分别确定不同的裂缝宽度限值，同时考虑了钢材对锈蚀的敏感性。

《公路钢筋混凝土及预应力混凝土桥涵设计规范》（JTG 3362—2018）规定：钢筋混凝土构件和B类预应力混凝土构件，在正常使用极限状态下的裂缝宽度，应按荷载短期效应组合并考虑长期效应影响进行验算。钢筋混凝土构件和B类预应力混凝土构件，其计算的最大裂缝宽度不应超过规定的限值,见表6-13。

最大裂缝宽度限值 表6-13

环 境 类 别	最大裂缝宽度限值(mm)
	钢筋混凝土构件、B类预应力混凝土构件
Ⅰ类:一般环境	0.20
Ⅱ类:冻融环境	0.20
Ⅲ类:近海或海洋氯化物环境	0.15
Ⅳ类:除冰盐等其他氯化物环境	0.15
Ⅴ类:盐结晶环境	0.10
Ⅵ类:化学腐蚀环境	0.15
Ⅶ类:磨蚀环境	0.20

(2)欧洲规范4。

欧洲规范4关于组合梁负弯矩区混凝土桥面板裂缝宽度验算基本是以欧洲规范2为基础。为了避免复杂的计算,欧洲规范4推荐了简化的裂缝验算方法,即通过给出纵向钢筋的最小配筋率,限制纵向钢筋的直径和间距等构造措施来满足裂缝控制的要求。此外,欧洲规范4对裂缝宽度限制的要求是根据欧洲规范2的环境等级来确定的。

对于处于1级环境(干燥环境)的构件,一般不必做裂缝宽度验算;但为了避免意外出现很宽的裂缝,欧洲规范4建议在1级环境中工作的组合梁将其设计裂缝宽度限制为0.5mm。

对于处于2~4级环境的组合梁,取设计裂缝宽度为0.3mm时,通常可以满足混凝土桥面板的耐久性及外观要求。

对于5级环境(化学腐蚀环境)的裂缝宽度限值,欧洲规范4没有给出详细的规定。

为控制混凝土裂缝宽度,应使第一条裂缝出现时,混凝土桥面板内的纵向钢筋仍处于弹性状态。因此,在裂缝验算时,应控制纵向钢筋的最小配筋率。

组合梁混凝土桥面板与轴心受拉构件相似,在开裂弯矩M_{cr}的作用下,混凝土桥面板的轴向拉力为:

$$N_{s,cr} = k_s k_c k f_{ct,eff}(1+\rho n_0)A_{ct} \approx k_s k_c k f_{ct,eff} A_{ct} \tag{6-42}$$

式中:$f_{ct,eff}$——第一条裂缝形成时混凝土的平均有效抗拉强度(MPa),可取为混凝土的轴心抗拉强度值f_{ctm},当难以确定开裂时混凝土的强度时,可取$f_{ct,eff}=3$MPa;

k_s——用于考虑混凝土早期开裂及组合梁滑移效应所导致的混凝土桥面板轴向力减少的影响系数,可取为0.9;

k_c——混凝土桥面板中应力分布影响系数,可偏保守地取$k_c=0.9$;若较为精确的计算可取$k_c=\dfrac{1}{1+h_c/2z_0}+0.3\leqslant 1.0$,其中$h_c$为混凝土桥面板的厚度(不包括承托高度),$z_0$为按未开裂截面计算的混凝土桥面板中性轴至组合梁截面中性轴的距离;

k——混凝土非均匀自平衡应力的影响系数。当腹板高度小于300mm或翼缘板宽度小于300mm时,可取为1.0;当腹板高度大于800mm或翼缘板宽度小于800mm

时，可取为0.65；其余中间值可用插值法。一般可保守取用$k=1.0$；

ρ——纵向钢筋配筋率；

n_0——钢梁与混凝土的弹性模量比值；

A_{ct}——混凝土桥面板有效宽度范围内的截面面积(mm^2)。

使式(6-42)计算的混凝土桥面板开裂前的最大轴向力小于纵向钢筋屈服时所能提供的纵向拉力，可得到纵向钢筋的最小面积为：

$$A_s \geqslant \frac{N_{s,cr}}{\sigma_s} = \frac{k_s k_c k f_{ct,eff} A_{ct}}{\sigma_s} \tag{6-43}$$

式中：σ_s——混凝土开裂时钢筋的最大允许应力(MPa)，可取为钢筋的抗拉屈服强度标准值f_{sk}。

同时，欧洲规范允许使用不通过计算的"简化方法"来控制裂缝，对于受弯和受拉构件中的裂缝，推荐方法采用一些简单的规定进行控制，主要通过控制设计最大钢筋直径和最大钢筋间距来实现，见表6-14、表6-15。

裂缝控制的最大钢筋直径 ϕ_{max}(mm)　　表6-14

钢筋应力 σ_s(MPa)	$w_k=0.4$mm	$w_k=0.3$mm	$w_k=0.2$mm
160	40	32	25
200	32	25	16
240	20	16	12
280	16	12	8
320	12	10	6
360	10	8	5
400	8	6	4
450	6	5	—

裂缝控制的最大钢筋间距 d(mm)　　表6-15

钢筋应力 σ_s(MPa)	$w_k=0.4$mm	$w_k=0.3$mm	$w_k=0.2$mm
160	300	300	200
200	300	250	150
240	250	200	100
280	200	150	50
320	150	100	—
360	100	50	—

对应于最小配筋率的最大钢筋直径ϕ_{max}取决于混凝土的抗拉强度，表6-14中的数值是按混凝土平均轴心抗拉强度$f_{ctm}=2.5$MPa进行分析得到的，当采用其他强度等级的混凝土时，钢筋直径按下式进行换算：

$$\phi = \phi_{\max} \frac{f_{\mathrm{ct,eff}}}{f_{\mathrm{ct,0}}} \tag{6-44}$$

式中：$f_{\mathrm{ct,0}}$——常量（MPa），一般取 $f_{\mathrm{ct,0}} = 2.9\mathrm{MPa}$。

同时规定，对于承受负弯矩且不控制混凝土桥面板裂缝宽度的组合梁，施工时若在钢梁下设置临时支撑，混凝土桥面板的有效宽度范围内纵向钢筋的钢筋率不应小于0.4%；施工时若在钢梁下不设置临时支撑，混凝土桥面板有效宽度范围内纵向钢筋的配筋率不应小于0.2%。对连续组合梁的内支座钢筋应布置在不小于1/4跨长的范围内，对于悬臂组合梁应布置在不小于1/2跨长的范围内。

2）裂缝宽度计算

（1）我国规范。

《公路钢混组合桥梁设计与施工规范》（JTG/T D64-01—2015）规定组合梁负弯矩区混凝土板在正常使用极限状态下最大裂缝宽度 w_{fk} 应按现行《公路钢筋混凝土及预应力混凝土桥涵设计规范》（JTG 3362）的相关规定计算。

《公路钢筋混凝土及预应力混凝土桥涵设计规范》（JTG 3362—2018）中关于钢筋混凝土构件和B类预应力混凝土受弯构件，其最大裂缝宽度 w_{fk}（mm）可按下式计算：

$$w_{\mathrm{fk}} = C_1 C_2 C_3 \frac{\sigma_{\mathrm{ss}}}{E_{\mathrm{s}}} \left(\frac{c + d}{0.36 + 1.7\rho_{\mathrm{te}}} \right) \tag{6-45}$$

式中：C_1——钢筋表面形状系数，对光面钢筋，$C_1 = 1.40$；对带肋钢筋，$C_1 = 1.00$；对环氧树脂涂层带肋钢筋，$C_1 = 1.15$；

C_2——长期效应影响系数，$C_2 = 1 + (0.5M_l/M_s)$，其中 M_l 和 M_s 分别为作用准永久组合和作用频遇组合计算的弯矩设计值（或轴力设计值）；

C_3——与构件受力性质有关的系数，当为钢筋混凝土板式受弯构件时，$C_3 = 1.15$，其他受弯构件 $C_3 = 1.0$，轴心受拉构件，$C_3 = 1.2$。

σ_{ss}——钢筋应力（MPa）；

c——最外排纵向受拉钢筋的混凝土保护层厚度（mm），$c > 50\mathrm{mm}$ 时，取50mm；

d——纵向受拉钢筋直径（mm），当采用不同直径钢筋时，d 改用换算直径 d_e；

ρ_{te}——纵向受拉钢筋的有效配筋率，当 $\rho_{\mathrm{te}} > 0.1$ 时，取 $\rho_{\mathrm{te}} = 0.1$；当 $\rho_{\mathrm{te}} < 0.01$ 时，取 $\rho_{\mathrm{te}} = 0.01$。

由作用（或荷载）频遇组合效应引起的开裂截面纵向受拉钢筋的应力 σ_{ss} 应满足下列要求：

①钢筋混凝土桥面板应按下式计算：

$$\sigma_{\mathrm{ss}} = \frac{M_s y_s}{I_{\mathrm{cr}}} \tag{6-46}$$

式中：M_s——形成组合作用之后，按作用（荷载）频遇值组合效应计算的组合截面弯矩值（N·mm）；

I_{cr}——由纵向普通钢筋与钢梁形成的组合截面的惯性矩（mm^4），即开裂截面惯性矩；

y_s——钢筋截面形心至钢筋和钢梁形成的组合截面中性轴的距离（mm）。

②B类部分预应力混凝土板按下式计算：

$$\sigma_{ss} = \frac{M_s \pm M_{p2} - N_p y_p}{I'_{cr}} y_{ps} \pm \frac{N_p}{A'_{cr}} \tag{6-47}$$

式中：M_{p2}——由预加力在后张发预应力连续组合梁等超静定结构中产生的次弯矩(N · mm)；

N_p——考虑预应力损失后预应力钢筋的预加力合力(N)；

y_p——预应力钢筋合力点至普通钢筋、预应力钢筋和钢梁形成的组合截面中性轴的距离(mm)；

y_{ps}——预应力钢筋和普通钢筋的合力点至普通钢筋、预应力钢筋和钢梁形成的组合截面中性轴的距离(mm)；

A'_{cr}——由纵向普通钢筋、预应力钢筋与钢梁形成的组合截面的面积(mm^2)；

I'_{cr}——由纵向普通钢筋、预应力钢筋与钢梁形成的组合截面的惯性矩(mm^4)。

另外，《组合结构设计规范》(JGJ 138—2016)中对组合梁桥面板裂缝的规定如下：组合梁负弯矩区段混凝土在正常使用极限状态下考虑长期作用影响的最大裂缝宽度应按现行国家标准《混凝土结构设计规范》(GB 50010)轴心受拉构件的规定计算，其值不得大于现行国家标准《混凝土结构设计规范》(GB 50010)规定的限值。

(2)欧洲规范。

根据欧洲规范 4，组合梁桥混凝土桥面板在纵向负弯矩作用下的裂缝宽度可按欧洲规范 2 的相关方法计算，并将计算裂缝宽度 w 与允许裂缝宽度 w_k 进行比较，以验算裂缝宽度是否在允许范围内。

桥面板混凝土的允许裂缝宽度按下式计算：

$$w_k = s_{t,max}(\varepsilon_{sm} - \varepsilon_{cm}) \tag{6-48}$$

式中：$s_{t,max}$——裂缝最大间距(mm)，按式(6-49)计算；

ε_{sm}——钢筋平均应变；

ε_{cm}——混凝土裂缝之间的平均应变。

裂缝最大间距 $s_{t,max}$ 可按下式计算：

$$s_{t,max} = \frac{k_3 c + k_1 k_2 k_4 \phi}{\rho_{p,eff}} \tag{6-49}$$

式中：ϕ——钢筋直径(mm)；

c——纵向钢筋保护层厚度(mm)；

k_1——与钢筋类型有关的系数，对于高黏结钢筋 $k_1 = 0.8$，对于光圆钢筋 $k_1 = 1.6$；

k_2——与截面应力分布有关的系数，对于受弯截面 $k_2 = 0.5$，对于受拉截面 $k_2 = 1.0$；

k_3、k_4——固定的系数，分别为 $k_3 = 3.4$，$k_4 = 0.425$；

$\rho_{p,eff}$——有效配筋率，按下式计算。

$$\rho_{p,eff} = \frac{A_s + \xi_1^2 A_p}{A_{c,eff}} \tag{6-50}$$

式中：$A_{c,eff}$——混凝土有效面积(mm^2)；

A_s——混凝土有效宽度内的纵向钢筋截面面积(mm^2)；

A_p——混凝土有效宽度内的纵向预应力钢束面积(mm^2)；

ξ_1——考虑预应力与加强钢筋直径的差异时黏结强度的调整比例。有效面积范围内的预应力钢束面积。

同时，$\varepsilon_{sm}-\varepsilon_{cm}$可按下式计算：

$$\varepsilon_{sm}-\varepsilon_{cm}=\frac{\sigma_s-k_t\frac{f_{ct,eff}}{\rho_s}(1+\alpha_e\rho_s)}{E_s}\geqslant 0.6\frac{\sigma_s}{E_s} \tag{6-51}$$

式中：σ_s——开裂截面的钢筋应力（MPa）；

α_e——钢筋与混凝土的弹性模量比；

ρ_s——纵向钢筋的配筋率；

k_t——与荷载作用时间有关的系数，对于短期荷载$k_t=0.6$，对于长期荷载$k_t=0.4$；

$f_{ct,eff}$——第一条裂缝形成时混凝土的平均有效抗拉强度（MPa），可取为混凝土的轴心抗拉强度值f_{ctm}，当难以确定开裂时混凝土的强度时，可取$f_{ct,eff}=3$MPa。

对于未采用预应力的组合梁，如混凝土桥面板在拉应力作用下开裂，组合截面由钢梁和钢筋组成，而忽略混凝土的作用。但由于混凝土的受拉刚化作用的影响（即裂缝间未开裂的混凝土对结构刚度的提高作用），钢筋实际应力要高于按组合截面计算得到的钢筋应力。

根据欧洲规范4，荷载引起的负弯矩区钢筋应力可按下式计算：

$$\sigma_s=\sigma_{s,0}+\Delta\sigma_s \tag{6-52}$$

其中，

$$\Delta\sigma_s=\frac{0.4f_{ctm}}{\alpha_{st}\rho_s} \tag{6-53}$$

$$\alpha_{st}=\frac{AI}{A_sI_s} \tag{6-54}$$

式中：$\sigma_{s,0}$——开裂截面的钢筋应力（MPa），其中截面内力根据忽略受拉混凝土作用的模型计算；

f_{ctm}——混凝土的平均抗拉强度（MPa）；

ρ_s——纵向钢筋配筋率，$\rho_s=A_s/A_{ct}$；

A、I——分别为组合截面的面积（mm^2）及惯性矩（mm^4），忽略混凝土的抗拉贡献；

A_s、I_s——分别为钢梁截面的面积（mm^2）及惯性矩（mm^4）。

（3）英国桥梁规范 BS 5400。

英国桥梁规范 BS 5400 规定，由组合梁的整体纵向弯曲及局部荷载效应引起的混凝土桥面板表面的裂缝宽度应分别计算，两部分计算得到的裂缝宽度叠加后应小于裂缝宽度限值。

该规范认为，混凝土桥面板上表面的弯曲裂缝宽度主要由3个因素决定：混凝土桥面板上表面与垂直于裂缝方向的最近钢筋之间的距离、混凝土桥面板上表面与混凝土桥面板中性轴之间的距离，以及混凝土桥面板上表面的平均应变。计算由整体纵向弯曲作用产生的应变时，应考虑剪力滞后效应的影响。

当钢筋应力（计算时忽略混凝土的抗拉作用）不超过$0.8f_{ry}$时（f_{ry}为钢筋的屈服强度标准值），混凝土桥面板上表面的裂缝宽度可按下式计算：

$$w=\frac{3a_{cr}\varepsilon_m}{1+2\frac{a_{cr}-c_{nom}}{h-d_c}} \tag{6-55}$$

式中：ε_m——混凝土桥面板上表面的平均纵向应变，考虑混凝土受拉区的刚化效应；

a_{cr}——混凝土桥面板上表面到距其最近的纵向钢筋表面的距离（mm）；

c_{nom}——名义保护层厚度（mm）；

h——混凝土桥面板的总厚度（mm）；

d_c——混凝土桥面板受压区高度（mm），若 $d_c = 0$，则取 $w = 3a_{cr}\varepsilon_m$。

考虑钢筋受拉刚化效应的混凝土上表面平均纵向应变为：

$$\varepsilon_m = \varepsilon_1 - \left[\frac{3.8b_t hx(a' - d_c)}{\varepsilon_s A(h - d_c)}\right]\left[\left(1 - \frac{M_q}{M_g}\right) \times 10^{-9}\right] \leqslant \varepsilon_1 \tag{6-56}$$

式中：ε_1——混凝土上表面的纵向计算应变，忽略混凝土受拉区的应力刚化效应；

ε_s——受拉钢筋的应变计算值，忽略混凝土受拉区的应力刚化效应；

b_t——受拉钢筋平面处混凝土桥面板的有效宽度（mm）；

a'——混凝土桥面板上表面到混凝土截面中和轴的距离（mm）；

h——组合梁受拉区高度，可以认为是混凝土桥面板厚度（mm）；

M_q——活载在计算截面处产生的弯矩（N · mm）；

M_g——恒载在计算截面处产生的弯矩（N · mm）；

A——受拉钢筋面积与钢梁受拉翼缘的截面面积之和（mm^2）。

若计算所得 ε_m 为负值，则说明验算截面未开裂。

若桥面板表面受双向拉伸作用，应分别对两个方向进行验算。

混凝土收缩效应对组合梁裂缝宽度的影响通常会大于对钢筋混凝土梁的影响。由于英国大部分桥梁所处环境较为潮湿，混凝土收缩变形较小，且收缩效应的考虑较为复杂，因此在计算混凝土裂缝宽度时一般未考虑混凝土收缩的影响。若混凝土的收缩应变如高于 6×10^{-4}，在没有更精确的计算方法的情况下，可以将 ε_m 增大 50%。

(4) 日本《道路桥示方书》。

日本《道路桥示方书》对连续组合梁按照允许负弯矩区开裂进行设计时，需要对裂缝进行验算。控制桥面板裂缝的方法主要有 3 种：限制钢筋应力、规定最小配筋率以及限制裂缝宽度。

关于限制钢筋应力，一般采取降低桥面板钢筋容许应力的措施，同时在验算时留有一定的富余量。

关于最小配筋率，日本《道路桥示方书》规定，在要求截面钢筋率不小于 2% 的同时，也要求桥面板配筋的周长总和与混凝土截面积的比大于 0.0045mm/mm^2。

关于裂缝宽度的计算及容许裂缝宽度，日本混凝土标准示方书规定为：

$$w = k[4c + 0.7(d_s - \phi)(\sigma_s/E_s + \varepsilon_{csd})] \tag{6-57}$$

$$w_a = \begin{cases} 0.005c & \text{一般环境} \\ 0.004c & \text{腐蚀环境} \\ 0.0035c & \text{较差腐蚀环境} \end{cases} \tag{6-58}$$

式中：k——表示钢筋黏着性能的影响，一般螺纹钢筋为 1.0，无螺纹钢筋为 1.3；

c——钢筋纯保护层厚度（mm）；

ε_{csd}——考虑徐变及收缩影响的应变，一般情况下取为 150×10^{-6}；

σ_s、E_s、d_s、ϕ——钢筋的应力（MPa）、弹性模量（MPa）、间距（mm）、直径（mm）。

6.4 负弯矩区受力性能提升

对于箱形组合梁连续梁桥中支点附近的负弯矩区,在设计施工过程中,需要重点解决钢梁的受压稳定问题以及混凝土桥面板的开裂问题。处理负弯矩区桥面板混凝土开裂的方法一般有两类:预防开裂和允许裂缝出现,但限制其宽度在可接受数值范围内。第一种方法必须使用预加应力;第二种方法是用混凝土裂缝宽度限制代替拉应力限制的设计方法。对于第二种情况,混凝土裂缝宽度的控制尤为重要,混凝土开裂对组合梁性能的影响是多方面的,包括对混凝土板耐久性的影响、组合梁刚度、连接件性能和内力重分布等力学性能方面的影响等。

由于中间支座负弯矩区混凝土桥面板受拉开裂后将退出工作,从而导致截面刚度降低、承载力下降。桥面板开裂后还易造成混凝土内的钢筋锈蚀,影响结构的耐久性。即使在混凝土板内加强钢筋配置,其抗弯能力及刚度通常也明显低于跨中正弯矩区的组合截面。

为提高箱形组合梁负弯矩区桥面板的受力性能,通常在设计时可以考虑采用以下几种方式:调整桥面板浇筑次序、设置临时支撑、支点强迫位移法、施加预应力,或综合应用以上两种或多种方法。

1)调整桥面板浇筑次序

传统的桥面板施工方法是采用移动模板及支架依次分段浇筑混凝土,这种方法的缺点是中间支座处的混凝土在硬化后会产生较大的拉应力。连续组合梁在无支架施工的条件下,当一期恒载所占比重较大,且活载等级较低时,可以调整混凝土桥面板的浇筑顺序。如果最后浇筑中间支座处的混凝土,可有效降低中间支座处混凝土的拉应力,但这种方法将使施工工序及模板数量增加,工期变长。

调整混凝土浇筑顺序也可与预加载方法联合使用,以获得更好的负弯矩区抗裂性能。在浇筑负弯矩区混凝土之前、正弯矩区段形成组合作用之后,通过在跨中区段进行预加载,可以在成桥后负弯矩区的混凝土桥面板内形成一定的预压力。预加载可以采用堆重或张拉钢丝束等方式。

2)设置临时支撑

临时支撑的主要目的是降低施工阶段钢梁的应力水平。在临时支撑处,硬化前的混凝土没有刚度,栓钉也不发挥作用,混凝土的自重作为荷载施加于钢梁上。当混凝土硬化以后,拆除临时支撑,形成新的平衡关系。

临时支撑可分为两种施工方式:

(1)设置支撑并使钢梁产生向上的初始挠度。

当钢梁具有初始向上的挠度时,钢梁上翼缘和靠近混凝土的腹板将产生拉应力。当混凝土硬化后拆除临时支撑,将形成新的平衡体系。在自重的作用下,钢梁上翼缘的拉应力和下翼缘的压应力均会降低。由临时支撑提供的支座反力将会使混凝土桥面板主要受压,钢梁主要受拉。

(2)设置普通支撑。

采用这种施工方法,钢梁在跨径范围内没有附加力使其产生变形。在混凝土浇筑过程中,钢梁的应力几乎不会增加。当拆除临时支撑后,桥梁的所有自重将使钢梁和混凝土桥面板产生应力,因此要求当钢梁与混凝土桥面板完全共同作用后才可拆除临时支撑。为计算支撑拆除在结构内产生的内力和变形,可将临时支撑的支承力反向作用于结构。

3)支点强迫位移法

对于超静定结构体系,支点的竖向位移对结构的内力分布和应力分布有较大影响。利用这一原理,可在浇筑桥面混凝土之前或之后,通过调整连续组合梁桥各支点的相对高度,改变结构的内力分布,在负弯矩区混凝土内形成预压力。支点的竖向位移值对结构的应力分布有很大影响,其调整的位移量通常与梁跨径成正比。此外,支点位移法在混凝土桥面板内产生的预压力会随混凝土收缩徐变的发展而发生一定损失,设计时需引起注意。

采用支点位移法在混凝土桥面板内施加预应力的方法可分为三类:同时提升所有的中间支点,当混凝土板与钢梁形成组合作用后再降低支点;使各支点依次产生竖向位移;降低边支点。

(1)同时提升所有的中间支点。

对于具有三个或三个以上中间支点的桥梁,可以同时提升所有的中间支点,使钢梁上翼缘产生拉应力,然后浇筑混凝土桥面板。当混凝土硬化后,将中间支点回复原位,从而在混凝土中形成预压力,如图6-42所示。

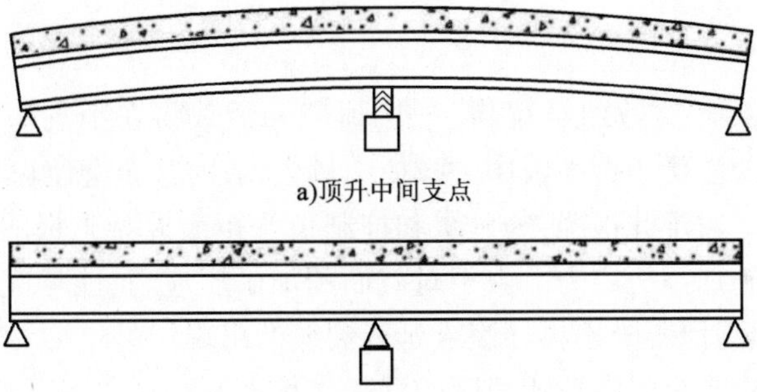

a)顶升中间支点

b)回落中间支点

图6-42　顶升中间支点法

(2)使各中间支点依次产生竖向位移。

对于具有多个中间支点的桥梁,在浇筑混凝土之前将其中一个支点提升,然后浇筑支点附近的混凝土至相邻跨的跨中,并待混凝土硬化后降低支点,然后进行下一个支点的提升。如此循环施工直至全桥的混凝土桥面板浇筑完毕,如图6-43所示。

(3)端支点竖向位移法。

中支点上升、下降施加预应力的效果,用移动端支点的方法同样可以实现。端支点竖向位移法的施工顺序与中支点位移法基本相同,只是将中支点的上升、下降变调整为将端支点的下降、上升即可。

支点强迫位移方法的优缺点是:对各种跨径的连续组合梁均是有效的,但支点位移量 δ 需通过试算来确定。位移量 δ 偏小可能达不到预期的加压效果;位移量 δ 过大又会使正弯矩区的混凝土桥面板压碎或降低其承载能力,并且在混凝土结构长期徐变过程中预压力值会逐渐减小,对结构安全有一定的影响。此外,各支点还需预顶高,在操作上必须十分谨慎。设计中必须定量分析支点位移法的合理顶升量,获得顶升量与结构内力分布之间的变化规律。

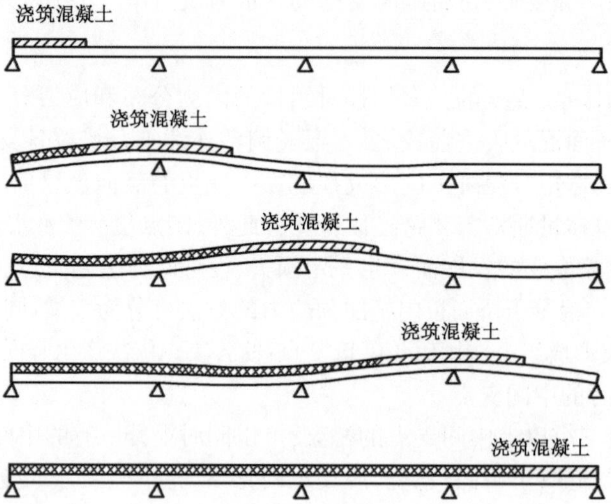

图6-43　中间支点依次顶升法

4)施加预应力法

对于大跨径钢-混凝土连续组合梁桥,二期恒载和活载将在中支座附近产生较大的负弯矩。这种负弯矩引起的混凝土桥面板中的拉应力较大,有时甚至会使得桥面严重开裂,难以用施加荷载法加以消除。对于此情况,为延缓和抑制负弯矩区混凝土板的开裂,提高结构刚度,可在混凝土桥面板内施加预压应力。由于对截面预加了压应力,能够完全或部分抵消由荷载产生的拉应力,从而使得混凝土不再开裂或延迟裂缝的出现。

在连续组合梁桥中支座附近负弯矩区的混凝土桥面板内施加预压力,用于抵消活荷载下产生的拉应力,可以有效防止混凝土的开裂。常用的方法是通过张拉高强预应力钢绞线束来施加体内或体外预应力。通过施加适量的纵向预应力钢束,使桥面板在主要荷载组合下不产生拉应力,并尽可能改善桥面板受力状况,做到拉而不裂。

张拉预应力的方法一般可分为两种形式:一种是在混凝土桥面板布置预应力钢束施加预应力;另一种是在跨中钢梁下翼缘施加一个张力。第一种方法是在负弯矩区段的混凝土桥面板中,设置纵、横向预应力钢筋,例如精轧螺纹钢筋、扁锚预应力钢束、无黏结预应力钢筋或者体外预应力束等。但对组合梁结构施加预应力,由于钢结构和剪力键可能参与受力从而使预应力效率较低,另外由于组合梁桥面板厚度相对较小,不适合大规模布置预应力。同时,需要指出的是,施加预应力法也易导致薄壁混凝土结构开裂,设计者应引起重视。

为改善现浇混凝土桥面板与预制混凝土桥面板在与钢梁连接以后再施加纵向预应力方式存在的弊端,可以考虑采用混凝土桥面板在施加预应力后再进行连接的方法。这种方法可以使干燥收缩及温差产生的应力效应最小,预应力仅导入混凝土桥面板,混凝土的收缩徐变影响也可以控制在最小。

组合梁中混凝土拉应力的大小不仅决定着安装方案的选择,并且影响着施工速度和建造成本。若要使施工简捷、速度快(如不用或少用临时支撑结构),可能将使结构的内力增大;若要使结构中的内力变小,则需要更加复杂的设计和复杂的施工步骤(如需要较多临时支撑结构),从而使得施工速度减慢。为了充分利用安装方法的优点,可综合利用上述提到的不同的方法,以减小恒载下负弯矩区的混凝土拉应力和钢梁的压应力。

6.5　跨径 3×50m 装配化箱形组合梁桥面板

下面主要以中交公路规划设计院有限公司(暨装配化钢结构桥梁产业技术创新战略联盟)研发的装配化工字组合梁系列通用图技术成果,介绍其 50m 跨径的装配化箱形组合梁桥面板的设计内容。

该系列通用图中装配化箱形组合梁的桥面板具有非预应力、模块化、装配化、无模化、高性能、高品质等特点。

6.5.1　主要技术指标

主要技术指标如下:

(1)公路等级:高速公路、一级公路。

(2)设计车速:100km/h。

(3)汽车荷载:公路—I 级。

(4)桥梁宽度:2×12.75m。

(5)跨径布置:3×50m。

(6)桥梁设计基准期:100 年。

(7)桥梁设计使用年限:100 年。

(8)桥梁安全等级:一级。

(9)桥面横坡:2.0%。

6.5.2　主要材料

1)混凝土

预制混凝土桥面板采用 C55 混凝土,桥面板后浇带采用 C55 自密实混凝土,混凝土护栏采用 C50 混凝土;设计要求混凝土中不得掺加粉煤灰。

自密实混凝土要求如下:

(1)自密实混凝土的技术要求应符合《自密实混凝土应用技术规程》(JGJ/T 283—2012)的规定。

(2)粗集料应采用连续级配,最大公称粒径不宜大于 16mm。

(3)细集料宜采用级配Ⅱ区的中砂。

(4)自密实混凝土流动距离不宜超过 5m。

(5)自密实混凝土的自密实性能及要求,如表 6-16 所示。

自密实混凝土技术要求 表 6-16

自密实性能	性能指标	技术要求
填充性	坍落扩展度(mm)	700 ± 50
	扩展时间 T_{500}(s)	<2
间隙通过性	坍落扩展度与J环扩展度差值(mm)	0 ~ 25
抗离析性	离析率(%)	≤15
	粗集料振动离析率(%)	≤10

2)钢筋

预制桥面板钢筋采用普通钢筋,型号为HRB500钢筋。

3)垫条及现浇缝密封条

钢梁上翼缘两侧与桥面板之间设置聚丙乙烯垫条,设计要求其吸水率不高于4%,抗压强度要求不低于0.5MPa,弹性模量4 000 ~ 6 000kPa,恒定永久压缩变形不大于20%。工地垫条采用可靠措施固定于翼缘板和小纵梁边缘,保证在预制桥面板吊装和混凝土浇筑过程中,工地垫条不发生移动。

6.5.3 结构设计要点

1)总体布置

该3×50m双向四车道装配化箱形组合梁桥,斜交角度为0°,平面处于直线上,上部结构全宽26m。钢主梁采用工厂分节段制造,节段间采用高强度螺栓在工地现场进行连接;桥面板为预制钢筋混凝土结构,后浇混凝土湿接缝。

主梁为多箱室等高组合梁,截面中心处组合梁高2.4m,其中开口钢箱梁高2.1m,混凝土桥面板厚0.25m,垫条厚0.05m。主梁横断面如图6-44所示。

混凝土桥面横向宽12.753m,分为预制部分和现浇部分。预制混凝土板采用C55混凝土,桥面板现浇部分混凝土采用C55自密实混凝土。预制桥面板在剪力钉所在的位置挖空形成预留槽,预留槽横向尺寸为50cm,纵向为52cm。桥面板小纵梁上方纵向湿接缝宽为40cm、横向湿接缝宽为35cm,梁端现浇段宽0.80m。

2)桥面板分块及尺寸

桥面板采用纵桥向及横桥向分块预制,预制桥面板需存放180d以上,以减小混凝土收缩徐变的影响;桥面板在剪力钉群处设置预留槽;根据结构尺寸不同,预制桥面板分为16种类型,共236块桥面板。板块纵桥向长度分为2.15m、2.60m和2.75m三种,横桥向长度为6.176m。

该箱形组合梁桥面板横断面布置,如图6-45所示;桥面板平面分块,如图6-46所示。

单块预制桥面板(W2类型)的构造,如图6-47所示。预制混凝土护栏底座剪力键与桥面板一起预制。

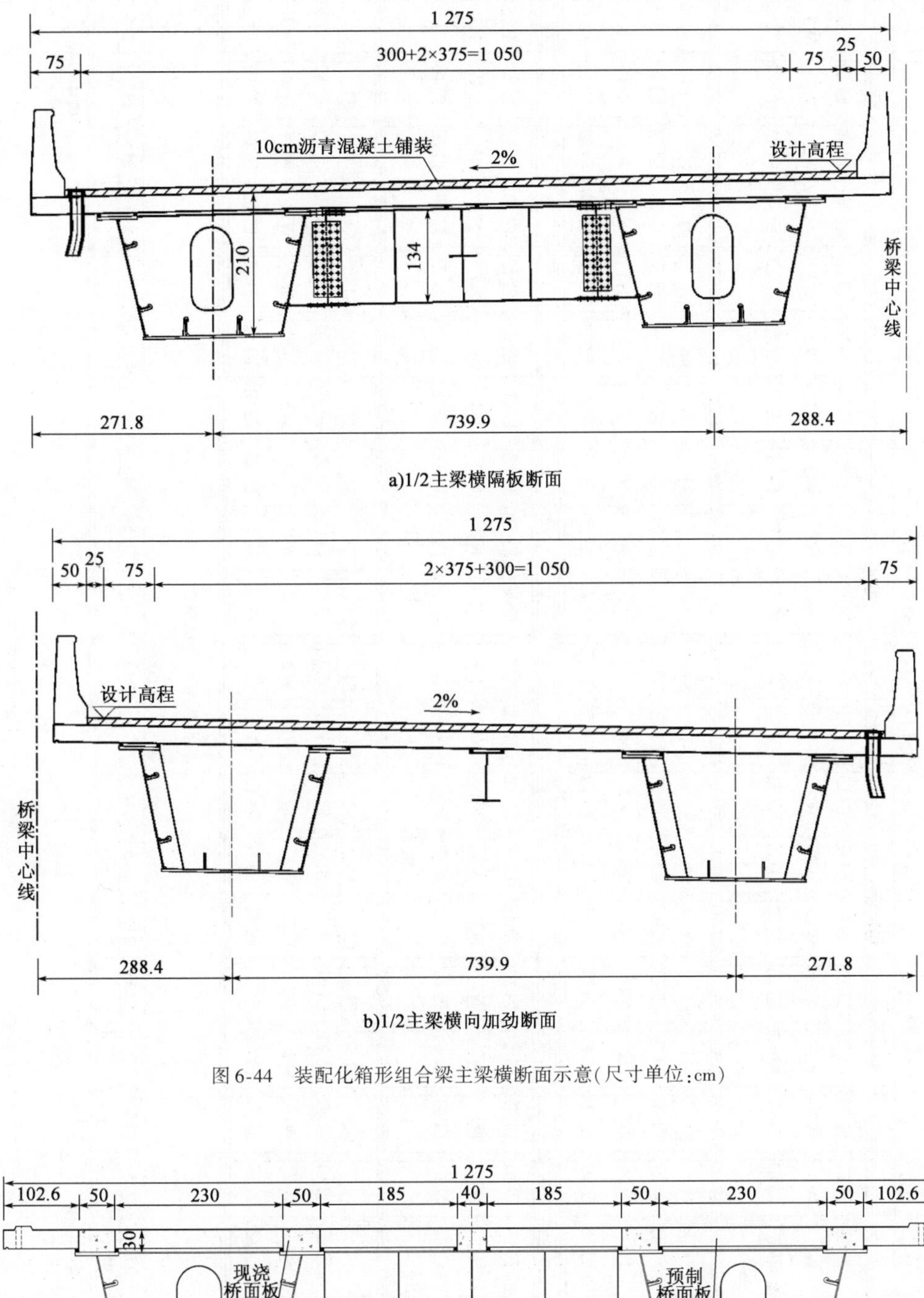

图6-44　装配化箱形组合梁主梁横断面示意(尺寸单位:cm)

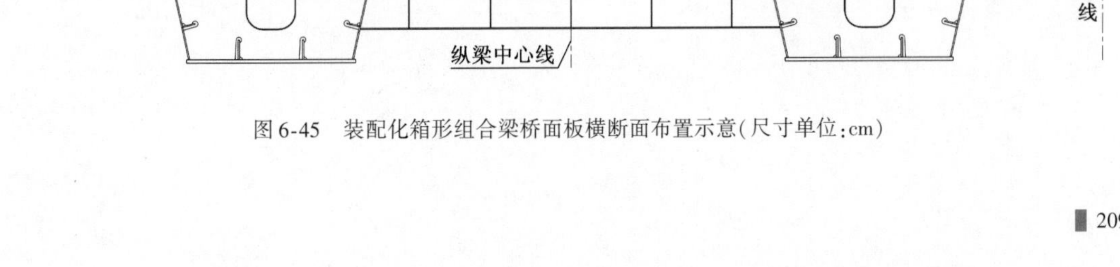

图6-45　装配化箱形组合梁桥面板横断面布置示意(尺寸单位:cm)

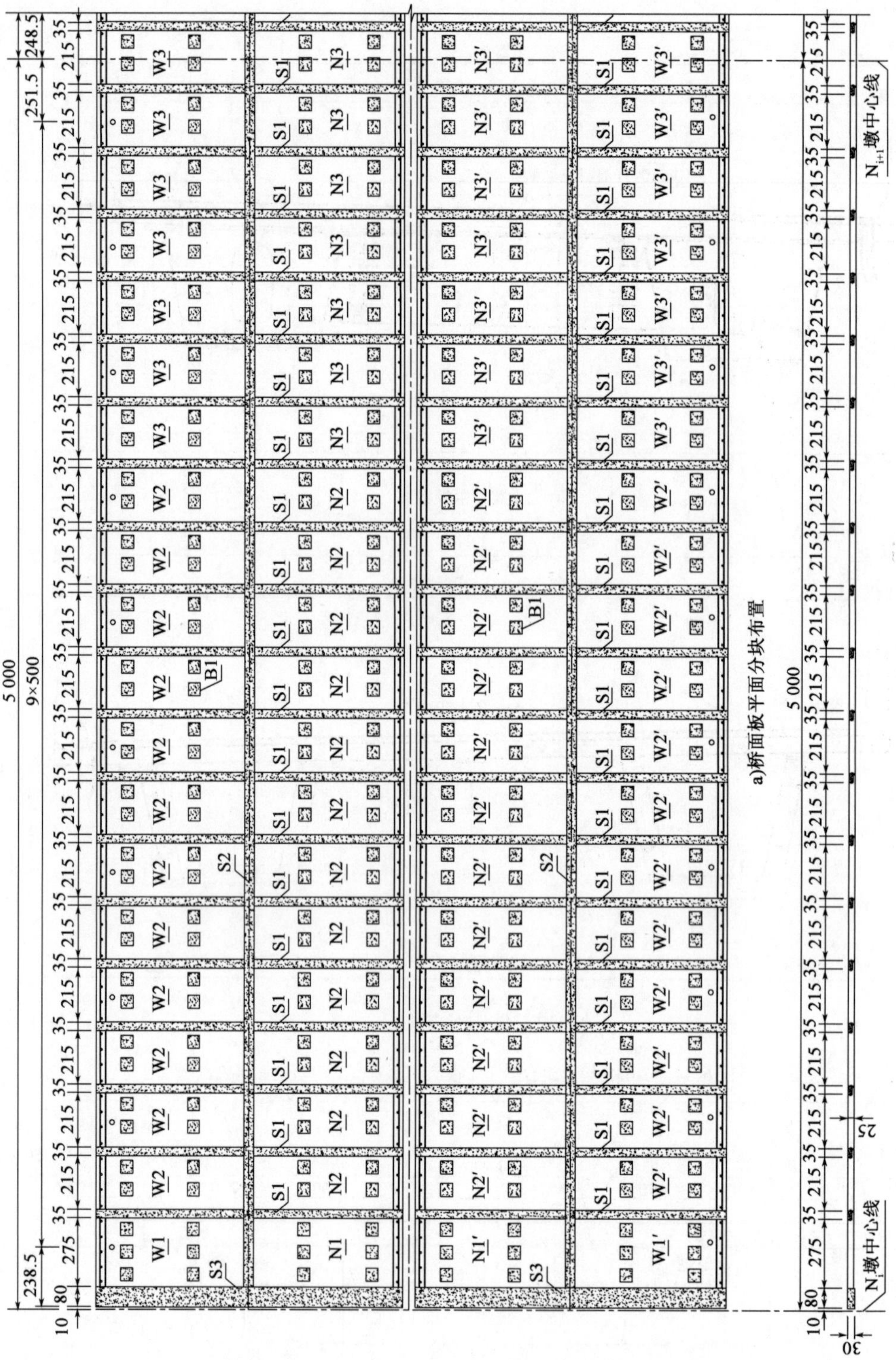

a)桥面板平面分块布置

b)桥面板侧剖面示意

图6-46　桥面板平面分块示意(尺寸单位：cm)

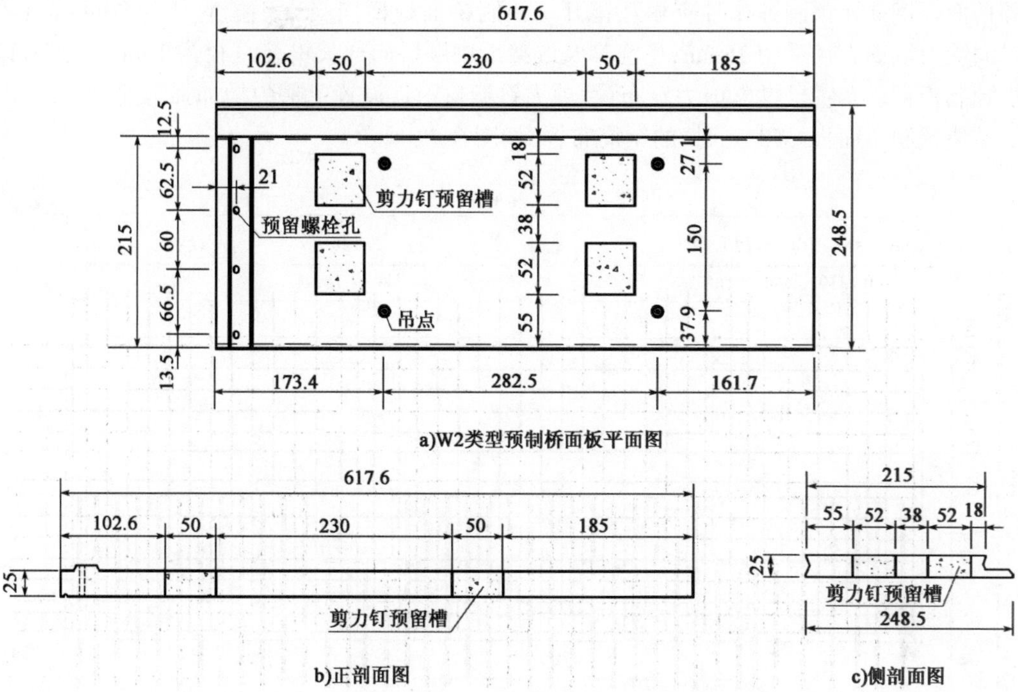

图6-47　W2类型预制桥面板构造示意(尺寸单位:cm)

3)桥面板预留槽口

预制桥面板与主梁及小纵梁连接处设置剪力钉槽口,每块标准预制板沿顺桥向设置两组共四个剪力钉槽口,与主梁连接的槽口尺寸为0.52m(顺桥向)×0.50m(横桥向)。

4)桥面板现浇缝

现浇缝为自成底模的形式,在自成底模的托板与另一块桥面板之间预留1.5cm缝隙,现场浇筑时填塞密封条,密封条材质同垫条,如图6-48所示。

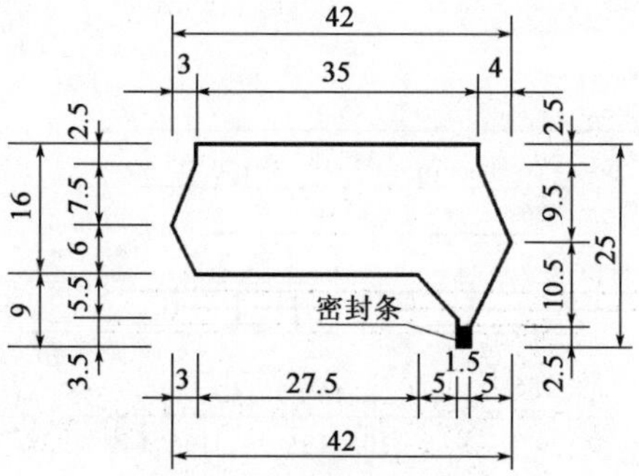

图6-48　预制桥面板现浇缝构造示意(尺寸单位:cm)

5)钢筋布置

桥面板顶面及底面钢筋保护层厚度为3.0cm,为避免在安装预制桥面板时钢筋相互干扰,相邻桥面板钢筋在预制绑扎时应相互错开。预制桥面板横向受力钢筋直径为20mm；负弯矩区纵向受力钢筋直径采用25mm；后浇带及湿接缝中顺桥向通长钢筋直径为16mm。剪力钉槽口内预制板钢筋布置已考虑剪力钉布设，剪力钉槽口附近设置了剪力槽加强钢筋。

单块预制桥面板（W2类型）的钢筋布置，如图6-49所示。

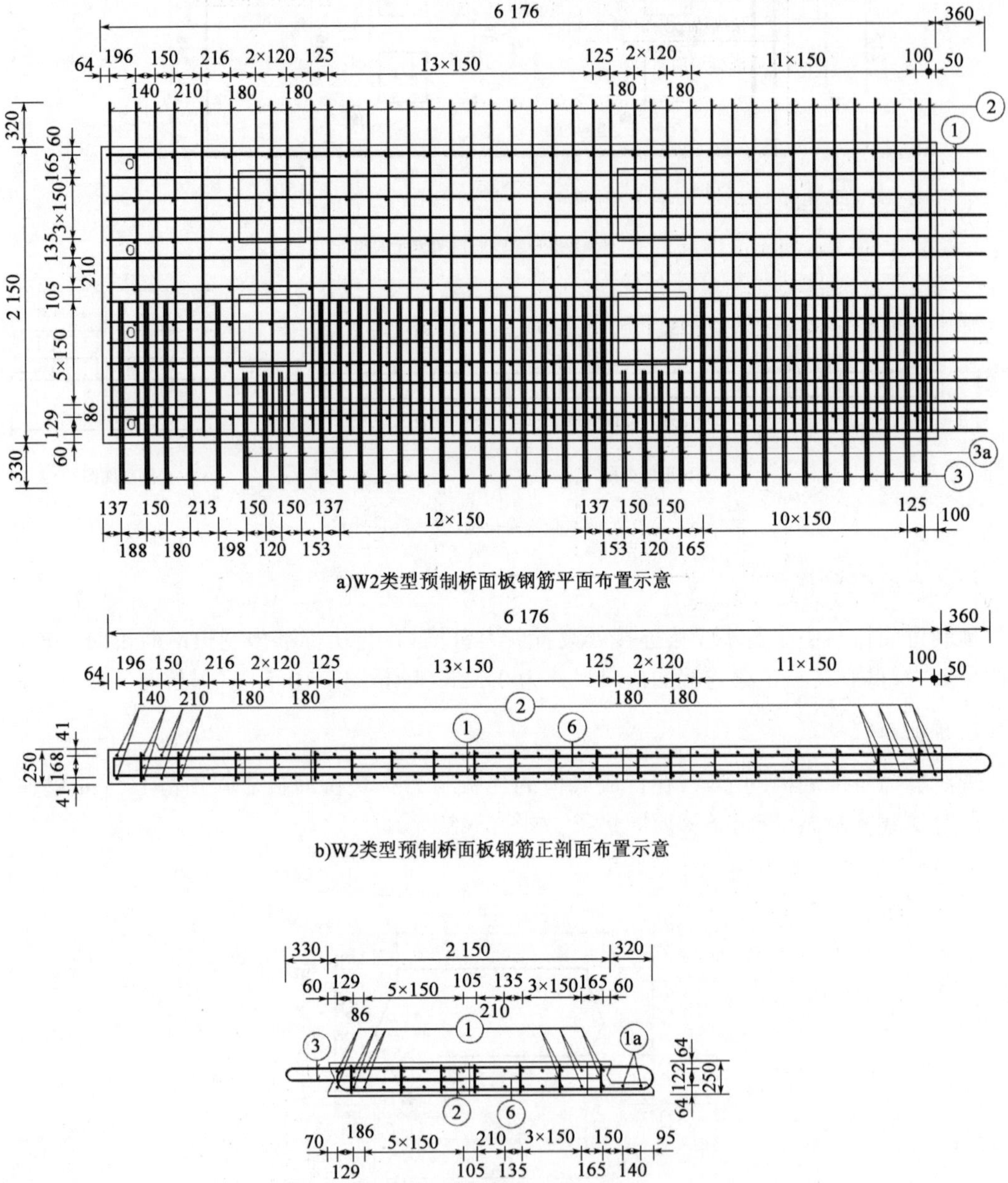

a)W2类型预制桥面板钢筋平面布置示意

b)W2类型预制桥面板钢筋正剖面布置示意

c)W2类型预制桥面板钢筋侧剖面布置示意

图6-49　W2类型预制桥面板钢筋布置示意（尺寸单位：mm）

预制桥面板后浇缝钢筋细节构造，如图6-50所示。

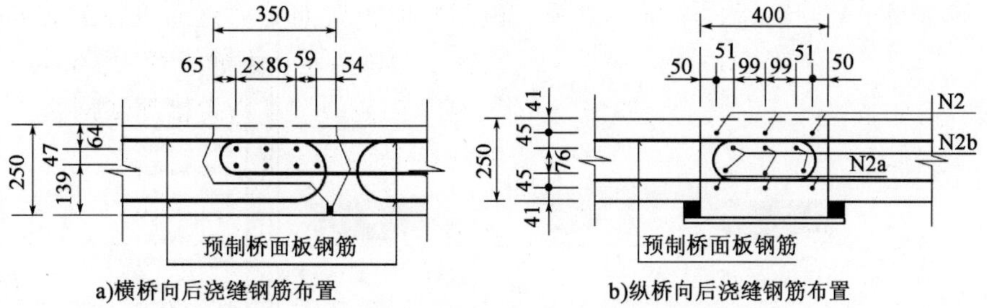

图6-50　预制桥面板后浇缝钢筋细节构造(尺寸单位:mm)

6)桥面板与钢梁上翼缘钢板贴合

在钢梁上翼缘板的两侧边缘,沿顺桥向通长粘贴两道断面为50mm宽的可压缩的泡沫压条,然后吊装和安放预制混凝土桥面板,在混凝土桥面板自重作用下,泡沫压条被压紧,并通过自身压缩适应桥面板横坡。预制桥面板工地垫条要求采用可靠措施固定于翼缘板和小纵梁边缘,保证在预制桥面板吊装过程中和混凝土浇筑过程中,工地垫条不发生移动。垫条布置如图6-51所示。

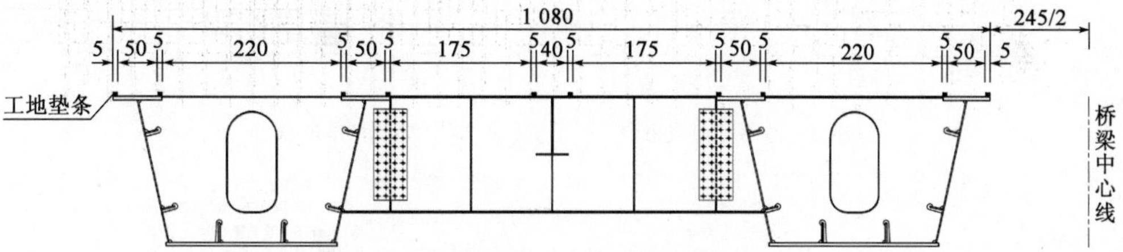

图6-51　预制桥面板垫条布置示意(尺寸单位:cm)

6.5.4　结构计算

下面主要以跨径3×50m双向四车道装配化箱形组合梁为例,介绍其桥面板相关的计算内容。计算过程中涉及的主要材料参数、计算荷载、荷载组合以及计算模型,参见第四章相关内容。

1)桥面板纵向受力计算

(1)桥面板抗弯承载力验算。

桥面板在承载能力极限状态下主要荷载组合和最不利荷载组合工况下的内力分布,如图6-52~图6-55所示。

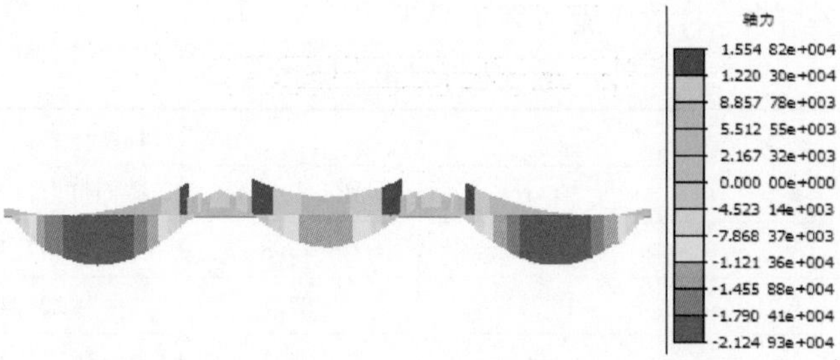

图6-52　主要荷载组合工况下桥面板轴力包络图(单位:kN)

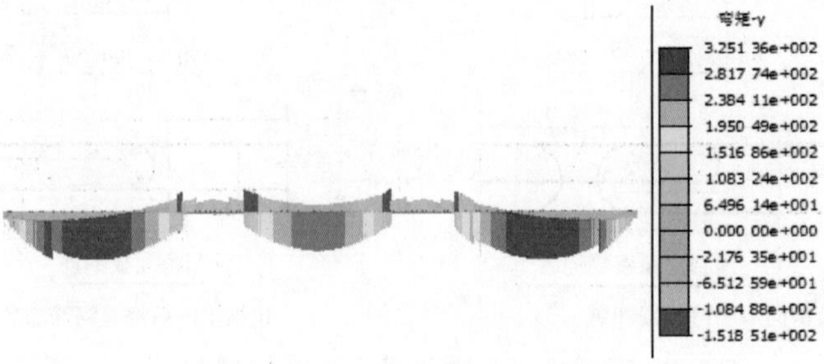

图 6-53　主要荷载组合工况下桥面板弯矩包络图(单位:kN · m)

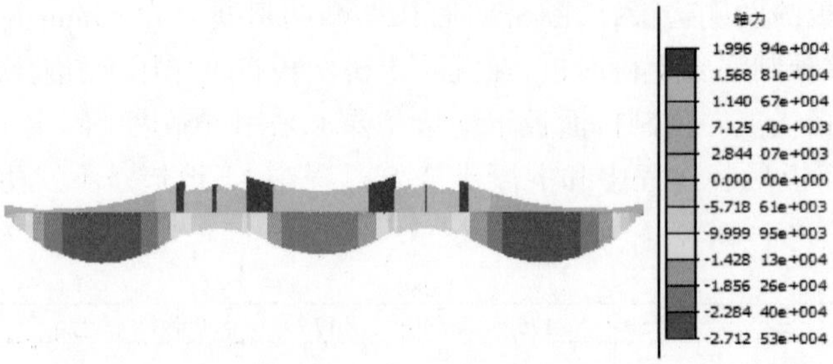

图 6-54　最不利荷载组合工况下桥面板轴力包络图(单位:kN)

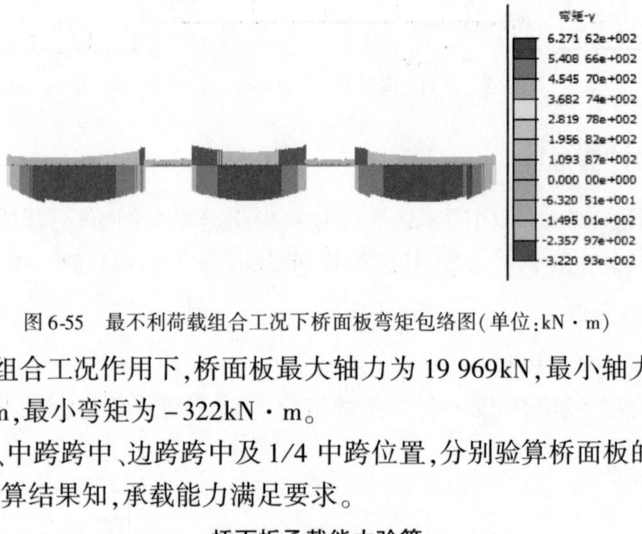

图 6-55　最不利荷载组合工况下桥面板弯矩包络图(单位:kN · m)

在最不利荷载组合工况作用下,桥面板最大轴力为 19 969kN,最小轴力为 －27 125kN,最大弯矩为 627kN · m,最小弯矩为 －322kN · m。

选取中墩墩顶、中跨跨中、边跨跨中及 1/4 中跨位置,分别验算桥面板的承载能力,结果如表 6-17 所示。由计算结果知,承载能力满足要求。

桥面板承载能力验算　　表 6-17

验算截面及组合		承载能力验算			
		N(kN)	M(kN · m)	截面抗力(kN)	安全系数
墩顶断面	M_{max}	－7 754.5	－23.8	－34 197.3	4.41
	N_{max}	－15 771.6	－87.1	－34 224.4	2.17
	M_{min}	－606.6	－95.3	－34 212.2	56.40
	N_{min}	7 410.5	－32.0	34 236.5	4.62

续上表

验算截面及组合		承载能力验算			
		N(kN)	M(kN·m)	截面抗力(kN)	安全系数
中跨跨中	M_{max}	22 462.2	591.4	84 749.0	3.77
	N_{max}	22 418.3	599.0	84 386.0	3.76
	M_{min}	−12 202.0	−207.6	−29 147.0	2.39
	N_{min}	−12 116.1	−208.9	−29 075.0	2.40
边跨跨中	M_{max}	20 154.6	621.1	72 455.0	3.59
	N_{max}	−5 374.9	−120.0	−17 906.0	3.33
	M_{min}	1 205.7	−136.9	34 737.0	28.81
	N_{min}	26 829.9	598.4	78 531.0	2.93
1/4 跨中断面	M_{max}	8 401.7	417.9	68 141.0	8.11
	N_{max}	−19 869.6	−321.6	−29 365.0	1.48
	M_{min}	−19 840.5	−322.0	−29 366.0	1.48
	N_{min}	8 561.8	413.0	69 101.0	8.07

(2)桥面板纵向抗剪承载力验算。

单位长度内纵向界面抗剪承载力可按下列公式计算，取两者的较小值：

$$V_{lRd} = \min\{0.7f_{td}b_f + 0.8A_e f_{sd}, 0.25b_f f_{cd}\}$$

该箱形组合梁桥面板采用C55混凝土，$f_{td}=1.89\text{MPa}$，$f_{cd}=24.4\text{MPa}$，钢筋采用HRB500，钢筋$f_{sd}=415\text{MPa}$。验算桥面板纵向抗剪界面 a—a 及 b—b，位置如图6-56所示。

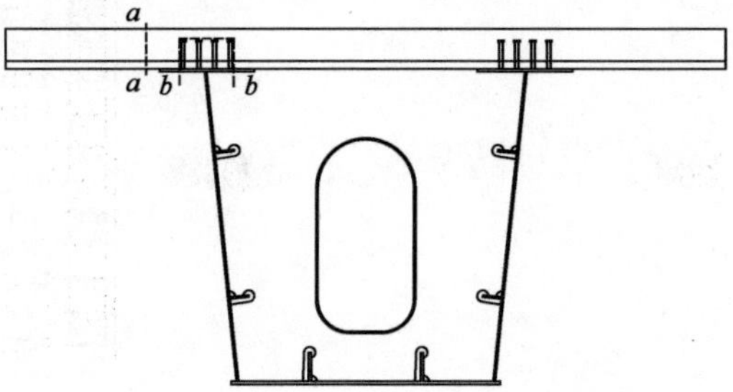

图6-56　箱形组合梁纵向抗剪位置

经计算，箱形组合梁端部位置处的每延米剪力 $V_{ld}=1\,839\text{kN/m}$，中支点位置处的每延米剪力 $V_{ld}=805\text{kN/m}$。

对于 a—a 断面，桥面板纵向受剪界面的长度 $b_f=250\text{mm}$，单位长度上横向钢筋的截面面积$A_e=A_b+A_t=2\times8\times\dfrac{3.14\times20^2}{4}=5\,024\text{mm}^2$。

经验算

$$V_{lRd}=\min\{0.7\times1.89\times250+0.8\times5\,024\times415, 0.25\times250\times24.4\}=1\,525\text{kN/m}$$

$$V_l = \max\left(\frac{b_1}{b_e}V_{ld}, \frac{b_2}{b_e}V_{ld}\right) = \max\left(\frac{1\,839\times0.975}{2.675}, \frac{1\,839\times1.1}{2.675}\right) = 756.2\text{kN/m}$$

$V_l < V_{lRd}$，组合梁混凝土桥面板 a—a 断面的纵向剪力满足设计要求。

对于 b—b 断面，桥面板纵向受剪界面的长度 $b_f = 2 \times 200 + 400 = 800\text{mm}$，单位长度上横向钢筋的截面面积 $A_e = 2A_b = 2 \times 8 \times \dfrac{3.14 \times 20^2}{4} = 5\,024\text{mm}^2$。

经验算

$$V_{lRd} = \min\{0.7 \times 1.89 \times 800 + 0.8 \times 5\,024 \times 415, 0.25 \times 800 \times 24.4\} = 2\,725.9\text{kN/m}$$

$V_l = V_{ld} = 1\,839\text{kN/m}$，$V_l < V_{lRd}$，组合梁混凝土桥面板 b—b 断面的纵向剪力满足设计要求。

(3)桥面板抗裂验算。

桥面板在正常使用极限状态下主要荷载组合和最不利荷载组合工况下的内力分布，如图 6-57 ~ 图 6-60 所示。

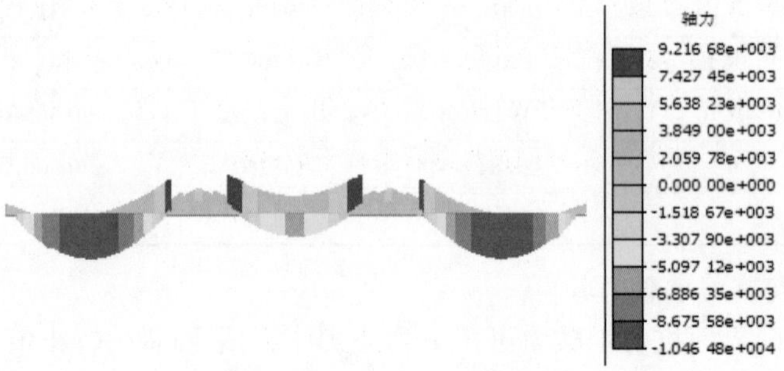

图 6-57　主要荷载组合工况下桥面板轴力包络图(单位:kN)

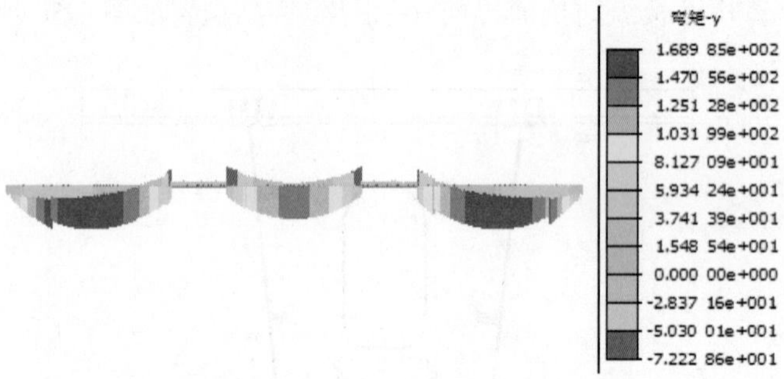

图 6-58　主要荷载组合工况下桥面板弯矩包络图(单位:kN·m)

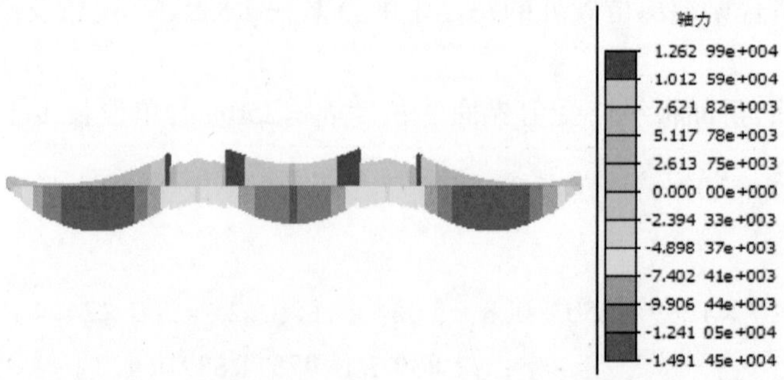

图 6-59　最不利荷载组合工况下桥面板轴力包络图(单位:kN)

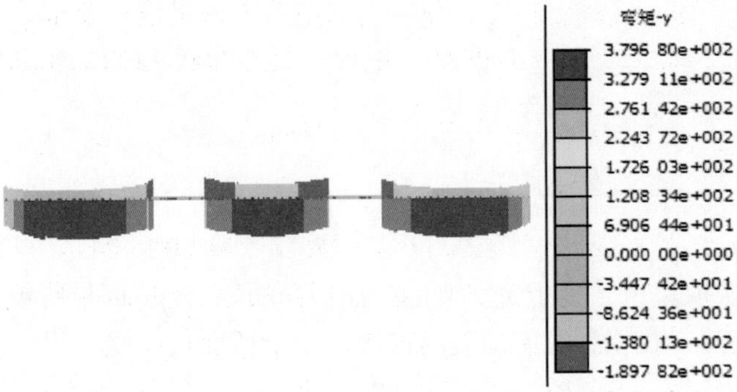

图 6-60　最不利荷载组合工况下桥面板弯矩包络图(单位:kN·m)

考虑墩顶负弯矩区开裂刚度的影响,按开裂惯性矩提取关键截面在短期效应组合下的截面内力。墩顶处桥面板顶、底缘配置 ϕ25 钢筋,钢筋间距 15cm;其余断面桥面板顶、底缘配置 ϕ20 钢筋,钢筋间距 15cm。桥面板抗裂验算结果,如表 6-18 所示。

正常使用极限状态桥面板抗裂验算　　表 6-18

验算截面及组合		截面抗裂验算			
		N(kN)	M(kN·m)	σ_{ss}(MPa)	裂缝宽度(mm)
墩顶断面	M_{max}	6 863.5	-21.5	85.4	0.10
	N_{max}	11 032.4	-54.3	140.1	0.16
	M_{min}	-2 097.2	-61.4	-16.2	0.00
	N_{min}	-6 266.1	-28.6	-70.9	0.00
中跨跨中	M_{max}	11 763.4	363.1	-14.2	0.00
	N_{max}	-8 855.4	-128.9	124.8	0.11
	M_{min}	-8 818.2	-129.5	124.4	0.11
	N_{min}	11 798.6	360.9	-14.3	0.00
边跨跨中	M_{max}	8 410.8	373.9	-6.4	0.00
	N_{max}	-3 843.0	-68.4	87.5	0.07
	M_{min}	1 854.6	-82.9	-1.4	0.00
	N_{min}	14 149.4	356.7	-21.1	0.00
1/4 跨中断面	M_{max}	4 388.2	276.7	0.7	0.00
	N_{max}	-13 946.7	-197.6	195.7	0.17
	M_{min}	-13 934.1	-197.8	195.6	0.17
	N_{min}	4 457.5	274.6	0.3	0.00

由表 6-18 可知,桥面板的最大裂缝宽度为 0.18mm,小于 0.2mm,满足要求。

2)桥面板横向受力计算

(1)分析方法。

主梁截面为开口箱形组合梁结构,为详细分析桥面板的横向受力,建立平面框架分析模型。沿顺桥向截取单位长度主梁节段,采用结构离散的方式将平面框架划分为若干个单元,计算模型如图 6-61 所示。

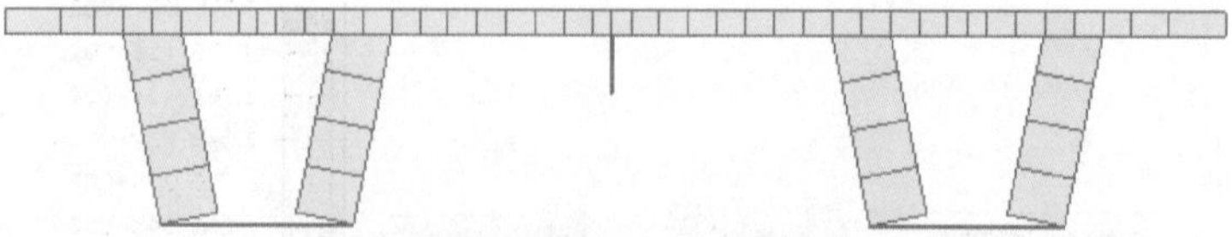

图 6-61　桥面板横向受力分析平面框架计算模型

由于计算模型选取单位长度板宽,因此必须计算单位长度桥面板所承担的荷载,其中车轮着地长度 $a_2 = 0.2\text{m}$,$b_2 = 0.6\text{m}$,考虑铺装的扩散作用得桥面板的受力尺寸:

$$a_1 = (a_2 + 2h) = 0.4\text{m}$$

$$b_1 = (b_2 + 2h) = 0.8\text{m}$$

取一跨桥面板作为分析对象,荷载位于桥面板的中央位置。对于钢箱内的桥面板,取板的跨径为两腹板间距离,取值为 2.8m;对于钢箱之间的桥面板,板的跨径取值为 2.3m,则:

桥面板的跨中位置

$$a = (a_2 + 2h) + l/3 \geqslant 2l/3 = 1.867\text{m}$$

桥面板的支撑位置

$$a = (a_2 + 2h) + t = 0.62\text{m}$$

桥面板的悬臂位置

$$a = (a_2 + 2h) + 2c = 1.72\text{m}$$

桥面板的有效宽度分布如图 6-62 所示。

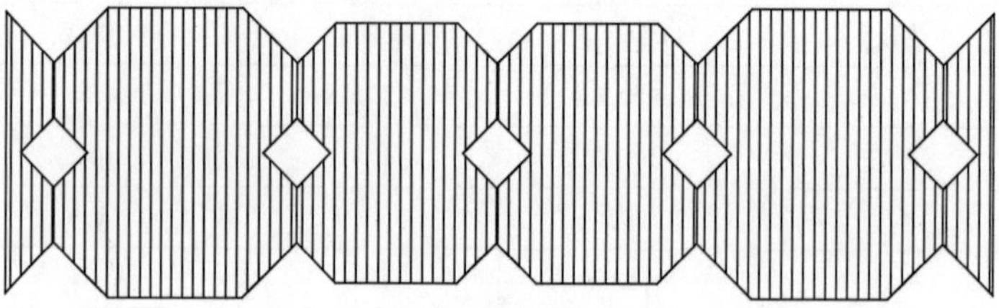

图 6-62　桥面板横向受力有效宽度分布

对于汽车荷载,根据《公路桥涵设计通用规范》(JTG D60—2015)第 4.3.1 条,采用公路—I 级车辆荷载。车辆总重 550kN,计算中只施加后轴车轮荷载,后轴轮重 2×140kN,间距1.4m。汽车荷载横向布置如图 6-63 所示。

对于荷载组合,平面框架模型中一共考虑了三种组合,依据不同验算状态,调整荷载组合系数。承载能力极限状态时,考虑结构重要性系数 1.1,恒载、汽车活载及温度梯度荷载的分项系数分别为 1.2、1.8 及 1.05,同时考虑荷载冲击效应,取冲击系数 1.3;正常使用极限状态频遇组合时,恒载、汽车活载及温度梯度荷载的分项系数分别为 1.0、0.7 及 0.8,不考虑荷载冲击效应。具体荷载组合如下:

荷载组合 1,恒载 + 汽车荷载。

荷载组合 2,恒载 + 截面正温差 + 汽车荷载。

荷载组合 3,恒载 + 截面负温差 + 汽车荷载。

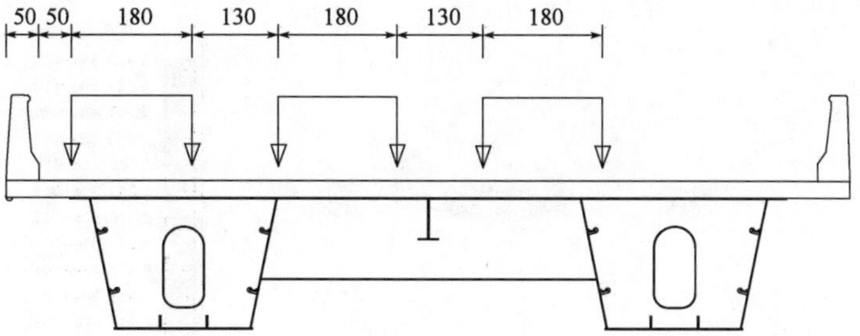

a)横向布置1

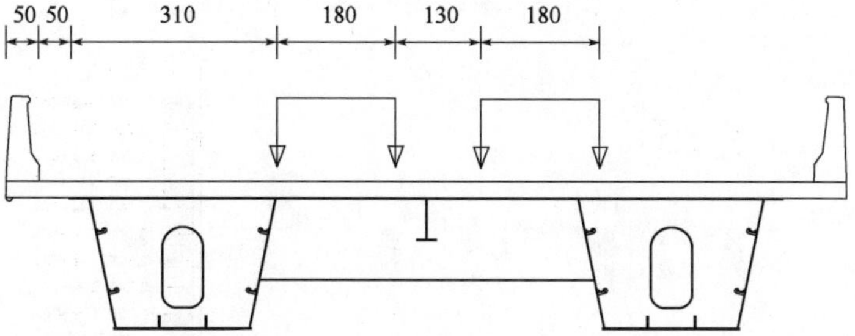

b)横向布置2

图6-63　汽车荷载横向布置(尺寸单位:cm)

(2)承载力极限状态验算。

荷载组合1及最不利荷载组合工况下,桥面板弯矩包络图和剪力包络图如图6-64～图6-67所示。

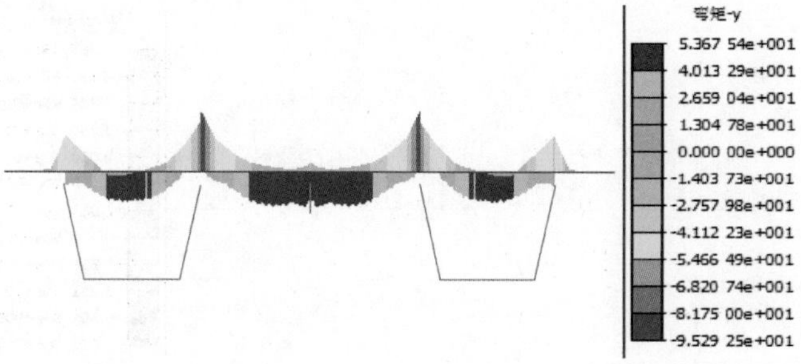

图6-64　荷载组合1弯矩包络图(单位:kN·m)

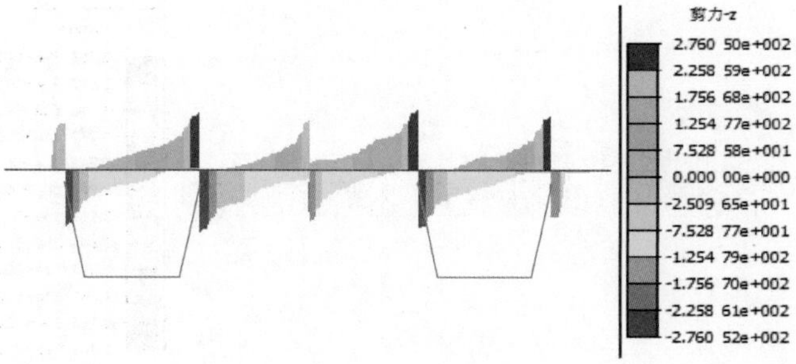

图6-65　荷载组合1剪力包络图(单位:kN)

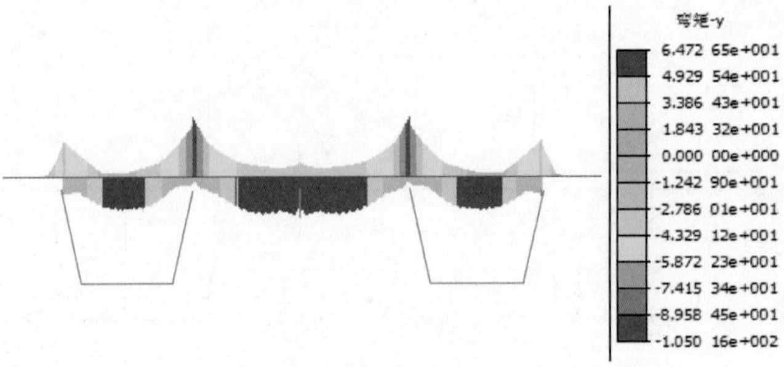

图 6-66　最不利荷载组合弯矩包络图(单位:kN·m)

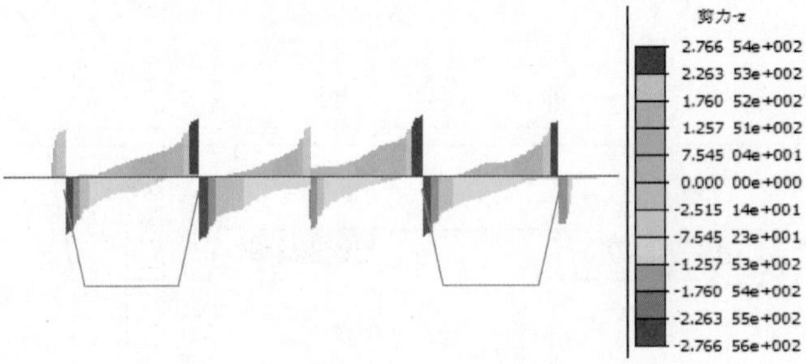

图 6-67　荷载不利组合剪力包络图(单位:kN)

桥面板横向采用直径 20mm 的钢筋,间距 15cm,按最不利组合验算其抗弯及抗剪承载能力,承载能力包络图如图 6-68、图 6-69 所示,抗弯及抗剪承载力安全系数均大于 1.0,满足要求。

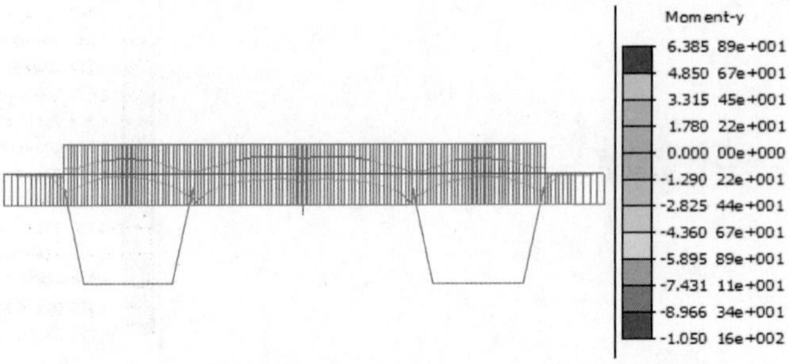

图 6-68　桥面板抗弯承载能力包络图(单位:kN·m)

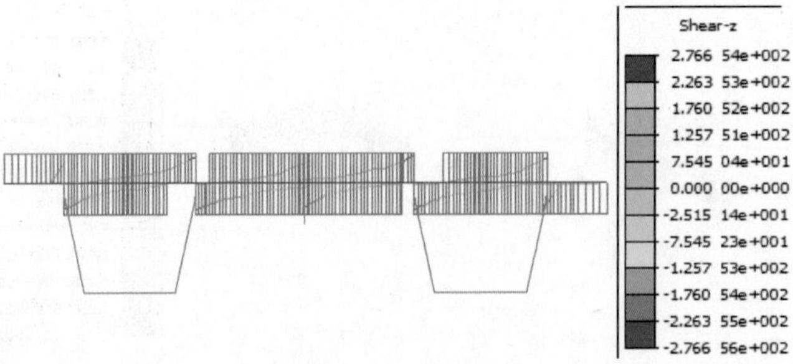

图 6-69　桥面板抗剪承载能力包络图(单位:kN)

(3)正常使用极限状态验算。

正常使用极限状态作用下,荷载组合1及最不利荷载组合工况下,桥面板的内力包络图如图6-70～图6-73所示。

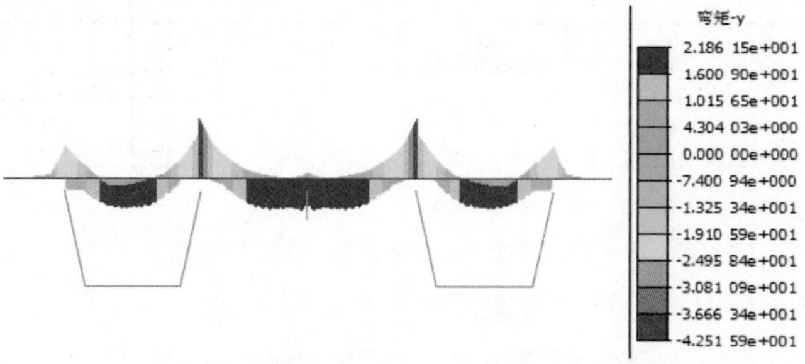

图6-70　荷载组合1弯矩包络图(单位:kN·m)

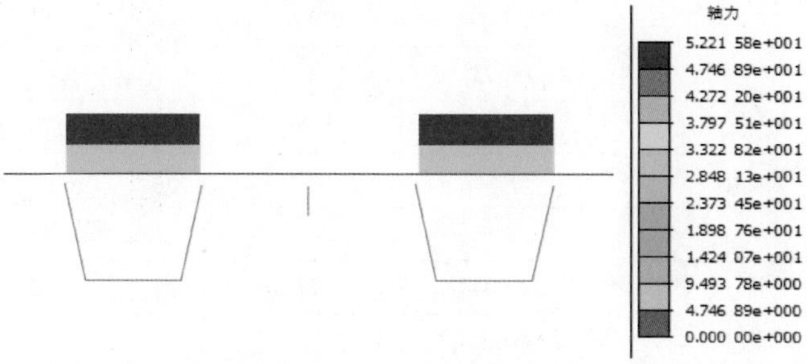

图6-71　荷载组合1轴力包络图(单位:kN)

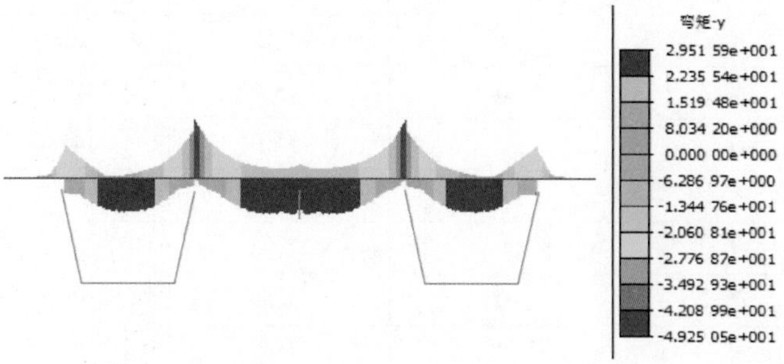

图6-72　最不利荷载组合弯矩包络图(单位:kN·m)

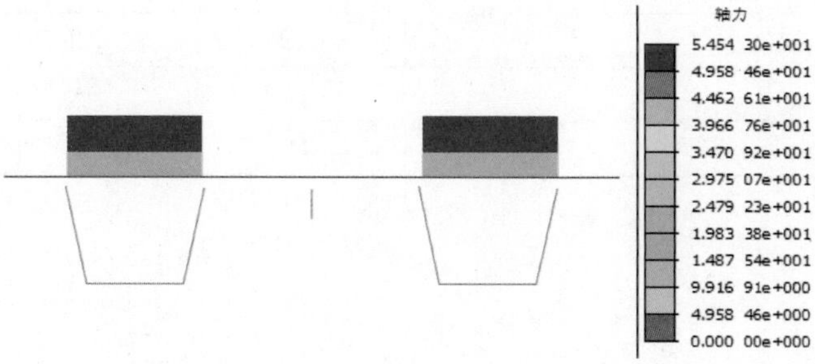

图6-73　最不利荷载组合轴力包络图(单位:kN)

桥面板横向受力按照钢筋混凝土构件设计，取5个关键截面进行裂缝宽度验算。关键截面位置如图6-74所示。

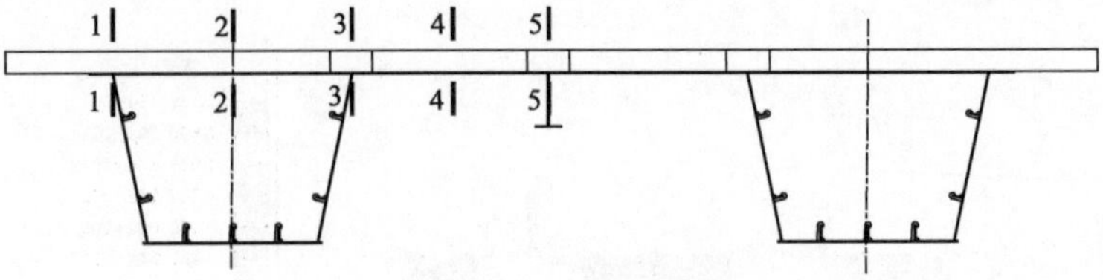

图6-74　桥面板裂缝宽度验算关键截面位置

经验算，正常使用极限状态桥面板裂缝宽度验算结果如表6-19所示，裂缝宽度满足要求。

正常使用极限状态桥面板裂缝宽度验算　　表6-19

验算截面及组合		截面验算			
		N(kN)	M(kN·m)	σ_{ss}(MPa)	裂缝宽度(mm)
1—1	M_{max}	-48.95	9.08	36.61	0.05
	N_{max}	-60.3	-9.56	40.74	0.06
	M_{min}	-40.58	-30.62	94.64	0.13
	N_{min}	-28.83	-10.14	34.47	0.05
2—2	M_{max}	-39.04	27.76	86.32	0.12
	N_{max}	-60.3	20.86	71.25	0.10
	M_{min}	-43.85	-3.28	19.25	0.03
	N_{min}	-28.83	-1.68	11.41	0.02
3—3	M_{max}	0	-2.17	6.09	0.01
	N_{max}	0	-15.32	43.06	0.05
	M_{min}	0	-51.99	147.04	0.19
	N_{min}	0	-37.85	106.77	0.14
4—4	M_{max}	0	27.03	76.12	0.10
	N_{max}	0	12.39	34.81	0.04
	M_{min}	0	-11.23	31.54	0.04
	N_{min}	0	5.63	15.8	0.02
5—5	M_{max}	0	25.84	72.75	0.09
	N_{max}	0	7.96	22.35	0.03
	M_{min}	0	-12.53	35.2	0.04
	N_{min}	0	-11.92	33.49	0.04

■ 第7章

护栏设计

我国高速公路混凝土护栏目前多以现浇施工为主,该方式存在施工效率低且施工质量不易保障等问题,并且由于现浇式混凝土护栏不可移动、更换,易造成资源浪费。因此研发一种防护性能高、易拆装的新型装配式混凝土护栏是必要的,其可实现工厂化预制、现场装配化安装。同时,装配式混凝土护栏的推广及应用可有效提高装配化箱形组合梁的整体施工效率。

本章主要介绍公路桥梁常用的护栏结构形式、结构构造及设计要点,同时结合与装配化箱形组合梁相配套的新型装配式混凝土护栏的研究成果,着重介绍该装配式混凝土护栏的设计方案、结构计算、护栏试验理论分析及实车碰撞试验等,并最终通过理论分析及试验模拟验证了该装配式混凝土护栏的安全性及适用性。

7.1 设计要点

7.1.1 护栏形式

高速公路是重要的公共基础设施,是一个国家经济和社会发展的重要标志。我国高速公路建设始于20世纪80年代,起步虽然较晚,但是发展速度快、建设规模巨大,在此期间,高速公路基础设施系统得到了前所未有的发展,汽车保有量迅猛增加,但随之而来的公路交通安全问题却成为一个比较严重的社会问题。

加强交通安全治理,提高公路交通安全水平已经是公路建设的当务之急。桥梁是公路的重要组成部分,桥梁护栏也是公路安全重要的防护设施和交通安全保障的防线,合理设置桥梁护栏能有效地减轻交通事故的伤害程度,降低事故伤亡率。因此,提升护栏的防护性能对保障公路桥梁的交通安全具有重要意义。

公路护栏是指设置于行车道外侧或中央分隔带的一种带状吸能结构,车辆碰撞时通过自体变形或者车辆爬升吸收碰撞能量,从而降低乘员的伤害程度。桥梁护栏按结构形式可分为刚性护栏(钢筋混凝土F型、单坡型、梁柱式等)、半刚性护栏(金属梁柱式、双波形梁护栏、三波形梁护栏等)和组合式护栏等。

国外高速公路护栏主要包括混凝土护栏、波形梁钢护栏与缆索护栏三种类型。美国采用混凝土护栏的路段占高速公路总里程的50%以上,特别是穿越山区的危险路段和接近城市的重要路段,基本上都是采用混凝土护栏。其主要原因是混凝土护栏防撞能力强、导向功能好,在交通量大的路段可大幅度降低碰撞事故损失,减少日常养护和维修工作量,节省养护费用。图 7-1 所示为国外高速公路上常使用的护栏结构。

a)单坡型混凝土护栏

b)组合式混凝土护栏

c)F型混凝土护栏

图 7-1　国外常见的护栏结构形式

美国早期修建的护栏多为新泽西型,但存在使车辆侧翻的危险,现已不再使用,近年来美国修建的护栏多为单坡型混凝土护栏。单坡面护栏顶面宽度一般为 15 ~ 20cm,重要路段顶部加宽到 24 ~ 36cm。护栏高度一般为 91cm,坡面斜率为 9.1°。有的路段护栏高度增至 142cm,上半部用作防眩。此外,美国采用的混凝土护栏施工工艺多为现场浇筑。图 7-2 为应用于美国的混凝土护栏示意。

目前,我国应用于公路桥梁上的护栏主要有混凝土护栏、组合式护栏、金属梁柱式等形式。按坡面形式钢筋混凝土护栏又分为 F 型、加强 F 型、单坡型,在我国应用比较广泛的是加强F 型和单坡型(图 7-3)。混凝土护栏具有防撞能力高,造价低的优点;缺点是混凝土护栏景观效果一般,易对小型车驾乘人员形成压抑感,不适合在一些景观要求较高的桥梁上使用。

图 7-2　应用于美国的混凝土护栏

景观混凝土护栏，如图 7-4 所示。

图 7-3　单坡型桥梁护栏

图 7-4　景观混凝土护栏

组合式桥梁护栏底部采用混凝土结构，上部采用金属梁柱式结构（图 7-5、图 7-6）。组合式桥梁护栏相对于混凝土护栏造价较高；相对于金属梁柱式护栏，景观通透性不好。

图 7-5　东海大桥组合式护栏

图 7-6　苏通大桥组合式护栏

金属梁柱式桥梁护栏有双横梁、三横梁、四横梁和五横梁等结构形式（图 7-7、图 7-8），由于景观通透性好，在国内外桥梁上均有所应用。金属梁柱式护栏具有美观通透的优点，缺点主要是造价较高。

图 7-7　深圳湾大桥三横梁护栏

图 7-8　杭州湾跨海大桥五横梁护栏

7.1.2　一般规定

公路钢结构桥梁护栏的设计与施工应符合《公路交通安全设施设计规范》(JTG D81—2017)、《公路交通安全设施设计细则》(JTG/T D81—2017)及《公路护栏安全性能评价标准》(JTG B05-01—2013)中的规定及要求。

一般情况下,公路路侧或中央分隔带应通过保障合理的净区宽度来降低车辆驶出路外或驶入对向行车道的事故的严重程度。对位于计算净区宽度范围内的各类行车障碍物,首先要通过路侧处理来尽量满足净区宽度的要求,如:

(1)去除计算净区宽度范围内的障碍物。

(2)重新设计障碍物,使障碍物不构成危害。

(3)将障碍物移至不易被驶出路外的车辆碰撞的位置。

(4)采取措施减少事故伤害,如采用解体消能结构等。

当以上措施不能实施而导致驶出路外车辆产生的事故的严重程度高于碰撞护栏的严重程度,计算净区宽度得不到满足时,应按护栏设置原则进行安全处理。

护栏设计应体现宽容设计、适度防护的理念,护栏的设置还应考虑工程经济性。通过合理的公路工程设计,将驶出路外的事故影响降至最低,消除那些可能产生致命后果的因素,设置护栏只是减轻驶出路外事故后果的方法或手段之一,并且护栏并不是设置得越多越好、强度越高越好,因为护栏本身也是一种障碍物。只有驶出路外车辆碰撞障碍物与碰撞护栏相比后果更严重时,才考虑设置护栏。

需要指出的是,对于满足计算净区宽度要求的路段,如存在悬崖等危险条件,仍需要根据公路路线线形、交通量、车型构成以及计算净区宽度外风险源的位置等因素进行交通安全综合分析,以确定是否需要设置护栏。

护栏的防护等级及性能,应满足《公路护栏安全性能评价标准》(JTG B05-01—2013)的规定,护栏防护等级如表 7-1 所示。当需要采用其他防护等级或碰撞条件时,应进行特殊设计,并经实车碰撞试验。

此外,护栏的任何部分不得侵入公路建筑限界。中央分隔带护栏应与中央分隔带内的构造物、地下管线相协调。

护栏防护等级及代码 表7-1

防护等级	一	二	三	四	五	六	七	八
代码	C	B	A	SB	SA	SS	HB	HA
设计防护能量(kJ)	40	70	160	280	400	520	640	760

7.1.3 注意事项

护栏设置时考虑的主要因素之一为预估车辆驶出路外的事故风险,驶出路外的风险与事故概率及事故严重程度有关。设置护栏的主要目的是阻挡碰撞能量小于或等于设计防护能量的碰撞车辆并导正其行驶方向。

设计者在对护栏进行设计时,流程宜符合下列规定:

①收集公路平纵面线形、填挖方数据、交通量及组成、运行速度和设计速度等数据。

②收集项目交通安全性评价报告,调研关于线形的评价结论及线形调整的资料。

③收集或调研公路计算净区宽度范围内的各种障碍物分布及其他公路、铁路等交叉的资料。

④改扩建公路收集至少3年的相关运营数据,如交通量及组成、气象、交通事故资料等。

⑤根据类似公路的调研分析,分析车辆驶出路外的风险。

⑥根据成本效益分析,确定是否设置护栏、以及护栏的防护等级及形式。

⑦所选用的护栏结构,应通过现行行业标准《公路护栏安全性能评价标准》(JTG B05-01)规定的安全性能评价。

下面简要阐述进行护栏设计时的注意事项。

1)护栏设置原则

桥梁护栏的设置应遵循下列原则:

(1)各等级公路桥梁必须设置路侧护栏。

(2)高速公路、作为次要干线的一级公路桥梁,必须设置中央分隔带护栏,作为主要集散的一级公路桥梁应设置中央分隔带护栏。

(3)设计速度小于或等于60km/h的公路桥梁设置人行道(自行车道)时,可通过路缘石将人行道(自行车道)和行车道进行分离;设计速度大于60km/h的公路桥梁设置人行道(自行车道)时,应通过桥梁护栏将人行道(自行车道)与行车道进行隔离。

2)护栏防护等级

各防护等级的桥梁护栏安全性能需要根据现行《公路护栏安全性能评价标准》(JTG B05-01)的规定,通过试验来进行验证,主要包括阻挡功能、缓冲功能和导向功能等。

桥梁护栏防护等级的选取,主要从公路等级和设计速度、桥梁护栏外侧的危险物特征等方面加以考虑。

(1)公路等级和设计速度。

设置桥梁护栏时,原则上需要根据公路等级和设计速度并结合交通量、运行速度和投资费用等因素选择相应防护等级的桥梁护栏。

较低的防护等级适用于服务水平较低或某些类型的施工区。较高的防护等级适用于服务水平较高或需要特别高性能的桥梁护栏,如跨越国家高速公路网、高速铁路和城市饮用水源地的桥梁。

使用经验表明,六(SS)级能满足大多数国家高速公路网桥梁护栏设计的需要,大型车辆混入率高、桥下净空高等危险性较高的特殊路段,需要在这些路段设置防护等级更高的桥梁护栏,如七(HB)级、八(HA)级适用于主流车型为高重心的特大型客车(25t)、大型货车(40t、55t)运营的需求,或者车辆的翻车或冲断护栏将导致极为严重后果的桥梁路段。

(2)路侧危险物特征。

桥梁邻近(平行)或跨越公路、铁路,车辆越出有可能发生二次事故时,或穿越饮用水源地一级保护区等特殊路段的桥梁,需要在这些路段设置更高防护等级的桥梁护栏。

不利的现场条件还包括较小的曲线半径、位于曲线路段的陡坡、横向坡度发生变化或沿线气象条件恶劣等情况。

综上所述,根据车辆驶出桥外或进入对向行车道可能造成的事故严重程度等级,可按表7-2的规定选取桥梁护栏的防护等级,并应注意符合下列规定:

(1)二级及二级以上公路小桥的护栏防护等级宜与相邻的路基护栏相同。

(2)公路桥梁采用整体式上部结构时,中央分隔带护栏的防护等级可按路基中央分隔带护栏的条件来确定。

(3)因桥梁线形、桥梁高度、交通量、车辆构成、运行速度或其他不利现场条件等因素易造成更严重碰撞后果的路段,经综合论证,可在表7-2的基础上提高1个或以上等级。其中,跨越大型饮用水水源一级保护区和高速铁路的桥梁等,防护等级宜采用八(HA)级。

桥梁护栏防护等级的选取 表7-2

公路等级	设计速度(km/h)	车辆驶出桥外或进入对向行车道的事故严重程度等级	
		高:跨越公路、铁路或饮用水源一级保护区等路段的桥梁	中:其他桥梁
高速公路	120	六(SS、SSm)级	五(SA、SAm)级
	100、80	五(SA、SAm)级	四(SB、SBm)级
一级公路	100、80	五(SA、SAm)级	四(SB、SBm)级
	60	四(SB、SBm)级	三(A、Am)级
二级公路	80、60	四(SB)级	三(A)级
三级公路	40、30	三(A)级	二(B)级
四级公路	20		

注:括号内为护栏防护等级的代码。

3)护栏形式

桥梁护栏按结构形式可分为刚性护栏(钢筋混凝土F型、单坡型、梁柱式等)、半刚性护栏(金属梁柱式、双波形梁护栏、三波形梁护栏等)和组合式护栏等。

桥梁护栏的防护等级确定后,可以主要从容许变形程度、美观、结构要求、经济性和养护维修等方面确定适当的护栏形式。虽然桥梁护栏的建造成本只占桥梁总建造费用的很小一部分,但是不同的形式对其在安全、美观、耐久、养护等方面仍具有很大的影响,桥梁护栏要与桥梁形式、桥梁周围的自然景观相协调,起到美化桥梁建筑的作用。条件成熟时,可以采用新型结构和轻型材料，以提高桥梁护栏的防护性能。

选择桥梁护栏形式时应考虑下列因素：

(1)所选取的护栏形式在强度上必须能有效吸收设计碰撞能量，阻挡小于设计碰撞能量的车辆越出桥外或进入对向行车道并使其正确改变行驶方向。

(2)桥梁护栏受碰撞后，其最大动态位移外延值(W)或大中型车辆的最大动态外倾当量值(VI_n)不应超过护栏迎撞面与被防护的障碍物之间的距离。桥梁通行的车辆以小客车为主时，可选取小客车的最大动态位移外延值(W)为变形控制指标；桥梁外侧有高于护栏的障碍物时，应选取各试验车辆最大动态外倾当量值(VI_n)中的最大值为变形控制指标；桥梁外侧有低于或等于护栏高度的障碍物时，应选取各试验车辆最大动态位移外延值(W)中的最大值为变形控制指标。

在大型车辆所占比例较大的路段，除位于冬季风雪较大的地区外，中央分隔带护栏宜使用混凝土护栏。根据我国已通车高速公路和一级公路的运营经验，大型车辆尤其是大型货车所占比例较大的路段，车辆穿越中央分隔带与对向车辆发生碰撞造成恶性交通事故的事件时有发生，因此在大型车辆所占比例较大的路段推荐选用混凝土护栏；风雪较大的路段，混凝土护栏容易阻雪，因此不适合使用。

对于混凝土护栏具体采用整体式还是分设型混凝土护栏，主要根据中央分隔带内需要防护的设施或结构物类型确定。如中央分隔带内存在上跨桥梁中墩、交通标志、照明灯杆等障碍物，或者需要经常性地与桥梁或隧道过渡，或者与通信管道的协调较困难时，可采用分设型混凝土护栏的形式；否则可采用整体型混凝土护栏。

采用整体式混凝土护栏，并非只是减小中央分隔带的宽度，从安全行车和视距保障的角度，混凝土护栏两侧最好有50cm以上的余宽，或能满足平曲线路段内侧行车道停车视距的需要，最小也要满足现行《公路工程技术标准》(JTG B01)中关于公路建筑限界C值的要求。

此外，护栏形式的选择还应考虑护栏材料的通用性、护栏的成本和养护方便性、沿线的环境等因素。

4)护栏长度

护栏最小结构长度应根据下列因素确定：

(1)为发挥护栏的整体作用，其最小结构长度可按表7-3的规定选取。

护栏最小结构长度 表7-3

公路等级	护栏类型	最小长度(m)
高速公路、一级公路	混凝土护栏	36
	波形梁护栏	70
	缆索护栏	300
二级公路	混凝土护栏	24
	波形梁护栏	48
	缆索护栏	120
三级公路、四级公路	混凝土护栏	12
	波形梁护栏	28
	缆索护栏	120

(2)护栏最小防护长度应根据车辆驶出路外的轨迹和计算净区宽度内障碍物的位置、宽度确定。

(3)护栏最小结构长度应同时满足以上两个要求。

(4)相邻两段护栏的间距小于护栏最小结构长度时宜连续设置。

(5)通过过渡段连接的两种形式护栏的长度之和不应小于两种形式护栏的最小结构长度的大值。

5)其他

在对护栏进行碰撞试验时,护栏结构设计和安全性能评价采用的碰撞车型、碰撞速度和碰撞角度应满足现行《公路护栏安全性能评价标准》(JTG B05-01)的规定。当公路具体路段的车辆构成不包括规定的某种碰撞车型时,护栏结构设计和安全性能评价可不考虑该车型。

设计桥梁护栏试件时,其所承受的汽车横向碰撞荷载标准值应符合表7-4的规定。在综合分析公路线形、路侧危险度、运行速度、交通量和车辆构成等因素的基础上,采用的护栏防护等级低于一(C)级时,汽车横向碰撞荷载应按一(C)级计算;采用的护栏防护等级高于八(HA)级时,汽车横向碰撞荷载应根据实际的碰撞条件确定。

桥梁护栏的汽车横向碰撞荷载标准值 表7-4

防护等级	代码	标准值(kN)		分布长度(m)
		$D=0$m	$D=0.3\sim0.6$m	
一(C)	C	70	55~45	1.2
二(B)	B	95	75~60	1.2
三(A)	A	170	140~120	1.2
四(SB)	SB	350	285~240	2.4
五(SA)	SA	410	345~295	2.4
六(SS)	SS	520	435~375	2.4
七(HB)	HB	650	550~500	2.4
八(HA)	HA	720	620~550	2.4

注:D为桥梁护栏的最大横向动态变形值。

7.2 护栏构造

7.2.1 梁柱式护栏

1)护栏构造

金属梁柱式护栏的构造应满足下列规定:

(1)护栏迎撞面应顺适、光滑、连续,无锋利的边角,金属立柱与护栏横梁之间应满足防止车辆绊阻的宽度要求。

(2)车辆与护栏的位置关系如图7-9所示。各防护等级护栏的高度应满足下列规定:

①所有横梁横向承载力距桥面的加权平均高度 $\overline{Y}$ 不应小于表7-5的规定值,$\overline{Y}$ 的计算方法为:

$$\overline{Y}=\frac{\sum(R_iY_i)}{\overline{R}} \tag{7-1}$$

式中:R_i——第 i 根横梁的横向承载力(kN);

$\overline{R}$——所有横梁的平均横向承载力(kN);

Y_i——第 i 根横梁距桥面板的高度(m)。

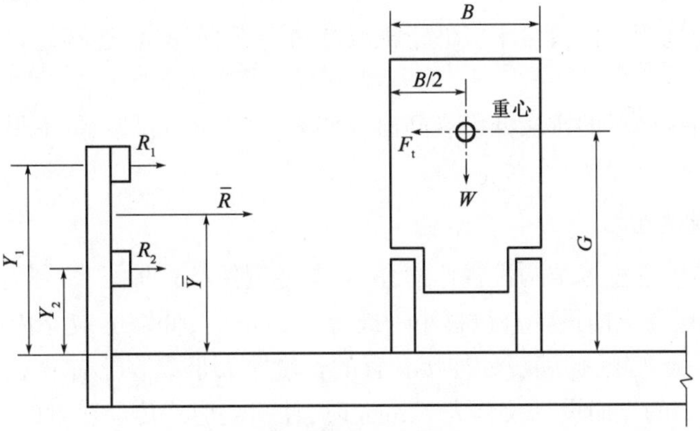

图7-9 车辆与护栏的位置关系

图7-9中,$\overline{Y}$ 和 Y_i 计算基线为:护栏迎撞面与桥面板平面的相交线。如该处有路缘石,则应为护栏迎撞面与路缘石顶面的相交线。

金属梁柱式护栏横梁横向承载力距桥面的加权平均高度 $\overline{Y}$ 表7-5

防护等级	最小高度(cm)	防护等级	最小高度(cm)
二(B)	60	六(SS)	90
三(A)	60	七(HB)	100
四(SB)	70	八(HA)	110
五(SA)	80		

②四(SB)级及以下防护等级的金属梁柱式护栏总高度不应小于1.00m;五(SA)级金属梁柱式护栏总高度不应小于1.25m;六(SS)级及以上防护等级的金属梁柱式护栏高度不应小于1.5m。

(3)护栏构件的截面厚度应根据计算确定,并且不小于表7-6规定的最小值。

金属制护栏的截面最小厚度值 表7-6

材料	截面形式	最小厚度值(mm)	
		主要纵向有效构件	纵向非有效构件和次要纵向有效构件
钢	空心截面	3	3
	其他截面	4	3
铝合金	所有截面	3	1.2
不锈钢	所有截面	2	1.0

(4)横梁的拼接设计应满足下列要求:

①拼接套管长度应大于或等于横梁宽度 D 的 2 倍,并不应小于 30cm,如图 7-10 所示。

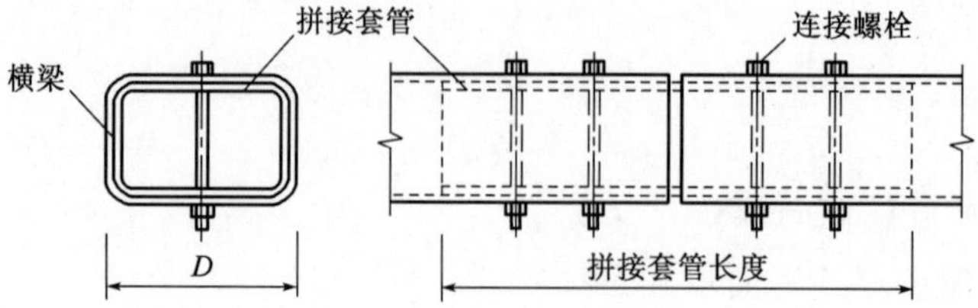

图 7-10 横梁的拼接

②拼接套管的抗弯截面模量不应低于横梁的抗弯截面模量,连接螺栓应满足横梁极限弯曲状态下的抗剪强度要求。

③护栏迎撞面在横梁的拼接处可有凸出或凹入,其凸出或凹入量不得超过横梁的截面厚度或 1cm。

2)护栏伸缩缝设置

桥梁护栏应随桥梁主体结构设置伸缩缝,对于金属梁柱式护栏,具体要求如下:

(1)当伸缩缝处的纵向设计总位移小于或等于 5cm 时,伸缩缝应能传递横梁 60% 的抗拉强度和全部设计最大弯矩;伸缩缝处连接套管的长度应大于或等于横梁宽度的 3 倍。

(2)当伸缩缝处的纵向设计位移大于 5cm 时,伸缩缝应能传递横梁的全部设计最大弯矩;伸缩缝两侧应设置端部立柱,其中心间距不应大于 2.0m;伸缩缝处连接套管的长度应大于或等于横梁宽度的 3 倍。

(3)当伸缩缝处发生竖向、横向复杂位移时,桥梁护栏在伸缩缝处不可连续,但应在伸缩缝两端设置端部立柱,其中心间距不应大于 2.0m,两横梁端头的间隙不得大于伸缩缝设计位移量加 2.5cm。横梁端头不得对碰撞车辆构成危险。

3)护栏连接

桥梁护栏与桥面板应进行可靠连接。桥梁护栏与桥面板的连接方式可根据防护等级、结构形式以及强度计算结果进行选择。金属梁柱式混凝土立柱与桥面板的连接可采用直接埋入式或地脚螺栓的连接方式。有条件时,也可采用有特殊基座的抽换式护栏基础。

(1)直接埋入式适用于桥面边缘厚度满足护栏立柱埋入 30cm 以上的情况。在结构物混凝土浇筑时,应预留安装立柱的套筒。其孔径宜比立柱直径或斜边方向宽 4 ~ 10cm,套筒周围的结构物应配置加强钢筋,如图 7-11 所示。

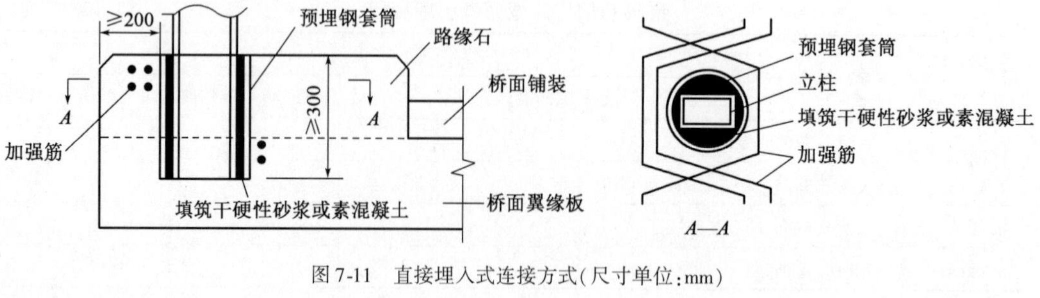

图 7-11 直接埋入式连接方式(尺寸单位:mm)

(2)地脚螺栓连接方式适用于立柱埋深不足30cm的情况。在结构物混凝土中预埋符合规定长度的地脚螺栓,立柱底部焊接加劲法兰盘,与地脚螺栓连接,如图7-12所示。

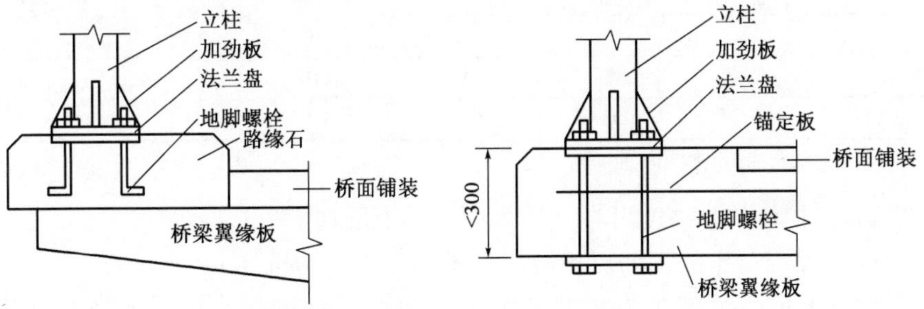

图7-12 地脚螺栓连接方式(尺寸单位:mm)

7.2.2 混凝土护栏及组合式护栏

1)构造要求

钢筋混凝土墙式桥梁护栏的形式有NJ型、F型、单坡型和直墙型等,美国的有关碰撞试验结果表明,这些形式的护栏在具有一定高度并按照设计荷载配筋时,均能达到相应的防护等级,如护栏高度分别为81cm、90cm、100cm时,其防护等级能达到三(A)、四(SB)、五(SA)等级,在F型护栏基础上开发的加强型护栏,高度为100cm、110cm,强度能达到五(SA)、六(SS)等级。

根据混凝土护栏的发展趋势,桥梁混凝土护栏推荐采用F型、单坡型和加强型,其迎交通流方向的断面形式应与路侧混凝土护栏相同,未经试验验证不能随意改变,但其背面可以根据所在位置适当调整。

钢筋混凝土护栏靠近交通流的一侧,由于经常受到车辆的碰撞和摩擦作用,使混凝土表层擦伤、破碎或脱落,造成钢筋外露、腐蚀破坏、影响外观,并且增加了碰撞车辆与护栏间的摩擦系数,影响护栏的防撞性能。解决这一问题的方法有两种:首先要选择适当的材料,如在硅酸盐水泥中减少铝酸三钙的含量;其次,钢筋混凝土保护层厚度不宜过小,提高混凝土构件表面的质量。

组合式桥梁护栏是由钢筋混凝土墙式护栏和金属制梁柱式护栏组合而成的。目前,我国公路最常用的桥梁护栏为类似组合式NJ型的护栏,美国过去的一些特大桥、大桥也都采用组合式桥梁护栏。组合式桥梁护栏可做成组合式NJ型,也可做成组合式F型,但宜采用F型。钢筋混凝土墙式护栏的背面可根据实际条件改变其形状。但是,靠近交通流面即护栏正面的截面形状未经试验验证不能随意改变。

此外,混凝土护栏内侧垂直部分可以有7.5cm的余量,供路面加铺用。

综上所述,混凝土护栏和组合式护栏的构造应注意符合下列规定:

(1)混凝土护栏按构造可分为F型、单坡型、加强型,组合式护栏的混凝土部分宜采用F型。未经试验验证,不得随意改变护栏迎撞面的截面形状和连接方式,但其背面可根据实际情况采用合适的形状。防护等级较高的路段可根据需要在护栏顶部设置阻爬坎。

(2)各防护等级混凝土护栏的高度不应小于表7-7规定的值。

混凝土护栏的高度 表 7-7

防护等级	高度(cm)	防护等级	高度(cm)
二(B)	70	六(SS)	110
三(A)	81	七(HB)	120
四(SB)	90	八(HA)	130
五(SA)	100		

注:混凝土护栏高度的基线为内侧和路面的相交线。

各等级组合式护栏的总高度可在上述高度基础上增加 10cm。

(3)护栏迎撞面混凝土的钢筋保护层厚度不得小于 4.5cm。

(4)F 型混凝土护栏内侧 7.5cm 垂直部分可供路面加铺用。路面加铺厚度超过 7.5cm 时,应调整混凝土护栏的高度或对混凝土护栏的防护性能进行评价。

(5)护栏的断面配筋量根据计算确定,并应满足现行行业标准《公路钢筋混凝土及预应力混凝土桥涵设计规范》(JTG 3362)中对最小配筋率的规定。高速公路、一级公路混凝土强度等级不应低于 C30。

对混凝土护栏进行设计时,F 型混凝土护栏、单坡型混凝土护栏的构造应符合下列要求。

(1)路侧混凝土护栏按构造可分为 F 型、单坡型等,应结合路侧危险情况、车辆构成比例和远期路面养护方案等因素选用。

①F 型混凝土护栏构造要求如图 7-13 及表 7-8 所示。

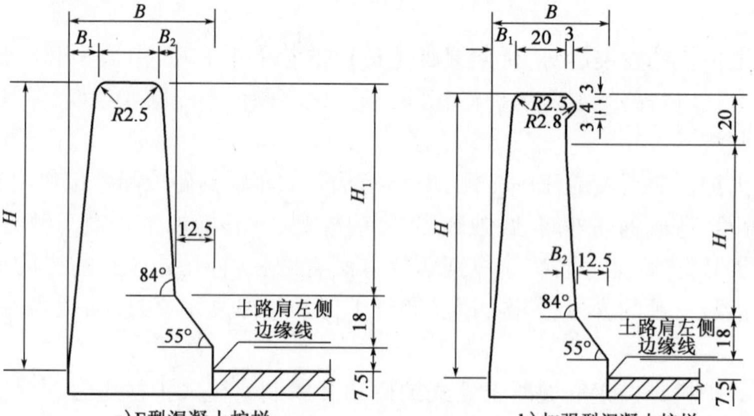

图 7-13 混凝土护栏构造(尺寸单位:cm)

F 型混凝土护栏构造要求(cm) 表 7-8

防护等级	代码	H	H_1	B	B_1	B_2
三	A	81	55.5	46.4	8.1	5.8
四	SB	90	64.5	48.3	9.0	6.8
五	SA	100	74.5	50.3	10	7.8
六	SS	110	84.5	52.5	11	8.9
七	HB	120	94.5	54.5	12	9.9
八	HA	130	104.5	56.5	13	10.9

F型混凝土护栏构造应满足表7-8的规定。加强型混凝土护栏构造也可按表7-8取值，但要求 H_1 减去20cm。

②单坡型路侧混凝土护栏构造要求如图7-14及表7-9所示。

单坡型混凝土护栏构造要求(cm)　　表7-9

防护等级	代　码	H	B	B_1	B_2
三	A	81	42.1	8.1	14.0
四	SB	90	44.5	9.0	15.5
五	SA	100	47.2	10	17.2
六	SS	110	49.9	11	18.9
七	HB	120	52.6	12	20.6
八	HA	130	55.5	13	22.5

(2)中央分隔带混凝土护栏可采用整体式或分离式，可根据中央分隔带的宽度、构造和管线的分布加以确定。整体式或分离式混凝土护栏构造又可分为F型和单坡型。

①整体式F型中央分隔带混凝土护栏构造要求如图7-15及表7-10所示。

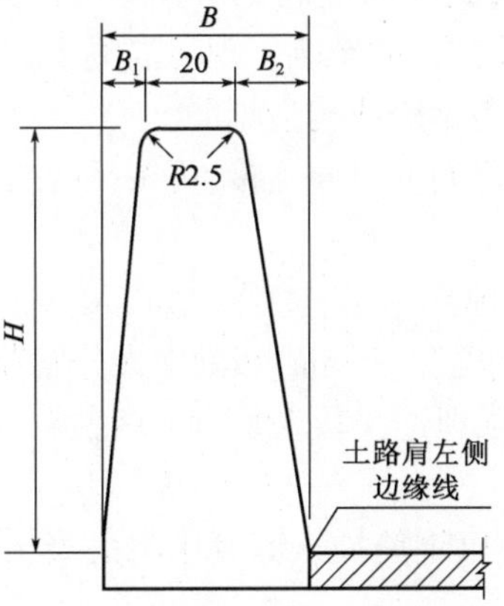

图7-14　单坡型混凝土护栏(尺寸单位:cm)

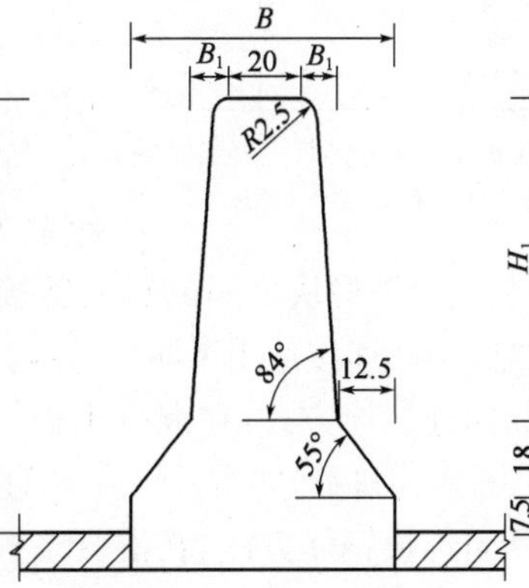

图7-15　F型中央分隔带混凝土护栏(尺寸单位:cm)

F型中央分隔带混凝土护栏构造要求(cm)　　表7-10

防护等级	代　码	H	H_1	B	B_1
三	Am	81	55.5	56.6	5.8
四	SBm	90	64.5	58.6	6.8
五	SAm	100	74.5	60.6	7.8
六	SSm	110	84.5	62.8	8.9
七	HBm	120	94.5	64.8	9.9
八	HAm	130	104.5	66.8	10.9

②整体式单坡型中央分隔带混凝土护栏构造要求如图7-16及表7-11所示。

单坡型中央分隔带混凝土护栏构造要求(cm)　表 7-11

防护等级	代　码	H	B	B_1
三	Am	81	48	14.0
四	SBm	90	51	15.5
五	SAm	100	54.5	17.2
六	SSm	110	57.8	18.9
七	HBm	120	61.2	20.6
八	HAm	130	65	22.5

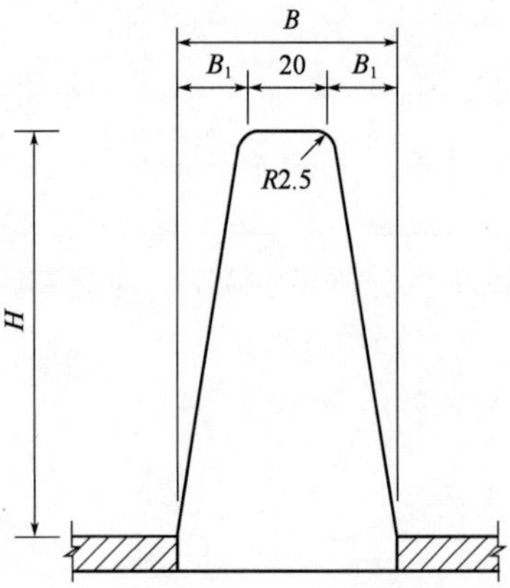

图 7-16　单坡型中央分隔带混凝土护栏(尺寸单位:cm)

③分离式中央分隔带混凝土护栏 F 型和单坡型的断面形状与对应的路侧混凝土护栏相同。

2)现浇护栏与预制护栏

每节混凝土护栏的纵向长度,在浇筑、吊装条件允许时,应采用较长的尺寸。预制混凝土护栏长度宜为 4 ~ 6m;现浇混凝土护栏的纵向长度应按横向伸缩缝的要求确定,宜为 15 ~ 30m,现浇混凝土护栏每 3 ~ 4m 应设置一道假缝。

预制的混凝土护栏,其配筋应满足防护等级的要求,还应考虑预制块长度、吊装方式的影响。现浇混凝土护栏可根据防护等级要求配置受力钢筋或构造钢筋。

现浇混凝土护栏块之间的纵向连接,可按平接头加传力钢筋处理。

预制混凝土护栏块之间的纵向连接,可按下列方法处理:

(1)纵向企扣连接适用于防护等级为三(A)级的路侧护栏和三(Am)级的中央分隔带护栏。

(2)纵向连接栓方式:在混凝土护栏端头上半部竖向预埋连接栓挡块,两块混凝土护栏对齐就位后,插入连接栓,将混凝土护栏连成整体。

(3)纵向连接钢筋方式:在混凝土护栏中预留钢套管,以钢筋插入套管中将混凝土护栏连接成整体,钢套管间距不宜大于 35cm。

3)护栏与桥面板连接

桥梁护栏与桥面板应进行可靠连接。桥梁护栏与桥面板的连接方式可根据防护等级、结构形式以及强度计算进行选择。混凝土护栏与桥面板的连接应符合下列规定:

(1)采用现浇法施工时,应通过护栏钢筋与桥梁结构物中的预埋钢筋连接在一起的方式形成整体。

(2)采用预制件施工时,通过锚固螺栓等连接件将桥梁结构物与护栏连接在一起形成整体。

组合式护栏应采用混凝土护栏与桥面板的连接方法。

4)伸缩缝设置

对于混凝土护栏和组合式护栏应按下列规定随桥梁主体结构设置伸缩缝。

(1)混凝土护栏。

在桥面伸缩缝处应断开,其间隙不应大于桥面伸缩缝的设计位移量。在桥梁伸缩缝处的混凝土护栏上要预留桥梁伸缩缝安装孔，孔的大小根据伸缩缝的尺寸和弯起高度来确定。

(2)组合式护栏。

混凝土部分应符合混凝土护栏中有关伸缩缝设置的规定，金属结构部分应符合金属梁柱式护栏中有关伸缩缝设置的规定。

7.3　装配式混凝土护栏

本书作者所在的研究团队在研发装配化箱形组合梁系列通用图技术过程中，提出了一种新型装配式预制混凝土护栏，下面主要以跨径 3×50m 装配化箱形组合梁的装配式混凝土护栏为例进行介绍。

7.3.1　护栏方案

在确定装配式护栏设计方案时，主要是根据规范选择护栏防护等级，结合规范规定和以往经验，确定护栏的设计方案，包括护栏各部分尺寸及材料型号选取等。在确定结构设计方案过程中，方案研究的技术路线如图 7-17 所示。

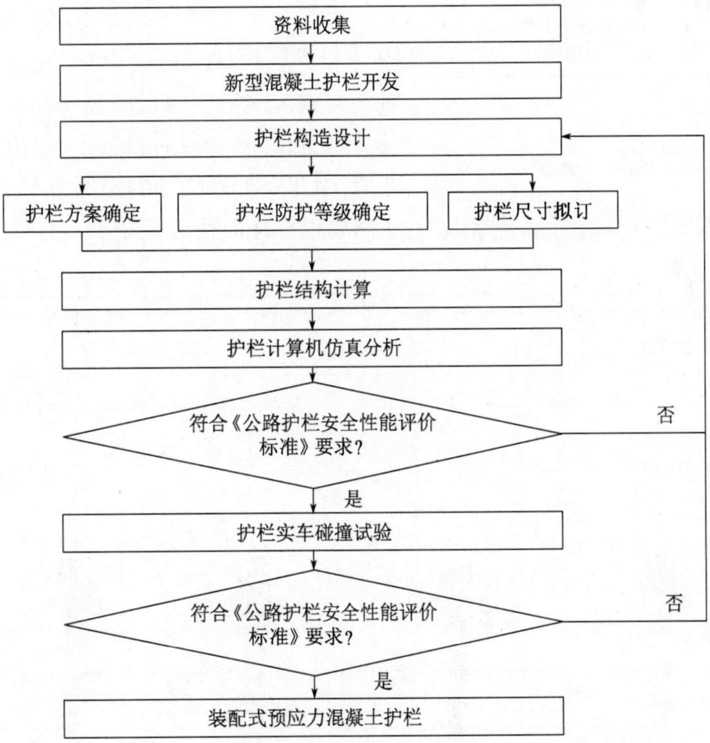

图 7-17　方案研究技术路线

7.3.2　护栏结构

本书提出的新型装配式预制混凝土护栏结构形式采用加强 F 型护栏，材料采用 C50 混凝土。装配式预制混凝土护栏与《公路交通安全设施设计细则》(JTG/T D81—2017)规定的护栏外观形

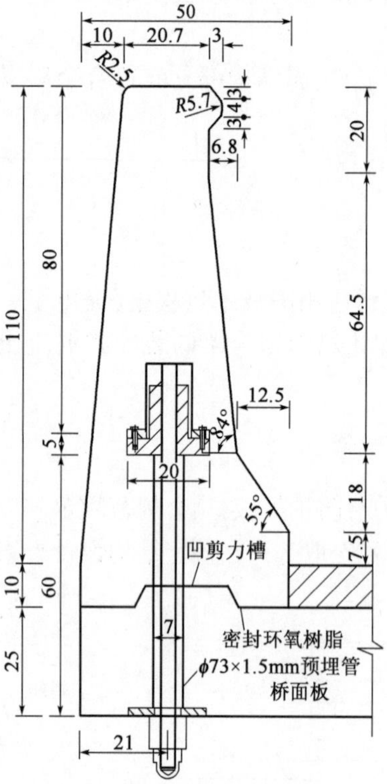

图 7-18　护栏断面示意图(尺寸单位:cm)

式保持一致,其主要区别体现在护栏的装配式及预加力施加等两个方面。本书提出的新型装配式预制混凝土护栏主要包括:护栏上部结构、翼缘板、预埋件等三部分。其中,预埋件设计主要包括:预埋固定端保护罩、预埋固定端螺母、预埋管、高强螺纹粗钢棒、张拉端垫板、张拉端螺母、PE 保护帽板等,预加力主要施加在高强螺纹钢棒上。下面以装配式预制护栏的外侧护栏为例(防护等级 SS 级),具体结构构造如图 7-18 ~ 图 7-24所示。

此外,设计时为了提高该装配式护栏的抗冲击能力,预制护栏之间、预制护栏和预制桥面板间设置混凝土剪力键,匹配面涂抹环氧树脂作为黏结剂。预制护栏间、预制护栏与桥面板间匹配面上需涂抹的环氧树脂黏结剂的技术要求应符合国际预应力混凝土协会(FIP)标准和美国国家公路与运输协会(AASHTO)标准。

7.3.3　高强螺纹钢棒预加力施加

1)预加力值拟订

对装配式预制护栏通过高强螺纹粗钢棒施加预加力后,当护栏受到碰撞荷载时,护栏中已有的预加力首先将得以抵消,因此对护栏施加的预加力大小除了考虑预埋件(即高强螺纹粗钢棒)自身的可承受范围外,还需要根据碰撞荷载确定。

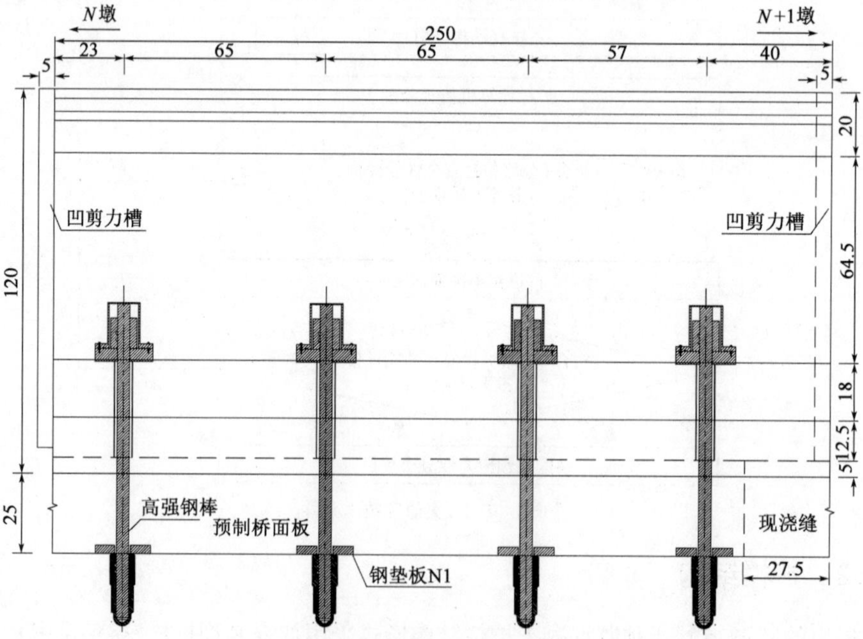

图 7-19　护栏横侧面示意图(尺寸单位:cm)

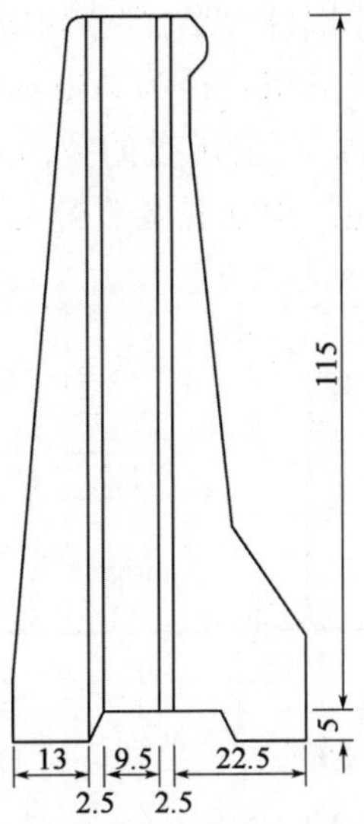

图7-20 护栏端部处理示意图(尺寸单位:cm)

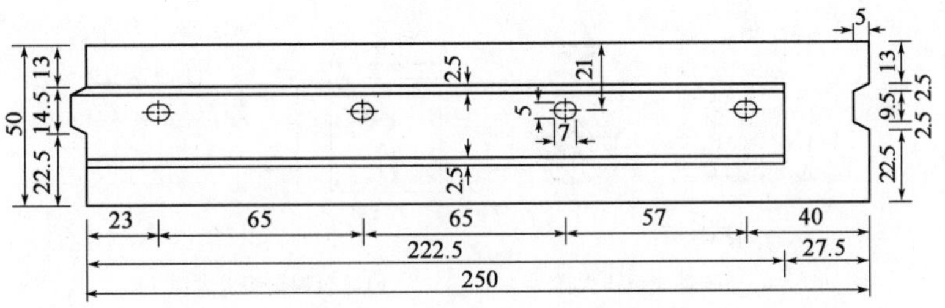

图7-21 护栏底部连接处示意图(尺寸单位:cm)

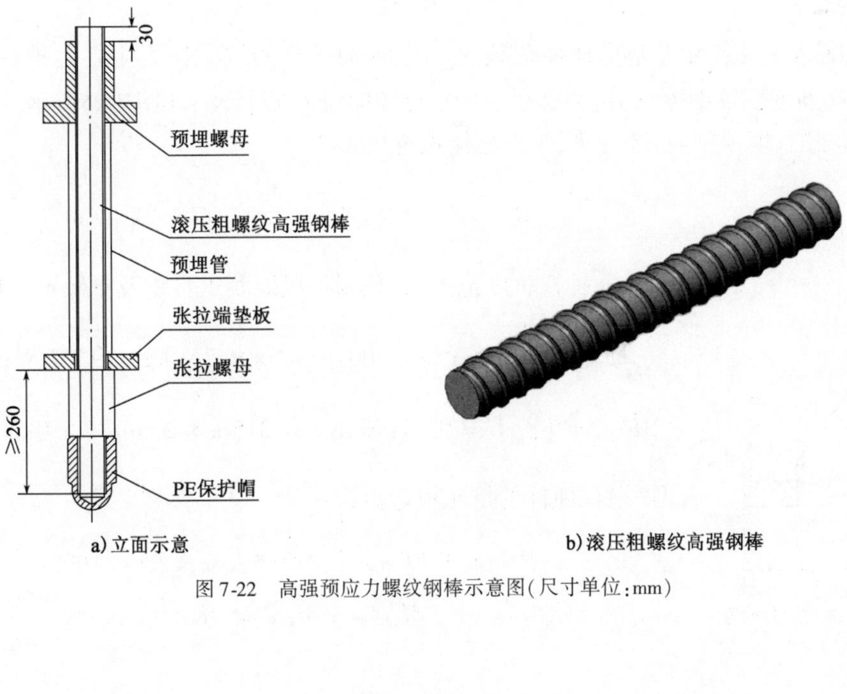

图7-22 高强预应力螺纹钢棒示意图(尺寸单位:mm)

考虑到若高强螺纹钢棒设计尺寸拟订太小，则张拉应力将会较大，长期应力松弛效应将会较为明显。因此该装配式护栏初步拟采用直径为 ϕ50mm 的高强螺纹钢棒（即 M50 高强螺纹钢棒），抗拉设计强度不小于 1 080MPa，所能承受的拉力不小于 2 119.5kN。同时，考虑 SS 级混凝土护栏碰撞力，拟订对 SS 级装配式预制混凝土护栏施加 500kN 的预应力。

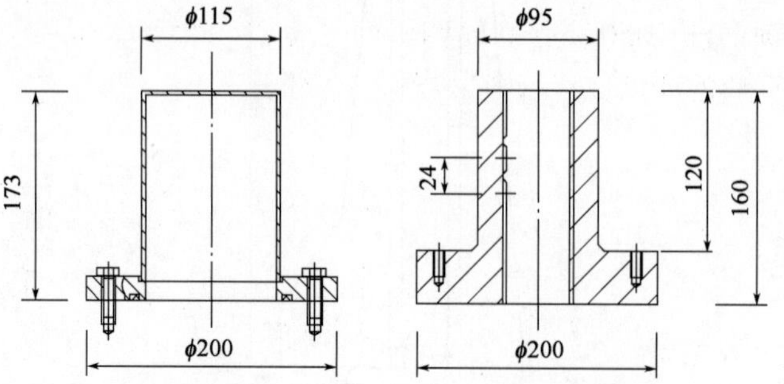

a）固定端保护罩　　b）固定端螺母

图 7-23　预埋固定端保护罩与预埋固定端螺母大样示意（尺寸单位：mm）

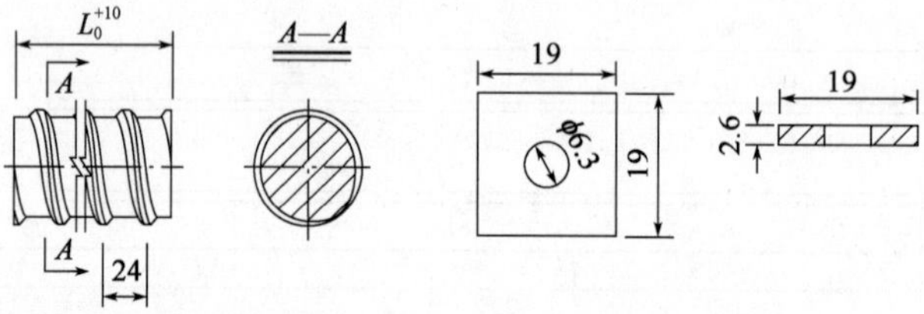

a）高强螺纹钢棒大样　　b）张拉端钢垫板大样

图 7-24　高强螺纹钢棒大样与张拉端钢垫板大样示意（尺寸单位：mm）

2）力学计算分析

护栏的倾覆力主要由车辆的碰撞荷载 $F_{碰}$ 产生，而护栏的抗倾覆力主要由护栏的自重 G 及预埋件（高强度螺纹钢棒）的抗力提供。护栏倾覆时绕 O 点转动，如图 7-25所示。

2.5m 护栏长度范围内，经计算，护栏的倾覆弯矩为：

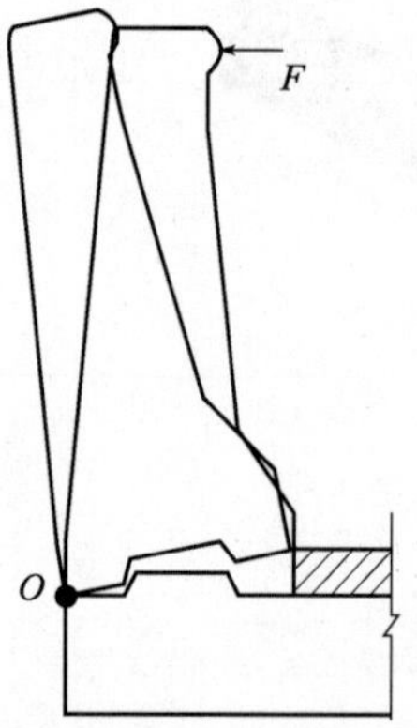

图 7-25　预制护栏受力示意

$$M_{碰} = Fh = 528\text{kN} \times 1.15\text{m} = 607.2\text{kN} \cdot \text{m}$$

2.5m 护栏长度范围内，预制护栏混凝土自重及抗倾覆弯矩为：

$$F_{护栏} = 0.38\text{m}^2 \times 2\,500\text{kg/m}^3 \times 9.8\text{N/kg} = 9\,310\text{N/m}$$

$$M_{护栏} = F_{护栏}L = 9.31\text{kN/m} \times 0.215\text{m} \times 2.5\text{m} = 5.0\text{kN} \cdot \text{m}$$

护栏预埋件的抗倾覆弯矩为：

$$M_{预埋件} = nF_{预埋件}L = 4 \times F_{预埋件} \times 0.21\text{m}$$

$$M_{预埋件} + M_{护栏} \geqslant M_{碰}$$

经计算，可求得 $F_{预埋件}=717kN$。拟订的方案中，通过对预制护栏的预埋件（即高强螺纹钢棒）施加500kN的预加力，护栏所承受的碰撞荷载大部分可被施加的预加力抵消，从而提高护栏的防撞能力。

3）仿真计算分析

以大型货车为例，分析M50高强螺纹钢棒的受力，其中模拟分析未对高强螺纹钢棒施加预加力。高强螺纹钢棒的变形位移云图，如图7-26所示。

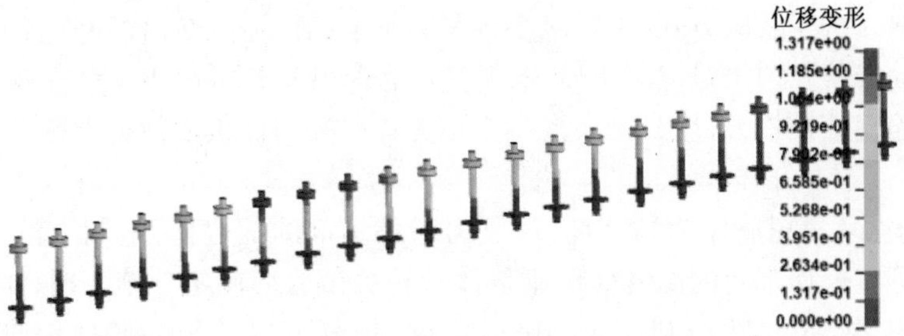

图7-26 螺杆变形位移云图（单位：mm）

通过计算分析，大型货车碰撞处附近的10根高强螺纹钢棒的应力较大，最大应力约为400MPa，最大变形约为1.3mm。通过理论分析可知，拟订方案中采用M50型号的高强螺纹钢棒可以满足使用要求，该高强螺纹钢棒的设计屈服强度为930MPa，设计抗拉强度为1 080MPa。

7.3.4 施工要求

1）护栏预制

（1）装配式护栏节段在预制场地采用短线法预制，块件预制采用连续浇筑，即依次浇筑相邻块件，已浇好的块件为相邻浇筑块件的端模。护栏竖曲线和平曲线可以直代曲拟合形成，通过护栏上下缘长度不同形成竖曲线，以及护栏左右外缘长度不同形成平曲线，预制时应根据曲线半径精确计算护栏节段间相对转角，保证护栏间的匹配。

（2）装配式预制护栏施工精度要求，如表7-12所示。

预制护栏施工精度要求 表7-12

项次	项 目	规定值或允许偏差
1	护栏及桥面板内的孔径中心位置	±0.2mm
2	护栏及桥面板内的孔径大小	±0.2mm
3	护栏及桥面板内的孔道粗糙度 Ra	<25μm
4	护栏间剪力键、护栏与桥面板间剪力键的平整度	±0.2mm
5	螺栓承压面混凝土平整度	±0.2mm

（3）预制护栏节段时，接缝间必须满涂隔离剂，以利于节段脱离。

（4）护栏节段预制应注意预留螺栓孔、灌浆孔和临时吊点预埋件，螺栓孔应垂直于桥面板顶面和护栏底面。平曲线上的护栏预制时需注意护栏中螺栓孔位置与桥面板中螺栓孔位置的匹配。

（5）预制节段应注意模板表面处理。混凝土浇筑完毕，应采取可靠措施及时予以保温养护，以确保质量。预制节段保温养护不小于15d，冬季施工时可采取蒸汽养护等措施以保证混凝土浇筑质量。

2）护栏安装

（1）预制护栏安装主要施工流程：护栏安装由 N 墩向 $N+1$ 墩顺序安装。

①护栏底面与桥面板顶面间、护栏节段间断面涂抹环氧树脂，吊装预制护栏就位。

②待环氧树脂固化后，安装螺栓。

③螺栓采取二次安装的方式，为了减小预紧力损失，在第一次螺栓预紧后10d，进行复拧。

④护栏螺栓安装孔内浇筑混凝土砂浆，砂浆颜色须与护栏混凝土颜色保持一致。

⑤对于伸缩缝处护栏，采用自密实混凝土填充护栏与桥面板之间剪力键及灌浆孔道，并安装钢遮板。

（2）匹配面涂环氧树脂作为黏结剂，环氧树脂黏结剂的配合比、配制方法、物理力学性能以及固化时间等应根据不同的温度等作业条件做相关试验后确定。施工时，护栏交接面上的环氧树脂需涂抹均匀，厚度控制在2～3mm之间，护栏节段挤压后胶体厚度控制在0.5～1.0mm之间为宜，以保证有多余环氧树脂从接缝中被挤出，不应出现缺胶现象；环氧树脂颜色应与护栏颜色保持一致，避免影响全桥景观效果。

（3）螺栓安装后须在活端安装防水螺母，以保护螺栓螺纹；防水螺母颜色应与螺栓一致。装配式预制护栏试件制作过程如图7-27所示。

a）钢筋绑扎　b）预埋件安装　c）混凝土浇筑　d）预加力施加

图7-27　装配式预制护栏试件制作示例

7.4 装配式混凝土护栏计算

下面主要以装配式预制护栏的外侧护栏为例,介绍其结构计算分析过程及结果。

7.4.1 碰撞荷载

碰撞荷载计算中假定:①护栏为刚性体;②车辆碰撞护栏时允许车辆发生变形,但车辆的重心位置不变;③忽略车辆与护栏及车轮与路面的摩擦阻力。

护栏碰撞荷载的计算公式为:

$$\overline{F}=\frac{m\ (v_1\sin\theta)^2}{2\,000[C\sin\theta-b(1-\cos\theta)+Z]} \tag{7-2}$$

式中:$\overline{F}$——车辆作用在护栏的平均横向碰撞力(kN);

m——车辆质量(kg);

v_1——车辆的碰撞速度(m/s);

θ——车辆的碰撞角度(°);

C——车辆重心至前保险杠之间的距离(m);

b——车辆的宽度(m);

Z——护栏的横向变形(m)。

根据设计方案,各参数的取值分别为:$m=18\,000$kg,$v_1=80$km/h,$\theta=20°$,$C=4.96$m,$b=2.5$m,$Z=0$m。计算得到,$\overline{F}=336.36$kN。

碰撞力:$F=\mu\overline{F}$,《公路交通安全设施设计规范》(JTG D81—2017)指出,当μ取$\pi/2$时,碰撞力为最大横向碰撞力,则$F=\overline{F}\times\pi/2=528$kN,碰撞荷载的作用点位于护栏顶部以下5cm。

护栏结构受力示意如图7-28所示。

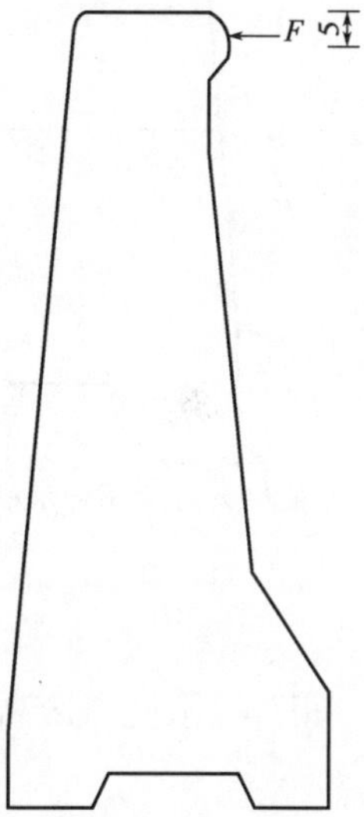

图7-28 装配式预制护栏受力示意(尺寸单位:cm)

7.4.2 结构计算

1)护栏截面强度验算

(1)护栏验算截面确定。

车辆碰撞荷载考虑以2.5m范围分布,假设该荷载全部作用于一节混凝土护栏上,因此可将一节护栏的受力简化成竖直方向的悬臂梁考虑,如图7-29所示。

计算关键截面处的弯矩即为弯曲正应力最大处截面的弯矩。

其中,最大弯曲正应力:

$$\sigma_{max}=\frac{M}{W} \tag{7-3}$$

最大弯矩M:

$$M=F(h_{ae}-x) \tag{7-4}$$

抗弯截面系数W:

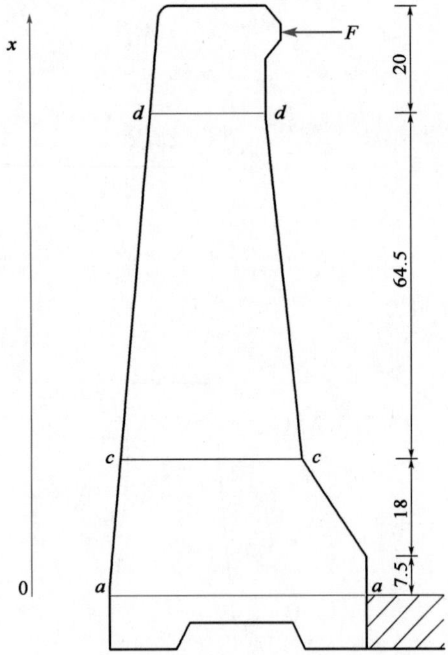

图 7-29 计算截面示意(尺寸单位:cm)

$$W=\frac{bh^2}{6} \tag{7-5}$$

式中:b——2.5m;

h——梁截面沿 F 方向的尺寸。

通过分析判断可知,该装配式混凝土护栏的关键截面主要为:$a—a$、$c—c$、$d—d$。

(2)护栏截面强度及配筋验算。

①$a—a$ 截面验算。

护栏采用 C50 混凝土,钢筋采用 HRB400,钢筋的保护层厚度为 45mm。该截面与碰撞力作用点距离为 $h_a=1\,050\text{mm}$,$F=528\text{kN}$,$b=2\,500\text{mm}$,$h=500\text{mm}$,$a_s=45\text{mm}$,$f_c=32.4\text{N/mm}^2$,$f_y=400\text{N/mm}^2$,则该截面所受最大弯矩:

$$M_a=Fh_a=528\times1.05=554.4\text{kN}\cdot\text{m}$$

有效高度

$$h_0=h-a_s=500-45=455\text{mm}$$

截面配筋采用 40 ⌀22,故 $A_S=15\,205\text{mm}^2$。

受压区高度

$$x=\frac{f_yA_s}{\alpha_1f_cb}=\frac{400\times15\,205}{1\times32.4\times2\,500}=75.09\text{mm}$$

相对界限受压区高度

$$\xi_b=\frac{\beta_1}{1+f_y/(E_s\varepsilon_{cu})}=\frac{1}{1+400/(200\,000\times0.003\,3)}=0.5$$

$x\leqslant\xi_bh_0=0.5\times455=227.5\text{mm}$,混凝土受压区高度满足规范要求。

纵筋的最小配筋要求:$\rho_{min}=\max\{0.2\%,0.45f_t/f_y\}=\max\{0.2\%,0.33\%\}=0.33\%$

经验算,该截面配筋率 $\rho=A_s/(bh_0)=1\%$,满足最小配筋率要求。

经计算,截面抗弯承载力为:

$$M'_a=\alpha_1f_cbx(h_0-x/2)=1\times32.4\times2\,500\times75.09\times(455-75.09/2)=2\,539\text{kN}\cdot\text{m}>M_c$$

正截面抗弯承载力满足要求。

②$c—c$ 截面验算。

截面距碰撞力作用点距离为 $h_c=795\text{mm}$,$F=528\text{kN}$,$b=2\,500\text{mm}$,$h=350\text{mm}$,$a_s=45\text{mm}$,$f_c=32.4\text{N/mm}^2$,$f_y=400\ \text{N/mm}^2$,则该截面所受最大弯矩:

$$M_c=Fh_c=528\times0.795=419.8\text{kN}\cdot\text{m}$$

有效高度

$$h_0=h-a_s=350-45=305\text{mm}$$

截面配筋采用 40 ⌀22,故 $A_S=15\,205\text{mm}^2$。

受压区高度

$$x=\frac{f_yA_s}{\alpha_1f_cb}=\frac{400\times15\,205}{1\times32.4\times2\,500}=75.09\text{mm}$$

相对界限受压区高度

$$\xi_b = \frac{\beta_1}{1 + f_y/(E_s \varepsilon_{cu})} = \frac{1}{1 + 400/(200\,000 \times 0.003\,3)} = 0.5$$

$x \leqslant \xi_b h_0 = 0.5 \times 305 = 151.92\text{mm}$,混凝土受压区高度满足规范要求。

纵筋的最小配筋要求:$\rho_{min} = 0.33\%$,经验算,该截面配筋率 $\rho = A_s/(bh_0) = 2\%$,满足最小配筋率要求。

经计算,截面抗弯承载力为:

$$M'_c = \alpha_1 f_c bx(h_0 - x/2) = 1 \times 32.4 \times 2\,500 \times 75.09 \times (305 - 75.09/2) = 1\,627\text{kN} \cdot \text{m} > M_c$$

正截面抗弯承载力满足要求。

③d—d 截面验算。

截面与碰撞力作用点距离为 $h_c = 150\text{mm}$,$F = 528\text{kN}$,$b = 2\,500\text{mm}$,$h = 207\text{mm}$,$a_s = 45\text{mm}$,$f_c = 32.4\text{N/mm}^2$,$f_y = 400\text{N/mm}^2$,则该截面所受最大弯矩:

$$M_c = Fh_d = 528 \times 0.15 = 79.2\text{kN} \cdot \text{m}$$

有效高度

$$h_0 = h - a_s = 207 - 45 = 162\text{mm}$$

截面配筋采用 20 Φ 22,故 $A_s = 7\,603\text{mm}^2$

受压区高度

$$x = \frac{f_y A_s}{\alpha_1 f_c b} = \frac{400 \times 7\,603}{1 \times 32.4 \times 2\,500} = 37.54\text{mm}$$

相对界限受压区高度

$$\xi_b = \frac{\beta_1}{1 + f_y/(E_s \varepsilon_{cu})} = \frac{1}{1 + 400/(200\,000 \times 0.003\,3)} = 0.5$$

$x \leqslant \xi_b h_0 = 0.5 \times 162 = 80.69\text{mm}$,混凝土受压区高度满足规范要求。

纵筋的最小配筋要求:$\rho_{min} = 0.33\%$,经验算,该截面配筋率 $\rho = A_s/(bh_0) = 2\%$,满足最小配筋率要求。

经计算,截面抗弯承载力为:

$$M'_d = \alpha_1 f_c bx(h_0 - x/2) = 1 \times 32.4 \times 2\,500 \times 37.54 \times (162 - 37.54/2) = 434\text{kN} \cdot \text{m} > M_d$$

正截面抗弯承载力满足规范要求。

(3)护栏端部抗剪验算。

护栏端部抗剪主要由剪力槽混凝土和钢筋共同作用抗剪,计算如下:

$F_{端} = \tau_{混} S + \tau_{钢筋} A_s = 2.9 \times 50 \times 1\,050 + 360 \times 3.14 \times (12/2)^2 \times 23 = 1\,088.7\text{kN} > F = 528\text{kN}$,抗剪承载力满足要求。

2)护栏与基础连接稳定性计算

(1)抗倾覆计算。

护栏的倾覆力主要由车辆的碰撞力 F 产生,而护栏的抗倾覆力主要由护栏的自重 G 及预埋件(高强度螺纹粗钢棒)的抗力提供。护栏倾覆时绕 O 点转动,如图 7-25 所示。

2.5m 护栏长度范围内,经计算,护栏的倾覆弯矩为:

$$M_{碰} = Fh = 528\text{kN} \times 1.15\text{m} = 607.2\text{kN} \cdot \text{m}$$

2.5m 护栏长度范围内,预制护栏混凝土自重为:

$$F_{护栏} = 0.38\text{m}^2 \times 2\,500\text{kg/m}^3 \times 9.8\text{N/kg} = 9\,310\text{N/m}$$

$$M_{护栏} = F_{护栏}L = 9.31\text{kN/m} \times 0.215\text{m} \times 2.5\text{m} = 5.0\text{kN} \cdot \text{m}$$

经计算,2.5m 护栏长度范围内预埋件(高强度螺纹粗钢棒)的抵抗弯矩为:

$$F_{预埋件} = f_{pk}A_s = 1\,080 \times 3.14 \times (50/2)^2 = 2\,120.57\text{kN}$$

$$M_{预埋件} = nF_{预埋件}L = 4 \times 2\,120.57\text{kN} \times 0.21\text{m} = 1\,781.28\text{kN} \cdot \text{m}$$

$M_{预埋件} + M_{护栏} > M_{碰}$,满足抗倾覆稳定性要求。

(2)抗剪计算。

预制护栏预埋件(高强度螺纹钢棒)受剪承载力计算公式为:

$$V_{sd} \leqslant V_{Rd,s} \tag{7-6}$$

式中:V_{sd}——剪力设计值(N);

$V_{Rd,s}$——破坏受剪承载力设计值(N)。

$$V_{Rd,s} = \frac{V_{Rk,s}}{\gamma_{Rs,V}} \tag{7-7}$$

式中:$V_{Rk,s}$——破坏受剪承载力标准值(N);

$\gamma_{Rs,V}$——破坏受剪承载力分项系数。

$$V_{Rk,s} = 0.5f_{yk}A_s \tag{7-8}$$

式中:f_{yk}——锚杆屈服强度标准值(N/mm²);

A_S——高强度预应力螺纹粗钢棒截面面积(mm²)。

该护栏承受碰撞荷载为 528kN, $f_{yk} = 930\text{N/mm}^2$, $A_s = 7\,854\text{mm}^2$, $\gamma_{Rs,V} = 1.3$,计算得到 $V_{Rd,s} = 2\,809\text{kN} > 528\text{kN}$,满足抗剪承载力要求。

3)与护栏连接的桥面板强度验算

(1)桥面板悬臂构造。

与护栏相连接的桥面板悬挑长度 500mm,悬臂板厚 250mm。构造如图 7-30 所示。

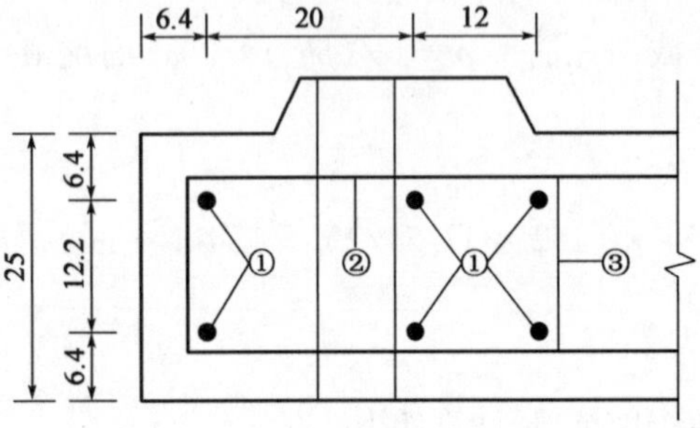

图 7-30 桥面板悬臂构造示意(尺寸单位:cm)

该桥面板悬臂部分,采用 HRB400 钢筋,钢筋屈服强度标准值 $f_{sk} = 400\text{MPa}$;混凝土采用 C50,混凝土轴心抗压强度标准值 $f_{ck} = 32.4\text{MPa}$。钢筋规格如表 7-13 所示。

预制护栏钢筋规格 表 7-13

编号	①	②	③
钢筋规格	⏀20	⏀20	⏀16

桥面悬臂板中①号钢筋:$S_1 = 314.16\text{mm}^2$, $d = 20\text{mm}$;

桥面悬臂板中②号钢筋:$S_2 = 314.16\text{mm}^2$, $d = 20\text{mm}$;

桥面悬臂板中③号钢筋：$S_3 = 201.06\text{mm}^2$，$d = 16\text{mm}$。

根据《公路交通安全设施设计细则》(JTG/T D81—2017)附录D.4.1规定，分别验算状态Ⅰ和状态Ⅱ下桥面板悬臂的承载力。状态Ⅰ为横向和纵向碰撞荷载作为偶然荷载的承载能力极限状态；状态Ⅱ为竖向碰撞荷载作为偶然荷载的承载能力极限状态。

(2)桥面板悬臂状态Ⅰ验算。

状态Ⅰ计算简图如图7-31所示。

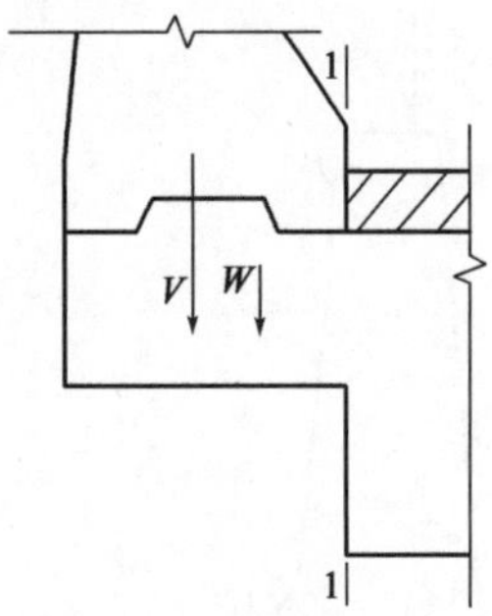

图7-31 桥面板悬臂状态Ⅰ计算简图

对悬臂板任意截面受压区混凝土压应力合力作用点取矩，截面应满足：

$$M_{碰} + M_{悬} + M_{护} \leqslant A_s f_y\left(h_0 - \frac{x}{2}\right) \tag{7-9}$$

式中：$M_{碰}$——车辆撞击荷载对桥面板悬臂板控制截面产生的弯矩(kN·m)；

$M_{悬}$——桥面板悬臂板自重对其控制截面产生的弯矩(kN·m)；

$M_{护}$——护栏自重对桥面板悬臂板控制截面产生的弯矩(kN·m)。

碰撞发生在护栏标准段，为第一种破坏模式时，验算截面1—1。

①计算状态Ⅰ下1—1截面混凝土发生破坏时引起的悬臂板弯矩M_u。

a.计算碰撞弯矩：

$$M_{碰} = Fh = 528\text{kN} \times 1.15\text{m} = 607.2\text{kN}\cdot\text{m}$$

b.计算悬臂板自重：

$$F_{悬} = 0.25 \times 0.5 \times 2\,500\ \text{kg/m}^3 \times 9.8\text{N/kg} = 3\,062.5\text{N/m}$$

$$M_{悬} = F_{悬} L_{悬} = 3.06\text{kN/m} \times 0.25\text{m} \times 5\text{m} = 3.83\text{kN}\cdot\text{m}$$

c.计算护栏混凝土自重：

$$F_{护} = 0.38\text{m}^2 \times 2\,500\ \text{kg/m}^3 \times 9.8\text{N/kg} = 9\,310\text{N/m}$$

$$M_{护} = F_{护} L = 9.31\text{kN/m} \times 0.215\text{m} \times 2.5\text{m} = 5.0\text{kN}\cdot\text{m}$$

$$M_u = M_{碰} + M_{悬} + M_{护} = 607.2 + 3.83 + 5.0 = 616.03\text{kN}\cdot\text{m}$$

②计算状态Ⅰ下1—1截面混凝土发生破坏时悬臂板的承载能力M_n。

截面的有效高度：

$$h_0 = h - a_s = 250 - 34 - \frac{20}{2} = 206\text{mm}$$

截面配筋采用32Φ20，故$A_S = 10\,053\text{mm}^2$。

受压区高度：

$$x = \frac{f_y A_s}{\alpha_1 f_c \text{b}} = \frac{400 \times 5\,027}{1 \times 32.4 \times 5\,000} = 24.82\text{mm}$$

相对界限受压区高度：

$$\xi_b = \frac{\beta_1}{1 + f_y/(E_s \varepsilon_{cu})} = \frac{1}{1 + 400/(200\,000 \times 0.003\,3)} = 0.5$$

$x \leqslant \xi_b h_0 = 0.5 \times 206 = 107.59\text{mm}$，混凝土受压区高度满足规范要求。

纵筋的最小配筋要求：$\rho_{min} = 0.33\%$，经验算，该截面配筋率$\rho = A_s/(bh_0) = 1\%$，满足最小

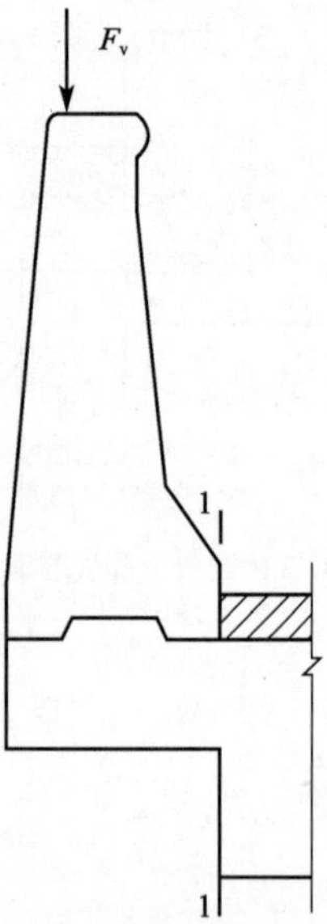

图 7-32　桥面板悬臂状态Ⅱ计算简图

配筋率要求。

经计算,截面抗弯承载力为:

$M_n = A_s f_y(h_0 - x/2) = 400 \times 10\,053 \times (206 - 24.82/2) = 818.68\text{kN}\cdot\text{m} > M_u = 616.03\text{kN}\cdot\text{m}$,满足要求。

(3)桥面板悬臂状态Ⅱ验算。

状态Ⅱ计算简图如图 7-32 所示。

①计算状态Ⅱ下 1—1 截面的 M_u。

$$M_u = \frac{F_v L_{1a}}{L_v} + M_s + M_b$$

悬臂桥面板重力作用在 1—1 截面处每延米引起的弯矩 $M_s = 1.91\text{kN}\cdot\text{m}$。

护栏重力在 1—1 截面处每延米引起的弯矩 $M_b = 5.0\text{kN}\cdot\text{m}$。

护栏顶部所受的碰撞车辆竖向荷载 $F_v = 33\,000\text{kg} \times 9.8\text{N/kg} = 323.4\text{kN}$。

竖向碰撞荷载分布长度 $L_v = 11.9\text{m}$。

截面 1—1 距离悬臂板端部长度 $L_{1a} = 0.5\text{m}$,则得到每延米弯矩:

$$M_n = \frac{323.4 \times 0.5}{11.9} + 1.91 + 5.0 = 20.5\text{kN}\cdot\text{m(每延米)}$$

②计算状态Ⅱ下 1—1 截面混凝土发生破坏时悬臂板的承载能力 M_n。

受压区高度:

$$x = \frac{A_s f_{sk}}{f_{ck} b} = \frac{314.16 \times 400}{32.4 \times 130} = 29.83\text{mm}$$

截面的有效高度:

$$h_0 = h - a_s = 250 - 34 - \frac{20}{2} = 206\text{mm}$$

混凝土受压区高度满足规范要求。

计算悬臂板每延米承载能力如下:

$M_n = A_s f_y(h_0 - x/2)/b = 314.16 \times 400 \times (206 - 29.83/2)/130 = 184.7\text{kN}\cdot\text{m(每延米)}$

状态Ⅱ下悬臂板 1—1 截面承载力满足要求。

4)翼缘板抗剪验算

对桥面翼缘板进行受力分析,受力简化为简支体系结构,示意图如图 7-33 所示。

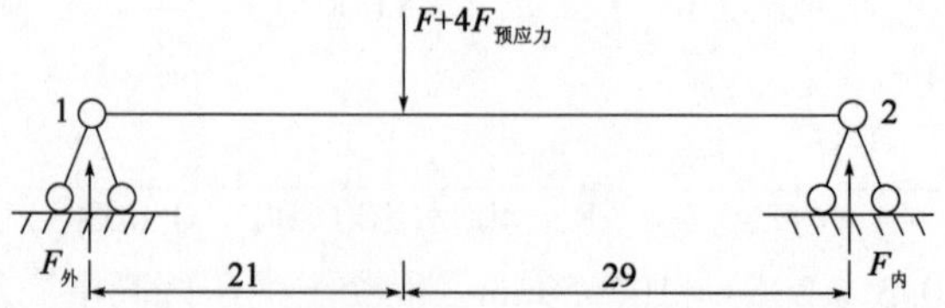

图 7-33　桥面板翼缘板计算简图(尺寸单位:cm)

根据受力简化图例,其中 $F=528\mathrm{kN}$,$F_{预应力}=400\mathrm{kN}$,计算得到:

$$F_{外}=1\,234.24\mathrm{kN},F_{内}=893.76\mathrm{kN}$$

对于桥面板悬臂翼缘板,可将其视为矩形受弯构件,其截面抗剪承载力可考虑按下式计算:

$$V=V_{cs}+V_{p} \tag{7-10}$$

$$V_{cs}=\alpha_{cv}f_{t}bh_{0}+f_{yv}\frac{A_{sv}}{s}h_{0} \tag{7-11}$$

$$V_{p}=0.05N_{po} \tag{7-12}$$

式中:V_{cs}——构件斜截面上混凝土和箍筋的受剪承载力设计值(N);

V_{p}——由预加力所提高的构件受剪承载力设计值(N);

α_{cv}——斜截面混凝土受剪承载力系数,取0.7;

f_{t}——混凝土轴心抗拉强度设计值(MPa);

b——矩形截面宽度(mm);

h_{0}——截面有效高度(mm);

A_{sv}——配置在同一截面内箍筋各肢的全部截面面积(mm^2),即 nA_{sv1},其中,n 为在同一截面内箍筋的肢数,A_{sv1} 为单肢箍筋的面积;

s——沿构件长度方向的箍筋面积(mm^2);

f_{yv}——箍筋的抗拉强度设计值(MPa);

N_{po}——计算截面上混凝土法向预应力等于零时预加力(N)。

通过计算,得到 $V=24864\mathrm{kN}$,$V>F_{外}$,$V>F_{内}$,桥面翼缘板抗剪能力满足要求。

7.4.3 局部受力

1)预埋件(高强度螺纹钢棒)局部受力验算

《公路钢筋混凝土及预应力混凝土桥涵设计规范》(JTG 3362—2018)规定,配置间接钢筋的局部受压构件,其局部抗压承载力应按下式计算:

$$\gamma_{0}F_{ld}\leqslant 0.9(\eta_{s}\beta f_{cd}+k\rho_{v}\beta_{cor}f_{sd})A_{ln} \tag{7-13}$$

$$\beta_{cor}=\sqrt{\frac{A_{cor}}{A_{l}}} \tag{7-14}$$

式中:F_{ld}——局部受压面上作用的局部荷载或局部压力设计值(N);

β——混凝土局部受压时的强度提高系数;

f_{cd}——混凝土轴心抗压强度设计值(MPa);

f_{sd}——钢筋抗拉强度设计值(MPa);

η_{s}——混凝土局部承压修正系数;混凝土强度等级为C50及以下,取 $\eta_{s}=1.0$;混凝土强度等级为C50~C80,取 $\eta_{s}=1.0\sim0.76$;中间按直线插入取值;

k——间接钢筋影响系数;

ρ_{v}——间接钢筋体积配筋率;

β_{cor}——配置间接钢筋时局部抗压承载力提高系数;

A_{ln}、A_l——混凝土局部受压面积(mm^2),当局部受压面有孔洞时,A_{ln}为扣除孔洞的面积,A_l为不扣除孔洞的面积。当受压面有钢垫板时,局部受压面积应计入在垫板中45°刚性角扩大的面积;

A_{cor}——间接钢筋内表面范围内的混凝土核心面积(mm^2),其形心应与A_1的形心相重合,计算时按同心、对称原则取值。

对于方格网钢筋,间接钢筋体积配筋率(核心面积范围内单位混凝土体积所含间接钢筋的体积)按下式计算:

$$\rho_v = \frac{n_1 A_{s1} l_1 + n_2 A_{s2} l_2}{A_{cor} s} \tag{7-15}$$

此时,在钢筋网两个方向的钢筋截面面积相差不应大于50%。

式中:n_1、A_{s1}——方格网沿l_1方向的钢筋根数、单根钢筋的截面面积;

n_2、A_{s2}——方格网沿l_2方向的钢筋根数、单根钢筋的截面面积;

s——方格网间接钢筋的层间距。

通过对单根高强度预应力螺纹粗钢棒预埋件与护栏连接处局部应力进行计算,得F_{ld} = 1 057kN > F_1 = 532kN,满足局部承压要求。

2)预制护栏底部局部受力验算

《公路钢筋混凝土及预应力混凝土桥涵设计规范》(JTG 3362—2018)规定,配置间接钢筋的混凝土构件,其局部受压区的截面尺寸应满足下列要求:

$$\gamma_0 F_{ld} \leqslant 1.3\eta_s \beta f_{cd} A_{ln} \tag{7-16}$$

$$\beta = \sqrt{\frac{A_b}{A_l}}$$

式中:β——混凝土局部承压强度提高系数;

A_b——局部承压时的计算底面积,可由计算底面积与局部受压面积按同心、对称原则确定;常用情况,可按图7-34确定。

通过对预制护栏底部剪力键匹配面进行细部划分,计算简化图如图7-35所示。

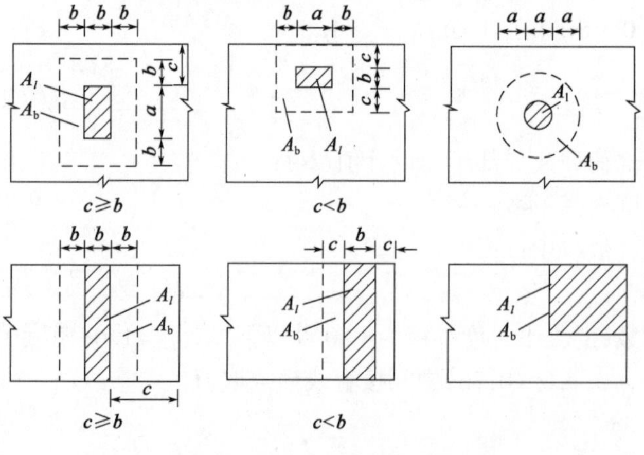

图7-34 局部承压时计算底面积A_b

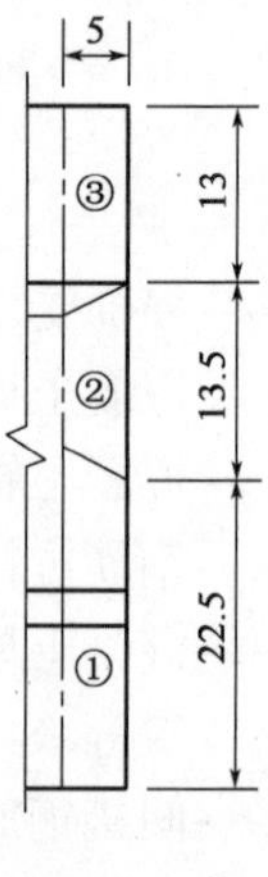

图7-35 预制护栏端部剪力槽计算简图(尺寸单位:cm)

通过对护栏底部进行局部受力计算,得到:$F=528\text{kN}$,$\eta_s=1.0$,$\beta=\sqrt{A_b/A_l}=1$,$f_{cd}=22.4\text{MPa}$,$A_{ln}=52\,500\text{mm}^2$,$A_l=52\,500\text{mm}^2$。

计算得到 $F_{ld}=1\,528\text{kN}>F_l=528\text{kN}$,满足局部受力要求。

7.5 装配式混凝土护栏试验

下面以装配化箱形组合梁桥面外侧的装配式混凝土护栏(防撞等级为 SS 级)为例,介绍护栏试验的理论计算分析过程与实车碰撞试验过程。

7.5.1 护栏试验理论分析

1)分析评价方法

通过对装配式混凝土护栏进行计算机仿真计算,从理论上分析其防撞性能是否能达到规定的 SS 级标准。

2)仿真计算条件

(1)碰撞条件。

计算机仿真过程中采用的碰撞条件如表 7-14 所示。

碰撞条件 表 7-14

碰撞车型	车辆总质量(t)	碰撞速度(km/h)	碰撞角度(°)	碰撞能量(kJ)
小型客车	1.5	100	20	—
大型客车	18	80	20	520
大型货车	33	60	20	520

(2)碰撞点位置。

小型客车、大型客车和大型货车的碰撞点位于沿车辆行驶方向距离护栏标准段起点 1/3 长度处。

3)护栏结构

装配式混凝土预制护栏采用加强型 F 护栏,高度 1 100mm,单节长 2.5m,每节护栏前后设置凸凹匹配的剪力键,每节混凝土护栏采用 4 根高强螺纹钢棒与桥面板进行连接,护栏底部及桥面板上设置凹凸匹配剪力键。护栏结构如图 7-36、图 7-37 所示。

4)仿真模型

(1)车辆模型。

依据我国小型客车的主要特点,建立小型客车有限元模型(图 7-38)。主要有限元参数见表 7-15,主要结构参数见表 7-16。

车辆模型坐标(以车辆的初始状态为准):车辆行驶方向为 x 坐标,宽度方向为 y 坐标,z 方向垂直于 xy 平面。

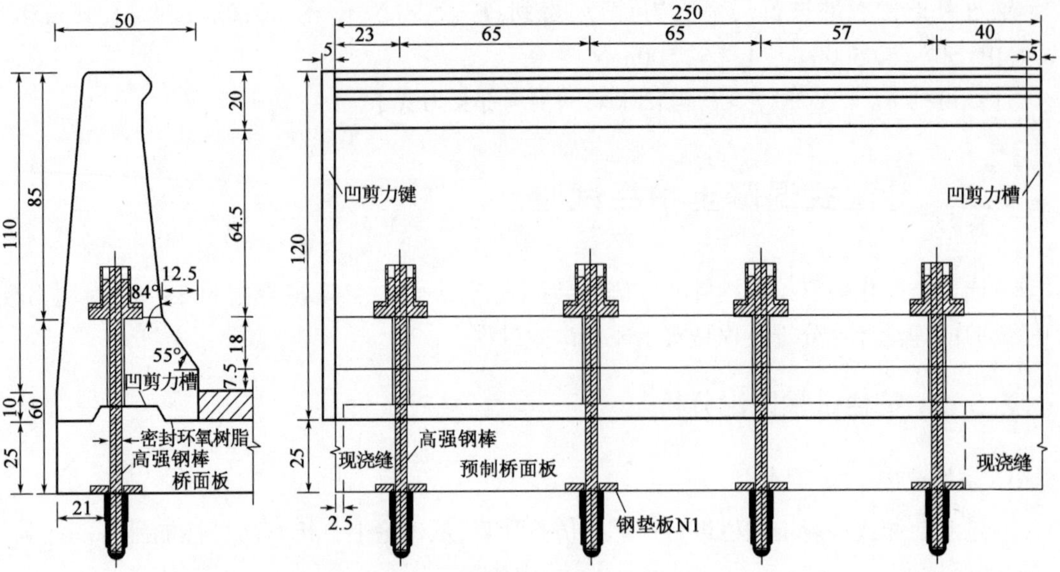

图 7-36　试验用混凝土护栏构造立面图(尺寸单位:cm)

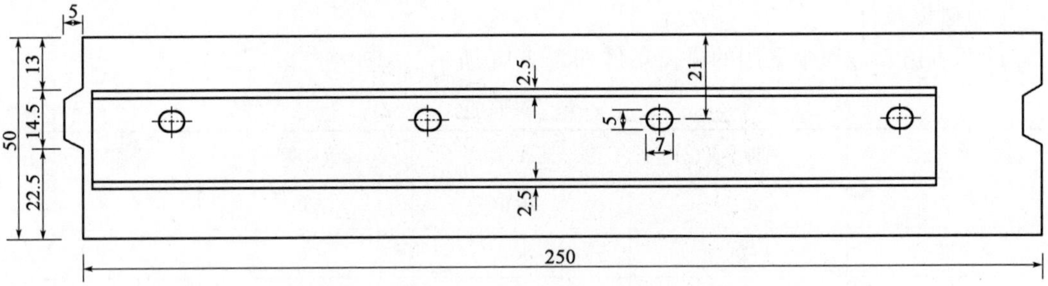

图 7-37　试验用混凝土护栏平面图(尺寸单位:cm)

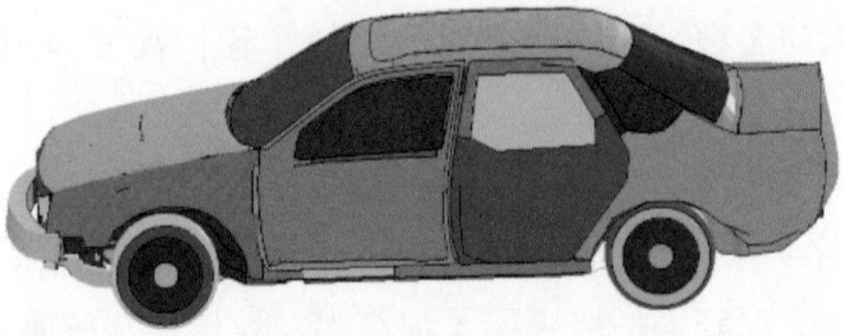

图 7-38　小型客车有限元模型

小型客车有限元模型参数　　表 7-15

项　目	单元数量(个)	项　目	单元数量(个)
节点	484 40	梁单元	92
壳单元	49 259	其他	566
实体单元	340		

小型客车模型结构参数 表7-16

车辆参数		参数值
车辆总质量(kg)		1500
前轮轮距(mm)		1500
轴距(mm)		2720
后轮轮距(mm)		1500
车轮半径(mm)		300
车轴数量(个)		1驱动轴 + 1
车辆重心位置(mm)	距前轴距离	1195
	距对称轴距离	+10
	距地面距离	561
车辆结构尺寸(mm)	总长	4 596
	总宽	1 775
	总高	1 387

依据中型客车的主要特点,建立中型客车有限元模型(图7-39)。主要有限元参数见表7-17,主要结构参数见表7-18。

图7-39 中型客车有限元模型

中型客车有限元模型参数 表7-17

项目	单元数量(个)	项目	单元数量(个)
节点	72 445	弹簧单元	8
壳单元	69 129	其他	3 188
梁单元	2 127		

中型客车模型结构参数 表7-18

车辆参数	参数值
车辆总质量(kg)	18 000
前轮轮距(mm)	2 050
轴距(mm)	4 380
后轮轮距(mm)	1 710
车轮半径(mm)	500
车轴数量(个)	1 + 1

续上表

车 辆 参 数		参 数 值
车辆重心位置（mm）	与前轴距离	2 770
	与对称轴距离	0
	距地面距离	1 210
车辆结构尺寸（mm）	总长	9 300
	总宽	2 485
	总高	3 016

依据大型货车的主要特点，建立大型货车有限元模型（图 7-40）。主要有限元参数见表 7-19，主要结构参数见表 7-20。

图 7-40 大型货车有限元模型

大型货车有限元模型参数 表 7-19

项 目	单元数量(个)	项 目	单元数量(个)
节点	29 925	弹簧单元	32
壳单元	27 316	其他	1 672
梁单元	60		

大型货车模型结构参数 表 7-20

车 辆 参 数		参 数 值
车辆总质量(kg)		33 000
前轮轮距(mm)		1 975
轴距(mm)		4 450
后轮轮距(mm)		2 070
车轮半径(mm)		450
车轴数量(个)		2 + 2
车辆重心位置（mm）	与前轴距离	2 800
	与对称轴距离	0
	与地面距离	1 270
货箱底板高度(mm)		1 172
车辆结构尺寸（mm）	总长	11 900
	总宽	2 727
	总高	4 286

(2)护栏模型。

根据装配式混凝土护栏设计方案,建立护栏的有限元模型,混凝土护栏采用 dyna MAT159 进行模拟,钢筋采用 dyna MAT24 进行模拟,高强螺纹钢棒采用 dyna MAT24 进行模拟,桥面板假设为刚体。护栏整体有限元模型如图 7-41 所示,护栏配筋模型图如 7-42 所示。

图 7-41 护栏整体有限元模型

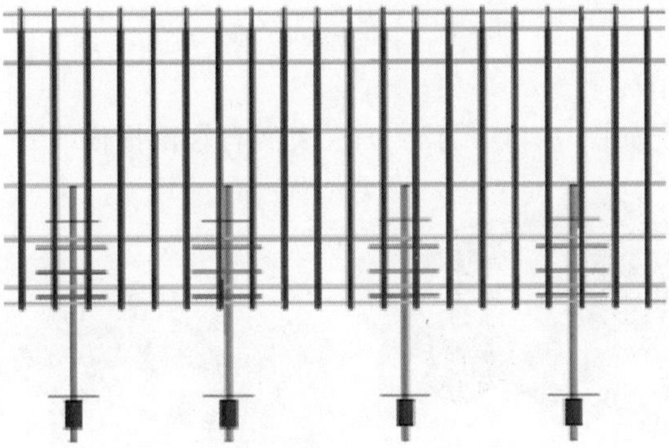

图 7-42 护栏配筋模型

5)仿真结果

(1)小型客车测试指标与分析。

①车辆运行轨迹。

小客车行驶轨迹及姿态如图 7-43 所示,车辆正常导出,运行轨迹正常。

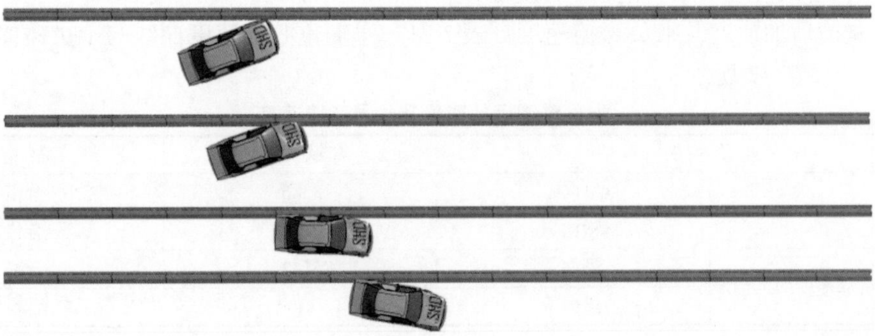

a)小客车行驶轨迹

图 7-43

b) 小客车行驶姿态

图 7-43　小客车行驶轨迹及姿态

②车辆及护栏损坏情况。

车辆及护栏损坏情况如图 7-44 所示。护栏表面有轻微损伤。

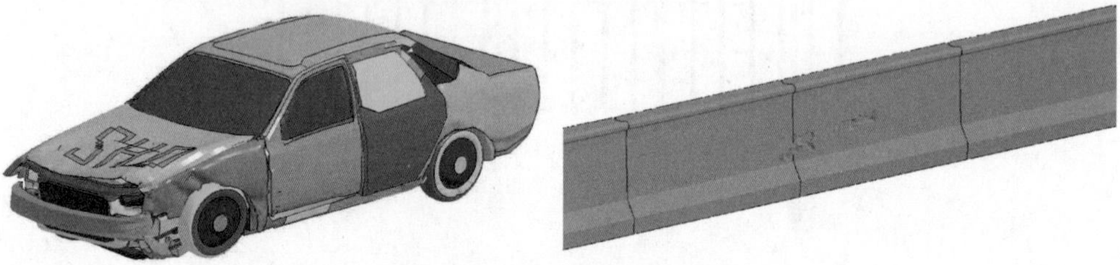

图 7-44　车辆及护栏损坏情况

车辆驶出轨道如图 7-45 所示，图中驶出框 $A=4.7\mathrm{m}$、$B=10\mathrm{m}$，车辆未驶出驶出框。

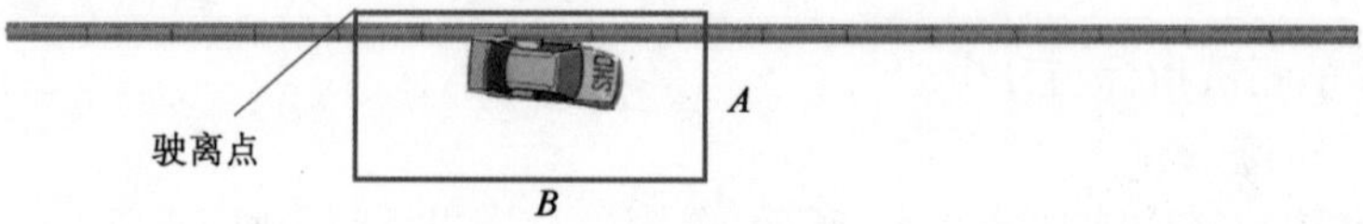

图 7-45　车辆驶出轨迹

③乘员碰撞速度和乘员碰撞后加速度。

乘员碰撞后加速度及乘员碰撞速度见表 7-21。车辆重心加速度曲线与乘员碰撞速度曲线如图 7-46 及图 7-47 所示。

乘员碰撞后加速度及乘员碰撞速度　　表 7-21

评价指标		测试结果	合格情况
乘员碰撞速度(m/s)	纵向 x	3.86	合格
	横向 y	8.0	合格
乘员碰撞后加速度($\mathrm{m/s^2}$)	纵向 x	51.2	合格
	横向 y	130	合格

(2)大型客车测试指标与分析。

①车辆运行轨迹。

客车行驶轨迹及姿态如图 7-48 所示，车辆正常导出，运行轨迹正常。

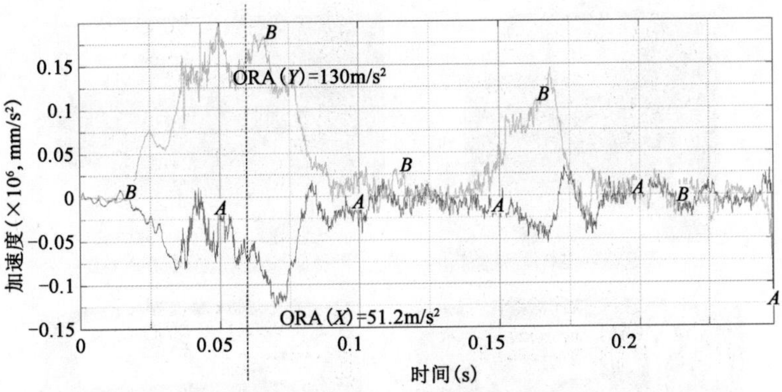

图7-46 车辆重心加速度曲线

A-x 方向加速度;B-y 方向加速度

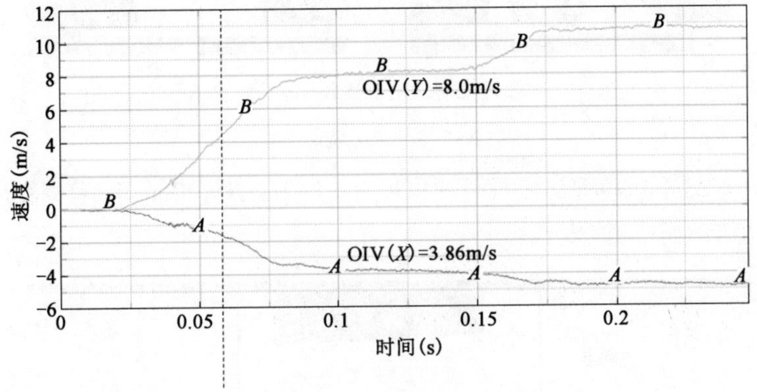

图7-47 乘员碰撞速度曲线

A-x 方向速度;B-y 方向速度

a)客车行驶轨迹

图 7-48

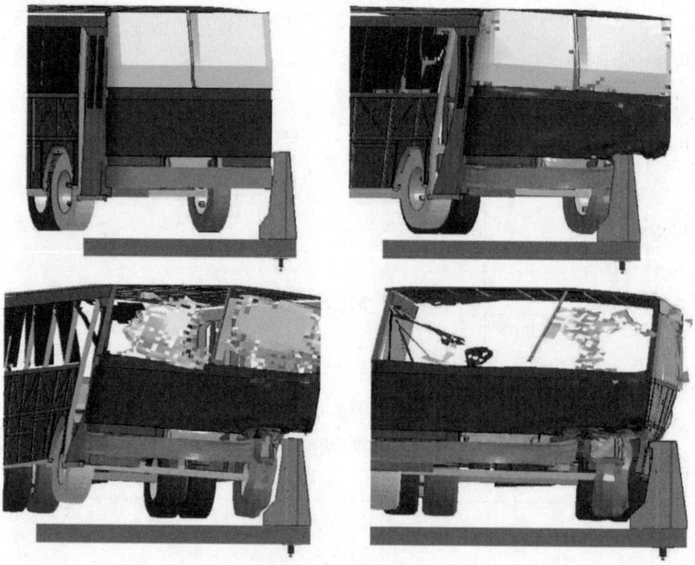

b)客车行驶姿态

图7-48 客车行驶轨迹及姿态

车辆驶出轨迹如图7-49所示,图中驶出框$A=8.7\text{m}$,$B=20\text{m}$,车辆碰撞护栏后沿直线行驶,不会驶出驶出框。

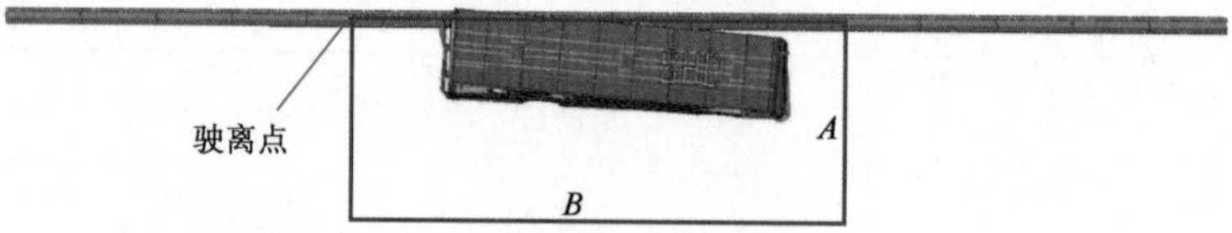

图7-49 车辆驶出轨迹

②车辆及护栏损坏情况。

理论分析中,车辆及护栏损坏情况如图7-50所示,护栏上部损伤比较明显,损伤长度约7m,护栏下部有轻微损伤。

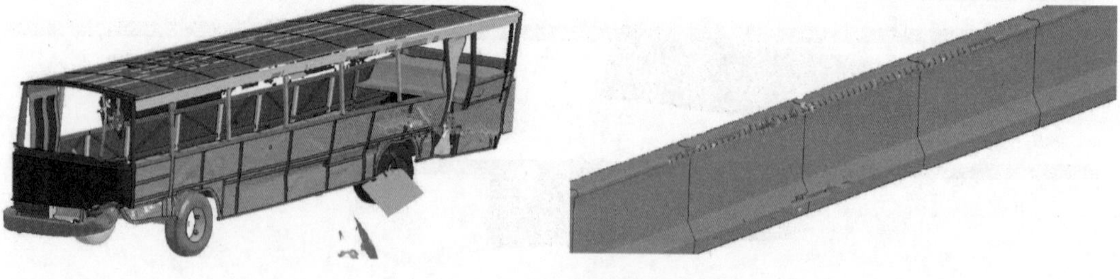

图7-50 车辆及护栏损坏情况

③护栏最大横向动态变形值、动态位移外延值和车辆最大动态外倾值。

车辆最大动态外倾值、护栏动态变形值、动态位移外延值如图7-51、图7-52及表7-22所示。

图7-51 车辆最大动态外倾

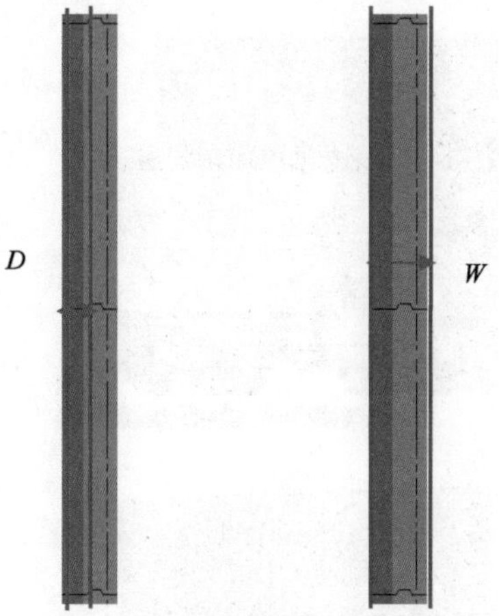

图7-52 护栏最大动态横向变形及横向动态位移外延

护栏变形及车辆外倾值 表7-22

评价项目	测试结果
护栏最大横向动态变形值 D(mm)	34
护栏最大横向动态位移外延值 W(mm)	503
车辆最大动态外倾值 VI(mm)	928

(3)大型货车测试指标与分析。

①车辆运行轨迹。

货车行驶轨迹及姿态如图7-53所示,车辆正常导出,运行轨迹正常。

车辆驶出轨迹如图7-54所示,图中驶出框 $A = 8.8$m、$B = 20$m,车辆碰撞护栏后沿直线行驶,不会驶出驶出框。

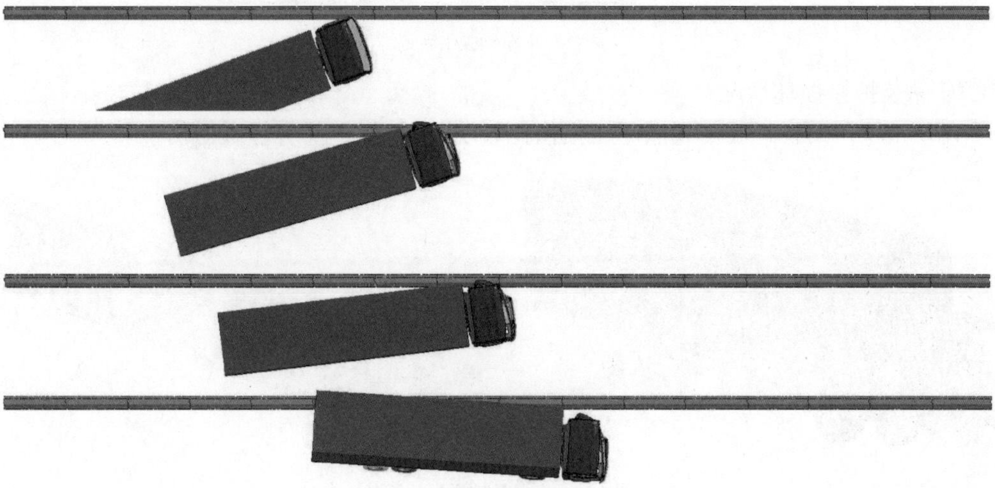

a)货车行驶轨迹

图 7-53

b)货车行驶姿态

图 7-53　货车行驶轨迹及姿态

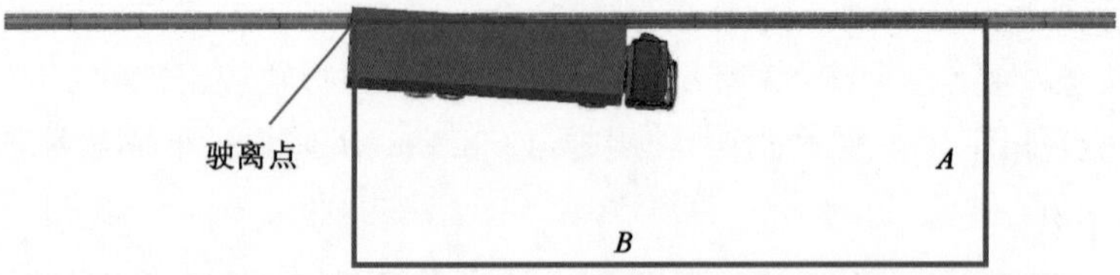

图 7-54　车辆驶出轨迹

②车辆及护栏损坏情况。

由图 7-55 可知,护栏底部轮胎碾压损伤比较明显,护栏上部有轻微损伤。

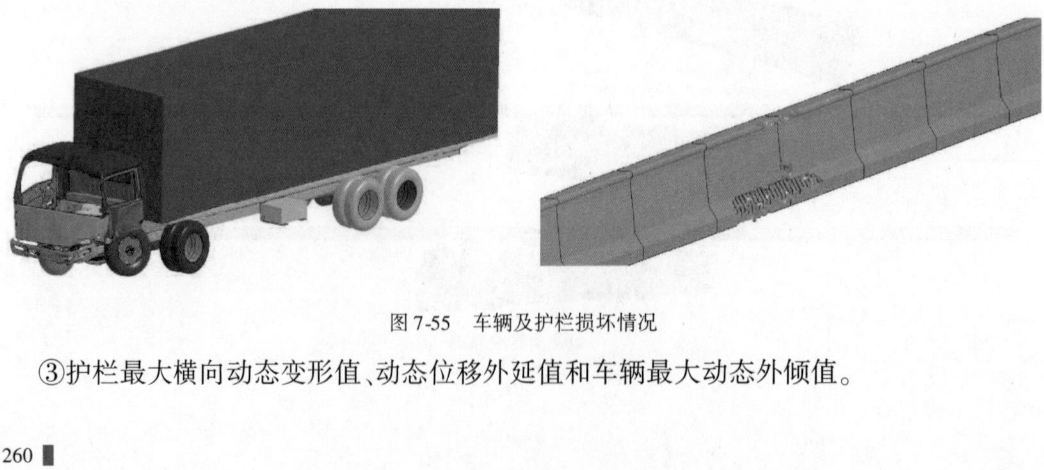

图 7-55　车辆及护栏损坏情况

③护栏最大横向动态变形值、动态位移外延值和车辆最大动态外倾值。

经理论计算分析，护栏动态变形值、动态位移外延值和车辆最大动态外倾值如图 7-56、图 7-57及表 7-23 所示。

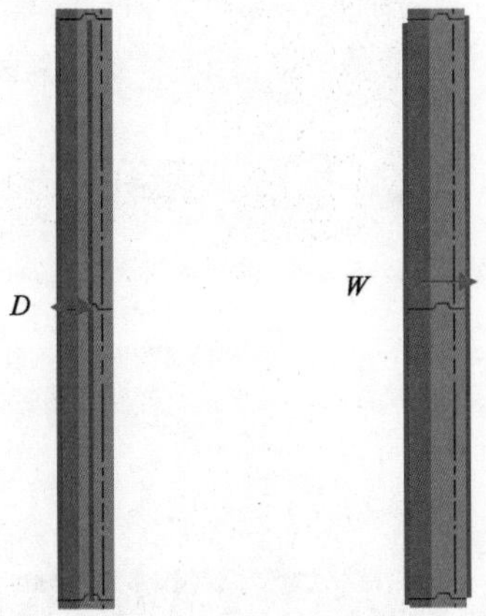

图 7-56　护栏最大动态横向变形及横向动态位移外延

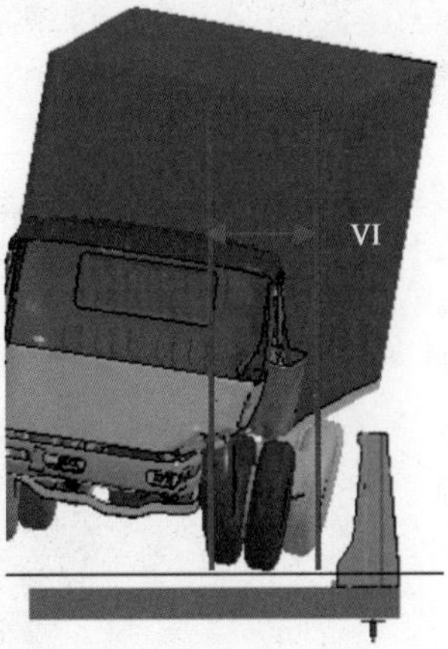

图 7-57　车辆最大动态外倾

护栏变形及车辆外倾值　　表 7-23

评价项目	测试结果
护栏最大横向动态变形值 D(mm)	22
护栏最大横向动态位移外延值 W(mm)	503
车辆最大动态外倾值 VI(mm)	713

6)仿真计算结论

通过计算机仿真分析，该装配式混凝土预制护栏的各项指标均符合《公路护栏安全性能评价标准》(JTG B05-01—2013)中 SS 级的评价要求，其安全性能评价最终应以实车碰撞试验为依据。

7.5.2　实车碰撞试验

1)试验样品

实车碰撞试验的装配式混凝土预制护栏的样品总长度为 40m，单节长度为 2.5m。护栏顶部至路面安装高度为 1 100mm，护栏墙体顶部宽为 207mm，底部宽为 500mm，高度 1.2m；护栏预埋钢管规格为 $\phi73 \times 1.5 \times 300$(mm)，高强螺纹钢棒规格为 $\phi50 \times 1\,000$(mm)；护栏混凝土强度等级为 C50，底部基础混凝土强度等级为 C30，路面混凝土强度等级为 C25。实车碰撞试验的护栏试验样品，如图 7-58 所示。

2)试验车辆

试验车辆选用三种车型：小型客车、大型客车、大型货车，本次试验车辆分别为本田小型客车、金龙大型客车、解放大型货车，如图 7-59 所示。

3)碰撞条件

试验碰撞条件见表 7-24。

a)试验护栏整体正面

b)试验护栏标准段

c)试验护栏安装连接

d)试验护栏预应力施加

图7-58　护栏实车碰撞试验样品

a)本田小客车

b)金龙大型客车

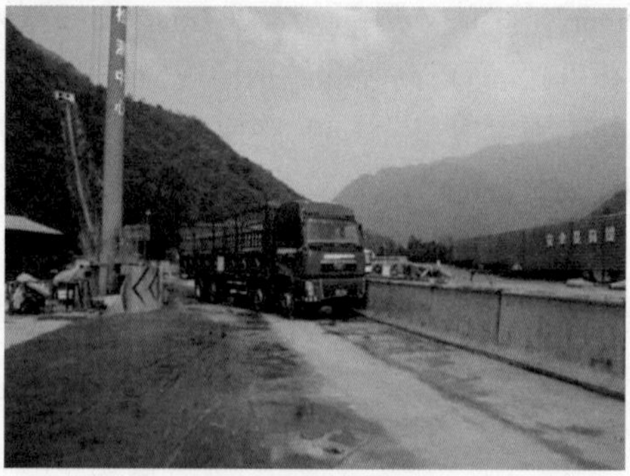

c)解放大型货车

图7-59　护栏实车碰撞试验用车辆

试验碰撞条件　　表7-24

碰撞车型	车辆总质量(kg)	碰撞速度(km/h)	碰撞角度(°)	碰撞能量(kJ)
小型客车	1 460	100.7	19.9	66
大型客车	18 104	82.3	20.3	569
大型货车	33 155	61.4	19.9	560

4)试验结果

(1)小型客车测试指标与分析。

①车辆行驶轨迹。

a.车辆行驶轨迹俯视图(图7-60)。

车辆正常导出,运行轨迹正常。

a)　b)　c)　d)　e)

图7-60　车辆行驶轨迹俯视图

b.驶出框示意图(图7-61)。

车辆碰撞护栏后沿直线行驶,不会驶出驶出框。

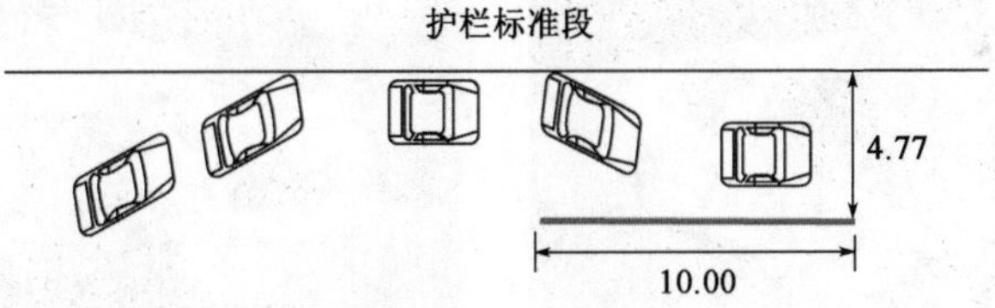

图7-61　车辆驶出轨迹图(尺寸单位:m)

②车辆及护栏损坏情况。

a.护栏损坏情况。

车辆碰撞护栏后,自起始端起,护栏迎撞面第15.0m处混凝土破损;非迎撞面混凝土基础第13.8m~16.8m出现裂缝;车辆与护栏的剐蹭长度为3.5m,如图7-62所示。

b.车辆损坏情况。

车辆碰撞护栏后,前保险杠损坏脱落;车辆左前侧车体剐蹭损坏;车辆前风窗玻璃损坏脱落,如图7-63所示。

③乘员碰撞速度及加速度。

车辆乘员碰撞速度曲线与重心加速度曲线如图7-64、图7-65所示,具体见表7-25。

a)整体情况

b)护栏变形情况

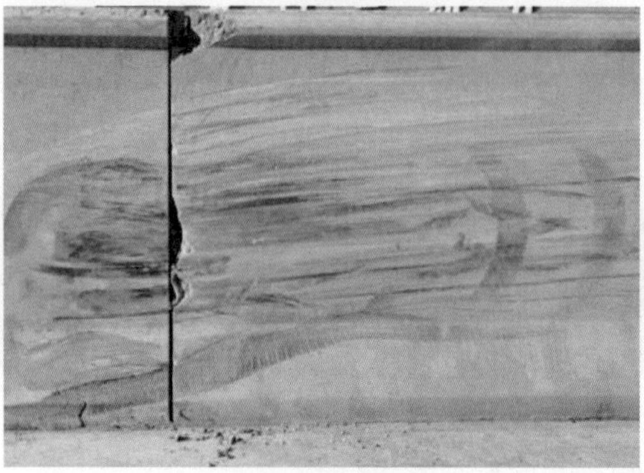

c)混凝土局部破损情况

d)碰撞后基础损坏情况

图 7-62　试验后护栏损坏情况

a)

b)

c)

图 7-63　试验后车辆破坏情况

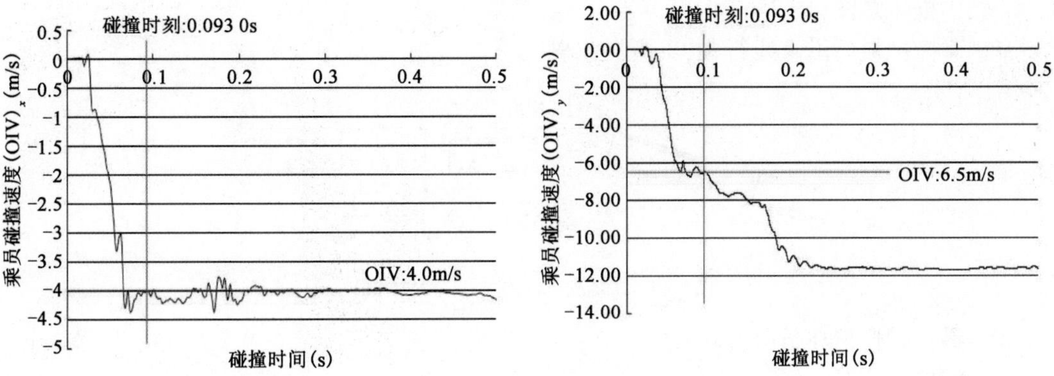

图 7-64　车辆速度曲线

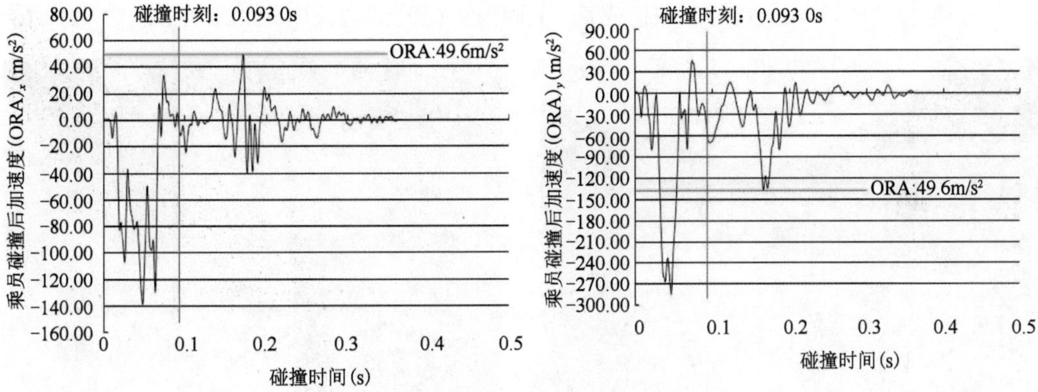

图 7-65　车辆加速度曲线

乘员碰撞速度及乘员碰撞后加速度　　表 7-25

评 价 指 标		测 试 结 果	合 格 情 况
乘员碰撞速度(m/s)	纵向 x	4.0	合格
	横向 y	6.5	合格
乘员碰撞后加速度(m/s²)	纵向 x	49.6	合格
	横向 y	137.7	合格

(2)大型客车测试指标与分析。

①车辆行驶轨迹。

a. 车辆行驶轨迹俯视图(图 7-66)。

车辆正常导出,运行轨迹正常。

图 7-66　车辆行驶轨迹俯视图

b. 驶出框示意图(图7-67)。

车辆碰撞护栏后沿直线行驶,不会驶出驶出框。

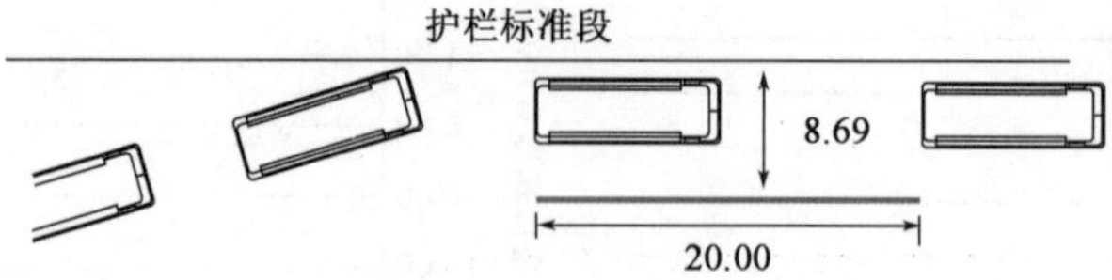

图7-67 车辆驶出轨迹图(尺寸单位:m)

②车辆及护栏损坏情况。

a. 护栏损坏情况。

车辆碰撞护栏后,自起始端起,护栏迎撞面第10.5~15.5m混凝土破损露筋;非迎撞面混凝土基础第12.2~17.5m混凝土破损露筋;车辆与护栏的刮擦长度为22.5m,如图7-68所示。

a)整体情况 b)护栏变形情况

c)混凝土局部破损情况 d)碰撞后基础损坏情况

图7-68 试验后护栏损坏情况

b. 车辆损坏情况。

车辆碰撞护栏后,车辆前保险杠损坏;车辆前照灯损坏脱落;车辆左前侧车体剐蹭损坏;前风窗玻璃破裂,如图7-69所示。

③护栏最大横向动态变形值、动态位移外延值和车辆最大动态外倾值。

护栏动态变形值、动态位移外延值和车辆最大动态外倾值,见表7-26。

a)　　b)　　c)

图7-69　试验后车辆损坏情况

护栏变形及车辆外倾值　　表7-26

评价项目	测试结果
护栏最大横向动态变形值 D(mm)	300
护栏最大横向动态位移外延值 W(mm)	750
车辆最大动态外倾值 VI(mm)	700
车辆最大动态外倾当量值(mm)	1 050

(3)大型货车测试指标与分析。

①车辆行驶轨迹。

a. 车辆行驶轨迹俯视图(图7-70)。

车辆正常导出,运行轨迹正常。

a)　　b)　　c)　　d)　　e)

图7-70　车辆行驶轨迹俯视图

b. 驶出框示意图(图7-71)。

车辆碰撞护栏后沿直线行驶,不会驶出驶出框。

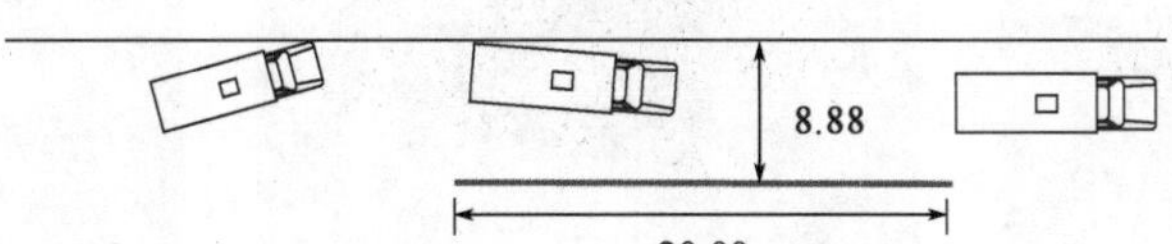

图7-71　车辆驶出轨迹图(尺寸单位:m)

②车辆及护栏损坏情况。

a. 护栏损坏情况。

车辆碰撞护栏后,自起始端起,护栏迎撞面第14.2~18.5m混凝土破损;非迎撞面混凝土基础第13.8~17.5m出现裂缝;车辆与护栏的刮擦长度为16.1m,如图7-72所示。

a)整体情况　b)护栏变形情况

c)混凝土破损情况　d)碰撞后基础损坏情况

图7-72　试验后护栏损坏情况

b.车辆损坏情况。

车辆碰撞护栏后,车辆前保险杠损坏,左前照灯损坏脱落,转向系统破坏,如图7-73所示。

a)　b)　c)

图7-73　试验后车辆损坏情况

③护栏最大横向动态变形值、动态位移外延值和车辆最大动态外倾值。

护栏动态变形值、动态位移外延值和车辆最大动态外倾值,见表7-27。

护栏变形及车辆外倾值 表7-27

评价项目	测试结果
护栏最大横向动态变形值 *D*(mm)	100
护栏最大横向动态位移外延值 *W*(mm)	650
车辆最大动态外倾值 VI(mm)	1 200
车辆最大动态外倾当量值(mm)	1 650

5)试验结论

通过实车碰撞试验,该装配式混凝土护栏的各项指标均符合《公路护栏安全性能评价标准》(JTG B05-01—2013)中SS级的评价要求。

综上所述,本书通过运用先进技术手段,经过调研、结构构造设计、结构计算、计算机仿真模拟试验和实车碰撞试验验证,最终研究并提出了新型装配式预制混凝土护栏,并将其作为装配化箱形组合梁的桥面护栏。该护栏采用预制装配式结构,可以大大提升护栏的工业化水平,加快施工速度,提高护栏质量,节约资源,绿色环保,对混凝土护栏的发展具有重要指导意义。

该装配式混凝土护栏可有效提升护栏的防撞性能,保证行车安全性,可降低事故严重程度,减少人员伤亡和财产损失,缩短了更换或维修时间,从而提高公路运输效益。因此,该装配式混凝土护栏具有良好的经济效益和社会效益,值得在行业内进行推广及应用。

■ 第 8 章

附属工程

常规跨径箱形组合梁桥的附属工程设计主要包括:桥面铺装、桥面排水、伸缩缝及支座等。

组合梁桥面铺装将直接影响行车的安全性和舒适性,同时还将影响混凝土桥面板和箱形钢梁的耐久性,设计时应予以足够的重视。

我国公路桥梁的桥面排水通常主要是通过桥面横坡和纵坡流入泄水口直接向下排放或汇集到排水管排至地面排水设施或河流中,若桥面排水不畅将导致雨水长期汇集于桥面,从而影响铺装性能并对钢-混凝土组合界面产生腐蚀,因此,设计时应注意从排水顺畅和行车安全等两方面考虑,加强桥面排水设计,引导雨水排出。

对于常规跨径的箱形组合梁桥,伸缩缝设计时应能保证梁体自由伸缩、满足承载、梁体转角和变形要求,保证车辆平稳通过,并应具有良好的密水性和排水性及降噪和防振功能。

另外,箱形组合梁桥设计时应注意充分考虑组合梁结构特点、受力、转角及位移等方面的特点,采用适合的支座类型,确保结构的整体安全、稳定。

8.1 桥面铺装

箱形组合梁桥桥面铺装作为与车辆直接作用的部位,将直接影响行车的安全性和舒适性,同时作为组合梁整体结构的一部分,还影响混凝土桥面板和钢梁的耐久性,设计时应予以足够的重视。箱形组合梁桥的桥面铺装应有完善的桥面防水、排水系统,铺装结构层所选材料应满足强度、稳定性和耐久性要求。

8.1.1 设计要点

组合梁桥面铺装设置的目的不同于道路的路面设计,路面设计时铺装结构需考虑它的承载能力,而组合梁桥面铺装设置的主要目的是保护混凝土桥面板,提高桥面板的耐久性及服役性能。

目前,我国还没有针对组合梁桥面铺装设计及施工规范,参考近年来颁布的《公路钢桥面铺装设计与施工技术规范》(JTG/T 3364-02—2019),组合梁桥面铺装设计一般应满足下述要求。

(1)桥面铺装设计应综合考虑桥梁结构特点、交通荷载、环境气候、施工条件、恒载限制等因素,参考类似条件的桥面铺装工程经验进行。

(2)桥面铺装设计使用年限不宜小于15年。

(3)交通荷载分级标准应符合现行《公路沥青路面设计规范》(JTG D50)的有关规定。

(4)铺装结构设计宜按下列顺序进行:

①根据桥梁的结构特点、交通荷载、环境气候、施工条件、恒载限制等因素,结合组合梁桥面铺装的设计和使用经验,初步拟订桥面铺装组合结构的厚度及材料类型。

②根据初拟方案,进行材料和混合料设计并进行相关性能试验,测试铺装结构层材料的力学参数。

③验证铺装结构的高温稳定性能、界面联结性能和疲劳性能。

④对通过验证的桥面铺装结构进行技术、经济分析,确定铺装结构方案和材料要求。

组合梁桥的桥面铺装要求具有一定的强度,以防止开裂,并具有一定的耐磨与抗滑性能。同时,桥面防水层应确保其在使用期间的强度与稳定性。有关研究认为,良好的组合梁桥面铺装层系统应能满足:①高的耐久性;②低的渗透性;③高的抵抗脱空或剥离的性能;④使用寿命在10年以上。

此外,对重载交通桥梁的桥面铺装应进行专项设计,并应检测桥面铺装各结构层间的抗剪强度和黏结强度。组合梁桥面铺装层的总厚度和压实度应满足设计要求,单层厚度应根据沥青混合料压实特性确定。

组合梁桥面铺装设计的主要项目有:①材料类型;②桥面铺装层的厚度;③接缝的宽度;④桥面铺装与桥面板间的黏结强度等。材料类型一旦选定,桥面铺装的厚度就决定于其对抗渗透、抗磨耗及耐疲劳(如所产生的疲劳裂缝最小)的要求,以及使产生的干缩应力温度应力最小。接缝的宽度,通常取决于具体桥面板的接缝大小。对于桥面板与桥面铺装间的黏结,一般认为其高的黏结力将有助于提高桥面铺装的疲劳寿命;但需要指出的是,高的黏结力也可能因为阻止桥面板干缩裂缝的发展而导致其裂纹的增加,如果桥面板本身存在裂缝时,黏结强度太高可能导致其反射裂缝的产生。

8.1.2 铺装材料

桥面铺装材料作为铺装层的物质基础,对铺装层的使用性能具有决定性作用。国内外组合梁桥桥面铺装材料分为刚性材料和柔性材料两大类,刚性材料主要有纤维或聚合物等改性的水泥混凝土材料,柔性材料主要包括改性密级配沥青混凝土、环氧沥青混凝土、浇筑式沥青混凝土、沥青玛琋脂碎石混合料、高弹沥青混凝土和热压式沥青混凝土等。

在选择组合梁铺装材料时,一般要注意以下几点:①具有良好的耐久性;②具有低的渗透性;③与桥面板的黏结性能好;④抗滑性能好。

1)改性水泥混凝土材料

普通水泥混凝土具有变形差、易脆断和易开裂特点,为了满足桥面铺装的需求,国内外对改性水泥混凝土材料展开了相关研究。1911年,美国的Graham将钢纤维掺入到普通水泥混凝土中,得到了性能较为优异的钢纤维混凝土材料。钢纤维可有效抑制裂缝的产生和发展,大幅度提高水泥混凝土的抗裂能力。我国对钢纤维混凝土在桥面铺装工程中的应用技术也展开了相关研究,论证了钢纤维混凝土材料在桥面铺装工程中应用的可行性。

钢纤维混凝土(SFRC)具有优良的抗裂性、抗弯曲特性、耐冲击性、耐疲劳性等特点,因而适合应用于公路路面、桥面、机场跑道等工程中。桥梁的混凝土桥面铺装层,由于重型车辆的使用,交通量的增长,损坏通常较为严重,维修周期越来越短,这不仅妨碍了交通安全,也给维修工作带来不便。若采用SFRC铺装作为面层,则可使面层厚度减小,伸缩缝间距加大,从而改善桥面的使用性能,降低维修费用,延长使用寿命。

应用于桥面铺装层的SFRC,一般有两种:一种为部分黏结式的铺装层;另一种为SFRC增强钢筋网或钢丝网混凝土铺装层,亦称为复合式铺装层。钢纤维混凝土桥面铺装层的厚度应根据当地的气候条件、桥面的使用条件、桥梁结构对桥面的要求和钢纤维混凝土的性能并参考已有工程的经验来确定,一般宜在80~100cm之间取值。

2)改性密级配沥青混凝土

20世纪50年代后,我国桥面铺装工程中逐渐出现沥青混凝土柔性铺装形式。由于密级配沥青混凝土在我国沥青路面中应用广泛,早期被直接借鉴用于桥面铺装工程,但桥面铺装层的工作状况与路面铺装层存在很大差异,在铺设不久后便出现大面积损坏。为了改善普通密级配沥青混凝土的路用性能,研究人员提出在基质沥青中掺入适量改性剂,如胶粉、SBS和高黏改性剂等,改性后的密级配沥青混凝土路用性能得到大幅度提升。以橡胶沥青混凝土、SBS改性沥青混凝土和高黏沥青混凝土等为主的改性密级配沥青混凝土材料在组合梁桥桥面铺装工程中得到广泛应用。

3)浇筑式沥青混凝土

浇筑式沥青混凝土技术起源于德国。1956年,日本从德国引进相关技术规范并将其不断发展,至今浇筑式沥青混凝土桥面铺装技术在日本应用最为广泛,日本明石海峡大桥桥面铺装采用的就是浇筑式沥青混凝土铺装方案。我国从20世纪90年代开始引进浇筑式沥青混凝土,最早应用于香港青马大桥和江阴长江大桥钢桥面铺装中,后续在上海东海大桥、重庆嘉华大桥等混凝土桥面上得到应用。浇筑式沥青混凝土孔隙率接近零,防水性能突出,具有优良的抗老化、抗疲劳性能。但浇筑式沥青混凝土高温稳定性较差,在施工时一般需要专用设备,这在一定程度上影响了其在组合梁桥桥面铺装工程中的应用。

4)沥青玛琋脂碎石混合料

20世纪60年代,德国在浇筑式沥青混凝土的基础上研发了沥青玛琋脂碎石混合料SMA。由于其突出的高温抗车辙和低温抗裂性能、优异的抗滑耐磨性能,20世纪80年代起,SMA在许多欧洲国家得到广泛的应用。1990年,美国结合本国的实际情况对其进行改进后,SMA广泛应用于各类铺面工程的上面层。国内对沥青玛琋脂碎石混合料铺装的研究始于虎门大桥,由于材料存在高低温性能及抗剪能力不足,虎门大桥桥面铺装早期出现了较严重的车辙、推移等病害,之后通过对沥青性能进行改善并调整混合料级配,取得了较好的使用效果。改性沥青玛琋脂碎石混合料良好的使用性能,使其在组合梁桥桥面铺装工程中得到广泛应用。

另外,对于组合梁混凝土铺装层(包括水泥混凝土和沥青混凝土),从结构组成可知,面层通常由1~3层材料铺筑而成。当桥面不设排水层时,应选用不透水的或极密实的磨耗层,因为渗入面层的水通常较难以排出,从而引起面层破坏。如果采用常用的沥青或水泥混凝土而不设防水层,则应使它们的配合比设计符合密实性的要求或对其表面进行防水处理。还需特别注意的是磨耗层中的接缝,因为此处是水最容易渗入的地方。另外,在沟槽处、行车道接缝和出水口等处都应有相应的装置,使渗入铺装层中的水能够从沥青混凝土中排出。

同时,组合梁水泥混凝土桥面铺筑的沥青铺装层,应满足与其混凝土桥面的黏结、防水、抗滑及有较高抵抗振动变形能力等功能性要求。

8.1.3 铺装结构

桥面铺装结构设计应包括铺装结构层设计和界面功能层设计两项内容,界面功能层应与铺装结构层相匹配。在选择界面功能层时,需要注意界面功能层与铺装结构层的匹配性。实践证明,只有界面功能层材料与铺装结构层材料构成合理的组合,铺装结构整体性能才能达到最佳。

组合梁桥桥面铺装结构通常采用"防水黏层 + 铺装层"的形式,其中铺装层又可以分为单层铺装和双层铺装两种方案。防水黏层隔绝雨水对桥梁主体结构的侵蚀,而且将上部的铺装层与桥面板紧密结合形成整体共同受力。目前,组合梁桥单层铺装的典型结构主要有4 ~ 6cm AC-13/AC-16,4 ~ 6cm SMA-13/SMA-16 和4 ~ 6cm ATB 三种。双层铺装结构可以按照实际的需求,对上下两层铺装材料进行单独设计,充分发挥材料各自的优势,上下两层最终由层间黏层黏结成一个整体协同工作。

我国规范《公路沥青路面设计规范》(JTG D50—2017)中明确指出:水泥混凝土桥面沥青铺装应由黏结层、防水层及沥青面层组成。为提高桥面使用年限、减少维修养护,应在黏结层上设置防水层,沥青面层也应具有足够的厚度来承受直接作用其上的车轮的作用,并影响着沥青面层与桥面板之间的剪切力。

影响层间剪应力的主要因素有沥青铺装层厚度、沥青混凝土的力学参数、桥面板的厚度与力学参数及桥梁跨径等。有关研究表明,沥青层厚度对层间剪应力的影响较大。从表8-1可以看出,当铺装层厚度为3cm时,层间剪应力为0.33MPa,当铺装厚度为11cm时,层间剪应力为0.22MPa,减小幅度约为33%。层间剪应力随沥青铺装层厚度增加而减小,开始减小的速率最快,但铺装层厚度较大时,减小的速率会变慢,说明厚度对其的影响越来越小。

沥青铺装层厚度对层间剪应力影响的分析示例 表8-1

铺装层厚度(cm)	3	5	7	9	11
层间剪应力(MPa)	0.33	0.29	0.26	0.24	0.22

此外,铺装层间剪应力随沥青面层模量的减小而减小,但变化的幅度较小。混凝土桥面板长度、厚度与模量等参数对层间剪应力的影响也很小。

根据相关层间抗剪强度试验研究的结果,以层间剪应力为控制指标,可计算得到桥面铺装层厚度在4 ~ 8cm之间。但需要说明的是,由于组合梁桥面铺装层长期处于自然环境、汽车荷载等复杂因素作用下,铺装层工作环境的差异可能引起层间抗剪强度较大变化,因此该铺装层厚度是偏小的。

车辆因制动、启动、行驶而产生的水平剪力即是防水层破坏的主要原因,环境温度、气候条件(雨和雪)、沥青铺装温度、桥面状况、面层级配、面层厚度及不同品牌防水层的材料性能,也是影响防水层破坏的一些原因。有关力学模型的计算与试验研究发现,当沥青层厚度在5～12cm之间时,通过增大沥青层厚度来降低层间剪应力的效果较好。其中,当沥青层厚度大于7cm时,基本可满足防水层不被剪切破坏的要求,当沥青层厚度在10cm以上,防水层一般不会因水平剪力而破坏,但受桥梁恒载限制,多数桥梁的沥青混凝土铺装不大于10cm。另外,桥面板平整度与施工工艺均对桥面铺装层的厚度均有所要求。需要特别指出的是,桥面铺装层厚度应能满足车辙指标的要求。

因此,综上所述,并考虑国内目前的实际情况,组合梁桥面沥青混凝土铺装层厚度范围宜为7～10cm。一般情况下,铺装层可采用由防水层、下面层、中面层和表面层组成,防水层和下面层共同组成防水体系。

另外,针对组合梁桥面铺装当前也提出了一些其他的铺装方案。如双层铺装中下面层铺装主要的作用是防水,在进行材料设计时,选择空隙率较小的沥青混凝土,如浇筑式沥青混凝土、环氧沥青混凝土和改性密级配沥青混凝土等;上面层作为直接与外部环境接触的部分,受到气温和行车荷载的反复影响,对其抗磨耗、高低温性能提出较高的要求,可采用环氧沥青混凝土、沥青玛蹄脂碎石等材料。

8.1.4 防水黏结层

桥面防水黏结层一般是指用于钢板或混凝土桥面与铺装层之间,起界面联结作用,并能阻止水分对钢板或混凝土桥面侵蚀的层次。桥面防水黏结层为桥面板提供了一个防止水汽的无渗透性屏障。其将铺装层与桥面板黏结成一个整体,可充分发挥铺装层与桥面板的复合作用,改善桥面板与铺装层受力情况。一个整体性能好的防水黏结层必须能抵抗层间的剪切破坏及水损害。

桥面防水黏结层作为桥面铺装结构的重要组成部分,其作用主要体现在:

(1)防止雨水下渗入桥面板侵蚀钢筋,威胁桥梁安全。

(2)将沥青混凝土铺装层与桥面黏结成一体,充分发挥铺装层与桥面的复合作用,改善桥面板与铺装层的受力状况。

(3)起到应变吸收层的作用,防水层一般多采用变形能力较大的弹性材料,当桥面板在温度或汽车荷载作用下发生水平变形时,防水层可以吸收铺装层与桥面板之间的部分相对位移,从而减小铺装层内的应力。

1)防水黏结层一般要求

组合梁桥面铺装的防水黏结层应满足以下性能要求:

(1)材料不应溶于水,不受冻融循环的影响,耐抗冻盐,不渗水。

(2)材料与混凝土黏结性强,与沥青混凝土亲和力强,不会产生气泡、分层和滑动现象。

(3)材料的耐高温、耐刺穿及抗碾压性能好。

(4)耐疲劳,有良好的延伸率以及低温柔韧性,可有效遏制桥面板裂缝。

(5)具备足够的剪切强度,以抵抗汽车荷载产生的剪切力。

为解决铺装层和桥面板之间的黏结性,凸显防水黏结层的作用,也应从以下几个方面加以考虑:首先是密水,选择空隙率小的沥青混合料类型,加强压实,防止雨水的渗入;其次是加强排水,设置完善的排水设施与排水系统;三是提高沥青混合料与水泥混凝土桥面的水稳定性和抗冲刷能力,加强界面联结与防水层的作用;四是要有足够的桥面铺装厚度,诸多研究表明,当沥青层厚度大于7cm时,基本可满足防水层抗剪切破坏的要求。

2)防水黏结层材料

通过对组合梁桥面铺装进行病害调查,发现沥青混凝土铺装层出现滑移、推移拥包等病害较为突出,其主要原因在于黏结层本身的质量较差或施工时操作不当造成,在水平车辆荷载作用下,黏结层材料容易出现剪切破坏,铺装层发生整体滑移。对于防水黏结层,除了前面所述的一般要求外,桥面铺装黏结性强弱还取决于对防水黏结层材料的选择。

目前,广泛使用的桥面防水材料主要有刚性防水材料和柔性防水材料。柔性防水材料主要有卷材类和涂膜类。

刚性防水材料是指以水泥、砂石为原料,或其内渗入少量外加剂、高分子聚合物等材料,通过调整配合比,抑制或减少孔隙特征,增加各原材料界面间的密实性等方法,配制成具有一定抗渗透能力的水泥砂浆混凝土类防水材料。刚性防水材料的代表产品是水泥基渗透结晶性防水材料,它的防水机理主要是利用材料中的活性化学物质,以水为载体在水泥混凝土结构中反应生成不溶的枝蔓状纤维结晶体,使水泥混凝土结构中的毛细孔逐渐密实,从而阻止水的渗入而达到防水的目的。

卷材类防水材料是指由工厂预制生产成型的材料,使用时将其安装于桥面板上形成连续的防水膜。具体又可分为沥青防水卷材、聚合物改性沥青防水卷材、高分子防水卷材和砂胶玛琋脂等。在桥梁工程中常用的卷材有弹性聚合物改性沥青防水卷材(SBS改性沥青卷材)及塑性体聚合物改性沥青防水卷材(APP改性沥青卷材)。防水卷材应该具有很好的防水效果和黏结效果,可与沥青混凝土形成良好的整体,防水卷材对桥面混凝土的平整度有较高的要求,对桥面混凝土的清洁要求也较高,铺设前应喷洒黏层油或涂刷黏结剂,铺筑时边加热边滚压,与桥面混凝土紧密贴合。但是,易出现破漏、脱开翘起、皱褶等现象,在摊铺机或运料车作用下容易遭到损坏。

防水涂料是指在常温下固定形态的黏稠状高分子合成材料,经涂布后通过溶剂的挥发或固化反应,在基层表面形成具有相当厚度的韧性强的防水膜。防水涂料有合成高分子防水涂料(包括合成树脂类和橡胶类)、高聚物改性沥青防水涂料、沥青基防水涂料。防水涂料具有施工简便、造价低、对桥面平整度要求不高、黏结性好等特点,但在施工中涂膜的厚度很难精确控制。与防水卷材相比,防水涂料能在潮湿的基面上施工,但涂膜的抗拉强度和延伸率较低,对桥梁变形的适应性较差,如刚性涂膜则更差;防水涂料与沥青的亲和性也不如卷材,尤其是在重载条件下很难确保防水层的整体性;桥面混凝土铺装层一旦产生裂缝,涂膜防水层也会随之开裂,不能起到防水的效果。因此,重载桥梁应尽量避免使用涂膜防水层。

在实际应用中,选用何种防水材料,一般应按桥梁设计要求、摊铺要求、桥梁桥面状况、气候条件、材料产品特性及其价格综合而定。

另外,对于黏结层材料,按施工方式可划分为热熔性黏结材料、溶剂性黏结剂和热固性黏结材料。

热熔型黏结材料是由沥青掺加树脂(如松香)和各种聚合物(PVA、PE)等组成的具有高黏度、高弹性的聚合物改性沥青。这种材料具有一定的变形能力,也具有良好的防水封闭作用,但是在高温下容易变软,黏结力下降。在剪切荷载作用下,桥面铺装容易在这层产生推移。因此,要求黏结层材料在铺装高温范围以内具有足够的抗剪切能力。

溶剂型黏结材料一般多指改性沥青、改性乳化沥青以及可溶性的橡胶沥青。这种材料除了同样具有高温软化的缺点外,其内部含有的热敏性物质在接触沥青铺装层摊铺时的高温时会释放出气体,从而使铺装层产生气泡。目前国内使用较多的是改性沥青以及改性乳化沥青黏结层。

热固性黏结材料主要指环氧沥青,它将环氧树脂加入沥青中,经与固化剂发生固化反应,形成不可逆的固化物。这种材料在黏结能力、变形能力及热稳定性方面具有一定的优势。

组合梁桥面防水体系是提高桥梁使用寿命的重要保证,不容忽视,它与面层的设计与施工是一个有机整体。许多国家都重视防水层的应用,其中荷兰则特别注意桥面混凝土面层的施工及其质量,日本和澳大利亚则是有选择地应用防水层。

在我国,目前组合梁桥桥面防水层厚度一般为1.0~1.5mm,防水层设置方式一般采用下列形式:①分两次撒布沥青或改性沥青黏层,撒布一层中砂,碾压形成的沥青涂料类下封层;②涂刷聚氨酯胶泥、环氧树脂、阳离子乳化沥青、氯丁橡胶等高分子聚合物涂胶;③铺设沥青或改性沥青防水卷材,或浸渗沥青的无纺布(土工布),通过沥青黏层与桥面结合。需要指出的是,桥面防水层必须全桥面满铺,达到无破洞、无漏铺、无脱开、无翘起、无皱褶现象的要求。

3)防水层材料试验

相比国外在防水层材料路用性能室内试验和室外测试方面形成的一套完善方法,我国目前在这方面的研究才刚刚起步,涉及的试验一般有直剪试验、透水试验、拉拔试验、车辙试验、抗刺破性能试验和防水材料高低温试验等。

室内直剪试验是为了确定防水层抵抗水平剪切应力的能力,建立相应的剪切指标。桥面防水层在沥青混凝土面层摊铺和碾压时,往往容易被刺破而渗漏,进行抗刺破性能试验是为了评价防水层承受碾压的不透水性能是否满足阻止水进入桥面板的要求。不透水试验则是在一定压力和一定时间下,测定防水层材料的不透水性能。

桥面防水层高温耐热度试验是为了保证沥青混合料碾压作业中,防水层能适度变软、发黏或轻微的流淌以利于提高面层与防水层之间的黏结力,同时又要防止过度发软和流淌以避免热集料刺破防水层。

另外,当温度下降时,材料的脆性增强,在收缩变形时会导致断裂,所以要对材料的低温性能加以研究,该项性能一般在寒冷地区考虑。

8.1.5 施工注意事项

对于组合梁桥桥面铺装的施工,一般在实施过程中需注意以下事项:

1)桥面板处理

组合梁桥桥面铺装很重要的一点是铺装材料与桥面板必须很好地黏结。因为混凝土桥面板表面的浮浆皮会妨都有碍桥面铺装与桥面板的黏结,所以在施工前必须将桥面表面进行处理。

2)去除水和污物

对于基层采用摊铺式的沥青混合料,其防水性好,但有时会产生气泡。这是由于桥面上的水气和油分接触高温的摊铺式沥青混合料后,气化并被封闭在基层和桥面板之间,这些气泡会使基层表面隆起,造成基层破坏。所以在施工时必须十分注意,不能带入微量的水分、油分、污物、土等。

3)施工缝处理

混凝土桥面板铺装施工时,应力求少设施工缝。每段作业的浇筑长度应以施工缝设置的位置来确定。当桥面不宽时,以全副一次性浇筑为宜;桥面宽度较大时,可以分隔带分界面,不应随意设置施工缝。另外,施工缝处理时应凿毛,以便提高混凝土的连续性和整体性。

8.1.6 设计案例

组合梁桥桥面铺装应根据桥梁类型与结构特点、道路等级、交通荷载状况、使用要求及桥位所处的环境气候条件、施工条件等因素,并结合国内同地区同类桥梁桥面铺装工程成功经验,进行铺装材料和结构设计方案的技术经济比较,最终确定桥面铺装材料的技术要求与结构设计参数。

下面主要以跨径 3×50m 装配化箱形组合梁桥及港珠澳大桥组合梁为例,分别介绍其桥面铺装的设计方案,供读者参考。

1)跨径 3×50m 装配化箱形组合梁桥面铺装设计

桥面铺装设计采用沥青混凝土桥面铺装,沥青混凝土桥面铺装总厚度为 100mm,共分为上面层和下面层两层,自上至下依次为:

上面层:40mm 细粒式沥青混凝土 SMA-13;

黏结层:改性乳化沥青,用量 0.3~0.5kg/m^2;

下面层:60mm 中粒式沥青混凝土 SUP-20。

该铺装系统中,桥面防水材料采用玻璃纤维加筋溶剂型黏结剂,用量具体如下:

第一次滚涂 200~350g/m^2,紧跟机械喷洒加劲纤维,纤维长度 15~40mm,用量 30~80g/m^2,待底层溶剂型黏结剂表干后,滚涂溶剂型黏结剂,确保纤维固定于两层溶剂型黏结剂之中,用量 350~550g/m^2。

2)港珠澳大桥组合梁桥面铺装设计

港珠澳大桥组合梁桥桥面铺装面积达约 20 万 m^2,其设计的组合梁桥面铺装结构层为:45mm SMA-13 + 35mm GA-10 + 防水黏结层 + 水泥混凝土基面,桥面铺装结构如图 8-1 所示。

根据预测分析,港珠澳大桥铺装设计年限 15 年交通量为 1 140 万次/车道,属于中等交通条件,同时鉴于该工程地理位置的重要性,考虑当地气候炎热、潮湿多雨的特点,该桥沥青混合料的设计主要考虑高温稳定性、防止水损害、桥面防水和耐久性等因素进行设计,因此选用了表面层为 SMA-13、下面层为 GA-10 的复合铺装层设计；铺装下层采用浇筑式沥青混合料，其与普通沥青混合料的最大区别在于浇筑式沥青混合料不需要碾压，而是利用自身的重力作用流动成形，具有空隙率小、不易渗水、不易离析、变形性能好、不易开裂、能有效吸收应力等优点。此外，该方案中将浇筑式沥青混凝土作为铺装下层，其表面撒布碎石，在一定程度上改善了桥面铺装的使用性能(高温稳定性、抗剪性能等)。

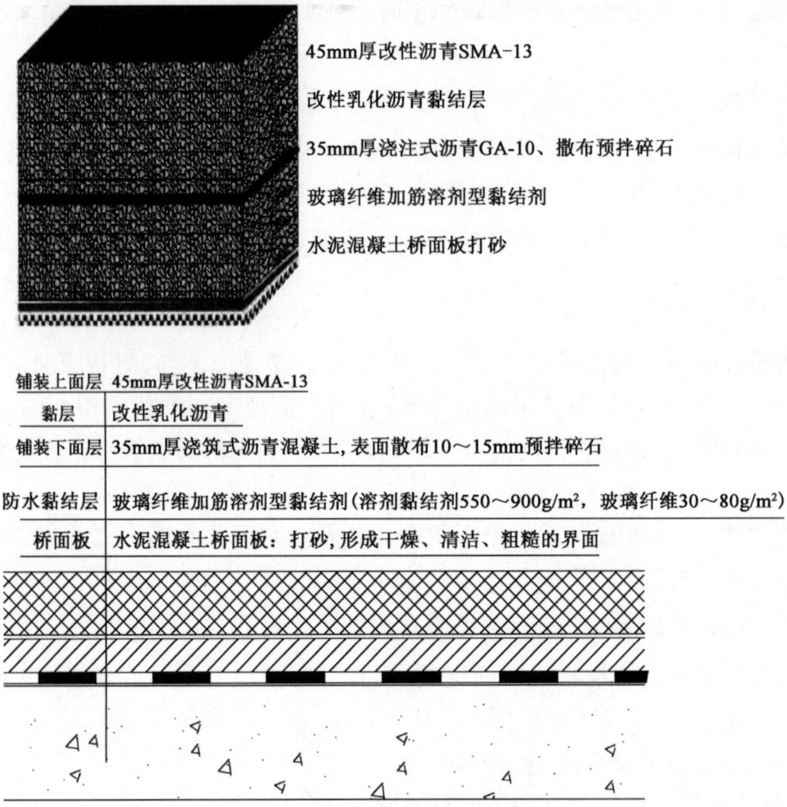

图 8-1　港珠澳大桥组合梁桥面铺装结构

该铺装方案中，防水黏结层材料采用的是溶剂型黏结材料，此种材料主要是采用溶剂对沥青、橡胶等高分子物质进行溶解而形成的一种黏结材料，若将此种材料涂刷在水泥混凝土基面，则溶剂挥发后会形成一层坚韧、密实的黏结膜，其可与沥青铺装材料之间形成良好的黏结。与传统防水材料(如防水卷材、水溶性防水涂料等)相比，此种材料铺装于沥青混凝土后形成的组合结构，其黏结性能可得到较明显的提高，抗剪性能优良。

同时，该铺装方案对组合梁混凝土桥面板的要求为：

(1)桥面表面应平整粗糙，干燥整洁，不得有浮浆、尘土、水迹、杂物或油污等。采用机械打毛或铣刨 3 ~ 5mm 厚，露出碎石，并用高压吹风机将浮浆、土都吹扫干净，不留任何浮尘。

(2)混凝土桥面的平整度要求为 3m 直尺最大间隙不超过 5mm。

(3)混凝土桥面板与沥青层之间的界面，要求做到层间黏结紧密、防止渗水。

该铺装方案已成功应用于港珠澳大桥，铺装施工前后实景如图 8-2 所示。

a) b)

图8-2 港珠澳大桥桥面铺装施工前后实景

8.2 桥面排水

桥梁上部结构在营运过程中遇到雨水是不可避免的，但不能让雨水在桥梁结构上长期聚集后腐蚀结构，尤其是对钢-混凝土组合界面等。为此，在设计过程中，应注意加强排水设施设计，引导雨水排出。

8.2.1 设计要点

我国公路桥梁的排水设计思路是，通过桥面横坡和纵坡流入泄水口直接向下排放或汇集到排水管排至地面排水设施或河流中。设计时一般主要从排水顺畅和行车安全两方面考虑。

《公路排水设计规范》(JTG/T D33—2012)对桥梁桥面排水作出下列规定，设计者在设计时应予以考虑。

(1)桥面排水系统应与桥梁结构及桥下排水条件相适应，避免水流下渗对桥梁结构耐久性造成影响。大桥和特大桥的桥面排水系统尚应与桥面铺装设计相协调。

(2)桥面应有足够的横向和纵向排水坡度。桥面横向排水坡度宜与路面横坡度一致，当设有人行道时，人行道应设置倾向行车道0.5%～1.5%的横坡。当桥面纵坡小于0.5%时，宜在桥面铺装较低侧边缘设置纵向渗沟排水系统。

(3)桥面排水对桥下通行有影响时，桥面水通过横坡和纵坡排入泄水口后，应汇集到纵向排水管或排水槽中，通过设在墩台处的竖向排水管排入地面排水设施或河流中。竖向排水管出口处应设置排水沟，并适当加固，避免冲刷和漫流。

对于跨越公路、铁路、通航河流的桥梁以及城市高架桥，落在桥面上的降水通过桥面横坡和纵坡排流入泄水口后，应汇集到纵向排水管，并通过设在墩台处的竖向排水管(落水管)流入地面排水设施或河流中。对于跨越一般河流、水沟的桥梁，桥面水排流入泄水口后可通过泄水管直接向下排放(根据当地环境要求而定)。

当桥梁跨越城镇区、道路及具有通航功能的河流时，采用纵向排水管汇集泄水口流下的水，并由落水管排入地面排水设施或河流的桥面排水方式，避免桥下的行人、车辆或船只受到桥面水的影响。

(4)桥面泄水口宜设置在桥面行车道边缘处,间距可依据设计径流量计算确定,且最大间距不宜超过20m。在桥梁伸缩缝的上游方向应增设泄水口,在桥面凹形竖曲线的最低点及其前后3~5m处应各设置一个泄水口。

一般情况下,泄水口间距,要考虑降雨强度和汇水面积,还要考虑桥面横向和纵向坡度、泄水口泄水能力以及允许过水断面漫流的宽度。在具体设计时,可以按确定路面拦水带或缘石泄水口间距的方法考虑桥面的泄水口。对此,奥地利的经验是:当桥面横坡为2.5%、纵坡为1.0%时,泄水口的最大间距为25m;而当纵坡为0.5%时,则泄水口最大间距为10m;但最低限值为每400m^2桥面至少应设置一个泄水口。日本的规定是,泄水口的间距不大于20m。

在伸缩缝的上游方向设置泄水口主要是有助于减少流向伸缩缝的水量。日本的规定是,在伸缩缝上游1.5m处设置泄水口。凹形竖曲线底部相继设置3个泄水口是为了预防最低点处的泄水口被杂物堵塞而导致积水。

(5)桥面泄水口的形状可为圆形或矩形。圆形泄水口的直径宜为15~20cm;矩形泄水口的宽度宜为20~30cm,长度宜为30~40cm。泄水口顶部应采用格栅盖板,其顶面宜比周围桥面铺装低5~10mm。泄水管可采用铸铁管、PVC管或复合材料管,内径不宜小于15cm。泄水管伸入铺装结构内部的部分应做成孔隙状,其周围的桥面板应配置补强钢筋网。

设计时应注意泄水口顶面应略低于周围桥面铺装,这样有利于桥面水向泄水口汇流并增加截流率。由于设置泄水口,部分桥面板钢筋网被切断,因此要求泄水口周围应配置补强钢筋,使之具有足够的强度承受车辆荷载的作用。泄水管伸入铺装结构内部的部分做成孔隙状主要是为了不影响铺装结构内部水的排出。

(6)桥面排水管或排水槽宜设置在悬臂板外侧,并与周围景观相协调。排水管宜采用铸铁管、PVC管、PE管、玻璃钢管或钢管,其内径应大于或等于泄水管的内径。排水槽宜采用铝、钢或玻璃钢材料,其横截面应为矩形或U形,宽度和深度均不宜小于20cm。纵向排水管或排水槽的坡度不得小于0.5%。桥梁伸缩缝处的纵向排水管或排水槽应设置可伸缩的柔性套筒。寒冷地区的竖向排水管,其末端宜距地面50cm以上。

排水管和排水槽的架设位置应注意考虑与桥梁外观融为一体,必要时采取装饰或遮盖措施。排水管可采用铸铁管、塑料管(聚氯乙烯或聚乙烯)或钢管。为了保证泄水顺畅,排水管的内径应大于或等于泄水管的内径。排水管支托一般为高度可调节的不锈钢制品,支托装置应牢固地附着在桥梁构件上。排水管接头应考虑桥梁和排水管二者在纵向伸缩上的差异。

(7)伸缩缝结构应能避免桥面水下落至梁端、盖梁和墩台等结构上。伸缩缝两侧的现浇混凝土应采取浇筑微膨胀混凝土、抗渗混凝土等防渗漏的措施,避免雨水下渗影响到梁端、盖梁和墩台等桥梁结构。

如桥梁伸缩缝及两侧的混凝土防水效果不好,会造成雨水下渗,从而导致梁端、盖梁和墩台混凝土的腐蚀、酥松、脱落、开裂和钢筋锈蚀等诸多病害。因此,应要求加强伸缩缝自身和伸缩缝两侧现浇混凝土的防渗漏性能。

此外,随着我国经济的高速发展,交通事故发生率也居高不下,危险化学品运输事故也时有发生。较一般运输事故而言,此类事故往往会衍生出泄漏、燃烧、爆炸等更严重的后果,造成人民生命财产的损失以及环境污染等一系列的社会问题。对于桥面,如果不及时阻绝危险化学品的扩散途径,就会沿着桥面的排水设施排入到水体中,从而造成水源污染。因此,未来对桥梁排水系统环保功能的要求也将会越来越高。

(8)设计时着重注意桥面排水系统与梁体间的连接构造,确保连接紧密,排水顺畅,避免桥面排水不畅对结构耐久性产生不利影响而引起结构腐蚀。

8.2.2　排水系统

我国传统的桥面排水系统一般采用点式形式的排水设计,即每间隔一定间距就设置一个泄水口,让水通过桥面泄水口直排入桥下或汇集到排水管排至地面排水设施或河流中,如图8-3所示。

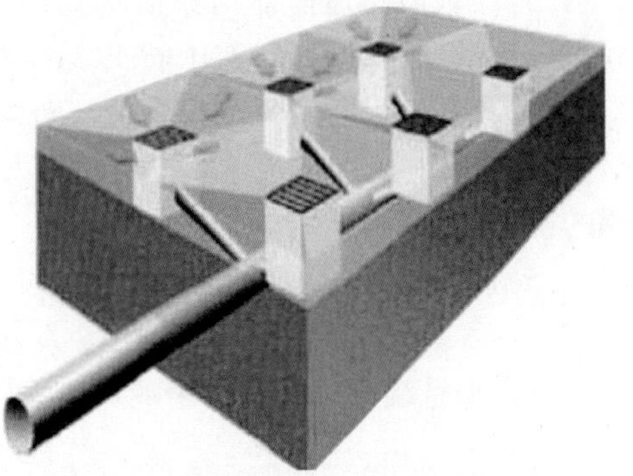

图8-3　传统排水系统示意图

除了传统的排水系统,近些年国内外也出现了一些新型的排水系统。

1)排水及垃圾收集分离式排水系统

该排水系统装置主要由球墨铸铁盖板、球墨铸铁及复合混凝土组合盖框(又称排水基座)以及316L不锈钢垃圾收集篮组成,如图8-4所示。

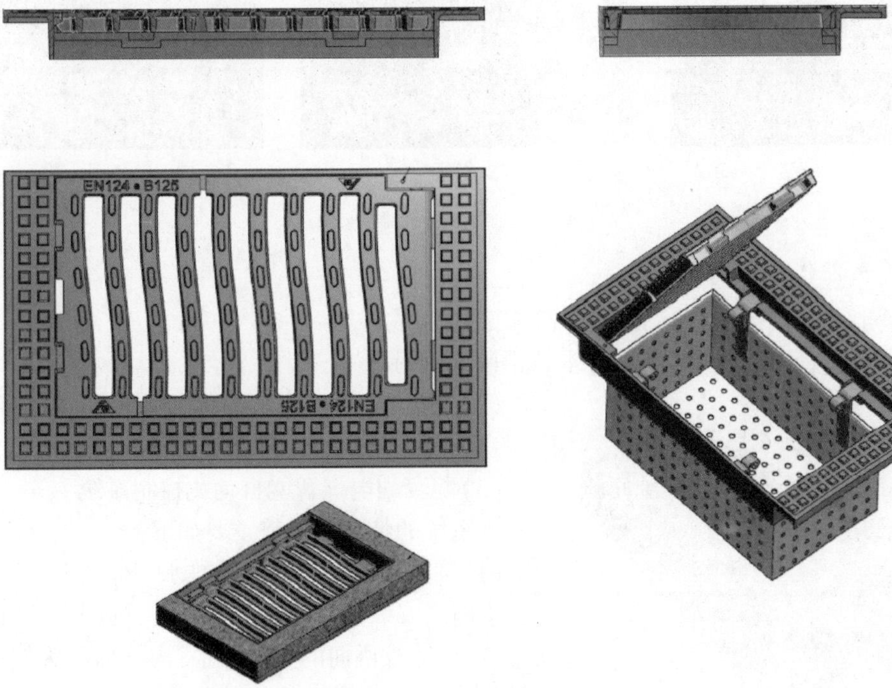

图8-4　排水及垃圾收集分离式排水系统示意

该系统的特点及优势主要如下:

(1)可避免桥面垃圾通过泄水孔直接排入水体,对水体造成污染,影响水生物生存环境。

(2)排水系统装置的排水盖板由具有防腐及承重功能的球墨铸铁制造,桥面泄水盖板设有过水孔和带卡槽的围边(用于悬挂不锈钢垃圾收集篮)。

(3)垃圾收集篮篮体均布泄水孔,有垃圾时,可打开排水盖板将垃圾收集篮取出进行清理,从而将垃圾和污水分离开来,以减少对环境的污染。

(4)该装置具备良好的安全性与防盗功能,在车辆行驶方向,排水盖板与盖框配合处设计弹性自锁结构,确保排水盖板在受到强大外力冲击时,不会发生弹动,并有效避免噪声,保证车辆的行驶安全。

(5)该装置与桥面板牢固黏结并设置有限位装置,可防止铺装施工过程中可能带来的滑移。

该排水系统已成功应用于港珠澳大桥主体桥梁工程中,具体如图8-5所示。

a) b) c)

图8-5 港珠澳大桥桥面排水系统

2)桥面智能化电控排水系统

桥面智能化电控排水系统主要由以下三部分组成:

(1)树脂混凝土预制线性排水沟体,如图8-6所示。

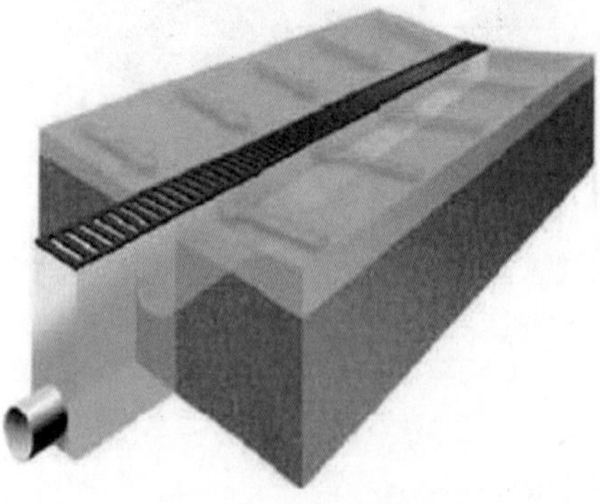

图8-6 预制线性排水系统

(2)与预制线性排水沟体排水孔匹配的定制电磁阀。

(3)配套的电气智能自动化控制系统。

该系统的特点及优势主要如下:

(1)树脂混凝土预制线性排水沟体。

①施工安装便捷,工厂化生产。施工时两面进行找平,不会造成桥面的高低不平,沟体部分为树脂混凝土材料构成,内壁光滑,水流速度快,路面垃圾和污泥可被雨水快速冲刷掉,减少了路面维护成本,也大大提高了行车舒适度和安全度。

②在桥面整体沟道贯通,连续截水,排水效率高。在需要排放同体积水量前提下,线性排水沟盖板表面有效收水断面更大,相对的排放时间约为点式排水的1/5,短时间内可高效地排水,不会造成桥面积水。

③具有排放沥青铺装层间水的功能,能延长铺装寿命,减少维护成本。

④景观效果好。线性排水系统梁体下无纵向排水管,后期养护更加方便。

⑤盖板由具有防腐及承重功能的玻璃钢材料制成。和沟道间有锁扣相连,牢固稳定。

(2)智能控制系统。

该排水系统的智能控制系统有如下两种阻断污染物下泄的方法。

①污染物桥面现场手动控制系统;

②远程自动化控制系统。

智能控制系统是该智能化排水系统的核心,平时泄水孔处于打开状态,可以正常排水。当桥面有污染物泄漏时,第一时间用手动或远程控制方式启动桥上智能排水系统,关闭泄水孔,阻绝污染物扩散,并发出警报。等待专业人员现场处理,保护环境,减少成本。

该排水系统已成功应用于虎门二桥的桥面排水工程中,具体如图8-7所示。

a)中央控制室控制台

b)电控箱　　c)紧急控制按钮　　d)电磁阀机构

e)桥面排水系统(一)　　f)桥面排水系统(二)

图8-7　虎门二桥桥面智能化电控排水系统

8.2.3 设计案例

下面主要以跨径 3×50m 装配化箱形组合梁桥及港珠澳大桥组合梁桥为例，分别介绍其桥面排水的设计方案。

1）跨径 3×50m 装配化箱形组合梁桥面排水设计

设计时，在每幅桥外侧设置了泄水管，泄水管采用 φ168mm×8mm 不锈钢钢管，材质为 022Cr17Ni12Mo2，纵向布置间距为 5m；管与管之间采用预制式树脂混凝土排水沟连接，如图 8-8所示。

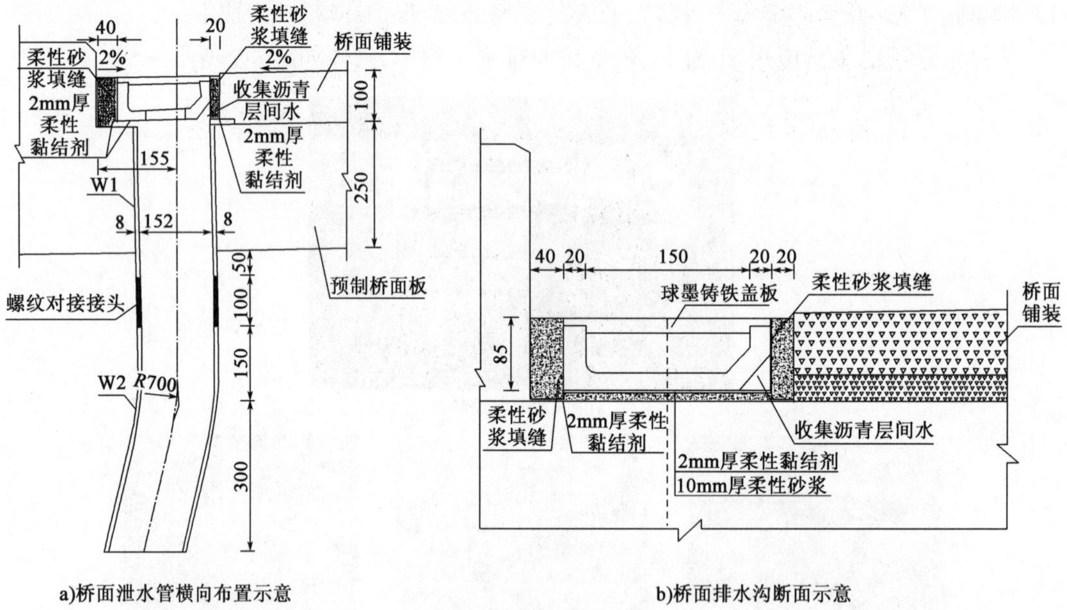

图 8-8　跨径 3×50m 装配化箱形组合梁桥面排水系统示意（尺寸单位：mm）

装配化箱形组合梁桥面排水主要采用了预制式树脂混凝土排水沟的排水方式，当采用该排水方案施工时，需注意以下几点：

（1）若桥面现有基层的平整度不一致，存在高差，则需在施工排水沟附近的铺装时做好相应的基底处理；另外，排水沟盖板顶面高程应低于完成的桥面铺装层顶面约 3～5mm，以使得桥面排水顺畅。

（2）桥面铺装施工完成后，取出隔离用的槽钢或木板，清理排水沟安装预留槽，预留槽底部涂抹 5～10mm 厚柔性砂浆，静待 5～10min 后，待柔性砂浆有一定程度的凝固后，在紧贴沥青层侧面处放置成品排水沟。

（3）排水沟安装时可以直接在现场放置拼接，排水沟盖板上表面应低于沥青铺装 5mm。

（4）该排水方案中，排水沟与护栏间的空隙需使用弹性混凝土或柔性砂浆回填，并进行压实处理。

预制式树脂混凝土排水沟在其他工程中的应用，如图 8-9 所示。

a)杭州湾跨海大桥　　b)上海中心路桥梁

图 8-9　预制式树脂混凝土排水沟在工程中的应用示例

2)港珠澳大桥组合梁桥面排水设计

港珠澳大桥组合梁桥主要利用纵、横坡排除路表水,利用设置在桥面右侧路缘带的泄水槽集中收集路表水,经过设置在泄水槽内的过滤桶沉淀、过滤后直接排入大海。桥面路缘带顺桥向泄水槽尺寸为:348mm × 252mm × 71mm(长 × 宽 × 高),泄水槽顺桥向标准间距为 4m。泄水槽内设置泄水管,泄水管内部设有可取出式过滤桶。排水系统示意图如图 8-10 所示。

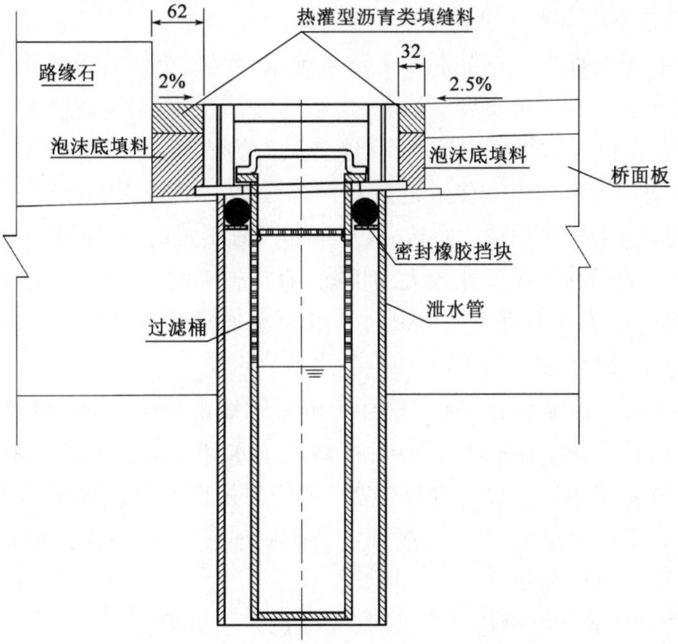

图 8-10　港珠澳大桥组合梁桥面排水系统(尺寸单位:mm)

桥面铺装层间的水主要通过设置螺旋排水管排出。通过在铺装层间设置螺旋排水管，使得铺装层间水沿横坡流入螺旋排水管，纵向汇至泄水槽排出。排水管钢丝采用耐久性好的不锈钢丝，直径为1.5～1.99mm。

对于边缘的防排水，主要是通过在铺装层与路缘结构物结合部位采用弹性混凝土充填进行防水处理，防止雨水渗入铺装层内部。

对于泄水槽的防排水，主要是在铺装前对泄水槽进水槽外缘采用填充材料进行充填。铺装施工（尤其是上层铺装施工）时，采用如平板夯实仪等设备对泄水槽周边的铺装层进行人工夯实处理。铺装后，泄水槽进水口略低于桥面铺装层，以保证桥面排水畅通。

8.3 伸缩缝

为满足桥梁上部结构变形及纵向变位的要求，通常在两梁端之间、梁端与桥台之间或桥梁的铰接位置处设置伸缩缝，并根据不同桥梁的结构形式、跨径及桥梁所处的环境等情况进行设计选用，以消除因温度变化、混凝土收缩徐变、活载等因素引起的桥梁构件损伤破坏，保证车辆平顺舒适行驶。桥梁伸缩缝是桥梁构造的重要组成部分，如果设计不当、施工质量差、缺乏科学的养护方法，都会使桥梁伸缩缝出现破坏，伸缩缝两侧出现不同高低的错台，使车辆通过时产生跳动与冲击，从而对桥梁造成附加的冲击荷载，并使驾乘人员感到不适，严重的甚至引起行车事故，从而影响了桥梁的正常运营。

影响桥梁伸缩的因素主要有：

（1）温度变化。温度变化是影响伸缩缝的主要因素，由于温差变化比较大，使桥梁内部温度分布不均匀引起桥梁端部产生变位。

（2）混凝土的收缩与徐变。钢筋混凝土桥与预应力混凝土桥需考虑其徐变与收缩。

（3）各种荷载所引起的桥梁挠度。活载、恒载等会使桥梁端部发生角变位，而使伸缩装置产生垂直、水平及角变位。如果梁比较高，且伴有振动的情况，应格外注意。

（4）地震影响使构造物发生变位。地震对伸缩装置的变位影响比较复杂，当有可靠资料可计算得出地震对桥梁墩台的下沉、回转、水平移动及倾斜量时，在设计中宜给予考虑。

（5）纵坡对变位的影响。纵波比较大的桥梁，通常施工时将活动支座设置成水平，因而在支座位移时在路面产生了一个垂直差（Δd），其值为水平位移乘以纵坡（$\tan\theta$）。另外，还应注意支座的约束条件及墩台形式的不同所产生的影响。

在设计中，一般要求伸缩缝在平行、垂直于桥梁轴线的两个方向，均能自由伸缩，牢固可靠，车辆行驶通过时应平顺、无突跳与噪声；可防止雨水和垃圾泥土渗入阻塞；安装、检查、养护、消除污物均应简易方便。在设置伸缩缝处，栏杆与桥面铺装应断开。为使施工和安装方便，其部件本身要有足够的强度，并应与桥面铺装牢固连接，需特别注意的是，在伸缩缝附近的栏杆结构，也应能相应地自由变形。

在对箱形组合梁桥的伸缩缝进行设计时，需注意以下事项：

（1）对于常规跨径的箱形组合梁桥，应视需要设置变形缝或伸缩缝，一般情况下伸缩量有限，所用到的伸缩装置伸缩量不大，多为中、小规格型号。伸缩装置应符合下列规定：

①应能保证梁体自由伸缩。

②应满足承载、梁体转角和变形要求，保证车辆平稳通过。

③降噪和防振功能。

④应具有良好的密水性和排水性。

⑤应易于检查和维修养护。

(2)常用的伸缩装置分类，如表8-2所示。

常用伸缩装置分类　　表8-2

装置类型	类　型	伸缩量 e(mm)
模数式伸缩装置	单缝式	$20 \leqslant e \leqslant 80$
	多缝式	$e \geqslant 160$
梳齿板式伸缩装置	悬臂型	$60 \leqslant e \leqslant 240$
	简支型	$80 \leqslant e \leqslant 2\,000$
无缝伸缩缝	—	$20 \leqslant e \leqslant 100$

(3)伸缩装置类型的选取应根据桥梁结构功能需求、伸缩量大小进行综合考虑，其性能应符合现行行业标准《公路桥梁伸缩装置通用技术条件》(JT/T 327)的规定。

(4)伸缩装置的正常伸缩位移应包含温度变化、制动力和混凝土收缩等作用引起梁体伸缩量，并应考虑伸缩位移富余量等因素。

(5)伸缩缝的变形量计算应考虑以下因素，并进行适当组合：

①活载作用下的制动、冲击产生的位移量。

②主梁体系温度影响产生的位移量。

③纵向风荷载下的位移量。

④地震作用下的位移量。

(6)对于标准化设计的箱形组合桥宜采用浅埋式伸缩装置。

(7)伸缩装置结构本身的防水是通过结构的防水密封系统来实现的，在伸缩装置附近桥面表面宜设置排水系统，其能将横向溢出行车表面的雨水予以排除，附加的排水系统可以设置在伸缩装置表面，或者在伸缩装置结构下面。

(8)对于弯桥，伸缩装置的各向变位应满足设计要求。

(9)当桥梁变形使伸缩装置产生显著的横向错位和竖向错位时，宜经专题研究确定伸缩装置的平面转角要求和竖向转角要求，并进行变形性能检测。

(10)梁端应根据伸缩缝构造要求预留安装槽口，并设置好预埋件。

(11)在正常设计、生产、安装、运营养护条件下，伸缩装置设计使用年限不应低于15年。当公路桥梁处于重要路段或伸缩装置结构特殊时，伸缩装置设计使用年限宜适当提高。

此外，对于小跨径的中小桥(如20m以内的)宜不设伸缩缝，该类型桥梁的支座可采用固定式橡胶支座，让墩台的弹性变形和台后的土抗力来抵抗温度应力；同时在路面及桥面铺装摊铺结束后，沿原缝开一条宽2cm、深约3~5cm的假缝，内填以沥青麻絮或其他可塑性材料，以防桥面龟裂。

8.4 支座

1)一般规定

支座是连接桥梁上部结构和下部结构的重要承力部件,应满足以下要求:

(1)满足受力特性要求。

(2)满足梁体水平位移及转角变位要求。

(3)满足可靠性要求。

(4)方便安装、维修、养护。

2)支座类型

常规跨径的箱形组合梁桥,所选用支座规格一般不超30MN(即3 000t竖向承载能力),可选用的支座按材料分类如下。

(1)钢支座:分为普通钢支座和减隔震钢支座。普通钢支座主要包含球型钢支座;减隔震钢支座包含摩擦摆式减隔震支座、弹塑性钢减震支座、圆柱面钢支座等。其中,各类钢支座又可分为固定支座、单向活动支座、双向活动支座。

(2)橡胶支座:分为普通橡胶支座和隔震橡胶支座。其中,普通橡胶支座包括板式橡胶支座、四氟滑板橡胶支座、盆式橡胶支座;隔震橡胶支座包括天然橡胶支座、高阻尼橡胶支座、铅芯橡胶支座等。

以上为常用支座类型,对于组合梁的特殊类型支座(如抗拉支座、抗风支座、高度可调支座等)需专门研究。

箱形组合梁桥常用的支座分类,如表8-3所示。

常用支座分类 表8-3

支座分类	常见类型	参照标准
橡胶支座	板式橡胶支座	《公路桥梁板式橡胶支座》(JT/T 4)
	天然橡胶支座	《橡胶支座 第2部分:桥梁隔震橡胶支座》(GB 20688.2)
	高阻尼隔震橡胶支座	《公路桥梁高阻尼隔震橡胶支座》(JT/T 842)
	铅芯橡胶支座	《公路桥梁铅芯隔震橡胶支座》(JT/T 822)
盆式支座	盆式支座	《公路桥梁盆式支座》(JT/T 391)、《公路桥梁多级水平力盆式支座》(JT/T 872)
	减隔震型盆式支座	《公路桥梁弹塑性钢减震支座》(JT/T 843)
球型钢支座	球型支座	《桥梁球型支座》(GB/T 17955)、《公路桥梁多级水平力球型支座》(JT/T 873)
	减隔震型球型支座	《公路桥梁弹塑性钢减震支座》(JT/T 843)
摩擦摆支座	摩擦摆式减隔震支座	《公路桥梁摩擦摆式减隔震支座》(JT/T 852)
	双曲面球型减隔震支座	《桥梁双曲面球型减隔震支座》(JT/T 927)

3)支座选型

箱形组合梁桥的上部结构较相同跨径混凝土桥梁相比,重量轻、刚度小,活载引起的转角、位移等较大。由于钢材的线胀系数较大,因此温度引起的钢结构桥梁位移较大。支座选型时应充分考虑桥梁在结构、受力、转角、位移等方面的特点，采用适合的支座类型，确保桥梁整体安全、稳定。

（1）支座选用应根据桥梁所需承载力、结构功能、抗震需求等进行综合考虑。

（2）在正常施工和使用的条件下，支座应能承受可能出现的各种荷载作用和变形而不发生破坏；在偶然荷载发生后，支座仍能保持必要的稳定性。

（3）在正常维护的条件下，支座应具有良好的工作性能，应能在设计使用年限内满足各项功能要求。

（4）一般情况下，设计基本地震动水平峰值加速度为 $\leqslant 0.15g$ 时，可采用普通支座，如板式橡胶支座、天然橡胶支座、盆式支座、球型支座等；设计基本地震动水平峰值加速度 A_h 为 $0.40g \geqslant A_h \geqslant 0.20g$ 时，宜采用具有减隔震功能的支座，如高阻尼橡胶支座、铅芯橡胶支座、摩擦摆式减隔震支座、弹塑性钢减震支座等；设计基本地震动水平峰值加速度 $A_h > 0.40g$ 时，应进行专项抗震设计。

（5）弯、坡、斜等特殊钢结构桥梁，受力条件复杂，宜选用具有受力各向同性优势的支座、具有自动复位功能的支座。

（6）桥梁支座安装位置处，梁底应进行合理的局部设计，确保安全、稳定。支座与上部结构连接宜采用螺栓连接，方便后期维养、更换。

（7）设计时应考虑支座的安装空间及限位装置的设置空间；连接构件尽量避免与结构受力筋、加劲板干扰。

（8）支座选用应考虑后期维修、养护及更换所需空间及可操作性。

（9）若需设置抗拉支座时，抗拉支座应具有可靠的抗拉性能，且支座的上、下部与梁体、墩台之间应有可靠的连接，宜采用螺栓连接。

（10）支座的防腐性能要求宜与主体钢结构桥梁要求一致。处于高湿度、高盐度等严重腐蚀环境时，支座应具有抗腐蚀性能；处于严寒环境时，支座应具有耐低温性能。

（11）支座设计应检算设计位移量是否满足桥梁因温度、混凝土收缩徐变、制动力、地震力等荷载作用引起的位移、转角需求；上下各部件的轴线应对正，有预偏时应按预偏量设置。

总之，支座类型选择应兼顾受力性能、耐久性、经济性等综合指标，经比较后择优选用。

4）支座布置

组合梁桥支座的布置在满足承载力、位移、转角等功能需求的前提下，其布置应满足如下要求：

（1）支座布置应保证力的顺利传递。

（2）支座上、下表面应水平，宜通过预埋钢板或楔形块进行调平。

（3）曲线桥的支座宜沿桥梁的切线方向布置。

5）设计注意事项

（1）支座的一般设计准则包括基本性能要求、功能要求、可靠性要求和结构构造要求。

（2）支座设计应考虑各种正常使用荷载、风荷载、地震荷载及其他荷载作用组合对支座的影响。

（3）支座设计宜与桥梁结构的设计在设防目标上相互匹配，在结构设计时应预留一定的安全系数来增强结构的可靠性,确保在使用过程中的安全。

(4)支座连接宜采用螺栓连接,锚固力安全系数不宜低于1.5倍。采用螺栓连接时连接位置应避开梁体上部的加强肋板。

(5)支座设计时应当考虑其与桥梁结构的配套适应性,并应满足实际桥梁结构的空间位置要求;连接构件应避免与结构受力筋板相干扰或冲突。

(6)支座结构设计宜考虑安装、养护及更换所需空间与可操作性。

(7)桥梁若需设置抗拉支座,抗拉支座应具有可靠的抗拉性能,且支座的上下部与梁体、墩台之间应有可靠的连接,宜采用螺栓连接方式进行紧固,不宜采用焊接方式进行连接,避免焊缝抗拉强度不足。

(8)处于高湿度、高盐度等严重腐蚀环境时,支座应具有抗腐蚀性能;处于严寒环境时,支座应具有耐低温性能。

(9)减隔震支座应进行如下验算:

①对于橡胶型减隔震支座,在E1地震作用下产生的剪切应变应小于100%。在E2地震作用下产生的剪切应变应小于250%,并验算其稳定性。

②非橡胶型减隔震支座,应根据具体的产品指标进行验算。

③应对支座在正常使用条件下的性能进行验算。

对于箱形组合梁桥的附属工程,除了前面所述相关内容,一般还包括:灯柱底座、管线布置、养护通道等内容,在此不再详细阐述。

第9章

制造运输

箱形组合梁钢梁的制造过程通常包括:制造及材料准备、板件加工、部件组装、焊接、拼装连接、涂装、出厂检验及存放等环节。箱形钢主梁构件可以采用标准化制造,且便于运输和快速装配安装,同时通过工业化的生产方式可以降低构件的缺陷率,从而保证结构整体质量,提高施工效率,最终实现装配化建造。

箱形钢梁构件在工厂内制造完成后,通常采用公路或水运方式运输至桥位场地,进而进行构件的组装及梁体的安装架设,具体的运输方式需经过综合比较优选后确定。在钢梁构件存放和运输过程中,应注意采取有效的措施防止构件变形,并应注意钢结构涂装面的保护。

9.1 装配化要求

装配化技术作为工业与民用建筑的一个热点技术,具有诸多的优点,同样也非常适用于钢结构桥梁的设计与施工。装配化技术主要是指建筑物或钢结构桥梁的部分或者全部构件在工厂进行生产制造加工后,再通过交通工具运输到施工的现场,最后通过不同的连接方式拼装形成整体。

由于钢结构桥梁制造的单元化和自重轻等特点,使得其构件便于运输和易于安装,因此相比混凝土结构桥梁,钢结构桥梁的施工质量和工期都更加容易可控。同时,钢结构桥梁的装配化构件可以在工厂进行制造,通过工业化的生产方式可以降低构件的缺陷率,从而保证构件的质量。

总而言之,装配化钢结构桥梁具有结构构造简洁、自重轻、可实现标准化构件制造以及快速安装等诸多优点。

对于常规跨径箱形组合梁的钢梁制造,对其装配化的要求主要体现在:制造的标准化、精细化、自动化和信息化等方面。具体可体现在:从材料、制造、组装、焊接及成型等方面形成标准化制造工艺流程;针对高精度要求的构件产品,可采用三维划线机和落地镗铣床配合的方式,保证孔群的高精度要求;在生产过程中,采用预处理及下料生产线和板单元流水线,对产品采用标准化制造模式,采用流水线控制;运用数字化和信息化手段,实现系统化控制和管理。

近年来,国内钢结构桥梁制造厂商依托重大工程项目,研发了一系列自动化、智能化制造装备及生产线，主要如下。

1）钢板下料

主要装备有智能下料切割生产线、智能钢板预处理线、数控切割机等。上述设备不仅效率高，切割面质量好，能确保板件尺寸精度，同时还带有自动划线和喷号功能，可以在下料前将母材各类信息喷写在各个板件上，实现板件材质跟踪，可以同时划出组装基线，取消了人工划线工序，避免出现人为偏差。

2）板单元组装和定位焊接

主要装备有板肋板单元装配专机。桥面板单元与其他板单元相比，形状比较规则，容易实现自动定位、压紧及定位焊的功能，提高定位焊缝的质量稳定性。

3）板肋板单元焊接

主要装备有板单元智能焊接生产线、板肋板单元焊接机器人。该方式能有效避免人工操作的不稳定因素，提高焊接质量稳定性和生产效率。

4）横隔板单元焊接

主要装备有横隔板龙门式智能焊接机器人。横隔板单元加劲肋目前主要采用气体保护半自动方法手工焊接，受人为因素的影响，焊接变形大，焊接质量不稳定。若采用机器人自动化、智能化焊接系统，将横隔板的焊接顺序和焊接规范参数等信息输入程序，通过程序控制横隔板上加劲肋的焊接，质量稳定，焊接变形小，焊接效率高。

以港珠澳大桥为例，其自动化生产线及自动化焊接系统，如图 9-1、图 9-2 所示。

a)切割　b)铣边　c)钻孔

d)U肋成品　e)数控折弯　f)坡口加工

图 9-1　港珠澳大桥加工生产线

在对钢结构桥梁制造各工序机械化及自动化设备研究的同时，也应同步研究整个自动化制造工艺流程和生产布局，形成自动化制造生产线，达到生产工序布局合理，生产流转通畅，各种单元件的产能匹配，从而实现高效的自动化制造。图 9-3 所示为箱形组合梁钢结构制造自动化生产线。

a) b)

图9-2 港珠澳大桥板单元自动化焊接系统

a) b) c) d)

图9-3 箱形组合梁钢结构制造自动化生产线

9.2 制造工艺要求

9.2.1 一般规定

箱形组合梁钢梁制造时,需注意以下事项:

(1)制造单位应对设计图纸进行工艺性审查。

(2)钢梁加工前应制订详细的工艺。

(3)制造单位可根据设计图绘制施工图并编制制造工艺,钢梁制造必须根据施工图和制造工艺进行。

(4)制造单位应根据钢梁的接头形式,进行相应的焊接工艺评定试验,并编制详细的焊接工艺评定报告。通过试验确定合适的焊接坡口尺寸、焊接参数和焊接工艺,制订控制焊接变形和降低焊接残余应力的有效措施,以确保焊接质量和结构的安全。在保证焊接质量的前提下,应尽可能地选用焊接变形小和焊缝收缩小的焊接工艺。

(5)为了确保钢梁的安装精度,制造单位应在工厂内对所有的钢梁节段进行整体试拼装,并应对试拼装误差实行有效的管理,避免误差累积。

(6)制造单位根据自身加工能力确定施工方案,如有条件,焊缝均应采用自动焊接。焊接时应尽量采用平焊,避免仰焊。

(7)连接件宜在工厂成型和焊接,宜采用 CO_2 气体保护焊。型钢和焊钉安装前应对其平面位置进行准确的测量放样;连接件安装前应进行外观检查,外观应平整,无裂缝、毛刺、凹坑及变形等缺陷。

(8)连接件与钢结构焊接前,应进行焊接工艺评定试验,合格后方可正式实施。

(9)钢梁涂料应具有良好的附着性、耐腐蚀性,具有出厂合格证和检验资料,并符合耐久性要求。

(10)钢梁的制造和验收应符合现行国家标准和行业标准的相关规定。

(11)钢梁运输应满足下列要求:

①运输过程中,应做好钢梁防护,保护焊钉,避免焊钉受损。

②钢梁运输过程中,应加强支撑,防止变形或倾覆。

③运输过程中可采用辅助撑架,防止钢梁变形或倾倒。

9.2.2 制造准备

1)设计图工艺性审查

制造单位一般可就设计图和相关技术文件,从技术要求、可操作性、图面信息、制造线形要素、焊接施工、防腐体系等方面进行工艺性审查,提出合理化建议,以确保设计文件适合批量生产制造。

(1)技术要求。

审查设计文件对钢结构制造标准的规定,确认各项标准的适用性和可执行性。设计文件中提出高于现行标准或没有适用标准的内容,可通过协商或召开专家会研究确定相关标准。

(2)可操作性。

采用计算机三维建模或实物模型,结合装配顺序,复核焊接、涂装和检测的操作空间的要求,提出优化建议。审查在现有技术、装备的基础上,典型结构、复杂结构和特殊结构的制造可操作性,确保现有工艺技术和装备条件能够满足所有类型结构的施工需求。主要审查内容应包括:

①现有设备和工艺条件的可操作性。

②结构尺寸能否满足人员和设备对操作空间的要求。

③构件标准化、自动化制造的可操作性,尽量减少工装数量。

④无损检测和尺寸测量的可操作性。

⑤发运单元是否符合运输条件。

(3)图面信息。

复核设计图连接关系、结构尺寸和材料表信息准确性。

(4)制造线形要素。

依据制造线形参数,经过计算机放样检验数据准确性。

(5)焊接施工。

①核查设计选用的钢材焊接性,对焊接性差的钢材提出相应保证工艺措施或者提出改善钢材焊接性的建议。

②核查设计图中规定的接头形式、焊接方法和质量要求的合理性。

③构件焊接产生焊接变形的可控性。

④焊缝布置宜对称、合理,有充足的操作空间,便于工厂制造,并尽可能减少现场的焊接工作量。

(6)防腐体系。

①核查涂装防腐配套体系的应用范围、不同涂层间的兼容性、涂料技术指标的合理性等。根据实际情况对涂装工作提出合理化建议。

②现有生产条件和涂装工艺是否满足项目要求和国家环保标准要求。

③对于螺栓摩擦面的涂装,在满足抗滑移系数等工艺性能的条件下,宜采取便于操作的工艺和环保的涂装材料。

2)加工制造工艺方案

钢梁及钢构件制造前,应编制钢结构制造工艺方案。加工制造工艺方案的内容可主要包括:

(1)介绍工程概况,明确工程范围;明确工期、质量要求;制订组织架构;制订材料采购计划;制订人员、设备、物资等资源投入计划;细化施工场地布置。

(2)以工艺流程图形式展示制造工艺流程;对主要制造工艺、方案进行设计、试验,明确制造工艺、方案的审批流程;对切割、焊接、涂装等重要工艺制订工艺评定试验;明确关键部位焊接工艺;根据现场条件,制订现场焊接施工方案;制订焊接质量检验及控制措施。

(3)制订人员培训计划,制订工期保证体系及保证措施。人员组织计划是钢结构制造期内的人员投入、人员培训计划;工期保证体系及保证措施包含施工总体计划、工期目标、编制原则、总体进度计划;确定工程的工期保证体系及保证措施。

(4)确定节段及部件划分;制订主要部件的制造工艺方案;制订首件制认可实施方案(包括实施流程、具体要求、质量保证措施等);制订构件精度控制措施;设置梁段组装测量控制网,设置节段基准线及线形控制点;规定组装胎架、节段组装工艺、节段组装检验方法;制订节段预拼装方案;制订节段整体拼装方案。

(5)对试拼装、现场焊接、涂装、运输等重点、难点的控制措施。

(6)制订钢结构运输方案,包括构件的厂内转运、陆上及海上运输及绑扎方案、吊装运输受力分析,以及规划运输路线。

(7)确定质量目标。制订质量保证体系及预防措施;制订安全、环保、文明施工目标、管理体系和保证措施。

3)施工详图

施工详图一般指制造单位根据设计资料和结构受力情况,结合原材料特性、运输方案以及制造厂工艺装备、生产能力等因素对钢结构桥梁进行分段、分块后,绘制满足制造需求的图样。绘制施工详图应考虑桥梁纵向线形、平面线形、横坡、预拱度、焊接变形、边缘加工余量、切割余量、制作温度、施工方法等影响。

施工详图可采用 CAD 进行二维图纸的绘制。鼓励从设计 BIM 模型直接转换施工详图及材料报表,模型的变更会自动更新图纸,保持模型和图纸的一致性。

(1)施工详图分类。

施工详图是指导生产制造过程的图纸,应包括图纸目录、总说明、拼装布置图、节段图、部件图、零件图等。

(2)施工详图绘制要求。

①施工详图应是产品出厂前的发送状态,或交付业主时的交验状态,当不能满足生产需求时,可绘制零件、单元件施工图或工艺图予以补充。

②施工详图的文字、数字或符号等,均应笔画清晰、字体端正、排列整齐。

③施工详图绘制比例根据图样的用途与被绘对象的复杂程度选用。

④施工详图的图框、图幅尺寸、图线、文字、绘图比例、尺寸标注、符号、螺栓表示等应满足相应制图规定。

(3)施工详图管理。

①施工详图的接收、储存、发放、变更、换版、作废等行为应有明确的规定,确保项目内各部门使用图纸均为有效版本。

②施工详图发放应进行受控管理,领用施工详图要进行登记,工程结束施工详图应由发放部门回收统一处理。

③当构造发生变更时,已发放的施工详图需要收回并作废,重新发放新版施工图。

④新版施工详图应在标题栏内注明版本号,与旧版以示区别。

⑤校对和审核的图纸需留档至项目交工验收。

4)工艺布局

工艺布局分为总体施工规划和各工序工艺布局,应遵循以下基本原则:

(1)充分利用地形条件及自然资源,减少工程量、建设投资和投产使用后的固定费用;制订合理的生产流程,减少周转期,提高生产和使用效率。

(2)确保生产过程稳定、提高产品精度,所有重型设备和机加工设备,应安装于厂房的最底层,必要时还需要增设防震措施;周围宜布置减振和消音设施。

(3)根据项目特点,分析项目制造的重点和难点;结合现场的实际情况以及施工进度安排,确定水、电、通信、施工道路和办公生活设施的布置;优化资源配置,合理布置施工场地,减少施工干扰,确保工程进度,降低工程费用和施工成本。

(4)制造区域相对集中,就近存梁,缩短梁段的转运距离,合理规划发运场地。

(5)必须考虑并落实安全和环保措施。

5)工艺装备

(1)工厂制造。

①钢材预处理。

宜采用预处理自动生产线进行辊平、抛丸、喷漆、烘干(耐候钢仅需辊平),储存、制造期间,钢材锈蚀程度应满足焊接和涂装质量要求。

a.辊平矫正。

消除钢材因为外力或内应力所形成的弯曲、翘曲、凹凸不平等缺陷。板材矫正应采用专用矫正机矫正,应满足60mm以下钢板的辊道输送连续矫正。

b.除锈。

利用抛丸机将铁丸或其他磨料高速地抛射到钢材表面上,以去除钢材表面的氧化皮、铁锈和污垢等,除锈等级和表面粗糙度应达到设计要求。

c.喷漆和烘干。

除锈后的钢材表面不得有水迹、杂物和灰尘,涂料按照供应商提供的配方比例调配,涂装后需进行烘干固化。漆膜厚度达到设计规定的要求。

②切割。

a.异形板件应采用空气等离子或火焰数控切割机切割下料,矩形板件可采用多头切割机床下料。

b.切割设备宜具备自动划线和标识喷写功能。

c.型材可采用火焰切割下料,规格较大的型材宜采用专用锯切机床下料。

③坡口加工工艺装备。

钢梁面板焊接边坡口宜采用铣削加工方式。

④钻孔。

a.杆件或构件的螺栓孔需采用钻孔设备钻制。

b.常用的钻孔设备有数控钻床、摇臂钻床、磁力钻等。

c.摇臂钻床、磁力钻钻孔时需与钻孔模板配合使用,保证孔群精度。

⑤组装、焊接工艺装备。

a.板单元组装。

宜采用专用组装设备,如果不能实现,组装机床应具备打磨、除尘、组装卡紧、定位焊等功能。

b.板单元焊接。

板单元焊接宜采用机械化自动焊接。

(2)整体试(预)拼装。

每批次试(预)拼装长度应符合设计要求,并且需在胎架上进行。胎架应满足以下要求:

①胎架基础必须有足够的承载力,确保在使用过程中沉降量≤2mm,胎架应有足够的刚度,避免在使用过程中发生变形。

②胎架应设置适当预拱度,以抵消焊接收缩和重力所产生的变形。

③在胎架两端设置基准点,四周设置高程测量基准点,作为试(预)拼装几何尺寸定位基准。

④每批次试(预)拼装结束后,应重新以测量控制网为基准对胎架进行检测,确认合格后方可进行下一轮次的拼装。

⑤胎架宜设置在厂房内，以避免温度对拼装精度造成影响；如果胎架设置在室外，则关键定位工序必须在无日照或温度恒定时进行。

⑥对于连续匹配预拼装节段，上一轮拼装完成后预留下一节段作为下一轮的匹配段参与拼装。

⑦钢结构成品梁段存放时，按吊装的顺序依次存放，避免二次移位，梁段间距离最小为1m。

(3)现场制造安装。

现场制造安装系指节段或杆件吊装就位后，在形成整体过程中完成的焊接、栓接及相关作业。施工前应搭设好安全可靠临时施工平台，施工平台应满足如下要求：

①施工平台结构需进行强度验算，确保安全，并且便于搬运、安装和拆除。

②施工平台要覆盖连接作业面，平台地板应有防护，避免火花、杂物掉落。

③有焊接作业的施工平台应有防风防雨措施。

④涂装施工平台应采取封闭措施，防止灰尘、漆雾扩散。

应根据现场施工内容以及生产效率，配备起重设备、焊接设备、运输设备、测量仪器、检测设备等现场工艺装备，以满足现场各工序的生产要求。

通常情形下，履带式起重机、汽车式起重机、运梁车、门式起重机、叉车、平板车、电动扭矩扳手等设备用以现场起重；气体保护焊机、埋弧自动焊机、交直流焊机、碳弧气刨、空压机、焊条烘箱、打磨机等设备用以现场焊接；全站仪、电子水准仪、经纬仪等设备用以现场测量；磁粉探伤仪、超声波探伤仪、X光机等设备用以现场无损探伤；空压机、高压清洗机、搅漆泵、喷漆泵、涂镀层测厚仪等设备用以现场涂装及检测。

6)工艺试验

在规模化生产之前，对重要工序或新装备，应通过工艺试验检验并稳定工艺，验证工艺装备的主要功能和制造精度是否满足要求，工艺流程和工艺参数是否正确、合理可行，工艺措施是否有效，检查、检测方法是否可靠；根据工艺试验结果制订的工艺文件指导生产。进行工艺试验的项目，试验结果应满足技术标准、图纸及相关国家标准要求。

(1)切割工艺评定试验。

在钢材切割加工之前，选取材质、规格具有代表性的钢板进行火焰切割工艺评定。通过评定试验确定割嘴型号、气体压力、气体流量、切割速度、割嘴距工件距离及割嘴倾斜角度等工艺参数。切割后试件切割面质量应符合下列要求：

①焰切面硬度符合设计要求。

②切割边缘没有裂纹。

③切割边缘无其他危害结构使用性能的缺陷。

切割工艺评定试验的评审内容一般包含切割后表面硬度、外观质量、切割精度、粗糙度、是否存在裂纹及其他缺陷。

(2)焊接工艺评定试验。

①焊接工艺评定试验是编制焊接作业指导书或焊接工艺的依据。

②焊接工艺评定试验应按照现行《公路桥涵施工技术规范》(JTG/T F50)进行，并满足设计文件的相关规定。

③根据钢板材质、结构特点、接头形式、焊接方法、焊接材料和焊接位置等制订焊接工艺评

定试验方案。

④焊接工艺评定试板所代表的范围应符合相关规范要求，试验项目应能够覆盖全桥所有类型焊缝。

⑤同一制造厂已经评定并批准的工艺，可不再评定，但应提供完整的评定报告作为证明。

⑥试验用钢板、圆柱头焊钉、焊接材料必须具有生产厂家出具的质量证明书，并经进厂复验合格。

⑦焊接试验应根据焊接工艺评定指导书进行，试验过程中记录坡口尺寸、焊接环境温度、湿度，焊前预热和道间温度以及焊接方法、焊接材料、焊接电流、电压、焊接速度等工艺参数。

⑧焊后应对焊缝进行外观检查和超声波探伤检测。

⑨应对试件进行机械性能试验，试验项目、试样的制取和试验标准应符合规范要求。当试验结果不合格时，应分析原因，修改焊接工艺评定指导书后重新试验。

⑩试验结束后应编制焊接工艺评定报告，内容包括：母材和焊接材料的质保书和复验报告、焊接工艺评定指导书、施焊记录、焊缝外观和无损检验结果、接头机械性能试验结果、宏观断面酸蚀试验结果以及评定结论等。

焊接工艺评定试验评审内容主要包括：试验项目的覆盖范围、钢板的可焊性，焊接材料的适用性，所用的焊接方法、焊接位置、坡口形式、坡口尺寸、焊接顺序、规范参数、焊接衬垫的合理性，焊前预热、道间温度控制等控制措施的有效性，焊缝外观检查、无损检测、机械性能试验和宏观断面酸蚀试验的结果是否满足要求等。

(3)涂装工艺试验。

涂料进厂复验合格后，方可进行涂装工艺试验。涂装工艺试验要求采用与正式涂装施工同设备、同人员、同材料。在满足施工环境的条件下，按照桥梁主体配套涂层体系进行工艺性能试验，记录施工过程中的相关工艺参数。最后一道涂料施工完成，整个涂层体系至少固化7d，然后对漆膜附着力、厚度和外观等进行检测。

涂装工艺评定试验内容包括：外观、附着力、膜厚、涂料匹配性、涂层间隔时间。

涂装工艺评定试验要求主要有：

①涂层表面应平整、均匀一致，无漏涂、起泡、裂纹、气孔和返锈等现象，允许轻微橘皮和局部轻微流挂。金属涂层表面均匀一致，不允许有漏涂、起皮、鼓泡、大熔滴、松散粒子、裂纹和掉块等，允许轻微结疤和起皱。

②干膜厚度采用“85-15”规则判定，即允许有15%的读数可低于规定值，但每一单独读数不得低于规定值的85%。对于结构主体外表面可采用“90-10”规则判定。涂层厚度达不到设计要求时，应增加涂装道数，直至合格为止。漆膜厚度测定点的最大值不能超过设计厚度的3倍。

③当检测的涂层厚度不大于250μm时，各道涂层和涂层体系的附着力按划格法进行，不大于1级；当检测的涂层厚度大于250μm时，附着力试验按拉开法进行。

锌、铝涂层附着力应按照《热喷涂　金属和其他无机覆盖层　锌、铝及其合金》(GB/T 9793—2012)附录A中规定的方法进行。当采用划格试验时，如果没有出现涂层从基体上剥离或金属涂层层间分离，则认为合格；当采用拉伸试验时，应不小于5.9MPa。

9.2.3 材料复验

1) 钢材

(1) 钢材材质及质量要求。

①钢材应符合设计文件要求，必须有出厂质量证明书，并按规定进行复验。

②主体结构钢材化学成分和力学性能应能满足《桥梁用结构钢》(GB/T 714—2015)或《低合金高强度结构钢》(GB/1591—2018)要求。

③设计文件有厚度方向性能要求的钢板，应符合《厚度方向性能钢板》(GB/T 5313—2010)要求。

④钢材表面质量应符合《热轧钢板表面质量的一般要求》(GB/T 14977—2008)的规定，若发现钢材缺陷需要修补时，应符合的相关技术规定。当钢材的表面有锈蚀麻点或划痕等缺陷时，其深度不得大于该钢材厚度负允许偏差值的1/2。

⑤钢材表面的锈蚀等级应符合《涂装前钢材表面锈蚀等级和除锈等级》(GB/T 8923—2011)规定的C级及C级以上。

⑥钢材材质及规格的变更，必须征得设计单位的认可后方可实施。

⑦钢材进厂后按技术要求进行管理可在钢材端面涂上识别色，搬运和堆放时，应注意不使钢材出现永久变形和损伤。

(2) 钢材供货状态。

钢材的采购技术条件应满足设计及招标文件要求。进场材料按下列要求复验：

①钢材复检应按同一厂家、同一材质、同一板厚、同一出厂状态每10炉(批)抽检一组，每检验批抽检一组试件。

②审核生产厂家提供的质量证明书。

③化学成分：

a. 普通桥梁钢：复验C、Si、Mn、P、S等元素含量。

b. 耐候桥梁钢：复验C、Si、Mn、P、S、Ni、Cr、Cu等元素，并计算耐腐蚀指数I是否满足设计文件要求。

$I = 26.01(\%Cu) + 3.88(\%Ni) + 1.20(\%Cr) + 1.49(\%Si) + 17.28(\%P) - 7.29(\%Cu)(\%Ni) - 9.10(\%Ni)(\%P) - 33.39(\%Cu)(\%Cu)$。

④力学性能：屈服强度R_{eL}、抗拉强度R_m、伸长率A、弯曲(180°)及冲击功KV_2等。

⑤对于Z向钢及厚度大于20mm的钢材，应按现行国家标准《厚钢板超声检验方法》(GB/T 2970)的规定抽取每种板厚的10%(至少1块)进行超声波复测，质量等级为Ⅱ级。

⑥对于Z向钢应根据现行国家标准《厚度方向性能钢板》(GB/T 5313)的相关规定进行检验。

2) 焊接材料

(1) 焊接材料及质量要求。

①焊接材料应满足设计要求，并根据焊接工艺评定试验结果确定，所选择的焊接材料应与母材匹配。

②常用焊接材料标准可参考表9-1;耐候桥梁钢用焊材应符合设计文件要求。

常用焊接材料标准 表9-1

材料名称	标准	标准号
焊条	《非合金钢及细晶粒钢焊条》	GB/T 5117—2012
气保焊丝	《气体保护电弧焊用碳钢、低合金钢焊丝》	GB/T 8110—2008
	《非合金钢及细晶粒钢药芯焊丝》	GB/T 10045—2018
	《热强钢药芯焊丝》	GB/T 17493—2018
埋弧焊丝、焊剂	《埋弧焊用非合金钢及细晶粒钢实心焊丝、药芯焊丝和焊丝-焊剂组合分类要求》	GB/T 5293—2018

③焊接材料进厂时应有质量证明书,焊接材料的质量管理应符合现行《焊接材料质量管理规程》(JB/T 3223)的规定。

(2)焊接材料复验项目。

①审核生产厂家提供的《质量证明书》。

②药芯焊丝:首次使用的药芯焊丝检验熔敷金属的化学成分(C、Si、Mn、P、S等元素)和力学性能(屈服强度R_{eL}、抗拉强度R_m、伸长率A、冲击功KV_2);连续使用的同一厂家、同一型号的药芯焊丝,每一年进行一次熔敷金属力学性能检验。同时,厂家应在质保书中提供药芯焊丝扩散氢含量检测值。

③实芯焊丝:首次使用的实心焊丝检验熔敷金属的化学成分(C、Si、Mn、P、S等元素)和力学性能(屈服强度R_{eL}、抗拉强度R_m、伸长率A、冲击功KV_2);连续使用的同一厂家、同一型号的实心焊丝,逐批进行化学成分检验。

④手工焊条:首次使用的焊条检验熔敷金属的化学成分(C、Si、Mn、P、S等元素)和力学性能(屈服强度R_{eL}、抗拉强度R_m、伸长率A、冲击功KV_2);连续使用的同一厂家、同一型号的手工焊条,每一年进行一次熔敷金属力学性能检验。

⑤埋弧焊焊丝:逐批检验埋弧焊丝检验化学成分(C、Si、Mn、P、S、Ni等元素含量)。

⑥埋弧焊焊剂:首次使用的埋弧焊剂检验化学成分(P、S元素含量)、焊剂与焊丝组合逐批复验熔敷金属力学性能(屈服强度R_{eL}、抗拉强度R_m、伸长率A、冲击功KV_2);连续使用的同一厂家、同一型号的埋弧焊剂,逐批进行熔敷金属力学性能检验(屈服强度R_{eL}、抗拉强度R_m、伸长率A、冲击功KV_2)。

⑦耐候桥梁钢用各类焊材:逐批检验化学成分(复验C、Si、Mn、P、S、Ni、Cr、Cu等元素含量),并计算熔敷金属的耐腐蚀指数I是否满足设计文件要求。

$I = 26.01(\%Cu) + 3.88(\%Ni) + 1.20(\%Cr) + 1.49(\%Si) + 17.28(\%P) - 7.29(\%Cu)(\%Ni) - 9.10(\%Ni)(\%P) - 33.39(\%Cu)(\%Cu)$。

⑧同一型号焊接材料在更换厂家后,首个批号应按照相关标准进行化学成分和熔敷金属机械性能检验。

3)涂装材料

(1)涂装材料应根据设计文件要求、结构部位及桥址环境条件等选定,以确保预期的涂装效果。禁止使用过期产品、不合格产品和未经试验的替用产品。

(2)为保证防腐材料的质量和防腐效果,考虑到不同厂家材料及施工工艺的兼容性,不同油漆的供应商宜为同一厂家。

(3)涂装材料的品种、规格、技术性能指标必须符合设计文件和技术规范的要求，具有完整的出厂质量合格证明书，涂料供应商应提供涂装施工全过程的技术服务，对涂料保证年限进行承诺。

(4)涂装材料各项性能指标应满足现行《公路桥梁钢结构防腐涂装技术条件》(JT/T 722)的要求。新材料除满足各项指标要求外，应用前还应进行涂层相容性、环境适应性等相关试验，并组织专家论证后方可应用。涂装材料供应商应提供满足各项指标性能的第三方检测报告，具体指标可参考表9-2所示。

涂层体系性能要求 表9-2

<table>
<tr><th>腐蚀环境</th><th>防腐寿命（年）</th><th>耐水性（h）</th><th>耐盐水性（h）</th><th>耐化学品性能(h)</th><th>附着力（MPa）</th><th>耐盐雾性能（h）</th><th>人工加速老化（h）</th><th>耐阴极剥离性（h）</th></tr>
<tr><td>C3</td><td rowspan="8">30</td><td rowspan="4">240</td><td>—</td><td rowspan="2">—</td><td rowspan="8">≥5</td><td>1 000</td><td>1 000</td><td>—</td></tr>
<tr><td>C4</td><td rowspan="3">240</td><td>1 500</td><td>2 000</td><td>—</td></tr>
<tr><td>C5</td><td rowspan="2">240</td><td>2 000</td><td>4 000</td><td>—</td></tr>
<tr><td>CX</td><td>3 000</td><td>4 000</td><td>—</td></tr>
<tr><td>Im1</td><td rowspan="4">4 000</td><td rowspan="4">—</td><td rowspan="4">72</td><td>—</td><td>—</td><td>—</td></tr>
<tr><td>Im2</td><td>3 000</td><td>—</td><td>—</td></tr>
<tr><td>Im3</td><td>3 000</td><td>—</td><td>—</td></tr>
<tr><td>Im4</td><td>—</td><td>—</td><td>4 200</td></tr>
</table>

注：1. 耐水性、耐盐水性涂层试验后漆膜外观无变化。
2. 耐化学品性能涂层试验后不生锈、不起泡、不开裂、不剥落，允许轻微变色和失光。
3. 人工加速老化性能涂层试验后不生锈、不起泡、不剥落、不开裂、不粉化，允许2级变色和2级失光。
4. 耐盐雾性涂层试验后不起泡、不剥落、不生锈、不开裂，拉开法附着力≥3 MPa。
5. 耐阴极剥离性试验后，涂层不起泡、不剥落、不生锈、不开裂，剥离面积的等效直径不大于20mm。

各种涂料性能指标应完全满足《公路桥梁钢结构防腐涂装技术条件》(JT/T 722—2008)附录B的要求。

(5)涂装材料进场复验应按相关规定执行。涂料复验应逐批进行，且每批不超过10t。

①富锌底漆至少应复验固体成分中金属锌含量、不挥发物含量、附着力等项目。

②中间漆至少应复验不挥发物含量、附着力、弯曲性等项目。

③面漆至少应复验不挥发物含量、附着力、弯曲性、耐冲击性等项目。

4)连接紧固件

(1)高强度螺栓连接副。

①高强度螺栓规格和性能首先应符合设计要求，高强度螺栓、螺母及垫圈必须按批配套供货，且有产品出厂质量证明书(耐候钢高强螺栓连接副化学成分应满足耐腐蚀指数$I≥6.0$)，其他各项指标可参考表9-3所列标准要求。

高强度螺栓连接副标准 表9-3

名称	标准
钢结构用高强度大六角头螺栓	GB/T 1228—2006
钢结构用高强度大六角螺母	GB/T 1229—2006
钢结构用高强度垫圈	GB/T 1230—2006
钢结构用高强度大六角头螺栓、大六角螺母、垫圈技术条件	GB/T 1231—2006

②高强度螺栓连接副在运输、保管过程中应防雨、防潮,并应轻装、轻卸,防止损伤螺纹。高强度螺栓连接副应按包装箱上注明的批号、规格分类保管,室内架空存放,堆放不宜超过五层。保管期内不得任意开箱,防止生锈和沾染污物。

③高强度螺栓复验规则。

检验频次:高强度螺栓按《钢结构用高强度大六角头螺栓、大六角螺母、垫圈技术条件》(GB/T 1231—2006)有关规定进行复验。

检验项目:高强度螺栓连接副按其生产批号逐批抽样复验。

(2)普通螺栓。

①普通螺栓技术指标应满足图纸要求,图纸未规定的,一般按照现行国家标准《六角头螺栓》(GB/T 5782)、《1 型六角螺母》(GB/T 6170)、《平垫圈 C 级》(GB/T 95)的规定执行。

②普通螺栓应由生产厂配套供货,必须有生产厂按批提供的产品质量保证书。

③普通螺栓在运输、保管过程中应防雨、防潮,并应轻装、轻卸,防止损伤螺纹。

5)圆柱头焊钉

(1)圆柱头焊钉及标准。

①圆柱头焊钉、焊接瓷环质量标准及检验应符合设计文件要求及现行国家标准《电弧螺柱焊用圆柱头焊钉》(GB/T 10433)的相关规定。

②应使用防水型焊接瓷环,磁环与栓钉尺寸公差应匹配,且应符合下列要求:

a. 在电弧燃烧过程中有效隔离空气,防止焊缝产生气孔。

b. 保证良好的焊缝成型。

c. 在焊接过程中应保持完整。

d. 焊后易于清除。

③焊接瓷环应保持清洁、干燥,使用前对由于雨、露而致表面潮湿的瓷环,在烘干箱中经150℃ ×2h 烘干,瓷环从烘干箱中取出后应在 4h 内使用,否则应重新烘干。

④不得使用损坏的焊接瓷环。

(2)圆柱头焊钉复验项目。

①圆柱头焊钉进厂后按照生产批号逐批进行复验。

②审核生产厂家提供的产品质量保证书、产品合格证。

③复验项目如下:

a. 化学成分:复验 C、Si、Mn、P、S 等元素含量。

b. 力学性能:屈服强度 R_{eL}、抗拉强度 R_m、伸长率 A。

6)其他材料

其他材料如密封胶。密封胶宜采用HM106航空密封胶,主要性能指标可参考表9-4规定。

密封胶性能指标　　表9-4

项　目	单　位	性能数据
密度	g/cm^3	≤1.65
固体含量	%	≤97
使用期(活性期)	h	在0.5~4内可调
干燥时间(不黏期)	h	≤8~24
黏度	Pa·s	400~1 200
拉伸强度	MPa	≥2.0
扯断伸长率	%	≥150
黏结性能	kN/m	≥4

9.2.4　板件加工

对于组合梁桥钢梁等构件的板件加工,一般需注意以下事项:

(1)为保证钢结构加工质量,厚度大于6mm的钢板(填板除外)均不得采用热轧卷材(开平板),必须采用热轧钢板(压平板)。

(2)钢板的轧制方向应与构件的受力方向相同。

(3)钢板经过预处理后方可下料,以确保下料钢板的平整度和降低钢板的轧制残余应力,为加工和焊接变形的控制提供良好的条件。

(4)所有高强度螺栓连接孔的粗糙度为12.5μm,孔距公差为±0.4mm。

(5)板件须按设置预拱度后的线形进行精确放样,制作台座,预弯钢梁各钢板组件。

板件加工的工作内容一般包括:钢板预处理、下料、坡口加工、钻孔、弯曲等工序,主要设备包括:预处理设备、辊板机、门式切割机、数控切割机、铣边机、刨边机、斜面铣、折弯机、压力机、摇臂钻床及数控钻床等。

需要指出的是,板件加工设备应满足加工制造能力,钢板进厂复验合格后,方可投入生产。

1)下料前准备工作

(1)钢板在下料前宜进行辊平、抛丸除锈、除尘及涂防锈底漆等处理。

(2)对于产品在车间内制作,不超过6个月,可不进行喷涂防锈底漆。

(3)下料前应移植钢板的牌号、规格等信息。

(4)下料尺寸应按要求预留加工余量。

(5)下料前应检查钢材的炉批号、材质、规格和外观质量。

(6)主要板件下料时,应使钢材的轧制方向与其主要应力方向一致。

2)板件下料

(1)板件下料时除考虑焊接、修整收缩量,同时应考虑桥梁线形和预拱度的影响。

(2)切割下料前需确认图纸、文件及所用下料程序正确无误后,方可进行下料。

(3)钢板下料后,应在板件上标明产品名称、板件号,对有材料追溯要求的主要板件还应标明钢材炉批号并做好记录。

(4)板件下料宜采用数控精密切割。

(5)切割质量应符合下列要求:

①边缘表面质量应符合表9-5的规定。

精密切割边缘表面质量要求　　　　表9-5

等　级	用于主要板件	用于次要板件	备　注
表面粗糙度	25	50	按现行《产品几何技术规范(GPS)表面结构　轮廓法　表面粗糙度参数及其数值》(GB/T 1031)用样板检查
崩坑	不允许	1m长度内允许有一处1mm	超限应补修,按焊接有关规定
塌角	圆形半径≤0.5mm		—
切割面垂直度	≤0.05t,且不大于2.0mm		t为钢板厚度

②尺寸允许偏差应符合工艺要求,如工艺无具体要求,允许偏差±2.0mm。

(6)型钢切割线与边缘垂直度允许偏差应不大于2.0mm。

(7)手工切割尺寸允许偏差应为±2.0mm。

(8)对边缘需进行机加工的板件,应按照工艺要求预留加工量。

(9)剪切、锯切下料,根据车间设备能力,规定下料规格。剪切、锯切的质量标准:

①剪切、锯切断面的粗糙度Ra≤100μm。

②剪切、锯切断面的倾斜度≤1/10厚度。

③剪切、锯切的允许偏差:±2mm。

(10)切割注意事项:

①精密切割所用氧气纯度须在99.5%以上。

②精密切割需在专用工作台上进行,台面要保持水平。

③下料时应预留切口宽度,数控件由操作者在下料前在设备上进行补偿,门切件由操作者在调整割距间距时预留,半自动切割件在号料时预留。

④使用火焰精密切割时宜选用快速割嘴。

⑤使用数控切割机切割的首件应先进行自检,合格后再进行批量切割。

3)板件矫正与弯曲

(1)板件矫正宜采用冷矫,冷矫时的环境温度不得低于-12℃。矫正后的钢材表面不应有明显的凹痕或损伤。

(2)采用热矫时,加热温度应控制在600~800℃,然后缓慢冷却,不得用水急冷;温度降至室温前,不得锤击钢材。

(3)主要板件冷作弯曲时,环境温度不宜低于-5℃,内侧弯曲半径不宜小于板厚的15倍。

(4)冲压成型仅适用于次要板件,并应根据工艺试验结果用冷加工法矫正,矫正后应检查,不应出现裂纹。

(5)板件矫正允许偏差可参考表9-6的规定。

板件矫正允许偏差 表 9-6

板件	名称	简图	说明		允许偏差(mm)
钢板	平面度	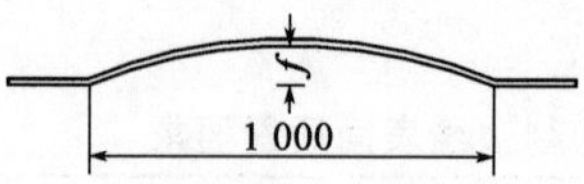	每米范围(连接部位)		f≤1.0
	直线度	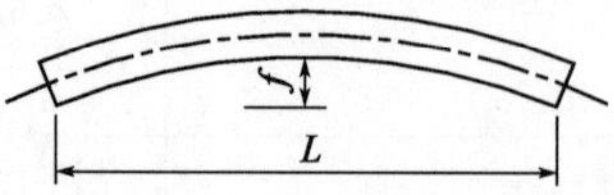	全长范围	L≤8m	f≤3.0
				L>8m	f≤4.0
型钢	直线度	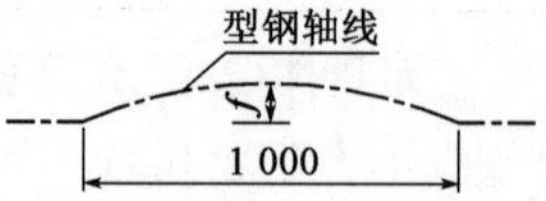	每米范围		f≤0.5
	角钢肢垂直度	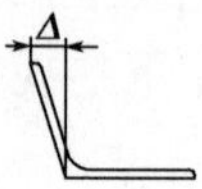	全长范围		连接部位 Δ≤0.5 其余部位 Δ≤1.0
	角钢肢、槽钢肢平面度	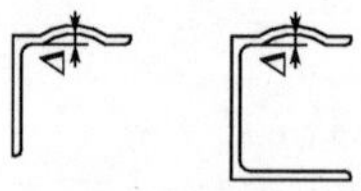	连接部位		Δ≤0.5
			其余部位		Δ≤1.0
	槽钢腹板平面度	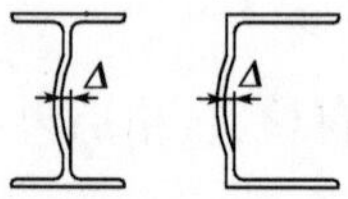	连接部位		Δ≤0.5
			其余部位		Δ≤1.0
	槽钢翼缘垂直度	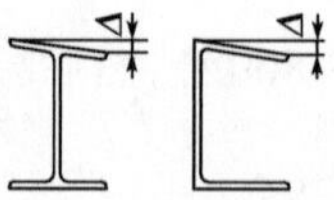	连接部位		Δ≤0.5
			其余部位		Δ≤1.0

4)板件加工基准划线

(1)划线前,需确认是否需要加工工艺余量值,确认后再进行划线。

(2)用钢针精确划线公差为±0.5mm;用划规精确划线号孔任意孔心距公差为±0.5mm;

用钢针精确号孔任意孔心距公差为±1mm。

5)边缘加工

(1)加工面的表面粗糙度不得大于25μm,板件边缘的加工深度不得小于3mm,板件边缘硬度不超过350HV10(维氏硬度)时,加工深度不受此限。

(2)顶紧传力面的表面粗糙度不得大于12.5μm;顶紧加工面与板面垂直度偏差应小于0.01t(t为板厚),且不得大于0.3mm。

(3)板件应根据预留加工量及平直度要求,两边均匀加工,并应磨去边缘的飞刺、挂渣,使端面光滑匀顺。

(4)坡口可采用机加工或精密切割,过渡段坡口应打磨匀顺,坡口尺寸及允许偏差依据工艺评定确定。

(5)对不等厚对接的过渡斜坡采用斜面铣床进行加工,确保加工斜面的角度。

(6)加工时应避免油污污染钢材,加工后磨去边缘的飞刺、挂渣,使端面光滑匀顺。

(7)箱形构件内隔板边垂直度偏差不得大于1.0mm。

6)板件制孔

(1)主体结构螺栓孔应采用钻孔工艺,不得采用冲孔、气割孔,制成的孔应成正圆柱形,孔壁表面粗糙度不大于25μm。

(2)钻孔前应对工件进行校直或整平,且每次钻孔板层厚度不允许超过80mm。

(3)使用样板钻孔时,应使用足够数量的卡具卡紧,防止钻孔时工件与样板间产生间隙或滑移现象。样板钻孔前,须检查所用样板与施工图孔群是否一致。数控钻孔前,须确认料件上件号与数控程序号是否一致。

(4)采用先孔法工艺时,为保证构件的拼装质量,对用来定位的栓孔应全数检查,保证栓孔孔径的质量。

(5)螺栓孔径允许偏差可参考表9-7的规定。当板厚$t\leqslant30$mm时,孔壁垂直度应不大于0.3mm,板厚$t>30$mm时,孔壁垂直度应不大于0.5mm。

螺栓孔径允许偏差 表9-7

序号	螺栓直径	螺栓孔径(mm)	允许偏差(mm)
1	M10	12	+0.5,0
2	M12	14	+0.5,0
3	M16	18	+0.5,0
4	M20	22	+0.7,0
5	M22	24	+0.7,0
6	M24	26	+0.7,0
7	M27	29	+0.7,0
8	M30	33	+0.7,0

(6)螺栓孔距允许偏差可参考表9-8的规定,有特殊要求的孔距偏差应符合设计文件的规定。

螺栓孔距允许偏差 表 9-8

序号	名称		允许偏差(mm)			
			主要构件			次要构件
			钢箱梁	桁梁	工字梁	
1	同一孔群任意两孔距		±0.8	±0.8	±0.8	±1.0
2	多组孔群两相邻孔群中心距		—	±0.8	±1.5	±1.5
3	两端孔群中心距	$L \leq 11m$	±1.5	±4.0	±1.5	±1.5
		$L > 11m$	±2.0	±8.0	±2.0	±2.0
4	孔群中心线与构件中心线的横向偏移	腹板不拼接	—	2.0	2.0	2.0
		腹板拼接	—	1.0	1.0	—
5	构件任意两面孔群纵、横向错位		—	1.0	—	—
6	孔与自由边距		±2.0			—

9.2.5 部件组装

1)一般规定

(1)组装前必须熟悉施工图和工艺文件,按图纸核对板件编号、外形尺寸、坡口方向及尺寸,确认无误后方可组装。

(2)对于不满足钢板轧制尺寸要求的板件,可采用多块钢板进行拼焊接组合,并应符合下列规定:

①组装时应将相邻焊缝错开,错开的最小距离可参考图 9-4 的规定。

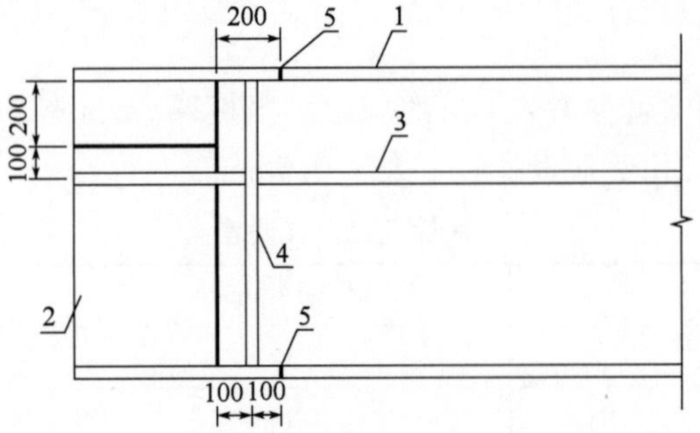

图 9-4 焊缝错开的最小距离示意(尺寸单位:mm)

1-盖板;2-腹板;3-水平肋或纵肋;4-竖肋或横肋;5-盖板对接焊缝

②节点板需要接宽时,接料焊缝应距其他焊缝、节点板圆弧起点、高强度螺栓拼接边缘部位 100mm 以上;节点板应避免纵、横向同时接料。

(3)组装前必须彻底清除待焊区域的铁锈、氧化铁皮、油污、水分等有害物,使其表面显露出金属光泽。清除范围可参考图 9-5 的规定。

(4)采用先孔法的构件,组装时应以孔定位,用胎架组装时每一孔群定位不得少于用 2 个冲钉。

(5)大型构件在露天进行组装时,工装的设计、组装及测量应考虑日照和温差的影响。

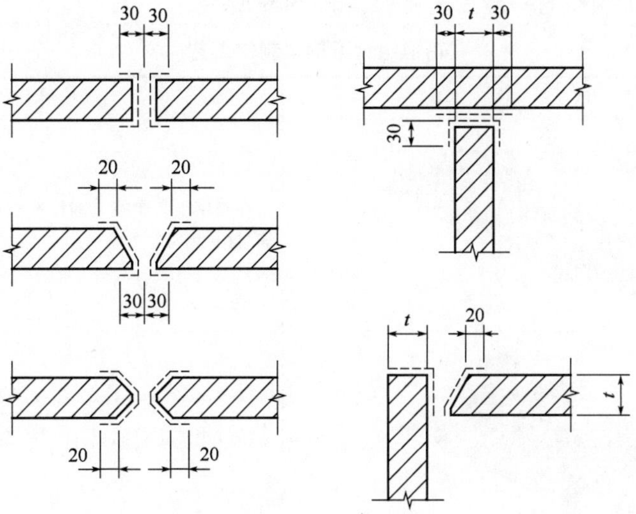

图9-5　组装前的清除范围示意(尺寸单位:mm)

(6)构件应在胎架或平台上组装,组装胎架或平台应具有足够的强度、刚度,稳定可靠,满足支撑、定位、固定及操作等工作需要。

(7)构件组装应以纵、横基线作为定位基准。

(8)采用埋弧焊焊接的焊缝,应在焊缝的端部加装引板,引板的材质、厚度、坡口应与所焊件相同;引板长度不应小于80mm。

(9)进行产品试板检验时,应在焊缝端部加装试板;当无法加装在焊缝端部时,应在相同环境相同条件下施焊。试板材质、厚度、轧制方向及坡口应与所焊对接板材相同,其长度应大于400mm,宽度每侧不得小于150mm。进行不等厚板产品试板检验时,可利用薄板进行等厚对接试验。

(10)组装完成后应做好钢印编号,并防止损坏。涂装结束后应增加油漆标记。

2)箱形钢梁

箱形组合梁的钢箱梁一般为开口钢主梁,槽型结构,由腹板单元、底板单元、横隔板及加劲肋组成。钢主梁之间由箱间横向连接梁连接,组成组合梁整体,如图9-6所示。

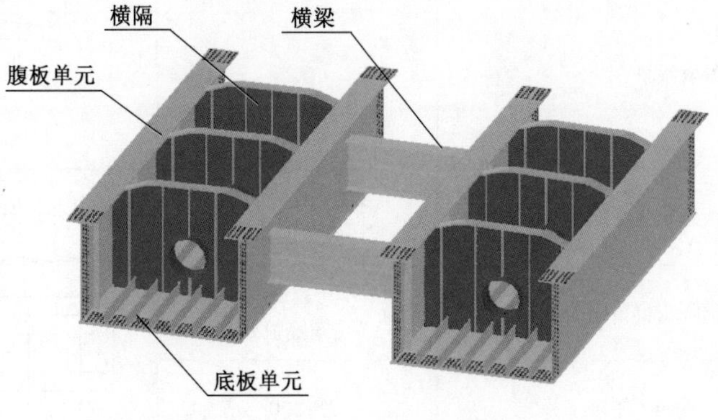

图9-6　箱形组合梁钢梁结构示意图

箱形组合梁钢梁制作的一般工艺流程，如表9-9所示。

箱形组合梁钢梁制作工艺 表9-9

序号	示 意 图	技术要求
1		在专用组装胎架上铺设底板单元并固定，确保平面度满足组装要求
2		按线组装定位隔板，注意控制隔板垂直度
3	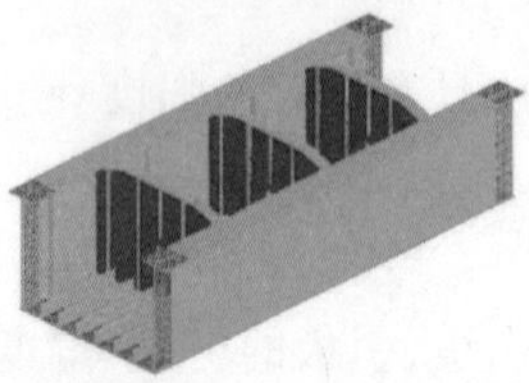	以纵横基准线为基准组装腹板单元，并点焊固定；注意设立防护并控制垂直度
4	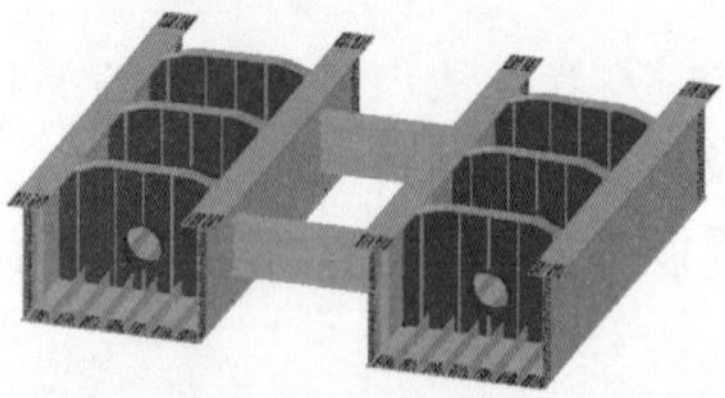	调整两钢梁的位置，检验合格后，组装两槽型钢梁之间横梁，形成箱形组合梁

箱形组合梁组装允许偏差，如表9-10所示。

箱形组合梁组装尺寸允许偏差 表9-10

序号	项 目		允许偏差(mm)	简 图
1	盖板倾斜Δ		0.5	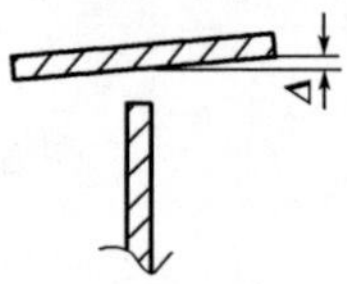
2	底板单元	板条肋中心间距S	±2(中部)；±1 (隔板处及端部)	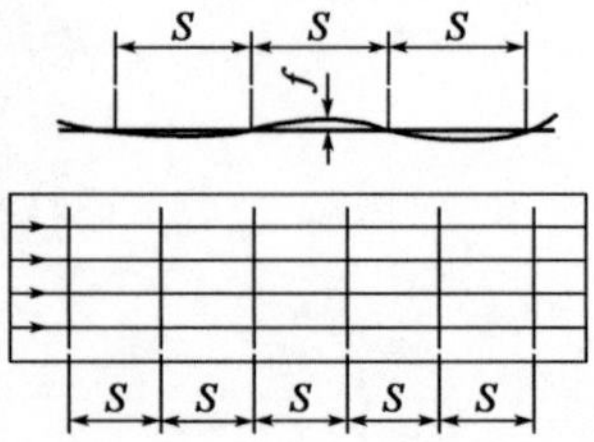
		横隔板位置间距S	±3.0(普通)；±1 (支座隔板处)	
		横向不平度f	$S/250$	

续上表

序号	项 目		允许偏差(mm)	简 图
3	腹板单元	高度 h	$^{+2.0}_{+1.0}$(除工艺量外)	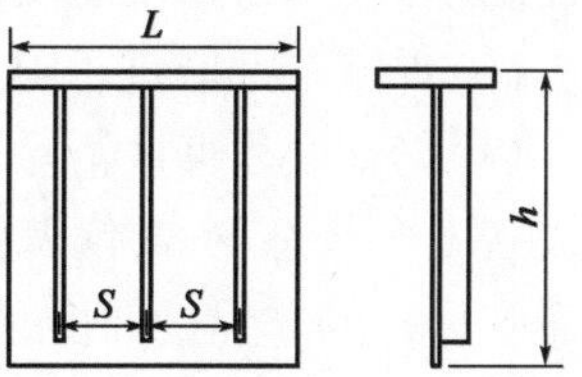
		加劲肋中心间距 S	±3	
		局部平面度	≤2.0	
		腹板单元侧向预拱度	±3(中部)	
			±2(端部)	
4	箱型组合梁	块体单元高度 h_1、h_2	箱口:±2 其他:±4	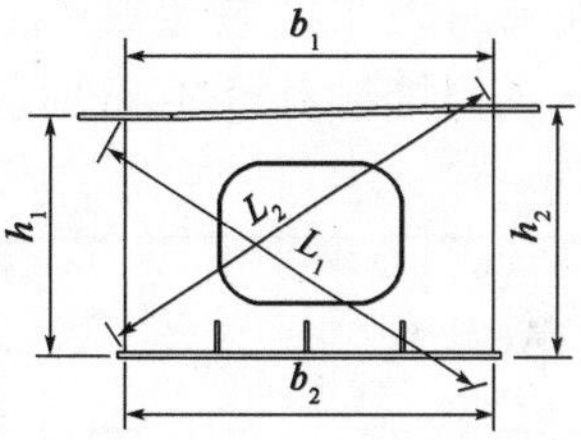
		宽度 b_1、b_2	±2	
		顶底板上下错边	±3	
		横断面对角线偏差	≤4.0	
		旁弯	f≤5.0(长度大于10m)	
		腹板单元组装偏差	±1	
		翼缘板四角不平度	≤4	
		底板四角不平度	≤6	
		块体单元纵基线到板边距离	±1	
		腹板单元竖直度	±2	
		横隔板单元组装偏差	±3	

9.2.6 焊接

1)一般规定

(1)焊工或焊接操作工必须取得权威机构签发的资格证书。焊工应按焊接种类(埋弧自动焊、CO_2气体保护焊和手工焊)和不同的焊接位置(平焊、立焊和仰焊)分别进行必要的培训和考试、焊工须持证上岗,且只能从事资格证规定范围的焊接作业。焊工如果停焊时间超过6个月,应重新培训考核。

(2)所有类型的焊缝在焊接前应做焊接工艺评定试验,编制完善的焊接工艺评定试验报告。制订现场横向环焊缝的焊接工艺时,应能保证容许的焊缝间隙可在一定范围内调整,且应按最大缝宽30mm做焊接工艺评定试验。焊接工艺必须按照评审通过的焊接工艺评定报告编制,焊接工艺评定应符合设计要求。施焊应严格执行焊接工艺的规定。焊接参数只能在工艺规定的范围内调整,不得随意变更。

(3)焊接作业宜在室内进行。施焊环境湿度应不大于80%,焊接低合金钢的环境温度不应低于5℃,焊接普通碳素钢不应低于0℃。当不符合上述条件时,应在采取必要的工艺措施后进行焊接。雨、雪、大风、严寒等恶劣气候条件,不应进行焊接作业。

(4)主要部件应在组装后24h内焊接,超过时可根据不同情况在焊接部位进行清理或去湿处理后再施焊。

(5)焊前预热温度通过焊接试验和焊接工艺评定确定,预热范围一般为焊缝两侧100mm以上,距焊缝30~50mm范围内测温。为防止T形接头出现层状撕裂,在焊前预热中,必须特别注意厚板一侧的预热效果。

(6)焊缝端部应进行围焊;钢主梁上翼缘板的纵向对接焊缝应均为一级熔透焊缝。

(7)焊前必须彻底清除待焊区域内有害物及定位焊的飞溅、熔渣,认真检查并确认所使用的设备工作状态正常,仪表良好;施焊时应按工艺规定的焊接位置、焊接顺序及焊接方向施焊,不得在母材的非焊接部位起、熄弧,埋弧自动焊应在距构件端部80mm以外的引板上起、熄弧;施焊完的部件,应及时清除熔渣及飞溅物。

(8)CO_2气体保护焊焊接时,要及时清除喷嘴上的飞溅物,且干燥器始终处于良好的工作状态。CO_2气体保护焊施工风力不宜大于5级,当风力影响到焊接质量时,应采取相应措施。

(9)焊接材料应通过焊接工艺评定确定,经检验合格,方可投入使用。焊条、焊剂烘干温度可参考表9-11规定或产品说明书烘干使用。烘干后的焊接材料应随用随取。当从烘干箱取出的焊接材料超过4h时,应重新烘干后使用。

焊条、焊剂烘干温度一般要求 表9-11

焊接材料	烘干温度(℃)	保温时间(h)	保存温度(℃)	备注
SJ101q SJ105q SJ101NQ SJ105NQ	350±10	2	150±10	由烘干箱取出后超过4h应重新烘干
E5015 E5015-G E5515 E5515-G E6015 E6015-G	350~400	2	150±10	

(10)Ⅰ、Ⅱ级焊缝焊后应记录杆件的名称、件号、焊缝位置、焊接日期,焊接参数、质量状况、操作者等信息。Ⅰ级焊缝焊后应增加追溯标识,以便对其进行追溯。

(11)焊接后必须用气割切掉两端的引板或产品试板,并磨平切口,且不得损伤母材。

(12)完成对钢主梁的探伤检测后,进行静载试验,试验验收通过后可焊接钢梁上翼缘板剪力钉。

(13)结构焊接变形矫正应采用反变形矫正、机械矫正等方法,不得采用火工矫正方法,以保证桥梁钢结构材料的力学性能不受影响。

2)定位焊接

(1)定位焊前应按图纸及工艺文件检查焊件的几何尺寸、坡口尺寸、根部间隙、焊接部位的清理情况等,如不符合要求,不得采用定位焊。

(2)焊接工艺要求需要焊前预热时,则定位焊焊前也需要按同样的预热温度预热。

(3)定位焊不得有裂纹、夹渣、焊瘤、焊偏,弧坑未填满等缺陷。如遇定位焊缝开裂,必须查明原因,清除开裂焊缝,并在保证构件尺寸的情况下做补充定位焊。

(4)定位焊应距设计焊缝端部30mm以上。当焊缝长为50~100mm、间距400~600mm、板厚大于50mm的构件,定位焊缝的间距建议为300~500mm。定位焊的焊脚尺寸不得大于设计尺寸的一半,且不小于4mm;因吊运需加强的部位,可按工艺规定加长、加密。

3)焊接材料

(1)焊丝表面的油、锈必须清除干净,焊剂中不允许混入熔渣和脏物使用。

(2)焊条、焊剂可按表9-11的规定烘干使用,烘干后的焊接材料应随用随取。当从烘干箱取出的焊接材料超过4h时,应重新烘干后使用。焊条的再烘干次数不宜超过两次。

(3)气体保护焊所使用的CO_2气体纯度应不小于99.5%。

4)焊接工艺要求

焊接时除应严格执行焊接工艺、保证焊接设备的完好性外,还应注意以下的焊接工艺要求:

(1)焊接时严禁在母材的非焊接部位引弧。

(2)坡口焊缝或角焊缝焊接时,可采用焊接衬垫,也可用手工电弧焊或其他焊接方法进行打底焊。

(3)要求熔透的双面焊缝,正面焊完后在背面焊接之前,应采用机械加工或碳弧气刨清除焊缝根部的熔渣、焊瘤和未焊透部分,直至露出正面打底的焊缝金属时方可进行背面焊接。对于自动焊,若经工艺试验确认能保证焊透,可不做清根处理。碳弧气刨后表面应光洁,无夹碳、黏渣等缺陷,清根后应修磨刨槽,除去渗碳层。

(4)多层多道焊时,应连续施焊,逐层逐道清渣,发现焊接缺陷及时清除,焊接接头应错开50mm以上。

(5)允许对各层焊道进行锤击法消除焊接应力处理,但不宜对根部焊缝、盖面焊缝或焊缝坡口边缘的母材进行锤击。用锤击法消除中间焊层应力时,应使用圆头手锤或小型振动工具。

(6)为实现装配化箱形组合梁钢结构制造的工厂化、标准化、机械化、自动化,在对箱形组合梁钢梁进行焊接时宜符合下述要求:

①底板单元、腹板单元焊接采用机械化小车焊接。

②顶板焊钉采用拉弧焊机焊接,特殊部位可采用手工焊接。

③箱形梁腹板与顶、底板宜采用机械化小车焊接。

(7)施焊过程中,最低层间温度不得低于预热温度,最大层间温度不宜超过250℃。

(8)每条焊缝应尽可能一次焊完。当焊接中断时,对冷裂纹敏感性较大的低合金钢和约束度较大的焊件应及时采取后热、缓冷等措施。重新施焊时,仍需按规定进行预热。

5)修正

(1)清理与割除。

①飞溅与熔渣的清理:焊接完毕,应清理焊缝表面的熔渣及两侧的飞溅。埋弧焊焊道表面熔渣未冷却时,不得铲除焊渣。

②引板、产品试板或临时连接件的割除:焊件焊接后,两端的引板、产品试板或临时连接件

必须用机械加工、碳弧气刨或气割切掉，并磨平切口，不得损伤焊件。

(2)焊后矫正。

因焊接变形而超标的构件宜采用机械方法进行矫正。如矫正后构件变形仍不能达到技术标准要求的，应作废。

(3)标识。

对于重要构件或重要节点的焊缝，焊缝外观检查合格后，应在焊缝附近作出追溯标识。

6)焊缝返修及修磨

(1)埋弧自动焊施焊时不宜断弧，如有断弧则必须将停弧处气刨或铲磨成1:5斜坡，并搭接50mm再引弧施焊，焊后搭接处应修磨匀顺。

(2)应采用碳弧气刨或其他机械方法清除焊接缺陷，在清除缺陷时应刨出利于返修焊的坡口，并用砂轮磨掉坡口表面的氧化皮，露出金属光泽。

(3)焊接缺陷修补时，预热温度应按焊接工艺的规定再加30～50℃，预热范围为缺陷周围不小于100mm的区域。返修的焊缝应修磨匀顺，并按原质量要求进行复检。返修次数不宜超过两次。

(4)主要杆件横向对接焊缝的余高应按规定进行修磨。

(5)焊缝缺陷的修补方法可参考表9-12的规定。

焊接缺陷修补方法 表9-12

序号	焊接缺陷种类	焊接缺陷修补方法
1	电弧擦伤	对 $\phi \leq 4$mm，深度 $h \leq 0.5$mm 的缺陷用砂轮修磨匀顺；对 $\phi > 4$mm，深度 $h > 0.5$mm 的缺陷，补焊后用砂轮修磨匀顺
2	咬边	深度 $0.3 \leq h \leq 0.5$mm 处用砂轮修磨匀顺； 深度 $h > 0.5$mm 处补焊后用砂轮修磨匀顺
3	焊缝表面高低不平、焊瘤	用砂轮修磨匀顺
4	未焊透、夹渣、气孔、凹坑、焊瘤等	用气刨或磨削清除后补焊并用砂轮修磨
5	焊接裂纹及弯曲加工时的边缘裂纹	查明原因，提出防治措施，清除裂纹，按补焊工艺补焊后修磨匀顺
6	烧穿	先在一面补焊，后在另一面刨槽封底补焊
7	飞溅	铲除

7)焊接质量检验

(1)焊缝外观质量检验。

所有焊缝均应进行外观检查，焊缝不得有裂纹、未熔合、焊瘤、未填满的弧坑等缺陷，其质量要求可参考表9-13的规定。

(2)无损检测。

无损检测的基本要求如下：

①无损检验人员必须持有相应的考核组织颁发的二级及以上等级资格证书，在有效期内从事相应考核项目的检验工作。

焊缝外观允许缺陷 表9-13

<table>
<tr><th>序号</th><th>项 目</th><th colspan="3">质量要求(mm)</th></tr>
<tr><td rowspan="4">1</td><td rowspan="4">咬边</td><td colspan="2">受拉部件纵向及横向对接焊缝</td><td>不容许</td></tr>
<tr><td colspan="3">受压部件横向对接焊缝 $\Delta\leqslant0.3$</td></tr>
<tr><td colspan="3">主要角焊缝 $\Delta\leqslant0.5$</td></tr>
<tr><td colspan="3">其他焊缝 $\Delta\leqslant1$</td></tr>
<tr><td rowspan="3">2</td><td rowspan="3">气孔</td><td>横向及纵向对接焊缝</td><td colspan="2">不容许</td></tr>
<tr><td>主要角焊缝</td><td>直径小于1</td><td rowspan="2">每米不多于3个,间距不小于20</td></tr>
<tr><td>其他焊缝</td><td>直径小于1.5</td></tr>
<tr><td>3</td><td>焊脚尺寸</td><td colspan="3">埋弧焊 K_{0}^{+2};手弧焊 K_{-1}^{+2};
手弧焊全长10%范围内容许 K_{-1}^{+3}</td></tr>
<tr><td>4</td><td>焊波</td><td colspan="3">$h<2$
(任意25mm范围内)</td></tr>
<tr><td>5</td><td>余高(对接)</td><td colspan="3">焊缝宽 $b>12$ 时,$h\leqslant3$;
焊缝宽 $b<12$ 时,$h\leqslant2$</td></tr>
<tr><td>6</td><td>余高铲磨(对接)</td><td colspan="3">$\Delta_1\leqslant+0.5$;
$\Delta_2\leqslant\left|-0.3\right|$</td></tr>
</table>

②超声波探伤仪、磁粉探伤仪、射线探伤装置应定期送计量检验部门进行计量检定,并在检定有效期内使用。

③从事无损检验的组织或单位,应具有一定的规模,设备数量和人员构成应能满足检验质量和检验工期的要求。超声波探伤所使用的标准试块、参考试块和对比试块置备齐全。

④有资质的第三方无损检测比例推荐为制造单位无损检测比例的5%。

无损检测的检验要求如下:

①无损检验前应对焊缝及探伤表面进行外观检验,焊缝表面的形状应不影响缺陷的检出,否则应做修磨。

②经外观检验合格的焊缝,方可进行无损检验。无损检验的最终检验应在焊接24h后进行。钢板厚度 $t\geqslant30$mm 焊接件应在焊接48h后进行无损检验。

③要求同时进行超声波检验和磁粉检验的焊缝,磁粉检验必须安排在超声波检验合格后进行。

④用两种以上方法检验的焊缝,必须达到各自的质量要求,该焊缝方可认为合格。

⑤进行局部探伤的焊缝当发现裂纹或超标缺陷时,裂纹或缺陷附近的探伤范围应扩大1倍,必要时延至全长。

⑥开坡口部分熔透角焊缝的超声波探伤有效熔深应为坡口深度减去3mm。

箱形组合梁钢构件的无损探伤内部质量分级,可参考表9-14的规定。

箱形组合梁钢结构焊缝无损检验质量等级及探伤范围　　表 9-14

适用范围	焊缝级别	探伤方法	探伤比例	探伤部位	执行标准		
					标准号	检验等级	评定等级
顶板、底板、腹板工地环焊缝	Ⅰ级	超声波	100%	焊缝全长	JTG/T F50	B 级	Ⅰ级
		射线	100%	顶板对接焊缝十字交叉处	GB/T 3323	B 级	Ⅰ级
			30%	底板对接焊缝十字交叉处			
顶底腹板、横隔板纵向对接焊缝		超声波	100%	焊缝全长	JTG/T F50	B 级	Ⅰ级
腹板与顶、底板坡口焊缝	Ⅱ级	超声波	100%	焊缝全长	JTG/T F50	A 级	Ⅱ级
		磁粉	100%	焊缝两端各 1m	GB/T 26951 GB/T 26952	—	2X 级
横隔板对接焊缝	Ⅱ级	超声波	100%	焊缝全长	JTG/T F50	B 级	Ⅰ级

同时，超声波探伤应符合现行国家标准《焊缝无损检测　超声检测　技术、检测等级和评定》（GB/T 11345）的规定，超声波缺陷等级评定可参考表 9-15 的规定。

超声波探伤缺陷等级评定　　表 9-15

评定等级	板厚（mm）	单个缺陷指标长度（mm）	多个缺陷的累积指标长度（mm）
对接焊缝Ⅰ级	8～100	$t/3$，最小可为 10	在任意 $9t$ 焊缝长度范围不超过 t
对接焊缝Ⅱ级		$2t/3$，最小可为 12	在任意 $4.5t$ 焊缝长度范围不超过 t
熔透角焊缝Ⅰ级		$t/3$，最小可为 10	在任意 $9t$ 焊缝长度范围不超过 t
部分熔透角焊缝Ⅱ级		$2t/3$，最小可为 12	在任意 $4.5t$ 焊缝长度范围不超过 t
角焊缝Ⅱ级		$t/2$，最小可为 10	—

注：1. 最大反射波幅位于长度评定区的缺陷，其指示长度小于 10 mm 时，按 5 mm 计。相邻两缺陷各向间距小于 8mm 时，两缺陷指示长度之和作为单个缺陷的指示长度。
2. t 为母材板厚（mm）。当板厚不同时，按较薄板评定。
3. U 形肋与顶（底）板的角焊缝Ⅱ级，且未熔透部分或焊缝有效焊接厚度应符合有关标准规定或设计文件要求。
4. 当焊缝长度不足 $9t$ 或 $4.5t$ 时，可按比例折算。当折算后的缺陷累计长度小于单个缺陷指示长度时，以单个缺陷指示长度为准。

对于射线探伤，一般应符合下述规定：

①射线探伤应符合现行国家标准《焊缝无损检测　射线检测》（GB/T 3323）的规定，射线探伤质量等级应符合 B 级要求。Ⅰ级焊缝评定合格等级应为现行国家标准《焊缝无损检测　射线检测》（GB/T 3323）的Ⅱ级及Ⅱ级以上，二级焊缝评定合格等级应为现行国家标准《焊缝无损检测　射线检测》（GB/T 3323）的Ⅲ级及Ⅲ级以上。

②进行射线探伤的焊缝，发现超标缺陷时，应在不合格部位相邻两端 250～300mm 范围各增加一处射线拍片；若仍不合格时，不合格端应延长至另一射线照相拍片抽探部位。

③用射线和超声波两种方法检验的焊缝，必须达到各自的质量要求，该焊缝方可认为合格。焊缝的射线探伤应符合现行国家标准《焊缝无损检测　射线检测》（GB/T 3323）的规定，射线照相质量等级为 B 级，焊缝内部质量Ⅱ级。

④焊缝不合格部位必须进行返修，返修次数不宜超过两次，超过两次时，应经监理工程师

同意后方可进行返修。返修部位仍按原探伤方法进行 100 %无损检测，并应达到相应焊缝的内部质量要求。

对于磁粉探伤，焊缝的磁粉探伤应符合现行《焊缝无损检测　磁粉检测》(GB/T 26951)、《焊缝无损检测　焊缝磁粉检测　验收等级》(GB/T 26952)的规定，检验结果应满足标准中 2X 级的质量要求。

8) 圆柱头焊钉焊接与检验

(1)圆柱头焊钉焊接应严格按照圆柱头焊钉焊接工艺执行，未经工程师同意不得随意更改焊接工艺参数。

(2)焊接前应清除焊钉头部及钢板待焊部位(大于 2 倍焊钉直径)的铁锈、氧化皮、油污、水分等有害物，使钢板表面显露出金属光泽。受潮的瓷环使用前应在 150℃的烘箱中烘干 2h。

(3)正式焊接前，应按焊接工艺在试板上试焊两个焊钉，焊后按技术规范要求进行检验，合格后方可进行施焊；若检验不合格，应分析原因重新施焊，直到合格为止。

(4)平位施焊焊钉，焊缝金属完全凝固前不允许移动焊枪；少量平位、立位及其他位置也可采用手工焊接；当环境温度低于 0℃，或相对湿度大于 80%，或钢板表面潮湿时，应采取措施，满足焊接环境后方可进行，否则不允许焊接焊钉。

(5)圆柱头焊钉焊完之后，应及时敲掉圆柱头焊钉周围的瓷环进行外观检验。焊钉底角应保证 360°周边挤出焊脚。每 100 个圆柱头焊钉至少抽查一个进行弯曲检验，其方法为采用钢锤击打圆柱头焊钉，使焊钉弯曲 30°时，其焊缝和热影响区若没有肉眼可见的裂缝，则为合格；若不合格则需加倍检验。

9.2.7　拼装

1) 试拼装

为验证图纸的正确性、工艺的可行性和工装的合理性，一般选取钢梁的部分典型构件在批量生产前进行试拼装，试拼装检测合格后，方可批量生产。

箱形组合梁宜按照图纸及工艺文件要求对首批杆件进行试拼装，应按整孔试拼装，简支梁试拼装长度不宜小于半跨。试拼装工艺流程如图 9-7 所示。

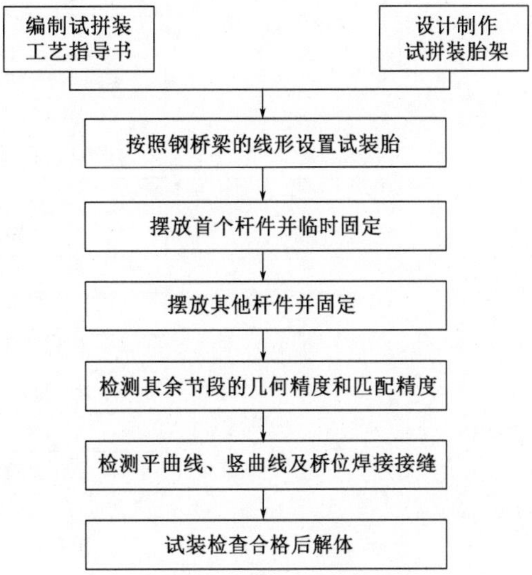

图 9-7　试拼装工艺流程图

试拼装的要求，一般主要如下：

(1)应按照图纸及工艺文件要求对首批杆件进行试拼装。

(2)试拼装应在专用的试拼装胎架上进行，各杆件应处于自由状态。

(3)试拼装的钢主梁构件应检验合格，试拼装应在涂装前进行。

(4)试拼装应具备足够面积的拼装场地和

配套的起吊设备,拼装场地应平整、坚实、在试拼装过程中不应发生支点下沉。

(5)试拼装时板层应密贴,所用螺栓不得少于螺栓孔总数的20%。

(6)试拼装过程中应检查拼接处有无相互抵触情况,有无不易施拧螺栓处。

(7)试拼装时必须采用试孔器检查所有螺栓孔。主梁的螺栓孔应100%自由通过较设计孔径小0.75mm的试孔器;纵、横梁和联结系杆件的螺栓孔应100%自由通过较设计孔径小1.0mm的试孔器。

2)预拼装

预拼装是钢结构桥梁制造的重要工序,箱形钢梁采用激光全站仪定位的连续匹配的拼装方法,保证梁段间接口的匹配精度和桥梁整体线形精度。预拼装过程需完成接口顶板的配切、临时连接件的安装、连接板配孔、线形调整等工作。通常,箱形钢梁的节段组装和预拼装同步进行。

(1)预拼装要求。

①箱形钢主梁宜进行全桥预拼装,可采用连续匹配预拼装,且不少于3个节段。

②提交预拼装的零部件应是经验收合格的产品,且将构件毛刺、电焊熔渣及飞溅清除干净。

③预拼装应具备足够面积的拼装场地和配套的起吊设备,拼装场地应平整、坚实,在预拼装过程中不应发生支点下沉。

④预拼装应在专用的预拼装胎架上进行,梁段应处于自由状态。

⑤预拼装时还应检查面板对接焊缝的工艺间隙、坡口以及接口是否平齐。

(2)预拼装流程。

预拼装工艺流程,如图9-8所示。

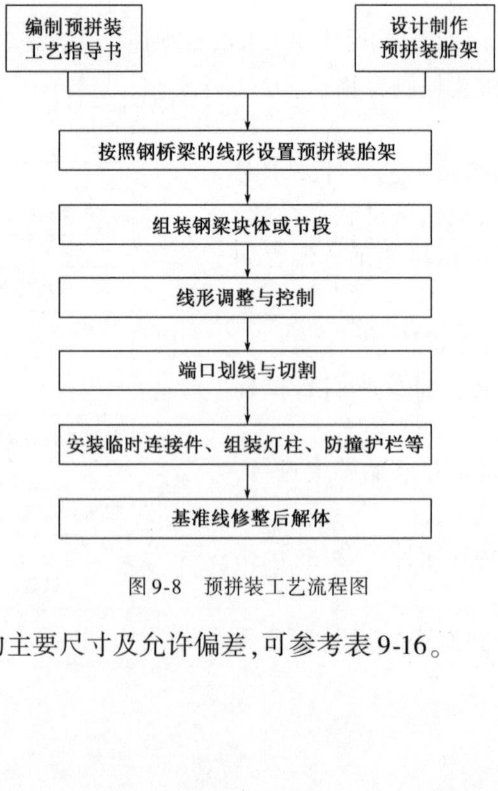

图9-8 预拼装工艺流程图

箱形组合梁预拼装的主要尺寸及允许偏差,可参考表9-16。

箱形组合梁预拼装允许偏差　　表9-16

序号	项　目	允许偏差(mm)	说　明
1	梁高 h	±2(h≤2m)	测量两端腹板处高度
		±4(h>2m)	—
2	两相邻梁段上下翼缘错边量	2	—
3	两相邻梁段腹板错边量		—
4	跨度	±8	测两支座中心距离
5	试拼装全长	±2n(n为节段数量),±10取绝对值最小值	试拼装长度
6	两箱梁中心距	±5	测两侧腹板中心距
7	旁弯	L/5 000	桥梁中心线与其试拼装全长 L 两端中心所连直线的偏差
8	对角线差	单箱:4	测两端断面对角线差
		双箱:8	
9	拱度	+10 −5	与计算拱度相比
10	支点处高低差	4	3个支座处水平时,另一支座处翘起高度

9.2.8 涂装

1)一般规定

(1)涂装材料应优先采用环保材料,推广应用耐候桥梁钢可采用免涂装工艺。

(2)根据施工的要求配备专用涂装房,涂装房由喷砂房和喷漆房组成。喷砂房与喷漆房必须隔离,以便喷砂、涂漆独立进行施工。喷砂房地面宜铺设钢板,喷漆房地面应坚固、平整,四周及顶面密封;端面设可移动门,便于钢梁进出;预留空压机、除湿机及暖风机管道位置。

(3)涂装房内布置若干保证工作亮度的照明灯,使涂装作业的最小照明度为500lx;喷漆、预涂、漆膜修整时除有固定的防爆灯外,还应使用便携式手提防爆灯。

(4)涂装房按照现行《涂装作业安全规程　涂漆前处理工艺安全及其通风净化》(GB 7692)对施工环境、劳动保护、作业安全进行控制;墙上应安装一定数量的大功率轴流风机及除尘设备,以便定时换气、排出空气中的粉尘及挥发性溶剂气体,保证施工环境和安全;喷漆房内应保持空气的洁净和流通,以保证涂层质量和干燥固化效果。

(5)施工过程中通过采用各种设备控制施工环境使其不受季节、气候的影响而进行全天候施工。一般应确保涂装房内环境温度在5~38℃之间,空气相对湿度小于85%,钢梁表面温度超过空气露点3℃以上。

(6)涂装房电力供应应满足电驱动涂装设备的正常使用。

(7)喷砂设备应配备磨料自动除尘系统,保证磨料清洁;涂装厂房应配备漆雾处理系统,以满足环保及职业健康安全要求。

(8)涂装施工前应进行涂装工艺试验，确定合理的涂装工艺参数，制订切实可行的涂装施工工艺。

2)表面处理

(1)结构预处理。

构件在喷砂除锈前应进行必要的结构预处理，包括：

①粗糙焊缝打磨光顺，焊接飞溅物用刮刀或砂轮机除去。焊缝上深为0.8mm以上或宽度小于深度的咬边应补焊处理，并打磨光顺。

②锐边用砂轮打磨成曲率半径为2mm的圆角。

③切割边的峰谷差超过1mm时，打磨到1mm以下。

④表面层叠、裂缝、夹杂物，须打磨处理，必要时补焊。

(2)除油。

表面油污应采用专用清洁剂进行低压喷洗或软刷刷洗，并用淡水枪冲洗掉所有残余物；或采用碱液、火焰等处理，并用淡水冲洗至中性。小面积油污可采用溶剂擦洗。

(3)除盐分。

喷砂钢材表面可溶性氯化物含量应不大于7$\mu g/cm^2$。超标时，应采用高压淡水冲洗。当钢材确定不接触氯离子环境时，可不进行表面可溶性盐分检测；当不能完全确定时，应进行首次检测。

(4)除锈。

磨料要求：

①喷射清理用金属磨料应符合现行《涂覆涂料前钢材表面处理　喷射清理用金属磨料的技术要求　导则和分类》(GB/T 18838.1)的要求。

②喷射清理用非金属磨料应符合现行《涂覆涂料前钢材表面处理　喷射清理用非金属磨料的技术要求　第1部分：导则和分类》(GB/T 17850.1)的要求。

③根据表面粗糙度要求，选用合适粒度的磨料。

除锈等级：

①无机富锌底漆或水性涂料，钢材表面处理应达到现行《涂覆涂料前钢材表面处理　表面清洁度的目视评定》(GB/T 8923)规定的Sa2½～Sa3级。

②其他溶剂类涂料，钢材表面处理应达到现行《涂覆涂料前钢材表面处理　表面清洁度的目视评定》(GB/T 8923)规定的Sa2½级；不便于喷射除锈的部位，手工和动力工具除锈至现行《涂覆涂料前钢材表面处理　表面清洁度的目视评定》(GB/T 8923)规定的St3级。

表面粗糙度：

①喷涂无机富锌底漆或膜厚大于300μm的涂层，钢材表面粗糙度为$Rz = 50 \sim 80\mu m$。

②喷涂其他防护涂层，钢材表面粗糙度为$Rz = 30 \sim 75\mu m$。

(5)除尘。

①喷砂完工后，除去喷砂残渣，使用真空吸尘器或无油、无水的压缩空气，清理表面灰尘。

②清洁后的喷砂表面灰尘清洁度要求不大于现行《涂覆涂料前钢材表面处理　表面清洁度的评定试验　第3部分：涂覆涂料前钢材表面的灰尘评定(压敏粘带法)》(GB/T 18570.3)规定的3级。

(6)表面处理后涂装的时间限定。

涂料宜在表面处理完成后4h内施工于准备涂装的表面上;当所处环境的相对湿度不大于60%时,可以适当延时,但最长不应超过12h;但只要表面出现返锈现象,应重新除锈。

3)涂装工艺

(1)涂装环境。

①溶剂型涂料涂装环境。

溶剂型涂料施工环境温度为5~38℃,空气相对湿度不大于85%,并且钢材表面温度大于露点3℃;在有雨、雾、雪、大风和较大灰尘的条件下,禁止户外施工。施工环境温度在-5~5℃时,应采用低温固化产品或采取其他措施。

②水性涂料涂装环境。

水性涂料施工环境温度为5~35℃,空气相对湿度不大于80%,在施工环境温度15~30℃,空气相对湿度不大于60%时效果更佳。在有雨、雾、雪、大风和较大灰尘的条件下,禁止户外施工。施工环境温度较低时,可以适当提高水性漆温度或/和提高喷涂基材表面温度,以改善涂装效果。

(2)涂料配制和使用时间。

①涂料应充分搅拌均匀后方可施工,推荐采用电动或气动搅拌装置。对于双组分或多组分涂料,应先将各组分分别搅拌均匀,再按比例配制并搅拌均匀。

②混合好的涂料按照产品说明书的规定熟化。

③涂料的使用时间按产品说明书规定的适用期执行。

(3)涂覆工艺。

①大面积喷涂应采用高压无气喷涂施工。

②细长、小面积以及复杂形状构件可采用空气喷涂或刷涂施工。

③不易喷涂到的部位应采用刷涂法进行预涂装或第一道底漆后补涂。

(4)涂覆间隔。

按照设计要求和材料工艺进行底涂、中涂和面涂施工。每道涂层的间隔时间应符合材料供应商的有关技术要求。超过最大重涂间隔时间时,进行拉毛处理后涂装。

4)涂装检验

(1)涂装检验项目。

①外观。

涂料涂层表面应平整、均匀一致,无漏涂、起泡、裂纹、气孔和返锈等现象,允许轻微橘皮和局部轻微流挂。

金属涂层表面均匀一致,不允许有漏涂、起皮、鼓泡、大熔滴、松散粒子、裂纹和掉块等,允许轻微结疤和起皱。

②厚度。

施工中随时检查湿膜厚度以保证干膜厚度满足设计要求。干膜厚度采用“85-15”规则判定。对于结构主体外表面,可采用“90-10”规则判定。涂层厚度达不到设计要求时,应增加涂装道数,直至合格为止。漆膜厚度测定点的最大值不能超过设计厚度的3倍。

③涂料涂层附着力。

涂层附着力检验应在涂层完全固化后进行。当检测的涂层厚度不大于250μm时,各道涂层和涂层体系的附着力按划格法进行,不大于1级;当检测的涂层厚度大于250μm时,附着力试验按拉开法进行。

(2)涂装检验频次。

①外观:全检。

②厚度:每个测量单元测5处,每处测5个点(5个点平均值为该处厚度值);箱形组合梁的每个成品构件内外表面分别为一个厚度测量单元;其他拼接板等小件可按不大于10t为一批组成一个厚度测量单元。

③附着力:箱形组合梁宜每10个成品构件内外表面分别为一个附着力测量单元;钢箱梁、箱形组合梁每个节段宜内外表面分别为一个附着力测量单元;拼接板等小件可按不大于100t为一批组成一个附着力测量单元。每个测量单元测一处,一处测3个点(3个点附着力值均必须大于设计值,取其平均值为该测量单元附着力值)。

9.2.9 出厂检验

对于钢结构桥梁制造完成后应进行检验,出厂前应进行验收。箱形组合梁钢梁验收时,一般应具备下列文件:

①产品合格证。

②钢材、焊接材料和涂装材料的出厂质量证明书及复验资料。

③焊接工艺评定报告及其他主要工艺试验报告。

④工厂高强度螺栓摩擦面抗滑移系数试验报告。

⑤焊缝无损检验报告。

⑥焊缝重大修补记录。

⑦产品试板的试验报告。

⑧预拼装或试拼装验收报告。

⑨涂装检测记录。

此外,钢结构桥梁进行计量时,钢板应按矩形计算,但大于0.1m^2的缺角一般应扣除;焊缝重量应按焊接构件重量的1.5%计;吊耳、临时匹配件、摩擦试板、产品试板等一般可按全桥构件重量的2.0%估算。

箱形组合梁钢梁制造的尺寸允许偏差,可参考表9-17。

箱形组合梁钢梁制造尺寸允许偏差　　表9-17

序号	项　目	允许偏差(mm)	说　明	检测工具和方法
1	梁高	±2(h≤2m)	测量两端腹板处高度	钢卷尺
2		±4(h>2m)		
3	制造梁段长	±3	测量制造梁段长度	钢盘尺、弹簧秤
4	腹板中心距	±3	测量两端腹板中心距	钢盘尺、弹簧秤

续上表

序号	项目	允许偏差(mm)	说明	检测工具和方法
5	横断面对角线差	4	测量两端横断面对角线差	钢盘尺、弹簧秤
6	旁弯	$L/5\,000$	L 为梁长	紧线器、钢丝线、钢板尺
7	拱度	+10 -5	—	紧线器、钢丝线、钢板尺
8	支点处高低差	4	3 个支座处水平时，另一个支座翘起高度	水准仪、塔尺
9	主梁腹板平面度	$h/250$ 且不大于 8	平尺测量(h 为加劲间距)	钢板尺，钢平尺
10	扭曲	每米不超过 1， 且每段不大于 10	每段以两端隔板处为准	紧线器、钢丝线、钢板尺

综上所述，箱形组合梁钢梁的制造过程通常包括：制造及材料准备、板件加工、部件组装、焊接、拼装连接、涂装、出厂检验及存放等环节，由于其构造简洁，可实现构件的标准化制造，并便于运输和快速安装，因此适用性强。

9.2.10 包装、存放

1)包装

(1)构件包装应在涂层干燥后进行，包装和存放应保证构件不变形、不损坏、不散失，包装和发运应符合公路运输的有关规定。

(2)大截面箱形构件可考虑不包装；构件之间应加垫层保护；较小面积(体积)的零件采用箱装，箱内塞实，保持通风干燥。

(3)需栓合发送的零部件用螺栓栓紧，每处栓合螺栓不少于两个。

(4)不规则构件的质量超过 10t 的杆件标出重心位置和质量。

2)存放

(1)钢梁构件的堆放场地应坚实、平整、通风且具有排水设备。支承处应有足够的承载力，不允许在钢梁构件存放期间出现不均匀沉降。

(2)构件堆放应制订相应于构件特征的具体措施，必须在水平状态下存放，存放要分别种类、堆放整齐、平稳，防止倾斜、歪倒。

(3)构件的支撑点应设在自重作用下，构件不致产生永久变形处；超长构件应有足够的支垫，并调整到自重弯矩为最小的位置上，以防构件挠曲变形。

(4)构件刚度较大的面宜竖向放置。

(5)同类构件分层堆放时各层间的垫块应在同一垂直面上，构件叠放不宜过高。

(6)构件间应留有适当空隙，便于吊装人员操作和查对。

9.2.11 安全、环保措施

在对钢结构桥梁进行制造时，需注重安全、环保(HSE)。一般需注意下列要求：

(1)工厂制造必须建立完善的安全、环境管理网络，设立健全的安全、环境领导机构，成立专门机构负责安全、环境管理,按照相关法律法规、政策、标准开展管理活动。

(2)应全面排查钢桥梁工厂制造相关的工作活动和设施设备,制订全面完善的安全操作规程,规范配备使用劳动保护用品。

(3)应根据工厂制造的危险特性规范编制应急预案,建立互动机制,定期组织教育培训、演练,对预案进行评审和修订,实现持续改进。

应重点防范以下9类安全事故:物体打击、机械伤害、触电、高处坠落、灼烫、车辆伤害、火灾、中毒和窒息、坍塌,必须做到但不限于以下防范措施,具体见表9-18。

钢梁工厂制造重点安全防范措施　　表9-18

序号	防范事故类型	重点防控工序	重点防控设备/工具	防范措施
1	物体打击	(1)零件加工; (2)组装; (3)焊接; (4)试拼装; (5)预拼装	(1)大锤; (2)吊卡具; (3)冲钉; (4)螺栓; (5)杂物; (6)磁力钻	(1)检查并修复设备/工具,防止松动; (2)清理现场杂物,保证高处物件规范摆放; (3)现场宜用"6S"管理
2	机械伤害	(1)零件加工; (2)组装	(1)钻床; (2)铣床; (3)刨床	(1)检查并修复设备/工具,确保可靠; (2)员工做到会操作、会保养、会检查、会排查故障; (3)禁止戴手套、留长发操作旋转机床
3	触电	(1)零件加工; (2)设备维保	(1)带电设备; (2)线路	(1)对有触电风险部位,进行警示; (2)专业电工维护、保养,确保绝缘效果良好,各类保护到位
4	高处坠落	(1)天车维保; (2)试拼装; (3)预拼装; (4)组装; (5)电焊; (6)划线	(1)天车走台; (2)工件顶端; (3)基坑临边	(1)保证防护到位; (2)加强沟通协商,保证交叉作业施工安全; (3)设置可靠作业平台、安全通道
5	灼烫	(1)零件加工; (2)组装; (3)焊接	(1)电焊机; (2)火焰切割; (3)火焰调直	(1)配发并使用防灼烫的劳动保护用品; (2)配备治疗灼烫伤的医疗救护物品; (3)对于可能存在烫伤风险的危险源进行警示、教育、警戒,防止人员误碰
6	车辆伤害	(1)料件倒运; (2)包装; (3)存放	(1)汽车; (2)平车; (3)叉车	(1)检查厂内机动车辆,杜绝带病作业; (2)操作人员必须持证上岗; (3)严格执行绑扎、运输方案要求; (4)提前预判运输线路环境,确保安全
7	火灾	(1)零件加工; (2)组装; (3)焊接	(1)油漆库; (2)涂装车间; (3)备件库	(1)按照要求足量配备消防器材,并定期检查,确保到位和消防通道畅通; (2)对易发火灾区域制定禁止动火制度,如不能避免动火作业要制定专项动火作业方案; (3)相关人员要掌握基础防灭火和火灾逃生技能
8	中毒窒息	(1)组装; (2)箱体内焊接	(1)气房; (2)受限空间	(1)保证气房、涂装房通风畅通,防止气体集聚; (2)受限空间作业要制定专项安全方案,通风到位
9	坍塌	(1)所有工序; (2)料件存放	(1)作业区; (2)门吊; (3)支架	(1)定期巡查,发现隐患及时排除; (2)单元件、杆件存放合规,基础牢靠,防止倾覆

同时,还应重点防范以下3类环境危害污染因素:噪声、废气、危险废物,必须做到但不限于以下防范措施,具体见表9-19。

钢梁工厂制造重点环境危害因素防范措施 表9-19

序号	防范环境类型	重点防控工序	重点防控点	防范措施
1	噪声	所有工序	(1)火焰切割机; (2)组装; (3)电焊机; (4)打砂机	(1)定期监测,发现噪声超标及时调整工业布局; (2)为相关人员佩戴防噪声耳塞
2	废气	(1)零件加工; (2)电焊; (3)涂装	(1)火焰切割机; (2)电焊机; (3)打砂房; (4)喷漆房	(1)零散电焊点,规范使用烟尘净化器; (2)火焰切割机配备固定式烟尘净化器; (3)打砂工序,规范使用除尘设备; (4)喷漆房要规范使用VOC除尘设备; (5)针对各类除尘设备,作业现场要定期监测排放数据,确保废气达标排放
3	危险废物	(1)设备维护保养; (2)喷漆	(1)废机油、废油水、乳化液; (2)油漆渣; (3)油漆桶	(1)准确识别危险废物,并按照国家相关要求处理; (2)建立合规的危险废物临时存放库,做到规范存放

9.3 运输要求

钢梁构件在厂内制作完毕后,考虑经济、现场作业、架设工期等要求,通常采用公路或水运运输至桥位架设场地,从而进行构件的组装及安装架设。但从经济性考虑,应结合现场作业条件、架设工期等要求,对运输方式进行比较优选。一般公路运输构件长度为14m、宽度为3.2m,装载高度从地面起为4.5m。

在对钢主梁进行运输时,需注意以下事项:

(1)为保证钢梁节段间高强度螺栓连接的顺利进行,加工单位在钢梁构件存放和运输过程中应采取切实可行的措施防止构件变形。

(2)在构件存放和运输过程中,应注意钢结构涂装面的保护,如有损伤应及时修补。

9.3.1 运输装载和加固

1)货物积载图

根据钢梁构件特点,制定合理的钢梁构件积载图方案,尽量保证构件对称摆放、车辆承载均衡。箱形组合梁钢梁构件的装载图如图9-9所示。

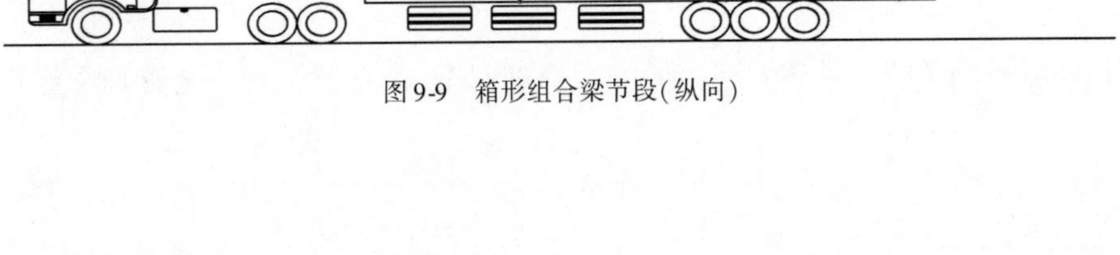

图9-9 箱形组合梁节段(纵向)

2)钢梁构件装载要求

(1)钢梁构件运输时,按安装顺序进行配套发运。

(2)汽车装载不超过行驶中核定的载质量。

(3)装载时保证均衡平稳、捆扎牢固。

(4)运输钢梁杆件时,根据构件规格、重量选用汽车。大型货运汽车载物高度从地面起控制在4m内,宽度不超出车厢;长度前端不超出车身,后端不超出车身2m。

(5)钢梁杆件长度未超出车厢后栏板时,不准将栏板平放或放下;超出时,杆件、栏板不准遮挡号牌、转向灯、制动灯和尾灯。

(6)钢梁构件的体积超过规定时,须经有关部门批准后才能装车。

3)钢梁构件加固要求

(1)采用软介质封车带或钢丝绳对货物进行下压捆绑加固,利用紧绳器或手动葫芦拉紧后捆绑于车辆两侧。

(2)加固时,钢丝绳和货物间必须采取防磨措施,防磨材料必须使用软介质材料,例如橡胶垫、皮管子等等,不得使用金属材料。

(3)加固车时,用铁线(或钢丝绳)拉牢,形式应为八字形、倒八字形,交叉捆绑或下压式捆绑。

(4)在运输全过程中,货物不得发生滑移、滚动、倾覆、倒塌或坠落等情况。

9.3.2 构件防护

为了防止钢梁装车、运输过程中,钢梁成品构件变形及表面油漆破坏等,特制定以下保护措施。

1)钢梁构件的装卸要求

(1)构件装车和卸车均要配置相应其中能力的起重设备进行。

(2)装卸过程中,钢丝绳严禁直接接触杆件,起吊部位应加垫,避免损伤涂装面。

(3)构件上标有重心标识"⊕"和起吊点,起吊时根据重心位置选择起吊点,保证装卸及搬运的安全。

2)钢梁构件运输过程中的防护要求

(1)防止变形。

构件在运输、堆放过程中应根据需要设计专用胎架。转运和吊装时吊点及堆放时搁置点的设定均需合理确定,确保构件内力及变形不超出允许范围。转运、堆放、吊装过程中应防止碰撞、冲击而产生局部变形,影响构件质量。

(2)防止涂装破坏。

所有构件在转运、堆放、拼装及安装过程中,均需轻微动作。搁置点、捆绑点均需加橡胶垫进行保护涂装面。

9.3.3 运输安全保障措施

1)一般要求

(1)钢桥梁运输单位必须建立完善的安全管理网络,设立健全的安全管理领导机构,成立专门机构负责安全管理工作，按照相关法律法规、政策、标准开展管理活动。

(2)应根据钢桥梁运输的危险特性规范编制应急预案，要建立互动机制，定期组织教育培训、演练，对预案、进行评审及修订，实现持续改进。

2)重点安全防范措施

应重点防范以下4类安全事故：车辆伤害、物体打击、坍塌、高处坠落，必须做到但不限于以下防范措施，具体见表9-20。

钢桥梁运输重点安全防范措施 表9-20

序号	防范事故类型	重点防控工序	重点防控设备/工具	防范措施
1	车辆伤害	(1)运输； (2)绑扎； (3)存放； (4)拆卸	(1)汽车； (2)轮船； (3)火车	(1)检查厂内机动车辆，杜绝带病作业； (2)操作人员必须持证上岗； (3)严格执行绑扎、运输方案要求； (4)严格执行交通规则
2	坍塌	运输	汽车	(1)提前预判运输线路环境，确保线路安全； (2)汽车停放在可靠区域
3	物体打击	(1)绑扎； (2)拆卸	汽车	(1)检查并修复设备/工具，防止松动； (2)清理现场杂物，保证高处物件规范摆放
4	高处坠落	(1)绑扎； (2)拆卸	(1)汽车； (2)火车	(1)严格执行绑扎、运输方案要求； (2)佩戴齐全劳动保护用品

第 10 章

安装施工

箱形组合梁的安装施工可采用整体安装,可也采用分步进行安装的方法。其中,分步安装主要是将箱形组合梁安装分为箱形钢梁安装与混凝土桥面板安装两大部分,即先将钢主梁架设就位,再安装混凝土桥面板。箱形钢主梁安装通常采用吊装法和顶推法两种方式,混凝土桥面板的安装按施工工艺可主要分为现浇和预制两种,每种施工方式各有其特点及适用性,工程实践中宜根据桥梁结构特点及施工环境条件选择合理的施工方案。另外,安装施工的装配化,对箱形组合梁钢梁构件的厂内制造、混凝土桥面板单元的厂内预制及二者的现场装配安装施工均提出了较高要求。这种装配化施工模式不仅可以有效提升施工质量和标准化程度,同时也提高了生产效率,是我国钢结构桥梁建设走向工业化发展的必由之路。

10.1 一般要求

对于装配化施工,主要是通过工业化建造方法,将工厂制造的桥梁工业化产品(如钢构件、部件)在施工安装现场通过机械化、信息化等工程技术手段,按不同要求进行组合和安装,最终实现快速、高质量建成。这种装配化施工模式通过工业化方式来进行节段构件的制造及安装,不仅可以有效提高桥梁构件的质量和标准化程度,而且也提高了生产的效率。

安装施工的装配化,对桥梁构件的厂内制造和现场装配均提出较高要求。为实现施工现场的装配化要求,一般应注意以下几个方面:

1)临建设施装配化

将用于保障施工和管理的设施,通过在工厂预制,然后在施工现场进行装配使用,是施工现场装配化的重要体现。

2)结构构件装配化

将在工厂厂内制造及预制好的桥梁钢构件及混凝土构件,在施工现场进行装配化安装以形成桥梁结构主体的过程,是施工现场装配化的重要组成部分。

3)安装施工机械化

根据工程现场实际情况采取与工程状况相适应的机械化组合机具,用以减轻或解放人工劳动力,完成人力所难以完成的装配安装任务。

4)现场管理信息化

运用计算机等信息化手段,在施工现场实行科学化组织管理,包括构配件定位信息化、结构组装信息化,以及流程协同信息化等。

5)操作人员专业化

装配化施工需要专业化技术人员进行操作,以保证装配化施工的质量。

目前,装配化的施工方式得到了越来越广泛的应用。施工单位应充分了解施工现场的环境条件以及组合梁结构的具体特点,对组合梁装配节段进行合理的划分,并科学制订施工工序流程,准确掌握装配化施工的各项技术要点,严格遵守装配施工规范,提高施工操作的规范性和标准性。

目前,我国已建造成的港珠澳大桥,其主体桥梁工程全部为钢结构桥梁,其整个建造过程遵循了"大型化、工厂化、标准化、装配化"的设计理念,这为大桥的高质量建成提供了强有力的保障(图10-1、图10-2)。

图10-1　港珠澳大桥钢箱梁安装施工

图10-2　港珠澳大桥箱形组合梁安装施工

10.2　箱形钢梁安装

箱形组合梁桥的施工,通常采用钢梁与混凝土桥面板分步进行的方法,先将钢梁先行架设就位,再施工桥面板。这种方法利用了钢梁自重较轻的特点,可以降低运输、吊装以及顶推等作业对机具设备与临时设施的要求;之后进行的桥面板施工则以钢梁为支撑平台,进行现浇作业或预制板铺设作业。

钢梁安装方法主要有吊装法和顶推法,如图10-3所示。

10.2.1　一般规定

箱形组合梁钢梁的安装施工应符合《公路钢混组合桥梁设计与施工规范》(JTG/T D64-01—2015)、《公路桥涵施工技术规范》(JTG/T 3650—2020)及《钢结构工程施工及验收规范》(GB 50205—2020)中的相关规定。具体要求如下。

(1)钢梁安装可采用支架上分段安装、整孔安装、分段顶推及杆件悬臂拼装等。

(2)钢梁在吊装、对位、拼接各环节应采取下列措施:

①吊具的刚度应满足吊装需要，吊点应均匀布置，避免钢梁发生扭转、翘曲和侧倾。

②应轻吊轻放，支垫平稳，安装前应对临时支架、起重机起吊能力和钢梁结构在不同受力状态下的强度、刚度及稳定性进行验算。

③焊钉、连接板等连接件应进行防护。

a）吊装施工（一）　b）吊装施工（二）

c）顶推施工（一）　d）顶推施工（二）

图10-3　箱形组合梁桥钢梁施工

（3）支架上分段安装钢梁应满足下列要求：

①支架应具备钢梁就位后平面纠偏、高程及倾斜度调整等功能。

②支架纵横向线形应与设计要求的梁底线形相吻合，同时兼顾支架变形产生的影响。

③钢梁安装宜减少分段，从简支梁的一端向另一端顺序安装，并应及时纠偏调整，避免误差累积；应严格控制其平面精度和高程，钢梁与设计位置的偏差不得超过5mm。

④拼装过程中应减少相邻梁段接缝偏差，在纵、横向及高度方向的拼接错口宜不大于2mm。

（4）整孔安装钢梁应满足下列要求：

①梁体吊装前应做好专项方案，并进行吊装工况下结构应力验算。

②吊点应设置在支承处或横隔板位置处，梁上吊点一般以4个为宜。

③钢梁制造前应在梁体设置吊点连接设施，并能保证较大集中荷载的传递。

④可设置吊具减小吊装荷载产生的水平力。吊装过程中吊装荷载产生的水平力较大，可采用扁担梁作为吊具进行吊装。

⑤应严格控制其平面精度和高程,钢梁与理论位置的允许偏差应为 ±5mm。这主要是考虑到安装条件及环境,设置精确调整装置,如三向千斤顶等,将允许偏差控制在 ±5mm 以内是可行的。

(5)钢梁悬臂安装应满足下列要求:

①钢梁悬拼过程中,应严格控制预拱度及轴线偏差,轴线允许偏差应为 ±10mm。

②钢梁拼装过程中,应减少相邻梁段接缝偏差,在纵、横向及高度方向的拼接错口宜不大于 2mm。

③钢梁悬臂拼装过程中,应及时施工混凝土桥面板,浇筑湿接缝,形成整体。

(6)钢梁顶推安装应满足下列要求:

①顶推的方式应根据钢梁的结构特点确定,并制订专项方案,进行顶推期结构验算,包括强度、整体稳定性、局部应力、局部稳定性等。

②应设置导梁,导梁和钢梁之间宜采用螺栓连接,其长度宜为最大顶推跨径的 0.75 倍,并具有足够的刚度和强度。

③钢梁的支点和顶推施工点处应采取必要的加固措施,防止在顶推过程产生变形和失稳。

④钢梁顶推落位后应利用墩顶布置的微调装置精确就位,其轴线允许偏差应为 ±10mm,高程偏差应符合设计要求。

此外,钢梁顶推就位后,还要在钢梁顶面安装桥面板、浇筑混凝土接缝。因此,为不影响后续施工,顶推过程中应采取设置钢导梁等措施,避免发生残余变形和失稳。

10.2.2 施工方法

顶推法施工可应用于直线桥梁、不变曲率的平弯桥梁、等高梁及变高梁等。顶推法在利用简易施工设备建造长大桥梁上有一定优势,且施工费用较低;采用顶推法施工时,钢主梁可在固定场地分段预制,可连续作业,加快施工效率。顶推法适用范围一般如下:

(1)适合于跨越深谷、河流、公路、铁路等情况下,跨径一般为 40 ~ 100m 的连续梁施工。

(2)适用于场地狭窄、工期紧且又缺少大型专用架桥机设备以及桥址交通不便,大型机械难以进场的桥梁。

(3)适用于既有钢梁更换的桥梁。

顶推法施工具有如下特点:对既有交通影响小、可减少临时结构工程量及缩短施工工期、智能化程度较高、对合龙精度及顶推支架基础要求均较高等。

1)顶推类型

顶推法按照驱动钢梁前进的方式不同,可以分为单点顶推和多点顶推。单点顶推存在的主要问题为,在顶推前期和后期,垂直千斤顶顶部同梁体之间的摩擦力不能带动梁体前移,必须依靠辅助动力才能完成顶推。此外,单点顶推施工中,没有设置水平千斤顶的高墩,尤其是柔性墩在水平力的作用下会产生较大的墩顶位移,甚至威胁到结构的安全。为了克服单点顶推的缺点,提出了多点顶推法。

多点顶推法按照设置支承座类型分为滑动支承座上的顶推与滚动支承座上的顶推两种形式。滑动支承座上的顶推分为梁体滑动及支承座滑动两种。

(1)滑动支承座上的顶推。

滑动支承座上的钢梁顶推主要分为:梁体在固定支承座上的顶推与固定于梁体的支承座

在桥墩上的顶推等两种方式，前者适用于中小型桥梁钢梁顶推，后者适用于重型钢梁的顶推。

(2)滚动支承座上的顶推。

这是利用滚动支承座支撑钢梁进行顶推的方法，钢梁在滚筒鞍座上移动的滚动摩擦力可以达到较低水平。

滚动支承座有两种形式：摇臂鞍座式(最常用的方式)，其底座为铰接，以确保不论顶推时钢梁纵曲线如何变化，滚筒(通常成对编排)始终与底缘保持接触；另一种是缆索鞍座式，滚筒的轴支承在张紧的环形缆索上，以保证荷载在滚筒上的均匀分布。

一般情况下，顶推时每个支点所需要的滚筒数目取决于需要承担的荷载。

此外，顶推法按照设置导梁前后顶推的方式不同，分为前导梁顶推和后导梁顶推两种形式。

①设置前导梁顶推。

设置前导梁顶推的优势主要体现在：

a. 可大大减小结构悬臂端荷载，导梁恒载可约仅为永久钢梁的1/3。

b. 可补偿钢梁悬臂端的大位移，通过导梁下缘设置一个向上的角度，可以在悬臂端到达下一支点处方便地对接。

c. 对于连续梁的初始端或者简支梁，可维持结构的静力平衡，在倾覆发生前使结构与下一支承对接。

②设置后导梁顶推。

设置后导梁顶推的优势主要体现在：

a. 可使钢梁尾端在顶推结束时能够落在出发桥台上，同时避免牵引滑轮组布置困难(牵引与支撑系统可附在后导梁上)。

b. 可避免钢梁尾端即将脱离支承时发生极其不利的局部受力状况，以及钢梁尾端脱离支承瞬间的引起的突然冲击。

c. 可在需要时提供平衡力或压重。

需要指出的是，对于跨径超过100m的组合梁，最为有效的方法是使用吊索塔架并配套较短的导梁(鼻梁)，而不使用长度很长的导梁。

2)顶推系统

(1)锲进式顶推。

锲进式顶推系统是一种自动化程度较高的顶推装置。整套顶推装置设有自动控制系统，顶推时多点同步运作，通过设置参数由计算朵控制顶推过程，现场无须人工操作，工作效率高、速度快。该系统工作过程分为提升、顶推、下降、回落四步。

(2)步履式顶推。

步履式顶推是由一套顶推系统与墩顶临时支承块相互配合的一种方法。顶推系统设有自动控制系统，顶推时多点同步运作，通过设置参数由计算朵控制顶推过程，现场无须人工操作。

该系统工作过程分为顶升、前进、下降、归位四步。它是在锲进式顶推系统基础上研究出来的一种更为先进的顶推工艺。

3)钢梁吊装施工

钢梁吊装施工可以分为两种类型：一种是利用起重机(陆地)或浮式起重机(水上)进行钢梁

节段的起吊安装，另一种是利用固定在已经安装梁段端部的提升设备进行钢梁节段的提升安装。

对于起吊安装，从减少吊装环节、提高现场作业效率考虑，起吊的构件单元应尽量大一些，同时也应兼顾构件划分数量、吊装重量和所需起吊设备能力大小等多方面。

对于提升安装，提升施工比较复杂，仅在某些特殊情况具有经济性优势时得到应用，如桥梁中跨跨径比边跨跨径大，不合适采用顶推施工，同时浮式起重机安装造价高昂甚至不可行时，提升吊装施工能够在短时间内完成钢梁节段的提升就位，可以大大缩短施工对河道交通的影响。

(1)钢梁分段吊装。

钢梁分段吊装可分为以下两种情况：起重机或浮式起重机架设整跨箱形钢梁大节段与起重机或浮式起重机架设箱形钢梁节段长度小于桥梁跨径，如图 10-4、图 10-5 所示。

图 10-4 浮式起重机架设整跨钢梁节段示意

图 10-5 起重机架设钢梁节段长度小于桥梁跨径示意

(2)钢梁提升吊装。

钢梁提升吊装方法主要用于跨越河道的中跨节段安装。岸上或近岸处的边跨采用常规的施工方法，如起重机吊装、顶推或者二者结合等方法，在完成边跨施工后，跨越河道的中跨节段采用平底船运至现场，采用固定在边跨悬臂端的提升设备，完成对中跨节段的提升就位。

10.2.3 纵向连接方式

对于整跨架设的连续箱形组合梁，纵向连接方式通常分为墩顶连接和墩外连接两种方式。

两种方式中,墩顶部分的混凝土桥面板通常均是在钢梁形成连续结构后再与钢梁结合,然后可通过支座的起顶和落梁对墩顶处混凝土桥面板施加预压应力,以改善墩顶负弯矩区混凝土桥面板的受力性能,提高结构的耐久性。

1)墩顶连接方式

(1)优点:墩顶处混凝土板不用承受自重引起的负弯矩,国内已有多座连续箱梁组合梁桥采用墩顶连接的施工方法,积累的经验较多,施工技术及设备比较成熟。

(2)缺点:结构先简支后连续,存在体系转换。墩顶连接处需要较大的操作空间或者需要设置临时支撑(牛腿)。

2)墩外连接方式

(1)优点:结构不存在体系转化,连接接头可设置在反弯点附近,此处结构受力较小。

(2)缺点:首跨梁段较长,存在吊重不均衡现象;接头位置一般设置在1/5~1/8桥跨处,施工中要有相应安全措施予以保证。

3)两种方式比选

两种不同的连接位置对钢梁的受力影响也不同。

对于墩顶连接方案,在施工过程中,简支状态下的跨中钢梁弯矩较大,在同等应力水平的条件下,跨中处钢梁需要配置较强的截面。

对于墩外连接方案,在施工过程中,钢梁受力一直为连续梁受力状态,跨中弯矩较墩顶连接方案要小;但是,由于墩顶混凝土桥面板均在钢梁形成连续体系后才与钢梁结合。因此连续的开口钢箱梁需承受较大的墩顶负弯矩,此时墩顶处钢梁需要配置较强的截面。

对比两种方案的用钢量及吊重。《港珠澳大桥主体工程桥梁施工图设计阶段组合连续梁合理构造系统研究报告》中以85m箱形组合连续梁为例,给出了墩顶连接和墩外连接两种方案的工程量对比,如表10-1所示。

墩顶连接方案与墩外连接方案工程量对比　　表10-1

连接位置	钢梁总质量(单幅一联)(t)	每延米钢梁质量(t/m)	单幅单跨最大吊重(t)
墩顶连接	2 631.6	5.160	1 793.9
1/5~1/8跨处连接	2 589.1	5.077	1 786.8

由表10-1可知,虽然两种方案在经济性上有所差异,但相差甚微,不足以成为连接方案选择的决定性因素。考虑到箱形组合梁桥墩顶负弯矩区混凝土桥面板开裂问题是组合梁设计的一大难题,在这点上墩顶连接方案更具优势,同时综合施工安全及便捷性等各种因素,建议箱形组合梁纵向连接方案宜优先考虑墩顶连接方案。

10.3 桥面板安装

混凝土桥面板施工可以分成现浇桥面板施工与预制桥面板施工两类。

现浇混凝土板的施工大部分采用滑模法,在桥梁很长或跨越山谷河流时更是如此。这项技术适用于曲率变化的桥梁。按照浇筑顺序可以分成顺序浇筑法和间断浇筑法两种。间断浇筑法(皮格尔法)的顺序为先跨中后支点,可减小负弯矩区桥面板拉应力。跨径较小的组合结构桥梁,一般采用顺序法浇筑混凝土。

预制混凝土桥面板在施工性、工期、减少桥面板出现的拉应力等诸多方面均有一定的优势。同时因养护条件好,有利于减小收缩徐变影响,尤其是避免非荷载引起的早期裂缝问题及减小成桥阶段混凝土收缩徐变的影响。

预制混凝土桥面板横向是整块还是分块预制,相应施工方法也有所不同。采用多块预制板方案时,钢梁上翼缘带状区需要浇筑二次混凝土形成结合。采用整块预制方案时,根据需要可以在桥面板预制阶段对其施加横向预应力,从而避免结合后施加预应力对抗剪连接件以及钢结构产生的不利影响。为了改善桥面板与钢梁连接以后再导入预应力的方式存在的弊端,常采用对桥面板施加预应力后再对其进行连接的方法,相应桥面板设置有预留槽孔、连接件采用群钉布置方式。为了提高作业效率,可以采用专用设备来安装预制桥面板。

混凝土桥面板施工如图10-6所示。

a) b)

图10-6 桥面板预制与存放

10.3.1 一般规定

混凝土桥面板施工应满足以下规定及要求:

1)桥面板预制

(1)桥面板安装前,宜存放6个月以上。

(2)桥面板预制及存放台座基础宜选择坚实地基,对软质地基应进行加固。

(3)桥面板底模、侧模宜采用刚度较大的钢模,保证接缝平顺,板面平整,转角光滑,并定期校正。底模制作安装精度:平整度不应大于2mm,长宽尺寸允许偏差应为±3mm。

(4)为保证连接件与钢筋的准确匹配,应在底模上严格标出桥面板钢筋位置,并宜在板各边标示出至少3排焊钉等连接件的相对位置。

(5)桥面板预制混凝土强度达到2.5MPa时,板四周和板顶面应人工凿毛保证粗集料出露,凿毛深度不宜小于5mm。

(6)预制板:长宽尺寸允许偏差应为±3mm,厚度允许偏差应为±5mm;连接钢筋预埋位置允许偏差应为±5mm。板面沿板长方向支承面平整度应控制在<2mm/2m。

2)混凝土板运输与安装

(1)预制板的存放支点宜和吊点位置相吻合;同时,4个支点应严格调平,保证在同一平面内。

(2)混凝土强度达到85%强度后方可吊装,应采用四点起吊,并配置相应的吊具,防止吊装受力不均匀产生裂纹。

(3)吊装和移运过程中应避免碰撞湿接缝钢筋,并应保证湿接缝混凝土浇筑质量。

(4)桥面板安装允许偏差为±5mm,相邻两板错开量应小于3mm。

为提高混凝土桥面板安装精度,可在钢梁顶面焊接定位板,引导桥面板定位。钢梁和桥面板通过湿接缝连接成整体,可在两者相互接触的搁置宽度范围内提前黏结厚10mm海绵止浆条等,保证两者之间的密贴,避免湿接缝浇筑时漏浆,起到保证连接部混凝土质量的作用。

此外,桥面板的安装顺序和时机,一般为$n+1$段钢梁安装完成后,利用悬臂起重机安装$n-1$节段的桥面板;同一节段桥面板宜自内向外架设。采用这种顺序能较好地将设计要求和施工结合起来,在满足结构受力要求的基础上,提高工艺及装备效率。

3)桥面板湿接缝施工

(1)湿接缝浇筑前,应对安装过程中变形的连接钢筋予以校正和调直,对损伤的连接件予以修补。

(2)连接钢筋应焊接,并应通过垫块保证连接钢筋的保护层厚度。

(3)湿接缝混凝土浇筑应防止干缩裂纹。

(4)湿接缝混凝土应保湿、保温养护不少于7d;当气温低于5℃时,宜采用热水拌和混凝土,浇筑完成后应及时覆盖保温。

(5)湿接缝混凝土强度达到85%设计强度前,不得在其上进行施工作业。

4)混凝土桥面板现场浇筑施工

(1)混凝土板的现浇时机和顺序应符合要求。

(2)混凝土板浇筑可利用钢梁支撑安装支架模板,并应在桥面板混凝土达到规定的强度后拆除。支架与钢梁之间可采取栓接形式,在钢梁上焊接临时连接板,支架安装、拆除过程中应避免损伤钢梁及表面防腐涂层。

(3)浇筑桥面板混凝土前,应清除钢梁上翼缘和连接件上的锈蚀、污垢,保持表面清洁。

(4)在湿接缝混凝土达到85%设计强度前,不应进行起重机移动、大型构件吊装等作业。

(5)现浇桥面板应采用无收缩混凝土,膨胀剂的掺量应以混凝土28d体积保持不变为原则,并根据试验确定。

(6)施工前应根据组合梁结构特点和受力特性确定施工程序和工艺,防止桥面板开裂。

(7)钢梁和混凝土连接处应做好防、排水。

10.3.2 施工方法

1)桥面板现浇施工

目前,通过大量实践逐渐形成了较为高效成熟的现浇施工工艺,如滑动模板施工工艺、移动模架施工工艺等，这些施工工艺与方法的形成，不仅意味着施工方法的不断优化成熟，也代表着结构与构造的设计与施工的相互结合。

2）桥面板预制施工

桥面板预制施工方法所具备的施工方面的优势，使得该方法在以下情况中得到大量应用，主要包括：

（1）具有较复杂的钢梁或几何外形的桥梁。

（2）施工时间要求较短的桥梁。

（3）场地条件受一定限制的桥梁（如寒冷的地区，桥址远离混凝土搅拌站，穿越繁忙的公路、铁路及航道等）。

桥面板预制要求在设计和施工过程中做到细致。按照预制桥面板横向是否分块，可以分为分块单元预制和全宽单元预制桥面板横向预制方案，如图10-7所示。

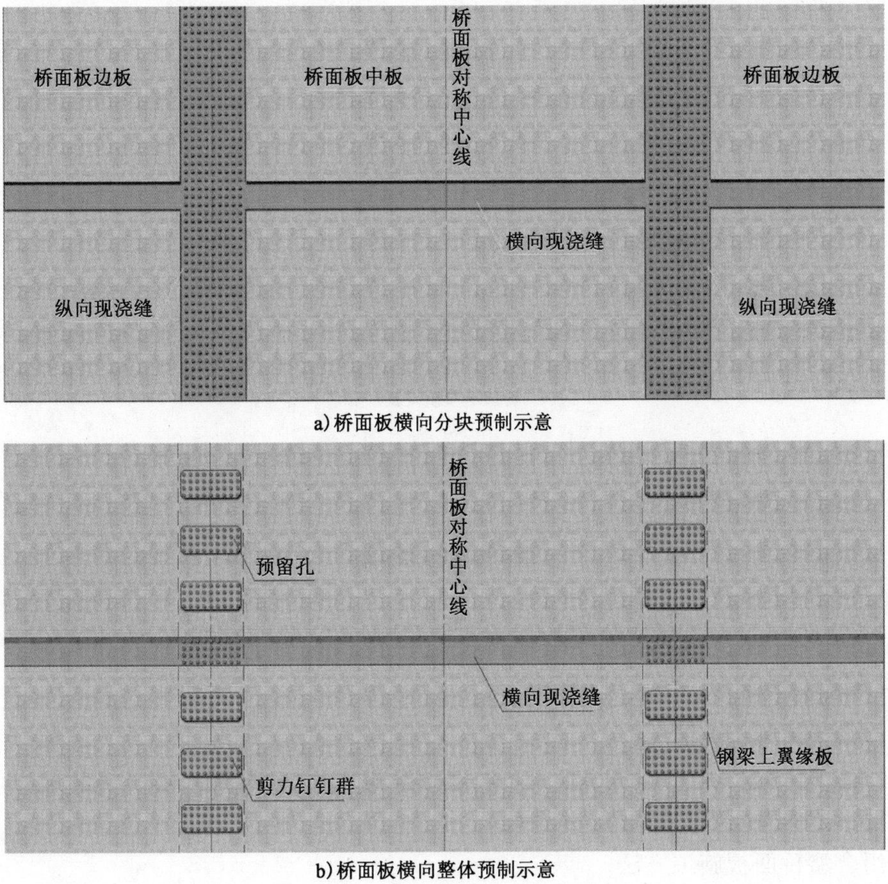

图10-7　桥面板横向预制方案

预制混凝土桥面板横向采用分块预制方案时，钢主梁上翼缘处的剪力钉可以沿顺桥向连续布置，便于施工。但当需对桥面板施加横向预应力时，一般在桥面板与钢主梁结合后再对其施加预应力，这种方式将会对抗剪连接件及钢梁产生一定程度的不利影响。

预制混凝土桥面板横向采用整体预制方案时,钢主梁上翼缘处的剪力钉常采用集束式布置,当需对桥面板施加横向预应力时,可根据需要在桥面预制阶段就对其施加预应力,而后采用无收缩混凝土填充剪力钉群预留槽孔,从而使钢主梁与混凝土的共同作用滞后发挥。

无论预制混凝土桥面板横向是采用分块预制,还是采用整块预制,其相应的施工方法都将会有所不同。工程实践中,应根据实际情况选择合理的方案。

此外,对于装配化箱形组合梁预制桥面板的安装施工,一般先架设箱形钢梁,并安装临时翼缘支撑,桥面板预制及养护达到设计强度后,将其由平板运输车运至桥位处,采用汽车式起重机进行吊装就位;在吊装桥面板的同时,焊接固定剪力键及桥面板外伸钢筋,而后安装桥面板湿接缝钢筋、模板,浇筑湿接缝混凝土,将桥面板与钢板梁形成整体;最后拆除湿接缝模板及临时翼缘支撑,汽车式起重机前移,再按前面所述的安装环节循环往复施工,直至桥面板全部安装完成。预制桥面板的安装施工工艺流程如图 10-8 所示。

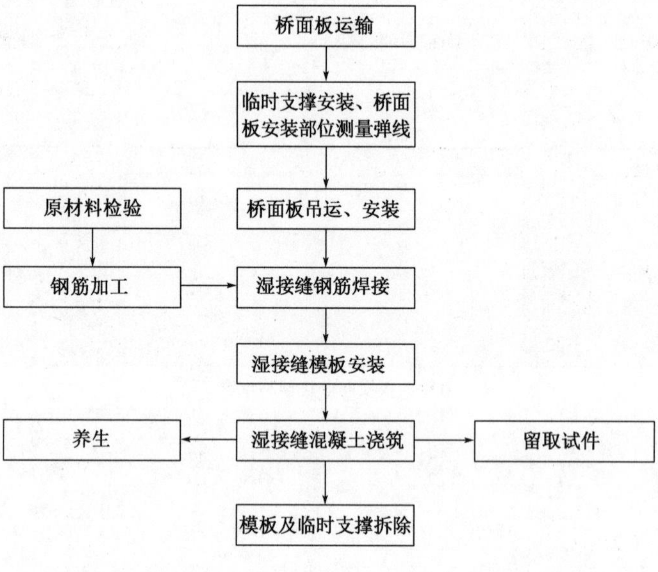

图 10-8　箱形组合梁预制桥面板安装工艺流程示意

3)其他施工方法

(1)永久模板施工方法。

当桥面板现浇施工中桥面板模板系统的移动等操作存在困难时,可以将部分或全部的桥面板采用永久性模板浇筑,如图 10-9 所示。

(2)组合型桥面板施工方法。

组合型预制板现场浇筑的施工方法从设计角度看,是将桥面板厚度方向分成两部分(钢梁上翼缘处桥面板除外),下层以钢梁上翼缘为分割点进行分块预制,该预制板施工时作为底模,施工完成后成为桥面板整体的组成部分;上层采用现场浇筑的方法施工,如图 10-10 所示。

当桥梁跨度比较大、传统现浇桥面板或预制桥面板施工存在困难或难以满足施工进度要求时,采用这种方法一般较为有效。

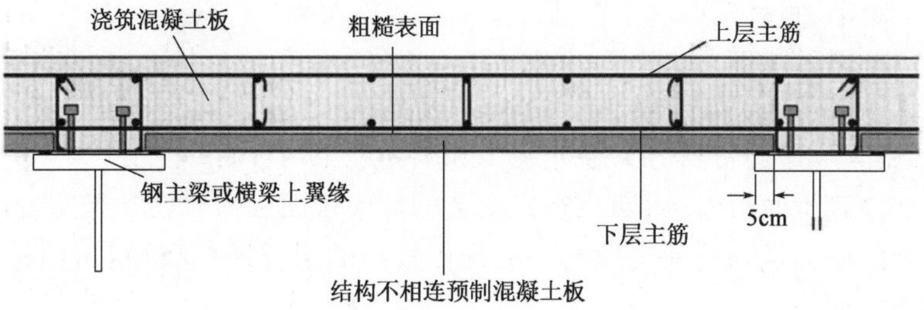

图 10-9　永久模板施工方法示意

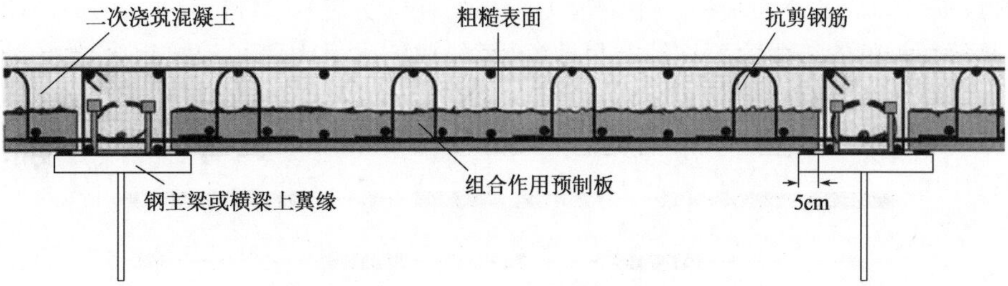

图 10-10　组合型桥面板施工示意

(3)顶推施工方法。

桥面板顶推施工是指在一侧桥台后的钢梁上安装临时平台,在该临时平台上分节段现浇桥面板,然后通过水平千斤顶将所有现浇节段向前顶推,桥面板顶推施工构造示意如图 10-11 所示。

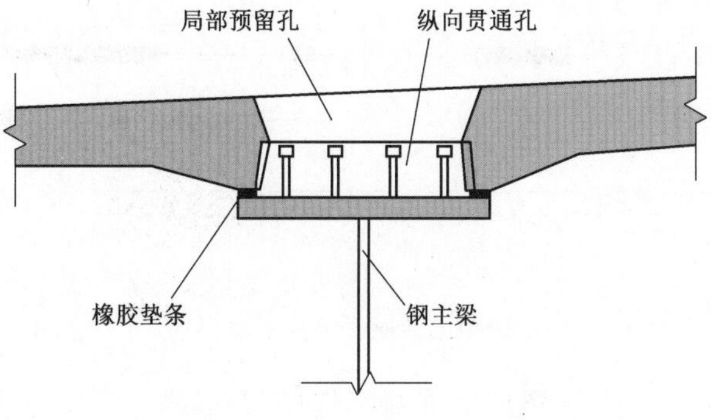

图 10-11　桥面板顶推施工构造示意

(4)滞后结合全宽预制板施工方法。

20 世纪 80 年代末,法国一家承包商发明了一种称为"滞后连接"的施工方法。该施工方法的主要步骤为:

①钢梁制造并完成现场安装,钢梁上翼缘不带焊钉连接件。

②完成混凝土桥面板的预制与安装,桥面板预留多个直径 80mm 的圆柱形孔洞,以供焊钉连接。

③采用带延伸装置的焊枪将焊钉焊接到钢梁上翼缘。

④对预留孔洞以及翼缘与桥面板之间的预留洞进行灌浆。

10.3.3 施工顺序

桥面板施工顺序不同,所引起的钢梁和混凝土板受力状况也不相同,同时对应施工要求也有所差别,按照施工顺序通常可分为顺序施工和间断施工两种。

采用顺序法浇筑桥面板时,后期浇筑或安装的跨中桥面板荷载会在支座处产生负弯矩,此处已与钢梁结合的桥面板因此而受拉。一般跨径较小的组合结构梁桥,可以采用顺序法浇筑混凝土桥面板以方便施工。

间断施工方法又称为皮尔格法,采用皮格尔法施工桥面板时,后期的浇筑或安装荷载在先期已浇筑或安装完成的桥面板中产生的应力较小而且位于支座上部的桥面板也不会出现拉应力;缺点是桥面板的施工顺序不连续。目前,已经建成的大量大跨径连续组合梁桥,普遍采用桥面板间断施工方法,如图 10-12 所示。

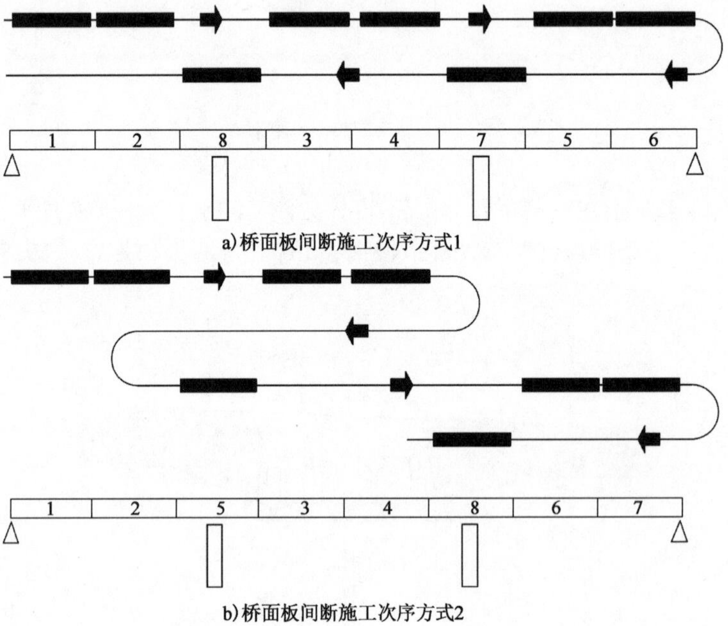

图 10-12　桥面板间断施工方法示意

10.3.4 连接件混凝土施工

桥面板连接部混凝土尺寸小,构造复杂,易产生早期开裂、混凝土浇筑不密实、漏浆离析及质量不均匀等病害。对于桥面板连接件处的混凝土施工,需注意满足下述规定及要求:

(1)应保证混凝土填充密实并与连接件良好接触。对受混凝土收缩影响的部位,宜采用微膨胀混凝土,必要时可掺入纤维提高其抗裂性能。

(2)配置混凝土用的粗集料宜采用 5 ~ 20mm 连续级配碎石,集料最大粒径不应超过 25mm;混凝土应具有良好的工作性、和易性和流动性。

(3)混凝土浇筑过程中,应保证连接件周围的混凝土密实性,对于直立焊钉,宜采用平板式振捣器。

(4)混凝土原材料除应满足现行行业标准《公路桥涵施工技术规范》(JTG/T F50)对水泥、集料、水、外加剂、混合材料的具体要求外,尚应针对连接件构件对混凝土浇筑带带来的影响,采取相应措施保证混凝土密实度、强度和耐久性。

(5)连接件处混凝土宜保温保湿养护7d以上。

此外,区别于常规混凝土浇筑,一般需采取针对性措施以保证混凝土密实度、强度和耐久性,主要包括:

①水泥:避免使用磨细高早强水泥,比表面积一般不大于400m^2/kg,C_3A含量一般不大于10%,水泥的含碱量(Na_2O当量计)一般不超过0.6%,使用时水泥的温度一般不超过60℃。

②矿物掺合料:混凝土的矿物掺合料通常可选用磨细矿粉,特殊环境下经试验论证后可采用硅灰。

③粗、细集料:采用非活性的集料,并严格控制含泥量。

④外加剂选用:通常选用聚羧酸减水剂,并通过试验确定掺量。

⑤为避免混凝土出现早期裂缝,可掺加纤维材料。聚丙烯纤维的掺量一般为0.8~1.2kg/m^3,钢纤维的掺量一般为40~70kg/m^3。

10.4 安装工艺要求

箱形组合梁的安装方法主要有两种,一种是在预制场将钢主梁和桥面板组装成组合梁,而后整体运输至现场并吊装至桥位;另一种是先将箱形钢主梁安装到桥位上,再安装桥面板,钢构件和混凝土之间采用湿接缝连接。

另外,箱形组合梁桥的现场制造是指在工厂制造的梁段无法直接运输至施工现场的情况下,在工地现场进行箱形钢主梁梁段制造的过程。箱形组合梁桥的工地组装是指按照规定的技术要求,将钢主梁和混凝土桥面板在现场或桥上组成组合梁段的过程。箱形组合梁桥的安装是指采用不同的提升设备按照一定的程序将构件或梁段固定在设计位置并连接成桥的过程。

箱形组合梁桥的施工,宜积极采用“四新”技术,运用标准化、机械化、信息化等施工管理方法,安装施工应依据设计文件和规范进行,满足工程质量、安全环保和职业健康安全的要求,做到节能环保,打造品质工程、绿色工程。

10.4.1 施工方案及临时设施

1)施工方法

在施工过程中,选择施工方法及编制施工方案时,应注意以下事项:

(1)施工前应根据工程结构特点、地形、地貌、水文、气象等环境条件,结合施工单位的工程经验和技术水平选择合理的施工方法。施工方法的选择要有针对性,解决安装施工主要的难点、重点问题。常见的施工方法,如表10-2所示。

组合梁桥施工安装方法　　表 10-2

安装方法	安装设备	施工方法特点
支架上安装	起重机	适用于桥墩高度较低、便于搭设支架；场地坚实平整，空间开阔，能满足起重机作业的场所； 没有吊装顺序限制，可跨孔安装
	架桥机	适用于桥下障碍物较多，可搭设支架但起重机作业不方便的场所； 必须逐孔顺序施工，不能跨孔安装
	起重船	适用于浅水水上施工，要求一定水深满足起重船吃水要求，空间开阔，能满足起重船作业的场所； 没有吊装顺序限制，可跨孔安装
整体安装	起重机	适用于桥位场地坚实平整，空间开阔，能满足起重机作业的场所； 没有吊装顺序限制，可跨孔安装
	架桥机	适用于桥下障碍较多，起重机作业不便的场所； 必须逐孔顺序施工，不能跨孔安装
	起重船	适用于水上施工，要求一定水深满足起重船吃水要求，空间开阔，能满足起重船作业的场所
	提升架、千斤顶	适用于大型构件能运输至桥位正下方，仅竖向提升即可就位的构件安装； 提升架需要专项设计，所需设备较少
顶推安装	千斤顶	适用于桥下有障碍，起重机、架桥机作业不便的场所，不需要大型起重设备，不影响桥下交通； 桥头需有组装场地； 变高度梁仅适用于步履式顶推施工

(2)施工方案的选择首先要确保工程质量和施工安全，实现设计意图；其次要满足技术先进、成熟可靠、经济适用的要求，对新技术则通过生产性试验验证；同时，要利于先后作业之间、各工序之间的协调和均衡，减少交叉干扰；另外，要考虑施工强度和施工装备、材料、劳动力等资源需求均衡；最后需满足职业健康、环境保护及水土保持方面的要求。

(3)对施工技术方案应进行可行性论证，并进行安全、质量、进度、环保、成本及经济和社会效益分析比选后确定。

(4)安装设备应选择符合施工技术方案的要求，具备适应性，先进性，经济性，各种设备组合合理；且有足够的安全储备，对环境的影响小。选择安装设备宜进行通用性和专用性比较，有条件应配置自动控制系统。

2)施工平面布置

在进行施工平面布置时，一般应注意以下事项：

(1)施工总体平面布置应结合现场地形环境条件、施工方案对施工物料堆放区、现场节段组拼区、支架搭设区、吊装区等进行合理布置，并遵循减少用地，少占基本农田和林地。

(2)施工平面布置考虑“三区分离”原则，即生活区、生产区、加工区分开设置，互不干扰，确保安全生产、文明施工。

(3)施工区域根据现场条件进行合理布设，混凝土拌和站、设备停放区和材料堆放区、支架搭设区、组拼区布设应便于施工组织，避免物料二次倒运。

(4)场内临时码头、施工便道等应根据现场条件合理设计，尽量永久性道路和交通设施，做到永临结合，便于拆除。

(5)临时供电、供水线路应根据邻近高压电网、水源管网合理规划，避免设置架空线路。

(6)水上作业区域及施工船舶临时停靠区域应根据施工方案进行划定，并按航道要求设置警示标志。

3)大临设施

对于施工过程中涉及的大临设施，应注意满足以下要求：

(1)大临设施包括临时码头、栈桥(平台)、便道(桥)、预制场或组拼场，混凝土搅拌站等。

(2)大临设施受力结构及基础与地基应满足施工需要及强度、刚度、稳定性的要求，其设计计算应符合结构设计原理和设计规范。临时受力结构设计文件应规范、完整，满足施工图设计深度要求。

(3)施工单位应对临时受力结构进行设计、验算复核。

(4)对于重大临时设施需委托第三方验算的，受托单位和负责人应具有相应资质和经验，验算报告应经计算、审核、审批负责人签字，并应加盖单位公章。

(5)大临结构设计时，应及时施工过程中的应力和变形，并提出施工监控指标和监控方案；对需要设置预拱度的，应依照工序转换过程进行模拟计算，并经设计单位复核。对需要进行预压检验结构安全的，应提出合理的预压方案。

4)施工顺序、工艺流程

(1)施工顺序。

应根据桥梁结构形式及总体施工计划，在考虑设备工效的基础上合理安排施工顺序。钢梁按照安装顺序组织运输和现场组拼，现场连接焊接和栓接质量可同步进行检查和验收。

(2)施工工艺流程。

施工过程中宜采用成熟的施工工艺并结合钢结构桥梁的组装工艺、吊装方法制订工艺流程。

采用陆地、水上支架法安装钢梁施工工艺流程，一般如下：施工准备→支架搭设验收→吊装设备就位→首节段吊装→首节段位置调整→其余节段梁拼装、连接→桥面板安装→湿接缝施工→桥面系施工→支架拆除。

采用架桥机、起重机或浮式起重机对整孔钢梁或大节段钢梁吊装的施工工艺流程，一般如下：施工准备→整体节段组拼验收→吊装设备就位→节段运输至起吊位置→整节段吊装→节段位置调整、落梁→桥面板安装→湿接缝施工→桥面系施工。

采用顶推法施工工艺的主梁安装施工工艺流程，一般如下：施工准备→拼装平台、顶推设备安装→安装导梁→首节段拼装→试顶推(拖拉)→其余节段梁拼装、顶推→整体落梁→桥面板安装→湿接缝施工→桥面系施工、钢梁涂装→支架拆除。

(3)施工要点。

支架施工应确保基础稳定，支架结构强度、刚度和稳定性满足各工况受力要求。支架材料应按照要求的规格和数量进行采购和加工。支架顶部按设计要求预设变形量，必要时采取预压措施减少非弹性变形。支架安装过程中进行焊缝等连接质量检测,使用前进行验收。

节段或整体钢梁吊装前,需对吊点位置、吊具等进行验算,对起重提升设备应进行荷载试验并组织验收后启用;吊装过程中对钢梁的位置应进行过程监控量测,及时调整;焊接连接时,应控制相邻节段间隙和纵横竖向偏差,经验收合格后再进行焊接作业;应注意温度、湿度等现场焊接条件的控制,必要时设置防护棚予以改善。

组合梁湿接缝处的界面处理关系到钢梁、预制板、湿接缝混凝土的整体性,应采取清理、脱脂、除锈、界面剂等措施对界面进行处理。湿接缝混凝土中宜掺加纤维素纤维以减小混凝土收缩量,抑制早期裂纹的出现,限制后期裂缝的开展。在钢结构表面温度与混凝土入模温度差达到或大于15~20℃时,应对钢结构进行覆盖降温或者选择夜间施工。

5)施工方案编制

施工方案编制内容主要包括:

(1)工程概况。

工程结构形式、结构图、施工平面布置图、工程数量、工期、水文地质、气候、主要技术特点以及已有的技术经验、不利条件、有利条件、施工要求和技术保证条件。

(2)编制依据。

相关法律、法规、规范性文件、标准、规范及施工图设计文件、施工组织设计等。

(3)施工工艺比选。

结合工程特点,参考类似工程的施工工艺,综合考虑安全、质量、进度、成本各方面因素,对施工工艺逐项进行可行性分析,经过不断筛选、排除、优化,最终确定施工工艺。

(4)施工计划。

根据现场及工艺要求,确定合理的施工顺序方向,编制施工进度计划、材料与设备计划。

(5)施工工艺技术。

编制详细的施工工艺流程图,注明各工序的施工方法、操作要求及详细的质量标准、检验方法和频率。

(6)施工安全保证措施。

组织保障措施、技术措施、监测监控措施等。

(7)施工管理及作业人员配备和分工。

施工管理人员、专职安全生产管理人员、特种作业人员、其他作业人员等。

(8)验收要求。

验收标准、验收程序、验收内容、验收人员等。

(9)应急处置措施。

(10)工艺设计图。

①工艺设计图包括:总体布置图;组装图、移动路线图;构件(或部件)细部图、连接结构图;材料数量表;组装、连接要求;图纸说明。

②工艺设计图要求:按照制图规范执行,内容全面,标注和说明清楚。

③工艺设计图中应明确要包含临时设施和安全防护设施的图纸,以便能照图实施。

④绘制、审核、批准均应进行书面签名。

(11)计算书。

①计算书要有编制依据,如相关设计规范、设计手册等。

②计算书要有各工况受力计算分析及工况受力图,并对各工况进行验算。

③对于委托外单位设计计算的,委托方应特别审核工况及其受力图是否完备、合理。设计计算单位应具有相应资质,计算人、审核人应签字,并加盖单位公章。

④计算书要有计算结论,提出注意事项和建议。

10.4.2 安装准备

1)场地和工作面

(1)大临和场站建设。

对于整体安装施工工艺,应注意满足下述要求:

①架桥机吊装需准备架桥机拼装场地,且拼装场地应满足架桥机拼装要求。采用门式起重机进行吊装,场地应平整硬化。

②陆地起重机和水上起重船进行整体安装时,吊装场地需满足陆地起重机和水上起重船最小作业面要求。

对于支架上安装的施工工艺,应注意满足下述要求:

①钢梁在陆地支架上安装,支架搭设场地应进行平整夯实,条件允许的情况下可以将支架搭设场地进行硬化。在支架搭设前应验算搭设场地的地基承载力是否满足要求。

②钢梁在水上支架进行安装,其支架基础宜采用桩基础,在支架搭设前应验算承载力是否满足要求。

对于顶推施工的安装工艺,需设立临时顶推平台,如桥梁桥跨长度过长,可以设置临时墩来减小顶推过程中的桥跨长度。

(2)道路和水电供应。

在常规跨径钢结构桥梁安装过程中,除去水上起重船吊装外,其余吊装方案中,施工道路均应接入施工场地。在吊装过程中,施工用水、施工用电应根据施工现场的用水情况及用电情况根据规范进行配备。

(3)安全防护设施。

①架桥机吊装,陆地起重机、水上起重船吊装应根据作业范围对施工现场进行封闭并放置警示牌。

②陆地支架及水上支架搭设完毕后,高空作业区域设置围栏及安全网。宜在支架上张贴警示标志同时在顶部设置夜间施工警示灯。如支架为上跨公路支架,一般可在距离支架100~200m处放置警示标志及限高架,在支架墩柱上涂荧光发光漆警示。

③顶推安装过程中,应设置防倾覆装置及顶推限位装置,同时在顶推梁段尾部根据梁段重量放置相应配重使梁段保持平衡。

④对构件安装位置的核查。在钢梁吊装之前应对构件安装位置高程进行核查,安装位置处的中心与主梁中心的偏差、顺桥向偏位、高程应满足规范要求。

2)构件和材料

(1)进场检验。

①在使用架桥机,陆地起重机、水上起重船进行吊装施工前应对吊装所采用的吊具、钢丝绳进行检验。

②在支架上安装钢梁之前,应对所采用的支架脚手杆、扣件、工字钢、贝雷梁进行检验。

③如采用步履式顶推法,顶推安装施工之前,应对施工中所采用的油泵、千斤顶、导梁、滑块进行检验。

(2)存放、管理。

进场所有构件及材料在检验合格后应该存放在规定区域内,且应设置专人进行管理。

3)工艺和设备

(1)工艺选择。

常规跨径钢结构桥梁的施工方法一般有整体安装法、支架上安装法、顶推安装法。整体安装法又可分为:架桥机吊装、陆地起重机吊装、水上起重船吊装三种方法;支架上安装又可分为:陆地支架、水上支架两种;顶推安装法又可分为:步履式顶推法、拖拉法。每种方法都有其优缺点及适用范围,具体见表10-3。

施工工艺和设备选择　　表10-3

工艺名称	优　点	缺　点	适用范围	施工设备
架桥机吊装	工作效率高、不占用桥下道路	安全性要求高,配套设施较多	一般用于大桥特大桥施工,中小桥梁使用相对不经济	架桥机、运梁小车
陆地起重机吊装	运行方便,安装准确,架设灵活	有最小作业半径要求,对吊装场地要求高	适用于中小跨径桥梁	汽车式起重机、履带式起重机、门式起重机
水上起重船吊装	施工比较安全,工作效率较高,可用一套浮运设备架设安装多跨桥梁	需有适当水深,吊装时需要封锁航道	适用于修建海上和深水大河桥梁	浮式起重机
陆地支架	不需要大型吊装设备	施工用的支架模板消耗量大、工期长,对场地要求高	墩高在15m以内,地基条件较好的地区施工	
水上支架	不需要大型吊装设备	施工用的支架模板消耗量大、工期长,对场地要求高	水深较浅,大型水上起重船无法到达得水上桥梁	
步履式顶推法	顶推设备轻型简便,不需配备大型吊运机具等辅助设施、缩短施工工期、保证桥下正常通行	需对顶进过程严密测算,保证箱梁不发生倾覆	大跨径钢梁跨越江河水面、高速公路等不能中断情况下架设	导梁、油泵、千斤顶、滑道、滑块
拖拉法	缩短施工工期、保证桥下正常通行	需对拖拉过程严密测算,保证箱梁不发生倾覆	大跨径钢梁跨越江河水面、高速公路等不能中断情况下架设	卷扬机、滑车组、千斤顶

(2)设备选择。

根据不同的方法,其所使用的施工设备不尽相同。机械设备的选择受到施工场地、吊装梁段、作业空间等条件的影响。

①整体吊装。

a. 架桥机吊装。

在架桥机吊装中应根据桥梁跨径及梁段重量来选择相应的架桥机,运梁小车应根据运载梁段重量来选择。

b. 陆地起重机。

在选择陆地起重机应根据施工场地条件、作业空间大小、起吊梁段重量来进行施工机械选择。

c. 水上起重船吊装。

在选择水上起重船吊装应根据河道水深、起吊梁段重量来进行选择。

②支架上安装。

支架安装应根据支架承载能力、梁段拼装方法进行选择。

③顶推安装。

a. 步履式顶推法。

采用步履式顶推法进行梁段施工,施工机械中导梁应根据顶推跨径进行选择,滑道、滑板、千斤顶应根据梁段重量进行选择。

b. 拖拉法。

采用拖拉法进行梁段施工,其卷扬机、滑车组、千斤顶应根据梁段重量进行选择。

(3)进场管理要点。

进厂的大型设备必须具备"两证一报告",即生产许可证、产品合格证、出厂检测报告。进场机械设备应委托具有相应资质的检验检测使用单位和监理单位共同验收,合格后方可使用。

4)测量和试验

(1)测量控制网及加密。

在钢结构桥梁建造之前应该对设计单位交付的现场控制网进行测量控制网复测及加密工作。复测及加密工作可以采用全球定位系统(GPS)进行。

(2)施工前的测量。

①整体安装。

在整体吊装前应对已经完成的墩柱支座中心坐标及顶面高程进行测量。

②支架安装。

根据每段梁段的控制点标明临时支架的位置,同时应在支架顶平台处精确放出架端横断面控制点的位置,以便于吊装就位时使用。在吊装之前还应对支架基础做好沉降观测。

③顶推安装。

在顶推安装前,应在每一联钢梁拼装完成后对其进行轴线及高程测量。在顶推架设前需对滑道进行高程测量,以各个顶推阶段的沉降位移来给梁体预抬做参考。

(3)各种工艺和标准试验。

所有梁段在安装之前应进行预拼装试验。在钢梁吊装之前,吊装所采用的机具均应进行试吊或者试拉试验。采用支架法进行施工时,在钢梁安装之前应对支架进行堆载预压试验。

5)施工条件的检查和验收

在钢梁安装之前应进行施工条件的检查验收,符合要求方可施工。

(1)整体安装。

①架桥机吊装。

在使用架桥机进行吊装前,应检测现场支座是否安装完毕,运梁通道是否有足够的压实度能够满足运量小车的通行。在正式进行吊装之前,应对架桥机的传动部分、电气设备、安全防护装置、机械工作机构性能进行检查,检查其性能是否能满足钢梁吊装要求,检查操作人员是否持有特种装备作业证。

②陆地起重机吊装。

在使用陆地起重机吊装前,应检测施工现场吊装场地地基承载力是否满足吊装要求,吊装场地空间是否满足陆地起重机吊装最小工作半径要求。还应对陆地起重机的传动部分、电气设备、安全防护装置、机械工作机构性能进行检查,检查其性能是否能满足钢梁吊装要求,检查操作人员是否持有特种装备作业证。

③水上起重船吊装。

在使用水上船吊装前,应检测吊装水域是否进行了航道封锁或者改移。同时,对水上起重船的起吊性能是否满足吊装要求进行检查。对水上起重船的传动部分、电气设备、安全防护装置、机械工作机构性能进行检查,检查其性能是否能满足钢梁吊装要求,检查操作人员是否持有特种装备作业证。

(2)支架上安装。

在钢梁吊装前,应检查支架搭设是否安全可靠,是否已进行预压工作,其顶点高程是否满足钢梁安装要求。

(3)顶推安装。

①步履式顶推法。

在采用步履式顶推法施工时,应检查其千斤顶、油泵、滑块、滑道是否工作正常,其性能是否满足顶推施工要求。

②拖拉法。

在采用拖拉法进行施工时,应检查其卷扬机、滑轮组、千斤顶是否工作正常,其工作性能是否满足拖拉施工要求。

10.4.3 安装作业

1)基本要求

(1)对于组合梁桥的钢梁构件,其现场组装、安装主要是指在支架上安装、整体安装、顶推安装等施工方法和工艺。

组装一般是指按照规定的技术要求,将若干个零件或构件组成梁段的过程;安装是按照一定的程序把构件或梁段固定在设计的预定位置上。

(2)施工前,应根据地质、地形、地物、水文、气象等环境条件和桥梁结构、构件特点,结合工程经验,选择安装方法,制订施工技术方案。对施工技术方案应进行可行性论证,并进行安全、质量、进度、环保、成本分析及综合比选。对施工技术方案进行动态管理,当出现特殊情况时应进行修改和补充。

(3)选择安装设备应符合施工技术方案要求,具备适应性、先进性、经济性,各种设备组合合理;应有足够的安全性,对环境影响小。选择安装设备宜进行通用性与专用性比较;施工过程中应对安装设备实行全过程动态管理。

(4)安装施工过程中及完成后,应采取措施防止钢构件、梁段受到损伤、污染。未经允许不得对构件进行开洞、切割、焊接等作业。

在钢构件、梁段安装过程中,以及结构安装与防水、桥面铺装、机电、交通设施等专业施工的交叉作业,可能造成钢结构成品的损伤或污染,影响结构质量。安装前应制订成品保护计划,通过安排合理的工序,制订有效的措施指导施工。

(5)应对钢梁安装进行安全风险辨识、分析与评估,采取有效的技术措施,并制订完善的应急预案。施工安全设施应与施工方案同步设计、同步实施、同步使用与维护。施工安全设施宜采用标准化设计。

施工过程中采取的安全技术措施,并符合现行行业标准《建筑施工高处作业安全技术规范》(JGJ 80)、《建筑机械使用安全技术规程》(JGJ 33)、《施工现场临时用电安全技术规范》(JGJ 46)等规定。

2)支架上安装

支架上安装施工一般应符合下列规定。

(1)支架上安装主要是指在支架上分节、分段拼装的简支梁、连续梁等钢结构部分。

(2)用于安装的支架应参照相关规范、标准进行专项设计,并应满足下列要求:

①支架设计应符合以下基本原则要求:支架设计应受力简单明确、结构合理;支架的构造应便于制作、运输、安装、维护;宜采用通用和标准化构件,既提高支架制作、安装质量,也为支架的周转使用提供便利,节约支架材料,减轻环境污染。

②支架设计应符合以下基本功能要求:宽度、高度、跨径布置应满足各构件在安装过程中的强度、刚度、稳定性和安全作业防护要求;应具备钢梁就位后平面纠偏、高程及纵横坡精确调整等功能,设计时应当额外考虑钢梁精确调整就位的工况。

钢梁初步就位后需要在支架上进行平面位置、高程、纵横坡的精确调整,目前一般是在支架上利用千斤顶等设备进行调整,故要求支架在设计时必须具备钢梁就位后的调整功能。

③支架纵、横向顶高程宜与梁底拼装线形相吻合,同时应考虑预拱度、支架受力、温度变形等影响;设计受限时可考虑用临时支座来满足梁底拼装线形的需要,临时支座必须进行专门设计,防止使用过程中失稳。

支架在设计时的纵横向线形如与设计要求的梁底拼装线形相差较大,容易对钢梁调整及临时固定带来不便,存在安全隐患。

④跨路布设支架时,除按照要求设置交通警示设施外,必须设置防撞设施。

(3)应根据地形地貌、地基条件等现场环境和钢梁分段选择吊装设备,吊装设备的使用应注意下列要求：

①采用汽车起重机吊装时，汽车起重机的性能应满足作业高度、荷载、作业半径要求；吊装过程中汽车起重机大臂与构件、邻近建筑、支架或其他障碍物的间距符合安全要求；地面平整度、坡度、地基承载力满足吊车作业要求。

②采用单机吊装时，当吊索与钢梁存在倾角时，尚需验算吊装对钢梁结构的影响，必要时进行临时加固处理。

③采用履带式起重机负重行走吊装时，实际荷载不得超过额定荷载的70%，钢梁离地高度不超过50cm。

④采用双汽车起重机定点抬吊时，单车承载不得大于额定荷载之和的80%。

⑤采用门式起重机作为起吊设备时，构件重量不宜超过龙门式起重机额定荷载的80%。

⑥采用架桥机等专用设施进行安装时，需要根据实际工况对架桥机等进行验算。

⑦采用卷扬机、千斤顶等制作专用设施时（非标准），除需要进行专项设计外，尚应通过试验验证。

（4）安装顺序应符合如下要求：

①应按照设计要求的节段和顺序进行安装。

②设计未明确安装的节段和顺序时，在起重设备满足使用的前提下宜尽量减少分段；安装顺序宜从梁的一端向另一端依次安装，并应及时纠偏调整，避免误差累积。

③如限于现场条件必须进行横向分块时，首次安装的块段必须能够自稳，且宜根据实际情况加设防倾措施。

（5）支架上安装钢梁应注意如下要求：

①支架使用前必须经过验收，当地基为非刚性地基时，宜通过加载预压确认地基承载能力及消除地基非弹性变形；安装过程中应安排专人观测支架的变形及沉降，超过方案设计允许值应暂停施工，采取措施消除异常后方可继续施工。

②起重工作应按照相关要求统一信号、统一指挥；起降速度应均衡。

③安装时应采取措施确保支座处螺栓准确就位，使支座与支座垫板密贴。

④临时支座顶面应依据梁底纵坡调整角度，使支垫密实稳定。

⑤坡度较大时宜对梁段采取临时固定措施。

⑥出现钢梁对接接口间隙过宽、间隙宽度不一致、对接处板错边量超差等问题时，应通过匹配件或定位件等临时工装进行矫正，达到规范要求。

⑦支架上焊接连接钢梁块件时，定位应预留焊接收缩量，避免由此造成的桥面局部高程超高，保证桥面高程及横坡满足要求。

⑧使用千斤顶顶升、横移、下放钢构件时，应采取保护措施预防千斤顶倾覆、泄压等造成构件倾斜、倾覆。

⑨在支架上移动梁段时，应采用千斤顶、移位器、滑靴、轨道梁或滑道等专用工具，加力支点或反力点应设在轨道梁上。采用支架以外的反力点进行拖拉时，应验算支架强度、变形和抗倾覆稳定性。

⑩宜通过预拼装、匹配件技术提高钢梁安装精度。

3)整体安装

(1)安装方案应符合下列规定：

①安装方案应进行专项设计，并根据施工阶段、顺序或步骤进行结构分析，主体结构、临时结构、设备、体系转换、吊具等结构和过程应满足安全要求。

②应采取技术措施减小环境条件变化对施工安全质量影响。应选取适当的时间段和环境温度进行安装、连接或合龙施工。连接或合龙温度应满足设计要求。

③吊点或支点的最大负载不应大于起重设备的负荷能力。

④吊装的变形应在允许范围之内。

⑤各起重设备的负荷能力应接近。

(2)整体安装设备应符合下列要求：

①钢梁整体安装设备应根据钢梁结构形式、跨径大小、施工方案、工程进度、现场条件等因素选择，数量、性能应满足施工需要。

②整体安装施工所用桥面起重机、提升系统应进行专项设计。桥面起重机、架桥机应由有资质的专业厂家制造，并有出厂合格证。

③浮式起重机应具备船舶证书，符合船舶管理规定；应根据梁段吊点距离及重心偏离等参数进行安全性验算，浮式起重机在受荷最大时，抗倾覆稳定安全系数应大于1.5。

④用于悬拼的桥面式起重机、提升系统使用前应进行全面安全技术检查，并进行1.25倍设计荷载的静荷和1.1倍设计荷载的动荷起吊试验，经验收合格方可使用；浮式起重机在首次吊装前应进行试吊。

(3)整体安装作业应符合下列规定：

①整体安装应按照施工方案规定的顺序、步骤进行；一孔或一个大节段梁安装宜在一天内完成，当天无法完成时，宜采取加固措施。

②多吊点安装时，应保证各点运动同步差在允许范围内；应控制安装过程中加速度在0.1g以内。

③梁体在起落过程中应保持水平；构件起吊高度应超过支座50cm，在正上方缓慢下放。临时支承时，支座形式和位置应符合设计规定，各支座顶面高差不得超过4mm。

④应根据结构特点和施工技术方法进行施工监测，监测安装过程结构的移动位移、移动速度、运动同步差及牵引力、关键部位应力应变、结构变形、环境参数等，并控制在允许范围内。

⑤吊具应定期检查和探伤检测。

4)顶推安装

(1)钢梁顶推施工应编制专项施工方案，计算拖拉及制动牵引力、各支点反力、施工过程中钢梁应力、稳定性和悬臂挠度，并对顶推(拖拉)设施进行布置。

(2)顶推施工主要临时结构应委托有资质的单位根据项目实际情况进行专项设计，并对主要临时结构在不同受力状态下的强度、刚度及稳定性进行验算，出具相应图纸和计算文件。

(3)钢梁顶推前应对已建成的桥墩、引桥墩台进行测量验收，墩台的位置、尺寸、高程、中心线均应符合设计要求。

(4)顶推设备应符合下列要求：

①顶推设备进场应进行验收,并制定设备操作规程。

②顶推钢导梁宜采用变截面钢桁架梁,宜采用栓接,以便安装和拆除。

导梁长度一般为顶推跨径的 0.6 ~ 0.8 倍。其与梁体连接处的刚度应协调,连接强度应满足梁体顶推时的受力要求。

导梁应由有资质的专业厂家加工,并在厂内完成预拼。为满足运输和安装要求,导梁宜采用分段设计,节间拼装应平整,其中线允许偏差应不大于 5mm,纵、横间底面高程允许偏差应为 ±5mm。

③多点式顶推施工应在每个支撑墩墩顶均布置两台连续千斤顶。

④步履式顶推装置需配备三向千斤顶,并根据计算分析确定千斤顶个数、顶升能力及行程距离。单台千斤顶承载能力不小于最大反力的 1.2 倍,步履式顶推系统同步精度不低于 5mm。

同一步履式顶推工程宜采用同一型号顶推设备施工。

(5)顶推施工应符合下列要求:

①较高支墩(架)在顶推前应进行预压检验,并宜沿顺桥方向采取钢丝绳捆绑、设置撑拉杆等措施,以增加其纵向稳定性。

②顶推应保证对称同步性,使梁体匀速前移。

③顶推施工时应进行施工监控,梁段拼装线形应符合设计或监控要求。

④顶推过程中,应及时纠正横向和竖向偏差,应力和变形不得超过设计和监控允许的范围。

⑤梁体顶推到位落梁时,应根据受力情况控制分批落梁次数和落梁顺序。

⑥竖曲线钢梁顶推时,预制台座底模及过渡段应同处一圆弧曲线内,曲线应符合设计要求。顶推过程中滑道高程应在同一竖向平面内,计算、控制滑道进出口的高程。计算水平顶推力时,应考虑正负纵坡的影响。

⑦弯桥平曲线顶推时,预制台座的模板平面及梁体均应符合设计线形。导梁宜设置成直线形,但与主梁连接时,应做成一定偏角,使导梁前端的中心落在设计线形的中线上,梁体沿设计线形前进。落梁时,应控制曲梁的几何偏心扭转。

(6)单点和多点顶推应符合下列规定:

①导梁的拼装线形应与主梁保持一致。

②安装平台顶和临时墩顶均应布置滑道,并宜在滑道面涂硅脂,减小摩擦系数;应布置侧向限位导向滑轮和横向水平千斤顶,便于横向纠偏。

③主梁与顶推设备支撑处应设置橡胶垫块,防止顶推过程中主梁应力集中。

④滑道与梁体接触位置应局部临时补强,保证梁体整体稳定性。

⑤牵引钢绞线数量应根据考虑安全系数后的牵引力确定,下料长度应根据牵引长度、支撑墩长度、油缸工作长度、固定端工作长度、张拉端预留长度确定。

⑥顶推施工应先试顶推,全面检验顶推系统性能,满足要求后方可按照设定的顶推力及行程进行顶推作业。

⑦顶推应保证对称同步性,使梁体匀速前移。

⑧导梁到达并支承于某个临时墩后,应及时设连续千斤顶参与顶推,尽早实现多点顶推。

⑨顶推过程中必须保证滑道滑板完好平整,排列紧密有序,钢主梁与滑道间不得脱空,滑板损坏时应及时更换。

⑩多点顶推时,顶推过程中应对顶推千斤顶同步性进行集中控制;应对顶推过程中顶推力或行程突变情况做好监测、预控和调整措施,保证梁体滑移速度均匀。

(7)步履式顶推应符合下列规定:

①步履式顶推法适用于沿直线或曲线顶推的等截面或变截面钢梁结构施工。

②拼装平台长度不宜小于3个节段长度,同时满足顶推配套设备布置、人员操作及钢主梁接口焊接要求。平台竖向线形以钢主梁线形为准。

③多点步履式顶推设备应布置在各个顶推点上,每两套上下游侧的顶推装置中间布置1台液压泵站,主控台应安置在拼装平台上。

④主梁与顶推设备支撑处应设置橡胶垫块,防止顶升过程中主梁应力集中。

⑤顶推设备安装完毕后,对所有设备纵向轴线进行测量与标定,确保推进方向与钢梁轴线平行。

⑥顶推设备调试应保证手动、自动两种模式工作状态下可正常运行。应检查自动模式下系统各千斤顶的动作协调性及同步性符合要求。

⑦顶推施工应先做预顶调试,全面检验顶推系统性能,满足要求后方可按照公路钢结构桥梁制造和安装施工规范规定的顶推力及行程进行顶推作业。

⑧顶推时,顶推过程中应对顶推千斤顶同步性进行集中控制;应对顶推过程中顶推力或行程突变情况做好监测、预控和调整措施,保证梁体滑移速度均匀。导梁到达并支承于某个临时墩后,应及时让顶推设备参与顶推,尽早实现多点顶推。

⑨顶推过程中按“分级调压,集中控制”原则进行控制,对于竖向偏差调整应以支反力控制为主、高程控制为辅的原则进行。

⑩最后一次顶推时应采用小行程点动,以便纠偏及精确就位。

综上所述,箱形组合梁钢主梁的安装方法通常可分为吊装法(支架上吊装安装、整体吊装安装)和顶推法两种方式,工程实践中可根据具体施工条件特点选择适宜的安装方法。

10.4.4 质量检验

1)外观质量

箱形组合梁安装完成后,外观质量应符合以下要求:

(1)梁底与支座以及支座底与垫石顶不应有缝隙。

(2)钢主梁线形不应弯折、变形。

(3)钢主梁内外表面不应有凹痕、划痕、焊疤,电弧擦伤等缺陷,边缘应无毛刺。

(4)焊缝应平滑、无裂纹,无未熔合、夹渣、焊瘤等外观缺陷。

(5)高强螺栓连接摩擦面应保持干燥、整洁,不应有飞边、毛刺、焊接飞溅物、污垢等,除设计要求外,摩擦面不应涂漆。

(6)钢主梁防护如有损伤应及时进行修复。

2)实测项目

(1)组装质量检验。

箱形组合梁组装施工质量检验实测项目,可参考表10-4。

组合梁组装质量检验实测项目 表 10-4

项目		允许偏差	检验方法和频率
混凝土抗压强度		在合格标准内	预制和现浇均按规范检查
混凝土(含湿接缝或槽口)尺寸(mm)		±8	尺量:长、宽、高各2处
梁高(mm)	梁高 $h \leqslant 2$m	±2	尺量:两侧梁端和跨中3点
	梁高 $h > 2$m	±4	尺量:两侧梁端和跨中3点
混凝土与钢构件的中线偏差(mm)		±3	尺量:对于现浇混凝土桥面板,两侧梁端和跨中3点;对于预制混凝土桥面板,每板1点
相邻预制桥面板间高差/现浇桥面板平整度(mm)		3	尺量/2m,直尺:3处
顶面横坡偏差(%)		≤0.1	水准仪:检查3处
梁端与轴线垂直度(mm)	水平	≤3	角尺、钢板尺:2处
	竖直	≤3	垂球、钢板尺:2处
预拼装预拱度		符合设计要求	水准仪、钢板尺
梁顶面中心线旁弯(mm)		任意20m测长内小于6	紧线器、钢丝线、经纬仪、钢板尺
钢腹板	腹板中心间距(mm)	±5	尺量:检查3处
	竖直度或斜度(mm)	$h/500$	吊线和钢尺检查:检查3处
焊缝尺寸		符合设计要求	量规
高强度螺栓扭矩(%)		±10	扭矩扳手:检查5%,且不少于2个
支点	支点中心距梁中心线距离偏差(mm)	±1	钢板尺:检查支点断面2处
	相邻支点中心高差(mm)	±1	钢板尺:检查支点断面各2处
	梁两端支点的中心距偏差(mm)	±5	钢盘尺:沿梁底面中线量测1处

(2)箱形钢梁安装质量检验。

箱形组合梁钢梁的安装质量检验实测项目,可参考表10-5。

钢主梁安装质量检验实测项目 表 10-5

项目			允许偏差	检查数量	检验方法
轴线偏位(mm)	钢主梁轴线		±10	全数检查	全站仪测量
	两孔相邻横梁中线相对偏差		±5		钢尺测量
梁底高程(mm)	墩台处梁底		±10		水准仪测量
	两孔相邻横梁相对高差		±5		钢尺测量
支座偏位(mm)	支座纵、横向扭转		±1		钢尺测量
	固定支座顺桥向偏差	连续梁或60m以上简支梁	±20		钢尺测量
		60m及以下简支梁	±10		钢尺测量
	活动支座按设计温度定位前偏差		±3		钢尺测量
支座底板四角相对高差(mm)			±2		钢尺测量

续上表

项　目	允许偏差	检查数量	检验方法
焊缝尺寸	满足设计要求	量规:检查全部,每条焊缝检查3处	
焊缝探伤		超声法:检查全部; 射线法:按设计要求,设计未要求时按10%抽查,且不少于3条	
高强度螺栓扭矩(%)	±10	扭矩扳手:检查5%,且不少于2个	

(3)箱形组合梁安装质量检验。

箱形组合梁安装质量检验实测项目,可参考表10-6。

箱形组合梁安装质量检验实测项目　表10-6

项次	实测项目	允许偏差(mm)	检查数量	检验方法
1	纵轴线	±10	两端和中部,3处	经纬仪、钢尺
2	相邻梁中心间距	15		钢尺
3	梁顶高程	±10		水准仪
4	相邻梁段相对高差	≤5		水准仪
5	相邻梁段横隔板对接	±10	2处/隔板;全部隔板	钢尺
6	底、腹板对接间隙	±3	底、腹板各2处/接头,全部接头	钢尺
7	底、腹板对接错边	钢结构:1		钢尺
		混凝土:2		

(4)混凝土预制桥面板质量检验。

箱形组合梁所用的混凝土预制桥面板的质量检验实测项目,可参考表10-7。

混凝土预制桥面板质量检验实测项目　表10-7

项次	项　目	允许偏差	检验方法
1	混凝土强度(MPa)	符合设计要求	依据规范检查
2	板长、板宽(mm)	±3	尺量:每件
3	板厚(脱模后)(mm)	±3	尺量:2个断面
4	板面对角线相对高差(mm)	±5	尺量:每件
5	板底平整度(mm)	2m范围内小于2	尺量:每10m板长测1处
6	外露钢筋的偏差(mm)	厚度方向±1.5	尺量:每件
7	预埋件位置(mm)	±5	尺量:每处
8	预应力管道中心位置(mm)	±4	尺量:每处
9	保护层厚度(mm)	±3	厚度检测仪检查:每个检查面不少于3点

10.5　跨径3×50m箱形组合梁安装

下面以中交公路规划设计院有限公司(暨装配化钢结构桥梁产业技术创新战略联盟)研发的装配化箱形组合梁系列通用图技术成果,介绍其50m跨径装配化箱形组合梁安装的相关内容。

10.5.1 安装方案

该装配化箱形组合梁上部结构的安装主要考虑了吊装法施工方案与顶推法施工方案2种,可根据不同的施工条件因地制宜地选择施工方法。

1)整孔吊装方案

对于该50m跨径装配化箱形组合梁,当采用整孔吊装钢梁方案,施工时需注意以下几点:

(1)开口钢箱梁采用简支变连续施工,可根据吊装能力,将各个梁段进行合并,整孔吊装、连接,形成连续体系。

(2)单个开口钢箱梁吊装就位后,应采取合理措施保证钢箱梁稳定,防止倾覆发生。

(3)开口钢箱梁吊装就位后,应及时进行横梁和纵梁的连接。

2)顶推施工方案

当采用钢梁顶推施工方案时,需注意以下几点:

(1)施工顶推设备和顶推过程中的转换支撑设备应采取措施保证腹板的均匀受力,且要保证腹板具有足够的纵向有效受力长度。主梁顶推过程中须根据需要设置临时加劲措施,保证板件的局部稳定。

(2)钢梁顶推过程中应采取临时措施确保施工阶段的主梁受力满足安全要求,做好顶推过程中的施工监控,确保成桥后的结构受力和线形满足设计要求。

(3)各片钢梁、横梁及小纵梁拼接为整体钢梁,左右幅分别顶推。

3)桥面板安装

预制混凝土桥面板的安装流程步骤及注意事项如下:

(1)钢梁架设完成后,从一侧或两侧同时吊装铺设桥面板。

(2)完成各跨正弯矩区桥面板预留剪力钉槽口及湿接缝混凝土浇筑。

(3)待正弯矩区桥面板后浇带及湿接缝混凝土达到设计强度和弹模后,完成中墩负弯矩区桥面板预留剪力钉槽口及湿接缝混凝土浇筑。

(4)浇筑后浇带及湿接缝混凝土前应清除残渣灰尘,并用水湿润混凝土界面后再浇筑混凝土。

(5)先浇筑剪力钉预留槽口内混凝土,再浇筑接缝混凝土,每道混凝土接缝需一次完成浇筑。

(6)浇筑后浇带及湿接缝浇混凝土时,应充分振捣,确保接缝混凝土浇筑密实,特别是新老混凝土接触面附近混凝土时需要特别注意。

4)桥面系施工

桥面系施工的内容主要包括:护栏的预制、护栏安装、桥面防水排水和桥面铺装施工、支座及伸缩缝安装等。

10.5.2 安装方案流程

(1)按照吊装法施工方法,其具体安装施工流程如图10-13所示。

a)施工基础及桥墩

b)钢梁节段现场拼接

c)吊装钢梁大节段

d)架设第1跨钢梁

图　10-13

e)架设第2跨钢梁

f)架设第3跨钢梁

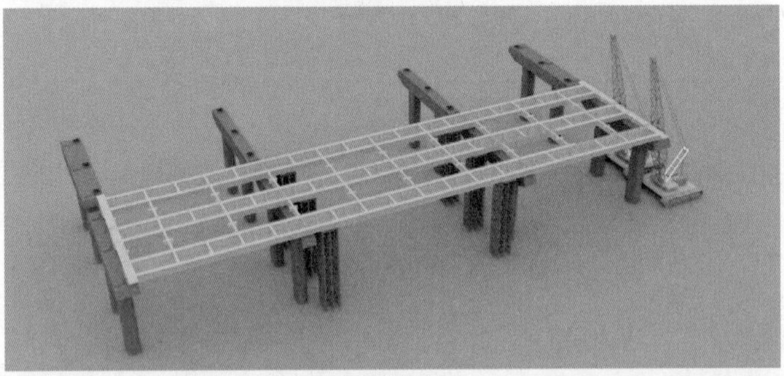

g)安装横梁

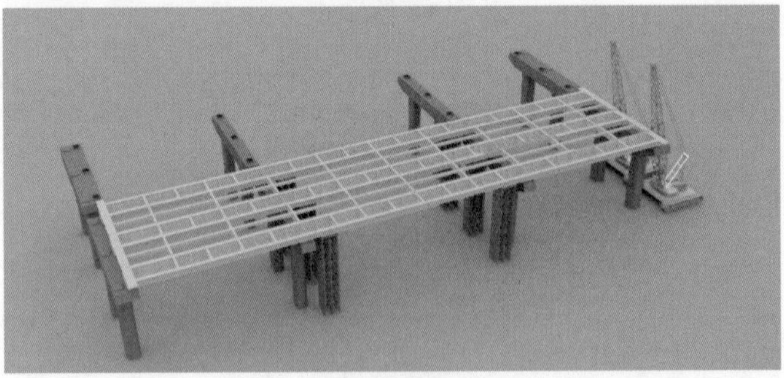

h)安装小纵梁

图 10-13

i) 安装预制桥面板

j) 浇筑预制桥面板湿接缝

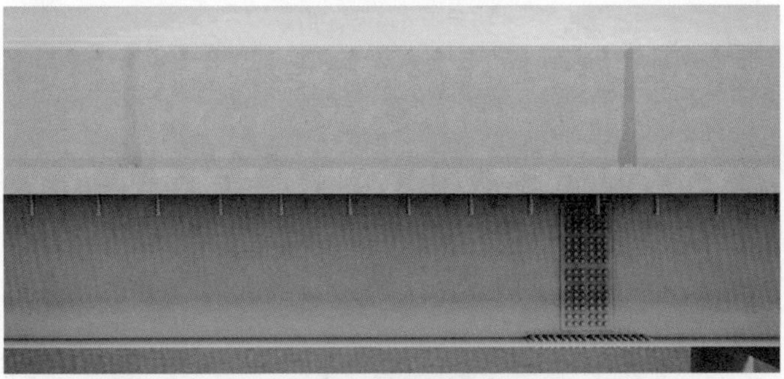

k) 安装预制护栏

l) 完成桥面防水排水、桥面铺装、支座及伸缩缝等附属设施施工

图10-13　跨径3×50m装配化箱形组合梁吊装法施工流程示意

(2)按照顶推施工方法,其具体安装施工流程如图 10-14 所示。

a)施工基础及桥墩

b)钢梁节段现场拼接

c)现场顶推第1跨钢梁大节段

d)现场顶推第2跨钢梁大节段

图 10-14

e)现场顶推第3跨钢梁大节段

f)拆除顶推设施、调整支座高程、落梁就位

g)安装预制桥面板

h)浇筑桥面板湿接缝

图 10-14

i) 安装预制护栏

j) 完成桥面防水排水、桥面铺装、支座及伸缩缝等附属设施施工

图 10-14　跨径 3 × 50m 装配化箱形组合梁顶推法施工流程示意

第11章

工程实例

贵州都(匀)至安(顺)高速公路是我国西南地区通往珠三角经济区的重要的快捷高速公路通道,对构建我国西南地区黄金旅游通道,推动贵州省经济社会发展具有重要意义。对于本项目,装配化箱形组合梁主要应用于跨越既有高速公路和城市快速路的位置,其中,杨武枢纽互通和一处天桥采用了50m跨径的箱形组合梁桥、杨家山枢纽互通采用了80m和84m跨径的箱形组合梁桥。将装配化箱形组合梁系列通用图技术成果结合生产实践应用于都安高速公路大型项目,最终取得了良好的经济社会效益。此外,通过以港珠澳大桥浅水区非通航孔桥为例,介绍了钢混箱形组合梁结构在超大型跨海通道中的工程实践应用。

11.1 贵州都匀至安顺高速公路

11.1.1 工程简介

都安高速公路是《国家公路网规划(2013—2030年)》新增的都匀至香格里拉国家高速公路(G7611)的首段,同时也是贵州省《贵州省高速公路网规划》中"第5横"与"第6联"的组成部分,是我国西南地区西昌、昭通、六盘水、安顺等重要城市通往珠三角地区快捷的高速公路通道,本项目列入了国家发改委和交通运输部印发的《城镇化地区综合交通网规划》,其建设实施对完善国家高速公路网布局、拉动西部大开发的五大新区之一"贵安新区"的快速发展、构建我国西南地区黄金旅游通道、推动贵州省经济社会发展具有重要意义。

11.1.2 技术标准

本项目主线采用如下技术标准:

(1)公路等级:高速公路。

(2)设计速度:100km/h。

(3)路基宽度:新建四车道断面,路基宽度26m。

(4)设计荷载:公路—Ⅰ级。

(5)设计洪水频率:特大桥设计洪水频率为1/300,大中桥、小桥、涵洞、路基设计洪水频率为1/100,其中多孔中小跨径的特大桥可采用大桥的设计洪水频率。

(6)地震烈度:根据《中国地震动参数区划图》(GB 18306—2015),本项目所在区域的地震动峰值加速度为 0.05g,地震基本烈度为 6 度。

(7)其他指标按交通运输部《公路工程技术标准》(JTG B01—2014)的规定执行。

11.1.3 建设条件

1)地形地貌

项目沿线区域属黔西南中山及华南低山丘陵,主要山峰、河谷的走向与背、向斜轴向基本一致,南北展布。地貌类型主要有侵蚀~溶蚀中低山地貌、溶蚀槽谷、溶蚀峰丛相间地貌,如图 11-1所示。

a)侵蚀~溶蚀中低山地貌　　b)溶蚀峰丛相间地貌

图 11-1　项目地形、地貌

2)气候特征

本项目所在区域属亚热带季风气候,年平均气温 13.7~20.1℃,平均降水量 869.5~1 208.1mm,无霜期 280d 左右,年均日照 1 250h,属贵州山地过湿区(Ⅴ3)。

3)水文地质

本项目区地表水系较发育,主要分布有摆所河、雨棚河、格坝河、芦坝水库(规划中)、木琅河、王二河等。地下水分为第四系松散层孔隙水、层状岩裂隙水和块状岩裂隙水、岩溶水,如图 11-2所示。

4)地质构造

主要断层有广顺断裂带、杨武—凤凰山断裂带、黄土塘—落水岩断裂带;主要褶皱有长顺背斜、安乐堡背斜、平坝复式褶皱带、毛栗坡背斜褶皱带。

5)地层岩性

项目区出露地层第四系、三叠系、二叠系、石炭系、泥盆系,主要岩性为白云岩、灰岩、白云质灰岩、泥灰岩;个别段落发育有砂岩、泥质砂岩、页岩等。

6)不良地质

全线不良地质主要有岩溶、废旧矿区、危岩体、软土和红黏土等。

a)摆所河　　b)基岩裂隙水

图11-2　项目水文地质

11.1.4　桥型及结构方案

1)选择原则

桥型方案的选择应在桥位、桥孔净空标准确定后,结合桥址区的地质、水文、施工条件、景观协调和造价经济合理等因素综合比选确定。对于本项目,桥型方案设计原则如下:

(1)桥型选择不仅考虑桥型美观,并重视桥孔布设的合理性与协调性。

(2)鉴于本项目部分路段地形陡峭,桥墩布置应避开悬崖等不良地形处。

(3)按照“标准化、工厂化、装配化及智能化”的原则进行设计及施工,以确保工程质量,加快建设速度,降低工程造价及全寿命周期成本。

(4)桥型方案应根据地形地物、水文、地质等情况,按照不同跨径与墩高的最经济组合方式,以及高跨比例协调的原则合理选择。

(5)桥梁方案的选择,应充分考虑施工场地、运输条件、施工工艺、工期及后期运营养护。

2)桥型方案

对于本项目,箱形组合梁主要应用于跨越既有高速和城市快速路的位置。其中,杨武枢纽互通和K199+740m处的天桥中采用了50m跨径的装配化箱形组合梁桥;杨家山枢纽互通采用了80m、84m跨径的装配化箱形组合梁桥。

本项目箱形组合梁应用了装配化箱形组合梁通用图技术成果,采用了“BIM技术融合、高性能材料、工厂化制造、水陆模块运输、无模化现浇、装配化施工”的设计思路,为实现“装配化、模块化、简单化”的施工工艺奠定了良好的基础。本项目通过采用“标准化设计+工厂化制造+模块化运输+装配化施工”的设计理念,以期实现工程全寿命周期内的高品质。

装配化箱形组合梁工厂化制造构件示意如图11-3所示。

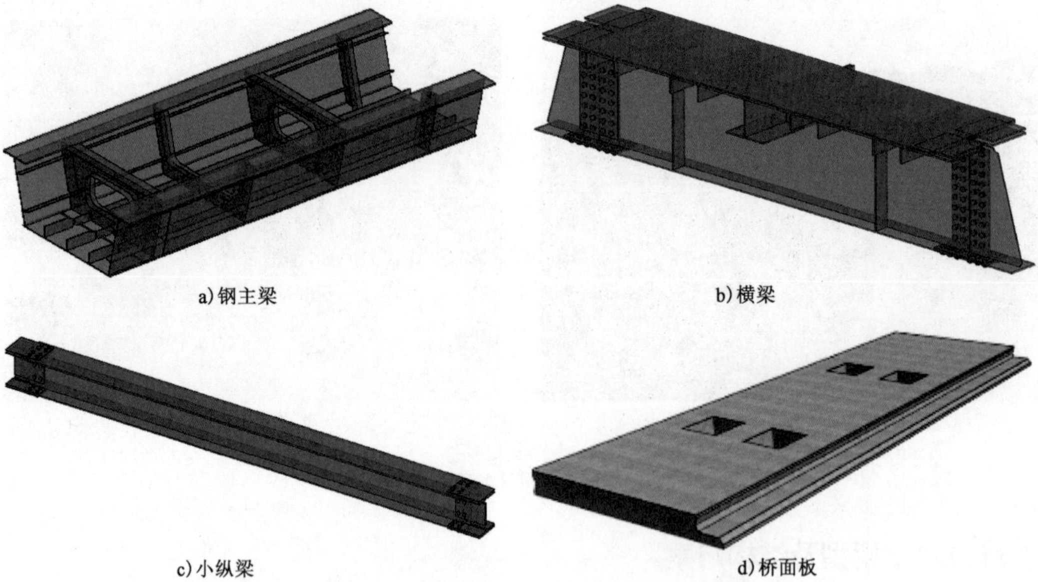

a)钢主梁　b)横梁　c)小纵梁　d)桥面板

图 11-3　装配化箱形组合梁工厂化制造构件示意

11.1.5　工程实践

1)50m 跨径装配化箱形组合梁桥

(1)杨武枢纽互通。

杨武枢纽互通中 A 匝道桥第 2 跨与 B 匝道桥第 9 跨均采用了 50m 跨径的箱形组合梁上跨桥,结构体系为简支梁桥(图 11-4)。

图 11-4　杨武枢纽互通效果示意

杨武枢纽互通的箱形组合梁桥的主梁采用了“开口钢箱梁 + 混凝土桥面板”的结构形式,采用双主梁结构,高跨比约为 1/20。开口钢箱梁主要由上翼缘板、腹板、腹板加劲肋、底板、底板加劲肋、横隔板及横肋组成。单片钢箱梁腹板中心间距 2.8m,两片钢箱梁中心间距 7.4m,中间设置小纵梁,钢主梁上翼板宽 0.6m,梁底宽 2.1m。主梁沿全桥长度方向共设置 5 个节段，钢主梁划分为A、B、C、D、A1共5种类型，节段长度分别为11.46m、10m和8.46m，节段间预留20mm宽缝隙。

钢主梁节段均采用在工厂制造完成后，将单片钢箱梁节段、钢横梁、小纵梁分别运输至现场，现场精确对位后，进行现场栓接，形成整孔钢箱梁；横梁与钢箱梁、纵梁与横梁之间均通过高强螺栓进行连接。

A匝道桥与B匝道桥的箱形组合梁均为2榀1跨，每榀宽4.725m、长5.0m，每榀由5个节段（11.46m+3×10m+8.46m）组成，单榀质量为103.22t。临时拼装存放在桥台外侧。

由于50m跨径的箱形组合梁的钢箱梁每片重103.22t，根据现场实际情况，采用了吊装法施工方式，钢梁吊装采用了2台200t汽车式起重机同步进行吊装。

（2）K199+740天桥。

K199+740天桥位于贵州省安顺市西秀区岩腊乡，全桥共1联：1×50m。上部结构采用了装配化箱形组合梁，采用了“开口钢箱梁+混凝土桥面板”的结构形式；下部结构采用柱式台，桥台采用桩基础；桥面铺装采用10cm厚“沥青混凝土桥面铺装+防水层”的结构形式；该桥平面位于直线上，立面布置如图11-5所示。

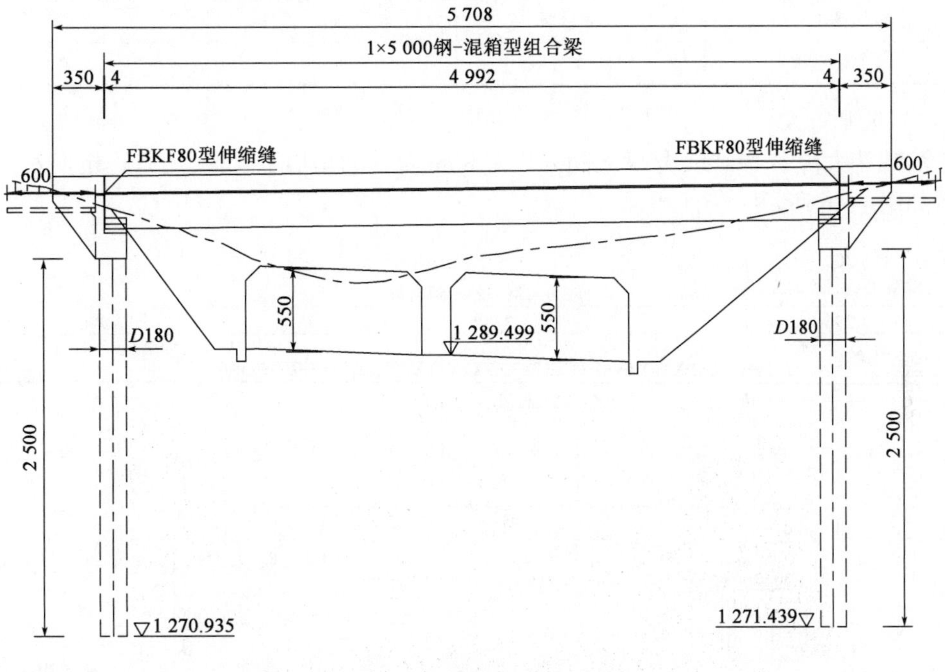

图11-5 K199+740天桥立面（尺寸单位：cm）

该桥的开口钢箱梁采用工厂化制造，由钢结构厂家下料以及焊接组装，待焊缝探伤、防腐处理等完成后将梁段运输至工地现场，在现场将各个节段拼装成整跨梁段再进行吊装施工。现场施工时，对两片钢箱梁分别进行吊装施工，然后进行横梁的连接施工，预制桥面板的安装及槽口和湿接缝的浇筑施工，最后进行桥面系的施工。

由于钢梁发运运输尺寸受超限运输的限制，本项目采用了平板挂车将组合梁的钢箱梁节段分块运至工地现场，而后在桥址处就地进行拼装。

该桥箱形组合梁的钢梁分为5个节段,节段之间连接采用高强度螺栓连接。为方便钢箱梁的组拼施工,施工时在现场浇筑了一个拼装台座。

根据现场的实际条件,针对该桥的施工难度及结构特点,通过现场的实际勘测情况,经过多次方案论证,最终确定采用了吊装法施工方案。现场采用2台260t汽车式起重机进行钢箱梁的吊装架设工作,同时对每个支腿下进行地基处理,对吊车的作业场地以及运梁车的路线进行碾压平整并夯实,并准备配重块。

2)80m跨径装配化箱形组合梁桥

杨家山枢纽互通采用了80m、84m跨径的装配化箱形组合梁桥,分别为岩坡哨特大桥、F匝道桥、G匝道1号桥,如表11-1所示。箱形组合梁施工时采用在跨间搭设临时排架支墩,起重机械拼装的方式施工。

杨家山枢纽互通箱形组合梁应用一览表 表11-1

序号	桥梁名称	墩号	孔径(m)	桥面宽度(m)
1	岩坡哨特大桥	右线10~11号墩	80	12.75
		左线10~11号墩	80	12.75
2	G匝道1号桥	1~2号墩	80	10
3	F匝道桥	13~14号墩	84	10

(1)岩坡哨特大桥。

岩坡哨特大桥中10~11号墩之间采用了80m跨径的箱形组合梁,用以跨越贵安大道,立面布置如图11-6所示。

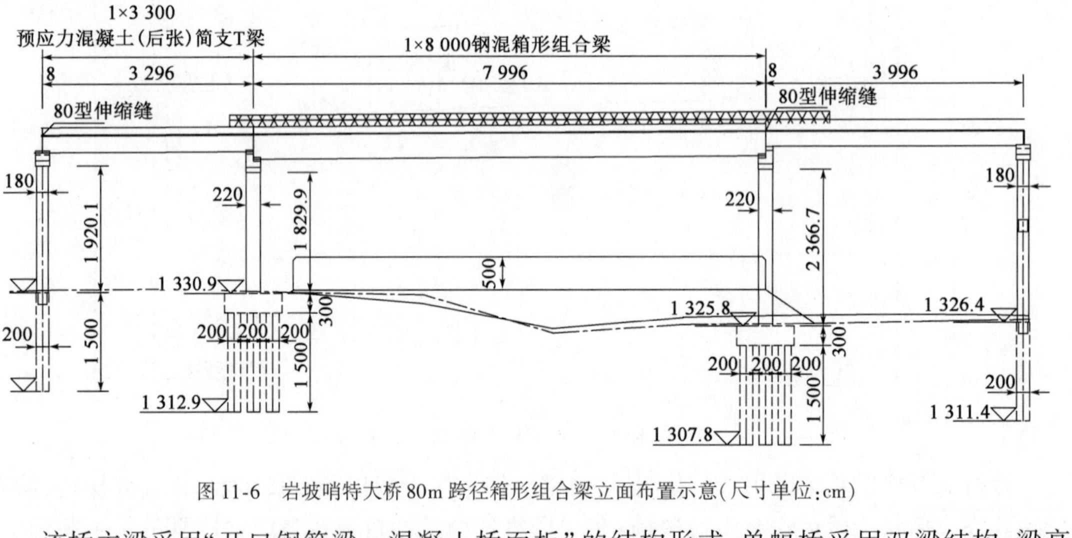

图11-6 岩坡哨特大桥80m跨径箱形组合梁立面布置示意(尺寸单位:cm)

该桥主梁采用"开口钢箱梁+混凝土桥面板"的结构形式,单幅桥采用双梁结构,梁高3.7m,高跨比1/21.6。混凝土桥面板宽12.75m,预制桥面板厚0.25m。钢主梁采用斜腹板形式,斜率1:14.7826,主要由上翼缘板、腹板、腹板加劲肋、底板、底板加劲肋、横隔板及横肋组成,单片钢箱梁腹板中心间距2.8m,两片钢箱梁中心间距7.4m,中间设置小纵梁。钢主梁上翼板宽0.7m,梁底宽2.40m。

①节段划分。

主梁节段的划分综合考虑了钢梁的受力、制作能力、吊装能力以及运输通行能力等多方面因素，主梁节段最大长度不超过12m，节段最大吊装质量为29t。

各片主梁沿纵桥向共划分为8个节段，分为A、B、C、D、C1、B1、A1共7种类型，节段长度分别为11.46m、10m和8.46m，节段间预留20mm宽缝隙。

②钢主梁。

a. 上翼缘板。

钢主梁上翼缘板厚度自梁端向跨中逐渐加厚为30mm、36mm和40mm，宽700mm。

b. 底板。

底板宽2 400mm，端部区域底板厚度为20mm，自梁端至跨中逐渐加厚为30、36、44mm。底板纵向加劲肋采用板式构造，横向间距900mm，加劲肋尺寸为240 × 24mm。

c. 腹板。

端部区域腹板厚度为20mm，自梁端向跨中变化为18mm。腹板距底板830mm位置和距上翼板820mm位置设置两道纵向加劲肋，加劲肋采用板式构造，尺寸为240 × 24mm。

d. 横隔板及横向加劲肋。

支座处横隔板采用实腹式构造，端支点处横隔板厚24mm，支撑加劲肋厚度20mm。永久支点处横隔板设置通长的翼缘板与钢梁上翼缘相连，翼缘板上布置剪力钉与混凝土板相连。

标准横隔板厚度10mm，横隔板间距5m。斜腹板横向加劲肋为380mm × 10mm，横向加劲肋间距5m，横隔板与横向加劲肋交替布置。

e. 小纵梁。

小纵梁高734mm，上翼缘宽500mm，厚20mm；下翼缘宽400mm，厚14mm；腹板厚14mm，高700mm，小纵梁两端与横梁采用栓接形式。

f. 横梁。

横梁高2 600mm；上翼缘厚14mm；下翼缘宽280mm，厚14mm；腹板厚12mm。

g. 剪力钉。

在钢主梁上翼缘板、小纵梁上翼缘板及支点横隔板上翼缘板均布有剪力钉。剪力钉采用圆柱头焊钉，焊钉直径为22mm，高200mm。剪力钉在钢主梁上翼缘板和小纵梁上翼缘板采用集束式布置，纵向间距120mm、横向间距150mm；在支点横隔板上翼缘板采用均布式布置，纵向间距为140mm、横向间距为300mm。剪力钉材质为ML15。

③桥面板构造。

混凝土桥面横向宽12.752m，分为预制部分和现浇部分。预制混凝土板采用C50混凝土，桥面板现浇部分混凝土采用C50自密实微膨胀混凝土。预制桥面板在剪力钉所在的位置形成预留槽，预留槽横向尺寸为60cm，纵向为50cm。桥面板小纵梁上方纵向湿接缝宽为40cm、横向湿接缝宽为35cm，梁端现浇段宽80cm。

预制混凝土护栏底座剪力键与桥面板一起预制。桥面板纵桥向、横桥向分块预制，预制桥面板要求存放6个月以上，以减小混凝土收缩徐变的影响；桥面板在剪力钉群处设置预留槽；根据结构尺寸不同，预制桥面板有6种类型，共124块桥面板。板块按纵桥向长度分为

3.135m、2.485m 和 2.67m 三种，横桥向长度为 6.176m。

该箱形组合梁的标准横断面及钢梁节段横断面，如图 11-7 和图 11-8 所示。

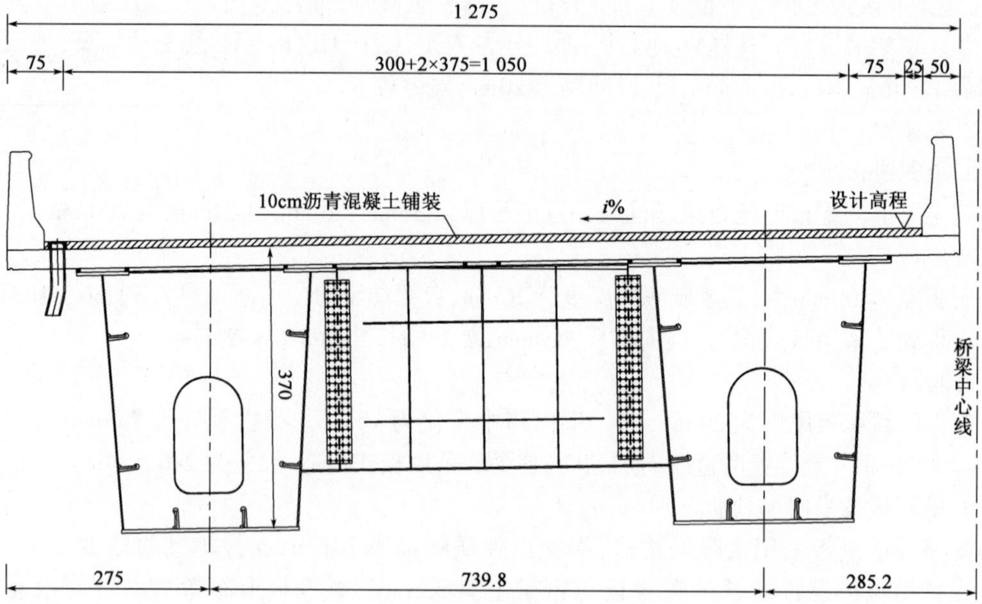

a) 横隔板位置

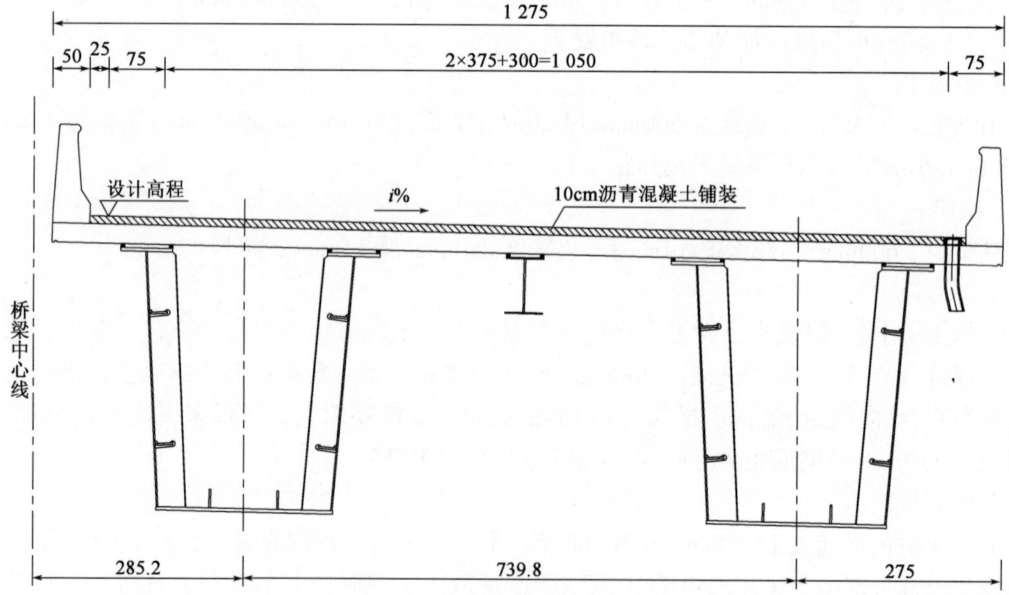

b) 横向加劲肋位置

图 11-7 主梁标准横断面示意(尺寸单位:cm)

(2)G 匝道 1 号桥。

G 匝道 1 号桥 1 号墩和 2 号墩之间采用了 80m 跨径的箱形组合梁，立面布置如图 11-9 所示。

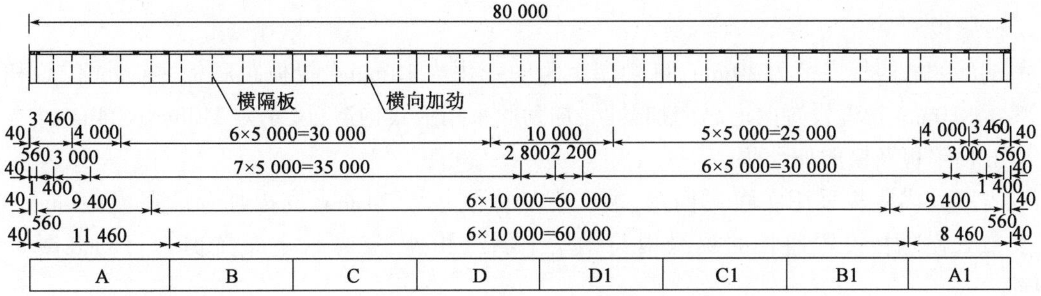

图11-8 钢梁梁段划分示意(尺寸单位:mm)

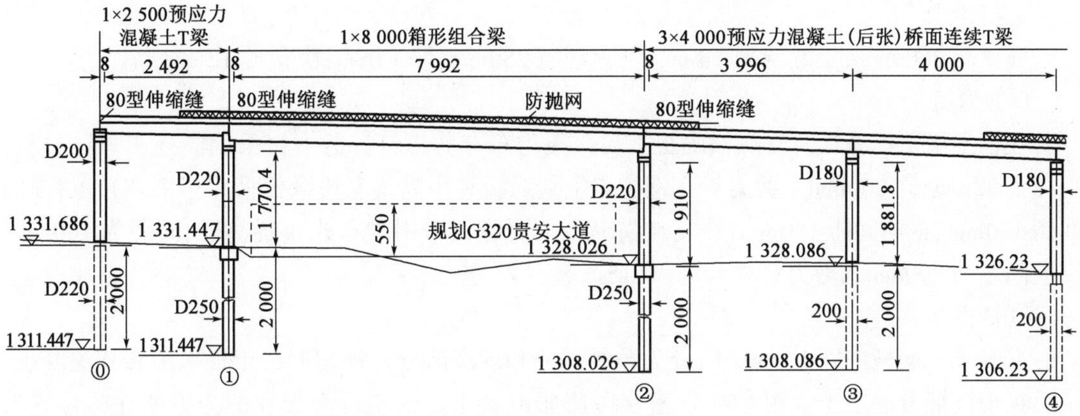

图11-9 G匝道1号桥80m跨径箱形组合梁立面布置(尺寸单位:cm;高程单位:cm)

该桥主梁采用"开口钢箱梁+混凝土桥面板"的结构形式,单幅桥采用双主梁结构,梁高为3.7m,高跨比为1/21.6。预制混凝土桥面板宽10m,桥面板厚0.25m。钢主梁采用斜腹板形式,斜率为1:14.7826,主要由上翼缘板、腹板、腹板加劲肋、底板、底板加劲肋、横隔板及横肋板组成,单片钢箱梁腹板中心间距2.8m,两片钢箱梁中心间距4.65m。钢主梁上翼板宽0.7m,梁底宽2.40m。

①节段划分。

主梁节段划分综合考虑了钢梁的受力、制作能力、吊装能力以及运输通行能力等多方面因素,主梁节段最大长度不超过12m,节段最大吊装质量为29t。

各片主梁沿纵桥向共划分为9个节段,分为A、B、C、D、E共5种类型,节段长度分别为4.96m和10m,节段间预留20mm宽缝隙。

②钢主梁。

a. 上翼缘板。

钢主梁上翼缘板厚度自梁端至跨中逐渐加厚为30mm、36mm和40mm,上翼缘板宽700mm。

b. 底板。

底板宽2400mm,端部区域底板厚度为20mm,自梁端至跨中逐渐加厚为30mm、36mm和

44mm。底板纵向加劲肋采用板式构造,横向间距900mm,加劲肋尺寸为240mm×24mm。

c.腹板。

端部区域腹板厚度为20mm,自梁端至跨中变化为18mm。腹板距底板830mm位置和距上翼板820mm位置设置两道纵向加劲肋,加劲肋采用板式构造,尺寸为240mm×24mm。

d.横隔板及横向加劲肋。

支座处横隔板采用实腹式构造,端支点处横隔板厚24mm,支撑加劲肋厚度20mm。永久支点处横隔板设置通长的翼缘板与钢梁上翼缘相连,翼缘板上布置剪力钉与混凝土板相连。

标准横隔板厚度10mm,横隔板间距5m。斜腹板横向加劲肋为380mm×10mm,横向加劲肋间距5m,横隔板与横向加劲肋交替布置。

e.横梁。

横梁高2600mm;上翼缘厚14mm;下翼缘宽280mm,厚14mm;腹板厚12mm。

f.剪力钉。

在钢主梁上翼缘板及支点横隔板上翼缘板均布有剪力钉。剪力钉采用圆柱头焊钉,焊钉直径为22mm,高200mm。剪力钉在钢主梁上翼缘板和小纵梁上翼缘板采用集束式布置,纵向间距120mm、横向间距150mm;在支点横隔板上翼缘板采用均布式布置,纵向间距为140mm、横向间距为300mm。剪力钉材质为ML15。

③桥面板构造。

混凝土桥面横向宽10.002m,分为预制部分和现浇部分。预制混凝土板采用C50混凝土,桥面板现浇部分混凝土采用C50自密实微膨胀混凝土。预制桥面板在剪力钉所在的位置形成预留槽,预留槽横向尺寸为60cm,纵向为50cm。桥面板纵向湿接缝采用自成模板的形式,宽为35cm,横向湿接缝宽为35cm,梁端现浇段宽0.80m。

预制混凝土护栏底座剪力键与桥面板一起预制。

a.桥面板分块。

桥面板纵桥向、横桥向分块预制,预制桥面板要求存放6个月以上,以减小混凝土收缩徐变的影响;桥面板在剪力钉群处设置预留槽;根据结构尺寸不同,预制桥面板有6种类型,共60块桥面板。板块纵桥向长度分4.135m、2.485m和4.16m三种,横桥向长度为5.15m、4.836m。

b.桥面板与主梁上翼缘钢板贴合。

在中间两片主梁上翼缘板的两侧边缘,沿顺桥向通长固定两道50mm宽的可压缩的聚丙乙烯密封垫条。吊装和安放混凝土桥面板时,在混凝土桥面板自重作用下,垫条被压紧密封,并通过自身压缩适应桥面板横坡。

该箱形组合梁的标准横断面及节段横断面,如图11-10和图11-11所示。

(3)安装施工。

根据工程的现场情况及结构特点,该箱形组合梁的安装采用在桥跨之间搭设临时支墩,然后采用架桥机吊装施工的方法。通过采用架桥机,将钢梁分3个节段进行吊装、栓接,并形成整孔钢箱梁;而后进行横梁、纵梁与钢箱梁之间的连接。其中,横梁与钢箱梁、纵梁与横梁之间均通过高强螺栓进行栓接。钢梁架设完成后,开始从一侧或两侧同时向跨中方向吊装铺设桥面板。桥面板铺设完成后将临时支墩回落,浇筑后浇带及湿接缝混凝土。

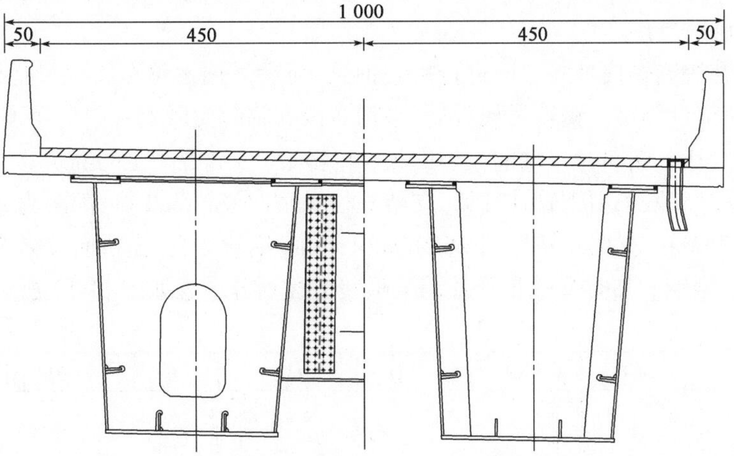

图 11-10　主梁标准横断面示意(尺寸单位:cm)

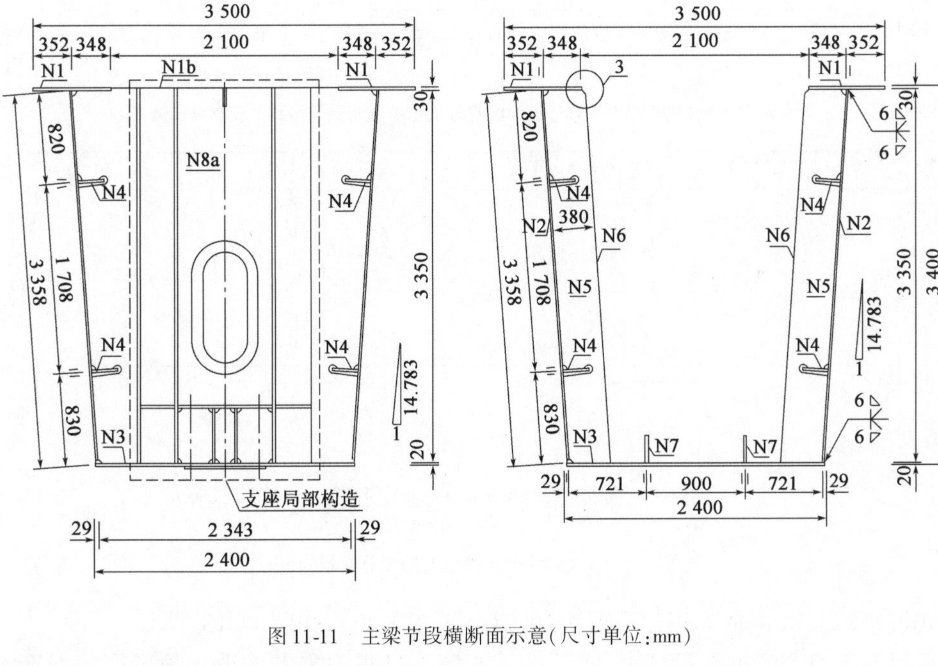

图 11-11　主梁节段横断面示意(尺寸单位:mm)

桥面板均在预制构件工厂进行集中预制。

钢结构拼装场场地长 50m,宽 32m,配置 2 台 10t 龙门式起重机及 2 台 80t 龙门式起重机。

钢主梁构件均在拼装场进行拼装,拼装完成后采用运梁车运输至架桥机尾部,开始架梁。

岩坡哨特大桥整孔 80m 单榀钢梁分为 3 个吊装节段进行吊装，分别为：21.46m(56.18t)、30.0m(81.08t)、28.46m(74.16t)；G 匝道 1 号桥整孔 80m 单榀钢梁分为 3 个节段进行吊装，分别为：24.96m(65.21t)、30.0m(82.57t)、24.96m(65.21t)，钢梁桥跨之间搭设 2 个临时支墩，支墩上设置临时支座。

施工时，先在拼装场按吊装节段进行拼装钢梁，而后采用运梁车将钢梁运输至现场后，采用架桥机按次序架设钢梁。钢箱梁架设后，采用布设在临时支墩上三向千斤顶精确就位；整孔箱梁吊装完毕后，从一端向另一端铺设桥面板，并完成湿接缝混凝土的浇筑。

施工中的临时支墩采用钢管柱支架，支架立柱纵桥向设置为 2 排，间距为 2.5m，横桥向设置为 3 排，间距为 5m。支架立柱采用 ϕ630mm × 10mm 钢管立管，横桥向及纵桥向分配梁采用 HM588 × 300mm 型钢。临时支墩布置及钢梁吊装节段划分示意如图 11-12 所示。

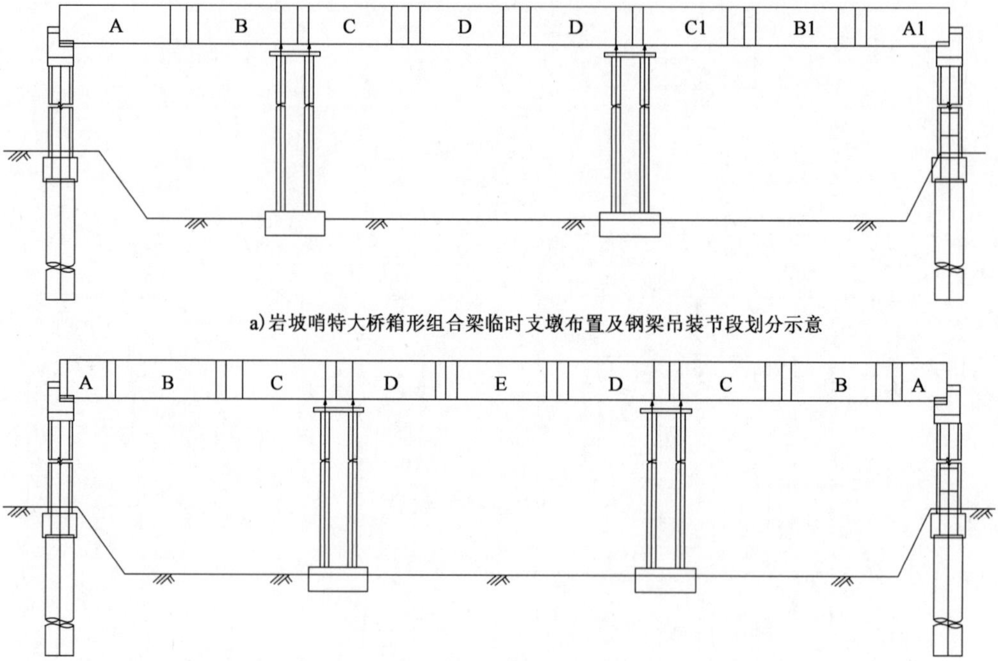

a) 岩坡哨特大桥箱形组合梁临时支墩布置及钢梁吊装节段划分示意

b) G匝道1号桥箱形组合梁临时支墩布置及钢梁吊装节段划分示意

图 11-12　临时支墩布置及钢梁吊装节段划分示意

以岩坡哨特大桥 80m 箱形组合梁为例，其施工工艺流程如图 11-13 所示。

本项目箱形组合梁的跨径较大，实际设计及施工过程中需考虑设置预拱度。在钢梁安装定位时，钢梁的高程应以纵断面设计高程叠加预拱度值。以岩坡哨特大桥 80m 跨径的箱形组合梁为例，其钢梁预拱度如图 11-14 所示。

3) 工程施工实景照片

贵州都安高速公路 50m 及 80m 跨径的装配化箱形组合梁实景照片如图 11-15 所示。

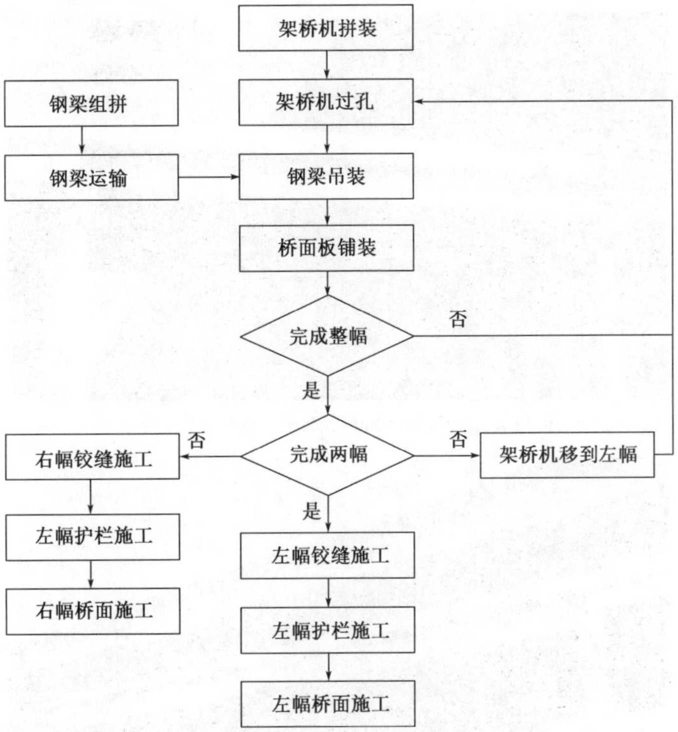

图11-13 岩坡哨特大桥80m箱形组合梁施工工艺流程示意

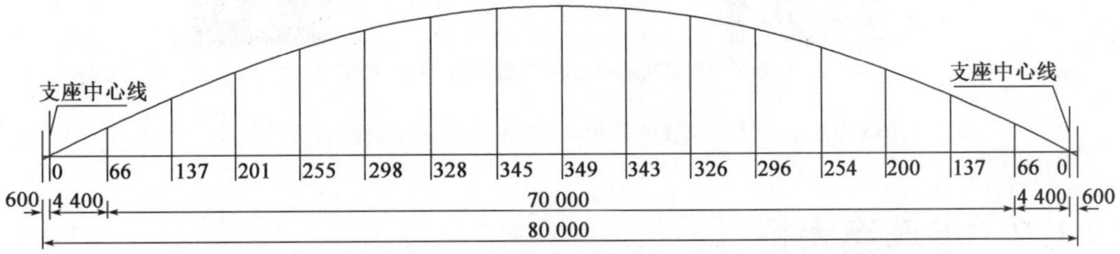

图11-14 岩坡哨特大桥80m箱形组合梁钢梁预拱度示意(尺寸单位:mm)

a) K199+740m处天桥50m跨径装配化箱形组合梁应用

图 11-15

b）杨家山枢纽互通50m跨径装配化箱形组合梁应用

c）杨家山枢纽互通80m跨径装配化箱形组合梁应用

图11-15　贵州都安高速公路50m及80m跨径装配化箱形组合梁实景

11.2　港珠澳大桥

11.2.1　工程简介

港珠澳大桥地处我国东南沿海珠江口，东连香港，西接珠海、澳门，全长55km，按双向六车道、100km/h高速公路标准设计，设计使用寿命为120年。大桥的建设改善了珠江口东西两岸交通，加强了粤港澳的互联互通和经济融合。

港珠澳大桥主体工程长29.6 km，主体工程桥梁工程全长22.9 km，大桥的设计及施工采用了“大型化、标准化、工厂化、装配化”的创新建设理念。

该项目桥梁工程中浅水区非通航孔桥采用了85m连续箱形组合梁桥，全长5 440m，共64孔。其中，九洲航道桥以东共53孔，其跨径布置为：5×85m+8×(6×85m)=4 505m；九洲航道桥以西共11孔，其跨径布置为6×85m+5×85m=935m。桥跨布置如图11-16所示。

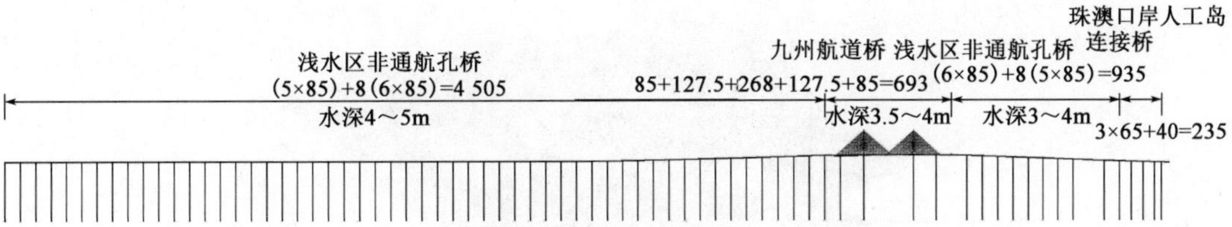

图11-16 港珠澳大桥浅水区非通航孔桥桥跨布置(尺寸单位:m)

11.2.2 技术标准

项目主要技术指标如下:

(1)公路等级:双向六车道高速公路。

(2)设计行车速度:100km/h。

(3)行车道数:双向六车道。

(4)设计使用年限:120年。

(5)建筑界限:桥面标准宽度33.1m,净高5.1m。

(6)桥面横坡:2.5%,最大纵坡≤3.5%。

(7)设计荷载:按照《公路桥涵设计通用规范》(JTG D60—2004)规定的公路—I级提高25%用于该项目设计计算。按香港 *United Kingdom Highways Agency's Departmental Standard BD 37/01*(英国公路局部门标准BD 37/01)规定的汽车荷载进行计算复核。

箱形组合梁的横断面,如图11-17所示;箱形组合梁的节段,如图11-18所示。

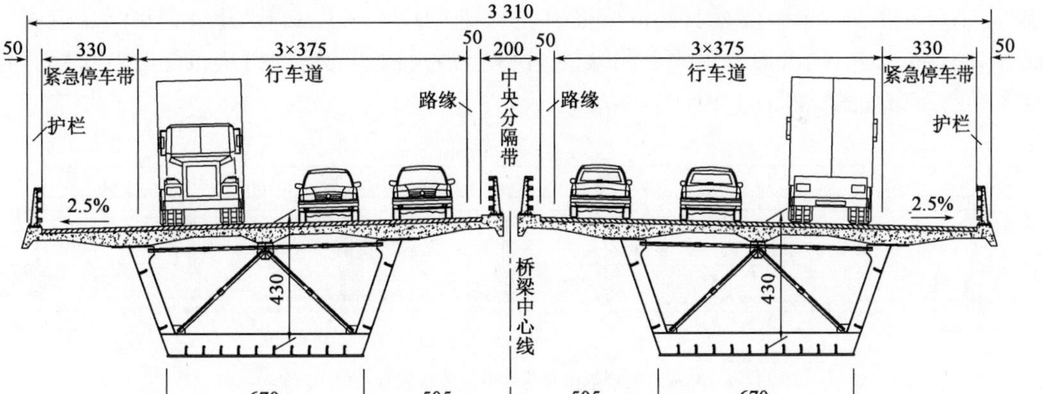

图11-17 主梁横断面(尺寸单位:cm)

11.2.3 建设条件

本工程区域北靠亚洲大陆,南临热带海洋,属南亚热带海洋性季风气候区。桥区天气特点温暖潮湿,气温年差不大,降水量多且强度大;桥位区处于热带气旋路径上,登陆和影响桥位的热带气旋十分频繁。桥位处,距海平面10m高度处、120年重现期的10min最大平均风速为47.2m/s。

图 11-18　主梁节段

桥址区水域水流主要为潮流，此外，风生流、波流对水流也有影响。设计流速为 2.15m/s，设计波高为 5.38m。

桥址区覆盖层为第四系工程地质层，自上而下依次为淤泥、淤泥质黏土、粉砂、砂砾、粉质黏土等，下伏基岩主要为燕山期花岗岩，基岩面起伏变化较大，埋深 11 ~ 50m，岩面高程为 -16 ~ -55m。勘探范围内，基岩全、强、中、微风化均有揭示。中 ~ 微风化岩起伏较大，埋深 13.0 ~ 108m，高程 -17 ~ -111m。

11.2.4　桥型及结构方案

港珠澳大桥浅水区非通航孔桥采用了跨径为 85m 的箱形组合梁，组合梁采用单箱单室分幅等高组合连续梁，单幅桥宽 16.3m，截面中心线处梁高 4.3m，采用“开口钢箱梁 + 混凝土桥面板”的结构形式，两者通过钢梁上翼缘板、小纵梁顶板设置的剪力钉连接结合。桥跨布置图及主梁断面布置图，如图 11-19、图 11-20 所示。

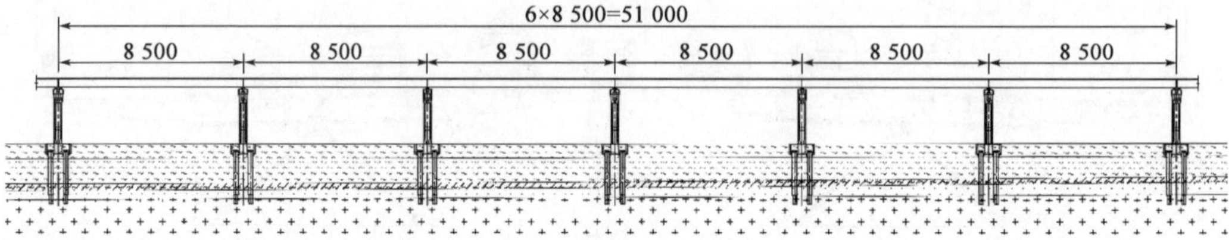

图 11-19　85m 跨径箱形组合连续梁桥跨布置示意(尺寸单位:cm)

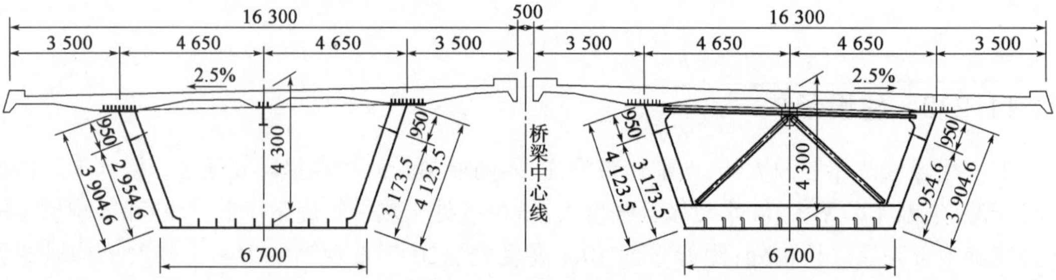

图 11-20　85m 跨径箱形组合连续梁断面布置(尺寸单位:mm)

该箱形组合梁钢主梁采用开口钢箱梁结构形式,断面为倒梯形形式,主要由上翼缘板、腹板、底板、腹板加劲肋、底板加劲肋、小纵梁、横隔板以及横肋板组成。钢主梁中心线处高3.78m,钢主梁顶宽9.3m,底宽6.7m,腹板倾斜设置,倾角约为71°,每孔85m钢主梁由9~10个节段组成,节段长度主要为10m和8m。除支点横隔板采用实腹式构造外,其余横隔板均采用桁架式构造,间距4m;横肋板均采用框架式构造,间距4m,横隔板与横肋版交替布置。为减小混凝土桥面板跨度,改善其受力性能,设一道小纵梁,支撑于横隔板,小纵梁采用工字型断面。加劲肋均采用板式构造。钢箱梁材质采用Q345qD和Q345C钢材。

箱形组合梁桥面板采用预制混凝土桥面板,采用C60海工耐久性混凝土,桥面宽16.3m,悬臂长度3.5m。横桥向跨中部分桥面板厚26cm,钢梁腹板顶处桥面板厚50cm,悬臂板端部桥面板厚22cm,其间均以梗腋过渡。桥面板纵桥向分块预制,横桥向整块预制,在钢梁腹板顶间断开孔,在剪力钉群处设置预留槽;预制桥面板要求存放6个月以上以减小混凝土收缩徐变的影响;桥面板现浇缝采用C60微膨胀混凝土。

该桥桥面板横向按A类预应力混凝土构件设计,横向预应力钢筋规格为5-Φ^s15.2,通长布置,纵桥向间距为50cm。在墩顶负弯矩区适当布置纵向预应力钢绞线,以提高该处混凝土桥面板防裂能力,纵向预应力钢绞线规格为7-Φ^s15.2。横向预应力钢束预埋管道采用金属波纹管,纵向预应力钢束预埋管道采用塑料波纹管。

同时,该混凝土桥面板纵向按钢筋混凝土结构设计控制裂缝宽度,在支点及跨中采用不同的配筋率。为保证结构耐久性,钢筋全部采用环氧钢筋。

桥面板与钢梁连接用剪力键采用了圆柱头焊钉,材质为ML15。混凝土桥面板与钢梁之间通过布置于钢梁上翼缘板及小纵梁上的焊钉剪力键连接,焊钉剪力键直径22mm,高250mm;纵桥向采用集束式钉群布置,单个钉群纵向布置为四排,焊钉剪力键纵向间距126mm,横向布置2×9根,横向间距125mm;钉群中心线之间的纵向距离为1 000mm。

该85m箱形组合梁的结构特点主要体现在以下几方面。

(1)墩顶负弯矩区。

港珠澳大桥处于海洋环境,其设计使用寿命为120年,这对控制负弯矩区混凝土板的开裂提出了严格的要求。通常,处理墩顶负弯矩常用方法有施加纵向预应力法、支点升降法、压重法、普通钢筋高配筋率法等。文献[131]通过对该项目进行相应的计算分析比较,对比了各措施下混凝土板拉应力下降水平情况,如表11-2所示。

各措施下桥面板拉应力降低水平 表11-2

序号	处理措施	桥面板应力降低值(MPa)
1	简支变连续施工方法	9.0
2	张拉纵向预应力(20-7ϕ15.2)	3.4
3	支点升降法(升降高度35cm)	6.8

由表11-2可知,简支变连续施工方法及支点升降法对减小混凝土板拉应力较为有效,张拉纵向预应力由于钢梁分担了大部分预应力效应从而效果较差。由于该项目对结构耐久性提出了很高的要求,因此该桥最后运用了多种手段来提高负弯矩区桥面板的抗裂性能。采取的方法及措施主要如下:

首先采用简支变连续的施工方法;然后通过支点升降法,使桥面板拉应力水平降低到一个较低的水平;而后再按钢筋混凝土构件进行设计,严格控制裂缝宽度 $\delta \leq 0.15\text{mm}$;最后,施加适量纵向体内预应力钢束作为储备,减小桥面板拉应力,使桥面板拉应力小于 1.6MPa,做到拉而不裂。

(2)顺桥向拼接位置。

根据该桥建设条件,整孔架设组合梁是最优的施工方案,由此将带来整孔架设接头位置选择的问题。连续梁接头位置常设置在跨度的 1/5 ~ 1/8 处和墩顶两种方式,如图 11-21 所示。

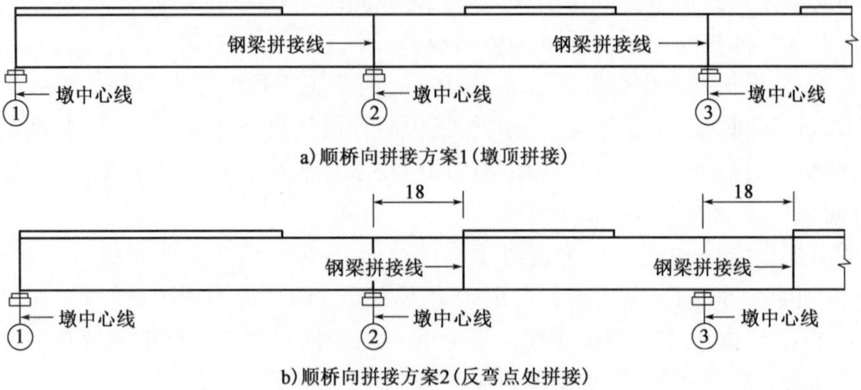

图 11-21　85m 跨径箱形组合连续梁顺桥向拼接位置示意(尺寸单位:m)

从受力角度出发,文献[131]对该项目进行了相关计算分析(表 11-3)。对于拼接方案 2,由于拼接接头位置伸出墩顶 18m,钢梁安装过程中结构始终呈连续梁状态,跨径正弯矩较小,但此时墩顶钢箱梁与桥面板未结合为组合结构,墩顶处钢梁顶板拉应力约为 286MPa,超出容许范围,需对结构进行加强处理;若选择在墩顶处拼接,墩顶处钢梁基本不承担自重弯矩,有利于墩顶钢箱截面的受力,避免了悬臂架设导致的墩顶处开口钢箱承受较大自重弯矩产生的较大应力,同时跨中钢梁应力也在容许范围之内。

两种拼接方案钢梁纵向应力比较(MPa)　　表 11-3

施工方案	墩顶钢梁应力		跨中钢梁应力	
	上缘	下缘	上缘	下缘
拼接方案 1	0	0	64	132
拼接方案 2	-286	-114	38	86

从施工角度出发,接头位置的选择应考虑减少施工措施、降低施工风险,且梁段吊装重量及长度宜一致。对于拼接方案 2,将拼接接头设置于跨度的 1/5 ~ 1/8 时,需要额外增设吊挂设施,钢梁构造和施工工序较为复杂,钢梁的焊接无法在一个较为稳固的平台上进行,而且首孔梁和尾孔梁与其他孔梁长度及吊重均相差较大,不利于标准化施工;对于拼接方案 1,将拼接接头设置于墩顶处,只需在墩顶安放临时支座,不需设置次孔吊架,施工便捷、安全,施工风险低,且各孔梁重量与长度均相差不大,有利于主梁制造和运输。

经过综合分析、比较,该桥最终将钢梁顺桥向接头位置设置于墩顶处。

(3)主梁断面布置。

对于该 85m 箱形组合连续梁,由于混凝土桥面板横向跨度为 9.3m,横向跨度较大,且车辆荷载要求在国内规范基础上提高25%，因此对混凝土桥面板的横向受力性能提出了较高要求。为了改善桥面板的横向受力性能，文献[131]给出了该项目组合梁中心线处不设置小纵梁和设置小纵梁的分析、比较结果，如表11-4所示。

混凝土桥面板应力比较(MPa) 表11-4

桥面板最大横向拉应力	活载加载工况		
	悬臂加载	跨中加载	满载
不设小纵梁	-3.3	-7.4	-9.3
设置小纵梁	-3.3	-2.8	-6.0

通过分析比较，设置小纵梁后，满载情况下混凝土板最大横向拉应力降低约3.3MPa，改善了混凝土板的横向受力性能，可降低桥面板厚度，提高结构经济性。

(4)桥面板分块方式。

箱形组合梁预制桥面板分块常用的做法是，为了密布均匀剪力钉的需要，在钢梁顶板设置通长的纵缝，桥面板通常在钢梁顶板处断开，横向分块，但这样不利于保持桥面板的整体性，也不利于横向预应力钢筋及普通钢筋的布置，同时也不便于简化桥面板的施工工序，降低混凝土现浇工作量及减小混凝土收缩徐变。因此，该项目为实现桥面板的横向作为一个整体，最终采用了集束式的剪力钉布置方式，桥面板横向无须分块，只需在有集束式剪力钉处开槽即可。

(5)钢-混凝土结合面处理。

钢-混凝土结合面的处理不仅关系到钢和混凝土两者的共同受力，而且也关系到组合梁的耐久性。若处理不当，结合面易积灰积水，因此保证结合面处密封性是耐久性设计的关键要点。该项目对此结合面处理的方法为：首先在钢梁翼缘板两侧边缘顺桥向粘贴可压缩的防腐橡胶条，两侧橡胶条之间浇筑环氧砂浆，依靠橡胶条位置处砂浆高度与橡胶条的初始高度相同，中部隆起5mm，形成上拱的弧面。而后吊装安放混凝土桥面板，在混凝土桥面板自重作用下，橡胶条完全压密封闭，环氧砂浆与上下接触面充分接触，从而实现结合面的密封性，如图11-22所示。考虑到混凝土板与钢板不平整度误差以及活载偏载变形，该桥要求橡胶条的压缩率不小于40%。

(6)施工方案。

港珠澳大桥浅水区非通航孔桥85m箱形组合连续梁均采用了整孔预制吊装、简支变连续的施工方法，单孔梁的外形尺度为85m×16.3m×4.38m，单孔构件最大自重约1 900t。施工时，整孔出运、运输、吊装、整孔合龙，最终形成多跨连续梁。

11.2.5 工程实践

该桥箱形组合梁钢梁制造均在工厂内制造，采用了钢主梁大节段整孔制造技术，即钢主梁制造分段、预拼装及钢主梁组焊成大节段均在一个胎架上依次完成。由于该桥钢主梁大节段具有开口槽形结构、长高比大、线形控制难度大等特点，因此，采用了“底板单元依次接长→组焊腹板单元(制造分段内)→组焊K形撑及小纵梁→焊接制造分段间的环缝→预拼装”的施工方案。钢主梁大节段制造过程如图11-23所示。

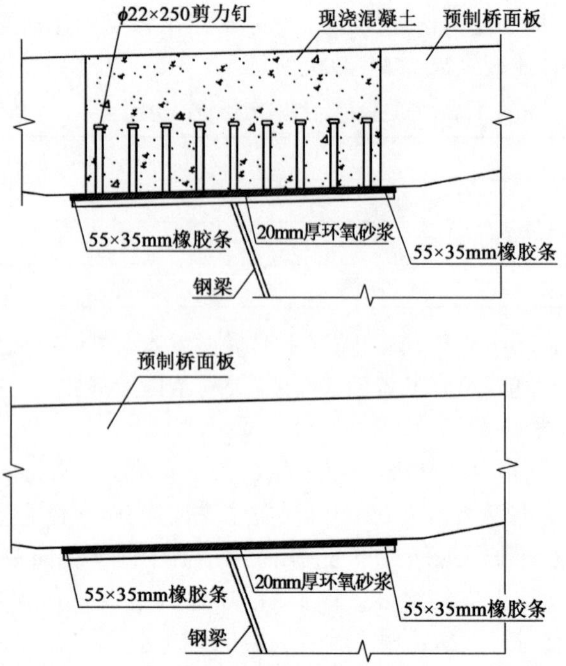

图 11-22　钢-混结合面处理示意图

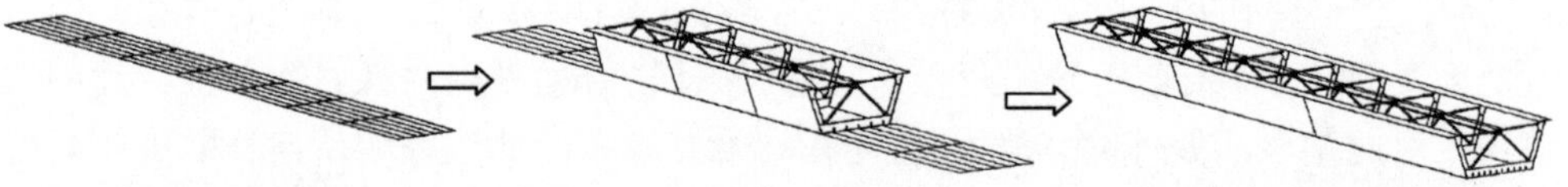

a)底板单元接长　　b)制造分段制作　　c)大节段制作

图 11-23　钢主梁大节段制造过程

桥面板在钢梁腹板顶处预留槽横向尺寸为 110cm，纵向为 50cm，小纵梁顶处预留槽横向尺寸为 40cm，纵向为 50cm。桥面板湿接缝纵向宽 50cm，主梁两侧设置后浇带。根据桥面板结构尺寸和配筋的不同，预制桥面板在直线段和曲线段各有 13 种类型，全桥 128 片梁共计 2 516 块桥面板，其中直线段 2 084 块，曲线段共 432 块。板块纵桥向长度分 4. 0m、4. 15m 和 3. 0m三种，单块预制桥面板最大质量为 76. 7t。箱形组合梁所有的桥面板均采用在工厂预制。

该 85m 箱形组合连续梁架设工艺的流程主要包括：组合梁运输、架设、组合梁位置精调、配切、焊接，支座灌浆等。工艺流程如图 11-24 所示。

该桥钢结构构件及预制桥面板全部在工厂进行加工制造及预制，实现了工业化生产。

港珠澳大桥浅水区非通航孔桥 85m 箱形组合连续梁的施工实景，如图 11-25 所示。

目前，我国公路桥梁行业内尚未颁布钢结构桥梁系列通用图，本章通过将研发的装配化工字组合梁系列通用图技术成果成功应用于贵州省都安高速公路建设项目，取得了显著的经济社会效益。通过将该创新技术成果进行转化应用并形成行业标准通用图推广应用，将直接推动我国公路钢结构桥梁建设及运营模式的改变，将引领公路钢结构桥梁发展跨越“中等陷阱”，从而推进其转型升级，最终实现高质量发展。

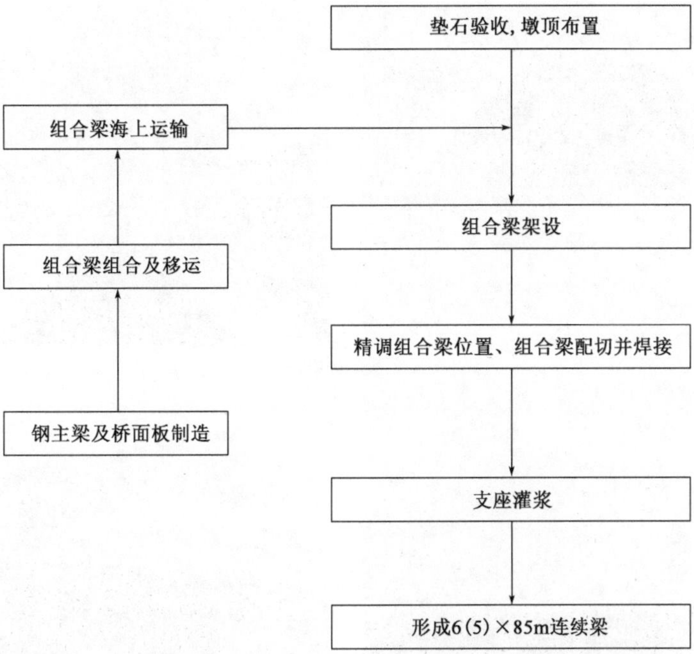

图 11-24 85m跨径箱形组合连续梁安装工艺流程

a)组合梁制造预制厂

b)钢梁工厂制造

图 11-25

c）钢梁构造细节

d）钢梁存放

e）预制桥面板钢筋绑扎

f）预制桥面板钢筋安装

图 11-25

g)预制桥面板混凝土浇筑

h)预制桥面板起吊及存放

i)钢主梁线形控制、调整及桥面板安放

j)钢主梁橡胶条粘贴及环氧砂浆试块制作

图 11-25

k）湿接缝钢筋绑扎及湿接缝混凝土养护

l）桥面板横向预应力张拉及组合梁装船

m）组合梁起吊、安装

n）组合梁安装就位

图 11-25　港珠澳大桥装配化箱形组合梁施工实景

参考文献

[1] 孟凡超. 公路常规跨径钢结构桥梁建造技术指南[M]. 北京:人民交通出版社股份有限公司,2019.

[2] 范立础. 桥梁工程安全性与耐久性——展望设计理念进展[J]. 上海公路,2004(1):1-7.

[3] 朱聘儒. 钢-混凝土组合梁设计原理[M]. 2 版. 北京:中国建筑工业出版社,2006.

[4] 聂建国. 钢-混凝土组合结构——试验、理论与应用[M]. 北京:科学出版社,2005.

[5] 项海帆. 世界桥梁发展中的主要技术创新[J]. 广西交通科技,2003,28(5):1-7.

[6] 林元培. 斜拉桥[M]. 北京:人民交通出版社,2004.

[7] 李勇,陈宜言,聂建国,等. 钢-混凝土组合桥梁设计与应用[M]. 北京:科学出版社,2002.

[8] TALY N. Design of Modern Highway Bridges[M]. NewYork:McGraw Hill,1998.

[9] JACQUES B. Design Development of Steel-Concrete Composite Bridges in France[J]. Journal of Constructional Steel Research,2000,55(1):229-243.

[10] 聂建国,吕坚锋,樊健生. 组合梁桥在中小跨径桥梁中的应用[J]. 哈尔滨工业大学学报,2007,39:663-667.

[11] 樊健生,聂建国. 钢-混凝土组合桥梁研究及应用新进展[J]. 建筑钢结构进展,2006,8(5):35-39.

[12] 邵长宇. 梁式组合结构桥梁[M]. 北京:中国建筑工业出版社,2015.

[13] MISTRY V. Economical Bridge Design[J]. Federal Highway Administration Guidelines,1994,34(3):42-47.

[14] JOHNSON R P,BUCKBY R J. Composite Structures of Steel and Concrete. vol 2:Bridges[M]. London:Collins,1986.

[15] NEWMARK N M,SIESS C P,et al. Test and Analysis of Composite Beams with Incomplete Interaction[J]. Experimental Stress Analysis,1951,9(6):896-901.

[16] JOHNSON R P,MAY I M. Partial-interaction Design of Composite Beams[J]. The Structural Engineer,1975,53(8):361-383.

[17] 聂建国,沈聚敏,余志武. 考虑滑移效应的钢-混凝土组合梁变形计算的折减刚度法[J]. 土木工程学报,1995,28(6):11-17.

[18] British Standard Institution. BS 5400 Part 5:Code of Practice for Design of Composite Bridges[S]. London,1979.

[19] European Committee for Standardization. Eurocode 4:Design of Composite Steel and Concrete

Structures, Part 2: General Rules and Rules for Bridges[S]. Brussels, 1995.
[20] Meng Fanchao, Liu Minghu, Wu Weisheng, et al. The Design Philosophy and Bridge's Technical Innovation of HongKong-Zhuhai-Macao Bridge[J]. engineering sciences, 2014, 12(3): 48-57.
[21] 聂建国. 钢-混凝土组合结构桥梁[M]. 北京: 人民交通出版社, 2011.
[22] European Committee for Standardization. 钢-混组合桥梁设计[M]. 冯海红, 杨兆巍, 刘卫红, 等, 译. 北京: 科学出版社, 2019.
[23] 卢永成. 上海长江大桥组合结构连续梁技术特点[J]. 上海公路, 2011(03): 26-27.
[24] 孟凡超, 刘明虎, 吴伟胜, 等. 港珠澳大桥桥梁工程总体设计及创新技术[J]. 2014 年全国桥梁学术会议论文集, 2014.
[25] 张强, 王东晖. 港珠澳大桥浅水区桥梁设计[J]. 2014 年全国桥梁学术会议论文集, 2014.
[26] 孟凡超, 李贞新. 装配化的五个破局点[J]. 中国公路, 2017(10): 27-31.
[27] 中华人民共和国交通运输部. 交通运输部关于推进公路钢结构桥梁建设的指导意见(交公路发〔2016〕115 号)[J]. 公路, 2016(8): 271-272.
[28] 中华人民共和国交通运输部. 公路桥涵设计通用规范: JTG D60—2015[S]. 北京: 人民交通出版社股份有限公司, 2015.
[29] 中华人民共和国交通运输部. 公路钢结构桥梁设计规范: JTG D64—2015[S]. 北京: 人民交通出版社股份有限公司, 2015.
[30] 中华人民共和国交通运输部. 公路钢混组合桥梁设计与施工规范: JTG/T D64-01—2015[S]. 北京: 人民交通出版社股份有限公司, 2015.
[31] 中华人民共和国住房和城乡建设部. 组合结构设计规范: JTJ 138—2016[S]. 北京: 中国建筑工业出版社, 2016.
[32] American Association of State Highway and Transportation Officials. AASHTO LRFD bridge design specification[S]. Washington, D. C., 2012.
[33] 蒋勤俭. 中国建筑产业化发展研究报告[J]. 混凝土世界, 2014(7): 10-20.
[34] 中华人民共和国住房和城乡建设部. 工业化建筑评价标准: GB/T 51129—2015[S]. 北京: 中国建筑工业出版社, 2015.
[35] GALLION B R. ESPAN140 Performance Assess-ment: V-65 Jesup South Bridge (Buchanan County, lowa) [R]. Morgantown: West Virginia University, 2016.
[36] SARRAF R E. Steel-concrete Composite Bridge Design Guide[R]. Wellington: NZ Transport Agency, 2013.
[37] 杨耀铨, 金晓宏. 公路桥涵通用设计图成套技术研究[J]. 公路, 2009(11): 40-45.
[38] 李军, 蒋新民, 余培玉, 等. 现浇预应力混凝土箱形连续梁桥通用设计图成套技术[J]. 公路, 2009(11): 35-40.
[39] 冯正霖. 我国桥梁技术发展战略的思考[J]. 中国公路, 2015(11): 38-41.
[40] 张凯. 中小跨径钢板组合梁快速建造技术与应用研究[D]. 西安: 长安大学, 2016.
[41] 高诣民. 中小跨径梁桥装配化形式与组合梁桥承载力研究[D]. 西安: 长安大学, 2018.
[42] 刘永健, 高诣民, 周绪红, 等. 中小跨径钢-混凝土组合梁桥技术经济性分析[J]. 中国公路学报, 2017, 30(3): 1-10.

[43] 中华人民共和国交通运输部. 公路钢筋混凝土及预应力混凝土桥涵设计规范:JTG 3362—2018[S]. 北京:人民交通出版社股份有限公司,2018.

[44] 国家市场监督管理总局,中国国家标准化管理委员会. 低合金高强度结构钢:GB/T 1591—2018[S]. 北京:中国标准出版社,2018.

[45] 中华人民共和国国家质量监督检验检疫总局,中国国家标准化管理委员会. 钢结构用高强度大六角头螺栓:GB/T 1228—2006[S]. 北京:中国标准出版社,2006.

[46] 中华人民共和国国家质量监督检验检疫总局,中国国家标准化管理委员会. 钢结构用高强度大六角头螺栓、大六角螺母、垫圈技术条件:GB/T 1231—2006[S]. 北京:中国标准出版社,2006.

[47] 中交公路规划设计院有限公司. 公路钢筋混凝土及预应力混凝土桥涵设计规范应用指南[M]. 北京:人民交通出版社股份有限公司,2018.

[48] HOLM T A. Structural Lightweight Concrete[J]. Handbook of Structural Concrete,1983:1-34.

[49] 黄承逵. 纤维混凝土结构[M]. 北京:机械工业出版社,2004.

[50] 刘玉擎,陈艾荣. 耐候钢桥的发展及其设计要点[J]. 桥梁建设,2003(5):39-41,45.

[51] American Iron and Steel Institute. Performance of Weathering Steel in Highway Bridges: a third phase report of AISI[R]. Washington,D. C. AISI,1995.

[52] 黄维,张志勤,高真凤,等. 国外高性能桥梁钢的研发[J]. 世界桥梁,2011(2):18-21.

[53] 张志勤,高真凤,黄维,等. 韩国高性能桥梁钢的研发及应用进展[J]. 建筑钢结构进展,2016,18(2):61-65.

[54] HOMMA K. Development of Application Technologies for Bridge High-Performance Steel,BHS[R]. Nippon Steel Technical Report,2008(97):51-57.

[55] NISHIM U K. High Performance Steel Plates for Bridge Construction-High Strength Steel Plates with Excellent Weldability Realizing Advanced Design for Rationalized Fabrication of Bridges:JFE Technical Report[R]. Japan:JFE,2005.

[56] Korean Standards Association. Rolled Steels for Bridge Structures[S]. Korea,2009.

[57] YOON T Y. Korean High Performance Steel for Bridges[C] //10th Korea-China-Japan Symposium on Structural Steel Construcion. Soul:Korean Steel Construcion Society,2009.

[58] HOMMA K,TANAKA M,MATSUOKA K,et al. Development of Application Technologies for Bridge High-performance Steel,BHS[J]. Nippon Steel Technical Report,2008(97):51-57.

[59] 张志勤,秦子然,何立波,等. 美国高性能桥梁用钢研发现状[J]. 鞍钢技术,2007(5):11-14.

[60] British Standard Institution. Hot Rolled Products of Structural Steels-Part 6:Technical Delivery Conditions for Flat Products of High Yield Strength Structural Steels in the Quenched and Tempered Condition:EN 10025-6:2004[S]. London,2009.

[61] 中国钢铁工业协会. 桥梁用结构钢:GB/T 714—2015[S]. 北京:中国标准出版社,2015.

[62] 朱劲松,郭晓宇,侯华兴,等. 耐候桥梁钢腐蚀力学行为研究及其应用进展[J]. 中国公路学报,2019,32(5):1-14.

[63] FALKO S. Steel Products for Recent Bridge Construction[C] //BRANDES K. Proceedings of First International Conference on Bridge Maintenance, Safety and Management. New York: John Wiley & Sons Inc,2002:14-17.

[64] KUCERA V,MATTSSON E. Corrosion Mechanisms[M]. New York:CRC Press,1986.

[65] MORCILLO M,DIAZ I,CHICO B,et al. Weathering Steels:From Empirical Development to Scientific Design. A Review[J]. Corrosion Science,2014,83:6-31.

[66] LEYGRAF C,WALLINDER I O,TIDBLAD J,et al. Atmospheric Corrosion[M]. 2nd ed. New York:John Wiley & Sons Inc,2016.

[67] MATSUSHIMA I,ISHIZU Y,UENO T,et al. Effect of Structural and Environmental Factors in the Practical Use of Low-alloy Weathering Steel[J]. Zairyo-to-Kankyo,1974,23:177-182.

[68] OKADA H,HOSOI Y,YUKAWA K,et al. Structure of the Rust Formed on Low Alloy Steels in Atmospheric Corrosion[J]. Tetsu-to-Hagane,1969,55:355-365.

[69] KIHIRA H,ITO S,MURATA T. The Behavior of Phosphorous During Passivation of Weathering Steel by Protective Patina Formation[J]. Corrosion Science,1990,31:383-388.

[70] 杨永强,单亚军,徐向军,等. 耐候钢在美国阿拉斯加塔纳纳河铁路桥上的应用[C] //王厚昕. 高性能耐候桥梁用钢及应用国际技术交流会论文集. 鞍山:鞍山钢铁集团公司,2014:82-90.

[71] 中华人民共和国住房和城乡建设部,中华人民共和国国家质量监督检验检疫总局. 钢结构设计标准:GB 50017—2017[S]. 北京:中国建筑工业出版社,2017.

[72] 中华人民共和国住房和城乡建设部,中华人民共和国国家质量监督检验检疫总局. 钢-混凝土组合桥梁设计规范:GB 50917—2013[S]. 北京:中国计划出版社,2014.

[73] 聂建国,刘明,叶列平,等. 钢-混凝土组合结构[M]. 北京:中国建筑工业出版社,2016.

[74] 刘玉擎. 组合结构桥梁[M]. 北京:人民交通出版社,2005.

[75] 邵长宇. 组合结构桥梁的发展与应用前景[J]. 城市道桥与防洪,2016,9(9):11-14.

[76] 段亚军. 钢板组合梁桥断面设计分析[J]. 公路交通科技,2019(7):141-144.

[77] RYALL M J,PARKE G A R,HARDING J E. The Manual of Bridge Engineering[J]. Thomas Telford,2000.

[78] 日本道路协会. 道路桥示方书・同解说[S]. 东京:丸善株式会社,2002.

[79] COLLINGS D. Steel-Concrete Composite Bridges[M]. London:Thomas Telford,2004.

[80] FISHER,JOHN W. Fatigue and Fracture in Steel Bridges:Case Studies[M]. New York:Wiley,1984.

[81] British Standard Institution. BS 5400 Part 3:Code of Practice for Design of Steel Bridges[S]. London,2000.

[82] American Association of State Highway and Transportation Officials. AASHTO LRFD bridge design specification[S]. Washington,D. C. ,2004.

[83] 中交公路规划设计院有限公司,装配化钢结构桥梁产业技术创新战略联盟. 装配化钢结构桥梁系列通用图箱形组合梁桥双向四车道上部结构设计[Z]. 北京,2018.

[84] 中交公路规划设计院有限公司,装配化钢结构桥梁产业技术创新战略联盟. 装配化钢结

构桥梁系列通用图箱形组合梁桥双向六车道上部结构设计[Z]. 北京,2018.

[85] 中交公路规划设计院有限公司,中铁大桥勘测设计院有限公司,等. 港珠澳大桥主体工程桥梁施工图设计阶段桥梁设计手册[Z]. 北京,2012.

[86] 吴冲. 现代钢桥[M]. 北京:人民交通出版社,2006.

[87] European Committee for Standardization. Eurocode 4:Design of Composite Steel and Concrete Structures,Part 1-1:General Rules and Rules for Buildings[S]. Brussels:2004.

[88] 聂建国,樊健生. 钢与混凝土组合结构设计指导与实例精选[M]. 北京:中国建筑工业出版社,2008.

[89] European Committee for Standardization. Eurocode 4:Design of Composite Steel and Concrete Structures,Part 2:General Rules and Rules for Bridges[S]. Brussels:2005.

[90] NETHERCOT D A. Composite Construction[M]. London:Spon,2003.

[91] American Association of State Highway and Transportation Officials. AASHTO LRFD bridge design specification[S]. Washington,D. C. ,1998.

[92] 聂建国. 钢-混凝土叠合板组合梁及其应用[J]. 建筑结构,1995,8(8):19-23.

[93] American Institute of Steel Construction. AISC-LRFD: Load and Resistance Factor Design Specificaton for Structural Steel Buildings[S]. 1999.

[94] 杜亚凡. 结合梁桥的混凝土桥面板设计[J]. 国外桥梁,1998,2(2):39-41.

[95] 项海帆. 高等桥梁结构理论[M]. 北京:人民交通出版社,2001.

[96] European Committee for Standardization. Eurocode 2:Design of Composite Steel and Concrete Structures,Part 1-1:General Rules and Rules for Buildings[S]. Brussels:2004.

[97] 中铁大桥勘测设计院有限公司. 港珠澳大桥主体工程桥梁施工图设计阶段组合连续梁合理构造系统研究报告[R]. 2012.

[98] 邵长宇. 大跨度连续组合箱梁桥的发展与技术特点[J]. 第十七届全国桥梁学术会议论文集(上册),2006.

[99] 中华人民共和国交通运输部. 公路交通安全设施设计规范:JTG D81—2017[S]. 北京:人民交通出版社股份有限公司,2017.

[100] 中华人民共和国交通运输部. 公路交通安全设施设计细则:JTG/T D81—2017[S]. 北京:人民交通出版社股份有限公司,2017.

[101] 中华人民共和国交通运输部. 公路护栏安全性能评价标准:JTG B05-01—2013[S]. 北京:人民交通出版社,2013.

[102] 北京深华达交通工程检测有限公司,中交公路规划设计院有限公司. 装配式预制混凝土护栏研究报告[R]. 北京:2019.

[103] 中交公路规划设计院有限公司. 桥梁护栏预制单元、桥梁护栏施工方法及桥梁:中国,E01D19/10[P] ,2019-11-05.

[104] 中华人民共和国交通运输部. 公路钢桥面铺装设计与施工技术规范:JTG/T 3364-02—2019[S]. 北京:人民交通出版社股份有限公司,2019.

[105] 中华人民共和国交通运输部. 公路排水设计规范:JTG/T D33—2012[S]. 北京:人民交通出版社,2012.

[106] 李卫华,曹鑫.钢-混组合梁桥桥面铺装技术研究现状[J].公路交通科技,2018,7:25-26.

[107] 毛浓平.溶剂型黏结剂在水泥混凝土桥面铺装防水黏结层的应用研究[J].公路交通技术,2016,32(2):11-15.

[108] 刘伯莹,关彦斌,丁小军,等.公路排水设计规范释义手册[M].北京:人民交通出版社,2013.

[109] 中华人民共和国交通运输部.公路桥梁板式橡胶支座:JT/T 4—2019[S].北京:人民交通出版社股份有限公司,2019.

[110] 中华人民共和国交通运输部.公路桥梁高阻尼隔振橡胶支座:JT 842—2012[S].北京:人民交通出版社,2012.

[111] 中华人民共和国交通运输部.公路桥梁铅芯隔震橡胶支座:JT/T 822—2011[S].北京:人民交通出版社,2011.

[112] 中华人民共和国交通运输部.公路桥梁摩擦摆式减隔震支座:JT/T 852—2013[S].北京:人民交通出版社,2013.

[113] 中华人民共和国交通运输部.桥梁双曲面球型减隔震支座:JT/T 927—2014[S].北京:人民交通出版社股份有限公司,2014.

[114] 中交公路规划设计院有限公司.港珠澳大桥主体工程桥梁施工图设计[Z].北京,2012.

[115] 中交公路规划设计院有限公司,中铁大桥勘测设计院有限公司,等.港珠澳大桥主体工程桥梁施工图设计阶段桥梁设计手册[Z].北京,2012.

[116] 中华人民共和国交通运输部.公路桥涵施工技术规范:JTG/T 3650—2020[S].北京:人民交通出版社股份有限公司,2020.

[117] 中华人民共和国国家质量监督检验检疫总局,中国国家标准化管理委员会.热喷涂 金属和其他无机覆盖层 锌、铝及其合金:GB/T 9793—2012[S].北京:中国标准出版社,2012.

[118] 中华人民共和国国家质量监督检验检疫总局,中国国家标准化管理委员会.金属熔化焊焊接接头射线照相:GB/T 3323—2005[S].北京:中国标准出版社,2005.

[119] 中华人民共和国国家质量监督检验检疫总局,中国国家标准化管理委员会.焊缝无损检测 磁粉检测:GB/T 26951—2011[S].北京:中国标准出版社,2011.

[120] 中华人民共和国国家质量监督检验检疫总局,中国国家标准化管理委员会.焊缝无损检测 超声检测 技术、检测等级和评定:GB/T 11345—2013[S].北京:中国标准出版社,2013.

[121] 中华人民共和国交通运输部.公路桥梁钢结构防腐涂装技术条件:JT/T 722—2008[S].北京:人民交通出版社,2008.

[122] 邵长宇.大跨连续组合箱梁桥的概念设计[J].桥梁建设,2008(1):41-43.

[123] 邵长宇.大跨度钢-混凝土连续组合箱梁桥关键技术研究[D].上海:同济大学,2006.

[124] 廖品博.钢混组合连续梁桥顶推施工受力特性分析[D].南京:东南大学,2017.

[125] 张鸿,张永涛,王敏,等.装配式组合梁桥一体化架设方法及装备[J].中外公路,2018,38(6):140-143.

[126] 中交公路规划设计院有限公司. 贵州省都匀至安顺公路 DASJ-4 合同段施工图设计[Z]. 北京,2018.

[127] 中交公路规划设计院有限公司. 港珠澳大桥主体工程桥梁施工图设计[Z]. 北京,2012.

[128] 中铁大桥勘测设计院有限公司. 港珠澳大桥主体工程桥梁施工图设计[Z]. 北京,2012.

[129] 朱永灵,林鸣,孟凡超,等. 港珠澳大桥[J]. Engineering,2019(5):10-14.

[130] 张强,王东晖. 港珠澳大桥浅水区桥梁设计[J]. 2014 年全国桥梁学术会议论文集,2014.

[131] 罗扣,张兴志,王东晖,等. 港珠澳大桥浅水区非通航孔桥组合梁技术特点[J]. 2014 年全国桥梁学术会议论文集,2014.

[132] 刘治国,车平,李军平. 港珠澳大桥组合梁钢主梁大节段制作关键技术[J]. 2014 年全国桥梁学术会议论文集,2014.

[133] 韩阿雷. 85m 钢-混组合梁架设施工关键技术[J]. 2014 年全国桥梁学术会议论文集,2014.

索　引

A

B

C

D

F

G

H

J

K

L

M

N